计算固体力学

Computational Solid Mechanics

孙 雁 李红云 刘正兴 编著

上海交通大学出版社
SHANGHAI JIAO TONG UNIVERSITY PRESS

内容提要

本书以变分原理为理论基础，对有限元法的理论、建模、列式及求解做了详尽的论述。在此基础上，逐个推导了杆、梁、板、壳和等参单元等，重点介绍了目前工程中广泛应用的矩阵位移法。以杆系结构为例介绍了有限元程序设计和编写方法。

本书还介绍了线弹性问题、非线性问题和动力问题的有限元法。对计算固体力学新的研究成果，如离散系统的辛方法、辛体系下的新单元和精细算法等做了详细介绍。以 ANSYS 程序为例，讲解了通用软件在结构分析方面的应用。

本书是在参考了大量文献资料的基础上，结合作者长期教学经验和科研成果编撰而成的。本书可作为机械、土木、船舶与海洋、航空航天等工程专业本科生和研究生教材，也可作为工程技术人员的参考书。

图书在版编目(CIP)数据

计算固体力学 / 孙雁，李红云，刘正兴编著. —上海：上海交通大学出版社，2019
ISBN 978-7-313-20985-6

Ⅰ. ①计… Ⅱ. ①孙… ②李… ③刘… Ⅲ. ①计算固体力学 Ⅳ. ①O34

中国版本图书馆 CIP 数据核字(2019)第 036043 号

计算固体力学

编　　著：孙　雁　李红云　刘正兴
出版发行：上海交通大学出版社
地　　址：上海番禺路 951 号
邮政编码：200030
电　　话：021-64071208
印　　制：上海万卷印刷股份有限公司
经　　销：全国新华书店
开　　本：787 mm×1092 mm　1/16
印　　张：23.5
字　　数：577 千字
版　　次：2019 年 8 月第 1 版
印　　次：2019 年 8 月第 1 次印刷
书　　号：ISBN 978-7-313-20985-6/O
定　　价：69.00 元

前　言

有限元法是计算固体力学中最重要的方法，它从变分原理出发，通过分区插值，把二次泛函（能量积分）的极值问题化为一组线性代数方程。本书以变分原理为理论基础，对有限单元法的理论、建模、列式与求解做了详尽的论述，同时也介绍了基于结构力学和弹性力学建立有限元模型的一般方法。

基于假定单元位移场，本书用最小势能原理逐个推导了杆、梁、板、壳、等参单元，重点介绍了目前工程中广泛应用的矩阵位移法。对有限元法和通用程序中最常用的一维、二维、三维等参单元，给出了详细论述，并以杆系结构为例详细地介绍了有限元程序的设计和编写。

在单元及其集成的基础上，本书对固体力学一些主要领域中的数值分析方法进行了由浅入深的论述，从线性弹性问题到几何非线性问题、材料非线性问题；从静力问题到动力问题、流固耦合问题，其中有机地结合各类问题，引入了线性方程组的解法、矩阵广义特征值的几种解法、动力响应问题的常规解法、暂态历程的精细积分法等一些数学方法。

迄今为止，各类工程的结构分析几乎全部采用有限元法。但是在科研领域，新的理论和方法不断出现，为计算力学的发展注入了新的活力。因此，本书着重介绍了钟万勰院士提出的离散系统的辛方法，以及在辛体系下提出的几种新单元。最后以 ANSYS 程序为例，介绍了通用软件在结构分析中的应用。

本书是在我的老师刘正兴教授主编的《计算固体力学》基础上，参考了大量文献资料，同时结合作者长期教学经验和科研成果汇编而成。李红云老师参与了全书编写讨论及部分章节的编写工作。本书可作为机械、土木、船舶与海洋、航空航天等工程专业本科生和研究生教材，也可作为工程技术人员的参考书。

我的同事陶昉敏老师参加了本书第五章的编写工作，特此表示感谢。

由于编者水平有限，书中不当之处，恳请读者不吝指正。

孙　雁

目　　录

绪　论

计算机、通信卫星、互联网的出现将社会推向了信息化时代。科技已由过去的以实验、理论为其两大支柱的体系发展成为以实验、理论、计算为其三大支柱的体系。计算力学、有限元法的出现，推动了大规模科学与工程计算的发展。计算力学作为力学学科的一个重要分支，将结构力学、弹塑性力学、结构动力学、板壳理论及稳定性理论和数学计算方法、计算机技术互相结合、渗透，融为一体，极大地提高了力学解决各种工程实际问题的能力。计算力学已成为工程专业的一门重要课程。

一、计算力学发展简述

弹性理论的成熟可追溯到19世纪的纳维耶(Navier)和圣韦南(Saint-Venant)。矩阵结构分析方法在那之后80年左右形成。在那一段时间里，力学研究极大的困难在于计算太慢，计算量过于庞大。人们在实际计算时，只能求解很有限的若干个未知数的代数联立方程。直到1932年哈迪·克罗斯(Hardy Cross)发展了刚架分析的矩阵分配法，使结构分析的数值方法有了一个飞跃。

20世纪40年代后期出现的计算机，受到了人们的热情关注，在之后的20年里得到了迅速发展。与此同时，适用于计算机的各种数值计算方法如矩阵分析、线性代数、微分方程差分格式等都得到了相应的发展。

1943年，柯朗(Courant)发表论文，提出了圣韦南扭转问题的变分形式的应力解。20世纪50—60年代，阿吉里斯(Argyris)、特纳(Turner)、克拉夫(Clough)、辛克维奇(Zienkiewicz)等都分别提出了函数插值或单元刚度的矩阵表示，对结构力学与有限元的计算机分析作出了巨大的推动。这是有限元法确立并开始大发展的主要标志。之后的一段时间成为建立各种有限元的风行时期。首先从处理小变形、小位移、弹性材料等问题开始，在杆件和平面问题中有了发展；然后建立了块元、板元、壳元等单元；之后向动力问题、稳定问题、非线性问题等方面拓展。与此同时，有限差分法在流体力学领域也得到了新的发展。

随着有限元法的发展，计算机有限元通用程序也随之出现，1963年威尔逊(Wilson)在其博士论文《二维结构的有限元分析》中，编制了解决平面弹性力学问题的通用程序。之后有限元通用程序进入了高速发展时期。威尔逊编写了有限元通用程序SAP，巴斯编写了非线性分析程序ADINA，美国国家航空航天局(NASA)发展了NASTRAN。从20世纪60年代起，我国的力学工作者也开始了对计算力学这一领域的研究。在钱令希先生的大力倡导和推动下，结构优化设计的研究得到了较大发展。大连理工大学研制了JIGFEX通用程序系统。

在此之后人们对这些软件开发的相关技术进行了深入研究，随着前处理、后处理软件及CAD系统的发展，引发了新兴学科的出现：计算机辅助工程CAE(Computer Aided Engineering)。可以说是计算力学的延伸造就了CAE软件和产业。随着最近30年计算机硬件、软件、互联网技术的高速发展，CAE软件的功能、性能、用户界面、可靠性和对各操作系统的适用性都得到极大提高。目前国外代表性软件有 ABAQUS、ADAMS、ANSYS、FLUENT、NASTRAN等。国内的代表性软件有大连理工大学的自主集成系统 SiPESC。

二、计算力学的研究范围和内容

计算力学主要是应工程师的需求而发展的,它与工程需要紧密结合。计算力学在工程中的应用是通过程序系统来体现的。钱学森先生曾指出,力学加计算机将成为 21 世纪工程设计的主要手段。

计算力学是计算机科学、计算数学与力学学科相结合的产物,是根据力学中的理论,利用现代电子计算机和各种数值方法,解决力学中实际问题的一门新兴学科。它横贯力学的各个分支,不断扩大各个领域中力学的研究和应用范围,同时也在发展自己的理论和方法。

随着理论研究的不断深入和工程应用的不断普及,计算力学的研究范围已拓展到固体力学、流体力学、热力学、土木工程、航空航天、船舶海洋、核电、材料工程、电磁场等诸多领域。

计算力学的研究内容主要有离散化方法、数值算法和软件三方面。宏观力学量都是时间和空间的连续量,为了能被计算机处理,就必须化为离散量。这方面有限元法就是最成功的例子。目前边界元法、无网格法、半解析法等多种方法都在不断发展中。数值计算方法的研究是计算力学的核心内容,一个好的算法可以使解题效率成倍增长,比如稀疏矩阵的消去法、波前法,求解动力问题的子空间迭代法、精细积分法等。把算法通过计算机语言,变成一系列指令,教给计算机完成,就形成了软件。软件还应包括前后处理、计算机辅助设计等,它是计算机科学、数学和力学相结合的产物。

三、计算力学的研究步骤

一般来说,计算力学研究实际工程问题的主要步骤是:用工程和力学的理论建立计算模型;推导对应的数学表达方程;通过变分原理等方法进行离散化处理,寻求最恰当的数值计算方法;编制计算程序进行数值计算,在计算机上求出答案;运用工程和力学的概念判断和解释所得结果和意义,作出科学结论。

计算力学借助计算机求解力学问题,探索力学规律,处理力学数据,是力学、数学和计算机科学的交叉学科。随着计算力学在工程领域中越来越广泛的应用,它在国民经济建设和科学技术发展中将发挥更大的作用。

参考文献

[1] 钟万勰. 计算结构力学微机程序设计[M]. 北京:水利电力出版社,1986.

[2] Courant R. Variational methods for the solution of problems of equilibrium and vibrations [J]. Bull. Amer. Math. Soc., 1943, 49: 1-23.

[3] Argyris J H. Energy theorems and structural analysis [J]. Aircraft Engineering and Aerospace Technology, 1954, 26(11): 383-394.

[4] Turner M J. Stiffness and deflection analysis of complex structures [J]. J. aero. sci, 1956, 23(9): 805-823.

[5] Zienkiewicz O C, Taylor R L, Zhu J Z. The finite element method: its basis and fundamentals [M]. 7th ed. Singapore: Elsevier (Singapore) Pte Ltd., 2015.

[6] 武际可. 力学史[M]. 上海：上海辞书出版社，2010.
[7] Bathe K J. 有限元法：理论、格式与求解方法[M]. 第 2 版. 轩建平，译. 北京：高等教育出版社，2016.
[8] 钟万勰. 一个多用途的结构分析程序 JIGFEX(一)[J]. 大连工学院学报，1977，17(3)：19-42.
[9] 钟万勰. 一个多用途的结构分析程序 JIGFEX(二)[J]. 大连工学院学报，1977，17(4)：14-35.
[10] 张洪武，陈飙松，李云鹏，等. 面向集成化 CAE 软件开发的 SiPESC 研发工作进展[J]. 计算机辅助工程，2011，20(2)：39-49.

第一章　变分法基础

第一节　历史上三个变分命题

变分法是数学的一个分支，它主要研究的是在一组容许函数中选定一个函数，使给定的泛函取极值，亦即它研究函数的函数（称之为泛函）的极值性质。历史上对变分法的发展有巨大影响的有这样几个问题。

一、最速降线问题

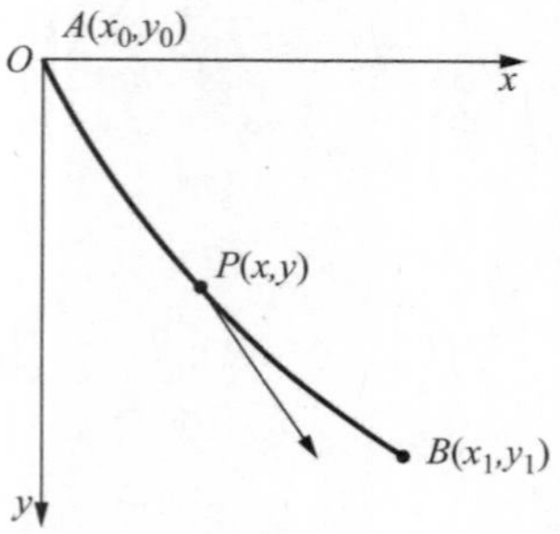

图 1-1

1696 年约翰・伯努利（John Bernoulli）提出最速降线问题：确定一条曲线连接不在同一铅垂线上的两点 A 和 B（见图 1-1），使它具有这样的性质，即当有一重物沿这条曲线从 A 到 B 受重力作用自由下滑，不考虑摩擦力时，所需时间为最少。由运动学可知，总的下滑时间为

$$T=\int_{x_0}^{x_1}\sqrt{\frac{1+\left(\frac{\mathrm{d}y}{\mathrm{d}x}\right)^2}{2gy}}\,\mathrm{d}x \tag{1-1}$$

式中，g 是重力加速度。显然对于通过 A、B 两点的不同的曲线 $y(x)$ 将有不同的时间 T 与之对应，但其中仅有一个使 T 取最小值。

二、短程线问题

求曲面 $\varphi(x,y,z)=0$ 上所给定两点 A,B 间长度最短的曲线，如图 1-2 所示。问题归结为求泛函

$$L=\int_{x_1}^{x_2}\sqrt{1+\left(\frac{\mathrm{d}y}{\mathrm{d}x}\right)^2+\left(\frac{\mathrm{d}z}{\mathrm{d}x}\right)^2}\,\mathrm{d}x \tag{1-2}$$

的极小值，其中 $y(x)$，$z(x)$ 两个函数应当符合 $\varphi(x,y,z)$ 这个条件。这问题不像最速降线问题那样是无条件的，故称为“条件变分”问题。这个问题最早由约翰・伯努利在 1697 年解决。但是关于这一类问题的普遍理论后来是由欧拉（L. Euler）在 1744 年和拉格朗日（L. Lagrange）在 1762 年解决的。

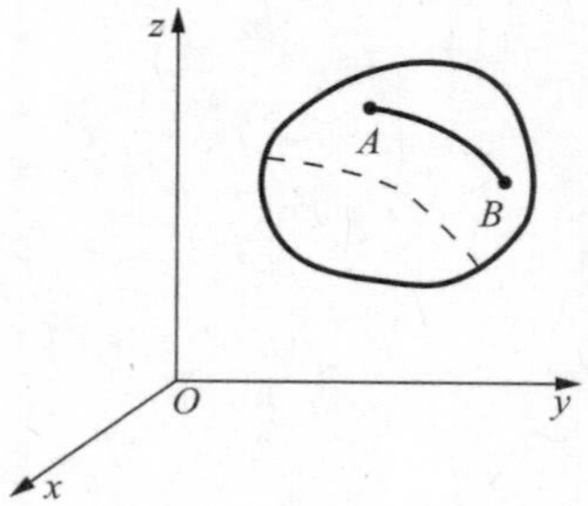

图 1-2

三、等周问题

在长度一定的封闭曲线中，什么样的曲线所围面积最大？在古希腊时已经知道这个问题的答案是一个圆，但是它的变分特性是一直到 1744 年才由欧拉察觉的。

将所给曲线用参数表达为 $x=x(s)$，$y=y(s)$。因为是封闭曲线，所以有固定边界条件

$$x(s_1)=x(s_2),\ y(s_1)=y(s_2) \tag{1-3}$$

曲线所围面积

$$R=\iint_R \mathrm{d}x\mathrm{d}y=\frac{1}{2}\oint_C(x\mathrm{d}y-y\mathrm{d}x)=\frac{1}{2}\int_{s_1}^{s_2}\left(x\frac{\mathrm{d}y}{\mathrm{d}s}-y\frac{\mathrm{d}x}{\mathrm{d}s}\right)\mathrm{d}s \tag{1-4}$$

这条曲线的周长

$$L=\int_{s_1}^{s_2}\sqrt{\left(\frac{\mathrm{d}x}{\mathrm{d}s}\right)^2+\left(\frac{\mathrm{d}y}{\mathrm{d}s}\right)^2}\mathrm{d}s \tag{1-5}$$

等周问题归纳如下：

在满足边界（这里是端点）固定条件式(1-3)及限制条件式(1-5)下，从一切 $x=x(s)$，$y=y(s)$的函数中选取一对函数，使式(1-4)的泛函 R 为最大。这是一个条件变分命题，但其条件本身也是一个泛函。

这三个历史上有名的变分命题，是 17 世纪末期提出的，又都是 18 世纪上半叶解决的。解决过程中，欧拉和拉格朗日创立了现在大家熟知的变分法。这个变分法后来被广泛地用在力学的各个方面，对力学的发展起了很重要的作用。

第二节　变分及其特性

一、泛函的定义

如果对于某一类函数 $y(x)$中的每一个函数 $y(x)$，都有一 Π 值与之对应；或者数 Π 对应于函数 $y(x)$的关系成立，则变量 Π 称为函数 $y(x)$的泛函，记为 $\Pi=\Pi[y(x)]$。

函数是变量和变量的关系，而泛函则是变量与函数的关系，可以说泛函是一种广义的函数。

二、变分

泛函 $\Pi[y(x)]$的宗量 $y(x)$的增量如果很小时，就称之为变分，用 $\delta y(x)$或 δy 来表示。δy 是指 $y(x)$和跟它相接近的 $y_1(x)$之差，即

$$\delta y(x)=y(x)-y_1(x) \tag{1-6}$$

δy 也是 x 的函数，只是 $\delta y(x)$在指定的 x 域中都是微量。此处假定 $y(x)$是在接近 $y_1(x)$的一类函数中任意改变的。

曲线 $y=y(x)$，$y=y_1(x)$要怎样才算是相差很小或很接近？最简单的理解是在一切值 x 上，$y(x)$和 $y_1(x)$之差的模都很小；也就是 $y=y(x)$，$y=y_1(x)$的曲线的纵坐标到处都很接近。图 1-3 和图 1-4 所示的两曲线都是很接近的。

实际情况是，图 1-4 中两曲线不仅它们的纵坐标接近，而且在对应点的切线方向之间也是接近的；但图 1-3 中的两条曲线则不然，虽然它们的纵坐标是接近的，但在对应点的切线方向之间并不接近。把图 1-3 中的两条曲线称为“零阶接近度”曲线。在这种接近度的曲线中 $y(x)-y_1(x)$的值到处很小，但 $y'(x)-y'_1(x)$的值就不一定很小。图 1-4 中的两条曲线则称为具有“一阶接近度”。在这类曲线中，$y(x)-y_1(x)$，$y'(x)-y'_1(x)$的值到处都很小。

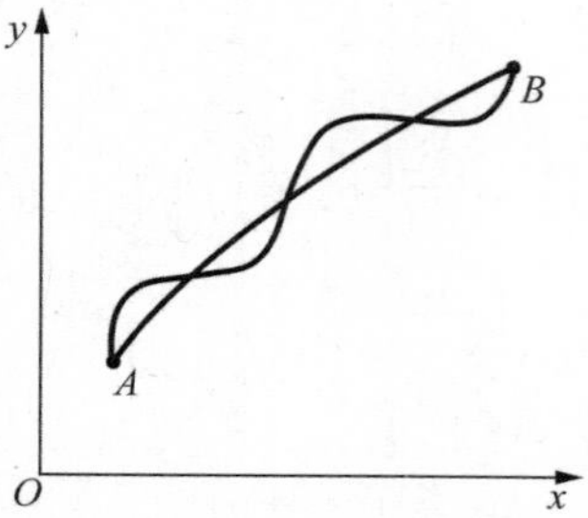

图 1-3 零阶接近度曲线

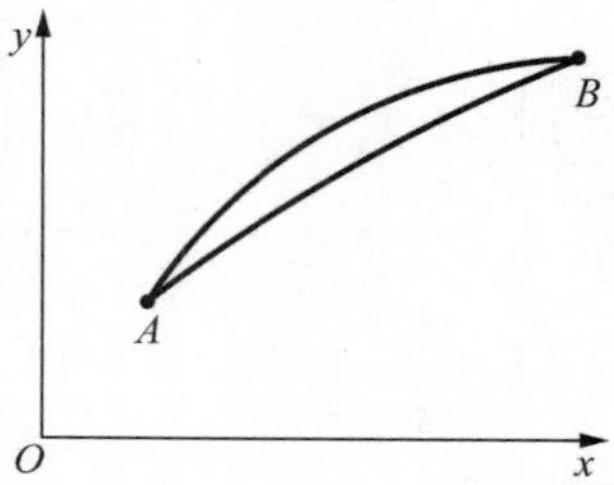

图 1-4 同时具有零阶和一阶接近度曲线

有时必须要求下列每个差的模都很小：

$$\left.\begin{aligned}&\delta y = y(x) - y_1(x),\quad \delta y' = y'(x) - y_1'(x),\\&\delta y'' = y''(x) - y_1''(x),\cdots,\quad \delta y^{(k)} = y^{(k)}(x) - y_1^{(k)}(x)\end{aligned}\right\}\tag{1-7}$$

则称 $y=y(x)$，$y=y_1(x)$这两条曲线有 k 阶接近度。接近度的阶数越高，曲线接近得越好。

在变分计算中，常常要求有较好的接近度。为此，拉格朗日曾引用一个小量 ε，使

$$\left.\begin{aligned}&\delta y = \varepsilon\eta(x) = y(x) - y_1(x)\\&\delta y' = \varepsilon\eta'(x) = y'(x) - y_1'(x)\\&\delta y'' = \varepsilon\eta''(x) = y''(x) - y_1''(x)\\&\cdots\cdots\\&\delta y^{(k)} = \varepsilon\eta^{(k)}(x) = y^{(k)}(x) - y_1^{(k)}(x)\end{aligned}\right\}\tag{1-8}$$

当 $\varepsilon\to 0$ 时，$\delta y, \delta y', \delta y'', \cdots, \delta y^{(k)}$ 都保证是微量。从而保证了有 k 阶接近度，甚至更高阶的接近度。当然，如果在原则上认定 $\delta y, \delta y', \delta y'', \cdots, \delta y^{(k)}$ 是同级微量，则同样可以用 $\delta y, \delta y', \delta y'', \cdots, \delta y^{(k)}$ 进行变分，而不必引用 ε。在以后的变分计算中，有许多情况就是在这样一个默认的原则下进行的。

三、泛函的连续

如果对于 $y(x)$的微量改变，有相应的泛函 $\Pi(y(x))$的微量改变，则说泛函 $\Pi(y(x))$是连续的，也就是说：

如果对于一个任给的正数 ε，可以找到一个 δ，并当$|y(x)-y_1(x)|<\delta$，$|y'(x)-y'_1(x)|<\delta$，$\cdots$，$|y^{(k)}(x)-y_1^{(k)}(x)|<\delta$ 时，能使$|\Pi(y(x))-\Pi(y_1(x))|<\varepsilon$，就说泛函 $\Pi(y(x))$在 $y(x)=y_1(x)$处 k 阶接近连续。

四、泛函的变分

泛函的变分有两种定义。

(1) 对于 $y(x)$的变分 δy 所引起的泛函的增量定义为

$$\Delta\Pi = \Pi(y(x) + \delta y(x)) - \Pi(y(x))\tag{1-9}$$

可以展开为线性的泛函项和非线性的泛函项

$$\Delta\Pi = L(y(x), \delta y(x)) + \phi(y(x), \delta y(x)) \cdot \max|\delta y(x)|\tag{1-10}$$

其中，$L(y(x), \delta y(x))$对 $\delta y(x)$说来是线性的泛函项，即

$$L(y(x),c\delta y(x)) = cL(y(x),\delta y(x))$$

$$L(y(x),\delta y(x)+\delta y_1(x)) = L(y(x),\delta y(x))+L(y(x),\delta_1(x))$$

典型的线性泛函有

$$L(y(x),\delta y(x)) = \int_{x_1}^{x_2}\{p(x,y)\delta y(x)+q(x,y)\delta y'(x)+ r(x,y)\delta y''(x)+\cdots+t(x,y)\delta y^{(k)}(x)\}\mathrm{d}x \tag{1-11}$$

式(1-10)中的 $\phi(y(x),\delta y(x))\cdot\max|\delta y(x)|$ 是非线性泛函项，其中 $\phi(y(x),\delta y(x))$ 是与 δy 同阶或更高阶小量；$\max|\delta y(x)|$ 表示 $|\delta y(x)|$ 的最大值，且当 $\delta y(x)\rightarrow 0$ 时

$$\max|\delta y(x)|\rightarrow 0,\quad \phi(y(x),\delta y(x))\rightarrow 0$$

于是式(1-10)泛函的增量中对于 δy 说来是线性的那一部分，即 $L(y(x),\delta y(x))$ 就称为泛函的变分，用 $\delta\Pi$ 来表示：

$$\delta\Pi = L(y(x),\delta y(x)) \tag{1-12}$$

所以，泛函的变分是泛函增量的主部，而且这个主部对于变分 $\delta y(x)$ 来说是线性的。

(2) 拉格朗日的泛函变分定义：

泛函变分是 $\Pi(y(x)+\varepsilon\delta y(x))$ 对 ε 的导数在 $\varepsilon=0$ 时的值。因为根据式(1-9)、式(1-10)有

$$\Pi(y(x)+\varepsilon\delta y(x)) = \Pi(y(x))+L(y(x),\varepsilon\delta y(x))+ \phi(y(x),\varepsilon\delta y(x))\varepsilon\max|\delta y(x)| \tag{1-13}$$

而且

$$L(y(x),\varepsilon\delta y(x)) = \varepsilon L(y(x),\delta y(x)) \tag{1-14}$$

于是有

$$\frac{\partial}{\partial\varepsilon}\Pi(y(x)+\varepsilon\delta y(x)) = L(y(x),\delta y(x))+\phi(y(x),\varepsilon\delta y(x))\cdot\max|\delta y(x)|+ \varepsilon\frac{\partial}{\partial\varepsilon}\{\phi(y(x),\varepsilon\delta y(x))\}\cdot\max|\delta y(x)|$$

因为当 $\varepsilon\rightarrow 0$ 时有

$$\phi(y(x),\varepsilon\delta y(x))\rightarrow 0$$

$$\varepsilon\frac{\partial}{\partial\varepsilon}\{\phi(y(x),\varepsilon\delta y(x))\}\cdot\max|\delta y(x)|\rightarrow 0$$

故有

$$\left.\frac{\partial}{\partial\varepsilon}\Pi(y(x)+\varepsilon\delta y(x))\right|_{\varepsilon\rightarrow 0} = L(y(x),\delta y(x)) \tag{1-15}$$

这就证明了拉格朗日的泛函变分的定义为

$$\delta\Pi = \left.\frac{\partial}{\partial\varepsilon}\Pi(y(x)+\varepsilon\delta y(x))\right|_{\varepsilon\rightarrow 0} \tag{1-16}$$

五、泛函的极值

如果函数 $y(x)$ 在 $x=x_0$ 附近的任意点上的值都不大(或不小)于 $y(x_0)$，也即

$$\mathrm{d}y = y(x)-y(x_0)\leqslant 0\quad(\text{或}\geqslant 0)$$

时，则称函数 $y(x)$ 在 $x=x_0$ 上达到极大(或极小)值，而且在 $x=x_0$ 上有

$$\mathrm{d}y = 0 \tag{1-17}$$

对于泛函$\Pi(y(x))$而言，也有类似的定义。

如果泛函$\Pi(y(x))$在任何一条与$y=y_0(x)$接近的曲线上的值不大(或不小)于$\Pi(y_0(x))$，也即

$$\Delta\Pi=\Pi(y(x))-\Pi(y_0(x))\leqslant 0\quad(\text{或}\geqslant 0) \tag{1-18}$$

时，则称泛函$\Pi(y(x))$在曲线$y=y_0(x)$上达到极大(或极小)值，而且在$y=y_0(x)$上有

$$\delta\Pi(y(x))=0 \tag{1-19}$$

在这里，对于泛函的极值概念有进一步说明的必要，凡说到泛函的极大(或极小)值，主要是说泛函的相对的极大(或极小)值。也就是说，从互相接近的许多曲线来找一个最大(或最小)的泛函值。但是曲线的接近，有不同的接近度，因此在泛函的极大极小定义里，还应说明这些曲线有几阶的接近度。

如果对于与$y=y_0(x)$的接近度为零阶的一切曲线而言，泛函在曲线$y=y_0(x)$上达到极大(或极小)值，则就把这类变分叫作强变分，这样得到的极大(或极小)值称为强极大(或强极小)。如果只对于与$y=y_0(x)$有一阶接近度的曲线$y=y(x)$而言，泛函在$y=y_0(x)$上达到极大(或极小)值，则称这种变分为弱变分，这样得到的极大或极小值称为弱极大(或弱极小)。

显然，当泛函在$y=y_0(x)$曲线上有强极大或强极小时，在该曲线上也会有弱极大或弱极小。强极值与弱极值的区别在推导极值的必要条件时不重要，但在研究极值的充分条件时是很重要的。

第三节　欧拉方程

一、变分法的基本预备定理

这里介绍后面要用到的变分法基本预备定理，但不进行证明。

如果函数$F(x)$在线段(x_1,x_2)上连续，且对于只满足某些一般条件的任意选定的函数$\delta y(x)$，有

$$\int_{x_1}^{x_2}F(x)\delta y(x)\mathrm{d}x=0 \tag{1-20}$$

则在线段(x_1,x_2)上有

$$F(x)=0 \tag{1-21}$$

$\delta y(x)$的一般条件是：

(1) 一阶或若干阶可微。

(2) 在线段(x_1,x_2)的端点处为零。

(3) $|\delta y(x)|<\varepsilon$，或$|\delta y(x)|<\varepsilon$和$|\delta y'(x)|<\varepsilon$，…

对于多变量的问题，也有类似的变分预备定理。如果$F(x,y)$在(x,y)平面内S域中连续，设$\delta Z(x,y)$在S域的边界上为零，且有

$$|\delta Z|\leqslant\varepsilon,\quad |\delta Z'_x|<\varepsilon,\quad |\delta Z'_y|<\varepsilon \tag{1-22}$$

还满足连续性及一阶或若干阶的可微性，对于这样选取的$\delta Z(x,y)$而言，有

$$\iint_S F(x,y)\delta Z(x,y)\mathrm{d}x\mathrm{d}y=0 \tag{1-23}$$

则在域 S 内有

$$F(x,y)=0 \tag{1-24}$$

二、泛函极值问题的求解

我们先来求解最速降线问题：在满足固定边界(这里是端点)条件

$$y(0)=0,\quad y(x_1)=y_1$$

的一切 $y(x)$ 的函数中，求泛函

$$T=\frac{1}{\sqrt{2g}}\int_0^{x_1}\sqrt{\frac{1+[y'(x)]^2}{y(x)}}\mathrm{d}x \tag{1-25}$$

为极值的函数。

设 $y(x)$ 为满足使泛函取极值的解，与 $y(x)$ 相接近的函数为 $y(x)+\delta y(x)$，其导数为 $y'(x)+\delta y'(x)$，于是泛函的增量

$$\Delta T=\frac{1}{\sqrt{2g}}\int_0^{x_1}\left\{\sqrt{\frac{1+(y'+\delta y')^2}{y+\delta y}}-\sqrt{\frac{1+(y')^2}{y}}\right\}\mathrm{d}x \tag{1-26}$$

按 $\delta y,\delta y'$ 作为小量的泰勒展开，有

$$\begin{aligned}\sqrt{\frac{1+(y'+\delta y')^2}{y+\delta y}}=&\sqrt{\frac{1+(y')^2}{y}}+\frac{y'}{\sqrt{y[1+(y')^2]}}\delta y'-\\&\frac{1}{2y}\sqrt{\frac{1+(y')^2}{y}}\delta y+O(\delta^2)\end{aligned} \tag{1-27}$$

式中，$O(\delta^2)$代表 $\delta y,\delta y'$ 的二次以上的高阶项，当 δy、$\delta y'$ 都很小时(亦即 $y+\delta y$ 与 y 有一阶接近度时)，按定义，泛函的变分就是略去 $O(\delta^2)$诸项以后的线性主部。于是泛函的极值条件可以写成

$$\delta T=\frac{1}{2g}\int_0^{x_1}\left\{\frac{y'}{\sqrt{y[1+(y')^2]}}\delta y'-\frac{1}{2y}\sqrt{\frac{1+(y')^2}{y}}\delta y\right\}\mathrm{d}x=0 \tag{1-28}$$

通过分部积分，上式右边{…}中的第一项可简化为

$$\begin{aligned}\int_0^{x_1}\frac{y'}{\sqrt{y[1+(y')^2]}}\delta y'\mathrm{d}x=&\int_0^{x_1}\frac{\mathrm{d}}{\mathrm{d}x}\left\{\frac{y'}{\sqrt{y[1+(y')^2]}}\delta y\right\}\mathrm{d}x-\\&\int_0^{x_1}\frac{\mathrm{d}}{\mathrm{d}x}\left\{\frac{y'}{\sqrt{y[1+(y')^2]}}\right\}\delta y\mathrm{d}x\end{aligned} \tag{1-29}$$

因为 $y(x)+\delta y(x)$也通过 $y(0)+\delta y(0)=0$ 和 $y(x_1)+\delta y(x_1)=y_1$ 这两点，而又因 $y(x_1)=y_1$，$y(0)=0$，故有

$$\delta y(0)=0,\quad \delta y(x_1)=0$$

于是式(1-29)右端第一项经积分

$$\begin{aligned}&\int_0^{x_1}\frac{\mathrm{d}}{\mathrm{d}x}\left\{\frac{y'}{\sqrt{y[1+(y')^2]}}\delta y\right\}\mathrm{d}x\\=&\frac{y'(x)}{\sqrt{y(x_1)[1+(y'(x_1))^2]}}\delta y(x_1)-\frac{y'(0)}{\sqrt{y(0)[1+(y'(0))^2]}}\delta y(0)\end{aligned}$$

则式(1-28)可化成

$$\delta T=\frac{1}{2g}\int_0^{x_1}\left\{\frac{1}{2y}\sqrt{\frac{1+y'^2}{y}}+\frac{\mathrm{d}}{\mathrm{d}x}\left[\frac{y'}{\sqrt{y(1+y'^2)}}\right]\right\}\delta y\mathrm{d}x=0$$

因为式中 δy 是满足条件式(1-22)的任选函数，于是由变分法基本预备定理，由上式得

$$\frac{1}{2y}\sqrt{\frac{1+y'^2}{y}}+\frac{\mathrm{d}}{\mathrm{d}x}\left[\frac{y'}{\sqrt{y(1+y'^2)}}\right]=0 \tag{1-30}$$

这就是求解 $y(x)$的微分方程。这类从泛函变分获得的微分方程统称为欧拉方程。

将式(1-30)改写成

$$\frac{\mathrm{d}}{\mathrm{d}x}\left\{\frac{y'^2}{\sqrt{y(1+y'^2)}}-\sqrt{\frac{1-y'^2}{y}}\right\}=0$$

或

$$\frac{\mathrm{d}}{\mathrm{d}x}\left\{\frac{1}{\sqrt{y(1+y'^2)}}\right\}=0$$

因此，一次积分得

$$y(1+y'^2)=C$$

C 为积分常数。为了进一步积分，引入参数 t，使

$$y'=\cot t$$

于是得到

$$y=\frac{C}{1+y'^2}=C\cdot\sin^2 t=\frac{C}{2}(1-\cos 2t)$$

$$\mathrm{d}x=\frac{\mathrm{d}y}{y'}=\frac{2C\sin t\cos t}{\cot t}\mathrm{d}t=2C\sin^2 t\,\mathrm{d}t=C(1-\cos 2t)\mathrm{d}t$$

积分后得

$$x=\frac{C}{2}(2t-\sin 2t)+C_1$$

引用初始条件 $y=0$，$x=0$，则得 $C_1=0$；再用新的参数 $\theta=2t$，于是可得最速降线的解的参数方程

$$x=\frac{C}{2}(\theta-\sin\theta),\quad y=\frac{C}{2}(1-\cos\theta) \tag{1-31}$$

这是一组圆滚线族。$\frac{C}{2}$为滚圆半径，常数 C 是由圆滚线通过 $B(x_1, y_1)$这个条件确定的，所以最速降线是圆滚线。

从这个最速降线的泛函变分极值问题中可以看到变分法的几个主要步骤：

(1) 从物理问题建立泛函及其条件。

(2) 通过泛函变分，利用变分法基本预备定理求得欧拉方程。

(3) 求解欧拉方程，得到所求的函数。

应当指出，变分法和欧拉方程代表同一个物理问题，从欧拉方程求近似解和从变分法求近似解有相同的效果。但是，求解欧拉方程往往是困难的，而从泛函变分求近似解一般并不困难，这就是变分法被重视的原因。

上面指出了物理问题的微分方程是怎样从泛函变分中求得的。也有一些问题，微分方程是已知的，但求解却很困难，如果能把它们化成相当的泛函变分求极值的问题，并有近似方法

(如有限元法)求解,就能迎刃而解了。但是并不是所有微分方程都能找到相应的泛函。碰到这类问题,我们只能借助其他方法,例如伽辽金法、加权余量法等。

三、欧拉方程

现在来讨论从泛函极值问题求得欧拉方程的一般步骤,首先由最简单的问题入手。

问题可表述为:求使泛函

$$\Pi(y(x)) = \int_{x_1}^{x_2} F(x, y, y')\mathrm{d}x \tag{1-32}$$

在边界条件

$$y(x_1) = y_1, \quad y(x_2) = y_2 \tag{1-33}$$

下取极值的函数 $y(x)$,这里函数 $F(x, y, y')$ 被认为是三阶可微的。

1. *把泛函的变分作为泛函增量的主部*

设正确解是 $y(x)$,与 $y(x)$ 邻近的任意容许函数为

$$\tilde{y}(x) = y(x) + \delta y(x) \tag{1-34}$$

这里 $\delta y(x)$ 是满足一般条件式(1-22)的任意选定的函数。于是有固定边界(端点)条件

$$\delta y(x_1) = 0, \quad \delta y(x_2) = 0 \tag{1-35}$$

同时有

$$\tilde{y}'(x) = y'(x) + \delta y'(x) \tag{1-36}$$

按照泰勒级数展开泛函的增量:

$$\begin{aligned}\Delta\Pi &= \int_{x_1}^{x_2} F(x, \tilde{y}, \tilde{y}')\mathrm{d}x - \int_{x_1}^{x_2} F(x, y, y')\mathrm{d}x \\ &= \int_{x_1}^{x_2}\left(\frac{\partial F}{\partial y}\delta y + \frac{\partial F}{\partial y'}\delta y'\right)\mathrm{d}x + \frac{1}{2!}\int_{x_1}^{x_2}\left[\frac{\partial^2 F}{\partial y^2}(\delta y)^2 + 2\frac{\partial^2 F}{\partial y \partial y'}\delta y \delta y' + \frac{\partial^2 F}{\partial y'^2(\delta y')^2}\right]\mathrm{d}x + \cdots\end{aligned}$$

记为

$$\Delta\Pi = \delta\Pi + \frac{1}{2!}\delta^2\Pi + \cdots \tag{1-37}$$

式中

$$\delta\Pi = \int_{x_1}^{x_2}\left(\delta y\frac{\partial}{\partial y} + \delta y'\frac{\partial}{\partial y'}\right)F\mathrm{d}x$$

$$\delta^2\Pi = \int_{x_1}^{x_2}\left(\delta y\frac{\partial}{\partial y} + \delta y'\frac{\partial}{\partial y'}\right)^2 F\mathrm{d}x$$

$$\cdots\cdots$$

分别称为泛函 Π 的一阶变分、二阶变分……

由式(1-19)给出的极值条件:

$$\delta\Pi = \int_{x_1}^{x_2}\left(\frac{\partial F}{\partial y}\delta y + \frac{\partial F}{\partial y'}\delta y'\right)\mathrm{d}x = 0 \tag{1-38}$$

注意到有下述关系:

$$\delta y'\mathrm{d}x = \delta\left(\frac{\mathrm{d}y}{\mathrm{d}x}\right)\mathrm{d}x = \frac{\mathrm{d}}{\mathrm{d}x}(\delta y)\mathrm{d}x = \mathrm{d}(\delta y) \tag{1-39}$$

再进行分部积分,则有

$$\int_{x_1}^{x_2} \frac{\partial F}{\partial y'}\delta y'\mathrm{d}x = \left[\frac{\partial F}{\partial y'}\delta y\right]\Big|_{x_1}^{x_2} - \int_{x_1}^{x_2} \frac{\mathrm{d}}{\mathrm{d}x}\left(\frac{\partial F}{\partial y'}\right)\delta y\mathrm{d}x$$

再利用条件式(1-35),有

$$\int_{x_1}^{x_2} \frac{\partial F}{\partial y'}\delta y'\mathrm{d}x = -\int_{x_1}^{x_2} \frac{\mathrm{d}}{\mathrm{d}x}\left(\frac{\partial F}{\partial y'}\right)\delta y\mathrm{d}x$$

代入式(1-38),得

$$\delta \Pi = \int_{x_1}^{x_2}\left\{\frac{\partial F}{\partial y} - \frac{\mathrm{d}}{\mathrm{d}x}\left(\frac{\partial F}{\partial y'}\right)\right\}\delta y\mathrm{d}x = 0 \tag{1-40}$$

根据变分法基本预备定理,极值条件式(1-40)即为

$$\frac{\partial F}{\partial y} - \frac{\mathrm{d}}{\mathrm{d}x}\left(\frac{\partial F}{\partial y'}\right) = 0 \tag{1-41}$$

式中第二项是对 x 的全导数,因为 $F=F(x,y,y')$,故有

$$\frac{\mathrm{d}}{\mathrm{d}x}\left(\frac{\partial F}{\partial y'}\right) = \frac{\partial^2 F}{\partial y'\partial x} + \frac{\partial^2 F}{\partial y'\partial y}\frac{\partial y}{\partial x} + \frac{\partial^2 F}{\partial y'\partial y'}\frac{\partial y'}{\partial x} \tag{1-42}$$

于是式(1-41)可写成

$$\frac{\partial F}{\partial y} - \left[\frac{\partial^2 F}{\partial x\partial y'} + \frac{\partial^2 F}{\partial y\partial y'}y' + \frac{\partial^2 F}{\partial y'^2}\frac{\partial y'}{\partial x}\right] = 0 \tag{1-43}$$

这是 1744 年欧拉所得出的著名方程,故称为欧拉方程。因此,式(1-32)定义的泛函的极值问题可归结为在边界条件式(1-33)下求解微分方程式(1-43)。

为判定这样得到的解使 Π 取极大还是极小,尚需考察二阶变分 $\delta^2\Pi$ 的符号。此时式(1-37)变为

$$\Delta\Pi = \frac{1}{2!}\delta^2\Pi + \cdots$$

因此,若对于任意的 $\delta y(x)$ 有 $\delta^2\Pi>0$,则使 $\Pi[y(x)]$ 取极小值;反之,若 $\delta^2\Pi<0$,则取极大值。

2. 用拉格朗日法求泛函变分

根据拉格朗日法对泛函变分的定义,由式(1-32)得

$$\Pi(y+\varepsilon\delta y) = \int_{x_1}^{x_2} F(x, y+\varepsilon\delta y, y'+\varepsilon\delta y')\mathrm{d}x$$

于是有

$$\frac{\partial}{\partial\varepsilon}\Pi(y+\varepsilon\delta y) = \int_{x_1}^{x_2}\left\{\frac{\partial}{\partial y}F(x, y+\varepsilon\delta y, y'+\varepsilon\delta y')\delta y + \frac{\partial}{\partial y'}F(x, y+\varepsilon\delta y, y'+\varepsilon\delta y')\delta y'\right\}\mathrm{d}x$$

令 $\varepsilon\to 0$,由式(1-16)得极值条件

$$\delta\Pi = \frac{\partial}{\partial\varepsilon}\Pi(y+\varepsilon\delta y)\Big|_{\varepsilon\to 0} = \int_{x_1}^{x_2}\left(\frac{\partial F}{\partial y}\delta y + \frac{\partial F}{\partial y'}\delta y'\right)\mathrm{d}x = 0$$

这就是式(1-38),经过同样的推导,显然可得到同样的欧拉方程。现在这个方程也称为欧拉-拉格朗日方程。

第四节 依赖于高阶导数的泛函

将上述变分问题推广到那些依赖于高阶导数的泛函的极值问题,以及从这些泛函变分所

得到的欧拉-泊松方程。

研究泛函

$$\Pi(y(x)) = \int_{x_1}^{x_2} F(x, y(x), y'(x), y''(x), \cdots, y^{(n)}(x))\mathrm{d}x \tag{1-44}$$

的极值，其中函数 F 被认为对于 $y, y', y'', \cdots, y^{(n)}$ 是 $n+2$ 阶可微的；并且假定，端点上有固定条件

$$\left.\begin{aligned} y(x_1) = y_1, y'(x_1) = y_1', y''(x_1) = y'', \cdots, y^{(n-1)}(x_1) = y_1^{(n-1)} \\ y(x_2) = y_2, y'(x_2) = y_2', y''(x_2) = y_2'', \cdots, y^{(n-1)}(x_2) = y_2^{(n-1)} \end{aligned}\right\} \tag{1-45}$$

即端点上不仅给定函数的值，而且还给定直至 $n-1$ 阶导数的值。并假定极值在 $2n$ 阶可微的曲线 $y=y(x)$ 上达到。

只要把 $\delta y, \delta y', \delta y'', \cdots, \delta y^{(n)}$ 都作为微量，把泛函的增量按泰勒级数展开，用与上面相同的求泛函变分的方法，可以证明

$$\delta\Pi = \int_{x_1}^{x_2} \left[\frac{\partial F}{\partial y}\delta y + \frac{\partial F}{\partial y'}\delta y' + \frac{\partial F}{\partial y''}\delta y'' + \cdots + \frac{\partial F}{\partial y^{(n)}}\delta y^{(n)}\right]\mathrm{d}x \tag{1-46}$$

对上式右边第$(i+1)$项经过 i 次分部积分

$$\begin{aligned} \int_{x_1}^{x_2} \frac{\partial F}{\partial y^{(i)}}\delta y^{(i)}\mathrm{d}x &= \int_{x_1}^{x_2} \frac{\partial F}{\partial y^{(i)}} \frac{\mathrm{d}}{\mathrm{d}x}(\delta y^{(i-1)})\mathrm{d}x \\ &= \int_{x_1}^{x_2} \frac{\partial F}{\partial y^{(i)}}\mathrm{d}(\delta y^{(i-1)}) \\ &= \frac{\partial F}{\partial y^{(i)}}\delta y^{(i-1)}\Big|_{x_1}^{x_2} - \frac{\mathrm{d}}{\mathrm{d}x}\left(\frac{\partial F}{\partial y^{(i)}}\right)\delta y^{(i-2)}\Big|_{x_1}^{x_2} + \cdots + \\ &\quad (-1)^i \int_{x_1}^{x_2} \frac{\mathrm{d}^{(i)}}{\mathrm{d}x^{(i)}}\left(\frac{\partial F}{\partial y^{(i)}}\right)\delta y\mathrm{d}x, \quad i = 1, 2, \cdots, n \end{aligned} \tag{1-47}$$

由式(1-45)的边界条件，在端点 $x=x_1, x=x_2$ 时，有

$$\delta y = \delta y' = \delta y'' = \cdots = \delta y^{(n-1)} = 0 \tag{1-48}$$

根据 $\delta\Pi=0$ 这个极值变分条件，从式(1-46)得

$$\delta\Pi = \int_{x_1}^{x_2} \left\{\frac{\partial F}{\partial y} - \frac{\mathrm{d}}{\mathrm{d}x}\left(\frac{\partial F}{\partial y'}\right) + \frac{\mathrm{d}^2}{\mathrm{d}x^2}\left(\frac{\partial F}{\partial y''}\right) - \cdots + (-1)^n \frac{\mathrm{d}^n}{\mathrm{d}x^n}\left(\frac{\partial F}{\partial y^{(n)}}\right)\right\}\delta y\mathrm{d}x = 0$$

于是根据变分法的基本预备定理，得

$$\frac{\partial F}{\partial y} - \frac{\mathrm{d}}{\mathrm{d}x}\left(\frac{\partial F}{\partial y'}\right) + \frac{\mathrm{d}^2}{\mathrm{d}x^2}\left(\frac{\partial F}{\partial y''}\right) - \cdots + (-1)^n \frac{\mathrm{d}^n}{\mathrm{d}x^n}\left(\frac{\partial F}{\partial y^{(n)}}\right) = 0 \tag{1-49}$$

这是关于 $y=y(x)$ 的 $2n$ 阶微分方程，一般称为泛函式(1-44)的欧拉-泊松(S. D. Poisson)方程，而它的积分曲线就是所论变分问题的解，称为极值曲线。这个方程的解通常有 $2n$ 个待定常数，是由 $2n$ 个端点条件式(1-45)所确定的。

例 1-1　梁在横向载荷作用下的弯曲问题，就是泛函中含有高阶导数的一个例子。设梁的抗弯刚度为 EI，两端固定，受分布载荷 $q(x)$ 作用后产生挠度 $v(x)$，如图 1-5 所示。端点固定条件为

$$v(0) = v'(0) = 0$$
$$v(l) = v'(l) = 0$$

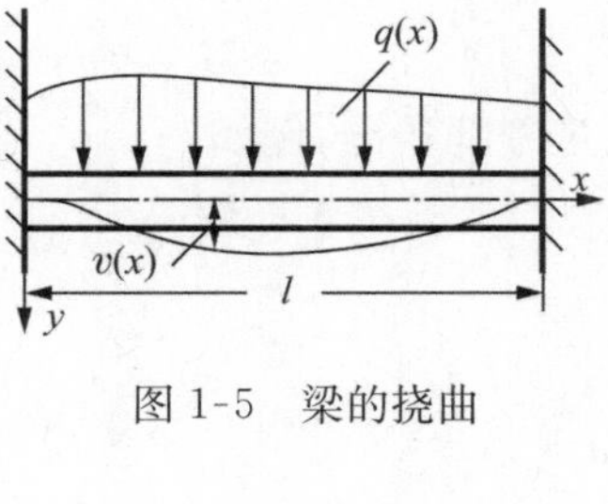

图 1-5　梁的挠曲

在梁达到平衡时,梁和载荷作为整体的势能达到最小值。

梁的势能等于弯曲时所储存的应变能,即

$$U=\int_0^l \frac{1}{2}EI\left(\frac{\mathrm{d}^2 v}{\mathrm{d}x^2}\right)^2\mathrm{d}x$$

其次载荷 $q(x)$ 在挠曲时做功,相应的势能降低为

$$W=\int_0^l q(x)v(x)\mathrm{d}x$$

因此,系统的总势能为

$$\Pi=U-W=\int_0^l\left\{\frac{1}{2}EI\left(\frac{\mathrm{d}^2 v}{\mathrm{d}x^2}\right)^2-q(x)v(x)\right\}\mathrm{d}x$$

平衡条件为总势能取极值,即

$$\delta\Pi=0 \tag{1-50}$$

由式(1-49)可得此时的欧拉-泊松方程

$$EI\frac{\mathrm{d}^4 v}{\mathrm{d}x^4}-q(x)=0 \tag{1-51}$$

这就是材料力学中给出的梁弯曲平衡方程。

第五节　多个待定函数的泛函,最小作用量原理

本节讨论有多个待定函数的泛函极值问题。设有一般形式的泛函

$$\begin{aligned}&\Pi[y_1,y_2,\cdots,y_i]\\&=\int_{x_1}^{x_2}F(x,y_1,y_2,\cdots,y_i,y_1',y_2',\cdots,y_i',\cdots,y_1^{(n)},y_2^{(n)},\cdots,y_i^{(n)})\mathrm{d}x\end{aligned} \tag{1-52}$$

其中,$y_k=y_k(x)(k=1,2,\cdots,i)$ 为 i 个待定函数,$y'_k=y'_k(x)$,$y''_k=y''_k(x)$,$\cdots$,$y_k^{(n)}=y_k^{(n)}(x)$ 分别是一阶、二阶和 n 阶的导数,设这些函数有端点值

$$\left.\begin{aligned}y_k(x_1)=y_{k1},y_k'(x_1)=y_{k1}',\cdots,y_k^{(n-1)}(x_1)=y_{k1}^{(n-1)},\\ y_k(x_2)=y_{k2},y_k'(x_2)=y_{k2}',\cdots,y_k^{(n-1)}(x_2)=y_{k2}^{(n-1)},\end{aligned}\right\}\quad k=1,2,\cdots i \tag{1-53}$$

对所有宗量 $x,y_k^{(j)}(k=1,2,\cdots,i)$ 而言,F 都是 $(n+2)$ 阶可微的,待定曲线 $y_k(x)(k=1,2,\cdots,i)$ 是 $2n$ 阶可微的。

只要把 $\delta y_k,\delta y_k^{(j)}(k=1,2,\cdots,i,\quad j=1,2,\cdots,n)$ 都作为微量,将泛函的增量按泰勒级数展开,根据泛函的变分是泛函增量的主部的定义,可以证明泛函 $\Pi[y_1,y_2,\cdots,y_i]$ 的变分极值条件为

$$\begin{aligned}\delta\Pi=&\int_{x_1}^{x_2}\left\{\frac{\partial F}{\partial y_1}\delta y_1+\frac{\partial F}{\partial y_1'}\delta y_1'+\cdots+\frac{\partial F}{\partial y_1^{(n)}}\delta y_1^{(n)}+\frac{\partial F}{\partial y_2}\delta y_2+\frac{\partial F}{\partial y_2'}\delta y_2'+\cdots+\right.\\&\left.\frac{\partial F}{\partial y_2^{(n)}}\delta y_2^{(n)}+\cdots+\frac{\partial F}{\partial y_i}\delta y_i+\frac{\partial F}{\partial y_i'}\delta y_i'+\cdots+\frac{\partial F}{\partial y_i^{(n)}}\delta y_i^{(n)}\right\}\mathrm{d}x\\=&0\end{aligned} \tag{1-54}$$

通过分部积分,例如

$$\begin{aligned}\int_{x_1}^{x_2}\frac{\partial F}{\partial y_k'}\delta' y_k\mathrm{d}x&=\int_{x_1}^{x_2}\frac{\partial F}{\partial y_k'}\frac{\mathrm{d}}{\mathrm{d}x}(\delta y_k)\mathrm{d}x\\&=\frac{\partial F}{\partial y'}\delta y\Big|_{x_1}^{x_2}-\int_{x_1}^{x_2}\frac{\mathrm{d}}{\mathrm{d}x}\left(\frac{\partial F}{\partial y_k'}\right)\delta y_x\mathrm{d}x,\quad k=1,2,\cdots,i\end{aligned} \tag{1-55}$$

以及利用端点固定条件

$$\delta y_k^{(j)}(x_1)=0,\quad \delta y_k^{(j)}(x_2)=0\quad (k=1,2,\cdots,i,\quad j=1,2,\cdots,n-1) \tag{1-56}$$

后，可以把式(1-54)化为

$$\begin{aligned}\delta\Pi=&\int_{x_1}^{x_2}\left\{\frac{\partial F}{\partial y_1}-\frac{\mathrm{d}}{\mathrm{d}x}\left(\frac{\partial F}{\partial y_1'}\right)+\frac{\mathrm{d}^2}{\mathrm{d}x^2}\left(\frac{\partial F}{\partial y_1''}\right)-\cdots+(-1)^n\frac{\mathrm{d}^n}{\mathrm{d}x^n}\left(\frac{\partial F}{\partial y_1^{(n)}}\right)\right\}\delta y_1\mathrm{d}x+\\&\int_{x_1}^{x_2}\left\{\frac{\partial F}{\partial y_2}-\frac{\mathrm{d}}{\mathrm{d}x}\left(\frac{\partial F}{\partial y_2'}\right)+\frac{\mathrm{d}^2}{\mathrm{d}x^2}\left(\frac{\partial F}{\partial y_2''}\right)-\cdots+(-1)^n\frac{\mathrm{d}^n}{\mathrm{d}x^n}\left(\frac{\partial F}{\partial y_2^{(n)}}\right)\right\}\delta y_2\mathrm{d}x+\cdots+\\&\int_{x_1}^{x_2}\left\{\frac{\partial F}{\partial y_i}-\frac{\mathrm{d}}{\mathrm{d}x}\left(\frac{\partial F}{\partial y_i'}\right)+\frac{\mathrm{d}^2}{\mathrm{d}x^2}\left(\frac{\partial F}{\partial y_i''}\right)-\cdots+(-1)^n\frac{\mathrm{d}^n}{\mathrm{d}x^n}\left(\frac{\partial F}{\partial y_i^{(n)}}\right)\right\}\delta y_i\mathrm{d}x\\=&0\end{aligned} \tag{1-57}$$

这里的 $\delta y_1,\delta y_2,\cdots,\delta y_i$ 都是任选的，例如可以选 $\delta y_2,\delta y_3,\cdots,\delta y_i=0$，而 δy_1 满足变分要求式(1-22)，即可由式(1-57)得到

$$\frac{\partial F}{\partial y_i}-\frac{\mathrm{d}}{\mathrm{d}x}\left(\frac{\partial F}{\partial y_i'}\right)+\frac{\mathrm{d}^2}{\mathrm{d}x^2}\left(\frac{\partial F}{\partial y_i''}\right)-\cdots+(-1)^n\frac{\mathrm{d}^n}{\mathrm{d}x^n}\left(\frac{\partial F}{\partial y_k^{(n)}}\right)=0$$

类似地可以证明其他各式，亦即可得 i 个欧拉方程：

$$\frac{\partial F}{\partial y_k}-\frac{\mathrm{d}}{\mathrm{d}x}\left(\frac{\partial F}{\partial y_k'}\right)+\frac{\mathrm{d}^2}{\mathrm{d}x^2}\left(\frac{\partial F}{\partial y_k''}\right)-\cdots+(-1)^n\frac{\mathrm{d}^n}{\mathrm{d}x^n}\left(\frac{\partial F}{\partial y_k^{(n)}}\right)=0,\quad k=1,2,\cdots,i \tag{1-58}$$

这是决定 $y_1,y_2,\cdots,y_i$ 等 i 个待定函数的微分方程组。

现在研究力学中的一个基本变分原理——最小作用量原理。

质点系的运动(满足某些约束条件)，必使积分“作用量”

$$S=\int_{t_1}^{t_2}(T-U)\mathrm{d}t \tag{1-59}$$

取极值(最小值)。式中 T、U 分别表示质点系的动能和势能，t 为时间。

如果质点系的质量为 $m_i(i=1,2,\cdots,n)$，坐标为 (x_i,y_i,z_i)，在质点 i 上作用着的力 F_i 是以 U 为势函数的：

$$F_{x_i}=-\frac{\partial U}{\partial x_i},F_{y_i}=-\frac{\partial U}{\partial y_i},F_{z_i}=-\frac{\partial U}{\partial z_i}\quad (i=1,2,\cdots,n) \tag{1-60}$$

而势函数 U 只依赖于此质点的坐标，这是一保守力场，即

$$U=U(x_1,y_1,z_1;x_2,y_2,z_2;\cdots;x_n,y_n,z_n) \tag{1-61}$$

动能是

$$T=\frac{1}{2}\sum_{i=1}^{n}m_i(\dot{x}_i^2+\dot{y}_i^2+\dot{z}_i^2) \tag{1-62}$$

其中 $\dot{x}_i,\dot{y}_i,\dot{z}_i$ 分别代表 $\frac{\mathrm{d}x_i}{\mathrm{d}t},\frac{\mathrm{d}y_i}{\mathrm{d}t},\frac{\mathrm{d}z_i}{\mathrm{d}t}$，最小作用量原理(即哈密顿原理)要求

$$\delta S=\delta\int_{t_1}^{t_2}(T-U)\mathrm{d}t=\int_{t_1}^{t_2}(\delta T-\delta U)\mathrm{d}t=0 \tag{1-63}$$

其中

$$\delta T=\sum_{i=1}^{n}m_i(\dot{x}_i\delta\dot{x}_i+\dot{y}_i\delta\dot{y}_i+\dot{z}_i\delta\dot{z}_i)$$

$$\delta U=\sum_{i=1}^{n}\left(\frac{\partial U}{\partial x_i}\delta x_i+\frac{\partial U}{\partial y_i}\delta y_i+\frac{\partial U}{\partial z_i}\delta z_i\right)$$

$$=-\sum_{i=1}^{n}(F_{x_i}\delta x_i+F_{y_i}\delta y_i+F_{z_i}\delta z_i) \tag{1-64}$$

通过分部积分，并假设质点起始位置$(x_i(t_1), y_i(t_1), z_i(t_1))$已知，即$\delta x_i(t_1)$，$\delta y_i(t_1)$，$\delta z_i(t_1)$都等于零，同时在$t=t_2$时，$x_i(t_2)$，$y_i(t_2)$，$z_i(t_2)$已知，则$\delta x_i(t_2)$，$\delta y_i(t_2)$，$\delta z_i(t_2)$等于零，即得

$$\int_{t_1}^{t_2}\sum_{i=1}^{n}m_i(\dot{x}_i\delta\dot{x}_i+\dot{y}_i\delta\dot{y}_i+\dot{z}_i\delta\dot{z}_i)\mathrm{d}t=-\int_{t_1}^{t_2}\sum_{i=1}^{n}m_i(\ddot{x}_i\delta x_i+\ddot{y}_i\delta y_i+\ddot{z}_i\delta z_i)\mathrm{d}t \tag{1-65}$$

于是最小作用量原理可以写为

$$\int_{t_1}^{t_2}\sum_{i=1}^{n}[(m_i\ddot{x}_i-F_{x_i})\delta x_i+(m_i\ddot{y}_i-F_{y_i})\delta y_i+(m_i\ddot{z}_i-F_{z_i})\delta z_i]\mathrm{d}t=0 \tag{1-66}$$

由于δx_i，δy_i，δz_i都是任意的独立变分，所以得到欧拉-泊松方程

$$m_i\ddot{x}_i=F_{x_i},\ m_i\ddot{y}_i=F_{y_i},\ m_i\ddot{z}_i=F_{z_i}\quad(i=1,2,\cdots,n) \tag{1-67}$$

这就是n个质点的$3n$个牛顿运动方程。

如果运动还受另外一组独立关系

$$\phi_j(t,x_1,x_2,\cdots,x_n;y_1,y_2,\cdots,y_n;z_1,z_2,\cdots,z_n)=0\quad(j=1,2,\cdots,m;m<3n) \tag{1-68}$$

的约束，则独立的变量只剩下$3n-m$个。如果用$3n-m$个新的变量(或称广义坐标)

$$q_1,q_2,\cdots,q_{3n-m}$$

来表示原来的变量x_i，y_i，z_i，即

$$\left.\begin{aligned}x_i&=x_i(q_1,q_2,\cdots,q_{3n-m},t)\\y_i&=y_i(q_1,q_2,\cdots,q_{3n-m},t)\\z_i&=z_i(q_1,q_2,\cdots,q_{3n-m},t)\end{aligned}\right\}(i=1,2,\cdots,n) \tag{1-69}$$

则U，T可以写成

$$\left.\begin{aligned}U&=U(q_1,q_2,\cdots,q_{3n-m},t)\\T&=T(q_1,q_2,\cdots,q_{3n-m};\dot{q}_1,\dot{q}_2,\cdots,\dot{q}_{3n-m},t)\end{aligned}\right\} \tag{1-70}$$

于是最小作用量原理或哈密顿原理可以写成

$$\delta S=\int_{t_1}^{t_2}\sum_{i=1}^{3n-m}\left\{\frac{\partial(T-U)}{\partial q_i}\delta q_i+\frac{\partial T}{\partial\dot{q}_i}\delta\dot{q}_i\right\}\mathrm{d}t=0 \tag{1-71}$$

经过分部积分可以化为

$$\delta S=\int_{t_1}^{t_2}\sum_{i=1}^{3n-m}\left\{\frac{\partial(T-U)}{\partial q_i}-\frac{\mathrm{d}}{\mathrm{d}t}\left(\frac{\partial T}{\partial\dot{q}_i}\right)\right\}\delta q_i\,\mathrm{d}t=0 \tag{1-72}$$

这样欧拉-泊松方程就成为

$$\frac{\partial(T-U)}{\partial q_i}-\frac{\mathrm{d}}{\mathrm{d}t}\left(\frac{\partial T}{\partial\dot{q}_i}\right)=0,\quad i=1,2,\cdots,3n-m \tag{1-73}$$

$$L=T-U \tag{1-74}$$

称为拉格朗日函数。于是最小作用量原理(哈密顿原理)可以写成

$$\delta S=\delta\int_{t_1}^{t_2}L\mathrm{d}t=\sum_{i=1}^{3n-m}\int_{t_1}^{t_2}\left[\frac{\partial L}{\partial q_i}-\frac{\mathrm{d}}{\mathrm{d}t}\left(\frac{\partial L}{\partial\dot{q}_i}\right)\right]\delta q_i\,\mathrm{d}t \tag{1-75}$$

欧拉-泊松方程为

$$\frac{\mathrm{d}}{\mathrm{d}t}\left(\frac{\partial L}{\partial \dot{q}_i}\right)-\frac{\partial L}{\partial q_i}=0 \quad (i=1,2,\cdots,3n-m) \tag{1-76}$$

这个方程也称为保守系统的拉格朗日方程组。上式的 q_i 通常称为广义坐标。式(1-73)和式(1-76)都是用广义坐标表示的。其优点是不一定要用真正的坐标或位移来表示。广义坐标使力学系统的描述不受坐标选用的限制。

最小作用量原理是力学中极其重要的变分原理，在本章文献[2]中有关于最小作用量原理的进一步应用。本书第九章、第十章也有介绍。

第六节　含有多个自变量函数的泛函

弹性板的弯曲和平面应力问题、轴对称问题、平面电磁场问题都有 x、y 或 r、z 两个自变量，弹性振动、平面热传导和平面电磁波等都有三个自变量，等等。这一类问题在力学中是非常重要的，也是变分法中的主要工作领域。这类泛函的本质是类似的。这里将给出一些在以后的讨论中可能遇到的典型的泛函，以及与它们相应的欧拉方程。有关它们的详细论述可参考相关文献。

一、二变量问题

首先研究泛函

$$\Pi(w(x,y))=\iint_S F\left(x,y,w(x,y),\frac{\partial}{\partial x}w(x,y),\frac{\partial}{\partial y}w(x,y)\right)\mathrm{d}x\mathrm{d}y \tag{1-77}$$

的极值问题。函数 $w(x,y)$ 在域 S 的边界 C 上的值已经给定，亦即在边界 C 上已知有

$$w_C(x,y)=w_C$$

为了简便，引用符号

$$\frac{\partial w}{\partial x}=w_x,\quad \frac{\partial w}{\partial y}=w_y$$

首先，按照泛函的变分是泛函增量的线性主部的定义，有

$$\delta\Pi=\iint_S\left\{\frac{\partial F}{\partial w}\delta w+\frac{\partial F}{\partial w_x}\delta w_x+\frac{\partial F}{\partial w_y}\delta w_y\right\}\mathrm{d}x\mathrm{d}y \tag{1-78}$$

根据函数变分的定义，有

$$\delta w_x=\delta\left(\frac{\partial w}{\partial x}\right)=\frac{\partial}{\partial x}(\delta w),\quad \delta w_y=\frac{\partial}{\partial y}(\delta w)$$

而且

$$\begin{aligned}\frac{\partial F}{\partial w_x}\delta w_x+\frac{\partial F}{\partial w_y}\delta w_y=&\frac{\partial}{\partial x}\left[\frac{\partial F}{\partial w_x}\delta w\right]-\frac{\partial}{\partial x}\left(\frac{\partial F}{\partial w_x}\right)\delta w+\\&\frac{\partial}{\partial y}\left[\frac{\partial F}{\partial w_y}\delta w\right]-\frac{\partial}{\partial y}\left(\frac{\partial F}{\partial w_y}\right)\delta w\end{aligned}$$

代入式(1-78)，得

$$\begin{aligned}\delta\Pi=&\iint_S\left\{\frac{\partial F}{\partial w}-\frac{\partial}{\partial x}\left(\frac{\partial F}{\partial w_x}\right)-\frac{\partial}{\partial y}\left(\frac{\partial F}{\partial w_y}\right)\right\}\delta w\mathrm{d}x\mathrm{d}y+\\&\iint_S\left\{\frac{\partial}{\partial x}\left(\frac{\partial F}{\partial w_x}\delta w\right)+\frac{\partial}{\partial y}\left(\frac{\partial F}{\partial w_y}\delta w\right)\right\}\mathrm{d}x\mathrm{d}y\end{aligned} \tag{1-79}$$

根据格林(G. Green)公式,对 $f(x,y)$,$g(x,y)$连续函数有

$$\begin{aligned}\iint_S\left(\frac{\partial f}{\partial x}+\frac{\partial g}{\partial y}\right)\mathrm{d}x\mathrm{d}y &=\oint_C(f\mathrm{d}y-g\mathrm{d}x)\\ &=\oint_C(f\sin\alpha-g\cos\alpha)\mathrm{d}l\end{aligned}\tag{1-80}$$

其中,l 为边界围线 C 的弧长,逆时针为正;α 为切线和 x 轴的夹角(见图 1-6)。于是有关系式

$$\mathrm{d}x_C=\cos\alpha\cdot\mathrm{d}l,\quad \mathrm{d}y_C=\sin\alpha\cdot\mathrm{d}l\tag{1-81}$$

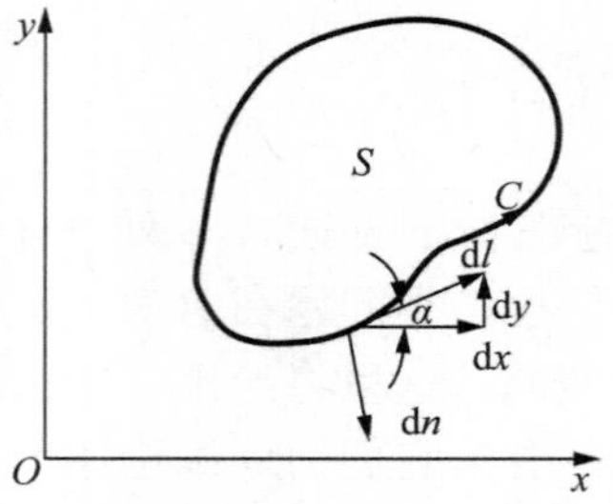

图 1-6　边界弧长和外向法线

而且在 C 上有

$$\left.\begin{aligned}\frac{\partial}{\partial x}&=\frac{\partial l}{\partial x}\frac{\partial}{\partial l}+\frac{\partial n}{\partial x}\frac{\partial}{\partial n}=\cos\alpha\frac{\partial}{\partial l}+\sin\alpha\frac{\partial}{\partial n}\\ \frac{\partial}{\partial y}&=\frac{\partial l}{\partial y}\frac{\partial}{\partial l}+\frac{\partial n}{\partial y}\frac{\partial}{\partial n}=\sin\alpha\frac{\partial}{\partial l}-\cos\alpha\frac{\partial}{\partial n}\end{aligned}\right\}\tag{1-82}$$

$$\left.\begin{aligned}\frac{\partial}{\partial l}&=\frac{\partial x}{\partial l}\frac{\partial}{\partial x}+\frac{\partial y}{\partial l}\frac{\partial}{\partial y}=\cos\alpha\frac{\partial}{\partial x}+\sin\alpha\frac{\partial}{\partial y}\\ \frac{\partial}{\partial n}&=\frac{\partial x}{\partial n}\frac{\partial}{\partial x}+\frac{\partial y}{\partial n}\frac{\partial}{\partial y}=\sin\alpha\frac{\partial}{\partial x}-\cos\alpha\frac{\partial}{\partial y}\end{aligned}\right\}\tag{1-83}$$

由格林公式(1-80)有

$$\iint_S\left\{\frac{\partial}{\partial x}\left(\frac{\partial F}{\partial w_x}\delta w\right)+\frac{\partial}{\partial y}\left(\frac{\partial F}{\partial w_y}\delta w\right)\right\}\mathrm{d}x\mathrm{d}y=\oint_C\left(\frac{\partial F}{\partial w_x}\sin a-\frac{\partial F}{\partial w_y}\cos a\right)\delta w\mathrm{d}l\tag{1-84}$$

在边界 C 上,$w(x,y)$已知为 $w_C(x,y)$,对于都通过 $w_C(x,y)$的任意 $w(x,y)$的变分 δw,在边界 C 上都恒等于零。因此式(1-84)右端的围线积分应该恒等于零。于是式(1-80)可化为

$$\delta\Pi=\iint_S\left\{\frac{\partial F}{\partial w}-\frac{\partial}{\partial x}\left(\frac{\partial F}{\partial w_x}\right)-\frac{\partial}{\partial y}\left(\frac{\partial F}{\partial w_y}\right)\right\}\delta w\mathrm{d}x\mathrm{d}y\tag{1-85}$$

由极值条件 $\delta\Pi=0$,再根据变分法基本预备定理得

$$\frac{\partial F}{\partial w}-\frac{\partial}{\partial x}\left(\frac{\partial F}{\partial w_x}\right)-\frac{\partial}{\partial x}\left(\frac{\partial F}{\partial w_y}\right)=0\tag{1-86}$$

这就是决定 $w(x,y)$[在边界上满足 $w=w_C(x,y)$]的微分方程,也称为欧拉方程。

例 1-2　泛函为

$$\Pi(w(x,y))=\iint_S\left[\left(\frac{\partial w}{\partial x}\right)^2+\left(\frac{\partial w}{\partial y}\right)^2\right]\mathrm{d}x\mathrm{d}y\tag{1-87}$$

设在域 S 的边界 C 上函数 w 的值已经给定:

$$w(x,y)\mid_C=w_C(x,y)\tag{1-88}$$

则从极值条件 $\delta\Pi=0$,可以证明这个函数 $w(x,y)$在 S 域中一定满足拉普拉斯(P. S. Laplace)方程

$$\frac{\partial^2 w}{\partial x^2}+\frac{\partial^2 w}{\partial y^2}=0,\quad 或\ \Delta w=0,\quad 或\ \Delta^2 w=0\tag{1-89}$$

在力学、物理学和电磁学里,在边界值已知的条件下,求解拉普拉斯方程,可以说是最基本的问题之一,有时也称之为狄利克雷(P. G. L. Dirichlet)问题。虽然人们已经有了许多手段(如保角变换)来从微分方程求解这个问题,但也还有很多实际问题(尤其是流体力学等问题),由于边界形状太复杂,无法从微分方程求解,而却能够从泛函式(1-87)求近似解来满足要求。

例 1-3　泛函为

$$\Pi(w(x,y))=\iint_S\left[\left(\frac{\partial w}{\partial x}\right)^2+\left(\frac{\partial w}{\partial y}\right)^2+2\rho(x,y)w\right]\mathrm{d}x\mathrm{d}y \tag{1-90}$$

并设在域 S 的边界上

$$w(x,y)\mid_C=w_C(x,y) \tag{1-91}$$

而 $\rho(x,y)$是已知的，则从泛函极值条件 $\delta\Pi=0$，可证明这个函数在域 S 中满足泊松方程

$$\frac{\partial^2 w}{\partial x^2}+\frac{\partial^2 w}{\partial y^2}=\rho(x,y) \tag{1-92}$$

泊松方程也是在力学、物理学中常见的。如在柱体扭转问题中，$w(x,y)$相当于扭转的应力函数，而 $\rho=-2$，$w_C=0$；又如薄膜在外力作用下平衡问题，w 相当于膜的横向位移，$\rho(x,y)=-q/T$。其中 q 为横向分布载荷，T 为薄膜内的张力；再如管内的黏性流问题，w 为管内轴向流速分布，$\rho=-p/\mu$，其中 p 为压力梯度，μ 为黏性系数。还有不少物理问题可以化为泊松方程求解。对于那些边界较复杂的问题，就只能借助于各种近似方法求解式(1-90)的泛函的极值。

二、多变量问题

复习一下有关的微积分定理。

1. 高斯散度定理

$$\left.\begin{aligned}&\iiint_\tau\frac{\partial A}{\partial x}\mathrm{d}\tau=\iint_S A\cos\alpha\mathrm{d}S\\&\iiint_\tau\frac{\partial B}{\partial y}\mathrm{d}\tau=\iint_S B\cos\beta\mathrm{d}S\\&\iiint_\tau\frac{\partial C}{\partial z}\mathrm{d}\tau=\iint_S A\cos\gamma\mathrm{d}S\\&\iiint_\tau\left(\frac{\partial A}{\partial x}+\frac{\partial B}{\partial y}+\frac{\partial C}{\partial z}\right)\mathrm{d}\tau=\iint_S(A\cos\alpha+B\cos\beta+C\cos\gamma)\mathrm{d}S\end{aligned}\right\} \tag{1-93}$$

式中，A,B,C 为在 τ 中和 S 上都连续的函数；S 为闭域 τ 的界面；α,β,γ 为界面的外法线 $\boldsymbol{n}$ 和 x,y,z 轴的方向角。

2. 格林恒等式

$$\iiint_\tau U\nabla^2V\mathrm{d}\tau+\iiint_\tau\left(\frac{\partial U}{\partial x}\frac{\partial V}{\partial x}+\frac{\partial U}{\partial y}\frac{\partial V}{\partial y}+\frac{\partial U}{\partial z}\frac{\partial V}{\partial z}\right)\mathrm{d}\tau=\iint_S U\frac{\partial V}{\partial n}\mathrm{d}S \tag{1-94}$$

式中，$\dfrac{\partial V}{\partial n}$为 V 对外法线方向的导数；U,V 为在 τ 中和 S 上都连续的函数；∇^2为三维拉普拉斯算子：

$$\nabla^2=\frac{\partial^2}{\partial x^2}+\frac{\partial^2}{\partial y^2}+\frac{\partial^2}{\partial z^2} \tag{1-95}$$

3. 格林定理

$$\iiint_\tau(U\nabla^2V-V\nabla^2U)\mathrm{d}\tau=\iint_S\left(U\frac{\partial V}{\partial n}-V\frac{\partial U}{\partial n}\right)\mathrm{d}S \tag{1-96}$$

式中，n 为表面 S 的外向法线。

在应用了这些定理之后，可以证明下列常见的泛函及其欧拉方程。

(1) 泛函

$$\Pi(w(x,y,z)) = \iiint_{\tau} F\left(x,y,z,w,\frac{\partial w}{\partial x},\frac{\partial w}{\partial y},\frac{\partial w}{\partial z}\right)\mathrm{d}x\mathrm{d}y\mathrm{d}z \tag{1-97}$$

其极值的必要条件是 $\delta\Pi=0$，其欧拉方程为

$$\frac{\partial F}{\partial w}-\left[\frac{\partial}{\partial x}\left(\frac{\partial F}{\partial w_x}\right)+\frac{\partial}{\partial y}\left(\frac{\partial F}{\partial w_y}\right)+\frac{\partial}{\partial z}\left(\frac{\partial F}{\partial w_z}\right)\right]=0 \tag{1-98}$$

边界条件是函数 w 在 τ 的表面上已知

$$w(x,y,z)\mid_S = w_S(x,y,z) \tag{1-99}$$

及相应的在 S 上有固定条件

$$\delta w\mid_S = 0 \tag{1-100}$$

(2) 泛函

$$\Pi(w(x,y)) = \iint_S F\left(x,y,w,\frac{\partial w}{\partial x},\frac{\partial w}{\partial y},\frac{\partial^2 w}{\partial x^2},\frac{\partial^2 w}{\partial x\partial y},\frac{\partial^2 w}{\partial y^2}\right)\mathrm{d}x\mathrm{d}y \tag{1-101}$$

其极值的必要条件是 $\delta\Pi=0$，其欧拉方程为

$$\begin{aligned}&\frac{\partial F}{\partial w}-\left[\frac{\partial}{\partial x}\left(\frac{\partial F}{\partial w_x}\right)+\frac{\partial}{\partial y}\left(\frac{\partial F}{\partial w_y}\right)\right]+\\&\left[\frac{\partial^2}{\partial x^2}\left(\frac{\partial F}{\partial w_{xx}}\right)+\frac{\partial^2}{\partial x\partial y}\left(\frac{\partial F}{\partial w_{xy}}\right)+\frac{\partial^2}{\partial y^2}\left(\frac{\partial F}{\partial w_{yy}}\right)\right]\\&=0\end{aligned} \tag{1-102}$$

边界条件是函数 $w(x,y)$ 和 $\frac{\partial w}{\partial n}$ 在边界 C 上已知，n 为 C 的外法线，亦即在边界 C 上有

$$\delta w = 0,\quad \frac{\partial}{\partial n}(\delta w) = 0 \tag{1-103}$$

(3) 泛函

$$\Pi(w(x,y,z,t)) = \int_{t_1}^{t_2}\iiint_{\tau} F(x,y,z,t,w,w_x,w_y,w_z,w_t)\mathrm{d}x\mathrm{d}y\mathrm{d}z\mathrm{d}t \tag{1-104}$$

为极值的必要条件是 $\delta\Pi=0$，其欧拉方程为

$$\frac{\partial F}{\partial w}-\left[\frac{\partial}{\partial x}\left(\frac{\partial F}{\partial w_x}\right)+\frac{\partial}{\partial y}\left(\frac{\partial F}{\partial w_y}\right)+\frac{\partial}{\partial z}\left(\frac{\partial F}{\partial w_z}\right)+\frac{\partial}{\partial t}\left(\frac{\partial F}{\partial w_t}\right)\right]=0 \tag{1-105}$$

其边界条件是函数 w 在 τ 的表面 S 上已知，亦即在边界 S 上不论在 (t_1, t_2) 内的任何时刻，均有 $\delta w=0$；其起始终止条件为 $w(x,y,z,t_1)$，$w(x,y,z,t_2)$ 为已知，亦即在 $t=t_1$，$t=t_2$ 时，τ 中任何一点的 $\delta w=0$。

(4) 泛函

$$\Pi(w(x,y,t)) = \int_{t_1}^{t_2}\iint_S F(x,y,t,w,w_x,w_y,w_{xx},w_{xy},w_{yy},w_t)\mathrm{d}x\mathrm{d}y\mathrm{d}t \tag{1-106}$$

为极值的必要条件是 $\delta\Pi=0$，其欧拉方程为

$$\begin{aligned}&\frac{\partial F}{\partial w}-\left[\frac{\partial}{\partial x}\left(\frac{\partial F}{\partial w_x}\right)+\frac{\partial}{\partial y}\left(\frac{\partial F}{\partial w_y}\right)+\frac{\partial}{\partial t}\left(\frac{\partial F}{\partial w_t}\right)\right]+\\&\left[\frac{\partial^2}{\partial x^2}\left(\frac{\partial F}{\partial w_{xx}}\right)+\frac{\partial^2}{\partial x\partial y}\left(\frac{\partial F}{\partial w_{xy}}\right)+\frac{\partial^2}{\partial y^2}\left(\frac{\partial F}{\partial w_{yy}}\right)\right]\\&=0\end{aligned} \tag{1-107}$$

其边界条件是函数 w 在边界 C 上已知，$\frac{\partial w}{\partial n}$ 也已知。亦即在边界上，不论 $t_1\leqslant t\leqslant t_2$ 内的任何时刻，均有 $\delta w=0$，$\frac{\partial \delta w}{\partial n}=0$；其起始终止条件 $w(x,y,t_1)$，$w(x,y,t_2)$ 为已知，亦即在 $t=t_1$，$t=t_2$ 时，S 上任何一点的 $\delta w=0$。

以上几种泛函的应用范围很广，现列出若干常见的例子。

例 1-4　泛函

$$\Pi=\iiint_{\tau}\left[\left(\frac{\partial w}{\partial x}\right)^2+\left(\frac{\partial w}{\partial y}\right)^2+\left(\frac{\partial w}{\partial z}\right)^2\right]\mathrm{d}x\mathrm{d}y\mathrm{d}z \tag{1-108}$$

的变分极值问题，给出欧拉方程

$$\frac{\partial^2 w}{\partial x^2}+\frac{\partial^2 w}{\partial y^2}+\frac{\partial^2 w}{\partial z^2}=0 \tag{1-109}$$

这是三维的拉普拉斯方程，w 在边界面 S 上是给定的。

例 1-5　泛函

$$\Pi=\iiint_{\tau}\left[\left(\frac{\partial w}{\partial x}\right)^2+\left(\frac{\partial w}{\partial y}\right)^2+\left(\frac{\partial w}{\partial z}\right)^2+2w\rho(x,y,z)\right]\mathrm{d}x\mathrm{d}y\mathrm{d}z \tag{1-110}$$

的变分极值问题，给出欧拉方程

$$\frac{\partial^2 w}{\partial x^2}+\frac{\partial^2 w}{\partial y^2}+\frac{\partial^2 w}{\partial z^2}=\rho(x,y,z) \tag{1-111}$$

这是三维的泊松方程，w 在边界面 S 上是给定的，$\rho(x,y,z)$ 是已知函数。

例 1-6　泛函

$$\Pi=\frac{D}{2}\iint_S\left[\left(\frac{\partial^2 w}{\partial x^2}\right)^2+2\mu\left(\frac{\partial^2 w}{\partial x^2}\right)\left(\frac{\partial^2 w}{\partial y^2}\right)+\left(\frac{\partial^2 w}{\partial y^2}\right)^2+\right.$$
$$\left.2(1-\mu)\left(\frac{\partial^2 w}{\partial x\partial y}\right)^2\right]\mathrm{d}x\mathrm{d}y-\iint_S q(x,y)w\mathrm{d}x\mathrm{d}y \tag{1-112}$$

的变分极值问题，给出欧拉方程

$$D\nabla^2\nabla^2 w=D\left(\frac{\partial^4 w}{\partial x^4}+2\frac{\partial^2 w}{\partial x^2}\frac{\partial^2 w}{\partial y^2}+\frac{\partial^4 w}{\partial y^4}\right)=q(x,y) \tag{1-113}$$

在薄板理论中，D 为薄板刚度，μ 为泊松比，$q(x,y)$ 是横向分布载荷，式(1-113)代表确定横向挠度 w 的微分方程。

按照泛函变分是泛函增量的线性主部的定义，对式(1-112)进行变分运算。先将式(1-112)改写成

$$\Pi=\frac{D}{2}\iint_S\left(\frac{\partial^2 w}{\partial x^2}+\frac{\partial^2 w}{\partial y^2}\right)^2\mathrm{d}x\mathrm{d}y-\iint_S q(x,y)w\mathrm{d}x\mathrm{d}y-$$
$$\iint_S D(1-\mu)\left[\frac{\partial^2 w}{\partial x^2}\frac{\partial^2 w}{\partial y^2}-\left(\frac{\partial^2 w}{\partial x\partial y}\right)^2\right]\mathrm{d}x\mathrm{d}y \tag{1-114}$$

于是有

$$\delta\Pi=\iint_S D\left(\frac{\partial^2 w}{\partial x^2}+\frac{\partial^2 w}{\partial y^2}\right)\left[\delta\left(\frac{\partial^2 w}{\partial x^2}\right)+\delta\left(\frac{\partial^2 w}{\partial y^2}\right)\right]\mathrm{d}x\mathrm{d}y-$$
$$\iint_S q(x,y)\delta w\mathrm{d}x\mathrm{d}y-\iint_S D(1-\mu)\left[\frac{\partial^2 w}{\partial y^2}\delta\left(\frac{\partial^2 w}{\partial x^2}\right)+\right.$$

$$\frac{\partial^2 w}{\partial x^2}\delta\left(\frac{\partial^2 w}{\partial y^2}\right)-2\frac{\partial^2 w}{\partial x\partial y}\delta\left(\frac{\partial^2 w}{\partial x\partial y}\right)\Big]\mathrm{d}x\mathrm{d}y$$

经过适当的数学运算，可以将上式简化为

$$\delta\Pi=\iint_S(D\nabla^2\nabla^2 w-q)\delta w\mathrm{d}x\mathrm{d}y+\oint_C D\left[\mu\nabla^2 w+(1-\mu)\frac{\partial^2 w}{\partial n^2}\right]\frac{\partial}{\partial n}(\delta w)\mathrm{d}l-$$
$$\oint_C D\left\{\frac{\partial}{\partial n}\left[\nabla^2 w+(1-\mu)\frac{\partial^2 w}{\partial l^2}\right]-(1-\mu)\frac{\partial}{\partial l}\frac{1}{\rho_S}\frac{\partial w}{\partial l}\right\}\delta w\mathrm{d}l-$$
$$(1-\mu)\sum_{k=1}^{i}D\Delta\left(\frac{\partial^2 w}{\partial n\partial l}-\frac{1}{\rho_S}\frac{\partial w}{\partial l}\right)_k\delta w_k \tag{1-115}$$

其中$\frac{\partial}{\partial n}$，$\frac{\partial}{\partial l}$分别表示周界$C$上沿外法线及切线方向的导数(见图1-6)；$\rho_S$为边界曲线的曲率半径，当曲率中心在$S$域内部时为正，在外侧时为负；$\Delta(\cdots)_k$代表边界$C$上第$k$个角点处$\left(\frac{\partial^2 w}{\partial n\partial l}-\frac{1}{\rho_S}\frac{\partial w}{\partial l}\right)$值的增量，假设共有$i$个不连续角点；$\delta w_k$是$k$角点的$\delta w$值。

(1) 如果在边界C上，也包括角点在内，w和$\frac{\partial w}{\partial n}$都已给定，即$\delta w$和$\frac{\partial}{\partial n}(\delta w)$在$C$上恒等于零，于是由极值条件$\delta\Pi=0$，再根据变分法预备定理，就可得到欧拉方程式(1-113)。

(2) 如果在一部分边界C_1上，w和$\frac{\partial w}{\partial n}$未给定，而在角点处给定$w_k$，亦即是$\delta w_k$，而在$C_1$上，$\delta w$与$\frac{\partial}{\partial n}(\delta w)$不一定为零，于是要式(1-115)泛函的变分满足极值条件$\delta\Pi=0$，则根据变分法预备定理，除得到欧拉方程式(1-113)外，还必须满足边界条件：在边界C_1上，有

$$\left.\begin{aligned}&D\left[\mu\nabla^2 w+(1-\mu)\frac{\partial^2 w}{\partial n^2}\right]=0\\&D\left\{\frac{\partial}{\partial n}\left[\nabla^2 w+(1-\mu)\frac{\partial^2 w}{\partial l^2}\right]-(1-\mu)\frac{\partial}{\partial l}\frac{1}{\rho_S}\frac{\partial w}{\partial l}\right\}=0\end{aligned}\right\} \tag{1-116}$$

(3) 如果在一部分角点k_j上，w也未给定，还应满足角点条件：在角点k_j上，有

$$D\Delta\left(\frac{\partial^2 w}{\partial n\partial l}-\frac{1}{\rho_S}\frac{\partial w}{\partial l}\right)_{k_j}=0 \tag{1-117}$$

像式(1-116)这样的边界条件，称为自然边界条件；像式(1-117)这样的角点条件，则称为自然角点条件。凡变分法中因边界值未给定而引起的，为使泛函满足极值条件而又必须满足的边界条件，统称为自然边界条件。原则上讲，角点条件也是包括在边界条件之内的。

第七节　条件极值问题

一、函数的条件极值问题

考察在条件

$$\phi_i(x_1,x_2,\cdots,x_n)=0\quad(i=1,2,\cdots,m,\quad m<n) \tag{1-118}$$

之下求函数

$$Z=f(x_1,x_2,\cdots,x_n) \tag{1-119}$$

的极值问题。最自然的办法就是把式(1-118)(假定这些方程是独立的)中的任意 m 个变量，例如 $x_1,x_2,\cdots,x_m$ 解出：

$$x_1=x_1(x_{m+1},x_{m+2},\cdots,x_n)$$
$$x_2=x_2(x_{m+1},x_{m+2},\cdots,x_n)$$
$$\cdots\cdots$$
$$x_m=x_m(x_{m+1},x_{m+2},\cdots,x_n)$$

并代入式(1-119)，此时函数 f 就成为只含有 $n-m$ 个独立变量 $x_{m+1},x_{m+2},\cdots,x_n$ 的函数

$$\Phi(x_{m+1},x_{m+2},\cdots,x_n) \tag{1-120}$$

因此问题转化为无条件的函数极值问题，即可按

$$\frac{\mathrm{d}\Phi}{\mathrm{d}x_j}=0,\quad j=m+1,m+2,\cdots,n \tag{1-121}$$

确定函数 Z 的极值。

但是采用拉格朗日乘子法，可建立更简洁的公式。其办法是构造一个新的函数

$$z^*=f+\sum_{i=1}^{m}\lambda_i\phi_i \tag{1-122}$$

这里 λ_i 是常数因子，于是就可以由对函数 z^* 求无条件极值来处理。就是说，建立方程组

$$\frac{\partial z^*}{\partial x_j}=0,\quad j=1,2,\cdots,n \tag{1-123}$$

再加上式(1-118)。由这些方程就可以确定全部 $n+m$ 个独立变量 $x_1,x_2,\cdots,x_n$ 和 $\lambda_1,\lambda_2,\cdots,\lambda_m$。

关于泛函的条件极值问题，可以用类似的方法处理。

二、泛函在约束条件 $\phi_i(x,y_1,y_2,\cdots,y_n)=0(i=1,2,\cdots,k)$ 下的极值问题

定理：

泛函

$$\Pi=\int_{x_1}^{x_2}F(x,y_1,y_2,\cdots,y_n,y_1',y_2',\cdots,y_n')\mathrm{d}x \tag{1-124}$$

在约束条件

$$\phi_i(x,y_1,y_2,\cdots,y_n)=0\quad(i=1,2,\cdots,k,\quad k<n) \tag{1-125}$$

下的变分极值问题所确定的函数 $y_1,y_2,\cdots,y_n(x)$，必然满足由泛函

$$\Pi^*=\int_{x_1}^{x_2}\left\{F+\sum_{i=1}^{k}\lambda_i(x)\phi_i\right\}\mathrm{d}x=\int_{x_1}^{x_2}F^*\mathrm{d}x \tag{1-126}$$

的变分极值问题所确定的欧拉方程

$$\frac{\partial F^*}{\partial y_j}-\frac{\mathrm{d}}{\mathrm{d}x}\left(\frac{\partial F^*}{\partial y_j'}\right)=0,\quad j=1,2,\cdots,n \tag{1-127}$$

其中，$\lambda_i(x)$ 为 k 个拉格朗日乘子。在式(1-126)的变分中，把 y_j 和 $\lambda_i(x)(j=1,2,\cdots,n,i=1,2,\cdots,k)$ 都视为泛函 Π^* 的宗量，所以 $\phi_i=0$ 同样也可以视为泛函 Π^* 的欧拉方程。式(1-127)可以写成

$$\frac{\partial F}{\partial y_j}+\sum_{i=1}^{k}\lambda_i(x)\frac{\partial\phi_i}{\partial y_j}-\frac{\mathrm{d}}{\mathrm{d}x}\left(\frac{\partial F^*}{\partial y_j'}\right)=0,\quad j=1,2,\cdots,n \tag{1-128}$$

关于这个定理的证明可见文献[1]。

在第一节中提出的短程线问题，就是这样一种形式的变分命题。这个问题用变分法的语言，可以写成：

在

$$\phi(x,y,z)=0 \tag{1-129}$$

的条件下，求使泛函

$$L=\int_{x_1}^{x_2}\sqrt{1+\left(\frac{\mathrm{d}y}{\mathrm{d}x}\right)^2+\left(\frac{\mathrm{d}z}{\mathrm{d}x}\right)^2}\,\mathrm{d}x \tag{1-130}$$

为极值的 $y=y(x)$ 和 $z=z(x)$ 的解。

用拉格朗日乘子 $\lambda(x)$，建立泛函

$$L^*=\int_{x_1}^{x_2}\left\{\sqrt{1+\left(\frac{\mathrm{d}y}{\mathrm{d}x}\right)^2+\left(\frac{\mathrm{d}z}{\mathrm{d}x}\right)^2}+\lambda\phi\right\}\mathrm{d}x \tag{1-131}$$

把 y,z,λ 当作独立函数，则其变分为

$$\begin{aligned}\delta L^*=&\int_{x_1}^{x_2}\left\{\frac{y'}{\sqrt{1+y'^2+z'^2}}\delta y'+\frac{z'}{\sqrt{1+y'^2+z'^2}}\delta z'+\right.\\&\left.\lambda\frac{\partial\phi}{\partial y}\delta y+\lambda\frac{\partial\phi}{\partial z}\delta z+\phi\delta\lambda\right\}\mathrm{d}x\end{aligned} \tag{1-132}$$

把积分号中的首两项分部积分，使得

$$\begin{aligned}\delta L^*=&\int_{x_1}^{x_2}\left\{\left[-\frac{\mathrm{d}}{\mathrm{d}x}\left(\frac{y'}{\sqrt{1+y'^2+z'^2}}\right)+\lambda\frac{\partial\phi}{\partial y}\right]\delta y+\right.\\&\left.\left[-\frac{\mathrm{d}}{\mathrm{d}x}\left(\frac{z'}{\sqrt{1+y'^2+z'^2}}\right)+\lambda\frac{\partial\phi}{\partial z}\right]\delta z+\phi\delta\lambda\right\}\mathrm{d}x\end{aligned} \tag{1-133}$$

根据变分法基本预备定理，把 $\delta y,\delta z,\delta\lambda$ 都看作是独立的函数变分，由 $\delta L^*=0$ 给出欧拉方程：

$$\left.\begin{aligned}&\lambda\frac{\partial\phi}{\partial y}-\frac{\mathrm{d}}{\mathrm{d}x}\left(\frac{y'}{\sqrt{1+y'^2+z'^2}}\right)=0\\&\lambda\frac{\partial\phi}{\partial z}-\frac{\mathrm{d}}{\mathrm{d}x}\left(\frac{z'}{\sqrt{1+y'^2+z'^2}}\right)=0\\&\phi(x,y,z)=0\end{aligned}\right\} \tag{1-134}$$

这就是求解 $y(x),z(x),\lambda(x)$ 的三个微分方程。

上述定理还可以推广到 ϕ_i 不仅是 $x,y_1,y_2,\cdots,y_n$ 的函数，而且是 $y'_2,y'_2,\cdots,y'_n$ 的函数的情况。推广后的定理如下：泛函

$$\Pi=\int_{x_1}^{x_2}F(x,y_1,y_2,\cdots,y_n,y'_1,y'_2,\cdots,y_n{}')\mathrm{d}x \tag{1-135}$$

在约束条件

$$\phi_i(x,y_1,y_2,\cdots,y_n,y'_1,y'_2,\cdots,y')=0,\quad i=1,2,\cdots,k,\quad k<n \tag{1-136}$$

下的变分极值问题所确定的函数 $y_1,y_2,\cdots,y_n(x)$，必然满足泛函

$$\Pi^*=\int_{x_1}^{x_2}\left\{F+\sum_{i=1}^{k}\lambda_i(x)\phi_i\right\}\mathrm{d}x=\int_{x_1}^{x_2}F^*\mathrm{d}x \tag{1-137}$$

的变分极值问题确定的欧拉方程

$$\frac{\partial F^*}{\partial y_j}-\frac{\mathrm{d}}{\mathrm{d}x}\left(\frac{\partial F^*}{\partial y_j'}\right)=0,\quad j=1,2,\cdots,n \tag{1-138}$$

或

$$\frac{\partial F}{\partial y_j}+\sum_{i=1}^{k}\lambda_i(x)\frac{\partial \phi_i}{\partial y_j}-\frac{\mathrm{d}}{\mathrm{d}x}\left\{\frac{\partial F}{\partial y_j'}+\sum_{i=1}^{k}\lambda_i(x)\frac{\partial \phi_i}{\partial y_j'}\right\}=0,\quad j=1,2,\cdots,n \tag{1-139}$$

在式(1-138)的变分中，我们把 y_j 和 $\lambda_i(j=1,2,\cdots,n,i=1,2,\cdots,k)$ 都看作是泛函 Π^* 的宗量，所以 $\phi_i=0$ 同样也可以看作是泛函 Π^* 的欧拉方程。

参考文献

[1]　钱伟长. 变分法及有限元(上册)[M]. 北京：科学出版社，1980.

[2]　钟万勰，吴锋. 力-功-能-辛-离散——祖冲之方法论[M]. 大连：大连理工大学出版社，2016.

[3]　胡海昌. 弹性力学的变分原理及其应用[M]. 北京：科学出版社，1981.

第二章　弹性理论和能量变分原理

第一节　引　言

应用电子计算机进行结构分析，有限元法是一种有效的方法。有限元法的理论基础之一是能量变分原理。就是从变分原理出发，通过分区插值，把二次泛函(能量积分)的极值问题化为一组线性代数方程来求解。

复杂结构的弹性微分方程的正确解存在一个难以克服的解析问题，只有在特殊情况中，它才有闭合形式的解。尽管弹性力学的基本方程自19世纪初叶以来就已经知道了，但是直至20世纪后半叶引进能量观点以后，结构分析方法才有飞跃发展的可能。

结构分析的初期方法，主要是处理桁架的内力和变形。对于这类静定结构，只要重复地应用节点平衡条件，就足以完全确定内力及位移分布。对于静不定结构，内力平衡方程不足以确定内力分布，就需要附加方程。1872年纳维耶(Navier)曾指出，如果用节点位移代替力的话，整个问题就可简单地解决。因为此时总是有与未知位移数量同样多的方程可以利用。然而，即使对于简单结构，这个方法也会导致数量非常大的未知位移的联立方程。因此，在电子计算机引入以前，位移法仅得到小范围的应用是可以理解的。

结构分析的进一步发展是在1873年卡斯蒂利亚诺(Castigliano)的应变能定理发表之后才成为可能。他说，如令 U_i 表示结构由于给定载荷系统引起的，并储存于结构中的内能(即应变能)，并且假若 x_1，x_2，…是多余元件的内力，则这些力可由线性联立方程

$$\frac{\partial U_i}{\partial x_j} = 0 \quad (j = 1, 2, \cdots) \tag{2-1}$$

确定，事实上式(2-1)是位移协调方程，以补充决定内力时力平衡方程数量的不足，通常称为卡氏第二定理。

自卡氏定理发表以来，把能量法推进了有意义的一步的首先是恩格塞(Engesser)。在1889年，恩格塞引进了余应变能 U_i^* 的概念，并指出：即使载荷-位移关系是非线性的，U_i^* 对外力的偏导数总是给出位移。于是式(2-1)的正确形式应为

$$\frac{\partial U_i^*}{\partial x_j} = 0 \quad (j = 1, 2, \cdots) \tag{2-2}$$

余应变能没有直接的物理意义。因此，它只能看作是用合适的方程定义的一个形式上的量。

恩格塞的工作当时很少受到注意，因为那时工程师们的注意力集中于线性结构，因此，应变能和余应变能在数值上是没有区别的。直到1941年韦斯特加德(Westergard)进一步发展了恩格塞的思想以后，才有人继续做这项工作。

虽然有各种各样作为结构分析基础的能量定理，但可以指出，所有能量定理可以从两个虚能原理直接推导出来，即虚功原理和余虚功原理。

在本章及以后各章的分析中，将要用到以下一些符号和定义。

一、矢量的微分和积分

设有数量函数

$$\Phi=\int_0^{x_1}P_1\mathrm{d}x_1+\int_0^{x_2}P_2\mathrm{d}x_2+\cdots+\int_0^{x_n}P_n\mathrm{d}x_n$$

在以后的讨论中将把它记作

$$\Phi=\int_0^{x}\boldsymbol{P}^{\mathrm{T}}\mathrm{d}\boldsymbol{x} \tag{2-3}$$

其中

$$\boldsymbol{P}=[P_1,P_2,\cdots,P_n]^{\mathrm{T}}$$
$$\boldsymbol{x}=[x_1,x_2,\cdots,x_n]^{\mathrm{T}}$$

显然有

$$\frac{\partial\Phi}{\partial\boldsymbol{x}}=\boldsymbol{P} \tag{2-4}$$

它表示一个数量函数对矢量求偏导数，得到的是一个矢量。

二、对称正定矩阵的定义和性质

设 n 阶方阵

$$\boldsymbol{A}=\begin{bmatrix}a_{11} & a_{12} & \cdots & a_{1n}\\ a_{21} & a_{22} & \cdots & a_{2n}\\ \vdots & \vdots & & \vdots\\ a_{n1} & a_{n2} & \cdots & a_{nn}\end{bmatrix}$$

若元素 $a_{ij}=a_{ji}(i,j=1,2,\cdots,n)$，且各阶主子式

$$\boldsymbol{A}_k=\begin{bmatrix}a_{11} & a_{12} & \cdots & a_{1k}\\ a_{21} & a_{22} & \cdots & a_{2k}\\ \vdots & \vdots & & \vdots\\ a_{k1} & a_{k2} & \cdots & a_{kk}\end{bmatrix}>0$$

则称 $\boldsymbol{A}$ 为 n 阶对称正定矩阵。

若 $\boldsymbol{A}$ 为 n 阶对称正定矩阵，则必有

$$a_{ii}>0\quad(i=1,2,\cdots,n)$$

且有唯一的逆矩阵 $\boldsymbol{A}^{-1}$ 存在，即以 $\boldsymbol{A}$ 为系数矩阵的线性代数方程组

$$\boldsymbol{Ax}=\boldsymbol{B}$$

必有唯一确定解

$$\boldsymbol{x}=\boldsymbol{A}^{-1}\boldsymbol{B}$$

三、对称正定矩阵的充分必要条件

对称矩阵 $\boldsymbol{A}$ 为正定的充分和必要条件是，由它组成的二次型

$$\boldsymbol{x}^{\mathrm{T}}\boldsymbol{Ax}=\sum_{i=1}^{n}\sum_{j=1}^{n}x_ia_{ij}x_j \tag{2-5}$$

为一个正定二次型。

所谓正定二次型是指：若一个 n 阶方阵 $\boldsymbol{A}$ 对任意 n 阶矢量 $\boldsymbol{x}$ 都有

$$\boldsymbol{x}^{\mathrm{T}}\boldsymbol{A}\boldsymbol{x} \geqslant 0 \tag{2-6}$$

而且仅当 $\boldsymbol{x}$ 是零矢量时才有等式成立。那么就称式(2-6)为正定二次型。

四、二次型的微分和积分

$$\frac{\partial}{\partial \boldsymbol{x}}(\boldsymbol{x}^{\mathrm{T}}\boldsymbol{A}\boldsymbol{x}) = 2\boldsymbol{A}\boldsymbol{x} \tag{2-7}$$

$$\int_0^x \boldsymbol{x}\boldsymbol{A}\,\mathrm{d}\boldsymbol{x} = \frac{1}{2}\boldsymbol{x}^{\mathrm{T}}\boldsymbol{A}\boldsymbol{x} \tag{2-8}$$

第二节　小位移弹性理论的基本方程

勒夫(Love)在他的经典著作中首先指出：“数学弹性理论致力于研究某一受平衡力系作用或处于轻微的内部相对运动状态下的固体，试图把它的内部应变状态或相对位移纳入计算，并努力为建筑、工程以及所有构造材料为固体的工艺方面，求得实用上重要的结果。”这似乎已经成为弹性理论的一个标准定义。

本章的重点将针对在体力和给定的边界条件下处于平衡状态的弹性体问题，讨论小位移理论中的虚功原理和有关的能量原理。用直角笛卡尔(Cartessian)坐标(x,y,z)来定义容纳该物体的三维空间。假定物体内一点的位移分量 u,v,w 小到我们有充分理由把控制问题的方程线性化，这些线性化的控制方程可以综述如下。

一、平衡方程

在物体内的一点处，其内力状态可由 6 个应力分量

$$\boldsymbol{\sigma} = [\sigma_x, \sigma_y, \sigma_z, \tau_{xy}, \tau_{yz}, \tau_{zx}]^{\mathrm{T}} \tag{2-9}$$

来定义，它们必须满足平衡方程①

$$\left.\begin{aligned}
\frac{\partial \sigma_x}{\partial x} + \frac{\partial \tau_{yx}}{\partial y} + \frac{\partial \tau_{zx}}{\partial z} + \bar{X} = 0 \\
\frac{\partial \tau_{xy}}{\partial x} + \frac{\partial \sigma_y}{\partial y} + \frac{\partial \tau_{zy}}{\partial z} + \bar{Y} = 0 \\
\frac{\partial \tau_{xz}}{\partial x} + \frac{\partial \tau_{yz}}{\partial y} + \frac{\partial \sigma_z}{\partial z} + \bar{Z} = 0
\end{aligned}\right\} \tag{2-10}$$

且有 $\tau_{xy}=\tau_{yx}, \tau_{yz}=\tau_{zy}, \tau_{zx}=\tau_{xz}$。

二、应变-位移关系

在物体内的一点处，其应变状态由 6 个应变分量

$$\boldsymbol{\varepsilon} = [\varepsilon_x, \varepsilon_y, \varepsilon_z, \gamma_{xy}, \gamma_{yz}, \gamma_{zx}]^{\mathrm{T}} \tag{2-11}$$

来定义，此时应变-位移关系为

① 在本书中，除非另有说明，字母上加一横杠表示这个量是给定的。

$$\left.\begin{aligned}&\varepsilon_x=\frac{\partial u}{\partial x},\quad \varepsilon_y=\frac{\partial v}{\partial y},\quad \varepsilon_x=\frac{\partial w}{\partial z}\\&\gamma_{xy}=\frac{\partial u}{\partial y}+\frac{\partial v}{\partial x}=\gamma_{yx},\quad \gamma_{yz}=\frac{\partial v}{\partial z}+\frac{\partial w}{\partial y}=\gamma_{zy}\\&\gamma_{zx}=\frac{\partial w}{\partial x}+\frac{\partial u}{\partial z}=\gamma_{xz}\end{aligned}\right\}\tag{2-12}$$

三、应力-应变关系

在小位移理论中，应力-应变关系以线性、齐次的形式给出：

$$\begin{Bmatrix}\sigma_x\\\sigma_y\\\sigma_z\\\tau_{xy}\\\tau_{yz}\\\tau_{zx}\end{Bmatrix}=\begin{bmatrix}a_{11}&a_{12}&a_{13}&a_{14}&a_{15}&a_{16}\\a_{21}&a_{22}&a_{23}&a_{24}&a_{25}&a_{26}\\a_{31}&a_{32}&a_{33}&a_{34}&a_{35}&a_{36}\\a_{41}&a_{42}&a_{43}&a_{44}&a_{45}&a_{46}\\a_{51}&a_{52}&a_{53}&a_{54}&a_{55}&a_{56}\\a_{61}&a_{62}&a_{63}&a_{64}&a_{65}&a_{66}\end{bmatrix}\begin{Bmatrix}\varepsilon_x\\\varepsilon_y\\\varepsilon_z\\\gamma_{xy}\\\gamma_{yz}\\\gamma_{zx}\end{Bmatrix}$$

记作

$$\boldsymbol{\sigma}=\boldsymbol{D}\boldsymbol{\varepsilon}\tag{2-13}$$

这些方程的系数称为弹性系数，它们之间存在

$$a_{ij}=a_{ji}\quad (i,j=1,2,\cdots,6)\tag{2-14}$$

可以对式(2-13)求逆而得出

$$\boldsymbol{\varepsilon}=\boldsymbol{D}^{-1}\boldsymbol{\sigma}\tag{2-15}$$

对于各向同性材料，独立的弹性常数的数目减少到两个，相应的弹性常数矩阵为

$$\boldsymbol{D}=\begin{bmatrix}\lambda+2G&&&&&\\\lambda&\lambda+2G&&\text{对}&&\\\lambda&\lambda&\lambda+2G&&&\\0&0&0&G&&\text{称}\\0&0&0&0&G&\\0&0&0&0&0&G\end{bmatrix}\tag{2-16}$$

其中

$$\lambda=\frac{E\nu}{(1+\nu)(1-2\nu)}\tag{2-17}$$

称为拉梅(Lamé)常数；E 为杨氏模量；ν 为泊松比。且有切变模量为

$$G=\frac{E}{2(1+\nu)}\tag{2-18}$$

四、边界条件

按照边界条件的观点，物体的表面可以分为两部分：在 S_σ 部分，边界条件是用外力来给定的；而在 S_u 上，边界条件是用位移来给定的。显然，$S=S_\sigma+S_u$。

用 $\overline{X}_\nu$，$\overline{Y}_\nu$ 和 $\overline{Z}_\nu$ 表示边界表面上给定的每单位面积的外力分量，相应的力的边界条件由下式给出：

在 S_σ 上：
$$X_\nu = \overline{X}_\nu, \quad Y_\nu = \overline{Y}_\nu, \quad Z_\nu = \overline{Z}_\nu \tag{2-19}$$
式中
$$\left.\begin{aligned} X_\nu &= \sigma_x l + \tau_{yx} m + \tau_{zx} n \\ Y_\nu &= \tau_{xy} l + \sigma_y m + \tau_{zy} n \\ Z_\nu &= \tau_{xz} l + \tau_{yz} m + \sigma_z n \end{aligned}\right\} \tag{2-20}$$
l,m,n 是边界上外向单位法线 ν 的方向余弦：
$$l = \cos(x,\nu), \quad m = \cos(y,\nu), \quad n = \cos(z,\nu) \tag{2-21}$$
用 $\overline{u},\overline{v},\overline{w}$ 表示给定的位移分量，相应的位移边界条件由下式给出：

在 S_u 上：
$$u = \overline{u}, v = \overline{v}, w = \overline{w} \tag{2-22}$$

于是得到小位移弹性理论中的全部控制方程：平衡式(2-10)，应变-位移关系式(2-12)，应力-应变关系式(2-13)，力和位移边界条件式(2-20)和式(2-22)。上述条件表明，在 15 个方程中有 15 个未知量，即 6 个应力分量、6 个应变分量和 3 个位移分量，于是我们的问题就是在边界条件下求解这 15 个微分方程。由于全部控制方程具有线性形式，所以在求解时可以应用叠加原理。

第三节　功和余功，应变能和余应变能

一、功

考虑一个单自由度系统的力-位移图形，如图 2-1 所示。为普遍起见，取为非线性弹性。

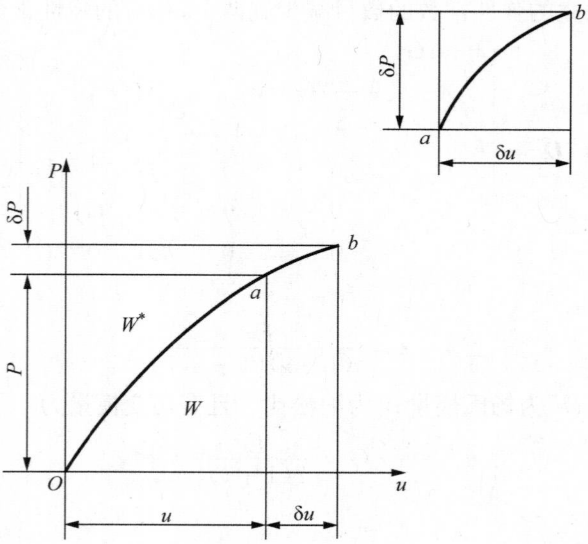

图 2-1　功和余功

力-位移曲线下面部分的面积 W，显然等于外力 P 在移动位移 u 时所做的功
$$W(u) = \int_0^u P(u)\mathrm{d}u \tag{2-23}$$
如果位移 u 得到一微小增量(或称变分)δu，则功的增量

$$\Delta W = W(u+\delta u) - W(u) = \delta W + \frac{1}{2!}\delta^2 W + \cdots \tag{2-24}$$

式中

$$\left.\begin{aligned} \delta W &= \frac{\partial W}{\partial u}\delta u = P\delta u \\ \delta^2 W &= \frac{\partial^2 W}{\partial u^2}\delta^2 u \\ &\cdots\cdots \end{aligned}\right\} \tag{2-25}$$

称为功的一阶、二阶变分……

在上面的讨论中，曾假定力是位移的函数，因此泛函 W 仅有一个宗量 u，如果把力和位移均作为独立的函数，此时泛函为

$$W(P,u) = \int_0^u P\mathrm{d}u \tag{2-26}$$

如果位移得到一变分 δu，而力也相应地有变分 δP，则功的增量

$$\Delta W = W(P+\delta P, u+\delta u) - W(P,u) = \delta W + \frac{1}{2!}\delta^2 W + \cdots \tag{2-27}$$

式中

$$\left.\begin{aligned} \delta W &= \left(\delta P\frac{\partial}{\partial P} + \delta u\frac{\partial}{\partial u}\right)W \\ \delta^2 W &= \left(\delta P\frac{\partial}{\partial P} + \delta u\frac{\partial}{\partial u}\right)^2 W \\ &\cdots\cdots \end{aligned}\right\} \tag{2-28}$$

但此时还应满足约束条件

$$P = P(u) \tag{2-29}$$

以上讨论的是单自由度系统，现在转而研究一般情况。在一个承受体力、面力和集中力作用的三维结构中，外力功可表示成

$$W = \int_V \left(\int_0^f \boldsymbol{q}^{\mathrm{T}}\mathrm{d}\boldsymbol{f}\right)\mathrm{d}V + \iint_S \left(\int_0^f \boldsymbol{P}^{\mathrm{T}}\mathrm{d}\boldsymbol{f}\right)\mathrm{d}S + \sum_{i=1}^{n}\int_0^{u_i}\boldsymbol{F}_i^{\mathrm{T}}\mathrm{d}\boldsymbol{u}_i \tag{2-30}$$

式中

$$\boldsymbol{q} = [q_x, q_y, q_z]^{\mathrm{T}}$$
$$\boldsymbol{P} = [P_x, P_y, P_z]^{\mathrm{T}}$$
$$\boldsymbol{F}_i = [F_x, F_y, F_z]_i^{\mathrm{T}} \quad (i = 1,2,\cdots,n)$$

分别表示体力、面力和集中力。

$$\boldsymbol{f} = [u, v, w]^{\mathrm{T}}$$
$$\boldsymbol{u}_i = [u_i, v_i, w_i]^{\mathrm{T}} \quad (i = 1,2,\cdots,n)$$

代表相应的位移。

显然，有

$$\left.\begin{aligned} \frac{\partial W}{\partial \boldsymbol{f}} &= \int_V \boldsymbol{q}\mathrm{d}V + \iint_S \boldsymbol{P}\mathrm{d}S \\ \frac{\partial W}{\partial \boldsymbol{u}_i} &= \boldsymbol{F}_i \quad (i = 1,2,\cdots,n) \end{aligned}\right\} \tag{2-31}$$

如果把集中力作为面力的特殊情况处理，功可表示为

$$W = \int_V \left(\int_0^f \boldsymbol{q}^{\mathrm{T}} \mathrm{d}\boldsymbol{f}\right) \mathrm{d}V + \iint_S \left(\int_0^f \boldsymbol{P}^{\mathrm{T}} \mathrm{d}\boldsymbol{f}\right) \mathrm{d}S \tag{2-32}$$

假定位移分量发生了位移边界所允许的微小改变，即位移变分

$$\delta \boldsymbol{f} = [\delta u, \delta v, \delta w]^{\mathrm{T}}$$

于是功的增量为

$$\Delta W = W(\boldsymbol{f} + \delta \boldsymbol{f}) - W(\boldsymbol{f}) = \delta W + \frac{1}{2!}\delta^2 W + \cdots \tag{2-33}$$

其中

$$\left.\begin{aligned} &\delta W = \delta \boldsymbol{f}^{\mathrm{T}} \frac{\partial W}{\partial \boldsymbol{f}} = \int_V \boldsymbol{q}^{\mathrm{T}} \delta \boldsymbol{f} \mathrm{d}V + \iint_S \boldsymbol{P}^{\mathrm{T}} \delta \boldsymbol{f} \mathrm{d}S \\ &\delta^2 W = \delta \boldsymbol{f}^{\mathrm{T}} \frac{\partial}{\partial \boldsymbol{f}}\left(\delta \boldsymbol{f}^{\mathrm{T}} \frac{\partial W}{\partial \boldsymbol{f}}\right) \\ &\cdots\cdots \end{aligned}\right\} \tag{2-34}$$

二、余功

图 2-1 的力-位移曲线左上方的面积，可以定义为余功

$$W^* = \int_0^P u \mathrm{d}P \tag{2-35}$$

显然，有

$$\frac{\partial W^*}{\partial P} = u \tag{2-36}$$

观察图 2-1 可以发现，对于线性弹性情况有数值关系

$$W = W^* \tag{2-37}$$

但即使在这种情况，将功和余功区分开来也是十分必要的。假定三维弹性结构的体力、面力和集中力分别自零增加到 $\boldsymbol{q}$,$\boldsymbol{P}$ 和 $\boldsymbol{F}_i$($i=1,2,\cdots,n$)，则余功可表示为

$$W^* = \int_V \left(\int_0^q \boldsymbol{f}^{\mathrm{T}} \mathrm{d}\boldsymbol{q}\right) \mathrm{d}V + \iint_S \left(\int_0^p \boldsymbol{f}^{\mathrm{T}} \mathrm{d}\boldsymbol{f}^{\mathrm{T}} \mathrm{d}\boldsymbol{P}\right) \mathrm{d}S + \sum_{i=1}^n \int_0^{F_i} \boldsymbol{u}_i^{\mathrm{T}} \mathrm{d}\boldsymbol{F}_i \tag{2-38}$$

显然有

$$\left.\begin{aligned} &\frac{\partial W^*}{\partial \boldsymbol{q}} = \int_V \boldsymbol{f} \mathrm{d}V, \quad \frac{\partial W^*}{\partial \boldsymbol{P}} = \iint_S \boldsymbol{f} \mathrm{d}S \\ &\frac{\partial W^*}{\partial \boldsymbol{F}_i} = \boldsymbol{u}_i \quad (i = 1,2,\cdots,n) \end{aligned}\right\} \tag{2-39}$$

假定各载荷有一微小增量，即体力 $\boldsymbol{q}$ 增加到 $\boldsymbol{q}+\delta\boldsymbol{q}$、面力 $\boldsymbol{P}$ 增加到 $\boldsymbol{P}+\delta\boldsymbol{P}$、集中力由 $\boldsymbol{F}_i$ 增加到 $\boldsymbol{F}_i+\delta\boldsymbol{F}_i$($i=1,2,\cdots,n$)，则余功的增量

$$\begin{aligned} \Delta W^* &= W^*(\boldsymbol{q} + \delta\boldsymbol{q}, \boldsymbol{P} + \delta\boldsymbol{P}, \boldsymbol{F}_i + \delta\boldsymbol{F}_i) - W(\boldsymbol{q}, \boldsymbol{P}, \boldsymbol{F}_i) \\ &= \delta W^* + \frac{1}{2!}\delta^2 W^* + \cdots \end{aligned} \tag{2-40}$$

式中

$$\left.\begin{aligned}\delta W^* &= \left(\delta \boldsymbol{q}^{\mathrm{T}} \frac{\partial}{\partial \boldsymbol{q}} + \delta \boldsymbol{P}^{\mathrm{T}} \frac{\partial}{\partial \boldsymbol{P}} + \sum_{i=1}^{n} \delta \boldsymbol{F}_i^{\mathrm{T}} \frac{\partial}{\partial \boldsymbol{F}_i}\right) W^* \\ \delta^2 W^* &= \left(\delta \boldsymbol{q}^{\mathrm{T}} \frac{\partial}{\partial \boldsymbol{q}} + \delta \boldsymbol{P}^{\mathrm{T}} \frac{\partial}{\partial \boldsymbol{P}} + \sum_{i=1}^{n} \delta \boldsymbol{F}_i^{\mathrm{T}} \frac{\partial}{\partial \boldsymbol{F}_i}\right)^2 W^* \\ &\cdots\cdots \end{aligned}\right\} \tag{2-41}$$

三、应变能

应力抵抗外力所做的功以变形能形式储存起来，这种能量称为应变能。单位体积内储存的应变能称为应变能密度。图 2-2 的应力-应变曲线下半部分，就表示一维情况下的应变能密度，可按下式计算：

$$\overline{U} = \int_0^{\varepsilon} \sigma \mathrm{d}\varepsilon \tag{2-42}$$

对于三维情况，有

$$\overline{U} = \int_0^{\varepsilon} \boldsymbol{\sigma}^{\mathrm{T}} \mathrm{d}\boldsymbol{\varepsilon} \tag{2-43}$$

显然有

$$\frac{\partial \overline{U}}{\partial \boldsymbol{\varepsilon}} = \boldsymbol{\sigma} \tag{2-44}$$

这是用应变分量来表示应力的关系式，不论是对线性结构还是对非线性结构都是成立的。对于弹性问题，它与式(2-13)等价。

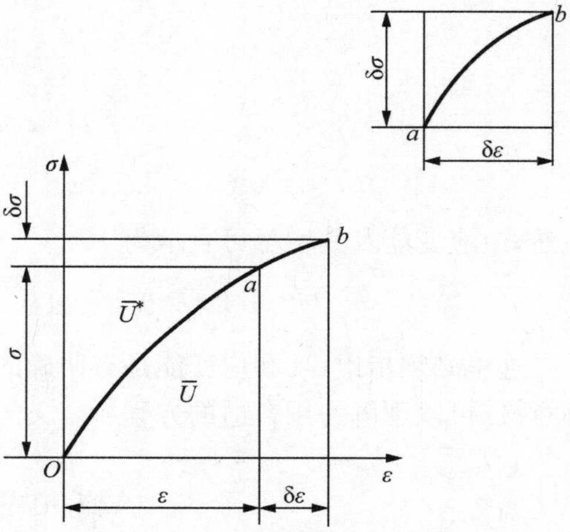

图 2-2　应变能和余应变能

如果位移由 $\boldsymbol{f}$ 增加到 $\boldsymbol{f}+\delta\boldsymbol{f}$，应变将随之由 $\boldsymbol{\varepsilon}$ 增加到 $\boldsymbol{\varepsilon}+\delta\boldsymbol{\varepsilon}$，此时，应变能密度的增量

$$\Delta \overline{U} = \overline{U}(\boldsymbol{\varepsilon}+\delta\boldsymbol{\varepsilon}) - \overline{U}(\boldsymbol{\varepsilon}) = \delta \overline{U} + \frac{1}{2!}\delta^2 \overline{U} + \cdots \tag{2-45}$$

式中

$$\left.\begin{aligned}\delta \overline{U} &= \delta \boldsymbol{\varepsilon}^{\mathrm{T}} \frac{\partial \overline{U}}{\partial \boldsymbol{\varepsilon}} = \boldsymbol{\sigma}^{\mathrm{T}} \delta \boldsymbol{\varepsilon} \\ \delta^2 \overline{U} &= \delta \boldsymbol{\varepsilon}^{\mathrm{T}} \frac{\partial}{\partial \boldsymbol{\varepsilon}}\left(\delta \boldsymbol{\varepsilon}^{\mathrm{T}} \frac{\partial \overline{U}}{\partial \boldsymbol{\varepsilon}}\right) \\ &\cdots\cdots \end{aligned}\right\} \tag{2-46}$$

显然，应变能及其增量可表示为

$$U = \int_V \overline{U} \mathrm{d}V, \quad \Delta U = \int_V \Delta \overline{U} \mathrm{d}V, \quad \delta U = \int_V \delta \overline{U} \mathrm{d}V \tag{2-47}$$

四、余应变能

在图 2-2 曲线上方的面积定义为余应变能密度，按下式计算：

$$\overline{U}^* = \int_0^{\sigma} \varepsilon \mathrm{d}\sigma \tag{2-48}$$

对三维问题可同样定义为

$$\overline{U}^* = \int_0^{\sigma} \boldsymbol{\varepsilon}^{\mathrm{T}} \mathrm{d}\boldsymbol{\sigma} \tag{2-49}$$

显然有

$$\frac{\partial \overline{U}^*}{\partial \boldsymbol{\sigma}} = \boldsymbol{\varepsilon} \tag{2-50}$$

这是用应力分量来表示应变的关系式,不论是对线性结构还是对非线性结构都是成立的。在弹性范围内,它与式(2-15)是等价的。

如果应力自 $\boldsymbol{\sigma}$ 增加到 $\boldsymbol{\sigma}+\delta\boldsymbol{\sigma}$,相应的余应变能密度增量

$$\Delta\overline{U} = \overline{U}^*(\boldsymbol{\sigma}+\delta\boldsymbol{\sigma}) - \overline{U}^*(\boldsymbol{\sigma}) = \delta\overline{U}^* + \frac{1}{2!}\delta^2\overline{U}^* + \cdots \tag{2-51}$$

式中

$$\left.\begin{aligned} \delta\overline{U}^* &= \delta\boldsymbol{\sigma}^{\mathrm{T}}\frac{\partial\overline{U}^*}{\partial\boldsymbol{\sigma}} = \boldsymbol{\varepsilon}^{\mathrm{T}}\delta\boldsymbol{\sigma} \\ \delta^2\overline{U} &= \delta\boldsymbol{\sigma}^{\mathrm{T}}\frac{\partial}{\partial\boldsymbol{\sigma}}\left(\delta\boldsymbol{\sigma}^{\mathrm{T}}\frac{\partial\overline{U}}{\partial\boldsymbol{\sigma}}\right) \\ &\cdots\cdots \end{aligned}\right\} \tag{2-52}$$

显然,余应变能及其增量可表示为

$$U^* = \int_V \overline{U}^*\mathrm{d}V, \quad \Delta U^* = \int_V \Delta\overline{U}^*\mathrm{d}V, \quad \delta U^* = \int_V \delta\overline{U}^*\mathrm{d}V \tag{2-53}$$

这里必须指出:功和应变能是有明确的物理意义的,但是余功和余应变能并没有直接的物理意义,可以理解为用合适的方程所定义的形式上的量。

第四节 虚功原理

本节研究的物体在给定的体力和边界力条件下处于平衡状态。假定从这个平衡位置对物体施加一组任意的无限小虚位移(或称位移的变分)

$$\delta\boldsymbol{f} = [\delta u, \delta v, \delta w]^{\mathrm{T}} \tag{2-54}$$

于是由平衡方程式(2-10)和力的边界条件式(2-19),有

$$\begin{aligned} &-\iiint_V \Big[\left(\frac{\partial\sigma_x}{\partial x}+\frac{\partial\tau_{yx}}{\partial y}+\frac{\partial\tau_{zx}}{\partial z}+\overline{X}\right)\delta u+\left(\frac{\partial\tau_{xy}}{\partial x}+\frac{\partial\sigma_y}{\partial y}+\frac{\partial\tau_{zy}}{\partial z}+\overline{Y}\right)\delta v+ \\ &\left(\frac{\partial\tau_{xz}}{\partial x}+\frac{\partial\tau_{yz}}{\partial y}+\frac{\partial\sigma_z}{\partial z}+\overline{Z}\right)\delta w\Big]\mathrm{d}V+ \\ &\iiint_{S_\sigma}[(X_\nu-\overline{X}_\nu)\delta u+(Y_\nu-\overline{Y}_\nu)\delta v+(Z_\nu-\overline{Z}_\nu)\delta w]\mathrm{d}S \\ &=0 \end{aligned} \tag{2-55}$$

式中,$\mathrm{d}V=\mathrm{d}x\mathrm{d}y\mathrm{d}z$ 和 $\mathrm{d}S$ 分别是物体内的体积元和物体表面的面积元。

这里,需选择不违背 S_u 上的位移边界条件的任一组虚位移,换句话说,它们的选择要满足在 S_u 上,

$$\delta u = 0, \quad \delta v = 0, \quad \delta w = 0 \tag{2-56}$$

或

$$\delta\boldsymbol{f} = 0$$

然后,利用在边界上成立的几何关系

$$\mathrm{d}y\mathrm{d}z = \pm l\mathrm{d}S, \quad \mathrm{d}z\mathrm{d}x = \pm m\mathrm{d}S, \quad \mathrm{d}x\mathrm{d}y = \pm n\mathrm{d}S \tag{2-57}$$

并对式(2-55)中的偏导项逐项分部积分,例如第一项

$$\begin{aligned}
-\iiint_V \frac{\partial \sigma_x}{\partial x}\delta u\mathrm{d}x\mathrm{d}y\mathrm{d}z &= -\iint_S \left(\int \delta u \frac{\partial \sigma_x}{\partial x}\mathrm{d}x\right)\mathrm{d}y\mathrm{d}z \\
&= -\iint_S \left(\sigma_x \delta u - \int \sigma_x \frac{\partial}{\partial x}\delta u\mathrm{d}x\right)\mathrm{d}y\mathrm{d}z \\
&= -\iint_S \sigma_x l\delta u\mathrm{d}S + \iiint_V \sigma_x \delta\varepsilon_x \mathrm{d}V
\end{aligned}$$

于是就可以把方程式(2-55)变换成

$$\begin{aligned}
&\iiint_V (\sigma_x\delta\varepsilon_x + \sigma_y\delta\varepsilon_y + \sigma_z \mathrm{d}\varepsilon_z + \tau_{xy}\delta\gamma_{xy} + \tau_{yz}\delta\gamma_{yz} + \tau_{zx}\delta\gamma_{zx})\mathrm{d}V - \\
&\iint_S [(\sigma_x l + \tau_{yx}m + \tau_{zx}n)\delta u + (\tau_{xy}l + \sigma_y m + \tau_{zy}n)\delta v + (\tau_{xz}l + \tau_{yz}m + \sigma_z n)\delta w]\mathrm{d}S - \\
&\iiint_V (\overline{X}\delta u + \overline{Y}\delta v + \overline{Z}\delta w)\mathrm{d}V + \iint_{S_\sigma} (X_\nu\delta u + Y_\nu\delta v + Z_\nu\delta w)\mathrm{d}S - \\
&\iint_{S_\sigma} (\overline{X}_\nu\delta u + \overline{Y}_\nu\delta v + \overline{Z}_\nu\delta w)\mathrm{d}S \\
&= 0
\end{aligned} \tag{2-58}$$

由式(2-20),并注意到

$$\iint_S [\cdots]\mathrm{d}S = \iint_{S_\sigma} [\cdots]\mathrm{d}S + \iint_{S_u} [\cdots]\mathrm{d}S$$

于是式(2-58)变换成

$$\begin{aligned}
&\iiint_V (\sigma_x\delta\varepsilon_x + \sigma_y\delta\varepsilon_y + \sigma_z\delta\varepsilon_z + \tau_{xy}\delta\gamma_{xy} + \tau_{yz}\delta\gamma_{yz} + \tau_{zx}\delta\gamma_{zx})\mathrm{d}V - \\
&\iiint_V (\overline{X}\delta u + \overline{X}\delta v + \overline{Z}\delta w)\mathrm{d}V - \iint_{S_\sigma} (\overline{X}_\nu\delta u + \overline{Y}_\nu\delta v + \overline{Z}_\nu\delta w)\mathrm{d}S - \\
&\iint_{S_u} (X_\nu\delta u + Y_\nu\delta v + Z_\nu\delta w)\mathrm{d}S \\
&= 0
\end{aligned} \tag{2-59}$$

注意到式(2-56),在 S_u 上:$\delta u=0$,$\delta v=0$,$\delta w=0$,故有

$$\begin{aligned}
&\iiint_V (\sigma_x\delta\varepsilon_x + \sigma_y\delta\varepsilon_y + \sigma_z\delta\varepsilon_z + \tau_{xy}\delta\gamma_{xy} + \tau_{yz}\delta\gamma_{yz} + \tau_{zx}\delta\gamma_{zx})\mathrm{d}V - \\
&\iiint_V (\overline{X}\delta u + \overline{Y}\delta v + \overline{Z}\delta w)\mathrm{d}V - \iint_{S_\sigma} (\overline{X}_\nu\delta u + \overline{Y}_\nu\delta v + \overline{Z}_\nu\delta w)\mathrm{d}S \\
&= 0
\end{aligned} \tag{2-60}$$

或以矩阵表示为

$$\int_V \boldsymbol{\sigma}^{\mathrm{T}}\delta\boldsymbol{\varepsilon}\,\mathrm{d}V - \int_V \boldsymbol{q}^{\mathrm{T}}\delta\boldsymbol{f}\mathrm{d}V - \iint_{S_\sigma} \overline{\boldsymbol{p}}^{\mathrm{T}}\delta\boldsymbol{f}\mathrm{d}S = 0 \tag{2-61}$$

式中

$$\delta\boldsymbol{\varepsilon} = [\delta\varepsilon_x, \delta\varepsilon_y, \delta\varepsilon_z, \delta\gamma_{xy}, \delta\gamma_{yz}, \delta\gamma_{zx}]^{\mathrm{T}}$$

表示应变分量的变分；

$$\bar{\boldsymbol{q}} = [\bar{X}, \bar{Y}, \bar{Z}]^{\mathrm{T}}$$

表示给定的体力；

$$\bar{\boldsymbol{P}} = [\bar{X}_\nu, \bar{Y}_\nu, \bar{Z}_\nu]^{\mathrm{T}}$$

表示在 S_σ 上给定的面力。

由式(2-34)、式(2-46)和式(2-53)，可将式(2-60)表示成

$$\delta U - \delta W = 0 \quad 或 \quad \delta U = \delta W \tag{2-62}$$

这就是小位移弹性理论中的虚功原理，或称虚位移原理。对于能满足给定位移边界条件的任意无限小虚位移，这个原理是成立的。式(2-62)也称为虚功方程。

其次，如果要求虚功原理对任何容许虚位移都成立，我们来研究将会得出什么样的关系式。

颠倒上述过程，由式(2-46)、式(2-53)以及式(2-61)，得

$$\begin{aligned}\delta U &= \int_V \boldsymbol{\sigma}^{\mathrm{T}} \delta\boldsymbol{\varepsilon}\, \mathrm{d}V \\ &= \iiint_V \Big[\sigma_x \frac{\partial}{\partial x}\delta u + \sigma_y \frac{\partial}{\partial x}\delta v + \sigma_z \frac{\partial}{\partial x}\delta w + \tau_{xy}\Big(\frac{\partial}{\partial y}\delta u + \frac{\partial}{\partial x}\delta v\Big) + \\ &\quad \tau_{yz}\Big(\frac{\partial}{\partial z}\delta v + \frac{\partial}{\partial y}\delta w\Big) + \tau_{zx}\Big(\frac{\partial}{\partial x}\delta w + \frac{\partial}{\partial z}\delta u\Big)\Big]\mathrm{d}x\mathrm{d}y\mathrm{d}z\end{aligned} \tag{2-63}$$

对上式右端方括号内 9 项中每一项进行分部积分，例如

$$\begin{aligned}\iiint_V \sigma_x \frac{\partial}{\partial x}\delta u \mathrm{d}x\mathrm{d}y\mathrm{d}z &= \iint_S \Big(\int \sigma_x \frac{\partial}{\partial x}\delta u \mathrm{d}x\Big)\mathrm{d}y\mathrm{d}z \\ &= \iint_S \Big(\sigma_x \delta u - \int \delta u \frac{\partial}{\partial x}\sigma_x \mathrm{d}x\Big)\mathrm{d}y\mathrm{d}z \\ &= \iint_S \sigma_x \delta u \mathrm{d}y\mathrm{d}z - \iiint_V \delta u \frac{\partial}{\partial x}\sigma_x \mathrm{d}x\mathrm{d}y\mathrm{d}z\end{aligned} \tag{2-64}$$

等，又注意到在边界上有式(2-57)成立，于是式(2-63)变换成

$$\begin{aligned}\delta U = &\iint_S [(\sigma_x l + \tau_{yx} m + \tau_{zx} n)\delta u + (\tau_{xy} l + \sigma_y m + \tau_{zy} n)\delta v + \\ &(\tau_{xz} l + \tau_{yz} m + \sigma_z n)\delta w]\mathrm{d}S - \\ &\iiint_V \Big[\Big(\frac{\partial \sigma_x}{\partial x} + \frac{\partial \tau_{yx}}{\partial y} + \frac{\partial \tau_{zx}}{\partial z}\Big)\delta u + \Big(\frac{\partial \tau_{xy}}{\partial x} + \frac{\partial \sigma_y}{\partial y} + \frac{\partial \tau_{zy}}{\partial z}\Big)\delta v + \\ &\Big(\frac{\partial \tau_{xz}}{\partial x} + \frac{\partial \tau_{yz}}{\partial y} + \frac{\partial \sigma_z}{\partial z}\Big)\delta w\Big]\mathrm{d}x\mathrm{d}y\mathrm{d}z\end{aligned} \tag{2-65}$$

这里二重积分包括全部边界面积，即

$$\iint_S [\cdots]\mathrm{d}S = \iint_{S_\sigma} [\cdots]\mathrm{d}S + \iint_{S_u} [\cdots]\mathrm{d}S$$

又因为在 S_u 上有给定的位移边界条件式(2-56)，所以有

$$\iint_S [\cdots]\mathrm{d}S = \iint_{S_\sigma} [\cdots]\mathrm{d}S$$

再由式(2-34)，有

$$\delta W=\iiint_V(\overline{X}\delta u+\overline{Y}\delta w+\overline{Z}\delta w)\mathrm{d}x\mathrm{d}y\mathrm{d}z+\iint_{S_\sigma}(\overline{X}_\nu\delta u+\overline{Y}_\nu\delta v+\overline{Z}_\nu\delta w)\mathrm{d}S \tag{2-66}$$

如果要求对于任意满足式(2-56)的虚位移，都能使式(2-62)成立，则以式(2-65)、式(2-66)代入式(2-62)，得

$$\begin{aligned}&\iiint_V\Big[\Big(\frac{\partial\sigma_x}{\partial x}+\frac{\partial\tau_{yx}}{\partial y}+\frac{\partial\tau_{zx}}{\partial z}+\overline{X}\Big)\delta u+\Big(\frac{\partial\tau_{xy}}{\partial x}+\frac{\partial\sigma_y}{\partial y}+\frac{\partial\tau_{zy}}{\partial z}+\overline{Y}\Big)\delta v+\\&\Big(\frac{\partial\tau_{xz}}{\partial x}+\frac{\partial\tau_{yz}}{\partial y}+\frac{\partial\sigma_z}{\partial z}+\overline{Z}\Big)\delta w\Big]\mathrm{d}x\mathrm{d}y\mathrm{d}z+\\&\iint_{S_\sigma}\{[\overline{X}_\nu-(\sigma_x l+\tau_{yx}m+\tau_{zx}n)]\delta u+[\overline{Y}_\nu-(\tau_{xy}l+\sigma_y m+\tau_{zy}n)]\delta v+\\&[\overline{Z}_\nu-(\tau_{xz}l+\tau_{yz}m+\sigma_z n)]\delta w\}\mathrm{d}S\\=&0\end{aligned} \tag{2-67}$$

由于 $\delta u,\delta v,\delta w$ 在 V 域内和在 S_σ 上是任意选择的，所以方程式(2-67)中的所有系数都必须为零，即得

在 V 域：
$$\begin{cases}\dfrac{\partial\sigma_x}{\partial x}+\dfrac{\partial\tau_{yx}}{\partial y}+\dfrac{\partial\tau_{zx}}{\partial z}+\overline{X}=0\\\dfrac{\partial\tau_{xy}}{\partial x}+\dfrac{\partial\sigma_y}{\partial y}+\dfrac{\partial\tau_{zy}}{\partial z}+\overline{Y}=0\\\dfrac{\partial\tau_{xz}}{\partial x}+\dfrac{\partial\tau_{yz}}{\partial y}+\dfrac{\partial\sigma_z}{\partial z}+\overline{Z}=0\end{cases}$$

在 S_σ 上：
$$\begin{cases}\sigma_x l+\tau_{yx}m+\tau_{zx}n=\overline{X}_\nu\\\tau_{xy}l+\sigma_y m+\tau_{zy}n=\overline{Y}_\nu\\\tau_{xz}k+\tau_{yz}m+\sigma_z n=\overline{Z}_\nu\end{cases}$$

这就是应力平衡方程和力的边界条件。

在前面的讨论中，我们把满足位移边界条件的无限小的位移变分

$$\delta\boldsymbol{f}=[\delta u,\delta v,\delta w]^{\mathrm{T}}$$

称作虚位移，那么相应的应变能的一阶变分 δU 就称为虚应变能；而功的一阶变分 δW 就称为虚功，于是虚功原理可叙述为：

如果虚位移发生之前，弹性体是处于平衡状态和满足力的边界条件的，那么在虚位移过程中，外力在虚位移上所做的虚功就等于应力在虚应变上做的虚功(虚应变能)，或者反过来说，如果在虚位移过程中，虚功等于虚应变能，那么在虚位移产生之前，结构是处于平衡状态和满足力的边界条件的。

虚功原理以公式表示，若在 S_u 上，$\delta\boldsymbol{f}=0$ 时：

$$\delta U=\delta W$$

则结构是处于平衡状态和满足力的边界条件的，反之亦然。

再进一步，如果让力的边界条件也得到满足，那么由虚功方程式(2-62)导出的式(2-67)将简化成

$$\iiint_V\Big[\Big(\frac{\partial\sigma_x}{\partial x}+\frac{\partial\tau_{yx}}{\partial y}+\frac{\partial\tau_{zx}}{\partial z}+\overline{X}\Big)\delta u+\Big(\frac{\partial\tau_{xy}}{\partial x}+\frac{\partial\sigma_y}{\partial y}+\frac{\partial\tau_{zy}}{\partial z}+\overline{Y}\Big)\delta v+$$

$$\left(\frac{\partial\tau_{xz}}{\partial x}+\frac{\partial\tau_{yz}}{\partial y}+\frac{\partial\sigma_z}{\partial z}+\bar{Z}\right)\delta w\Big]\mathrm{d}x\mathrm{d}y\mathrm{d}z$$

$$=0 \tag{2-68}$$

这就是著名的伽辽金变分方程。由 $\delta u,\delta v,\delta w$ 的任意性可知,式(2-68)与应力平衡方程是等价的。

值得特别指出的是,在推导过程中用到了小位移的应变位移关系式(2-61),因此这里叙述的虚功原理只适用于小位移情况;弹性范围的应力-应变关系并没有用到,而是用的普遍情况下的应力-应变关系式(2-44)。因此不管材料的应力-应变关系如何,虚功原理都是成立的,只要在相应的范围内计算应变能密度 $\bar{U}$ 即可。

第五节　基于虚功原理的近似解法

前面导出的虚功方程式(2-62)和伽辽金方程式(2-68),给弹性力学问题提供了一种很重要的近似解法:假设满足位移边界条件的位移函数中包括若干待定系数,可通过虚功方程和伽辽金方程确定这些系数,从而使整个问题得到解决,这种方法称为"位移变分法"。

设位移分量的表达式为

$$\left.\begin{aligned}u&=u_0+\sum_{m=1}^{n}A_m u_m\\v&=v_0+\sum_{m=1}^{n}B_m v_m\\w&=w_0+\sum_{m=1}^{n}C_m w_m\end{aligned}\right\} \tag{2-69}$$

式中,A_m,B_m,C_m 为互相独立的、任意的系数;u_0,v_0,w_0 是这样来选择的,在边界上等于给定的已知位移:

在 S_u 上　　$u_0=\bar{u},\quad v_0=\bar{v},\quad w_0=\bar{w}$　　(2-70)

而且 $u_m,v_m,w_m(m=1,2,\cdots,n)$都是线性无关函数,它们满足下列条件:

在 S_u 上　　$u_m=0,\quad v_m=0,\quad w_m=0\quad(m=1,2,\cdots,n)$　　(2-71)

因此,不论 A_m,B_m,C_m 如何取值,式(2-69)给定的位移总能满足位移边界条件式(2-22)。

现在,位移的变分是由系数的变分来实现的,即

$$\delta u=\sum_{m=1}^{n}u_m\delta A_m,\quad \delta v=\sum_{m=1}^{n}v_m\delta B_m,\quad \delta w=\sum_{m=1}^{n}w_m\delta C_m \tag{2-72}$$

一、瑞利-里茨法

如果把应变能表示成位移函数的泛函,那么应变能的变分为

$$\delta U=\sum_{m=1}^{n}\left(\frac{\partial U}{\partial A_m}\delta A_m+\frac{\partial U}{\partial B_m}\delta B_m+\frac{\partial U}{\partial C_m}\delta C_m\right) \tag{2-73}$$

以式(2-72)代入式(2-66),有

$$\delta W=\sum_{m=1}^{n}\left(\iiint_V\bar{X}u_m\mathrm{d}x\mathrm{d}y\mathrm{d}z+\iint_{S_\sigma}\bar{X}_\nu u_m\mathrm{d}S\right)\delta A_m+$$

$$\sum_{m=1}^{n}\Big(\iiint_V \overline{Y}v_m \mathrm{d}x\mathrm{d}y\mathrm{d}z+\iint_{S_\sigma}\overline{Y}_\nu v_m \mathrm{d}S\Big)\delta B_m+$$

$$\sum_{m=1}^{n}\Big(\iiint_V \overline{Z}w_m \mathrm{d}x\mathrm{d}y\mathrm{d}z+\iint_{S_\sigma}\overline{Z}_\nu w_m \mathrm{d}S\Big)\delta C_m \tag{2-74}$$

将式(2-73)、式(2-74)代入虚功方程式(2-62)，得

$$\sum_{m=1}^{n}\Big[\frac{\partial U}{\partial A_m}-\iiint_V \overline{X}u_m \mathrm{d}x\mathrm{d}y\mathrm{d}z-\iint_{S_\sigma}\overline{X}_\nu u_m \mathrm{d}S\Big]\delta A_m+$$
$$\sum_{m=1}^{n}\Big[\frac{\partial U}{\partial B_m}-\iiint_V \overline{Y}v_m \mathrm{d}x\mathrm{d}y\mathrm{d}z-\iint_{S_\sigma}\overline{Y}_\nu v_m \mathrm{d}S\Big]\delta B_m+$$
$$\sum_{m=1}^{n}\Big[\frac{\partial U}{\partial C_m}-\iiint_V \overline{Z}w_m \mathrm{d}x\mathrm{d}y\mathrm{d}z-\iint_{S_\sigma}\overline{Z}_\nu w_m \mathrm{d}S\Big]\delta C_m$$
$$=0$$

因为 δA_m，δB_m，δC_m 是完全任意的，于是有

$$\left.\begin{aligned}\frac{\partial U}{\partial A_m}&=\iiint_V \overline{X}u_m \mathrm{d}x\mathrm{d}y\mathrm{d}z+\iint_{S_\sigma}\overline{X}_\nu u_m \mathrm{d}S\\ \frac{\partial U}{\partial B_m}&=\iiint_V \overline{Y}v_m \mathrm{d}x\mathrm{d}y\mathrm{d}z+\iint_{S_\sigma}\overline{Y}_\nu v_m \mathrm{d}S \quad (m=1,2,\cdots,n)\\ \frac{\partial U}{\partial C_m}&=\iiint_V \overline{Z}w_m \mathrm{d}x\mathrm{d}y\mathrm{d}z+\iint_{S_\sigma}\overline{Z}_\nu w_m \mathrm{d}S\end{aligned}\right\} \tag{2-75}$$

弹性力学中已证明应变能是系数 A_m，B_m，C_m 的二次函数，因此式(2-75)是关于 A_m，B_m，C_m 的线性代数方程组。求解得到系数 A_m，B_m，C_m 后，就可得到整个问题的解。

这种方法是由英国物理学家 Lord Rayleigh 和瑞士物理学家 Wolther Ritz 分别于 1877 年和 1908 年提出的。因此通常称之为瑞利-里茨法。它可用于弹性力学，还可用于振动、屈曲及板壳理论中，也是有限元法的理论基础。

这里要指出，式(2-69)中两个连加号下的项数不一定彼此相同。换句话说，在 u_m，v_m，w_m 当中可以缺少某些项。

二、伽辽金法

如果选择表达式(2-69)中的函数，使得位移和力学边界条件同时得到满足，那么就可以利用伽辽金方程(2-68)。

将式(2-72)代入式(2-68)，得到

$$\sum_{m=1}^{n}\iiint_V\Big(\frac{\partial\sigma_x}{\partial x}+\frac{\partial\tau_{yx}}{\partial y}+\frac{\partial\tau_{zx}}{\partial z}+\overline{X}\Big)u_m \mathrm{d}x\mathrm{d}y\mathrm{d}z\cdot\delta A_m+$$
$$\sum_{m=1}^{n}\iiint_V\Big(\frac{\partial\tau_{xy}}{\partial x}+\frac{\partial\sigma_y}{\partial y}+\frac{\partial\tau_{zy}}{\partial z}+\overline{Y}\Big)v_m \mathrm{d}x\mathrm{d}y\mathrm{d}z\cdot\delta B_m+$$
$$\sum_{m=1}^{n}\iiint_V\Big(\frac{\partial\tau_{xz}}{\partial x}+\frac{\partial\tau_{yz}}{\partial y}+\frac{\partial\sigma_z}{\partial z}+\overline{Z}\Big)w_m \mathrm{d}x\mathrm{d}y\mathrm{d}z\cdot\delta C_m$$
$$=0$$

因为 $\delta A_m,\delta B_m,\delta C_m$ 是完全任意的，故有

$$\left.\begin{aligned}&\iiint_V\left(\frac{\partial\sigma_x}{\partial x}+\frac{\partial\tau_{yx}}{\partial y}+\frac{\partial\tau_{zx}}{\partial z}+\bar{X}\right)u_m\mathrm{d}V=0\\&\iiint_V\left(\frac{\partial\tau_{xy}}{\partial x}+\frac{\partial\sigma_y}{\partial y}+\frac{\partial\tau_{zy}}{\partial z}+\bar{Y}\right)v_m\mathrm{d}V=0\quad(m=1,2,\cdots,n)\\&\iiint_V\left(\frac{\partial\tau_{xz}}{\partial x}+\frac{\partial\tau_{yz}}{\partial y}+\frac{\partial\sigma_z}{\partial z}+\bar{Z}\right)w_m\mathrm{d}V=0\end{aligned}\right\}\tag{2-76}$$

将上式中的应力分量通过应变分量最终以位移分量表示，并进行整理可得

$$\left.\begin{aligned}&\iiint_V\left[\frac{E}{2(1+\nu)}\left(\frac{1}{1-2\nu}\frac{\partial e}{\partial x}+\nabla^2u\right)+\bar{X}\right]u_m\mathrm{d}V=0\\&\iiint_V\left[\frac{E}{2(1+\nu)}\left(\frac{1}{1-2\nu}\frac{\partial e}{\partial y}+\nabla^2v\right)+\bar{Y}\right]v_m\mathrm{d}V=0\quad(m=1,2,\cdots,n)\\&\iiint_V\left[\frac{E}{2(1+\nu)}\left(\frac{1}{1-2\nu}\frac{\partial e}{\partial z}+\nabla^2w\right)+\bar{Z}\right]w_m\mathrm{d}V=0\end{aligned}\right\}\tag{2-77}$$

式中

$$\nabla^2=\frac{\partial^2}{\partial x^2}+\frac{\partial^2}{\partial y^2}+\frac{\partial^2}{\partial z^2}$$

是三维拉普拉斯算子；

$$e=\varepsilon_x+\varepsilon_y+\varepsilon_z$$

是体积应变。

由式(2-69)知道，位移分量 u,v,w 也是系数 A_m,B_m,C_m 的一次式，所以式(2-77)也是系数 A_m,B_m,C_m 的一次式。这种方法称为伽辽金法。

式(2-77)可以不用应变能的概念，也不必通过变分步骤，而直接由用位移分量表示的平衡方程，即拉梅(Lamé)方程，应用数学中的"加权余量"原理导出。

例 2-1 试用瑞利-里茨法计算均布载荷作用下的悬臂梁的最大挠度(见图 2-3)，梁的长度为 l，抗弯刚度为 EI(E 为弹性模量，I 为惯矩)。

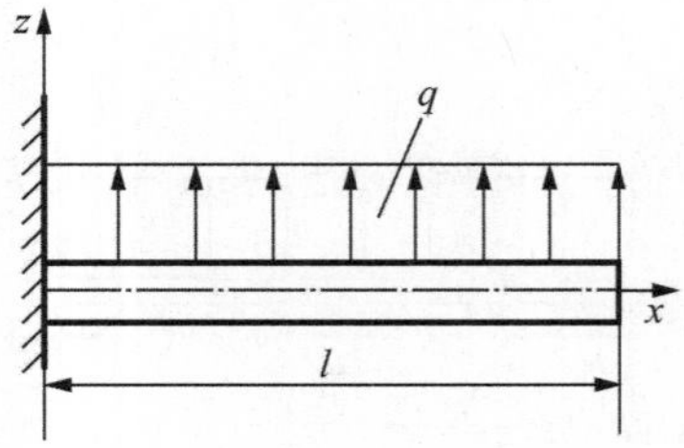

图 2-3 悬臂梁

由工程梁理论得知，此时应变-位移关系为

$$\varepsilon_x=-z\frac{\partial^2w}{\partial x^2}$$

应力-应变关系为

$$\sigma_x=E\varepsilon_x$$

以位移(这里即为挠度)分量表示的应变能为

$$U=\frac{1}{2}\int_V\sigma_x\varepsilon_x\mathrm{d}V=\frac{1}{2}EI\int_0^l\left(\frac{\mathrm{d}^2w}{\mathrm{d}x^2}\right)^2\mathrm{d}x\tag{2-78}$$

现设挠度函数

$$w=C\left(1-\cos\frac{\pi}{2l}x\right)$$

显然满足位移边界条件：

$$x=0,\ w=0,\ \frac{\mathrm{d}w}{\mathrm{d}x}=0$$

代入式(2-78)，得

$$U=\frac{EI\pi^4}{64l^3}C^2$$

这里可以看出，应变能是系数 C 的二次式。

由式(2-75)的第三式，得

$$\frac{EI\pi^4}{32l^3}C=\int_0^l q\left(1-\cos\frac{\pi}{2l}x\right)\mathrm{d}x=\frac{\pi-2}{\pi}ql$$

解得

$$C=0.1194\,\frac{ql^4}{EI}$$

当 $x=l$ 时，

$$w=w_{\max}=0.1194\,\frac{ql^4}{EI}$$

而精确解为

$$w_0=0.125\,\frac{ql^4}{EI}$$

如果挠度函数取更多的项，精度将明显提高。

例 2-2　试用伽辽金法计算均布载荷作用下的简支梁的挠度(见图 2-4)，梁的长度为 l，抗弯刚度为 EI。

由工程梁理论知道，以位移(这里是挠度)分量表示的平衡方程是

$$EI\,\frac{\mathrm{d}^4 w}{\mathrm{d}x^4}-q=0$$

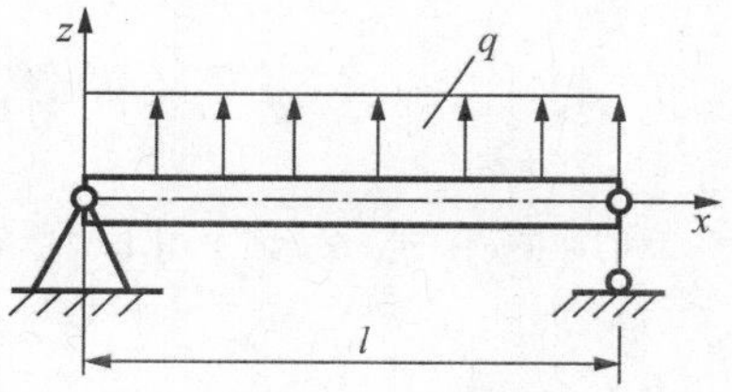

图 2-4　简支梁

现设挠度函数

$$w=C\sin\frac{\pi x}{l}$$

于是有

$$\frac{\mathrm{d}w}{\mathrm{d}x}=C\,\frac{\pi}{l}\cos\frac{\pi x}{l},\quad \frac{\mathrm{d}^2 w}{\mathrm{d}x^2}=-C\left(\frac{\pi}{l}\right)^2\sin\frac{\pi x}{l}$$

$$\frac{\mathrm{d}^3 w}{\mathrm{d}x^3}=-C\left(\frac{\pi}{l}\right)^3\cos\frac{\pi x}{l},\quad \frac{\mathrm{d}^4 w}{\mathrm{d}x^4}=C\left(\frac{\pi}{l}\right)^4\sin\frac{\pi x}{l}$$

显然满足位移边界条件：

$$x=0,\quad w=0,\quad x=l,\quad w=0$$

同时也满足力的边界条件：

$$x=0,\quad M=-EI\,\frac{\mathrm{d}^2 w}{\mathrm{d}x^2}=0$$

$$x=l,\quad M=-EI\,\frac{\mathrm{d}^2 w}{\mathrm{d}x^2}=0$$

现在，伽辽金方程(2-77)的第三式应为

$$\int_0^l\left(EI\,\frac{\mathrm{d}^4 w}{\mathrm{d}x^4}-q\right)\sin\frac{\pi x}{l}\mathrm{d}x=0$$

以挠度函数代入，得

$$\int_0^l \left(CEI\left(\frac{\pi}{l}\right)^4 \sin\frac{\pi x}{l} - q\right)\sin\frac{\pi x}{l}\mathrm{d}x = 0$$

显然是关于系数的一次式。积分后解得

$$C = \frac{4ql^4}{EI\pi^5}, \quad w = \frac{4ql^4}{EI\pi^5}\sin\frac{\pi x}{l}$$

当 $x=\frac{l}{2}$时，有

$$w_{\max} = \frac{ql^4}{76.5EI}$$

本题精确解为

$$w_{\max} = \frac{ql^4}{76.8EI}$$

可见，即使挠度函数仅取简单的表达式，也能得到较高的精度。

由以上例题可以看出，位移变分法为弹性力学问题提供了一种很重要的近似解法，对弹性力学的发展起了很大的推动作用。然而，实施这种方法的关键在于选择一个合适的位移函数，它直接影响到解的精度。事实上，对于绝大多数工程结构，几乎不可能找到合适的位移函数。因此，在有限元法等一类近代数值方法出现以前，弹性力学理论与工程实际应用始终存在着一条鸿沟。

第六节　最小势能原理

利用关系式(2-44)可以用应变分量表示应力分量。对于各向同性的弹性材料有式(2-13)，即

$$\boldsymbol{\sigma} = \boldsymbol{D\varepsilon}$$

代入式(2-43)，得到用应变分量表示的应变能密度

$$\overline{U} = \frac{1}{2}\boldsymbol{\varepsilon}^{\mathrm{T}}\boldsymbol{D\varepsilon} \tag{2-79}$$

因为弹性矩阵 $\boldsymbol{D}$ 是对称矩阵，并且当 $\boldsymbol{\varepsilon}$ 是非零矢量时，必有

$$\overline{U} = \frac{1}{2}\boldsymbol{\varepsilon}^{\mathrm{T}}\boldsymbol{D\varepsilon} > 0$$

因此应变能密度是一个正定二次型，或者说，应变能密度是应变分量的正定函数。

再将小位移的应变关系式(2-12)代入式(2-79)，就可以得到以位移分量表示的应变能密度，并记为

$$\begin{aligned}\overline{U}(u,v,w) =& \frac{E\nu}{2(1+\nu)(1-2\nu)}\left(\frac{\partial u}{\partial x}+\frac{\partial v}{\partial y}+\frac{\partial w}{\partial z}\right)^2 + \\ & G\left[\left(\frac{\partial u}{\partial x}\right)^2+\left(\frac{\partial v}{\partial y}\right)^2+\left(\frac{\partial w}{\partial z}\right)^2\right]+ \\ & \frac{G}{2}\left[\left(\frac{\partial v}{\partial z}+\frac{\partial w}{\partial y}\right)^2+\left(\frac{\partial w}{\partial x}+\frac{\partial u}{\partial z}\right)^2+\left(\frac{\partial u}{\partial y}+\frac{\partial v}{\partial x}\right)^2\right]\end{aligned} \tag{2-80}$$

利用位移边界条件式(2-56)，虚功方程(2-59)就可变换成

$$\delta\int_V \overline{U}(u,v,w)\mathrm{d}V - \int_V (\overline{X}\delta u + \overline{Y}\delta v + \overline{Z}\delta w)\mathrm{d}V -$$

$$\iint_{S_\sigma}(\overline{X}_\nu \delta u + \overline{Y}_\nu \delta v + \overline{Z}_\nu \delta w)\mathrm{d}S$$

$$=0 \tag{2-81}$$

此表达式在那些不能从位势函数导出外力的，或者说在非保守力场的弹性力学问题中是有用的。

如果对于一个保守力场，存在着位势函数，也即由式(2-32)定义的功，那么虚功方程式(2-62)就可以变换成

$$\delta \Pi = \delta(U - W) = 0 \tag{2-82}$$

式中

$$\Pi(u,v,w) = U - W \tag{2-83}$$

是体系的总势能，它是以位移函数 $\boldsymbol{f}$ 为宗量的泛函。方程(2-82)代表总势能极值原理，它可叙述为：

在所有满足给定位移边界条件的容许位移中，成为系统真实位移的充分和必要条件是使系统的总势能取极值。

由式(2-34)、式(2-46)可以注意到：功的一阶变分 δW 和力的变分无关，应变能的一阶变分 δU 与应力的变分无关。这样一来，为了求 δW 和 δU，就可以假设在位移自 $\boldsymbol{f}$ 改变到 $\boldsymbol{f}+\delta\boldsymbol{f}$ 的过程中，结构中的应力和力均保持为常数。因而，现将限于讨论这样的弹性力学问题，即假定体力 $\boldsymbol{q}=[\overline{X},\overline{Y},\overline{Z}]^{\mathrm{T}}$，面力 $\boldsymbol{P}=[\overline{X}_\nu,\overline{Y}_\nu,\overline{Z}_\nu]^{\mathrm{T}}$ 和表面位移 $\overline{\boldsymbol{f}}=[\overline{u},\overline{v},\overline{w}]^{\mathrm{T}}$ 均已给定，而且它们的大小和方向在变分时保持不变。那么，对于这些外力，功的表达式(2-32)可变换成

$$W = \int_V \boldsymbol{q}^{\mathrm{T}}\boldsymbol{f}\mathrm{d}V + \iint_{S_\sigma}\boldsymbol{P}^{\mathrm{T}}\boldsymbol{f}\mathrm{d}S \tag{2-84}$$

此时有

$$\left.\begin{aligned}\delta W &= \delta\boldsymbol{f}^{\mathrm{T}}\frac{\partial W}{\partial \boldsymbol{f}} = \int_V \boldsymbol{q}^{\mathrm{T}}\delta\boldsymbol{f}\mathrm{d}V + \iint_{S_\sigma}\boldsymbol{P}^{\mathrm{T}}\delta\boldsymbol{f}\mathrm{d}S\\ \delta^2 W &= 0\end{aligned}\right\} \tag{2-85}$$

由此将导出最小势能原理，叙述如下：

在所有容许位移函数中，真实的位移使总势能

$$\Pi(u,v,w) = \int_V \overline{U}(u,v,w)\mathrm{d}V - \int_V \boldsymbol{q}^{\mathrm{T}}\boldsymbol{f}\mathrm{d}V - \iint_{S_\sigma}\boldsymbol{P}^{\mathrm{T}}\boldsymbol{f}\mathrm{d}S \tag{2-86}$$

取最小值。

为了证明最小势能原理，分别用 $\boldsymbol{f}$ 和 $\boldsymbol{f}^*$ 表示真实解的位移和一组容许的、任意选择的位移。并令

$$\boldsymbol{f}^* = \boldsymbol{f} + \delta\boldsymbol{f}$$

于是有

$$\Delta\Pi = \Pi(\boldsymbol{f}^*) - \Pi(\boldsymbol{f}) = \delta\Pi + \frac{1}{2!}\delta^2\Pi + \cdots \tag{2-87}$$

式中

$$\left.\begin{aligned}\delta\Pi &= \delta U - \delta W\\ \delta^2\Pi &= \delta^2 U - \delta^2 W = \delta^2 U\\ &\cdots\cdots\end{aligned}\right\} \tag{2-88}$$

分别称为总势能的一阶变分、二阶变分、……，它们分别是位移变分的一次式、二次式、……我们可以略去 $\delta^2 \Pi$ 之后的各高阶项。

由于在 S_u 上 $\delta \boldsymbol{f}=0$，而且位移 $\boldsymbol{f}$ 是真实解，所以由总势能极值原理知道，其一阶变分为零：

$$\delta \Pi = 0 \tag{2-89}$$

此外，由于应变能是正定函数，所以必定有

$$\delta^2 \Pi = \delta^2 U \geqslant 0 \tag{2-90}$$

式中的等号仅当从 $\delta \boldsymbol{f}$ 导出的所有应变分量均为零时才成立。从而得到

$$\Pi_{容许的} \geqslant \Pi_{真实的} \tag{2-91}$$

在上述的证明中，由于对 $\delta \boldsymbol{f}$ 的大小未加限制，所以断定：真实解使总势能取极小值。

第七节　余虚功原理

在小位移弹性理论中，有与虚功原理互补的余虚功原理成立。

我们考虑物体在给定的体力和边界条件下保持平衡，由应变位移关系及位移边界条件，显然在 V 内：

$$\left.\begin{aligned} &\varepsilon_x - \frac{\partial u}{\partial x} = 0, \quad \varepsilon_y - \frac{\partial v}{\partial y} = 0, \quad \varepsilon_z - \frac{\partial w}{\partial z} = 0 \\ &\gamma_{xy} - \left(\frac{\partial u}{\partial y} + \frac{\partial v}{\partial x}\right) = 0, \quad \gamma_{yz} - \left(\frac{\partial v}{\partial z} + \frac{\partial w}{\partial y}\right) = 0 \\ &\gamma_{zx} - \left(\frac{\partial w}{\partial x} + \frac{\partial u}{\partial z}\right) = 0 \end{aligned}\right\} \tag{2-92}$$

在 S_u 上：

$$u - \bar{u} = 0, \quad v - \bar{v} = 0, \quad w - \bar{w} = 0 \tag{2-93}$$

现在，假定物体从这个平衡位置接受了一组任意的、无限小的应力分量虚变分

$$\delta \boldsymbol{\sigma} = [\delta\sigma_x, \delta\sigma_y, \delta\sigma_z, \delta\tau_{xy}, \delta\tau_{yz}, \delta\tau_{zx}]^{\mathrm{T}} \tag{2-94}$$

于是有

$$\begin{aligned} &\iiint_V \Big[\left(\varepsilon_x - \frac{\partial u}{\partial x}\right)\delta\sigma_x + \left(\varepsilon_y - \frac{\partial v}{\partial y}\right)\delta\sigma_y + \left(\varepsilon_z - \frac{\partial w}{\partial z}\right)\delta\sigma_z + \\ &\left(\gamma_{xy} - \frac{\partial u}{\partial y} - \frac{\partial v}{\partial x}\right)\delta\tau_{xy} + \left(\gamma_{yz} - \frac{\partial v}{\partial z} - \frac{\partial w}{\partial y}\right)\delta\tau_{yz} + \\ &\left(\gamma_{zx} - \frac{\partial w}{\partial x} - \frac{\partial u}{\partial z}\right)\delta\tau_{zx} \Big] \mathrm{d}x\mathrm{d}y\mathrm{d}z + \\ &\iint_{S_u} [(u-\bar{u})\delta X_\nu + (v-\bar{v})\delta Y_\nu + (w-\bar{w})\delta Z_\nu] \mathrm{d}S \\ = &0 \end{aligned} \tag{2-95}$$

对上式三重积分号内的各项施以分部积分，例如

$$\begin{aligned} \iiint_V \frac{\partial u}{\partial x}\delta\sigma_x \mathrm{d}x\mathrm{d}y\mathrm{d}z &= \iint_S \left(\int \frac{\partial u}{\partial x}\delta\sigma_x \mathrm{d}x\right)\mathrm{d}y\mathrm{d}z \\ &= \iint_S u\,\delta\sigma_x \mathrm{d}y\mathrm{d}z - \iiint_V u\,\frac{\partial}{\partial x}\delta\sigma_x \mathrm{d}x\mathrm{d}y\mathrm{d}z \end{aligned}$$

$$=\iint_S u\delta\sigma_x l\,\mathrm{d}S-\iiint_V u\ \frac{\partial}{\partial x}\delta\sigma_x\,\mathrm{d}x\mathrm{d}y\mathrm{d}z$$

等等，于是式(2-95)变为

$$\begin{aligned}&\iiint_V\Big[(\varepsilon_x\delta\sigma_x+\varepsilon_y\delta\sigma_y+\varepsilon_z\delta\sigma_z+\gamma_{xy}\delta\tau_{xy}+\gamma_{yz}\delta\tau_{yz}+\gamma_{zx}\delta\tau_{zx})+\\&\Big(\frac{\partial\delta\sigma_x}{\partial x}+\frac{\partial\delta\tau_{yx}}{\partial y}+\frac{\partial\delta\tau_{zx}}{\partial z}\Big)u+\Big(\frac{\partial\delta\tau_{xy}}{\partial x}+\frac{\partial\delta\sigma_y}{\partial y}+\frac{\partial\delta\tau_{zy}}{\partial z}\Big)v+\\&\Big(\frac{\partial\delta\tau_{xz}}{\partial x}+\frac{\partial\delta\tau_{yz}}{\partial y}+\frac{\partial\delta\sigma_z}{\partial z}\Big)w\Big]\mathrm{d}V-\\&\iint_S[(\delta\sigma_x l+\delta\tau_{yx}m+\delta\tau_{zx}n)u+(\delta\tau_{xy}l+\delta\sigma_y m+\delta\tau_{zy}n)v+\\&(\delta\tau_{xz}l+\delta\tau_{yz}m+\delta\sigma_z n)w]\mathrm{d}S+\\&\iint_{S_u}(\delta X_\nu u+\delta Y_\nu v+\delta Z_\nu w)\mathrm{d}S-\\&\iint_{S_u}(\delta X_\nu\bar{u}+\delta Y_\nu\bar{v}+\delta Z_\nu\bar{w})\mathrm{d}S\\=&0\end{aligned}\tag{2-96}$$

由应力分量与表面力的关系式(2-20)，以及

$$\iint_S[\cdots]\mathrm{d}S=\iint_{S_\sigma}[\cdots]\mathrm{d}S+\iint_{S_u}[\cdots]\mathrm{d}S\tag{2-97}$$

于是式(2-96)变换成

$$\begin{aligned}&\iiint_V[(\varepsilon_x\delta\sigma_x+\varepsilon_y\delta\sigma_y+\varepsilon_z\delta\sigma_z+\gamma_{xy}\delta\tau_{xy}+\gamma_{yz}\delta\tau_{yz}+\gamma_{zx}\delta\tau_{zx})+\\&\Big(\frac{\partial\delta\sigma_x}{\partial x}+\frac{\partial\delta\tau_{yx}}{\partial y}+\frac{\partial\delta\tau_{zx}}{\partial z}\Big)u+\Big(\frac{\partial\delta\tau_{xy}}{\partial x}+\frac{\partial\delta\sigma_y}{\partial y}+\frac{\partial\delta\tau_{zy}}{\partial z}\Big)v+\\&\Big(\frac{\partial\delta\tau_{xz}}{\partial x}+\frac{\partial\delta\tau_{yz}}{\partial y}+\frac{\partial\delta\sigma_z}{\partial z}\Big)w\Big]\mathrm{d}V+\\&\iint_{S_\sigma}(u\delta X_\nu+v\delta Y_\nu+w\delta Z_\nu)\mathrm{d}S-\\&\iint_{S_u}(\bar{u}\delta X_\nu+\bar{v}\delta Y_\nu+\bar{w}\delta Z_\nu)\mathrm{d}S\\=&0\end{aligned}\tag{2-98}$$

如果所选择的虚应力满足下列方程：在物体 V 域内

$$\left.\begin{aligned}&\Big(\frac{\partial\delta\sigma_x}{\partial x}+\frac{\partial\delta\tau_{yx}}{\partial y}+\frac{\partial\delta\tau_{zx}}{\partial z}\Big)+\delta\bar{X}=0\\&\Big(\frac{\partial\delta\tau_{xy}}{\partial x}+\frac{\partial\delta\sigma_y}{\partial y}+\frac{\partial\delta\tau_{zy}}{\partial z}\Big)+\delta\bar{Y}=0\\&\Big(\frac{\partial\delta\tau_{xz}}{\partial x}+\frac{\partial\delta\tau_{yz}}{\partial y}+\frac{\partial\delta\sigma_z}{\partial z}\Big)+\delta\bar{Z}=0\end{aligned}\right\}\tag{2-99}$$

而在 S_σ 上：

$$\left.\begin{aligned}\delta X_\nu &= \delta\sigma_x l + \delta\tau_{yx} m + \delta\tau_{zx} n = 0\\ \delta Y_\nu &= \delta\tau_{xy} l + \delta\sigma_y m + \delta\tau_{zy} n = 0\\ \delta Z_\nu &= \delta\tau_{xz} l + \delta\tau_{yz} m + \delta\sigma_z n = 0\end{aligned}\right\} \tag{2-100}$$

于是，方程式(2-98)简化为

$$\begin{aligned}&\iiint_V (\varepsilon_x\delta\sigma_x + \varepsilon_y\delta\sigma_y + \varepsilon_z\delta\sigma_z + \gamma_{xy}\delta\tau_{xy} + \gamma_{yz}\delta\tau_{yz} + \gamma_{zx}\delta\tau_{zx})\mathrm{d}V - \\ &\iint_{S_u} (\bar{u}\delta X_\nu + \bar{v}\delta Y_\nu + \bar{w}\delta Z_\nu)\mathrm{d}S \\ =&0\end{aligned} \tag{2-101}$$

或以矩阵表示成

$$\int_V \boldsymbol{\varepsilon}^{\mathrm{T}}\delta\boldsymbol{\sigma}\,\mathrm{d}V - \iint_{S_u} \bar{\boldsymbol{f}}^{\mathrm{T}}\delta\boldsymbol{P}\mathrm{d}S = 0 \tag{2-102}$$

根据式(2-41)、式(2-51)及 $\delta\boldsymbol{q}=0$，又可表示成

$$\delta U^* - \delta W^* = 0 \text{ 或 } \delta U^* = \delta W^* \tag{2-103}$$

方程(2-101)，或式(2-102)，或式(2-103)代表了余虚功原理。对于满足平衡方程和给定力边界条件的任意无限小的虚应力变分，这个原理是成立的，可以看出式(2-103)与式(2-62)是互补的形式。

其次，如果要求余虚功原理对任一组容许的应力变分都成立，研究将会得出什么样的关系式。

在进行这种推导时，拉格朗日乘子法提供了一套完整的工具。可以把方程式(2-99)和式(2-100)当作约束条件，而把位移分量 u, v, w 用作和这些条件相联系的拉格朗日乘子，这样，颠倒上述过程，由方程式(2-101)得到式(2-98)；再用式(2-97)可将式(2-98)变换成式(2-96)；再通过分部积分后可将式(2-96)变换成式(2-95)。

由于引用了拉格朗日乘子使虚变分 $\delta\sigma_x, \delta\sigma_y, \cdots, \delta\tau_{zx}$ 彼此无关，这就要求式(2-95)中所有的系数均为零，这样就得到应变-位移关系式(2-92)和位移边界条件式(2-93)，由此导致余虚功原理的另一种表述法：

将平衡方程式(2-10)和力的边界条件式(2-19)引入余虚功原理就得到应变-位移关系式(2-12)和位移边界条件式(2-22)。归纳起来，余虚功原理可以叙述为：在所有满足应力平衡方程和边界条件的应力状态中，要同时满足协调条件的真实的应力状态的充分必要条件是 $\delta U^* = \delta W^*$。

因此，一旦把小位移理论的应力平衡方程推导出来，应变-位移关系就可以从余虚功原理获得。值得特别指出的是，不管材料的应力-应变关系怎样，余虚功原理都可成立。

余虚功原理又可称为“虚力原理”，余虚功方程式(2-101)又称为卡斯蒂利亚诺应力变分方程。由余虚功原理可导出另一种解弹性力学问题的近似方法：应力变分法。它与位移变分法一样，对弹性力学的发展起了很大的推动作用。

第八节　最小余能原理

当我们利用了关系式(2-50)后，就可以用应力分量表示应变分量，对于各向同性材料有

式(2-15)

$$\boldsymbol{\varepsilon} = \boldsymbol{D}^{-1}\boldsymbol{\sigma}$$

代入式(2-49)，得到用应力分量表示的余应变能密度

$$\overline{U}^{*} = \frac{1}{2}\boldsymbol{\sigma}^{\mathrm{T}}\boldsymbol{D}^{-1}\boldsymbol{\sigma} \tag{2-104}$$

由于它与应变能密度 $\overline{U}$ 的互补关系，所以也是一个正定二次型；或者说，余应变能密度是应力分量的正定函数，于是余虚功方程(2-103)可以变换成

$$\delta\Pi^{*} = \delta(U^{*} - W^{*}) = 0 \tag{2-105}$$

式中

$$\Pi^{*} = U^{*} - W^{*} \tag{2-106}$$

是体系的总余能，它是以应力函数为宗量的泛函。方程(2-105)代表总余能极值原理，它可叙述为：

对于所有静力等价的，即满足平衡方程的、满足给定的应力边界条件的应力状态中，要同时满足应变-位移关系和位移边界条件的充分和必要条件是对总余能取极值。

由式(2-41)、式(2-52)，注意到余功的一阶变分 δU^{*} 及余应变能的一阶变分 δW^{*} 都与位移的变分无关。这样一来，为了求 δW^{*} 和 δU^{*}，就可以假设在应力自 $\boldsymbol{\sigma}$ 变化到 $\boldsymbol{\sigma}+\delta\boldsymbol{\sigma}$ 过程中位移保持不变，这时，如果把集中力作为面力的特殊情况处理，那么式(2-38)定义的余功可表示为

$$W^{*} = \int_{V}\boldsymbol{f}^{\mathrm{T}}\boldsymbol{q}\mathrm{d}V + \iint_{S_u}\boldsymbol{f}^{\mathrm{T}}\boldsymbol{P}\mathrm{d}S \tag{2-107}$$

此时有(注意到 $\delta\boldsymbol{q}=0$)

$$\left.\begin{aligned}&\delta W^{*} = \int_{V}\delta\boldsymbol{q}^{\mathrm{T}}\boldsymbol{f}\mathrm{d}V + \iint_{S_u}\delta\boldsymbol{P}^{\mathrm{T}}\boldsymbol{f}\mathrm{d}S\\&\delta^{2}W^{*} = 0\end{aligned}\right\} \tag{2-108}$$

由此可导出最小余能原理，叙述如下：

在所有满足平衡方程和力的边界条件的各组容许的应力状态中，真实的应力状态使总余能

$$\Pi^{*} = \int_{V}\overline{U}^{*}\mathrm{d}V - \int_{V}\boldsymbol{f}^{\mathrm{T}}\boldsymbol{q}\mathrm{d}V - \iint_{S_u}\boldsymbol{f}^{\mathrm{T}}\boldsymbol{P}\mathrm{d}S \tag{2-109}$$

取最小值。

作为证明，分别用 $\boldsymbol{\sigma}$ 和 $\boldsymbol{\sigma}^{*}$ 表示真实解的应力状态和一组容许的任意选择的应力分量，并令

$$\boldsymbol{\sigma}^{*} = \boldsymbol{\sigma} + \delta\boldsymbol{\sigma}$$

于是有

$$\Delta\Pi^{*} = \Pi^{*}(\boldsymbol{\sigma}^{*}) - \Pi^{*}(\boldsymbol{\sigma}) = \delta\Pi^{*} + \frac{1}{2!}\delta^{2}\Pi^{*} + \cdots \tag{2-110}$$

式中

$$\left.\begin{aligned}&\delta\Pi^{*} = \delta U^{*} - \delta W^{*}\\&\delta^{2}\Pi^{*} = \delta^{2}U^{*} - \delta^{2}W^{*} = \delta^{2}U^{*}\\&\cdots\cdots\end{aligned}\right\}$$

分别称为总余能的一阶变分，二阶变分，……

由极值原理，对于真实解总余能一阶变分为零，且由余应变能的正定性，有

$$\delta^{2}\Pi^{*} \geqslant 0$$

这样，就肯定了最小总余能原理。

第九节 广义变分原理

一、散度定理

在前面的讨论中看到，虚功原理和余虚功原理在定义弹性力学问题时是彼此互补的。这里，我们来考虑这两个原理的一些推广。

一方面，在推导虚功原理的方程式(2-60)时曾经假定，选择虚位移必须满足式(2-56)。现在把这个限制取消，于是就得到虚功原理的一个推广，亦即式(2-59)：

$$
\begin{aligned}
&\iiint_V(\sigma_x\delta\varepsilon_x+\sigma_y\delta\varepsilon_y+\sigma_z\delta\varepsilon_z+\tau_{xy}\delta\gamma_{xy}+\tau_{yz}\delta\gamma_{yz}+\tau_{zx}\delta\gamma_{zx})\mathrm{d}V-\\
&\iiint_V(\overline{X}\delta u+\overline{Y}\delta v+\overline{Z}\delta w)\mathrm{d}V-\iint_{S_\sigma}(\overline{X}_\nu\delta u+\overline{Y}_\nu\delta v+\overline{Z}_\nu\delta w)\mathrm{d}S-\\
&\iint_{S_u}(X_\nu\delta u+Y_\nu\delta v+Z_\nu\delta w)\mathrm{d}S\\
=&0
\end{aligned}
\tag{2-111}
$$

可以写成矩阵式：

$$
\int_V\boldsymbol{\sigma}^{\mathrm{T}}\delta\boldsymbol{\varepsilon}\,\mathrm{d}V-\int_V\boldsymbol{q}^{\mathrm{T}}\delta\boldsymbol{f}\mathrm{d}V-\iint_{S_\sigma}\overline{\boldsymbol{P}}^{\mathrm{T}}\delta\boldsymbol{f}\mathrm{d}S-\iint_{S_u}\boldsymbol{P}^{\mathrm{T}}\delta\boldsymbol{f}\mathrm{d}S=0 \tag{2-112}
$$

式中

$$
\boldsymbol{P}=[X_\nu,Y_\nu,Z_\nu]^{\mathrm{T}}
$$

表示在位移边界上的面力，它可由式(2-20)用应力分量来表示。

另一方面，在推导余虚功原理的方程式(2-101)时曾经假定，应力分量的选择要使其满足平衡方程和应力边界条件，即满足式(2-99)和式(2-100)。现在取消这个限制，于是就得到余虚功原理的一个推广，亦即式(2-98)，可以把它写成

$$
\begin{aligned}
&\iiint_V(\varepsilon_x\delta\sigma_x+\varepsilon_y\delta\sigma_y+\varepsilon_z\delta\sigma_z+\gamma_{xy}\delta\tau_{xy}+\gamma_{yz}\delta\tau_{yz}+\gamma_{zx}\delta\tau_{zx})\mathrm{d}V-\\
&\iiint_V(u\delta X+v\delta Y+w\delta Z)\mathrm{d}V-\iint_{S_\sigma}(u\delta X_\nu+v\delta Y_\nu+w\delta Z_\nu)\mathrm{d}S-\\
&\iint_{S_u}(\overline{u}\delta X_\nu+\overline{v}\delta Y_\nu+\overline{w}\delta Z_\nu)\mathrm{d}S\\
=&0
\end{aligned}
\tag{2-113}
$$

式中，δX，δY，δZ 由下式给出：

$$
\left.
\begin{aligned}
\frac{\partial\delta\sigma_x}{\partial x}+\frac{\partial\delta\tau_{yx}}{\partial y}+\frac{\partial\delta\tau_{zx}}{\partial z}+\delta X=0\\
\frac{\partial\delta\tau_{xy}}{\partial x}+\frac{\partial\delta\sigma_y}{\partial y}+\frac{\partial\delta\tau_{zy}}{\partial z}+\delta Y=0\\
\frac{\partial\delta\tau_{xz}}{\partial x}+\frac{\partial\delta\tau_{yz}}{\partial y}+\frac{\partial\delta\sigma_z}{\partial z}+\delta Z=0
\end{aligned}
\right\}
\tag{2-114}
$$

鉴于上面的这些推导，发现这些原理都是下列散度定理的一些特殊情形。

散度定理：

$$
\begin{aligned}
&\iiint\limits_V (\sigma_x\varepsilon_x+\sigma_y\varepsilon_y+\sigma_z\varepsilon_z+\tau_{xy}\gamma_{xy}+\tau_{yz}\gamma_{yz}+\tau_{zx}\gamma_{zx})\mathrm{d}V\\
&=\iiint\limits_V (\bar{X}u+\bar{Y}v+\bar{Z}w)\mathrm{d}V+\iint\limits_{S_\sigma}(X_\nu u+Y_\nu v+Z_\nu w)\mathrm{d}S+\\
&\iint\limits_{S_u}(X_\nu u+Y_\nu v+Z_\nu w)\mathrm{d}S\\
&=0
\end{aligned}
\tag{2-115}
$$

或表示成

$$
\int_V \boldsymbol{\sigma}^{\mathrm{T}}\boldsymbol{\varepsilon}\,\mathrm{d}V=\int_V \bar{\boldsymbol{q}}^{\mathrm{T}}\boldsymbol{f}\mathrm{d}V+\iint\limits_{S_\sigma}\boldsymbol{P}^{\mathrm{T}}\boldsymbol{f}\mathrm{d}S+\iint\limits_{S_u}\boldsymbol{P}^{\mathrm{T}}\boldsymbol{f}\mathrm{d}S \tag{2-116}
$$

式中，$\boldsymbol{\sigma}$ 是满足平衡方程(2-10)的一组任意的应力分量；$\bar{\boldsymbol{q}}$是给定的体力；面力 $\boldsymbol{P}=[X_\nu, Y_\nu, Z_\nu]^{\mathrm{T}}$ 的各分量是按方程(2-20)从应力分量推导出来的；$\boldsymbol{f}$ 是一组任意的位移分量；$\boldsymbol{\varepsilon}$ 是利用方程(2-12)从位移分量推导出来的。现在来证明散度定理。

利用式(2-12)，将应变分量用位移来表示，然后，对式(2-115)等号前边的 6 项分量分别施以分部积分，例如

$$
\begin{aligned}
\iiint\limits_V \sigma_x\varepsilon_x\,\mathrm{d}x\mathrm{d}y\mathrm{d}z&=\iint\limits_S\left(\int\sigma_x\frac{\partial u}{\partial x}\mathrm{d}x\right)\mathrm{d}y\mathrm{d}z\\
&=\iint\limits_S\left(\sigma_x u-\int\frac{\partial\sigma_x}{\partial x}u\,\mathrm{d}x\right)\mathrm{d}y\mathrm{d}z\\
&=\iint\limits_S\sigma_x ul\,\mathrm{d}S-\iiint\limits_V\frac{\partial\sigma_x}{\partial x}u\,\mathrm{d}V
\end{aligned}
\tag{2-117a}
$$

又如

$$
\begin{aligned}
\iiint\limits_V\tau_{xy}\gamma_{xy}\,\mathrm{d}x\mathrm{d}y\mathrm{d}z&=\iiint\limits_V\tau_{xy}\left(\frac{\partial u}{\partial y}+\frac{\partial v}{\partial x}\right)\mathrm{d}x\mathrm{d}y\mathrm{d}z\\
&=\iint\limits_S\left(\int\tau_{xy}\frac{\partial u}{\partial y}\mathrm{d}y\right)\mathrm{d}x\mathrm{d}y+\iint\limits_S\left(\int\tau_{xy}\frac{\partial v}{\partial x}\mathrm{d}x\right)\mathrm{d}y\mathrm{d}z\\
&=\iint\limits_S\left(\tau_{xy}u-\int u\frac{\partial\tau_{xy}}{\partial y}\mathrm{d}y\right)\mathrm{d}x\mathrm{d}z+\iint\limits_S\left(\tau_{xy}v-\int v\frac{\partial\tau_{xy}}{\partial x}\mathrm{d}x\right)\mathrm{d}y\mathrm{d}z\\
&=\iint\limits_S\tau_{xy}um\,\mathrm{d}S-\iiint\limits_S u\frac{\partial\tau_{xy}}{\partial y}\mathrm{d}V+\iint\limits_S\tau_{xy}vl\,\mathrm{d}S-\iiint\limits_V v\frac{\partial\tau_{xy}}{\partial x}\mathrm{d}V
\end{aligned}
\tag{2-117b}
$$

等等，于是有

$$
\begin{aligned}
\int\limits_V\boldsymbol{\sigma}^{\mathrm{T}}\boldsymbol{\varepsilon}\,\mathrm{d}V=&\iint\limits_S[(\sigma_x l+\tau_{yx}m+\tau_{zx}n)u+(\tau_{xy}l+\sigma_y m+\tau_{zy}n)v+\\
&(\tau_{xz}l+\tau_{yz}m+\sigma_z n)w]\mathrm{d}S-\\
&\iiint\limits_V\left\{\left(\frac{\partial\sigma_x}{\partial x}+\frac{\partial\tau_{yx}}{\partial y}+\frac{\partial\tau_{zx}}{\partial z}\right)u+\left(\frac{\partial\tau_{xy}}{\partial x}+\frac{\partial\sigma_y}{\partial y}+\frac{\partial\tau_{zy}}{\partial z}\right)v+\right.
\end{aligned}
$$

$$\left(\frac{\partial \tau_{xz}}{\partial x}+\frac{\partial \tau_{yz}}{\partial y}+\frac{\partial \sigma_z}{\partial z}\right)w\Big]\mathrm{d}V \tag{2-117c}$$

利用式(2-20),有

$$\begin{aligned}\sigma_x l+\tau_{yx}m+\tau_{zx}n &= X_\nu\\ \tau_{xy}l+\sigma_y m+\tau_{zy}n &= Y_\nu\\ \tau_{xz}l+\tau_{yz}m+\sigma_z n &= Z_\nu\end{aligned}$$

利用式(2-10),有

$$\begin{aligned}\frac{\partial \sigma_x}{\partial x}+\frac{\partial \tau_{yx}}{\partial y}+\frac{\partial \tau_{zx}}{\partial z} &=-\bar{X}\\ \frac{\partial \tau_{xy}}{\partial x}+\frac{\partial \sigma_y}{\partial y}+\frac{\partial \tau_{zy}}{\partial z} &=-\bar{Y}\\ \frac{\partial \tau_{xz}}{\partial x}+\frac{\partial \tau_{yz}}{\partial y}+\frac{\partial \sigma_z}{\partial z} &=-\bar{Z}\end{aligned}$$

于是式(2-117c)可变换成式(2-115),即

$$\begin{aligned}&\iiint_V(\varepsilon_x\sigma_x+\varepsilon_y\sigma_y+\varepsilon_z\sigma_z+\gamma_{xy}\tau_{xy}+\gamma_{yz}\tau_{yz}+\gamma_{zx}\tau_{zx})\mathrm{d}V\\ &=\iiint_V(\bar{X}u+\bar{Y}v+\bar{Z}w)\mathrm{d}V+\iint_{S_\sigma}(X_\nu u+Y_\nu v+Z_\nu w)\mathrm{d}S+\\ &\iint_{S_u}(X_\nu u+Y_\nu v+Z_\nu w)\mathrm{d}S\\ &=0\end{aligned} \tag{2-118}$$

其中,$S=S_u+S_\sigma$,表示全部边界面积。

在证明过程中发现,应力 $\boldsymbol{\sigma}$ 和体力 $\boldsymbol{q}$ 通过平衡方程相联系;应变 $\boldsymbol{\varepsilon}$ 和位移 $\boldsymbol{f}$ 通过方程式(2-12)相联系。但是这两组分量($\boldsymbol{\sigma},\boldsymbol{q}$)和($\boldsymbol{\varepsilon},\boldsymbol{f}$)之间是互不相关的,这就是说,并没有假定它们之间存在什么关系。不论应力与应变之间存在什么物理联系,散度定理都是适用的,散度定理在连续介质力学中有广泛的用途。

二、不连续情况

在推导散度定理时曾经默认了应力和位移的连续性,如果在应力和位移中存在某些不连续性,那么方程(2-115)中还应该包括一些附加项。

1. 位移不连续情况

假定在 V 域内应力分量 $\boldsymbol{\sigma}$ 是连续的,而位移分量 $\boldsymbol{f}=[u,v,w]^{\mathrm{T}}$ 沿界面 $S_{(12)}$ 是不连续的。这里 $S_{(12)}$ 把物体 V 分成 $V_{(1)}$ 和 $V_{(2)}$ 两部分,如图 2-5 所示。

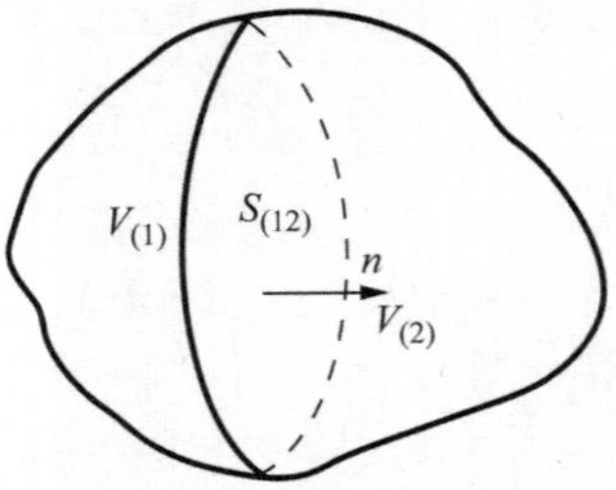

图 2-5 位移不连续

于是,方程(2-115)的右边应增加下列项:

$$\iint_{S_{(12)}}(x_n[u]+y_n[v]+z_n[w])\mathrm{d}S \tag{2-119}$$

式中,x_n,y_n,z_n 是定义在界面 $S_{(12)}$ 上的面力,该面的单位法线 $\boldsymbol{n}$ 从 $V_{(1)}$ 指向 $V_{(2)}$;而$[u]$,$[v]$,$[w]$表示越过界面时位移分

量 u, v, w 的跃变：

$$[u]=u_{(1)}-u_{(2)},\quad [v]=v_{(1)}-v_{(2)},\quad [w]=w_{(1)}-w_{(2)} \tag{2-120}$$

于是，式(2-115)应修改成

$$\begin{aligned}&\iiint_V(\varepsilon_x\sigma_x+\varepsilon_y\sigma_y+\varepsilon_z\sigma_z+\gamma_{xy}\tau_{xy}+\gamma_{yz}\tau_{yz}+\gamma_{zx}\tau_{zx})\mathrm{d}V\\&=\iiint_V(\overline{X}u+\overline{Y}v+\overline{Z}w)\mathrm{d}V+\iint_{S_\sigma}(X_\nu u+Y_\nu v+Z_\nu w)\mathrm{d}S+\\&\iint_{S_u}(X_\nu u+Y_\nu v+Z_\nu w)\mathrm{d}S+\iint_{S_{(12)}}(x_n[u]+y_n[v]+z_n[w]\mathrm{d}S)\end{aligned} \tag{2-121}$$

或以矩阵表示为

$$\int_V\boldsymbol{\sigma}^{\mathrm{T}}\boldsymbol{\varepsilon}\,\mathrm{d}V=\int_V\bar{\boldsymbol{q}}^{\mathrm{T}}\boldsymbol{f}\mathrm{d}V+\iint_{S_\sigma}\boldsymbol{P}^{\mathrm{T}}\boldsymbol{f}\mathrm{d}S+\iint_{S_u}\boldsymbol{P}^{\mathrm{T}}\boldsymbol{f}\mathrm{d}S+\iint_{S_{(12)}}\boldsymbol{P}_n^{\mathrm{T}}\boldsymbol{f}_s\mathrm{d}S \tag{2-122}$$

$$\left.\begin{aligned}\boldsymbol{P}_n&=[X_n,Y_n,Z_n]^{\mathrm{T}}\\\boldsymbol{f}_s&=[[u],[v],[w]]^{\mathrm{T}}\end{aligned}\right\} \tag{2-123}$$

2. *面力不连续情况*

假定此时位移 $\boldsymbol{f}$ 是连续的，但沿界面 $S_{(12)}$ 上的面力是不连续的，那么式(2-115)的右边应增加下列项：

$$\iint_{S_{(12)}}([X]u+[Y]v+[Z]w)\mathrm{d}S \tag{2-124}$$

式中，$[X]$，$[Y]$，$[Z]$表示越过界面 $S_{(12)}$ 对面力的跃变：

$$[X]=X_{n(1)}-X_{n(2)},[Y]=Y_{n(1)}-Y_{n(2)},[Z]=Z_{n(1)}-Z_{n(2)} \tag{2-125}$$

于是，散度定理式(2-115)应修改为

$$\int_V\boldsymbol{\sigma}^{\mathrm{T}}\boldsymbol{\varepsilon}\,\mathrm{d}V=\int_V\bar{\boldsymbol{q}}^{\mathrm{T}}\boldsymbol{f}\mathrm{d}V+\iint_{S_\sigma}\boldsymbol{P}^{\mathrm{T}}\boldsymbol{f}\mathrm{d}S+\iint_{S_u}\boldsymbol{P}^{\mathrm{T}}\boldsymbol{f}\mathrm{d}S+\iint_{S_{(12)}}\boldsymbol{P}_S^{\mathrm{T}}\boldsymbol{f}\mathrm{d}S \tag{2-126}$$

式中

$$\boldsymbol{P}_S^{\mathrm{T}}=[[X],[Y],[Z]]^{\mathrm{T}} \tag{2-127}$$

三、广义变分原理

本节将研究最小势能原理的一个推广，从而导出一个带有普遍性的变分原理——广义变分原理。

首先来总结一下从虚功原理导出最小势能原理的步骤，曾经假定：

(1) 有可能从给定的应力-应变关系导出一个正定函数 $\overline{U}(\boldsymbol{\varepsilon})$。

(2) 上述的应变分量满足相容条件，即它们可以由方程(2-12)从位移 $\boldsymbol{f}$ 导出。

(3) 这样定义的位移分量 $\boldsymbol{f}$ 满足位移边界条件式(2-22)。

(4) 体力 $\boldsymbol{q}$、面力 $\boldsymbol{P}$ 可以由方程(2-30)所给出的位势函数 W 导出。

基于上述假定，最小势能原理断定，体系的真实变形可以从方程(2-86)所定义的泛函 Π 的极小化条件求得。

现在我们来说明，引用拉格朗日乘子，可以把上述假设(2)和(3)作为约束条件并入变分表达式的骨架内，并可推广最小势能原理。通过引进分别定义在 V 域内和边界 S_u 上的 9 个拉

格朗日乘子，即 6 个应力分量

$$\sigma_x, \sigma_y, \sigma_z, \tau_{xy}, \tau_{yz}, \tau_{zx}$$

和 3 个面力分量

$$P_x, P_y, P_z$$

则广义变分原理可表达如下：

问题的真实解可以由如下定义的泛函 Π_{GI} 的驻值条件给出：

$$\begin{aligned}
\Pi_{\mathrm{GI}} = & \iiint_V [\bar{U}(\varepsilon_x, \varepsilon_y, \varepsilon_z, \gamma_{xy}, \gamma_{yz}, \gamma_{zx}) - (\bar{X}u + \bar{Y}v + \bar{Z}w)] \mathrm{d}V - \\
& \iiint_V \Big[\left(\varepsilon_x - \frac{\partial u}{\partial x}\right)\sigma_x + \left(\varepsilon_y - \frac{\partial v}{\partial y}\right)\sigma_y + \left(\varepsilon_z - \frac{\partial w}{\partial z}\right)\sigma_z + \\
& \left(\gamma_{xy} - \frac{\partial u}{\partial y} - \frac{\partial v}{\partial x}\right)\tau_{xy} + \left(\gamma_{yz} - \frac{\partial v}{\partial z} - \frac{\partial w}{\partial y}\right)\tau_{yz} + \\
& \left(\gamma_{zx} - \frac{\partial w}{\partial y} - \frac{\partial u}{\partial z}\right)\tau_{zx}\Big] \mathrm{d}V - \iint_{S_\sigma} (\bar{X}_\nu u + \bar{Y}_\nu v + \bar{Z}_\nu w) \mathrm{d}S - \\
& \iint_{S_u} [(u - \bar{u})P_x + (v - \bar{v})P_y + (w - \bar{w})P_z] \mathrm{d}S
\end{aligned} \tag{2-128}$$

在泛函 Π_{GI} 中，经受变分的独立量是 18 个，即 $\boldsymbol{\varepsilon}, \boldsymbol{\sigma}, \boldsymbol{f}$ 和 P_x, P_y, P_z，而没有约束条件，对这些量取变分，有

$$\begin{aligned}
\delta \Pi_{\mathrm{GI}} = & \iiint_V \Big[\left(\frac{\partial \bar{U}}{\partial \varepsilon_x} - \sigma_x\right)\delta\varepsilon_x + \left(\frac{\partial \bar{U}}{\partial \varepsilon_y} - \sigma_y\right)\delta\varepsilon_y + \left(\frac{\partial \bar{U}}{\partial \varepsilon_z} - \sigma_z\right)\delta\varepsilon_z + \\
& \left(\frac{\partial \bar{U}}{\partial \gamma_{xy}} - \tau_{xy}\right)\delta\gamma_{xy} + \left(\frac{\partial \bar{U}}{\partial \gamma_{yz}} - \tau_{yz}\right)\delta\gamma_{yz} + \left(\frac{\partial \bar{U}}{\partial \gamma_{zx}} - \tau_{zx}\right)\delta\gamma_{xz} - \\
& \left(\varepsilon_x - \frac{\partial u}{\partial x}\right)\sigma_x + \left(\varepsilon_y - \frac{\partial v}{\partial y}\right)\sigma_y + \left(\varepsilon_z - \frac{\partial w}{\partial z}\right)\sigma_z - \left(\gamma_{xy} - \frac{\partial u}{\partial y} - \frac{\partial v}{\partial x}\right)\tau_{xy} - \\
& \left(\gamma_{yz} - \frac{\partial v}{\partial z} - \frac{\partial w}{\partial y}\right)\tau_{yz} - \left(\gamma_{zx} - \frac{\partial w}{\partial x} - \frac{\partial u}{\partial z}\right)\tau_{zx} - \left(\frac{\partial \sigma_x}{\partial x} + \frac{\partial \tau_{yx}}{\partial y} + \frac{\partial \tau_{zx}}{\partial z} + \bar{X}\right)\delta u + \\
& \left(\frac{\partial \tau_{xy}}{\partial x} + \frac{\partial \sigma_y}{\partial y} + \frac{\partial \tau_{zy}}{\partial z} + \bar{Y}\right)\delta v - \left(\frac{\partial \tau_{xz}}{\partial x} + \frac{\partial \tau_{yz}}{\partial y} + \frac{\partial \sigma_z}{\partial z} + \bar{Z}\right)\delta w\Big] \mathrm{d}V + \\
& \iint_{S_\sigma} [(X_\nu - \bar{X}_\nu)\delta u + (Y_\nu - \bar{Y}_\nu)\delta v + (Z_\nu - \bar{Z}_\nu)\delta w] \mathrm{d}S + \\
& \iint_{S_u} [(u - \bar{u})\delta P_x + (v - \bar{v})\delta P_y + (w - \bar{w})\delta P_z] \mathrm{d}S + \\
& \iint_{S_u} [(X_\nu - P_x)\delta u + (Y_\nu - P_y)\delta v + (Z_\nu - P_z)\delta w] \mathrm{d}S
\end{aligned} \tag{2-129}$$

在上述变分过程中，曾用到在推导散度定理时所采用的分部积分[式(2-117a)、式(2-117b)]等类似的方法和步骤。再由驻值条件

$$\delta \Pi_{\mathrm{GI}} = 0 \tag{2-130}$$

以及各宗量变分的任意性，则可得到

在 V 内：

$$\boldsymbol{\sigma}=\frac{\partial\overline{U}}{\partial\boldsymbol{\varepsilon}}\text{ 或 }\boldsymbol{\sigma}=\boldsymbol{D}\boldsymbol{\varepsilon} \tag{2-131}$$

在 V 内：

$$\left.\begin{aligned}&\varepsilon_x=\frac{\partial u}{\partial x},\quad \varepsilon_y=\frac{\partial v}{\partial y},\quad \varepsilon_z=\frac{\partial w}{\partial z}\\&\gamma_{xy}=\frac{\partial u}{\partial y}+\frac{\partial v}{\partial x},\quad \gamma_{yz}=\frac{\partial v}{\partial z}+\frac{\partial w}{\partial y}\\&\gamma_{zx}=\frac{\partial w}{\partial x}+\frac{\partial u}{\partial z}\end{aligned}\right\} \tag{2-132}$$

在 V 内：

$$\left.\begin{aligned}&\frac{\partial\sigma_x}{\partial x}+\frac{\partial\tau_{yx}}{\partial y}+\frac{\partial\tau_{zx}}{\partial z}+\overline{X}=0\\&\frac{\partial\tau_{xy}}{\partial x}+\frac{\partial\sigma_y}{\partial y}+\frac{\partial\tau_{zy}}{\partial z}+\overline{Y}=0\\&\frac{\partial\tau_{xz}}{\partial x}+\frac{\partial\tau_{yz}}{\partial y}+\frac{\partial\sigma_z}{\partial z}+\overline{Z}=0\end{aligned}\right\} \tag{2-133}$$

在 S_σ 上：

$$X_\nu=\overline{X}_\nu,\quad Y_\nu=\overline{Y}_\nu,\quad Z_\nu=\overline{Z}_\nu \tag{2-134}$$

在 S_u 上：

$$u=\overline{u},\quad v=\overline{v},\quad w=\overline{w} \tag{2-135}$$

在 S_u 上：

$$P_x=X_\nu,\quad P_y=Y_\nu,\quad P_z=Z_\nu \tag{2-136}$$

可以看出，式(2-131)和式(2-136)确定了拉格朗日乘子的物理意义，而使泛函 $\Pi_{\mathrm{G\,I}}$ 取极值的关系式(2-131)～式(2-136)就是本章开始所叙述的定义弹性力学问题的那些方程，因此说它们是等价的。

如果把式(2-132)和式(2-135)当作约束条件，那么 $\Pi_{\mathrm{G\,I}}$ 重新简化为式(2-86)所定义的总势能泛函 Π。

消去式中的拉格朗日乘子 P_x，P_y，P_z，可以得到这个变分原理的另一表达式。为此，可以令式(2-129)中在 S_u 上的积分项中 δ_u，δ_v，δ_w 的系数为零。这样，采用式(2-136)作为约束条件，可将泛函式(2-128)变换成

$$\begin{aligned}\Pi_{\mathrm{G\,II}}=&\iiint_V[\overline{U}(\varepsilon_x,\varepsilon_y,\varepsilon_z,\gamma_{xy},\gamma_{yz},\gamma_{zx})-(\overline{X}_u+\overline{Y}_v+\overline{Z}_w)]\mathrm{d}V-\\&\iiint_V\Big[\Big(\varepsilon_x-\frac{\partial u}{\partial x}\Big)\sigma_x+\Big(\varepsilon_y-\frac{\partial v}{\partial y}\Big)\sigma_y+\Big(\varepsilon_z-\frac{\partial w}{\partial z}\Big)\sigma_z+\\&\Big(\gamma_{xy}-\frac{\partial u}{\partial y}-\frac{\partial v}{\partial x}\Big)\tau_{xy}+\Big(\gamma_{yz}-\frac{\partial v}{\partial z}-\frac{\partial w}{\partial y}\Big)\tau_{yz}+\\&\Big(\gamma_{zx}-\frac{\partial w}{\partial y}-\frac{\partial u}{\partial z}\Big)\tau_{zx}\Big]\mathrm{d}V-\iint_{S_\sigma}(\overline{X}_\nu u+\overline{Y}_\nu v+\overline{Z}_\nu w)\mathrm{d}S-\\&\iint_{S_u}[(u-\overline{u})X_\nu+(v-\overline{v})Y_\nu+(w-\overline{w})Z_\nu]\mathrm{d}S\end{aligned} \tag{2-137}$$

或者，经过分部积分变换成

$$
\begin{aligned}
\Pi_{G\mathrm{III}} =& -\iiint_V (\sigma_x\varepsilon_x+\sigma_y\varepsilon_y+\sigma_z\varepsilon_z+\tau_{xy}\gamma_{xy}+\tau_{yz}\gamma_{yz}+\tau_{zx}\gamma_{zx}) - \\
& \overline{U}(\varepsilon_x,\varepsilon_y,\varepsilon_z,\gamma_{xy},\gamma_{yz},\gamma_{zx}) + \\
& \left(\frac{\partial\sigma_x}{\partial x}+\frac{\partial\tau_{yx}}{\partial y}+\frac{\partial\tau_{zx}}{\partial z}+\overline{X}\right)u+\left(\frac{\partial\tau_{xy}}{\partial x}+\frac{\partial\sigma_y}{\partial y}+\frac{\partial\tau_{zy}}{\partial z}+\overline{Y}\right)v+ \\
& \left.\left(\frac{\partial\tau_{xz}}{\partial x}+\frac{\partial\tau_{yz}}{\partial y}+\frac{\partial\sigma_z}{\partial z}+\overline{Z}\right)w\right]\mathrm{d}V+ \\
& \iint_{S_\sigma}[(X_\nu-\overline{X}_\nu)u+(Y_\nu-\overline{Y})v+(Z_\nu+\overline{Z}_\nu)w]\mathrm{d}S+ \\
& \iint_{S_u}(X_\nu\overline{u}+Y_\nu\overline{u}+Z_\nu\overline{w})\mathrm{d}S
\end{aligned}
\tag{2-138}
$$

在泛函 $\Pi_{G\mathrm{II}}$ 或 $\Pi_{G\mathrm{III}}$ 中，经受变分的独立量是 15 个，即 $\varepsilon_x,\varepsilon_y,\cdots,\gamma_{zx},u,v,w,\sigma_x,\sigma_y,\cdots,\tau_{zx}$，而没有约束条件。对这 15 个宗量取变分时，就可发现，驻值条件

$$\delta\Pi_{G\mathrm{II}}=0 \text{ 或 } \delta\Pi_{G\mathrm{III}}=0 \tag{2-139}$$

是由式(2-131)～式(2-135)给出的。

四、派生的变分原理

本节将要说明赫林格-赖斯纳(Hellinger-Reissner)原理和最小余能原理可以表述为广义变分原理式(2-128)的特殊情形。令式(2-129)的 $\delta\Pi_{G\mathrm{I}}$ 中的系数为零，这意味着 $\varepsilon_x,\varepsilon_y,\varepsilon_z,\gamma_{xy},\gamma_{yz},\gamma_{zx}$ 不再是独立的，而必须通过条件(2-131)建立新的关系式来确定，即

$$\boldsymbol{\sigma}=\frac{\partial U}{\partial\boldsymbol{\varepsilon}}=\boldsymbol{D}\boldsymbol{\varepsilon} \text{ 或 } \boldsymbol{\varepsilon}=\boldsymbol{D}^{-1}\boldsymbol{\sigma} \tag{2-140}$$

应用式(2-140)，可以从式(2-128)定义的泛函 $\Pi_{G\mathrm{I}}$ 消去应变分量。为此，把式(2-128)改写成

$$
\begin{aligned}
\Pi_{G\mathrm{I}} =& \iiint_V\left[\overline{U}\mathrm{d}V-\iiint_V(\overline{X}u+\overline{Y}v+\overline{Z}w)\right]\mathrm{d}V- \\
& \iiint_V(\varepsilon_x\sigma_x+\varepsilon_y\sigma_y+\varepsilon_z\sigma_z+\gamma_{xy}\tau_{xy}+\gamma_{yz}\tau_{yz}+\gamma_{zx}\tau_{zx})\mathrm{d}V+ \\
& \iiint_V\left[\sigma_x\frac{\partial u}{\partial x}+\sigma_y\frac{\partial v}{\partial y}+\sigma_z\frac{\partial w}{\partial z}+\tau_{xy}\left(\frac{\partial u}{\partial y}+\frac{\partial v}{\partial x}\right)+\tau_{yz}\left(\frac{\partial v}{\partial z}+\frac{\partial w}{\partial y}\right)+\right. \\
& \left.\tau_{zx}\left(\frac{\partial w}{\partial y}+\frac{\partial u}{\partial z}\right)\right]\mathrm{d}V- \\
& \iint_{S_\sigma}(\overline{X}_\nu u+\overline{Y}_\nu v+\overline{Z}_\nu w)\mathrm{d}S- \\
& \iint_{S_u}[(u-\overline{u})P_x+(v-\overline{v})P_y+(w-\overline{w})P_z]\mathrm{d}S
\end{aligned}
\tag{2-141}
$$

现在对上式等号右端第一项和第三项进行推演。在线弹性范围内由式(2-79)和式(2-140)，有

$$\int_V\overline{U}\mathrm{d}V-\int_V\boldsymbol{\sigma}^{\mathrm{T}}\boldsymbol{D}^{-1}\boldsymbol{\sigma}\,\mathrm{d}V=-\frac{1}{2}\int_V\boldsymbol{\sigma}^{\mathrm{T}}\boldsymbol{D}^{-1}\boldsymbol{\sigma}\,\mathrm{d}V=-\int_V\overline{U}^*(\boldsymbol{\sigma})\mathrm{d}V \tag{2-142}$$

式中 $\overline{U}^*$ 就是式(2-49)所定义的余应变能密度。

将式(2-142)代入式(2-141)，得出这个原理的另一种泛函 Π_{R}：

$$\Pi_{\mathrm{R}} = \iiint_V \Big[\sigma_x \frac{\partial u}{\partial x} + \sigma_y \frac{\partial v}{\partial y} + \sigma_z \frac{\partial w}{\partial z} + \tau_{xy}\Big(\frac{\partial u}{\partial y} + \frac{\partial v}{\partial x}\Big) + \tau_{yz}\Big(\frac{\partial v}{\partial z} + \frac{\partial w}{\partial y}\Big) + \tau_{zx}\Big(\frac{\partial w}{\partial x} + \frac{\partial u}{\partial z}\Big)\Big] \mathrm{d}V - \iiint_V \overline{U}^*(\sigma_x, \sigma_y, \sigma_z, \tau_{xy}, \tau_{yz}, \tau_{zx}) \mathrm{d}V - \iiint_V (\overline{X}u + \overline{Y}v + \overline{Z}w) \mathrm{d}V - \iint_{S_\sigma} (\overline{X}_\nu u + \overline{Y}_\nu v + \overline{Z}_\nu w) \mathrm{d}S - \iint_{S_u} [(u - \overline{u})P_x + (v - \overline{v})P_y + (w - \overline{w})P_z] \mathrm{d}S \tag{2-143}$$

由式(2-143)定义的泛函称为赫林格-赖斯纳泛函。由于消除了应变分量，泛函 Π_{R} 中经受变分的独立变量减少到 12 个，即 $u, v, w, \sigma_x, \sigma_y, \cdots, \tau_{zx}, P_x, P_y, P_z$，而没有约束条件，对这些变量取变分，我们得到驻值条件为

$$\frac{\partial \overline{U}^*}{\partial \boldsymbol{\sigma}} = \Big[\frac{\partial u}{\partial x}, \frac{\partial v}{\partial y}, \frac{\partial w}{\partial z}, \frac{\partial u}{\partial y} + \frac{\partial v}{\partial x}, \frac{\partial v}{\partial z} + \frac{\partial w}{\partial y}, \frac{\partial w}{\partial x} + \frac{\partial u}{\partial z}\Big]^{\mathrm{T}} \tag{2-144}$$

以及方程式(2-133)～式(2-136)。

赫林格-赖斯纳原理可以叙述为：

对于应力-应变关系有式(2-140)定义的系统，其真实解将使泛函 Π_{R} 取驻值。

通过用式(2-117a)、式(2-117b)所示的分部积分，泛函(2-143)也可写成如下形式：

$$\Pi_{\mathrm{R}}{}^* = -\iiint_V \Big[\overline{U}^*(\sigma_x, \sigma_y, \sigma_z, \tau_{xy}, \tau_{yz}, \tau_{zx}) + \Big(\frac{\partial \sigma_x}{\partial x} + \frac{\partial \tau_{yx}}{\partial y} + \frac{\partial \tau_{zx}}{\partial z} + \overline{X}\Big)u + \Big(\frac{\partial \tau_{xy}}{\partial x} + \frac{\partial \sigma_y}{\partial y} + \frac{\partial \tau_{zy}}{\partial z} + \overline{Y}\Big)v + \Big(\frac{\partial \tau_{xz}}{\partial x} + \frac{\partial \tau_{yz}}{\partial y} + \frac{\partial \sigma_z}{\partial z} + \overline{Z}\Big)w\Big] \mathrm{d}V + \iint_{S_\sigma} [(X_\nu - \overline{X}_\nu)u + (Y_\nu - \overline{Y}_\nu)v + (Z_\nu - \overline{Z}_\nu)w] \mathrm{d}S + \iint_{S_u} (X_\nu \overline{u} + Y_\nu \overline{v} + Z_\nu \overline{w}) \mathrm{d}S \tag{2-145}$$

式中已经用式(2-136)来消去 P_x, P_y, P_z。在泛函 Π_{R}^* 中，经受变分的量是 $u, v, w, \sigma_x, \sigma_y, \cdots, \tau_{xz}$，而没有约束条件。

现在对式(2-128)定义的广义泛函 Π_{GI} 中独立函数的数目加以进一步的限制，令式(2-129)$\delta\Pi_{\mathrm{GI}}$ 中 $\delta\varepsilon_x, \cdots, \delta\varepsilon_y, \cdots, \delta\gamma_{xz}, \delta u, \delta v, \delta w$ 的所有系数都为零。这样，通过式(2-131)、式(2-133)、式(2-134)和式(2-136)消去应变和位移，再通过分部积分，泛函 Π_{GI} 就变换成下式所定义的泛函 $\widetilde{\Pi}_{\mathrm{c}}$：

$$\widetilde{\Pi}_{\mathrm{c}} = -\iiint_V \overline{U}^*(\sigma_x, \sigma_y, \cdots, \tau_{xz}) \mathrm{d}V + \iint_{S_u} (X_\nu \overline{u} + Y_\nu \overline{v} + Z_\nu \overline{w}) \mathrm{d}S \tag{2-146}$$

或以矩阵表示成

$$\widetilde{\Pi}_{\mathrm{c}} = -\int_V \overline{U}^*(\boldsymbol{\sigma}) \mathrm{d}V + \iint_{S_u} \overline{\boldsymbol{f}}^{\mathrm{T}} \boldsymbol{P} \mathrm{d}S \tag{2-147}$$

式中经受变分的量是 $\boldsymbol{\sigma}$，而带有约束条件式(2-133)和式(2-134)。考虑到余应变能密度 $\overline{U}^*$ 的

正定性，可以把这个新的变分原理叙述为：

在满足应力平衡式(2-153)和力的边界条件式(2-134)的容许函数 $\boldsymbol{\sigma}$ 中，真实解的应力分量使泛函 $\widetilde{\Pi}_c$ 取驻值。可以证明这个驻值是极大值。

对泛函 $\widetilde{\Pi}_c$ 取驻值：

$$\begin{aligned}\delta\widetilde{\Pi}_c &= -\int_V \delta\boldsymbol{\sigma}^T \frac{\partial \overline{U}^*}{\partial \boldsymbol{\sigma}} dV + \iint_{S_u} \delta\boldsymbol{P}^T \frac{\partial}{\partial \boldsymbol{P}}(\overline{\boldsymbol{f}}^T \boldsymbol{P}) dS \\ &= -\int_V \delta\boldsymbol{\sigma}^T \boldsymbol{\varepsilon}\, dV + \iint_{S_u} \delta\boldsymbol{P}^T \overline{\boldsymbol{f}} dS \\ &= 0\end{aligned} \tag{2-148}$$

或写成(注意到 $\delta\boldsymbol{q}=0$)：

$$\int_V \boldsymbol{\varepsilon}^T \delta\boldsymbol{\sigma} dV = \iint_{S_u} \overline{\boldsymbol{f}}^T \delta\boldsymbol{P} dS \tag{2-149}$$

或

$$\delta U^* = \delta W^* \tag{2-150}$$

将式(2-149)和式(2-102)比较，可知现在这个原理与余虚功原理是等价的。在导出式(2-148)的过程中，利用了边界力 $\boldsymbol{P}$ 和应力 $\boldsymbol{\sigma}$ 的关系式(2-20)，因此有下式成立：

$$\delta\boldsymbol{\sigma}^T \frac{\partial}{\partial \boldsymbol{\sigma}}(\cdots) = \delta\boldsymbol{P}^T \frac{\partial}{\partial \boldsymbol{P}}(\cdots) \tag{2-151}$$

第十节　传统变分原理的小结

在前面的论述中我们已经看到，在总势能泛函 Π 的表达式中，选择容许的位移函数要满足相容条件(或应变-位移关系式(2-12))，以及 S_u 上的位移边界条件式(2-22)；而在总余能泛函 Π^* 表达式，或在与 Π^* 等价的泛函 Π_c 的表达式中，选择容许的应力函数则要满足平衡方程式(2-10)和 S_σ 上的力的边界条件式(2-19)。所以，在定义弹性力学问题中，Π 和 Π^*，或 Π 和 $\widetilde{\Pi}_c$，是彼此互补的。由 Π 到 $\widetilde{\Pi}_c$ 的变换称为弗里德里希斯(Friedrichs)变换，以 Π 的极小值为特征的真实解也可由 $\widetilde{\Pi}_c$ 的极大值给出。

至此已经表明，一旦从虚功原理建立起了最小势能原理，就可以引用拉格朗日乘子把它推广，产生一整族的变分原理，包括赫林格-赖斯纳原理、最小余能原理等等。图 2-6 用图形表明了这种公式推导的途径。

在前面的论述中，最小余能原理是以余虚功原理导出的。不难证明，最小势能原理也可以从最小余能原理推导出来，只要把前面的推导过程逆转过来，即由 $\widetilde{\Pi}_c$ 导出广义变分原理的泛函 Π_{GI}，再导出总势能泛函 Π。对小位移弹性理论来说，这两种途径之间的等价性是明显的。但是，强调由虚功原理导出最小势能原理以及其他有关变分原理的途径，因为这样做对于固体力学的系统处理是比较有利的。

应当指出，这些变分原理可以应用于几种不同材料组成的弹性体，如果每种材料的应力-应变关系都能保证有一个应变能密度或余应变密度函数存在的话。例如，如果物体由 n 种不同材料组成，其中第 i 种材料的应变能函数由 $\overline{U}_i$ 表示，那么，用 $\sum_{i=1}^{n}\int_{V_i}\overline{U}_i dV$ 代替 $\int_V \overline{U} dV$ 就可

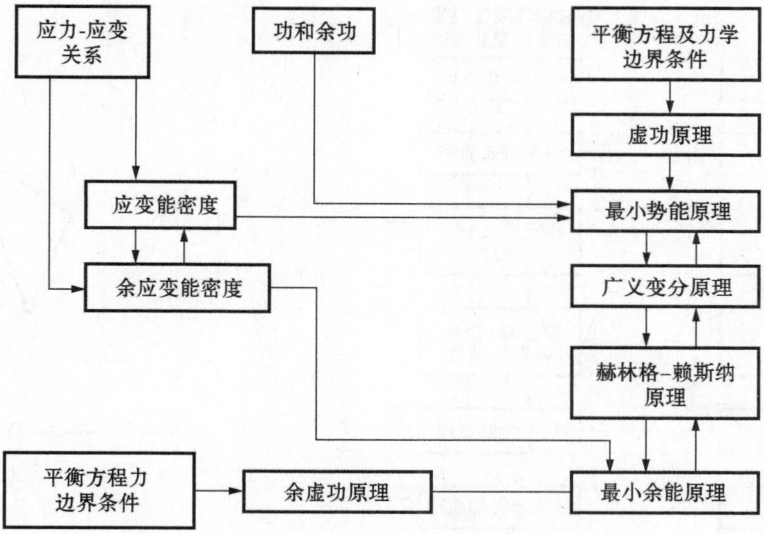

图 2-6　小位移弹性理论中的变分原理

以列出最小势能原理的公式。如果假定既没有滑移又没有撕裂的话，就必须满足在各种材料之间交界面上位移分量的连续性。对于其他的变分原理也可做类似的叙述。

第十一节　修正的变分原理

随着有限元法的惊人发展，传统的变分原理已经不能满足要求，因而在随后的十多年，建立了一些新的变分原理，通常称为放松连续性要求的变分原理(variational principles with relaxed continuity requirements)，或称修正的变分原理(modified variational principle)，是其中较重要的内容。这些原理为在固体力学中推导有限元的公式，尤其是"杂交元"(hybrid element)的建立提供了基础。本节的目的是简略地介绍这些新发展的若干修正的变分原理。

由传统的变分原理推导修正的变分原理的流程如图 2-7 所示。

一、从最小势能原理推导修正的变分原理

按照图 2-7 的一条途径，从最小势能原理出发，导出修正势能原理和修正广义原理，最后得出修正赫林格-赖斯纳原理。讨论一个固体问题，与前几节所定义的一样，只是现在假想把区域 V 划分为有限数目的单元：$V_1, V_2, \cdots, V_N$。为了以后方便，用 V_a 和 V_b 表示两个任意的相邻单元，并用 S_{ab} 表示 V_a 和 V_b 单元的交界面，如图 2-8 所示，图中是以四面体单元为例的。必要时分别用 S_{ab}^* 和 S_{ba}^* 来区别单元的交界面 S_{ab} 是属于 ∂V_a 还是 ∂V_b 的。

1. 最小势能原理

我们用下列符号来表示每个单元中的位移：

$$\boldsymbol{f}_1, \boldsymbol{f}_2, \cdots, \boldsymbol{f}_a, \quad \boldsymbol{f}_b, \cdots, \boldsymbol{f}_N$$

其中

$$\boldsymbol{f}_i = [u_i, v_i, w_i]^{\mathrm{T}} \quad (i = 1, 2, \cdots, N) \tag{2-152}$$

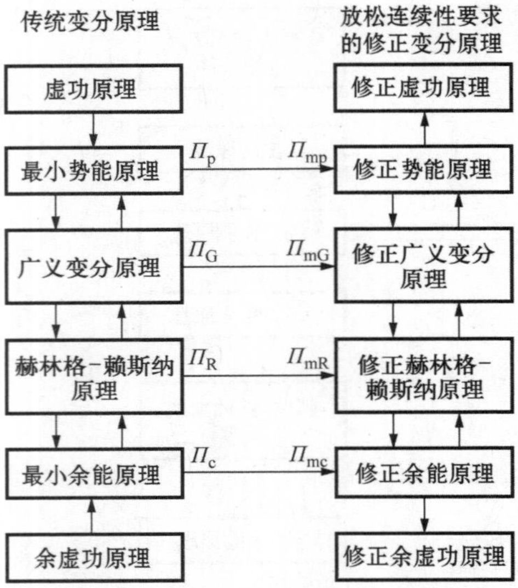

图 2-7　小位移弹性问题变分原理

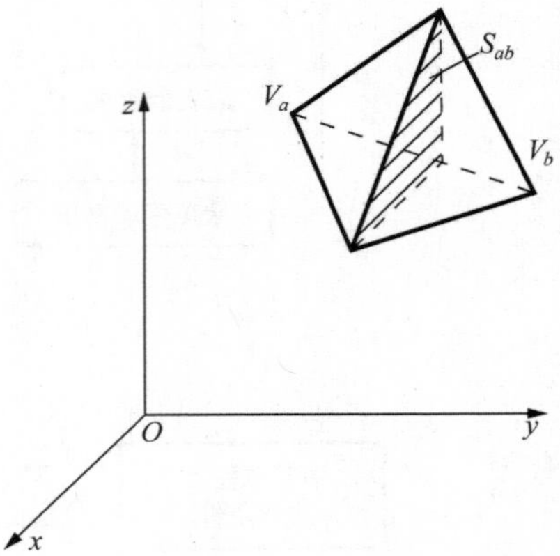

图 2-8　V_a,V_b 和 S_{ab}

表示第 i 个单元的位移函数，于是，可以把这些位移函数的集合当作最小势能原理泛函的容许函数，只要它们满足下列要求：

(1) 在每一单元中，它们是连续的和单值的。

(2) 在单元的交界面上，它们是协调(conforming)的：

在 S_{ab} 上
$$\boldsymbol{f}_a = \boldsymbol{f}_b \tag{2-153}$$

(3) 凡属于包含有给定位移边界 S_u 的某一单元的这类函数都满足几何边界条件式(2-22)。因而，如果位移函数满足上述三个条件，那么，最小势能原理的泛函就由下式给出[参看式(2-86)]：

$$\Pi_p = \sum \iiint_{V_i} (\overline{U}_i(\boldsymbol{f}_i) - \boldsymbol{\overline{q}}_i^{\mathrm{T}} \boldsymbol{f}_i)\mathrm{d}V - \iint_{S_\sigma} \overline{\boldsymbol{P}}^{\mathrm{T}} \boldsymbol{f} \mathrm{d}S \tag{2-154}$$

式中，$\sum$ 表示对所有元素求和，在 Π_p 中经受变分的独立量是 $\boldsymbol{f}_i (i=1,2,\cdots,N)$。

2. 修正势能原理

(1) 把约束条件式(2-153)引入变分表达式的骨架中去，以推导出一种变分原理的公式，利用定义在 S_{ab} 上的拉格朗日乘子 λ，就为一个修正原理得到如下的泛函：

$$\Pi_{mp1} = \Pi_p - \sum H_{ab1} \tag{2-155}$$

式中 Π_p 由方程(2-154)给出，而

$$H_{ab1} = \iint_{S_{ab}} \boldsymbol{\lambda}^{\mathrm{T}} (\boldsymbol{f}_a - \boldsymbol{f}_b) \mathrm{d}S \tag{2-156}$$

在方程(2-155)中，H_{ab1} 前面的记号 $\sum$ 意思是对所有单元的交界面求和，$\boldsymbol{\lambda}$ 是在 S_{ab} 上定义的独立变量。关于泛函 Π_{mp1} 的原理称为放松连续性要求的第一修正势能原理，因为在 Π_{mp1} 中放松了(2)的要求即式(2-153)，每一单元内的位移函数可以独自选择而不涉及协调性的要求。

经过若干计算，包括分部积分运算，表明在 S_{ab} 上的 Π_{mp1} 一次变分是

$$\delta\Pi_{mp1}=[\cdots]+\iint_{S_{ab}}\{(\boldsymbol{P}_a(\boldsymbol{f}_a)-\boldsymbol{\lambda})^{T}\delta\boldsymbol{f}_a+(\boldsymbol{P}_b(\boldsymbol{f}_b)-\boldsymbol{\lambda})^{T}\delta\boldsymbol{f}_b-(\boldsymbol{f}_a-\boldsymbol{f}_b)^{T}\delta\boldsymbol{\lambda}\}\mathrm{d}S+\cdots \tag{2-157}$$

由 $\delta\boldsymbol{f}_a$，$\delta\boldsymbol{f}_b$ 及 $\delta\boldsymbol{\lambda}$ 的任意性，再由驻值条件

$$\delta\Pi_{mp1}=0 \tag{2-158}$$

可得

$$\left.\begin{aligned}\boldsymbol{P}_a(\boldsymbol{f}_a)&=\boldsymbol{\lambda}\\ \boldsymbol{P}_b(\boldsymbol{f}_b)&=-\boldsymbol{\lambda}\\ \boldsymbol{f}_a&=\boldsymbol{f}_b\end{aligned}\right\} \tag{2-159}$$

式中，$\boldsymbol{P}_a(\boldsymbol{f}_a)$ 和 $\boldsymbol{P}_b(\boldsymbol{f}_b)$ 分别表示在 S_{ab}^* 和 S_{ba}^* 上的面力，它们可以按如下步骤计算求得：首先用各自的应力分量表示成

$$\left.\begin{aligned}X_{\nu a}&=\sigma_x^{(a)}l^{(a)}+\tau_{yx}^{(a)}m^{(a)}+\tau_{zx}^{(a)}n^{(a)}\\ Y_{\nu a}&=\tau_{xy}^{(a)}l^{(a)}+\sigma_y^{(a)}m^{(a)}+\tau_{zy}^{(a)}n^{(a)}\\ Z_{\nu a}&=\tau_{xz}^{(a)}l^{(a)}+\tau_{yz}^{(a)}m^{(a)}+\sigma_z^{(a)}n^{(a)}\end{aligned}\right\} \tag{2-160}$$

或以矩阵表示成

$$\boldsymbol{P}_a(\boldsymbol{\sigma}_a)=[X_{\nu a},Y_{\nu a},Z_{\nu a}]^{T} \tag{2-161}$$

再通过应力-应变关系式(2-13)，以应变分量表示成

$$\boldsymbol{P}_a(\boldsymbol{\varepsilon}_a)$$

最后，通过应变-位移关系式(2-13)，得到以位移分量表示的面力 $\boldsymbol{P}_a(\boldsymbol{f}_a)$。同理，可得以 V_b 内的位移分量 $\boldsymbol{f}_b$ 表示的 S_{ba}^* 上的面力 $\boldsymbol{P}_b(\boldsymbol{f}_b)$。

显然

$$\left.\begin{aligned}\boldsymbol{n}_a&=[l^{(a)},m^{(a)},n^{(a)}]\\ \boldsymbol{n}_b&=[l^{(b)},m^{(b)},n^{(b)}]\end{aligned}\right\} \tag{2-162}$$

分别表示 S_{ab}^* 和 S_{ba}^* 上外向法线的方向余弦，而且有

$$\boldsymbol{n}_a=-\boldsymbol{n}_b \tag{2-163}$$

极值条件式(2-159)的前两式指出了拉格朗日乘子的物理意义：$\boldsymbol{\lambda}$ 等于 S_{ab}^* 上的面力 $\boldsymbol{P}_a(\boldsymbol{f}_a)$，这个结论事实上在推导位移不连续情况的散度定理时，就以式(2-122)形式给出了。

这里要指出，这个修正原理不再是一个最小原理了，而仅仅保持其驻值性质。

(2) 把泛函 Π_{mp1} 略加修正。引进两个函数 $\boldsymbol{\lambda}_a$ 和 $\boldsymbol{\lambda}_b$，它们是分别定义在 S_{ab}^* 和 S_{ba}^* 上的，而且服从下列关系式：

$$\boldsymbol{\lambda}_a+\boldsymbol{\lambda}_b=0 \tag{2-164}$$

然后，写出

$$\boldsymbol{\lambda}=\boldsymbol{\lambda}_a,\ -\boldsymbol{\lambda}=\boldsymbol{\lambda}_b \tag{2-165}$$

式(2-156)的被积函数就可表示为($\boldsymbol{\lambda}_a^{T}\boldsymbol{f}_a+\boldsymbol{\lambda}_b^{T}\boldsymbol{f}_b$)，而带有约束条件式(2-164)。因此，引入一个在 S_{ab} 上定义的新拉格朗日乘子 $\boldsymbol{\mu}$，我们就可以把式(2-156)写成用 H_{ab2} 表示的一个等价形式：

$$H_{ab2}=\iint_{S_{ab}}[\boldsymbol{\lambda}_a^{T}\boldsymbol{f}_a+\boldsymbol{\lambda}_b^{T}\boldsymbol{f}_b-\boldsymbol{\mu}^{T}(\boldsymbol{\lambda}_a+\boldsymbol{\lambda}_b)]\mathrm{d}S \tag{2-166}$$

或

$$H_{ab2}=\iint_{S_{ab}^{*}}\boldsymbol{\lambda}_{a}^{\mathrm{T}}(\boldsymbol{f}_{a}-\boldsymbol{\mu})\mathrm{d}S+\iint_{S_{ab}^{*}}\boldsymbol{\lambda}_{b}^{\mathrm{T}}(\boldsymbol{f}_{b}-\boldsymbol{\mu})\mathrm{d}S \tag{2-167}$$

用这样定义的 H_{ab2}，式(2-155)可以写成另一形式：

$$\Pi_{\mathrm{mp2}}=\Pi_{\mathrm{p}}-\sum H_{ab2} \tag{2-168}$$

这个原理称为放松连续性要求的第二修正势能原理，式中经受变分的独立宗量是 $\boldsymbol{f}_a$，$\boldsymbol{f}_b$，$\boldsymbol{\lambda}_a$，$\boldsymbol{\lambda}_b$ 和 $\boldsymbol{\mu}$，而带有约束条件即式(2-22)。在这些量当中，V_a 内的 $\boldsymbol{f}_a$ 和 S_{ab}^{*} 上的 $\boldsymbol{\lambda}_a$ 可以分别与 V_b 内的 $\boldsymbol{f}_b$ 和 S_{ba}^{*} 上的 $\boldsymbol{\lambda}_b$ 无关而各自选择，可是在 S_{ab} 上定义的 $\boldsymbol{u}$ 对于 S_{ab}^{*} 和 S_{ba}^{*} 却必须是共同的。经过若干计算，包括分部积分运算，表明在 S_{ab} 上 Π_{mp2} 的一次变分是

$$\begin{aligned}\delta\Pi_{\mathrm{mp2}}=[\cdots]+\iint_{S_{ab}}\{&(\boldsymbol{P}_a(\boldsymbol{f}_a)-\boldsymbol{\lambda}_a)^{\mathrm{T}}\delta\boldsymbol{f}_a+(\boldsymbol{P}_b(\boldsymbol{f}_b)-\boldsymbol{\lambda}_b)^{\mathrm{T}}\delta\boldsymbol{f}_b+\\&(\boldsymbol{f}_a-\boldsymbol{\mu})^{\mathrm{T}}\delta\boldsymbol{\lambda}_a+(\boldsymbol{f}_b-\boldsymbol{\mu})^{\mathrm{T}}\delta\boldsymbol{\lambda}_b-(\boldsymbol{\lambda}_a+\boldsymbol{\lambda}_b)^{\mathrm{T}}\delta\boldsymbol{\mu}\}\mathrm{d}S+\cdots\end{aligned} \tag{2-169}$$

从而在 S_{ab} 上我们得到下列驻值条件：

$$\boldsymbol{\lambda}_a=\boldsymbol{P}_a(\boldsymbol{f}_a),\quad \boldsymbol{\lambda}_b=\boldsymbol{P}_b(\boldsymbol{f}_b) \tag{2-170}$$

$$\boldsymbol{\mu}=\boldsymbol{f}_a,\quad \boldsymbol{\mu}=\boldsymbol{f}_b \tag{2-171}$$

$$\boldsymbol{\lambda}_a+\boldsymbol{\lambda}_b=0 \tag{2-172}$$

驻值条件式(2-170)、式(2-171)指出了拉格朗日乘子的物理意义：$\boldsymbol{\lambda}_a$、$\boldsymbol{\lambda}_b$ 和 $\boldsymbol{\mu}$ 分别等于 S_{ba}^{*} 上的用位移分量 $\boldsymbol{f}_a$ 表示的面力和 S_{ab}^{*} 上的用位移分量 $\boldsymbol{f}_b$ 表示的面力以及 S_{ab} 上的位移 $\boldsymbol{f}$。

(3) 如果引用驻值条件式(2-170)以便消去 $\boldsymbol{\lambda}_a$ 和 $\boldsymbol{\lambda}_b$，就可以把 H_{ab2} 写成另一形式：

$$H_{ab3}=\iint_{S_{ab}^{*}}\boldsymbol{P}_a(\boldsymbol{f}_a)^{\mathrm{T}}(\boldsymbol{f}_a-\boldsymbol{\mu})\mathrm{d}S+\iint_{S_{ab}^{*}}\boldsymbol{P}_b(\boldsymbol{f}_b)^{\mathrm{T}}(\boldsymbol{f}_b-\boldsymbol{\mu})\mathrm{d}S \tag{2-173}$$

并得到

$$\Pi_{\mathrm{mp3}}=\Pi_{\mathrm{p}}-\sum H_{ab3} \tag{2-174}$$

这个原理称为放松连续性要求的第三修正势能原理。式中经受变分的独立宗量是 $\boldsymbol{f}_a$，$\boldsymbol{f}_b$ 和 $\boldsymbol{\mu}$，而带有约束条件即式(2-22)。在这些经受变分的量当中，V_a 内的 $\boldsymbol{f}_a$ 可以与 V_b 内的 $\boldsymbol{f}_b$ 无关而自行选择，可是 $\boldsymbol{u}$ 对于 S_{ab}^{*} 和 S_{ba}^{*} 却必须是共同的。为简便起见，此后把一些放松连续性要求的修正原理简称为修正原理。

3. 修正广义变分原理

从修正势能原理的泛函 Π_{mp2} 出发可以按类似的方法，由泛函 Π_{G1} 导出一种修正的广义原理的泛函如下：

$$\begin{aligned}\Pi_{\mathrm{mG1}}=&\sum\iiint_{V_i}[\overline{U}_i(\boldsymbol{\varepsilon}_i)-\overline{\boldsymbol{q}}_i^{\mathrm{T}}\boldsymbol{f}_i-\boldsymbol{\sigma}_i^{\mathrm{T}}\tilde{\boldsymbol{\varepsilon}}]\mathrm{d}V-\\&\sum H_{ab2}-\iint_{S_{ab}^{*}}\overline{\boldsymbol{P}}^{\mathrm{T}}\boldsymbol{f}\mathrm{d}S-\iint_{S_u}\boldsymbol{T}^{\mathrm{T}}\tilde{\boldsymbol{f}}\mathrm{d}S\end{aligned} \tag{2-175}$$

式中，经受变分的独立宗量是 $\boldsymbol{\varepsilon}_i$，$\boldsymbol{\sigma}_i$，$\boldsymbol{f}_i$ 和 $\boldsymbol{\mu}$，而没有约束条件，其中

$$\tilde{\boldsymbol{\varepsilon}}=\left[\varepsilon_x-\frac{\partial u}{\partial x},\varepsilon_y-\frac{\partial v}{\partial y},\varepsilon_z-\frac{\partial w}{\partial z},\gamma_{xy}-\frac{\partial u}{\partial y}-\frac{\partial v}{\partial x},\gamma_{yz}-\frac{\partial v}{\partial z}-\frac{\partial w}{\partial y},\gamma_{zx}-\frac{\partial w}{\partial x}-\frac{\partial u}{\partial z}\right]^{\mathrm{T}}$$

$$\widetilde{\boldsymbol{f}}=[u-\bar{u},v-\bar{v},w-\bar{w}]^{\mathrm{T}}$$
$$\boldsymbol{T}=[P_x,P_y,P_z]^{\mathrm{T}}$$

可以证明，在 S_{ab} 上，Π_{mG1} 的极值条件将给出：

$$\boldsymbol{\lambda}_a=\boldsymbol{P}_a,\quad \boldsymbol{\lambda}_b=\boldsymbol{P}_b \tag{2-176}$$

以及式(2-171)、式(2-172)。同样，我们可以把属于这一广义原理的泛函写成另一等价形式：

$$\Pi_{\mathrm{mG2}}=\sum\iiint_{V_i}[\bar{U}(\boldsymbol{\varepsilon}_i)-\bar{\boldsymbol{q}}_i^{\mathrm{T}}\boldsymbol{f}_i-\boldsymbol{\sigma}_i^{\mathrm{T}}\bar{\boldsymbol{\varepsilon}}]\mathrm{d}V-\sum H_{ab4}-\iint_{S_\sigma}\bar{\boldsymbol{P}}^{\mathrm{T}}\boldsymbol{f}\mathrm{d}S-\iint_{S_\sigma}\boldsymbol{P}^{\mathrm{T}}\widetilde{\boldsymbol{f}}\mathrm{d}S \tag{2-177}$$

式中

$$H_{ab4}=\iint_{S_{ab}}[\boldsymbol{P}_a^{\mathrm{T}}\boldsymbol{f}_a+\boldsymbol{P}_b^{\mathrm{T}}\boldsymbol{f}_b-(\boldsymbol{P}_a^{\mathrm{T}}+\boldsymbol{P}_b^{\mathrm{T}})\boldsymbol{\mu}]\mathrm{d}S \tag{2-178}$$

或写成

$$H_{ab4}=\iint_{S_{ab}^*}\boldsymbol{P}_a^{\mathrm{T}}(\boldsymbol{f}_a-\boldsymbol{\mu})\mathrm{d}S+\iint_{S_{ba}^*}\boldsymbol{P}_b^{\mathrm{T}}(\boldsymbol{f}_b-\boldsymbol{\mu})\mathrm{d}S \tag{2-179}$$

在泛函 Π_{mG2} 中，经受变分的独立宗量是 $\boldsymbol{\varepsilon}_i,\boldsymbol{\sigma}_i,\boldsymbol{f}_i,\boldsymbol{f}_a,\boldsymbol{f}_b$ 和 $\boldsymbol{\mu}$，而没有约束条件。

4. 修正赫林格-赖斯纳原理

利用 Π_{mG2} 的驻值条件可导出应变-应力关系式(2-131)：

$$\boldsymbol{\sigma}=\boldsymbol{D}\boldsymbol{\varepsilon}$$
$$\boldsymbol{\varepsilon}=\boldsymbol{D}^{-1}\boldsymbol{\sigma}$$

再从泛函 Π_{mG2} 中消去 $\boldsymbol{\varepsilon}_i$ 就导出修正赫林格-赖斯纳泛函[参看式(2-143)]：

$$\Pi_{\mathrm{mR}}=\sum\iiint_{V_i}[-\bar{U}_i^*(\boldsymbol{\sigma})_i+\boldsymbol{\sigma}_i^{\mathrm{T}}\boldsymbol{\varepsilon}_i(\boldsymbol{f}_i)-\bar{\boldsymbol{q}}_i^{\mathrm{T}}\boldsymbol{f}_i]\mathrm{d}V-\sum\iint_{S_{ab}}[\boldsymbol{P}_a^{\mathrm{T}}\boldsymbol{f}_a+\boldsymbol{P}_b^{\mathrm{T}}\boldsymbol{f}_b-(\boldsymbol{P}_a^{\mathrm{T}}+\boldsymbol{P}_b^{\mathrm{T}})\boldsymbol{\mu}]\mathrm{d}S-\iint_{S_\sigma}\bar{\boldsymbol{P}}^{\mathrm{T}}\boldsymbol{f}\mathrm{d}S-\iint_{S_u}\boldsymbol{P}^{\mathrm{T}}\widetilde{\boldsymbol{f}}\mathrm{d}S \tag{2-180}$$

式中，经受变分的独立量是 $\boldsymbol{\sigma}_i,\boldsymbol{f}_i,\boldsymbol{f}_a,\boldsymbol{f}_b$ 和 $\boldsymbol{\mu}$，而没有约束条件。经过分部积分，修正赫林格-赖斯纳泛函得出另一表达式[参看式(2-145)]：

$$-\Pi_{\mathrm{mR}}^*=\sum\iiint_{V_i}[\bar{U}_i^*(\boldsymbol{\sigma}_i)+\widetilde{\boldsymbol{q}}_i^{\mathrm{T}}\boldsymbol{f}_i]\mathrm{d}V-\sum G_{ab}-\iint_{S_\sigma}\widetilde{\boldsymbol{P}}^{\mathrm{T}}\boldsymbol{f}\mathrm{d}S-\iint_{S_u}\boldsymbol{P}^{\mathrm{T}}\bar{\boldsymbol{f}}\mathrm{d}S \tag{2-181}$$

式中

$$G_{ab}=\iint_{S_{ab}}(\boldsymbol{P}_a^{\mathrm{T}}+\boldsymbol{P}_b^{\mathrm{T}})\boldsymbol{\mu}\mathrm{d}S \tag{2-182}$$

$$\widetilde{\boldsymbol{q}}_i=\begin{bmatrix}\dfrac{\partial\sigma_x}{\partial x}+\dfrac{\partial\tau_{yx}}{\partial y}+\dfrac{\partial\tau_{zx}}{\partial z}+\bar{X}\\[2mm]\dfrac{\partial\tau_{xy}}{\partial x}+\dfrac{\partial\sigma_y}{\partial y}+\dfrac{\partial\tau_{zy}}{\partial z}+\bar{Y}\\[2mm]\dfrac{\partial\tau_{xz}}{\partial x}+\dfrac{\partial\tau_{yz}}{\partial y}+\dfrac{\partial\sigma_z}{\partial z}-\bar{Z}\end{bmatrix}$$

$$\widetilde{\boldsymbol{P}}=[X_\nu-\overline{X}_\nu,Y_\nu-\overline{Y}_\nu,Z_\nu-\overline{Z}_\nu]^{\mathrm{T}}$$

而经受变分的独立宗量是$\boldsymbol{\sigma}_i$，$\boldsymbol{f}_i$，$\boldsymbol{f}_a$，$\boldsymbol{f}_b$和$\boldsymbol{\mu}$，并没有约束条件。

二、从最小余能原理推导修正的变分原理

本节的目的是按照图 2-7 的一条途径，从最小余能原理出发，导出修正余能原理，最后得出修正赫林格-赖斯纳原理，所讨论的问题与第二节开头的定义一样，并为有限元的集合体进行最小余能原理的公式推导。

1. 最小余能原理

用下列记号表示每个单元中的应力：

$$\boldsymbol{\sigma}_1,\boldsymbol{\sigma}_2,\cdots,\boldsymbol{\sigma}_a,\quad \boldsymbol{\sigma}_b,\cdots,\boldsymbol{\sigma}_N$$

其中每一个都称为关于应力的函数；或简称应力函数(function for stresses)，可以把这些应力函数的集合当作最小余能原理泛函的容许函数，只要它们满足下列要求：

(1) 在每一单元中，它们是连续的和单值的，并且满足应力平衡方程(2-10)。

(2) 在单元的交界面上，它们满足平衡条件：

在 S_{ab} 上
$$\boldsymbol{P}_a+\boldsymbol{P}_b=0 \tag{2-183}$$

式中，$\boldsymbol{P}_a$ 和 $\boldsymbol{P}_b$ 是由式(2-161)定义的，以应力分量表示的面力。

(3) 凡属于包含有给定面力的边界 S_σ 的某一单元的这类函数都满足力的边界条件式(2-19)。

因而，如果应力函数满足上述三个条件，那么最小余能原理的泛函就由下式给出[参看式(2-109)]：

$$\Pi_{\mathrm{c}}=\sum\iiint_{V_i}\overline{U}^*(\boldsymbol{\sigma})\mathrm{d}V-\iint_{S_u}\boldsymbol{P}^{\mathrm{T}}\,\bar{\boldsymbol{f}}\mathrm{d}S \tag{2-184}$$

式中，经受变分的独立宗量是$\boldsymbol{\sigma}_i$。

现在，我们把约束条件式(2-183)引入到变分表达式的骨架中去，以推导一种变分原理的公式。利用定义在 S_{ab} 上的拉格朗日乘子$\boldsymbol{\mu}$，就为一个修正原理得到如下的泛函：

$$\Pi_{\mathrm{mc}}=\Pi_{\mathrm{c}}-\sum G_{ab} \tag{2-185}$$

式中，Π_{c} 由方程式(2-183)定义，并定义

$$G_{ab}=\iint_{S_{ab}}\boldsymbol{\mu}(\boldsymbol{P}_a+\boldsymbol{P}_b)\mathrm{d}S \tag{2-186}$$

其中，经受变分的独立宗量是$\boldsymbol{\sigma}_i$ 和$\boldsymbol{\mu}_i$，并带有约束条件式(2-10)和式(2-19)。关于泛函Π_{mc}的原理称为放松连续性要求的修正余能原理，因为在Π_{mc}中放松了条件(2)，即式(2-183)，每一单元内的应力函数可以独自选择而不涉及单元交界面上的平衡要求。这里也要指出，这个修正原理不再是一个最小原理，而仅仅保持它的驻值性质。泛函Π_{mc}最早由卞学镄推出。

2. 修正赫林格-赖斯纳原理

下面，利用拉格朗日乘子$\boldsymbol{\mu}$把约束条件式(2-10)和式(2-19)引入到泛函表达式Π_{mc}的骨架中去。于是，可以得到与式(2-181)所给出的修正赫林格-赖斯纳原理的泛函$-\Pi_{\mathrm{mR}}^*$相同的泛函。不言而喻，通过分部积分运算，就可以简单地把这样得到的$-\Pi_{\mathrm{mR}}^*$变换成为式(2-180)所定义的Π_{mR}。

到此为止，已经跟踪了图 2-7 的流程图中两条途径，图中的箭头表明从一个原理导出另一

个原理的惯常途径。

参考文献

[1] Love A E H. A treatise on the mathematical theory of elasticity [M]. 4th ed. Cambridge: Cambridge University Press, 1927.

[2] 徐芝纶. 弹性力学[M]. 第 5 版. 北京:高等教育出版社,2016.

[3] 鹫津久一郎. 弹性和塑性力学中的变分法[M]. 北京:科学出版社,1984.

[4] 卞学镄. 有限元法论文选[M]. 北京:国防工业出版社,1980.

[5] 胡海昌. 弹性理论和塑性理论中的一些变分原理[J]. 中国物理学报,1954,10(3):259-290.

[6] Reissner E. On a variational theorem in elasticity [J]. Studies in Applied Mathematics, 1950, 29(1-4): 90-95.

[7] Reissner E. On variational principles in elasticity [C]. Proceedings of Symposia in Applied Mathematics, Mac Graw Hill, 1958, 8: 1-6.

[8] Hellinger E. Der allgemeine ansatz der kontinua [J]. Encyclopadie der Mathamatisehen Wissensehaften, 1914, 4: 602-694.

[9] Jones R E. A generalization of the discrete-stiffness method of structural analysis [J]. AIAA Journal, 1964, 2(5): 821-826.

[10] Pian T H H, Tong P. Basis of finite element methods for solid continua [J]. International Journal for Numerical Methods in Engineering, 1969, 1(1): 3-28.

习　　题

2-1 对线弹性平面应力问题,分别写出用应力、应变表示的应变能的一般公式。

2-2 如题 2-2 图所示,已知梁的长度为 l,抗弯刚度为 EI,试用最小势能原理求均布载荷作用下悬臂梁的最大挠度。

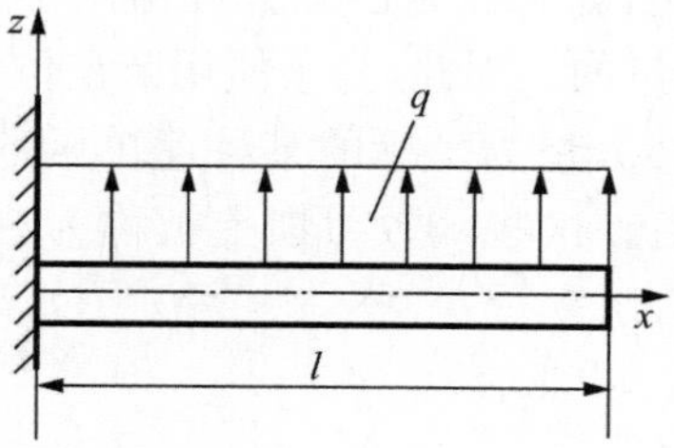

题 2-2 图

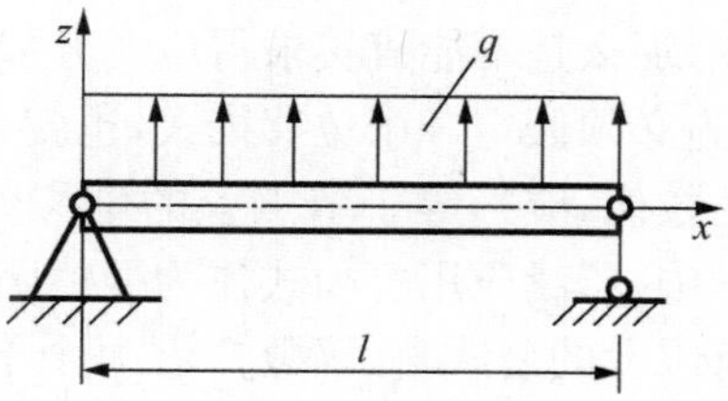

题 2-3 图

2-3 如题 2-3 图所示,已知梁的长度为 l,抗弯刚度为 EI,试用最小余能原理计算均布载荷作用下简支梁的最大挠度。

2-4 赫林格-赖斯纳(Hellinger-Reissner)原理和最小势能原理的区别是什么? 和最小余能原理的区别是什么?

2-5 试从最小势能原理推导赫林格-赖斯纳原理。

2-6 如有一问题的泛函为 $\Pi(w)=\int_0^L\left[\frac{EI}{2}\left(\frac{\mathrm{d}^2w}{\mathrm{d}x^2}\right)^2+\frac{kw^2}{2}+qw\right]\mathrm{d}x$,其中 E,I,k 是常数,q 是给定函数,w 是未知函数,试推导出原问题的微分方程和边界条件。

第三章 基于假定位移场的几种单元

用有限元法进行结构分析，首先要将结构离散成一系列单元的集合体，这些单元在节点处与相邻单元连接在一起。这些节点可以是真实的构件连接点，也可以是假想的点。要确定整个结构的特性，就必须先确定个别单元的特性。依据不同的变分原理，将导出不同特性的单元。目前大部分常用的单元，都是依据虚功原理或由它导出的能量原理建立的。本章将介绍基于假定位移场导出的几种单元，亦即假设单元内位移可以用一个简单的多项式来适当描述。通过具体单元的推导，可以看到单元大致所具有的特性。

第一节 建立单元模型的一般方法 杆单元

如果把规定面力的边界也离散，那么，式(2-154)定义的泛函可以写成

$$\Pi_{\mathrm{p}} = \sum_{e=1}^{n} \Pi_e(\boldsymbol{f}_e) \tag{3-1}$$

式中记号 $\sum$ 表示对所有的单元求和，Π_e 表示单元的总势能，由下式定义

$$\Pi_e = \iiint_{V_e} [\bar{U}(\boldsymbol{f}_e) - \bar{\boldsymbol{q}}_e^{\mathrm{T}} \boldsymbol{f}_e] \mathrm{d}V - \iint_{S_{\sigma e}} \bar{\boldsymbol{p}}_e^{\mathrm{T}} \boldsymbol{f}_e \mathrm{d}S \tag{3-2}$$

式中 V_e 表示单元的体积，$S_{\sigma e}$ 表示属于该单元的那部分应力边界。

由弹性力学可知，如果弹性体的位移分量是坐标的已知函数，就可以用应变-位移关系求得应变分量，再由应力-应变关系求得应力分量。但是，如果只是已知弹性体内某几点的位移分量的数值，那么是不能直接求得应变分量和应力分量的。因此，为了能用节点位移表示应变和应力，首先必须假定一个位移模式，也就是假定位移分量为坐标的某种简单函数，这些函数在节点上的数值，应当等于节点上的位移分量的数值。这些函数习惯上被称为“插值函数”。在结构力学中，广泛应用多项式作为插值函数。

在列有限元的公式时，函数$\boldsymbol{f}_e$ 在每个单元上规定，可表示为

$$\boldsymbol{f}_e = \boldsymbol{N}_e \boldsymbol{d}_e \tag{3-3}$$

式中，$\boldsymbol{d}_e$ 是单元的节点广义位移列阵，各分量将按某种方便的规则排列；$\boldsymbol{N}_e$ 是插值函数，因为在固体力学中它反映了位移函数 $\boldsymbol{f}_e$ 的形态，故也称为形状函数或简称形函数(Shape function)。于是式(3-1)可变换成

$$\Pi_{\mathrm{p}} = \sum_{e=1}^{n} \Pi_e(\boldsymbol{d}_e) \tag{3-4}$$

现在经受变分的独立宗量是$\boldsymbol{d}_e$。于是，由最小势能原理，得

$$\delta\Pi_{\mathrm{p}} = \sum_{e=1}^{n} \delta\, \boldsymbol{d}_e^{\mathrm{T}} \frac{\partial \Pi_e}{\partial \boldsymbol{d}_e} = 0 \tag{3-5}$$

由于 $\delta \boldsymbol{d}_e$ 是任意的，故有

$$\frac{\partial \Pi_e}{\partial \boldsymbol{d}_e} = 0, \quad e = 1, 2, \cdots, N \tag{3-6}$$

由最小势能原理可知，如果单元的位移函数的选择满足相容或协调等三个条件，那么式(3-6)将等价于平衡方程，此时的约束条件是应变位移关系式(2-12)。

如果我们以 $d_i, F_i(i=1,2,\cdots,n)$ 表示结构的独立的节点广义位移和广义力分量，而以 $(d_i)_e, (F_i)_e(e=1,2,\cdots,N)$ 表示相对应的单元中的节点广义位移和广义力分量，那么，节点上的变形协调条件和力的平衡条件可写成

$$\sum (d_i)_e = d_i, \sum (F_i)_e = F_i \quad (i = 1,2,\cdots,n; e = 1,2,\cdots,N) \tag{3-7}$$

此时，极值条件式(3-5)可表示成

$$\delta \Pi_{\mathrm{p}} = \delta \boldsymbol{d}^{\mathrm{T}} \frac{\partial \Pi_{\mathrm{p}}}{\partial \boldsymbol{d}} = 0 \tag{3-8}$$

或

$$\frac{\partial \Pi_{\mathrm{p}}}{\partial \boldsymbol{d}} = 0 \tag{3-9}$$

式中

$$\boldsymbol{d} = [d_1, d_2, \cdots, d_n]^{\mathrm{T}}$$

方程式(3-9)是作为单元集合体的结构的平衡方程。

现在，我们先来研究各个单元的平衡方程及其特性，而有关这种划分的合理性和收敛性，以及集合结构平衡方程的组成技巧的等等问题，将在有关章节中专门研究。

在本节中，以最简单的一维杆元为例，说明由假定位移场，通过最小势能原理推导出的单元平衡方程的常用方法。而其一般原则是可以推广到较复杂类型的单元中去。

以如图 3-1 所示的一维杆单元说明整个推导过程。

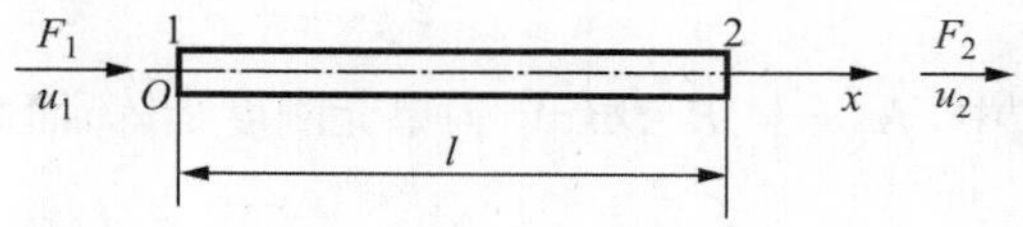

图 3-1　杆单元

1. 选择位移函数

在结构力学中广泛采用多项式来描述单元内的位移分布。对于本例，单元可设位移函数为

$$u = a_1 + a_2 x = [1, x][a_1, a_2]^{\mathrm{T}}$$

记为

$$\boldsymbol{f} = \boldsymbol{T}\boldsymbol{a} \tag{3-10}$$

式中，$\boldsymbol{T}=[1,x]$为插入函数；$\boldsymbol{a}=[a_1,a_2]^{\mathrm{T}}$ 为待定系数列阵。位移函数应满足

$$x = 0: u = u_1; x = l: u = u_2 \tag{3-11}$$

可将式(3-11)代入式(3-10)，得

$$\boldsymbol{d} = \boldsymbol{A}\boldsymbol{a} \tag{3-12}$$

式中，$\boldsymbol{d}=[u_1, u_2]^{\mathrm{T}}$ 为节点位移列阵；$\boldsymbol{A}=\begin{bmatrix} 1 & 0 \\ 1 & l \end{bmatrix}$。

求逆(或解方程)，得

$$\boldsymbol{a} = \boldsymbol{A}^{-1}\boldsymbol{d} \tag{3-13}$$

式中，$\boldsymbol{A}^{-1}=\begin{bmatrix} 1 & 0 \\ -\dfrac{1}{l} & \dfrac{1}{l} \end{bmatrix}$。

代入式(3-10)，得到以节点位移表示的位移函数：

$$\boldsymbol{f} = \boldsymbol{TA}^{-1}\boldsymbol{d} = \boldsymbol{N}(x)\boldsymbol{d} \tag{3-14}$$

式中，$\boldsymbol{N}(x)=\left[1-\dfrac{x}{l},\dfrac{x}{l}\right]$为插值函数，也称形函数，它在推导单元矩阵中起着极为重要的作用。式(3-14)就是杆单元内任一点位移用单元节点位移的插值表达。

2. 应变-位移关系

对于一维杆问题

$$\varepsilon = \frac{\partial u}{\partial x} = \left[\frac{\partial}{\partial x}\right]\boldsymbol{u}$$

记为

$$\boldsymbol{\varepsilon} = \boldsymbol{Lf} \tag{3-15}$$

式中，$\boldsymbol{L}$ 是由微分符号组成的矩阵，以式(3-14)代入，得

$$\boldsymbol{\varepsilon} = \boldsymbol{LNd} = \boldsymbol{Bd} \tag{3-16}$$

式中，$\boldsymbol{B}=\dfrac{1}{l}[-1,1]$，称为“位移映射矩阵”。

3. 应力-应变关系

对于本例，有

$$\sigma = E\varepsilon$$

通常可采用式(2-13)，即表示为

$$\boldsymbol{\sigma} = \boldsymbol{D\varepsilon} = \boldsymbol{DBd} \tag{3-17}$$

4. 总势能

由式(2-79)，单元的应变能为

$$U = \frac{1}{2}\int_V \varepsilon^{\mathrm{T}}\boldsymbol{\sigma}\mathrm{d}V = \frac{1}{2}\boldsymbol{d}^{\mathrm{T}}\left(\int_V \boldsymbol{B}^{\mathrm{T}}\boldsymbol{DB}\mathrm{d}V\right)\boldsymbol{d} = \frac{1}{2}\boldsymbol{d}^{\mathrm{T}}\boldsymbol{Kd} \tag{3-18}$$

式中，$\boldsymbol{K} = \int_V \boldsymbol{B}^{\mathrm{T}}\boldsymbol{DB}\mathrm{d}V$ 为单元刚度矩阵，而此时外力功可表示成

$$W = F_1 d_1 + F_2 d_2 = \boldsymbol{d}^{\mathrm{T}}\boldsymbol{F} \tag{3-19}$$

于是，单元的总势能可表示成

$$\Pi_e = U - W = \frac{1}{2}\boldsymbol{d}^{\mathrm{T}}\boldsymbol{Kd} - \boldsymbol{d}^{\mathrm{T}}\boldsymbol{F} \tag{3-20}$$

根据最小势能原理，代入式(3-6)，得到节点力-位移关系：

$$\boldsymbol{Kd} - \boldsymbol{F} = 0 \tag{3-21}$$

式中，$\boldsymbol{K}=\dfrac{EA}{l}\begin{bmatrix} 1 & -1 \\ -1 & 1 \end{bmatrix}$，称为杆单元刚度矩阵。

第二节　梁单元

假定梁单元是能够抵抗轴力、弯矩(对横截面平面内两主轴)、扭矩(对中心轴)的等截面直杆。作用在梁元上的力系为

$$\boldsymbol{F} = [F_{x1}, F_{y1}, F_{z1}, M_{x1}, M_{y1}, M_{z1}, F_{x2}, F_{y2}, F_{z2}, M_{x2}, M_{y2}, M_{z2}]^{\mathrm{T}} \tag{3-22}$$

这些力的作用点和正方向表示在图 3-2 中。取对应的位移

$$\boldsymbol{d} = [u_1, v_1, w_1, \theta_{x1}, \theta_{y1}, \theta_{z1}, u_2, v_2, w_2, \theta_{x2}, \theta_{y2}, \theta_{z2}]^{\mathrm{T}} \tag{3-23}$$

的正方向与力的正方向一致,梁元在空间的位置和形态用其端点 1,2 在某个方便的基准坐标系($\bar{x}\bar{y}\bar{z}$)内的坐标值来描述。

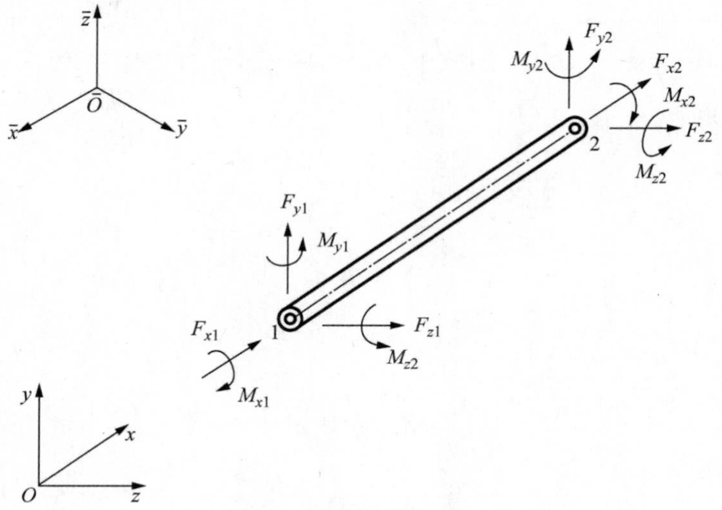

图 3-2　梁单元

梁单元的刚度矩阵是 12×12 阶,但是,如果将局部坐标系(xyz)选择得与横截面的主轴相符,就可能由 2×2 和 4×4 的子矩阵构成 12×12 的刚度矩阵。显然,从梁的工程弯曲和扭转理论可知,力系 F_{x1} 和 F_{x2} 仅依赖于它们的对应位移 u_1 和 u_2;对扭矩 M_{x1} 和 M_{x2} 也是这样。然而,对于任意选择的弯曲平面,在 xy 平面内的弯曲力矩和剪力,将不仅依赖于它们的对应位移,还依赖于对应于 xz 平面内力系的位移。只有当 xy 和 xz 平面与横截面的主轴相符时,两个平面内的弯曲和剪切才可以认为是相互独立的。在这样的规定下,梁元的力-位移关系式

$$\boldsymbol{F} = \boldsymbol{K}\boldsymbol{d} \tag{3-24}$$

就可以分成 4 组来进行分析。

一、轴向刚度

由上一节的分析可知,此时的力-位移关系式为

$$\boldsymbol{F}_1 = \boldsymbol{K}_1 \boldsymbol{d}_1 \tag{3-25}$$

式中,$\boldsymbol{F}_1 = [F_{x1}, F_{x2}]^{\mathrm{T}}$;　$\boldsymbol{K}_1 = \dfrac{EA}{l}\begin{bmatrix} 1 & -1 \\ -1 & 1 \end{bmatrix}$;　$\boldsymbol{d}_1 = [u_1, u_2]^{\mathrm{T}}$。

二、扭转刚度

在没有中间扭矩作用时,关于扭转角 θ_x 的梁的微分方程是

$$GI_x \frac{\mathrm{d}\theta_x}{\mathrm{d}x} = 常数$$

这里 GI_x 是梁的扭转刚度,于是可假设 θ_x 是坐标的线性函数:

$$\theta_x = a_1 + a_2 x \tag{3-26}$$

由位移边界条件(见图 3-3)

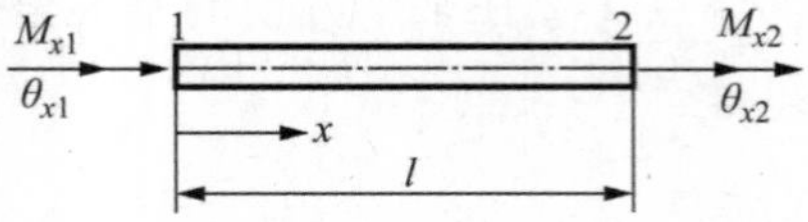

图 3-3 扭转

$$x=0,\ \theta_x=\theta_{x1};\quad x=l,\ \theta_x=\theta_{x2}$$

确定系数 a_1,a_2,最终可得

$$\theta_x=\boldsymbol{N}_2\boldsymbol{d}_2 \tag{3-27}$$

式中,$\boldsymbol{N}_2=\left[1-\dfrac{x}{l},\dfrac{x}{l}\right]$; $\boldsymbol{d}_2=[\theta_{x1},\theta_{x2}]^{\mathrm{T}}$。

单位长度的扭转角为

$$\varphi=\frac{\mathrm{d}\theta_x}{\mathrm{d}x}=\frac{1}{l}[-1,1]\begin{Bmatrix}\theta_{x1}\\ \theta_{x2}\end{Bmatrix}$$

用矩阵表示为

$$\boldsymbol{\varphi}=\boldsymbol{B}_2\boldsymbol{d}_2 \tag{3-28}$$

式中,$\boldsymbol{B}_2=\dfrac{1}{l}[-1,1]$。

单位长度的扭矩

$$M_x=GI_x\varphi$$

用矩阵形式可记为

$$\boldsymbol{M}=\boldsymbol{D}_2\boldsymbol{\varphi} \tag{3-29}$$

单元的应变能

$$U=\frac{1}{2}\int_l\boldsymbol{M}^{\mathrm{T}}\boldsymbol{\varphi}\mathrm{d}x=\frac{1}{2}\boldsymbol{d}_2^{\mathrm{T}}\left(\int_l\boldsymbol{B}_2^{\mathrm{T}}\boldsymbol{D}_2\boldsymbol{B}_2\,\mathrm{d}x\right)\boldsymbol{d}_2=\frac{1}{2}\boldsymbol{d}_2^{\mathrm{T}}\boldsymbol{K}_2\boldsymbol{d}_2 \tag{3-30}$$

于是,单元的总势能可表示成:$\Pi_e=U-W=\dfrac{1}{2}\boldsymbol{d}_2^{\mathrm{T}}\boldsymbol{K}_2\boldsymbol{d}_2-\boldsymbol{d}_2^{\mathrm{T}}\boldsymbol{F}_2$ (3-31)

式中 $\boldsymbol{F}_2=[M_{x1},M_{x2}]^{\mathrm{T}}$,由最小势能原理得

$$\boldsymbol{F}_2=\boldsymbol{K}_2\boldsymbol{d}_2 \tag{3-32}$$

式中

$$\boldsymbol{K}_2=\int_l\boldsymbol{B}_2^{\mathrm{T}}\boldsymbol{D}_2\boldsymbol{B}_2\,\mathrm{d}x=\frac{GI_x}{l}\begin{bmatrix}1 & -1\\ -1 & 1\end{bmatrix} \tag{3-33}$$

$\boldsymbol{K}_2$ 代表梁的扭转刚度矩阵。

三、*xy* 平面内的弯曲刚度

按照梁的工程弯曲理论可知,在无中间载荷作用时,其挠度 v 的微分方程是

$$EI_z\frac{\mathrm{d}^4v}{\mathrm{d}x^4}=0$$

式中,EI_z 是弯曲刚度。于是可取挠度函数为

$$v=a_1+a_2x+a_3x^2+a_4x^3 \tag{3-34}$$

按照图 3-4 规定的符号,有

$$\theta_z=\frac{\mathrm{d}v}{\mathrm{d}x}=a_2+2a_3x+3a_4x^2 \tag{3-35}$$

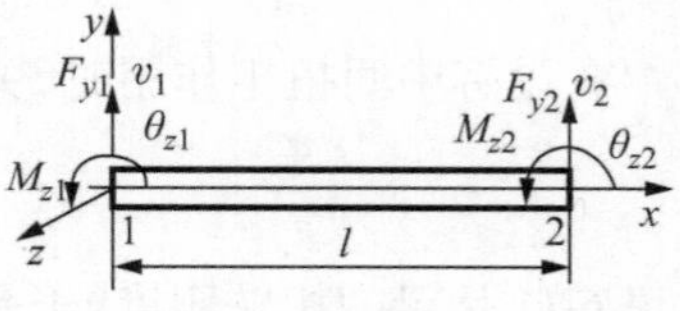

图 3-4 *xy* 平面内的弯曲

由位移边界条件

$$x=0,v=v_1,\theta_z=\theta_{z1}$$
$$x=l,v=v_2,\theta_z=\theta_{z2}$$

解得

$$\boldsymbol{a} = \boldsymbol{A}^{-1}\boldsymbol{d}_3$$

式中，$\boldsymbol{a}=[a_1, a_2, a_3, a_4]^{\mathrm{T}}$，$\boldsymbol{d}_3=[v_1, \theta_{z1}, v_2, \theta_{z2}]^{\mathrm{T}}$，

$$\boldsymbol{A}^{-1} = \begin{bmatrix} 1 & 0 & 0 & 0 \\ 0 & 1 & 0 & 0 \\ -\dfrac{3}{l^2} & -\dfrac{2}{l} & \dfrac{3}{l^2} & -\dfrac{1}{l} \\ \dfrac{2}{l^3} & \dfrac{1}{l^2} & -\dfrac{2}{l} & \dfrac{1}{l^2} \end{bmatrix}$$

代入式(3-34)，得

$$v = \boldsymbol{N}_3\boldsymbol{d}_3 \tag{3-36}$$

式中，$\boldsymbol{N}_3=[1, x, x^2, x^3]\boldsymbol{A}^{-1}$。 (3-37)

弯曲时的轴向应变可表示成

$$\varepsilon_x = -y\frac{\mathrm{d}^2 v}{\mathrm{d}x^2} = -y[0, 0, 2, 6x]\boldsymbol{A}^{-1}\boldsymbol{d}_3$$

代入应变能表达式

$$U = \frac{1}{2}\iiint E\varepsilon_x^2 \mathrm{d}x\mathrm{d}y\mathrm{d}z$$

并注意到

$$I_z = \iint y^2 \mathrm{d}y\mathrm{d}z$$

经过简单运算可得

$$U = \frac{1}{2}\boldsymbol{d}_3^{\mathrm{T}}\boldsymbol{K}_3\boldsymbol{d}_3 \tag{3-38}$$

与前面类似，通过最小势能原理，得到力-位移关系式：

$$\boldsymbol{F}_3 = \boldsymbol{K}_3\boldsymbol{d}_3 \tag{3-39}$$

其中

$$\boldsymbol{F}_3 = [F_{y1}, M_{z1}, F_{y2}, M_{z2}]^{\mathrm{T}}$$

$$\boldsymbol{K}_3 = EI_z\begin{bmatrix} \dfrac{12}{l^3} & \text{对} & & \\ \dfrac{6}{l^2} & \dfrac{4}{l} & \text{称} & \\ -\dfrac{12}{l^3} & -\dfrac{6}{l^2} & \dfrac{12}{l^3} & \\ \dfrac{6}{l^2} & \dfrac{2}{l} & -\dfrac{6}{l^2} & \dfrac{4}{l} \end{bmatrix}$$

$\boldsymbol{K}_3$ 表示了梁在 xy 平面内的弯曲刚度矩阵。

四、xz 平面内的弯曲刚度

比较图 3-5 与图 3-4，可以发现，它们的转角和弯矩的符号是相反的。因为在我们的符号规则下，显然

$$\theta_y = -\frac{\mathrm{d}w}{\mathrm{d}x}$$

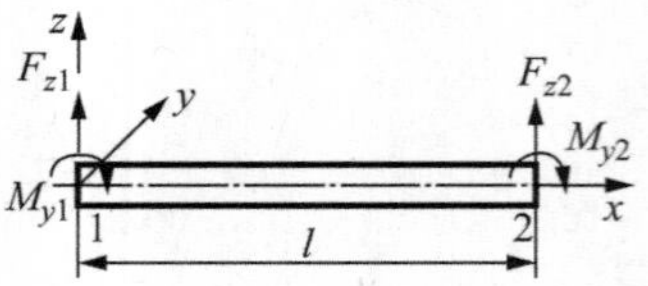

图 3-5 xz 平面内的弯曲

除此以外，没有什么不同。因此经过类似的推导，可以得到 xz 平面内弯曲时力-位移关系式：

$$\boldsymbol{F}_4 = \boldsymbol{K}_4 \boldsymbol{d}_4 \tag{3-40}$$

其中

$$\boldsymbol{F}_4 = [F_{z1}, M_{y1}, F_{z2}, M_{y2}]^{\mathrm{T}}$$
$$\boldsymbol{d}_4 = [w_1, \theta_{y1}, w_2, \theta_{y2}]^{\mathrm{T}}$$

$$\boldsymbol{K}_4 = EI_y \begin{bmatrix} \frac{12}{l^3} & & \text{对} & \\ -\frac{6}{l^2} & \frac{4}{l} & & \text{称} \\ -\frac{12}{l^3} & \frac{6}{l^2} & \frac{12}{l^3} & \\ -\frac{6}{l^2} & \frac{2}{l} & \frac{6}{l^2} & \frac{4}{l} \end{bmatrix} \tag{3-41}$$

式中，$I_y = \iint z^2 \mathrm{d}y \mathrm{d}z$。

五、主轴坐标系内的力-位移关系式

由于采用了梁元的主轴作为单元的局部坐标系，就可以应用叠加原理，将上面分别推导出来的 4 个力-位移关系式(3-25)、式(3-32)、式(3-39)和式(3-40)，按照式(3-22)和式(3-23)规定的顺序组集成主轴坐标系内的完整的力-位移关系式(3-24)，其中 $\boldsymbol{K}$ 为在主轴坐标系内的梁单元的刚度矩阵，由式(3-42)确定。

$$\boldsymbol{K} = \begin{bmatrix}
\frac{EA}{l} & & & & & & & & & & & \\
0 & \frac{12EI_z}{l^3} & & & & & & & & & & \\
0 & 0 & \frac{12EI_y}{l^3} & & & & & \text{对} & & & & \\
0 & 0 & 0 & \frac{GI_x}{l} & & & & & & & & \\
0 & 0 & -\frac{6EI_y}{l^2} & 0 & \frac{4EI_y}{l} & & & & & \text{称} & & \\
0 & \frac{6EI_z}{l^2} & 0 & 0 & 0 & \frac{4EI_z}{l} & & & & & & \\
-\frac{EA}{l} & 0 & 0 & 0 & 0 & 0 & \frac{EA}{l} & & & & & \\
0 & -\frac{12EI_z}{l^3} & 0 & 0 & 0 & -\frac{6EI_z}{l^2} & 0 & \frac{12EI_z}{l^3} & & & & \\
0 & 0 & -\frac{12EI_y}{l^3} & 0 & \frac{6EI_y}{l^2} & 0 & 0 & 0 & \frac{12EI_y}{l^3} & & & \\
0 & 0 & 0 & -\frac{GI_x}{l} & 0 & 0 & 0 & 0 & 0 & \frac{GI_x}{l} & & \\
0 & 0 & -\frac{6EI_y}{l^2} & 0 & \frac{2EI_y}{l} & 0 & 0 & 0 & \frac{6EI_y}{l^2} & 0 & \frac{4EI_y}{l} & \\
0 & \frac{6EI_z}{l^2} & 0 & 0 & 0 & \frac{2EI_z}{l} & 0 & -\frac{6EI_z}{l^2} & 0 & 0 & 0 & \frac{4EI_z}{l}
\end{bmatrix} \tag{3-42}$$

六、节点坐标系内的力-位移关系式

在以后的讨论中将会看到，在结构分析时各个单元是在节点上进行组集的。然而，对于大部分结构，梁元的形心和节点在空间并不重合，它们之间的差距称为“偏心”。我们将考虑到这种偏心的存在，根据虚功原理，把在主轴坐标系内导出的梁元关于形心的力-位移关系式，转换成关于节点的力-位移关系式。

1. 偏心的定义

如图 3-6 所示的空间梁元中，两个端面的形心为 1,2，而 i,j 则代表结构分析时所选定的节点。我们将节点 i,j 与对应的形心 1,2 在主轴坐标系中的坐标差值定义为节点的偏心，于是

$$\left.\begin{aligned} a_1 = x_i - x_1, \quad b_1 = y_i - y_1, \quad c_1 = z_i - z_1 \\ a_2 = x_j - x_2, \quad b_2 = y_j - y_2, \quad c_2 = z_j - z_2 \end{aligned}\right\} \tag{3-43}$$

分别表示节点 i,j 的偏心的三个分量，如果把主轴坐标系的原点放在 1 点处，那么式(3-43)变换成：

$$\left.\begin{aligned} a_1 = x_i, b_1 = y_i, c_1 = z_i \\ a_2 = x_j - l, b_2 = y_j, c_2 = z_j \end{aligned}\right\} \tag{3-44}$$

式中，l 代表形心 1,2 之间的长度。

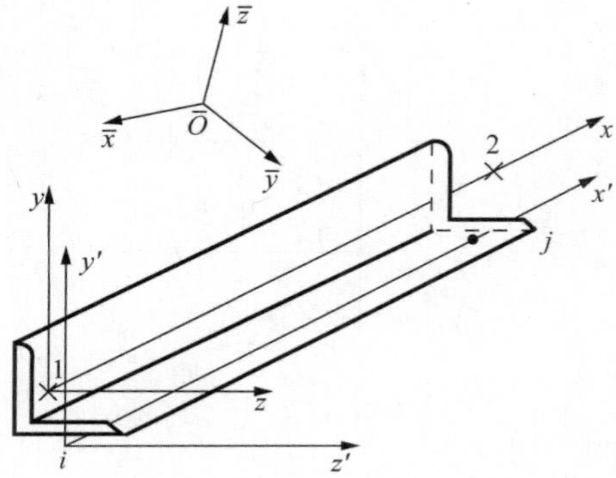

图 3-6　偏心

2. 长度计算

在计算单元刚度矩阵时需要形心间的长度 l，然而在结构分析的程序中往往只要求输入节点在基准坐标系 $\bar{O}\bar{x}\bar{y}\bar{z}$ 中的坐标值。我们可以建立它们之间的转换关系。

如果已知节点 i,j 的基准坐标为

$$\bar{x}_i, \bar{y}_i, \bar{z}_i, \bar{x}_j, \bar{y}_j, \bar{z}_j$$

那么，在基准坐标系内，节点 i,j 之间的距离为

$$l_{ij} = \sqrt{(\bar{x}_j - \bar{x}_i)^2 + (\bar{y}_j - \bar{y}_i)^2 + (\bar{z}_j - \bar{z}_i)^2} \tag{3-45}$$

而在主轴坐标系内，又有

$$l_{ij} = \sqrt{(x_j - x_i)^2 + (y_j - y_i)^2 + (z_j - z_i)^2}$$

以式(3-44)代入上式，得

$$l_{ij} = \sqrt{(l + a_2 - a_1)^2 + (b_2 - b_1)^2 + (c_2 - c_1)^2} \tag{3-46}$$

比较式(3-45)、式(3-46)，可得

$$l = \sqrt{l_{ij}^2 - (b_2 - b_1)^2 - (c_2 - c_1)^2} + a_1 - a_2 \tag{3-47}$$

在大多数情况下，有

$$b_1 = b_2, c_1 = c_2$$

故有

$$l = l_{ij} + a_1 - a_2 \tag{3-48}$$

3. 位移矢量的转换

在有限元结构分析中，基本未知量是节点位移，而对个别梁元进行应力分析时需要的是形心处的位移。我们根据在绝大多数情况中，偏心相对于梁元的长度始终是个小量这个事实，可

以假想在节点与对应的形心之间存在一个“刚臂”，即在结构变形过程中，它们之间的位置不发生变化。于是就可以建立上述两种位移之间的转换关系。

图 3-6 中通过节点 i,j 的单元局部坐标系，定义为节点坐标系，为了分析的方便，通常假设它与主轴坐标系是平行的。图 3-7 表示节点与形心之间的几何关系。可以用节点坐标系中描述的节点位移：

$$\boldsymbol{d}' = [\boldsymbol{d}'^{\mathrm{T}}_i, \boldsymbol{d}'^{\mathrm{T}}_j]^{\mathrm{T}} \tag{3-49}$$

来表示用主轴坐标中描述的形心位移：

$$\boldsymbol{d} = [\boldsymbol{d}_1^{\mathrm{T}}, \boldsymbol{d}_2^{\mathrm{T}}]^{\mathrm{T}} \tag{3-50}$$

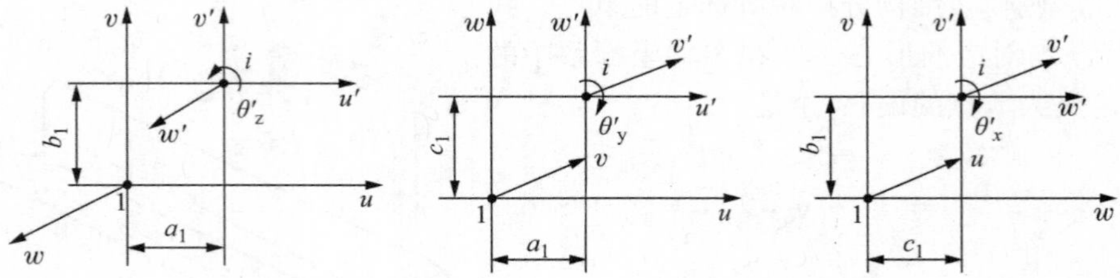

图 3-7 节点与形心

式中

$$\boldsymbol{d}'_i = [u'_i, v'_i, w'_i, \theta'_{xi}, \theta'_{yi}, \theta'_{zi}]^{\mathrm{T}}$$
$$\boldsymbol{d}_1 = [u_1, v_1, w_1, \theta_{x1}, \theta_{y1}, \theta_{z1}]^{\mathrm{T}}$$

例如

$$u_1 = u'_i + \theta'_{zi} b - \theta'_{yi} c, \cdots, \theta_{z2} = \theta'_{zj}$$

等，可以用矩阵表示

$$\boldsymbol{d} = \boldsymbol{T}_{\mathrm{T}} \cdot \boldsymbol{d}' \tag{3-51}$$

式中，$\boldsymbol{T}_{\mathrm{T}}$称为位移转换矩阵，由下式定义

$$\boldsymbol{T}_{\mathrm{T}} = \begin{bmatrix} \boldsymbol{T}_1 & 0 \\ 0 & \boldsymbol{T}_2 \end{bmatrix}$$

$$\boldsymbol{T}_K = \begin{bmatrix} 1 & 0 & 0 & 0 & -c_K & b_K \\ 0 & 1 & 0 & c_K & 0 & -a_K \\ 0 & 0 & 1 & -b_K & a_K & 0 \\ 0 & 0 & 0 & 1 & 0 & 0 \\ 0 & 0 & 0 & 0 & 1 & 0 \\ 0 & 0 & 0 & 0 & 0 & 1 \end{bmatrix} \quad (K = 1, 2) \tag{3-52}$$

4. 力矢量的转换

设广义力是作用在形心上的，按照形心 1,2 将它分隔成

$$\boldsymbol{F} = [\boldsymbol{F}_1^{\mathrm{T}}, \boldsymbol{F}_2^{\mathrm{T}}]^{\mathrm{T}} \tag{3-53}$$

式中

$$\boldsymbol{F}_K = [F_{xK}, F_{yK}, F_{zK}, M_{xK}, M_{yK}, M_{zK}]^{\mathrm{T}} \quad (K = 1, 2) \tag{3-54}$$

依据虚功原理将这个力系移置到对应的节点上去，与它静力等效的节点力表示成

$$\boldsymbol{F}' = [\boldsymbol{F}'^{\mathrm{T}}_i, \boldsymbol{F}'^{\mathrm{T}}_j]^{\mathrm{T}} \tag{3-55}$$

式中

$$\boldsymbol{F}'_K = [F'_{xK}, F'_{yK}, F'_{zK}, M'_{xK}, M'_{yK}, M'_{zK}]^{\mathrm{T}} \quad (K = i, j) \tag{3-56}$$

假定这两组力系存在转换关系：

$$\boldsymbol{F} = \boldsymbol{T}_{\mathrm{TF}} \cdot \boldsymbol{F}' \tag{3-57}$$

式中，$\boldsymbol{T}_{\mathrm{TF}}$是待求的转换矩阵。虚功原理在本例中是指：节点力在节点虚位移上做的虚功应该等于形心处的力在对应的形心的虚位移上做的虚功。即有下式成立：

$$\delta \boldsymbol{d}^{\mathrm{T}} \boldsymbol{F} = \delta \boldsymbol{d}'^{\mathrm{T}} \boldsymbol{F}' \tag{3-58}$$

以式(3-51)、式(3-57)代入上式：

$$\delta \boldsymbol{d}'^{\mathrm{T}} \cdot \boldsymbol{T}_{\mathrm{T}}^{\mathrm{T}} \cdot \boldsymbol{T}_{\mathrm{TF}} \cdot \boldsymbol{F}' = \delta \boldsymbol{d}'^{\mathrm{T}} \boldsymbol{F}'$$

比较等式两边可得

$$\boldsymbol{T}_{\mathrm{T}}^{\mathrm{T}} \cdot \boldsymbol{T}_{\mathrm{TF}} = \boldsymbol{I}$$

式中，$\boldsymbol{I}$是单位矩阵，于是有

$$\boldsymbol{T}_{\mathrm{TF}} = \boldsymbol{T}_{\mathrm{T}}^{-\mathrm{T}} \tag{3-59}$$

经过简单运算，可得到

$$\boldsymbol{T}_{\mathrm{TF}} = \begin{bmatrix} \boldsymbol{T}_{\mathrm{TF1}} & 0 \\ 0 & \boldsymbol{T}_{\mathrm{TF2}} \end{bmatrix} \tag{3-60}$$

其中

$$\boldsymbol{T}_{\mathrm{TF}K} = \begin{bmatrix} 1 & 0 & 0 & 0 & 0 & 0 \\ 0 & 1 & 0 & 0 & 0 & 0 \\ 0 & 0 & 1 & 0 & 0 & 0 \\ 0 & -c_K & b_K & 1 & 0 & 0 \\ c_K & 0 & -a_K & 0 & 1 & 0 \\ -b_K & a_K & 0 & 0 & 0 & 1 \end{bmatrix} \quad (K = 1, 2) \tag{3-61}$$

5. 刚度矩阵的转换

以式(3-51)、式(3-57)代入式(3-24)得

$$\boldsymbol{T}_{\mathrm{TF}} \cdot \boldsymbol{F}' = \boldsymbol{K} \cdot \boldsymbol{T}_{\mathrm{T}} \cdot \boldsymbol{d}'$$

以式(3-59)代入上式，可得

$$\boldsymbol{F}' = \boldsymbol{T}_{\mathrm{T}}^{\mathrm{T}} \cdot \boldsymbol{K} \cdot \boldsymbol{T}_{\mathrm{T}} \cdot \boldsymbol{d}'$$

令

$$\boldsymbol{K}_{\mathrm{F}} = \boldsymbol{T}_{\mathrm{T}}^{\mathrm{T}} \cdot \boldsymbol{K} \cdot \boldsymbol{T}_{\mathrm{T}} \tag{3-62}$$

则得到

$$\boldsymbol{F}' = \boldsymbol{K}_{\mathrm{F}} \cdot \boldsymbol{d}' \tag{3-63}$$

式(3-63)代表了在节点坐标系中度量的节点上的力-位移关系式，其中$\boldsymbol{K}_{\mathrm{F}}$即为关于节点的梁元的刚度矩阵，$\boldsymbol{K}$为关于形心的梁元刚度矩阵，式(3-62)表示了它们间的转换关系。这种节点与形心不一致的偏心的影响，对于刚架和加筋板壳结构的应力分析有很重要的作用，尤其在结构稳定性分析中更有考虑的必要。

七、基准坐标系内的力-位移关系式

前面已经导出了在单元的节点坐标系内度量的节点力-位移关系式，在推导的初期就选定单元本身的主轴作为坐标系，无疑，这样做是非常必要的，可以使计算工作量最小。但是为了

确定整个结构的刚度特性，以及整个结构的力-位移关系式，就必须对所有要参加组集的单元建立一个公共的基准，使得所有的节点位移和它们对应的节点力系将参考一个公共的坐标系。这样一个基准的选择是任意的，在实用中，最好选择的和用在工程画中的坐标符号相同，由图中可以很容易地找到结构上不同点的坐标，我们把这样的坐标系称为基准坐标系，以 $\bar{O}\bar{x}\bar{y}\bar{z}$ 表示在图 3-2 和图 3-6 中。本节将要建立各个单元节点坐标系内的力-位移关系式与基准坐标系内的力-位移关系式之间的转换关系。

我们假定节点 i，j 处的位移及对应的力系，如在基准坐标系内度量时，可表示成

$$\bar{\boldsymbol{d}} = [\bar{\boldsymbol{d}}_i^{\mathrm{T}}, \bar{\boldsymbol{d}}_j^{\mathrm{T}}]^{\mathrm{T}} \tag{3-64}$$

$$\bar{\boldsymbol{F}} = [\bar{\boldsymbol{F}}_i^{\mathrm{T}}, \bar{\boldsymbol{F}}_j^{\mathrm{T}}]^{\mathrm{T}} \tag{3-65}$$

其中

$$\left.\begin{aligned} \bar{\boldsymbol{d}}_K &= [\bar{u}_K, \bar{v}_K, \bar{w}_K, \bar{\theta}_{xK}, \bar{\theta}_{yK}, \bar{\theta}_{zK},]^{\mathrm{T}} \\ \bar{\boldsymbol{F}}_K &= [\bar{F}_{xK}, \bar{F}_{yK}, \bar{F}_{zK}, \bar{M}_{xK}, \bar{M}_{yK}, \bar{M}_{zK}]^{\mathrm{T}} \end{aligned}\right\} (K = i, j) \tag{3-66}$$

位移分量及力的分量的正方向与坐标轴的正方向一致。由解析几何知识，有

$$\begin{Bmatrix} u'_K \\ v'_K \\ w'_K \end{Bmatrix} = \begin{bmatrix} \cos(x', \bar{x}) & \cos(x', \bar{y}) & \cos(x', \bar{z}) \\ \cos(y', \bar{x}) & \cos(y', \bar{y}) & \cos(y', \bar{z}) \\ \cos(z', \bar{x}) & \cos(z', \bar{y}) & \cos(z', \bar{z}) \end{bmatrix} \begin{Bmatrix} \bar{u}_K \\ \bar{v}_K \\ \bar{w}_K \end{Bmatrix} \tag{3-67}$$

式中，$\cos(x', \bar{y})$ 是 x' 轴与 $\bar{y}$ 轴之间夹角的余弦，余同。令

$$\boldsymbol{\lambda}_K = \begin{bmatrix} \cos(x', \bar{x}) & \cos(x', \bar{y}) & \cos(x', \bar{z}) \\ \cos(y', \bar{x}) & \cos(y', \bar{y}) & \cos(y', \bar{z}) \\ \cos(z', \bar{x}) & \cos(z', \bar{y}) & \cos(z', \bar{z}) \end{bmatrix} \tag{3-68}$$

注意到转角矢量与位移矢量有同样的转换关系，有

$$\boldsymbol{d}' = \boldsymbol{T}\bar{\boldsymbol{d}} \tag{3-69}$$

其中

$$\boldsymbol{T} = \begin{bmatrix} \boldsymbol{\lambda}_K & & & \\ & \boldsymbol{\lambda}_K & & 0 \\ & & \boldsymbol{\lambda}_K & \\ & 0 & & \boldsymbol{\lambda}_K \end{bmatrix} \tag{3-70}$$

再注意到力矢量与位移矢量有相同的符号规则和类似的转换关系，即

$$\boldsymbol{F}' = \boldsymbol{T}\bar{\boldsymbol{F}} \tag{3-71}$$

若对单元引入虚位移 $\delta\bar{\boldsymbol{d}}$，于是由式(3-69)得：

$$\delta\boldsymbol{d}' = \boldsymbol{T}\delta\bar{\boldsymbol{d}} \tag{3-72}$$

因为所得虚功(一个数量)显然必须与坐标无关，即

$$\delta\bar{\boldsymbol{d}}^{\mathrm{T}}\bar{\boldsymbol{F}} = \delta\boldsymbol{d}'^{\mathrm{T}}\boldsymbol{F}' \tag{3-73}$$

以式(3-69)、式(3-72)、式(3-63)代入上式，得

$$\delta\bar{\boldsymbol{d}}^{\mathrm{T}}\bar{\boldsymbol{F}} = \delta\bar{\boldsymbol{d}}^{\mathrm{T}}\boldsymbol{T}^{\mathrm{T}}\boldsymbol{K}_{\mathrm{F}}\boldsymbol{T}\bar{\boldsymbol{d}}$$

故

$$\bar{\boldsymbol{F}} = \boldsymbol{T}^{\mathrm{T}}\boldsymbol{K}_{\mathrm{F}}\boldsymbol{T} \cdot \bar{\boldsymbol{d}}$$

由于不论 $\delta\bar{\boldsymbol{d}}$ 如何选择，上式均应成立，以

$$\bar{\boldsymbol{K}} = \boldsymbol{T}^{\mathrm{T}}\boldsymbol{K}_{\mathrm{F}}\boldsymbol{T} \tag{3-74}$$

表示基准坐标系内度量的单元刚度矩阵，于是有

$$\overline{\boldsymbol{K}}\overline{\boldsymbol{d}} = \overline{\boldsymbol{F}} \tag{3-75}$$

式(3-75)代表了在基准坐标系中的单元节点力-位移关系式。

第三节　矩阵位移法

前面介绍了杆单元和梁单元，它们是最简单也是最基本的单元。在转入较复杂单元的研究以前，先以简单的例题来说明矩阵位移法的基本公式和解题步骤。

设由连接在刚硬基础上的三根铰接杆组成的单个节点桁架，受力 P 的作用。杆的横截面面积均为 A，弹性模量为 E，几何形状如图 3-8 所示。图中还同时标出单元与节点的编号，$\overline{x}\overline{y}$ 为基准坐标系。

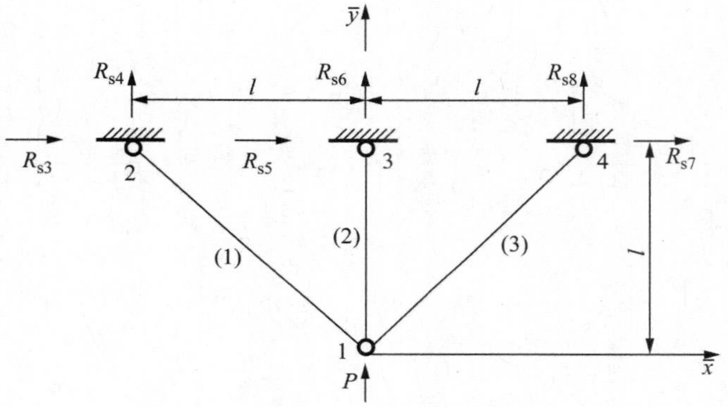

图 3-8　简单桁架

一、建立基本方程

各个单元的局部坐标 x_i 以及在基准坐标系中的节点位移、节点力如图 3-9 所示。

在基准坐标系内，杆单元的总势能可表示为

$$\Pi_e = \frac{1}{2}\overline{\boldsymbol{d}}_e^{\mathrm{T}}\overline{\boldsymbol{K}}_e\,\overline{\boldsymbol{d}}_e - \boldsymbol{d}_e^{\mathrm{T}}\overline{\boldsymbol{F}}_e,\ e = 1,2,3 \tag{3-76}$$

式中，

$$\overline{\boldsymbol{K}}_e = \boldsymbol{T}_e^{\mathrm{T}}\boldsymbol{K}_e\boldsymbol{T}_e \tag{3-77}$$

$$\boldsymbol{K}_e = \frac{EA}{l}\begin{bmatrix} 1 & -1 \\ -1 & 1 \end{bmatrix} \tag{3-78}$$

对于本例，有

$$\overline{\boldsymbol{d}}_1 = [d_1^{(1)}, d_2^{(1)}, d_3^{(1)}, d_4^{(1)}]^{\mathrm{T}}$$

$$\overline{\boldsymbol{F}}_1 = [F_1^{(1)}, F_2^{(1)}, F_3^{(1)}, F_4^{(1)}]^{\mathrm{T}}$$

$$\boldsymbol{K}_1 = \frac{EA}{\sqrt{2}l}\begin{bmatrix} 1 & -1 \\ -1 & 1 \end{bmatrix}$$

$$\boldsymbol{T}_1 = \frac{1}{\sqrt{2}}\begin{bmatrix} -1 & 1 & 0 & 0 \\ 0 & 0 & -1 & 1 \end{bmatrix}$$

$$\overline{\boldsymbol{d}}_2 = [d_1^{(2)}, d_2^{(2)}, d_5^{(2)}, d_6^{(2)}]^{\mathrm{T}}$$

$$\overline{\boldsymbol{F}}_2 = [F_1^{(2)}, F_2^{(2)}, F_5^{(2)}, F_6^{(2)}]^{\mathrm{T}}$$

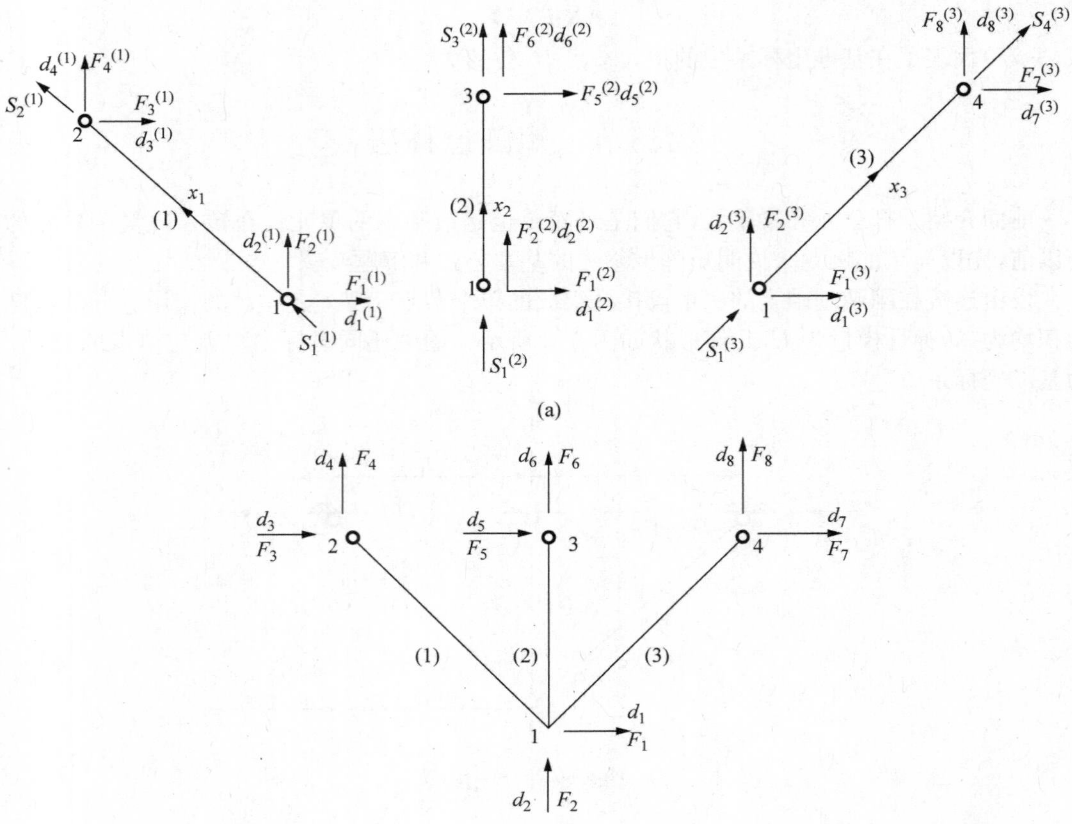

图 3-9 节点位移和节点力

(a) 单元的节点位移和节点力；(b) 结构的节点位移和节点力

$$\boldsymbol{K}_2 = \frac{EA}{l}\begin{bmatrix} 1 & -1 \\ -1 & 1 \end{bmatrix}$$

$$\boldsymbol{T}_2 = \begin{bmatrix} 0 & 1 & 0 & 0 \\ 0 & 0 & 0 & 1 \end{bmatrix}$$

$$\bar{\boldsymbol{d}}_3 = [d_1^{(3)}, d_2^{(3)}, d_7^{(3)}, d_8^{(3)}]^{\mathrm{T}}$$

$$\bar{\boldsymbol{F}}_3 = [F_1^{(3)}, F_2^{(3)}, F_7^{(3)}, F_8^{(3)}]^{\mathrm{T}}$$

$$\boldsymbol{K}_3 = \frac{EA}{\sqrt{2}l}\begin{bmatrix} 1 & -1 \\ -1 & 1 \end{bmatrix}$$

$$\boldsymbol{T}_3 = \frac{1}{\sqrt{2}}\begin{bmatrix} 1 & 1 & 0 & 0 \\ 0 & 0 & 1 & 1 \end{bmatrix}$$

经过简单运算，得

$$\bar{\boldsymbol{K}}_1 = \frac{EA}{2\sqrt{2}l}\begin{bmatrix} 1 & -1 & -1 & 1 \\ -1 & 1 & 1 & -1 \\ -1 & 1 & 1 & -1 \\ 1 & -1 & -1 & 1 \end{bmatrix}$$

$$\bar{\boldsymbol{K}}_2=\frac{EA}{l}\begin{bmatrix}0&0&0&0\\0&1&0&-1\\0&0&0&0\\0&-1&0&1\end{bmatrix}$$

$$\bar{\boldsymbol{K}}_3=\frac{EA}{2\sqrt{2}l}\begin{bmatrix}1&1&-1&-1\\1&1&-1&-1\\-1&-1&1&1\\-1&-1&1&1\end{bmatrix}$$

按照式(3-7)提供的节点上的变形协调条件

$$d_j^{(e)}=d_j,\quad e=1,2,3,\quad j=1,2,\cdots,8 \tag{3-79}$$

以及力的平衡条件

$$\sum_{e=1}^{3}F_j^{(e)}=F_j,\quad j=1,2,\cdots,8$$

于是由式(3-4)定义的结构的总势能可表示成

$$\Pi=\sum_{e=1}^{3}\Pi_e=\frac{1}{2}\bar{\boldsymbol{d}}^{\mathrm{T}}\bar{\boldsymbol{K}}\bar{\boldsymbol{d}}-\bar{\boldsymbol{d}}^{\mathrm{T}}\bar{\boldsymbol{F}} \tag{3-80}$$

再由极值条件式(3-9)，得到基准坐标系内的结构的节点力-位移关系式：

$$\bar{\boldsymbol{K}}\bar{\boldsymbol{d}}=\bar{\boldsymbol{F}} \tag{3-81}$$

其中，节点位移

$$\bar{\boldsymbol{d}}=[d_1,d_2,d_3,d_4,d_5,d_6,d_7,d_8]^{\mathrm{T}}$$

和节点力

$$\bar{\boldsymbol{F}}=[F_1,F_2,F_3,F_4,F_5,F_6,F_7,F_8]^{\mathrm{T}}$$

的正方向如图 3-9(b)所示。

注意到节点力由外载荷和约束反力两部分组成，即

$$\bar{\boldsymbol{F}}=\boldsymbol{P}+\boldsymbol{R} \tag{3-82}$$

式中

$$\begin{aligned}\boldsymbol{P}&=[0,P,0,0,0,0,0,0]^{\mathrm{T}}\\\boldsymbol{R}&=[0,0,R_{S3},R_{S4},R_{S5},R_{S6},R_{S7},R_{S8}]^{\mathrm{T}}\end{aligned} \tag{3-83}$$

于是式(3-81)可展开成

$$\frac{EA}{2\sqrt{2}l}\begin{bmatrix}2&0&-1&1&0&0&-1&-1\\0&2(1+\sqrt{2})&1&-1&0&-2\sqrt{2}&-1&-1\\-1&1&1&-1&0&0&0&0\\1&-1&-1&1&0&0&0&0\\0&0&0&0&0&0&0&0\\0&-2\sqrt{2}&0&0&0&2\sqrt{2}&0&0\\-1&-1&0&0&0&0&1&1\\-1&-1&0&0&0&0&1&1\end{bmatrix}\begin{Bmatrix}d_1\\d_2\\d_3\\d_4\\d_5\\d_6\\d_7\\d_8\end{Bmatrix}=\begin{Bmatrix}0\\P\\R_{S3}\\R_{S4}\\R_{S5}\\R_{S6}\\R_{S7}\\R_{S8}\end{Bmatrix} \tag{3-84}$$

式(3-81)或者它的展开式(3-84)，就是用矩阵位移法求解本例的基本方程。

二、边界条件和方程的求解

在实际结构中,边界可能是弹性支持或刚性支持,或给定位移等等。对于不同的边界条件应该有各种不同的处理方法;而对于同一边界条件也有许多不同的处理方法。有关这方面的内容,将在“程序设计”的有关章节中叙述。这里以简单的方法予以处理。

对于本例,因为是刚性支持,故有边界条件:

$$d_3 = d_4 = d_5 = d_6 = d_7 = d_8 = 0 \tag{3-85}$$

于是矩阵方程式(3-84)可简化成下列两个方程:

$$\frac{EA}{2\sqrt{2}l}\begin{bmatrix} 2 & 0 \\ 0 & 2(1+\sqrt{2}) \end{bmatrix}\begin{Bmatrix} d_1 \\ d_2 \end{Bmatrix} = \begin{Bmatrix} 0 \\ P \end{Bmatrix} \tag{3-86}$$

$$\frac{EA}{2\sqrt{2}l}\begin{bmatrix} -1 & 1 \\ 1 & -1 \\ 0 & 0 \\ 0 & -2\sqrt{2} \\ -1 & -1 \\ -1 & -1 \end{bmatrix}\begin{Bmatrix} d_1 \\ d_2 \end{Bmatrix} = \begin{Bmatrix} R_{S3} \\ R_{S4} \\ R_{S5} \\ R_{S6} \\ R_{S7} \\ R_{S8} \end{Bmatrix} \tag{3-87}$$

由式(3-86),解得节点 1 的位移

$$d_1 = 0,\ d_2 = (2-\sqrt{2})\frac{Pl}{EA}$$

由式(3-87),解得支座对结构的作用力

$$\begin{Bmatrix} R_{S3} \\ R_{S4} \\ R_{S5} \\ R_{S6} \\ R_{S7} \\ R_{S8} \end{Bmatrix} = \begin{Bmatrix} \dfrac{\sqrt{2}-1}{2} \\ -\dfrac{(\sqrt{2}-1)}{2} \\ 0 \\ -(2-\sqrt{2}) \\ -\dfrac{(\sqrt{2}-1)}{2} \\ -\dfrac{(\sqrt{2}-1)}{2} \end{Bmatrix} P \tag{3-88}$$

式中负号表示与图 3-8 所标方向相反。

三、单元内力分析

杆的轴力可按下式计算:

$$\boldsymbol{F}_e = \boldsymbol{K}_e \boldsymbol{T}_e \bar{\boldsymbol{d}}_e,\ e = 1,2,3 \tag{3-89}$$

其中

$$\boldsymbol{F}_1 = [S_1^{(1)}, S_2^{(1)}]^{\mathrm{T}}$$

$$\boldsymbol{F}_2 = [S_1^{(3)}, S_3^{(2)}]^{\mathrm{T}}$$

$$\boldsymbol{F}_3 = [S_1^{(3)}, S_4^{(3)}]^{\mathrm{T}}$$

如图 3-9(a)所示。于是得各杆的轴力为

$$\left.\begin{array}{l}\begin{Bmatrix} S_1^{(1)} \\ S_2^{(1)} \end{Bmatrix} = \begin{Bmatrix} \dfrac{2-\sqrt{2}}{2} \\ \dfrac{-2+\sqrt{2}}{2} \end{Bmatrix} P \\ \begin{Bmatrix} S_1^{(2)} \\ S_3^{(2)} \end{Bmatrix} = \begin{Bmatrix} 2-\sqrt{2} \\ -2+\sqrt{2} \end{Bmatrix} P \\ \begin{Bmatrix} S_1^{(3)} \\ S_4^{(3)} \end{Bmatrix} = \begin{Bmatrix} \dfrac{2-\sqrt{2}}{2} \\ \dfrac{-2+\sqrt{2}}{2} \end{Bmatrix} P \end{array}\right\} \tag{3-90}$$

式中负号表示与图 3-9(a)所标方向相反。

第四节　平面三角形单元

一、位移函数

现在研究如图 3-10 所示的平面三角形单元，取三角形的三个顶点作为节点，在三角形平面内选定 Oxy 作为单元的局部坐标系。现在，假定单元中的位移分量是坐标的线性函数，即

$$\left.\begin{array}{l} u = a_1 + a_2 x + a_3 y \\ v = a_4 + a_5 x + a_6 y \end{array}\right\} \tag{3-91}$$

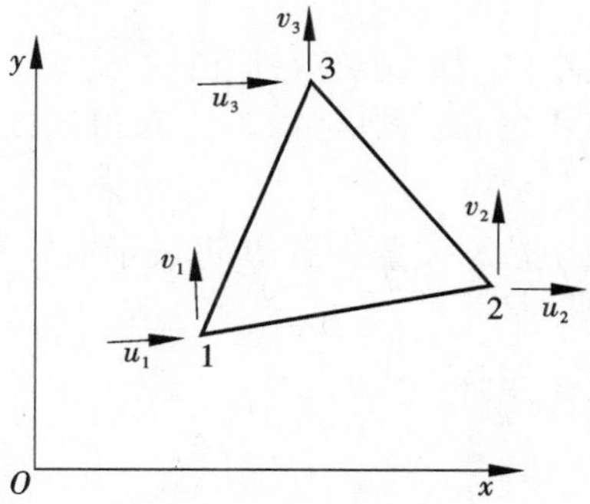

图 3-10　三角形单元

在 1,2,3 三点，应当有

$$u_1 = a_1 + a_2 x_1 + a_3 y_1,\ v_1 = a_4 + a_5 x_1 + a_6 y_1$$
$$u_2 = a_1 + a_2 x_2 + a_3 y_2,\ v_2 = a_4 + a_5 x_2 + a_6 y_2$$
$$u_3 = a_1 + a_2 x_3 + a_3 y_3,\ v_3 = a_4 + a_5 x_3 + a_6 y_3$$

由左边三个方程求得 a_1, a_2, a_3，由右边三个方程求解 a_4，a_5, a_6，再代回式(3-91)，整理以后，得到

$$\begin{Bmatrix} u \\ v \end{Bmatrix} = \begin{bmatrix} N_1 & 0 & N_2 & 0 & N_3 & 0 \\ 0 & N_1 & 0 & N_2 & 0 & N_3 \end{bmatrix} [u_1, v_1, u_2, v_2, u_3, v_3]^{\mathrm{T}}$$

记作

$$\boldsymbol{f} = \boldsymbol{N}\boldsymbol{d} \tag{3-92}$$

其中

$$N_1 = (a_1 + b_1 x + c_1 y)/2A \quad (1,2,3)^{①} \tag{3-93}$$

在这里，系数 a_1, b_1, c_1 为

① 公式后面附有记号(1,2,3)，表示这个公式实际上代表三个公式，其余两个公式系由其中的角码 1,2,3 轮换得到，这就是说，这里共有三个公式：

$$N_1 = (a_1 + b_1 x + c_1 y)/2A$$
$$N_2 = (a_2 + b_2 x + c_2 y)/2A$$
$$N_3 = (a_3 + b_3 x + c_3 y)/2A$$

以后常采用这种表示法，以节省篇幅。

$$a_1 = x_2 y_3 - x_3 y_2, \quad b_1 = y_2 - y_3, \quad c_1 = x_3 - x_2 \quad (1,2,3) \tag{3-94}$$

而由解析几何知识知道

$$\boldsymbol{A} = \frac{1}{2}\begin{vmatrix} 1 & x_1 & y_1 \\ 1 & x_2 & y_2 \\ 1 & x_3 & y_3 \end{vmatrix} \tag{3-95}$$

表示三角形 123 的面积。同时也显然可见,为了得出的面积 A 不至于成为负值,节点 1,2,3 的次序必须是逆时针转向,如图 3-10 所示。

二、应变-位移关系

由小位移弹性理论知道,对于平面问题,其应变-位移关系为

$$\begin{Bmatrix} \varepsilon_x \\ \varepsilon_y \\ \gamma_{xy} \end{Bmatrix} = \begin{Bmatrix} \dfrac{\partial u}{\partial x} \\ \dfrac{\partial v}{\partial y} \\ \dfrac{\partial u}{\partial y} + \dfrac{\partial v}{\partial x} \end{Bmatrix} = \begin{bmatrix} \dfrac{\partial}{\partial x} & 0 \\ 0 & \dfrac{\partial}{\partial y} \\ \dfrac{\partial}{\partial y} & \dfrac{\partial}{\partial x} \end{bmatrix} \begin{Bmatrix} u \\ v \end{Bmatrix} \tag{3-96}$$

记为

$$\boldsymbol{\varepsilon} = \boldsymbol{L}\boldsymbol{f} \tag{3-97}$$

式中,$\boldsymbol{L}$ 为微分算符矩阵。

以式(3-92)代入式(3-97),得到以节点位移表示的应变

$$\boldsymbol{\varepsilon} = \boldsymbol{L}\boldsymbol{N}\boldsymbol{d} = \boldsymbol{B}\boldsymbol{d} \tag{3-98}$$

其中位移映射矩阵 $\boldsymbol{B}$ 可表示成

$$\boldsymbol{B} = [\boldsymbol{B}_1, \boldsymbol{B}_2, \boldsymbol{B}_3] \tag{3-99}$$

其子矩阵

$$\boldsymbol{B}_1 = \frac{1}{2A}\begin{bmatrix} b_1 & 0 \\ 0 & c_1 \\ c_1 & b_1 \end{bmatrix} \quad (1,2,3) \tag{3-100}$$

三、应力-应变关系

对于平面问题有应力-应变关系

$$\boldsymbol{\sigma} = \boldsymbol{D}\boldsymbol{\varepsilon} \tag{3-101}$$

式中

$$\boldsymbol{\sigma} = [\sigma_x, \sigma_y, \tau_{xy}]^{\mathrm{T}}$$

为应力分量列阵,而 $\boldsymbol{D}$ 为弹性矩阵。对于平面应力问题,有

$$\boldsymbol{D} = \frac{E}{1-\nu^2}\begin{bmatrix} 1 & \nu & 0 \\ \nu & 1 & 0 \\ 0 & 0 & \dfrac{1-\nu}{2} \end{bmatrix} \tag{3-102}$$

对于平面应变问题

$$
\boldsymbol{D}=\frac{E(1-\nu)}{(1+\nu)(1-2\nu)}\begin{bmatrix} 1 & \dfrac{\nu}{1-\nu} & 0 \\ \dfrac{\nu}{1-\nu} & 1 & 0 \\ 0 & 0 & \dfrac{1-2\nu}{2(1-\nu)} \end{bmatrix} \tag{3-103}
$$

以式(3-98)代入式(3-101)，得到以节点位移表示的应力

$$
\boldsymbol{\sigma}=\boldsymbol{BDd} \tag{3-104}
$$

四、单元刚度矩阵

图 3-10 表示了单元节点位移的正方向，与其对应的节点力为

$$
\boldsymbol{F}=[F_{x1},F_{y1},F_{x2},F_{y2},F_{x3},F_{y3}]^{\mathrm{T}} \tag{3-105}
$$

其符号规则与节点位移一致。于是单元的总势能可写成

$$
\Pi=\frac{1}{2}\boldsymbol{d}^{\mathrm{T}}\boldsymbol{Kd}-\boldsymbol{d}^{\mathrm{T}}\boldsymbol{F} \tag{3-106}
$$

由极值条件，可得单元的节点力-位移关系式

$$
\boldsymbol{Kd}=\boldsymbol{F} \tag{3-107}
$$

式中

$$
\boldsymbol{K}=\iiint_V \boldsymbol{B}^{\mathrm{T}}\boldsymbol{DB}\mathrm{d}V=\boldsymbol{B}^{\mathrm{T}}\boldsymbol{DB}tA \tag{3-108}
$$

式中，t 是单元的厚度。

五、收敛性的条件

在基于假定位移场的有限元法中，载荷的移置，以及应力和刚度矩阵的建立等，都依赖于位移模式。因此，为了能从有限元法得出正确的解答，首先必须使位移模式能够正确地反映弹性体中的真实位移形态。具体说来，就是满足下列三方面的条件：

(1) 位移模式必须能反映单元的刚体位移。每个单元的位移一般包含两部分：一是由于本单元的形变引起的；二是与本单元的形变无关的，即刚体位移，它是由于其他单元发生了形变而连带引起的。甚至，在弹性体的某些部位，如在靠近悬臂梁的自由端处，单元的形变很小，而该单元的位移却很大，这主要是由于其他单元发生形变而引起的刚体位移。因此，为了正确反映单元的位移形态，位移模式必须能反映该单元的刚体位移。

(2) 位移模式必须能反映单元的常量应变。每个单元的应变一般总是包含着两个部分：一个部分是与该单元中各点的位置坐标有关的，是各点不同的，即所谓变量应变；另一部分是与位置坐标无关的，是各点相同的，即所谓常量应变。而且，当单元的尺寸转小时，单元中各点的应变趋于相等，因而常量应变就成为应变的主要部分。因此，为了正确反映单元的变形状态，位移模式必须反映该单元的常量应变。

(3) 位移模式应当尽可能反映位移的连续性。在连续弹性体中，位移是连续的，不会发生相邻部分互相脱离或互相侵入的现象。为了使得单元内部的位移保持连续，必须把位移模式取为坐标的单值连续函数。为了使得相邻单元的位移保持连续，就要使它们在公共节点处具有相同的位移时也能在整个公共边界上具有相同的位移。这样就能使得相邻单元在受力以后

既不互相脱离，也不互相侵入，而代替原连续弹性体的那个离散结构物仍然保持为连续弹性体。因此，位移模式还应当尽可能反映出位移的连续性。

这里应当指出，所谓位移的连续性是个泛称，对于具体的单元以及由单元组集成的结构来说，应当明确地指出：连续性是指位移及其有限阶数的导数在单元间的连续。如对于平面的或三维的弹性力学问题，在变分的总势能泛函中仅出现位移函数的一阶导数，因此，在单元间的边界仅需要位移分量保持连续，这类问题常称为 C_0 问题。然而，对于板和壳的问题，当应用基尔霍夫(Kirchhoff)假设时，在变分的总势能泛函中出现了挠度函数的二阶导数，单元间的协调条件就要求挠度以及在公共边界上的挠度的一阶导数保持连续，这类问题常称为 C_1 问题。一般地讲，对于协调模型，如果总势能泛函中出现的位移函数的导数的最高阶数为 n，那么，这类单元在其边界上的连续性就是要求位移及其直到 $n-1$ 阶的导数在边界上保持连续或协调。理论和实践都已证明：为了使有限元法的解在单元的尺寸逐步取小时能够收敛于正确解，反映刚体位移和常量应变是必要条件，再加上反映相邻单元间的连续性，就是充分条件。

现在来说明，式(3-91)的位移模式是符合收敛性要求的。为此，首先将式(3-91)改写成

$$\left.\begin{aligned} u &= a_1 + a_2 x - \frac{a_5 - a_3}{2} y + \frac{a_5 + a_3}{2} y \\ v &= a_4 + a_6 y + \frac{a_5 - a_3}{2} x + \frac{a_5 + a_3}{2} x \end{aligned}\right\} \tag{3-109}$$

由弹性力学知道

$$a_1 = u_0,\quad a_4 = v_0,\quad \frac{a_5 - a_3}{2} = w_z$$

反映了沿 x 轴、y 轴的刚体移动和绕 z 轴的刚体转动。而由应变-位移关系式(3-96)，可见

$$\varepsilon_x = a_2,\quad \varepsilon_y = a_6,\quad \gamma_{xy} = a_3 + a_5$$

反映了常量的正应变和剪应变。总之，参数 $a_1 \sim a_6$ 反映了 3 个刚体位移和 3 个常量应变。

将应变-位移关系式(3-96)代入总势能泛函

$$\Pi = \frac{1}{2}\iiint_V \boldsymbol{\varepsilon}^{\mathrm{T}} \boldsymbol{D}\boldsymbol{\varepsilon}\,\mathrm{d}x\mathrm{d}y\mathrm{d}z - \iiint_V \boldsymbol{f}^{\mathrm{T}}\boldsymbol{q}\,\mathrm{d}V$$

中，展开可得

$$\Pi = \iint_S \left\{ \frac{Et}{2(1-\nu^2)} \left[\left(\frac{\partial u}{\partial x}\right)^2 + 2\nu\left(\frac{\partial u}{\partial x}\right)\left(\frac{\partial v}{\partial y}\right) + \left(\frac{\partial v}{\partial y}\right)^2 + \frac{1-\nu}{2}\left(\frac{\partial u}{\partial y} + \frac{\partial v}{\partial x}\right)^2 \right] - \left[u q_x + v q_y\right] t \right\} \mathrm{d}S \tag{3-110}$$

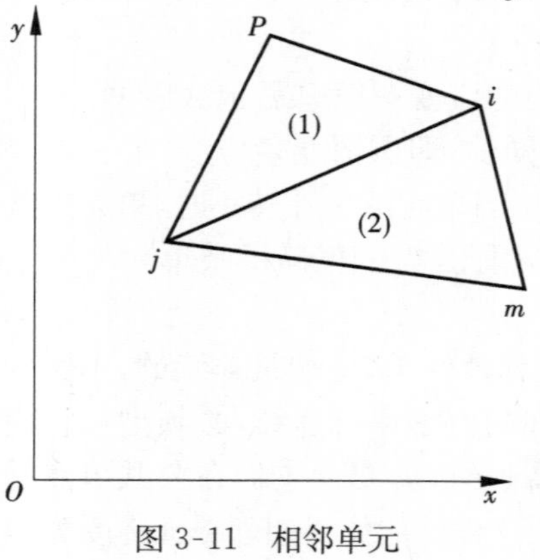

图 3-11　相邻单元

式中，$\boldsymbol{q} = [q_x, q_y]^{\mathrm{T}}$ 表示在三角形平面内的体力分量，总势能泛函中仅出现位移函数的一阶导数，因此属于 C_0 问题，这时连续性的要求是指单元内部及单元间的边界上位移 u，v 是单值连续的。例如，任意两个单元(1)，(2)如图 3-11 所示，它们在 i 点，j 点的位移相同。由于式(3-91)所示的位移分量在每个单元中都是坐标的线性函数，在公共边界 ij 上当然也是线性变化，所以上述两个相邻单元在 ij 上的任意一点都具有相同的位移。这就保证了相邻单元之间位移的连续性。而且，在每一单元内部，位移也必然是连续的，因为式(3-91)是多项式，而

多项式都是单值连续函数。

第五节　载荷的移置

为了简化每个单元的受力情况，便于分析，宜将该单元所受的每一个载荷都向节点移置成为节点载荷。这种移置必须按照静力等效的原则来进行，因为这样才能使得由于移置而引起的应力误差是局部的，不影响整体的应力（圣韦南原理）。对于变形连续体，所谓静力等效，是指原载荷与节点载荷在任何虚位移上的虚功都相等。在一定的位移模式之下，这种移置的结果是唯一的，而且总能符合通常所理解的，对刚体而言的静力等效原则，即原载荷与节点载荷在任一坐标上的投影之和相等，对任一轴的力矩之和也相等。

以三角形平面单元为例来说明移置的方法，但其结论具有普遍意义。

设单元 123 在坐标为 (x,y) 的任意一点 M 受集中载荷（见图 3-12）

$$\boldsymbol{P}=[P_x,P_y]^{\mathrm{T}}$$

假定与其静力等效的节点载荷为

$$\boldsymbol{F}=[F_{x1},F_{y1},F_{x2},F_{y2},F_{x3},F_{y3}]^{\mathrm{T}}$$

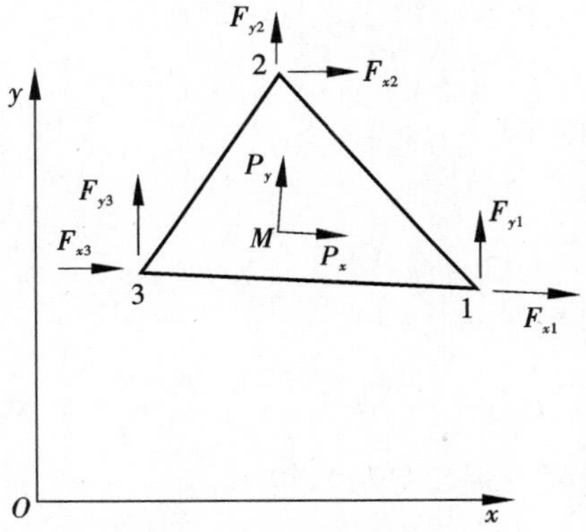

图 3-12　载荷移置

现在，假想该单元发生了虚位移，其中 M 点的相应虚位移为

$$\boldsymbol{f}^*=[u^*,v^*]^{\mathrm{T}}$$

而对应的节点的虚位移为

$$\boldsymbol{d}^*=[u_1^*,v_1^*,u_2^*,v_2^*,u_3^*,v_3^*]^{\mathrm{T}}$$

按照静力等效的原则，有

$$\boldsymbol{d}^{*\mathrm{T}}\boldsymbol{F}=\boldsymbol{f}^{*\mathrm{T}}\boldsymbol{P}$$

将由式(3-92)得来的

$$\boldsymbol{f}^*=\boldsymbol{N}\boldsymbol{d}^*$$

代入，得到

$$\boldsymbol{d}^{*\mathrm{T}}\boldsymbol{F}=\boldsymbol{d}^{*\mathrm{T}}\boldsymbol{N}^{\mathrm{T}}\boldsymbol{P}$$

由于虚位移 $\boldsymbol{d}^*$ 是任意的，于是得

$$\boldsymbol{F}=\boldsymbol{N}^{\mathrm{T}}\boldsymbol{P} \tag{3-111}$$

如果上述单元受有分布的体力

$$\boldsymbol{q}=[q_x,q_y]^{\mathrm{T}}$$

可将微分体积 $\mathrm{d}V$ 上的体力 $\boldsymbol{q}\mathrm{d}V$ 视为集中载荷，于是有

$$\boldsymbol{F}=\iiint_V \boldsymbol{N}^{\mathrm{T}}\boldsymbol{q}\mathrm{d}V \tag{3-112}$$

如果在单元某部分边界 S_σ 上，受有分布的面力

$$\boldsymbol{P}=[P_x,P_y]^{\mathrm{T}}$$

同样可得

$$\boldsymbol{F}=\iint_{S_\sigma} \boldsymbol{N}^{\mathrm{T}}\boldsymbol{P}\mathrm{d}S \tag{3-113}$$

例 3-1 边长为 6 的等腰直角三角形 123，在重心 c 点作用有集中载荷(见图 3-13)

$$\boldsymbol{P}=[300,300]^{\mathrm{T}}$$

求与其静力等效的节点载荷 $\boldsymbol{F}=[F_{x1},F_{y1},F_{x2},F_{y2},F_{x3},F_{y3}]^{\mathrm{T}}$。

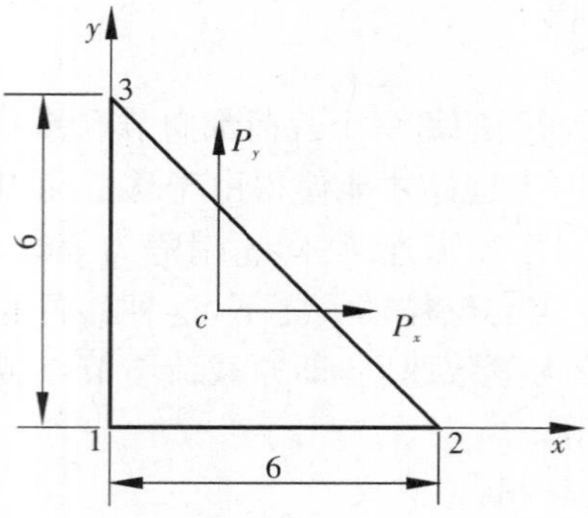

图 3-13 集中载荷

因为已知

$$x_1=0,\quad x_2=6,\quad x_3=0,\quad x_c=2$$
$$y_1=0,\quad y_2=0,\quad y_3=6,\quad y_c=2$$

由式(3-138)，得

$$a_1=36,\quad b_1=-6,\quad c_1=-6$$
$$a_2=0,\quad b_2=6,\quad c_2=0$$
$$a_3=0,\quad b_3=0,\quad c_3=6$$

由式(3-95)，得

$$A=18$$

由式(3-93)，得

$$N_1=(a_1+b_1x_c+c_1y_c)/2A=\frac{1}{3}$$
$$N_2=(a_2+b_2x_c+c_2y_c)/2A=\frac{1}{3}$$
$$N_3=(a_3+b_3x_c+c_3y_c)/2A=\frac{1}{3}$$

代入方程(3-111)，得

$$\boldsymbol{F}=\boldsymbol{N}(x_c,y_c)^{\mathrm{T}}\boldsymbol{P}$$

或展开成

$$\begin{Bmatrix}F_{x1}\\F_{y1}\end{Bmatrix}=\begin{bmatrix}N_1&0\\0&N_1\end{bmatrix}\begin{Bmatrix}P_x\\P_y\end{Bmatrix}=\begin{Bmatrix}100\\100\end{Bmatrix}\quad(1,2,3)$$

例 3-2 以如图 3-14 所示的简支梁为例，说明在结构分析中如何进行载荷移置。梁的长度为 l，抗弯刚度为 EI，在跨度中点 c 作用有集中力 P，且 $x_c=l/2$。

假定与真实载荷 P 静力等效的节点载荷为

$$\boldsymbol{F}=[F_{y1},M_{z1},F_{y2},M_{z2}]^{\mathrm{T}}$$

由式(3-37)知道，对应于载荷作用点 c 的形函数为

$$\boldsymbol{N}(x_c)=[1,x_c,x_c^2,x_c^3]\boldsymbol{A}^{-1}$$

再由载荷移置式(3-111)，可得等效节点载荷为

$$\boldsymbol{F}=\boldsymbol{N}(x_c)^{\mathrm{T}}P=\left[\frac{P}{2},\frac{Pl}{8},\frac{P}{2},-\frac{Pl}{8}\right]^{\mathrm{T}}$$

将约束去除，并代之以约束反力 R_1,R_2，或记为

$$\boldsymbol{R}=[R_1,0,R_2,0]^{\mathrm{T}}$$

于是得到与真实状态静力等效的状态，称之为“等效状态”，图 3-14 中表示了各载荷正方向及其符号规则。

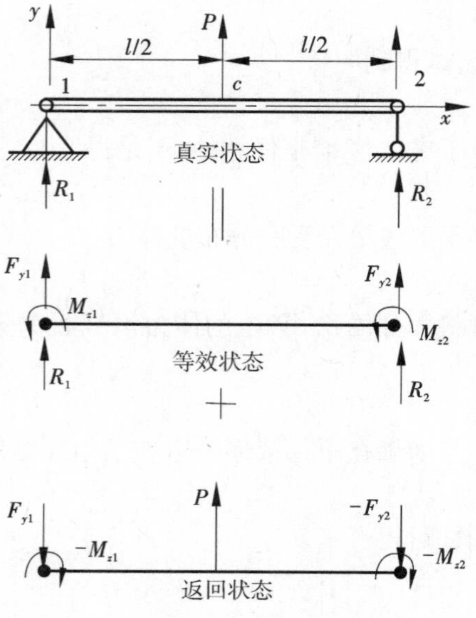

图 3-14 简支梁

按照式(3-39)列出平衡方程

$$\boldsymbol{K}_3\boldsymbol{d}_3 = \boldsymbol{F}+\boldsymbol{R} \tag{3-114}$$

或展开成

$$EI\begin{bmatrix} \frac{12}{l^3} & \frac{6}{l^2} & -\frac{12}{l^3} & \frac{6}{l^2} \\ \frac{6}{l^2} & \frac{4}{l} & -\frac{6}{l^2} & \frac{2}{l} \\ -\frac{12}{l^3} & -\frac{6}{l^2} & \frac{12}{l^3} & -\frac{6}{l^2} \\ \frac{6}{l^2} & \frac{2}{l} & -\frac{6}{l^2} & \frac{4}{l} \end{bmatrix}\begin{Bmatrix} v_1 \\ \theta_1 \\ v_2 \\ \theta_2 \end{Bmatrix}=\begin{Bmatrix} \frac{P}{2} \\ \frac{Pl}{8} \\ \frac{P}{2} \\ -\frac{Pl}{8} \end{Bmatrix}+\begin{Bmatrix} R_1 \\ 0 \\ R_2 \\ 0 \end{Bmatrix}$$

以位移边界条件

$$v_1 = v_2 = 0$$

代入，整理后得

$$\frac{EI}{l}\begin{bmatrix} 4 & 2 \\ 2 & 4 \end{bmatrix}\begin{Bmatrix} \theta_1 \\ \theta_2 \end{Bmatrix}=\begin{Bmatrix} \frac{Pl}{8} \\ -\frac{Pl}{8} \end{Bmatrix}$$

解上式，得

$$\theta_1 = \frac{Pl^2}{16EI},\quad \theta_2 =-\frac{Pl^2}{16EI}$$

其符号规则与节点载荷一致，即其矢量方向与坐标轴的正方向一致时为正，反之为负，注意到这个结果与材料力学的解是一致的。但有限元分析中的符号规则与材料力学中的规定是不同的。以

$$\boldsymbol{d}_3 = \left[0,\frac{Pl^2}{16EI},0,-\frac{Pl^2}{16EI}\right]^{\mathrm{T}}$$

代入式(3-114)，可得约束反力

$$\boldsymbol{R} = \boldsymbol{K}_3\boldsymbol{d}_3 - \boldsymbol{F} = \left[-\frac{P}{2},0,-\frac{P}{2},0\right]^{\mathrm{T}}$$

为了进一步分析梁的内力，对于本例这样的梁结构，仍可以引入一个“返回状态”，即由外载荷与其等效节点载荷组成的一个自相平衡状态，将它与“等效状态”叠加后，便可得到真实状态。以后的分析可以按照材料力学中的方法进行内力或应力分析。

从这样一个简单的例题中可以知道，按照静力等效原则将作用在单元上的载荷移置到节点上去后，采用有限元法进行结构分析，得到的位移一般是比较精确的，但是由此得到的内力(或应力)，一般来说是不够精确的。由于本例是梁系结构，可以引入一个自相平衡的“返回状态”来予以修正，故可得到精确的内力解，但对于大多数结构来讲，这样做将存在“解析”上的困难。

第六节　矩形薄板单元

一、薄板弯曲问题的有限元法

求解薄板弯曲问题时，如果薄板是等厚度、单跨、没有大孔口的，而且支承情况比较简单，

那么，由薄板理论可以用微分方程或变分法求解。对于工程中用到的多跨薄板和变厚度薄板，还可用差分法求解。至于受弹性梁柱支承的，或边界支承情况比较复杂的，或有大孔口的薄板，则解析法和差分法都无法解决，以往只能借助于模型试验。而现在用有限元法计算，这些复杂情况与简单情况相比，不会有什么新的困难。

在有限元法中，代替连续薄板的，是一些离散的四边形或三角形的薄板单元（如图 3-15 所示的矩形单元），它们只在节点处互相连接。由于相邻单元之间有法向力和力矩的传递，所以必须把节点当作刚接的。为了便于分析，每个单元所受的载荷仍然是按照静力等效的原则移置到节点上。对于这类板单元，以节点的广义位移

$$\boldsymbol{d}_i = [w_i, \theta_{xi}, \theta_{yi}]^{\mathrm{T}} \tag{3-115}$$

作为基本未知量，如图 3-15 所示的节点 i，线位移 w_i 以沿 z 轴正向为正，角位移则以按右手螺旋法则标出的矢量沿坐标正向的为正。而与广义位移对应的节点的广义力

$$\boldsymbol{F}_i = [F_{zi}, M_{xi}, M_{yi}]^{\mathrm{T}} \tag{3-116}$$

具有同样的符号规则。坐标平面 Oxy 放在板的中面上。

在这种坐标系及符号规则下，有几何关系

$$\theta_{xi} = \left(\frac{\partial w}{\partial y}\right)_i, \quad \theta_{yi} = -\left(\frac{\partial w}{\partial x}\right)_i \tag{3-117}$$

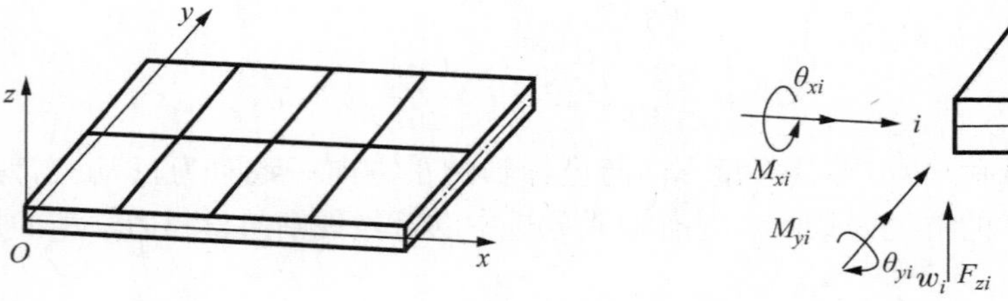

图 3-15　薄板的离散

二、位移模式

由薄板理论知道，当板上无中间载荷作用时，弹性曲面的挠曲方程是

$$D\nabla^2\nabla^2 w = q(x, y) \tag{3-118}$$

式中

$$\left.\begin{aligned} \nabla^2 &= \frac{\partial^2}{\partial x^2} + \frac{\partial^2}{\partial y^2} \\ D &= \frac{Et^3}{12(1-\nu^2)} \end{aligned}\right\} \tag{3-119}$$

t 是板的厚度。显然，挠度 w 是坐标 x，y 的三次函数。

观察如图 3-16 所示的矩形薄板单元，取板的中心作为坐标原点，图中标出了节点位移的正方向，节点力的正方向与其一致，分别表示成

$$\boldsymbol{d} = [w_1, \theta_{x1}, \theta_{y1}, w_2, \theta_{x2}, \theta_{y2}, w_3, \theta_{x3}, \theta_{y3}, w_4, \theta_{x4}, \theta_{y4}]^{\mathrm{T}} \tag{3-120}$$

$$\boldsymbol{F} = [F_{z1}, M_{x1}, M_{y1}, F_{z2}, M_{x2}, M_{y2}, F_{z3}, M_{x3}, M_{y3}, F_{z4}, M_{x4}, M_{y4}]^{\mathrm{T}} \tag{3-121}$$

现在，试取如下的位移模式：

$$w = \boldsymbol{Ta} \tag{3-122}$$

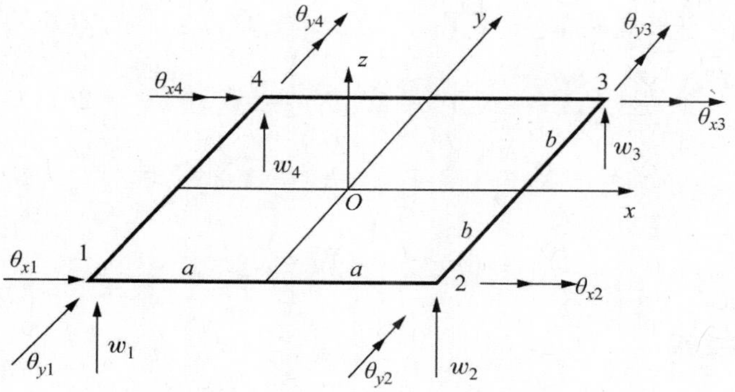

图 3-16 矩形薄板单元

其中

$$T=[1,x,y,x^2,xy,y^2,x^3,x^2y,xy^2,y^3,x^3y,xy^3]$$

$$a=[a_1,a_2,a_3,a_4,a_5,a_6,a_7,a_8,a_9,a_{10},a_{11},a_{12}]^{\mathrm{T}}$$

按照几何关系式(3-117),可以得到

$$\begin{Bmatrix} w \\ \theta_x \\ \theta_y \end{Bmatrix}=\begin{bmatrix} 1 & x & y & x^2 & xy & y^2 & x^3 & x^2y & xy^2 & y^3 & x^3y & xy^3 \\ 0 & 0 & 1 & 0 & x & 2y & 0 & x^2 & 2xy & 3y^2 & x^3 & 3xy^2 \\ 0 & -1 & 0 & -2x & -y & 0 & -3x^2 & -2xy & -y^2 & 0 & -3x^2y & -y^3 \end{bmatrix} a$$

记为

$$\bar{f}=\bar{T}a \tag{3-123}$$

以节点值

$$\begin{aligned} &x=-a, \quad y=-b, \quad w=w_1, \quad \theta_x=\theta_{x1}, \quad \theta_y=\theta_{y1} \\ &x=a, \quad y=-b, \quad w=w_2, \quad \theta_x=\theta_{x2}, \quad \theta_y=\theta_{y2} \\ &x=a, \quad y=b, \quad w=w_3, \quad \theta_x=\theta_{x3}, \quad \theta_y=\theta_{y3} \\ &x=-a, \quad y=b, \quad w=w_4, \quad \theta_x=\theta_{x4}, \quad \theta_y=\theta_{y4} \end{aligned}$$

代入式(3-123),得到

$$d=Aa$$

解得

$$a=A^{-1}d$$

代入式(3-122),得

$$w=TA^{-1}d=Nd \tag{3-124}$$

式中

$$N=TA^{-1}$$

称为插值函数,经过运算可得

$$N=[N_1,N_{x1},N_{y1},N_2,N_{x2},N_{y2},N_3,N_{x3},N_{y3},N_4,N_{x4},N_{y4}] \tag{3-125}$$

其中

$$[N_1,N_{x1},N_{y1}]=\frac{X_1Y_1}{16}[X_1Y_1-X_2Y_2+2X_1X_2+2Y_1Y_2, \quad 2bY_1Y_2, \quad -2aX_1X_2]$$

$$[N_2,N_{x2},N_{y2}]=\frac{X_2Y_1}{16}[X_2Y_1-X_1Y_2+2X_1X_2+2Y_1Y_2, \quad 2bY_1Y_2, \quad 2aX_1X_2]$$

$$[N_3, N_{x3}, N_{y3}] = \frac{X_2Y_2}{16}[X_2Y_2 - X_1Y_1 + 2X_1X_2 + 2Y_1Y_2,\quad -2bY_1Y_2,\quad 2aX_1X_2]$$

$$[N_4, N_{x4}, N_{y4}] = \frac{X_1Y_2}{16}[X_1Y_2 - X_2Y_1 + 2X_1X_2 + 2Y_1Y_2,\quad -2bY_1Y_2,\quad -2aX_1X_2]$$

$$X_1 = 1 - \frac{x}{a},\quad X_2 = 1 + \frac{x}{a}$$

$$Y_1 = 1 - \frac{y}{b},\quad Y_2 = 1 + \frac{y}{b}$$

三、应变-位移关系

根据基尔霍夫假定，薄板弯曲时的应变-位移关系是

$$\begin{Bmatrix} \varepsilon_x \\ \varepsilon_y \\ \gamma_{xy} \end{Bmatrix} = \begin{Bmatrix} -z\dfrac{\partial^2 w}{\partial x^2} \\ -z\dfrac{\partial^2 w}{\partial y^2} \\ -2z\dfrac{\partial^2 w}{\partial x \partial y} \end{Bmatrix} = z\begin{Bmatrix} -\dfrac{\partial^2}{\partial x^2} \\ -\dfrac{\partial^2}{\partial y^2} \\ -2\dfrac{\partial^2}{\partial x \partial y} \end{Bmatrix} w$$

记为

$$\boldsymbol{\varepsilon} = z\boldsymbol{L}w \tag{3-126}$$

式中，$\boldsymbol{L}$ 为微分算符，以式(3-124)代入，得

$$\boldsymbol{\varepsilon} = z\boldsymbol{L}\boldsymbol{N}\boldsymbol{d} = z\boldsymbol{B}\,\boldsymbol{d} \tag{3-127}$$

式中

$$\boldsymbol{B} = \boldsymbol{L}\boldsymbol{N} \tag{3-128}$$

称为位移映射矩阵，或称形变矩阵。

四、应力-应变关系

按照薄板理论，应力-应变关系为

$$\begin{Bmatrix} \sigma_x \\ \sigma_y \\ \tau_{xy} \end{Bmatrix} = \frac{E}{1-\nu^2}\begin{bmatrix} 1 & \nu & 0 \\ \nu & 1 & 0 \\ 0 & 0 & \dfrac{1-\nu}{2} \end{bmatrix}\begin{Bmatrix} \varepsilon_x \\ \varepsilon_y \\ \gamma_{xy} \end{Bmatrix}$$

记为

$$\boldsymbol{\sigma} = \boldsymbol{D}\boldsymbol{\varepsilon} \tag{3-129}$$

以式(3-128)代入，得

$$\boldsymbol{\sigma} = \boldsymbol{D}z\boldsymbol{B}\,\boldsymbol{d} \tag{3-130}$$

五、刚度矩阵和平衡方程

以式(3-127)、式(3-130)代入单元的总势能表达式中，可得

$$\Pi = \frac{1}{2}\boldsymbol{d}^{\mathrm{T}}\boldsymbol{K}\boldsymbol{d} - \boldsymbol{d}^{\mathrm{T}}\boldsymbol{F} \tag{3-131}$$

式中

$$\boldsymbol{K} = \iiint_V \boldsymbol{B}^{\mathrm{T}} z\boldsymbol{D}z\boldsymbol{B}\,\mathrm{d}x\mathrm{d}y\mathrm{d}z = \iint_S \boldsymbol{B}^{\mathrm{T}}\left(\int_{-t/2}^{t/2} z\boldsymbol{D}z\,\mathrm{d}z\right)\boldsymbol{B}\,\mathrm{d}x\mathrm{d}y = \iint_S \boldsymbol{B}^{\mathrm{T}}\boldsymbol{D}_{\mathrm{b}}\boldsymbol{B}\mathrm{d}x\mathrm{d}y \tag{3-132}$$

即为矩形薄板单元的刚度矩阵，其中

$$\boldsymbol{D}_{\mathrm{b}}=\frac{Et^3}{12(1-\nu^2)}\begin{bmatrix}1 & \nu & 0\\ \nu & 1 & 0\\ 0 & 0 & \dfrac{1-\nu}{2}\end{bmatrix} \tag{3-133}$$

称为弯曲弹性矩阵，再由极值条件

$$\delta \Pi = 0$$

可得单元节点平衡方程

$$\boldsymbol{Kd}-\boldsymbol{F}=0 \tag{3-134}$$

单元刚度矩阵的显式，可以用目前常见的 Matlab 等软件方便地求出。

六、内力

在土建工程中往往需要知道板的内力

$$\boldsymbol{M}=[M_x, M_y, M_{xy}]^{\mathrm{T}} \tag{3-135}$$

式中，M_x，M_y，M_{xy} 分别表示单位宽度上的弯矩和扭矩，它可以由应力分量确定为

$$\boldsymbol{M}=\int_{-t/2}^{t/2}\boldsymbol{\sigma} z\,\mathrm{d}z \tag{3-136}$$

以式(3-130)代入，可得到以节点位移表示的内力

$$\boldsymbol{M}=\boldsymbol{D}_{\mathrm{b}}\boldsymbol{Bd} \tag{3-137}$$

七、载荷移置

设有法向集中载荷作用在单元 1234 上的任意一点 $M(x, y)$，如图 3-17 所示。根据式(3-111)，可以得到等效节点载荷

$$\boldsymbol{F}=\boldsymbol{N}^{\mathrm{T}}(x, y)P \tag{3-138}$$

式中，$\boldsymbol{N}(x, y)$ 由式(3-125)确定。

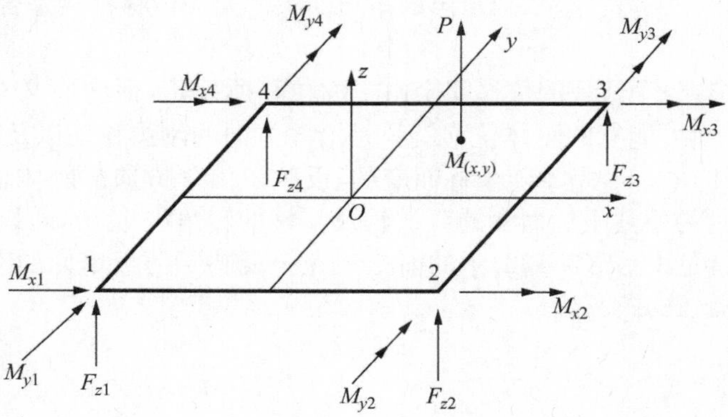

图 3-17 载荷移置

当载荷 P 作用在单元中心时，即 $x=y=0$，则有

$$\boldsymbol{F}=P\left[\frac{1}{4},\frac{b}{8},-\frac{a}{8},\frac{1}{4},\frac{b}{8},\frac{a}{8},\frac{1}{4},-\frac{b}{8},\frac{a}{8},\frac{1}{4},-\frac{b}{8},-\frac{a}{8}\right]^{\mathrm{T}} \tag{3-139}$$

各分量的正方向如图3-17所示。在这里，移置到节点的载荷中，除了法向力以外，还有力矩。但是，这些力矩随着 a 和 b 的减小而减小，在较小的单元中，它们对位移及内力的影响将远小于法向力的影响。因此，在实际计算时，可以将力矩载荷略去不计，于是有

$$\boldsymbol{F} = P\left[\frac{1}{4},0,0,\frac{1}{4},0,0,\frac{1}{4},0,0,\frac{1}{4},0,0\right]^{\mathrm{T}} \tag{3-140}$$

如果单元1234受有分布的法向载荷，它在任意一点 (x,y) 处的集度为 q，于是有

$$\boldsymbol{F} = \iint \boldsymbol{N}^{\mathrm{T}} q\mathrm{d}x\mathrm{d}y \tag{3-141}$$

当载荷为均匀分布时，$q=q_0$ 为常量，由上式得

$$\boldsymbol{F} = q_0\int_{-a}^{a}\int_{-b}^{b}\boldsymbol{N}^{\mathrm{T}}\mathrm{d}x\mathrm{d}y$$

以式(3-125)代入后，对每个元素进行积分，可得

$$\boldsymbol{F} = 4q_0 ab\left[\frac{1}{4},\frac{b}{12},-\frac{a}{12},\frac{1}{4},\frac{b}{12},\frac{a}{12},\frac{1}{4},-\frac{b}{12},\frac{a}{12},\frac{1}{4},-\frac{b}{12},-\frac{a}{12}\right]^{\mathrm{T}} \tag{3-142}$$

同样，在实际计算时如果单元较小，可将上式简化成

$$\boldsymbol{F} = 4q_0 ab\left[\frac{1}{4},0,0,\frac{1}{4},0,0,\frac{1}{4},0,0,\frac{1}{4},0,0,\frac{1}{4},0,0\right]^{\mathrm{T}}$$

如果单元受有在 x 方向按线性变化的法向载荷，在1、4处为零，在2、3处为 q_1，即

$$q = \frac{q_1}{2}\left(1+\frac{x}{a}\right)$$

于是由式(3-141)得

$$\boldsymbol{F} = \frac{q_1}{2}\iint \boldsymbol{N}^{\mathrm{T}}\left(1+\frac{x}{a}\right)\mathrm{d}x\mathrm{d}y \tag{3-143}$$

将式(3-125)代入进行积分，并略去节点力矩载荷，有

$$\boldsymbol{F} = 2q_1 ab\left[\frac{3}{20},0,0,\frac{7}{20},0,0,\frac{7}{20},0,0,\frac{3}{20},0,0\right]^{\mathrm{T}} \tag{3-144}$$

八、收敛性的判别

现在我们来分析一下，式(3-124)给出的矩形薄板单元的位移模式是否符合收敛性的充分和必要条件。

由薄板理论知道，整个薄板的位移完全由中面位移所确定，而中面又只有 z 方向的位移，即挠度 w。因此，中面可能有的刚体位移就只是沿 z 方向的刚体移动以及绕 x 轴和 y 轴的刚体转动。在式(3-122)中，a_1 是不随坐标而变的，反映了沿 z 方向的刚体移动。由式(3-117)可知，$-a_2$ 及 a_3 分别为不随坐标而变的绕 x 轴及 y 轴的转角 θ_y 及 θ_x，所以它们就代表薄板单元的刚体转动。这就是说，式(3-122)中的前三项完全反映了薄板单元的刚体位移。由此，将应变-位移关系式(3-126)改写为

$$\boldsymbol{\varepsilon} = z\boldsymbol{G} \tag{3-145}$$

式中

$$\boldsymbol{G} = \begin{Bmatrix} -\dfrac{\partial^2 w}{\partial x^2} \\ -\dfrac{\partial^2 w}{\partial y^2} \\ -2\dfrac{\partial^2 w}{\partial x\partial y} \end{Bmatrix} \tag{3-146}$$

称为薄板的形变，它可以完全确定薄板内所有各点的应变状态。以式(3-122)代入上式，有

$$\boldsymbol{G}=\begin{Bmatrix}-2a_4+\cdots\cdots\\-2a_6+\cdots\cdots\\-2a_5+\cdots\cdots\end{Bmatrix}$$

这就是说，式(3-122)中的三个二次式的项完全反映了常量的应变。于是可见，解答的收敛性的必要条件是满足的。现在我们来考察相邻单元间的位移连续条件。

将应力-应变关系式(3-129)以及应变-位移关系式(3-126)代入板的总势能表达式，

$$\Pi=\frac{1}{2}\iiint_V\boldsymbol{\varepsilon}^{\mathrm{T}}\boldsymbol{\sigma}\,\mathrm{d}V-\iint_S qw\,\mathrm{d}S$$

可以得到以位移函数表示的总势能泛函：

$$\Pi=\iint_S\left\{\frac{D}{2}\left[\left(\frac{\partial^2 w}{\partial x^2}\right)^2+2\nu\left(\frac{\partial^2 w}{\partial x^2}+\frac{\partial^2 w}{\partial y^2}\right)+\left(\frac{\partial^2 w}{\partial y^2}\right)^2+2(1-\nu)\left(\frac{\partial^2 w}{\partial x\partial y}\right)^2\right]-qw\right\}\mathrm{d}x\mathrm{d}y \tag{3-147}$$

其中，w 的导数的最高阶次是 2，因此位移的连续性在这里是指 w 及其一阶导数的连续，属于 C_1 问题。

以图 3-16 中的 1—2 边($y=-b$)为例，因为 y 是常量，w 是 x 的三次式，可表示成

$$w=A_1+A_2x+A_3x^2+A_4x^3 \tag{3-148}$$

所以条件

$$x=-a,\quad w=w_1,\quad \theta_y=\theta_{y1}=-\left(\frac{\partial w}{\partial x}\right)_1$$

$$x=a,\quad w=w_2,\quad \theta_y=\theta_{y2}=-\left(\frac{\partial w}{\partial x}\right)_2$$

可以完全确定式(3-148)中的四个常数 $A_1\sim A_4$，两个单元间的这个边界成为完全相同的一条三次曲线，因而保证了这两个单元之间的挠度及转角 θ_y 的连续。

另一方面，在 1—2 这个边界上，由于 $\theta_x=\dfrac{\partial w}{\partial y}$ 也是三次式，可表示成

$$\theta_x=\frac{\partial w}{\partial y}=B_1+B_2x+B_3x^2+B_4x^3 \tag{3-149}$$

也需要四个条件才可以完全确定它。可是，现在只有

$$\theta_{x1}=\left(\frac{\partial w}{\partial y}\right)_1,\quad \theta_{x2}=\left(\frac{\partial w}{\partial y}\right)_2$$

两个数量可以部分地限制它，而不能完全确定它。因此，在 1—2 两边的相邻单元并不是在整个共同边界上都具有相同的转角 θ_x，而具有差异。

这种不完全满足连续条件的单元，通常称为“部分协调单元”，或“不(完全)协调单元”。但是，已有的实际计算结果证明：当单元逐步取小的时候，一般情况下解答还是能够收敛于正确解的。

九、举例

用矩形薄板单元计算薄板弯曲问题，由于采用了较高次的位移模式，收敛情况是很好的。

1. 边界支承的薄板

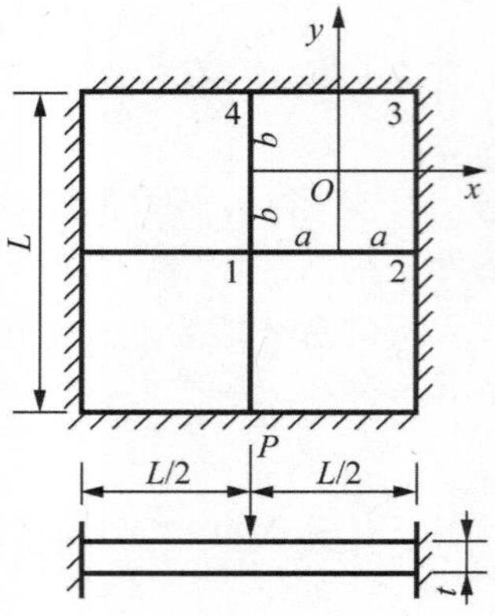

图 3-18 边界支承的薄板

设有四边固定的正方形薄板，在中点受集中载荷 P，如图 3-18所示。由于对称，取四分之一板进行计算，采用 2×2 的网格计算。根据对称性的条件，只有一个基本未知量，即板中心 1 点处的挠度 w_1，由节点平衡方程(3-134)，可得到与 w_1 对应的方程为

$$K_{11}\cdot w_1 = -P/4$$

解得

$$w_1 = -0.00592PL^2/D$$

式中，D 为由式(3-119)定义的薄板刚度。再由式(3-137)计算出边界点 2 处的内力为

$$(M_x)_2 = 0.142P$$

与级数解 $0.126P$ 相差约 13%。

对四边固定及四边简支，受均布载荷 q 或中心集中载荷 p 的正方形薄板，取 $\nu=0.3$，用矩形单元算出的最大挠度 w_{max} 如表 3-1 所示。表中 L 是薄板的边长，D 是薄板的弯曲刚度。由表可见，收敛情况是良好的。

表 3-1 边界支承的正方形薄板的最大挠度

1/4 板的单元数	1/4 板的节点数	四边固定		四边简支	
		均布载荷	集中载荷	均布载荷	集中载荷
		$w_{max}/(qL^4/D)$	$w_{max}/(pL^2/D)$	$w_{max}/(qL^4/D)$	$w_{max}/(pL^2/D)$
2×2	9	0.00148	0.00592	0.00345	0.0138
4×4	25	0.00140	0.00613	0.00394	0.0123
8×8	81	0.00130	0.00580	0.00403	0.0118
12×12	169	0.00128	0.00571	0.00405	0.0117
16×16	289	0.00127	0.00567	0.00406	0.0116
级数解		0.00126	0.00560	0.00406	0.0116

2. 在角点支承的薄板

对于在角点支承的薄板，由于靠近角点处的应力集中，不容易求得精确解答。即使对于这种薄板，用有限元法求解时，仍然可以用较疏的网格而得出较好的结果。表 3-2 中给出的是均布载荷作用下四角点支承的正方形薄板的挠度及弯矩。表中 L 是边长，D 是弯曲刚度。

表 3-2 角点支承的正方形薄板的挠度和弯矩

1/4 板的单元数	边界中点		薄板中心	
	均布载荷	集中载荷	均布载荷	集中载荷
	$w/(qL^4/D)$	M/pL^2	$w/(qL^4/D)$	M/pL^2
2×2	0.0126	0.139	0.0176	0.095
4×4	0.0165	0.149	0.0232	0.108
6×6	0.0173	0.150	0.0244	0.109
级数解	0.0170	0.140	0.0265	0.109

第七节　三角形薄壳单元

对于薄壳问题，不同的文献往往在不同的假设之下给出不同的基本方程和边界条件，从而导致不同的解答。对于某些较复杂的问题，不同解答之间的差异还是不小的。这就往往使得设计人员在计算时无所适从。另一方面，数学公式之复杂冗长，特殊函数之种类繁多，也使得设计人员望而生畏。在有限元法中，上述两方面的困难是可以消除的。这是因为，有限元法无须借助于复杂的数学公式和特殊函数。而且，过去对薄壳所做的各种不同的假定，可以用一个统一的假定来代替：一个单曲度或双曲度的薄壳，可以用薄板单元组成的一个单向或双向折板来代替。按照常识判断，当单元的尺寸逐步取小的时候，这个折板的解答似乎可以收敛于薄壳的精确解。但是，到目前为止，特别是对于双曲薄壳，这个收敛性尚未被充分证明。

对于具有正交边界的柱面薄壳，可以采用矩形薄壳单元；对于一般的双曲薄壳以及具有斜边界或曲线边界的壳体，为了适应边界的形状，大多采用三角形薄壳单元。这种单元的应力状态，就是薄壳理论中所述的平面应力与弯扭应力的组合。也就是说，当薄板受有一般载荷时，可将每一个载荷分解成两个分载荷：一个作用在薄板中面之内，另一个垂直于中面。这样就得出两组载荷：一组载荷作用在中面之内，可以认为是沿薄板厚度均匀分布的，可按平面应力问题求出主要应力分量，记为

$$\boldsymbol{\sigma}_{\mathrm{p}} = [\sigma_x^{\mathrm{p}}, \sigma_y^{\mathrm{p}}, \tau_{xy}^{\mathrm{p}}]^{\mathrm{T}} \tag{3-150}$$

而另一组载荷垂直于中面，可按薄板弯曲面问题求出主要应力分量，记为

$$\boldsymbol{\sigma}_{\mathrm{b}} = [\sigma_x^{\mathrm{b}}, \sigma_y^{\mathrm{b}}, \tau_{xy}^{\mathrm{b}}]^{\mathrm{T}} \tag{3-151}$$

然后，将两组应力分量相叠加，就得到组合应力分量，即

$$\boldsymbol{\sigma} = \boldsymbol{\sigma}_{\mathrm{p}} + \boldsymbol{\sigma}_{\mathrm{b}} \tag{3-152}$$

我们把承受中面内载荷的单元称为平面应力单元，或简称平面单元；把承受垂直中面载荷的单元，称为薄板单元；而把同时承受中面内载荷及垂直中面载荷的单元称为薄壳单元。

一、面积坐标

在如图 3-19 所示的三角形中，任意一点 $P(x,y)$ 的位置，也可以用如下的三个比值来确定：

$$\begin{aligned} L_1 &= A_1/A \\ L_2 &= A_2/A \\ L_3 &= A_3/A \end{aligned} \tag{3-153}$$

式中，A 为三角形 123 的面积；A_1，A_2，A_3 分别为三角形 $P23$，$P31$，$P12$ 的面积。这三个比值就称为 P 点的面积坐标。注意，三个面积坐标并不是互相独立的，由于

$$A_1 + A_2 + A_3 = A$$

所以由式(3-153)可知有关系式

$$L_1 + L_2 + L_3 = 1$$

这里所引用的面积坐标，只限于用在一个三角形单

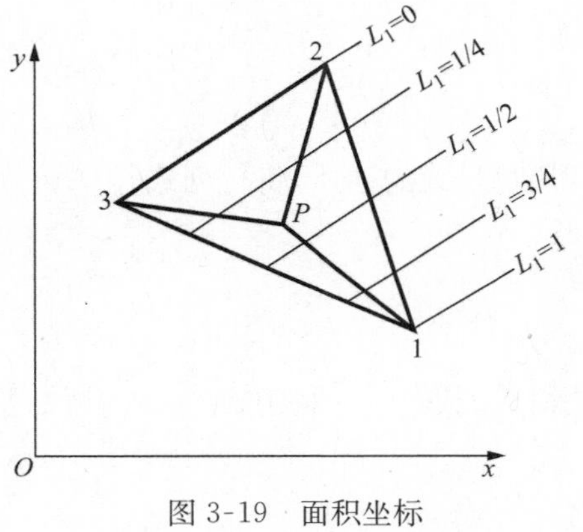

图 3-19　面积坐标

元之内，在该三角形之外并没有定义，因而是一种所谓的局部坐标。与此相反，以前所用的直角坐标 x 和 y，则是一种所谓的整体坐标，它通用于所有单元的总体。

根据面积坐标的定义，在图 3-19 中不难看出，在平行于 $\overline{23}$ 边的一根直线上的所有各点，都具有相向的 L_1 坐标，而且这个坐标就等于"该直线至 $\overline{23}$ 边的距离"与"节点 1 至 $\overline{23}$ 边的距离"的比值。图中示出 L_1 的一些等值线。同时也极易看出，三个节点的面积坐标是

$$\left.\begin{array}{ll}\text{节点 1:} & L_1 = 1,\quad L_2 = 0,\quad L_3 = 0\\ \text{节点 2:} & L_1 = 0,\quad L_2 = 1,\quad L_3 = 0\\ \text{节点 3:} & L_1 = 0,\quad L_2 = 0,\quad L_3 = 1\end{array}\right\} \tag{3-154}$$

现在来导出面积坐标与直角坐标之间的关系。三角形 $P13$，$P32$，$P12$ 的面积是

$$A_1 = \frac{1}{2}\begin{vmatrix}1 & x & y\\ 1 & x_2 & y_2\\ 1 & x_3 & y_3\end{vmatrix}\quad (1,2,3)$$

或展开成

$$A_1 = \frac{1}{2}[(x_2y_3 - y_2x_3) + x(y_2 - y_3) + y(x_3 - x_2)]\quad (1,2,3) \tag{3-155}$$

采用式(3-94)定义的记号，则上式成为

$$A_1 = \frac{1}{2}(a_1 + b_1x + c_1y)\quad (1,2,3) \tag{3-156}$$

代入式(3-153)，即得用直角坐标表示面积坐标的关系式

$$\left.\begin{aligned}L_1 &= (a_1 + b_1x + c_1y)/2A\\ L_2 &= (a_1 + b_2x + c_2y)/2A\\ L_3 &= (a_3 + b_3x + c_3y)/2A\end{aligned}\right\} \tag{3-157}$$

将上式与式(3-93)对比，可见平面三角形单元中的形函数 $N_i = L_i(i=1,2,3)$。上式还可以用矩阵表示成为

$$\begin{Bmatrix}L_1\\ L_2\\ L_3\end{Bmatrix} = \frac{1}{2A}\begin{bmatrix}a_1 & b_1 & c_1\\ a_2 & b_2 & c_2\\ a_3 & b_3 & c_3\end{bmatrix}\begin{Bmatrix}1\\ x\\ y\end{Bmatrix} \tag{3-158}$$

将式(3-157)中的三式分别乘以 x_1，x_2，x_3，然后相加，整理后得

$$x_1L_1 + x_2L_2 + x_3L_3 = \frac{1}{2A}[(a_1x_1 + a_2x_2 + a_3x_3) + (b_1x_1 + b_2x_2 + b_3x_3)x + (c_1x_1 + c_2x_2 + c_3x_3)y] \tag{3-159}$$

利用行列式的性质，将行列式

$$\begin{vmatrix}1 & x_1 & y_1\\ 1 & x_2 & y_2\\ 1 & x_3 & y_3\end{vmatrix}$$

按第二列展开，并利用式(3-94)定义的记号，有

$$b_1x_1 + b_2x_2 + b_3x_3 = 2A$$

将行列式

$$\begin{vmatrix} x_1 & x_1 & y_1 \\ x_2 & x_2 & y_2 \\ x_3 & x_3 & y_3 \end{vmatrix};\begin{vmatrix} 1 & x_1 & x_1 \\ 1 & x_2 & x_2 \\ 1 & x_3 & x_3 \end{vmatrix}$$

分别按第一、第三列展开有

$$a_1x_1 + a_2x_2 + a_3x_3 = 0$$
$$c_1x_1 + c_2x_2 + c_3x_3 = 0$$

于是式(3-159)变为

$$x_1L_1 + x_2L_2 + x_3L_3 = x$$

同样可以证明

$$y_1L_1 + y_2L_2 + y_3L_3 = y$$

于是得出用面积坐标表示直角坐标的关系式

$$\left.\begin{aligned} x &= x_1L_1 + x_2L_2 + x_3L_3 \\ y &= y_1L_1 + y_2L_2 + y_3L_3 \end{aligned}\right\} \tag{3-160}$$

关系式(3-154)及式(3-160)也可合并用矩阵表示成

$$\begin{Bmatrix} 1 \\ x \\ y \end{Bmatrix} = \begin{bmatrix} 1 & 1 & 1 \\ x_1 & x_2 & x_3 \\ y_1 & y_2 & y_3 \end{bmatrix}\begin{Bmatrix} L_1 \\ L_2 \\ L_3 \end{Bmatrix} \tag{3-161}$$

将面积坐标的函数对直角坐标求导时,可应用下列公式

$$\left.\begin{aligned} \frac{\partial}{\partial x} &= \frac{\partial L_1}{\partial x}\frac{\partial}{\partial L_1} + \frac{\partial L_2}{\partial x}\frac{\partial}{\partial L_2} + \frac{\partial L_3}{\partial x}\frac{\partial}{\partial L_3} = \frac{b_1}{2A}\frac{\partial}{\partial L_1} + \frac{b_2}{2A}\frac{\partial}{\partial L_2} + \frac{b_3}{2A}\frac{\partial}{\partial L_3} \\ \frac{\partial}{\partial y} &= \frac{\partial L_1}{\partial y}\frac{\partial}{\partial L_1} + \frac{\partial L_2}{\partial y}\frac{\partial}{\partial L_2} + \frac{\partial L_3}{\partial y}\frac{\partial}{\partial L_3} = \frac{c_1}{2A}\frac{\partial}{\partial L_1} + \frac{c_2}{2A}\frac{\partial}{\partial L_2} + \frac{c_3}{2A}\frac{\partial}{\partial L_3} \end{aligned}\right\} \tag{3-162}$$

对面积坐标的幂函数在三角形单元上积分时,有

$$\iint_A L_1^a L_2^b L_3^c \,\mathrm{d}x\mathrm{d}y = \frac{a!b!c!}{(a+b+c+2)!}2A \tag{3-163}$$

对面积坐标的幂函数在三角形某一边上积分时,有

$$\iint_l L_1^a L_2^b \,\mathrm{d}S = \frac{a!b!}{(a+b+1)!}l \quad (1,2,3) \tag{3-164}$$

其中,l 为该边的长度。

二、三角形薄板单元

比较普遍采用的三角形薄板单元,就是具有三个节点的单元,如图 3-20 所示的 123。与矩形薄板单元一样,取为基本未知量的,是该单元在三个节点处的挠度与转角,记为

$$\boldsymbol{d} = [w_1, \theta_{x1}, \theta_{y1}, w_2, \theta_{x2}, \theta_{y2}, w_3, \theta_{x3}, \theta_{y3}]^{\mathrm{T}} \tag{3-165}$$

与它对应的节点载荷为

$$\boldsymbol{F} = [F_{z1}, M_{x1}, M_{y1}, F_{z2}, M_{x2}, M_{y2}, F_{z3}, M_{x3}, M_{y3}]^{\mathrm{T}} \tag{3-166}$$

其符号规则与矩形薄板单元一致,图 3-20 中标出了位移正向。这样,所取的位移模式应包含有 9 个参数,试考察 x 和 y 的完整三次式

$$w = a_1 + a_2x + a_3y + a_4x^2 + a_5xy + a_6y^2 + a_7x^3 + a_8x^2y + a_9xy^2 + a_{10}y^3 \tag{3-167}$$

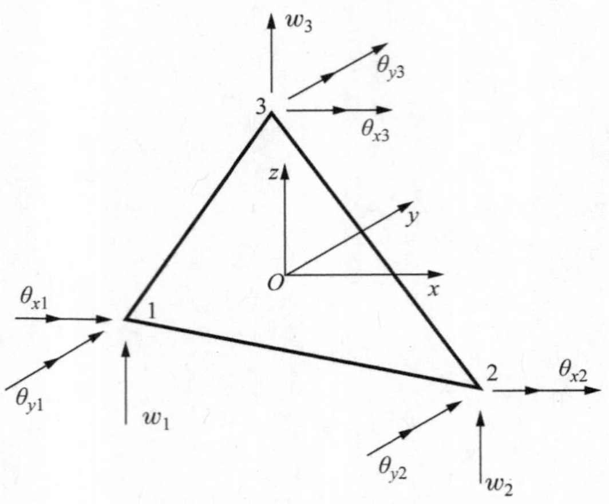

图 3-20 三角形薄板单元

式中的前三项反映刚体位移，次三项反映常量应变，都必须保存，以满足收敛性的必要条件。为了减少 1 个独立项，即减少 1 个参数，以适应自由度的数目，只能在 4 个三次项中进行考虑。如果把任何一个三次项删去，则位移模式将失去 x 与 y 的对等性，引起计算上的很大不便。曾有人尝试将 x^2y 项与 xy^2 项合并，把位移模式取为

$$w = a_1 + a_2x + a_3y + a_4x^2 + a_5xy + a_6y^2 + a_7x^3 + a_8(x^2y + xy^2) + a_9y^3 \tag{3-168}$$

但是，这样又产生更大的问题：在某些情况下，求解系数 $a_1 \sim a_9$ 将成为不可能，因为取为基本未知量的 9 个节点位移将不是互相独立的。采用面积坐标可以解决这个问题。

将位移模式取为

$$w = \boldsymbol{Nd} \tag{3-169}$$

式中，形函数

$$\boldsymbol{N} = [N_1, N_{x1}, N_{y1}, N_2, N_{x2}, N_{y2}, N_3, N_{x3}, N_{y3}]^{\mathrm{T}} \tag{3-170}$$

其中

$$\left.\begin{aligned} N_1 &= L_1 + L_1^2L_2 + L_1^2L_3 - L_1L_2^2 - L_1L_3^2 \\ N_{x1} &= b_2L_1^2L_3 - b_3L_1^2L_3 + \frac{1}{2}(b_2 - b_3)L_1L_2L_3 \quad (1,2,3) \\ N_{y1} &= c_2L_1^2L_3 - c_3L_1^2L_3 + \frac{1}{2}(c_2 - c_3)L_1L_2L_3 \end{aligned}\right\} \tag{3-171}$$

经过与矩形薄板单元类似的推导，可以得出如下结果。单元内的应变分量为

$$\boldsymbol{\varepsilon} = z\boldsymbol{Bd} \tag{3-172}$$

其中

$$\boldsymbol{B} = \begin{Bmatrix} -\dfrac{\partial^2}{\partial x^2} \\ -\dfrac{\partial^2}{\partial y^2} \\ -2\,\dfrac{\partial^2}{\partial x \partial y} \end{Bmatrix} \boldsymbol{N} \tag{3-173}$$

单元的应力分量

$$\boldsymbol{\sigma} = \boldsymbol{D}z\boldsymbol{Bd} \tag{3-174}$$

式中，弹性矩阵 $\boldsymbol{D}$ 由式(3-129)定义。

单元的内力为

$$\boldsymbol{M} = \boldsymbol{Sd} \tag{3-175}$$

其中内力矩阵 $\boldsymbol{S}$ 可用 4 个矩阵的乘积来表示：

$$\boldsymbol{S} = \frac{1}{4A^3}\boldsymbol{D}_{\mathrm{b}}\boldsymbol{HCT} \tag{3-176}$$

式中,A 为三角形 123 的面积;$\boldsymbol{D}_\mathrm{b}$ 为弹性矩阵,由式(3-133)定义。如果将坐标原点放在三角形 123 的形心,则有

$$\boldsymbol{H}=\begin{bmatrix}1 & 0 & 0 & 3x & y & 0 & 0\\ 0 & 0 & 1 & 0 & 0 & x & 3y\\ 0 & 1 & 0 & 0 & 2x & 2y & 0\end{bmatrix} \tag{3-177}$$

$$\boldsymbol{T}=\frac{1}{2A}\begin{bmatrix}-c_1 & 2A & 0 & -c_2 & 0 & 0 & -c_3 & 0 & 0\\ b_1 & 0 & 2A & b_2 & 0 & 0 & b_3 & 0 & 0\\ -c_1 & 0 & 0 & -c_2 & 2A & 0 & -c_3 & 0 & 0\\ b_1 & 0 & 0 & b_2 & 0 & 2A & b_3 & 0 & 0\\ -c_1 & 0 & 0 & -c_2 & 0 & 0 & -c_3 & 2A & 0\\ b_1 & 0 & 0 & b_2 & 0 & 0 & b_3 & 0 & 2A\end{bmatrix} \tag{3-178}$$

矩阵 $\boldsymbol{C}$ 是由 6 个列阵组成的

$$\boldsymbol{c}=[\boldsymbol{c}_{x1},\boldsymbol{c}_{y1},\boldsymbol{c}_{x2},\boldsymbol{c}_{y2},\boldsymbol{c}_{x3},\boldsymbol{c}_{y3}] \tag{3-179}$$

其中

$$\left.\begin{aligned}\boldsymbol{c}_{x1}&=[c'_{x1},c'_{x2},\cdots,c'_{x7}]^\mathrm{T}\\ \boldsymbol{c}_{y1}&=[c'_{y1},c'_{y2},\cdots,c'_{y7}]^\mathrm{T}\end{aligned}\right\}\quad(1,2,3)$$

$$\left.\begin{aligned}c'_{xi}&=x'_l b_3-y'_l b_2+E_l F'\\ c'_{yl}&=x'_l c_3-y'l c_2+E_l G'\end{aligned}\right\}\quad(1,2,3)(l=1,2,\cdots,7)$$

$$\begin{aligned}
x'_1&=\frac{2}{3}A(b_1^2+2b_1b_2), & y'_1&=\frac{2}{3}A(b_1^2+2b_1b_3)\\
x'_2&=\frac{4}{3}A(b_1c_1+b_2c_1+b_1c_2), & y'_2&=\frac{4}{3}A(b_1c_1+b_3c_1+b_1c_3)\\
x'_3&=\frac{2}{3}A(c_1^2+2c_1c_2), & y'_3&=\frac{2}{3}A(c_1^2+2c_1c_3)\\
x'_4&=b_1^2b_2, & y'_4&=b_1^2b_3\\
x'_5&=2b_1c_1b_2+b_1^2c_2, & y'_5&=2b_1c_1b_3+b_1^2c_3\\
x'_6&=c_1^2b_2+2b_1c_1c_2, & y'_6&=c_1^2b_3+2b_1c_1c_3\\
x'_7&=c_1^2c_2, & y'_7&=c_1^2c_3\\
F'&=(b_3-b_2)/2, & G'&=(c_3-c_2)/2
\end{aligned} \quad (1,2,3)$$

$$\begin{aligned}
E_1&=\frac{2}{3}A(b_1b_2+b_2b_3+b_3b_1)\\
E_2&=\frac{2}{3}A(c_1b_2+b_1c_2+c_2b_3+b_2c_3+c_3b_1+b_3c_1)\\
E_3&=\frac{2}{3}A(c_1c_2+c_2c_3+c_3c_1)\\
E_4&=b_1b_2b_3\\
E_5&=c_1b_2b_3+c_2b_3b_1+c_3b_1b_2\\
E_6&=c_1c_2b_3+c_2c_3b_1+c_3c_1b_2\\
E_7&=c_1c_2c_3
\end{aligned}$$

单元刚度矩阵也可表示成如下的矩阵乘积：

$$\boldsymbol{K}=\frac{1}{64A^5}\boldsymbol{T}^{\mathrm{T}}\boldsymbol{C}^{\mathrm{T}}\boldsymbol{I}\boldsymbol{C}\boldsymbol{T} \tag{3-180}$$

其中

$$\boldsymbol{I}=\frac{Et^3}{3(1-\nu^2)}\begin{bmatrix}1 & 0 & \nu & 0 & 0 & 0 & 0\\ 0 & \frac{1-\nu}{2} & 0 & 0 & 0 & 0 & 0\\ \nu & 0 & 1 & 0 & 0 & 0 & 0\\ 0 & 0 & 0 & 9I_1 & 3I_3 & 3\nu I_1 & 9\nu I_3\\ 0 & 0 & 0 & 3I_3 & I_2+2(1-\nu)I_1 & (2-\nu)I_3 & 3\nu I_2\\ 0 & 0 & 0 & 3\nu I_1 & (2-\nu)I_3 & I_1+(2-\nu)I_2 & 3I_3\\ 0 & 0 & 0 & 9\nu I_3 & 3\nu I_2 & 3\nu I_3 & 9I_2\end{bmatrix}$$

式中

$$I_1=\frac{1}{12}(x_1^2+x_2^2+x_3^2)$$

$$I_2=\frac{1}{12}(y_1^2+y_2^2+y_3^2)$$

$$I_3=\frac{1}{12}(x_1y_1+x_2y_2+x_3y_3)$$

当法向集中载荷 P 作用在单元上任意一点(x,y)时，等效节点载荷仍然可以表示成

$$\boldsymbol{F}=\boldsymbol{N}^{\mathrm{T}}P \tag{3-181}$$

当单元上受有均布法向载荷 q_0 时，有

$$\boldsymbol{F}=q_0\iint_A\boldsymbol{N}^{\mathrm{T}}\mathrm{d}x\mathrm{d}y \tag{3-182}$$

将式(3-170)代入，并利用式(3-163)对各个元素进行积分，得到

$$\boldsymbol{F}=q_0A\left[\frac{1}{3},\frac{b_2-b_3}{24},\frac{c_2-c_3}{24},\frac{1}{3},\frac{b_3-b_1}{24},\frac{c_3-c_1}{24},\frac{1}{3},\frac{b_1-b_2}{24},\frac{c_1-c_2}{24}\right]^{\mathrm{T}} \tag{3-183}$$

可以证明式(3-169)所示的位移模式能满足解答收敛性的必要条件，因为其中包含了常数项，x 和 y 的一次项和二次项，从而反映了薄板单元的刚体位移以及常量应变。还可以看出，在相邻单元之间，挠度是连续的，但法向的斜率(绕公共边的转角)是不保证连续的。实际计算表明，这种三角形薄板单元的收敛情况和精度虽然不如矩形单元，但也是令人满意的。

以四边简支的正方形薄板为例，如果采用同样数目的节点(但三角形单元的数目两倍于矩形单元的数目)，算出的最大挠度 $w_{\max}$ 如表 3-3 所示。

表 3-3　四边简支正方形薄板的最大挠度

网　格	节点数	$w_{\max}/(qL^4/D)$		
		三角形单元	矩形单元	级数解
4×4	25	0.004 25	0.003 94	
8×8	81	0.004 15	0.004 03	0.004 06
16×16	289	0.004 10	0.004 06	

三、三角形薄壳单元

只需把第四节中导出来的三角形平面应力单元，以及本节所给出的三角形薄板单元组合在一起，就可以得到三角形薄壳单元，把平面应力部分的单元平衡方程式(3-107)记为

$$\boldsymbol{K}_{\mathrm{p}}\boldsymbol{d}_{\mathrm{p}} = \boldsymbol{F}_{\mathrm{p}} \tag{3-184}$$

式中，$\boldsymbol{K}_{\mathrm{p}}$ 由式(3-108)确定，而

$$\boldsymbol{d}_{\mathrm{p}} = [u_1, v_1, u_2, v_2, u_3, v_3]^{\mathrm{T}}$$
$$\boldsymbol{F}_{\mathrm{p}} = [F_{x1}, F_{y1}, F_{x2}, F_{y2}, F_{x3}, F_{y3}]^{\mathrm{T}}$$

对于弯曲应力状态，则节点平衡方程可记为

$$\boldsymbol{K}_{\mathrm{b}}\boldsymbol{d}_{\mathrm{b}} = \boldsymbol{F}_{\mathrm{b}} \tag{3-185}$$

式中，$\boldsymbol{K}_{\mathrm{b}}$ 由式(3-181)确定，而

$$\boldsymbol{d}_{\mathrm{b}} = [w_1, \theta_{x1}, \theta_{y1}, w_2, \theta_{x2}, \theta_{y2}, w_3, \theta_{x3}, \theta_{y3}]^{\mathrm{T}}$$
$$\boldsymbol{F}_{\mathrm{b}} = [F_{z1}, M_{x1}, M_{y1}, F_{z2}, M_{x2}, M_{y2}, F_{z3}, M_{x3}, M_{y3}]^{\mathrm{T}}$$

将式(3-184)、式(3-185)组集在一起，并按照节点自由度的如下顺序

$$\boldsymbol{d} = [u_1, v_2, w_1, \theta_{x1}, \theta_{y1}, u_2, v_2, w_2, \theta_{x2}, \theta_{y2}, u_2, v_2, w_3, \theta_{x3}, \theta_{y3}]^{\mathrm{T}} \tag{3-186}$$

以及对应的节点载荷顺序

$$\boldsymbol{F} = [F_{x1}, F_{y1}, F_{z1}, M_{x1}, M_{y1}, F_{x2}, F_{y2}, F_{z2}, M_{x2}, M_{y2}, F_{x3}, F_{y3}, F_{z3}, M_{x3}, M_{y3}]^{\mathrm{T}} \tag{3-187}$$

可以得到三角形薄壳单元的节点平衡方程为

$$\boldsymbol{Kd} = \boldsymbol{F} \tag{3-188}$$

式中，$\boldsymbol{K}$ 即为薄壳单元的刚度矩阵。注意到平面应力状态下的节点载荷与弯曲应力状态下的节点位移是互不相关的，而弯曲应力状态下的节点载荷与平面应力状态下的节点位移也是互不相关的，因此 $\boldsymbol{K}$ 的组集是十分简单的。例如，我们把 $\boldsymbol{d}$ 和 $\boldsymbol{F}$ 列成

$$\boldsymbol{d} = [\boldsymbol{d}_{\mathrm{p}}^{\mathrm{T}}, \boldsymbol{d}_{\mathrm{b}}^{\mathrm{T}}]^{\mathrm{T}}$$
$$\boldsymbol{F} = [\boldsymbol{F}_{\mathrm{p}}^{\mathrm{T}}, \boldsymbol{F}_{\mathrm{b}}^{\mathrm{T}}]^{\mathrm{T}}$$

则显然有

$$\begin{bmatrix} \boldsymbol{K}_{\mathrm{p}} & 0 \\ 0 & \boldsymbol{K}_{\mathrm{b}} \end{bmatrix} \begin{Bmatrix} \boldsymbol{d}_{\mathrm{p}} \\ \boldsymbol{d}_{\mathrm{b}} \end{Bmatrix} = \begin{Bmatrix} \boldsymbol{F}_{\mathrm{p}} \\ \boldsymbol{F}_{\mathrm{b}} \end{Bmatrix} \tag{3-189}$$

只需经过简单的行列交换，就可以得到式(3-188)的形式。

我们仔细分析一下，式(3-188)所表示的薄壳单元，每个节点只有 5 个自由度，即

$$\boldsymbol{d}_i = [u_i, v_i, w_i, \theta_{xi}, \theta_{yi}]^{\mathrm{T}} \quad (i = 1,2,3) \tag{3-190}$$

由于缺少扭转自由度 θ_{zi} 项将给计算、结构分析带来很多不便，在数值计算时往往由于“奇异性”而发生“溢出”停机。为了解决这个问题，曾提出许多种处理方法。有人建议增加一个数值为零的扭转刚度；还有采用“罚单元或罚函数”，以及在程序设计中采用“主从变量关系”来予以解决。辛克维奇(Zienkiewicz)提出，增加一个“虚拟的扭转刚度”，以使得这种板壳单元的每个节点具有 6 个自由度。即对于所讨论的三角形板壳单元，可增加一个关于扭转的节点平衡方程：

$$\alpha EtA \begin{bmatrix} 1 & -0.5 & -0.5 \\ -0.5 & 1 & -0.5 \\ -0.5 & -0.5 & 1 \end{bmatrix} \begin{Bmatrix} \theta_{z1} \\ \theta_{z2} \\ \theta_{z3} \end{Bmatrix} = \begin{Bmatrix} M_{z1} \\ M_{z2} \\ M_{z3} \end{Bmatrix} \tag{3-191}$$

式中 α 是一个根据需要而选择的很小的系数。表 3-4 给出了 α 取 0～1 之间的不同数值时，对一个拱形水闸的计算结果，其中，$\alpha=0$ 时，接近精确解。

表 3-4 水闸分析中的节点转动系数

α	1.00	0.50	0.10	0.03	0.00
径向位移/mm	61.13	63.35	64.52	64.78	65.28

将方程式(3-184)、式(3-185)和式(3-191)组合在一起，得到完整的三角形板壳单元的节点平衡方程

$$\boldsymbol{Kd}=\boldsymbol{F} \tag{3-192}$$

其中

$$\begin{aligned}\boldsymbol{d}&=[\boldsymbol{d}_1^{\mathrm{T}},\boldsymbol{d}_2^{\mathrm{T}},\boldsymbol{d}_3^{\mathrm{T}}]^{\mathrm{T}}\\ \boldsymbol{F}&=[\boldsymbol{F}_1^{\mathrm{T}},\boldsymbol{F}_2^{\mathrm{T}},\boldsymbol{F}_3^{\mathrm{T}}]^{\mathrm{T}}\\ \boldsymbol{d}_i&=[u_i,v_1,w_i,\theta_{xi},\theta_{yi},\theta_{zi}]^{\mathrm{T}}\qquad(i=1,2,3)\\ \boldsymbol{F}_i&=[F_{xi},F_{yi},F_{zi},M_{xi},M_{yi},M_{zi}]^{\mathrm{T}}\end{aligned}$$

为了分析的方便，式(3-192)的节点平衡方程是在单元的局部坐标系内建立起来的。现在，对于薄壳，为了不同平面内的单元在节点处集合，建立整个壳体结构的平衡方程，就必须另定一个统一的基准坐标系，并将各单元在自身局部坐标系内建立的节点平衡方程转换到这样一个基准坐标系中去。在本章第二节的梁单元中，已经说明了这种转换的基本方法。对于本节的三角形单元，其转换矩阵的确定，较之梁单元来说要较为复杂一些。

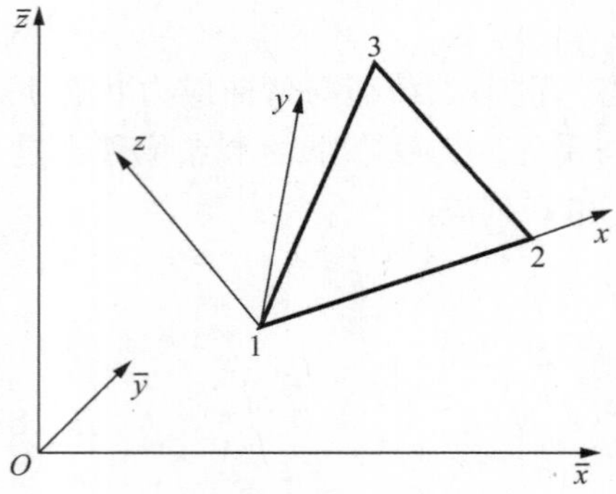

图 3-21 基准坐标和局部坐标

如图 3-21 所示的典型单元 123，其三节点的整体坐标为 $\bar{x}_1,\bar{y}_1,\bar{z}_1,\cdots,\bar{z}_3$。为了简便，取节点 1 作为局部坐标的原点，$x$ 轴沿 $\overline{\mathbf{12}}$ 边，y 轴在三角形的平面内并垂直于 $\overline{\mathbf{12}}$ 边，z 轴垂直于三角形的平面，并使 xyz 成为右手坐标系。

矢量 $\overline{\mathbf{12}}$ 在基准坐标系中的方向余弦是

$$\left.\begin{aligned}\lambda_{x\bar{x}}&=\frac{\bar{x}_2-\bar{x}_1}{l_{12}}\\ \lambda_{x\bar{y}}&=\frac{\bar{y}_2-\bar{y}_1}{l_{12}}\\ \lambda_{x\bar{z}}&=\frac{\bar{z}_2-\bar{z}_1}{l_{12}}\end{aligned}\right\} \tag{3-193}$$

其中，l_{12} 是 $\overline{12}$ 边的长度，即

$$l_{12}=\sqrt{(\bar{x}_2-\bar{x}_1)^2+(\bar{y}_2-\bar{y}_1)^2+(\bar{z}_2-\bar{z}_1)^2}$$

矢量 $\overline{\mathbf{12}}$ 又可表示为

$$\overline{\mathbf{12}}=(\bar{x}_2-\bar{x}_1)\bar{\boldsymbol{i}}+(\bar{y}_2-\bar{y}_1)\bar{\boldsymbol{j}}+(\bar{z}_2-\bar{z}_1)\bar{\boldsymbol{k}}$$

式中，$\bar{\boldsymbol{i}},\bar{\boldsymbol{j}},\bar{\boldsymbol{k}}$ 为基准坐标系的 3 个单位矢量。

同样，矢量 $\overline{\mathbf{13}}$ 也可表示为

$$\overline{\mathbf{13}}=(\bar{x}_3-\bar{x}_1)\bar{\boldsymbol{i}}+(\bar{y}_3-\bar{y}_1)\bar{\boldsymbol{j}}+(\bar{z}_3-\bar{z}_1)\bar{\boldsymbol{k}}$$

而矢量 $\overline{\mathbf{12}}\times\overline{\mathbf{13}}$ 的模是三角形 123 面积的 2 倍，即

$$\begin{aligned}2A=\{&[(\bar{y}_2-\bar{y}_1)(\bar{z}_3-\bar{z}_1)-(\bar{z}_2-\bar{z}_1)(\bar{y}_3-\bar{y}_1)]^2+\\&[(\bar{z}_2-\bar{z}_1)(\bar{x}_3-\bar{x}_1)-(\bar{z}_3-\bar{z}_1)(\bar{x}_2-\bar{x}_1)]^2+\\&[(\bar{x}_2-\bar{x}_1)(\bar{y}_3-\bar{y}_1)-(\bar{y}_2-\bar{y}_1)(\bar{x}_3-\bar{x}_1)]^2\}^{\frac{1}{2}}\end{aligned}$$

于是 z 轴在基准坐标系中的方向余弦是

$$\left.\begin{aligned}\lambda_{z\bar{x}}&=\frac{(\bar{y}_2-\bar{y}_1)(\bar{z}_3-\bar{z}_1)-(\bar{z}_2-\bar{z}_1)(\bar{y}_3-\bar{y}_1)}{2A}\\\lambda_{z\bar{y}}&=\frac{(\bar{z}_2-\bar{z}_1)(\bar{x}_3-\bar{x}_1)-(\bar{z}_3-\bar{z}_1)(\bar{x}_2-\bar{x}_1)}{2A}\\\lambda_{z\bar{z}}&=\frac{(\bar{x}_2-\bar{x}_1)(\bar{y}_3-\bar{y}_1)-(\bar{y}_2-\bar{y}_1)(\bar{x}_3-\bar{x}_1)}{2A}\end{aligned}\right\}\tag{3-194}$$

再按矢量运算规则得出 y 轴在基准坐标系中的方向余弦是

$$\left.\begin{aligned}\lambda_{y\bar{x}}&=\lambda_{z\bar{y}}\lambda_{x\bar{z}}-\lambda_{z\bar{z}}\lambda_{x\bar{y}}\\\lambda_{y\bar{y}}&=\lambda_{z\bar{z}}\lambda_{x\bar{x}}-\lambda_{z\bar{x}}\lambda_{x\bar{z}}\\\lambda_{y\bar{z}}&=\lambda_{z\bar{x}}\lambda_{x\bar{y}}-\lambda_{z\bar{y}}\lambda_{x\bar{x}}\end{aligned}\right\}\tag{3-195}$$

将式(3-193)、式(3-194)、式(3-195)组集起来，就可以得到局部坐标系在基准坐标系中的方向余弦矩阵为

$$\boldsymbol{\lambda}_K=\begin{bmatrix}\lambda_{x\bar{x}}&\lambda_{x\bar{y}}&\lambda_{x\bar{z}}\\\lambda_{y\bar{x}}&\lambda_{y\bar{y}}&\lambda_{y\bar{z}}\\\lambda_{z\bar{x}}&\lambda_{z\bar{y}}&\lambda_{z\bar{z}}\end{bmatrix}\tag{3-196}$$

以

$$\left.\begin{aligned}\bar{\boldsymbol{d}}&=[\bar{\boldsymbol{d}}_1^{\mathrm{T}},\bar{\boldsymbol{d}}_2^{\mathrm{T}},\bar{\boldsymbol{d}}_3^{\mathrm{T}}]^{\mathrm{T}}\\\bar{\boldsymbol{F}}&=[\bar{\boldsymbol{F}}_1^{\mathrm{T}},\bar{\boldsymbol{F}}_2^{\mathrm{T}},\bar{\boldsymbol{F}}_3^{\mathrm{T}}]^{\mathrm{T}}\end{aligned}\right\}\tag{3-197}$$

表示三角形薄壳单元在基准坐标系内的节点位移和节点载荷，其中

$$\left.\begin{aligned}\bar{\boldsymbol{d}}_i&=[\bar{u}_i,\bar{v}_i,\bar{w}_i,\bar{\theta}_{xi},\bar{\theta}_{yi},\bar{\theta}_{zi}]^{\mathrm{T}}\\\bar{\boldsymbol{F}}_i&=[\bar{F}_{xi},\bar{F}_{yi},\bar{F}_{zi},\bar{M}_{xi},\bar{M}_{yi},\bar{M}_{zi}]^{\mathrm{T}}\end{aligned}\right.\quad(i=1,2,3)$$

于是，有如下转换关系式：

$$\boldsymbol{d}=\boldsymbol{T}\bar{\boldsymbol{d}},\quad\boldsymbol{F}=\boldsymbol{T}\bar{\boldsymbol{F}}\tag{3-198}$$

这样，在基准坐标系内，三角形薄壳单元的节点平衡方程为

$$\bar{\boldsymbol{K}}\bar{\boldsymbol{d}}=\bar{\boldsymbol{F}}\tag{3-199}$$

其中

$$\bar{\boldsymbol{K}}=\boldsymbol{T}^{\mathrm{T}}-\boldsymbol{K}\boldsymbol{T}\tag{3-200}$$

$$\boldsymbol{T}=\begin{bmatrix}\boldsymbol{\lambda}_K&&&\\&\boldsymbol{\lambda}_K&&0\\0&&\ddots&\\&&&\boldsymbol{\lambda}_K\end{bmatrix}\tag{3-201}$$

第八节　改善刚度矩阵的方法

前面我们推导单元刚度矩阵时，都假定一个位移模式，采用了待定系数的数目与节点位移自由度数相等的插值多项式，因此这些系数可以用节点位移来表示。对于 C_0 问题，这种位移模式是满足解答收敛性的充分和必要条件的。但是，对于 C_1 问题，就出现了单元边界上的法向导数(绕公共边的转角)不协调的情况。为了改善这种不协调性，已经提出了各种方法，有的是在最小势能原理的前提下，设法改善位移函数的性态；而有的是采用其他变分原理来进行推导，本节将讨论前一种方法。

一、静凝聚方法

如果假设的位移函数所包含的自由常数比规定的节点位移数要多，这些增加的项可以使得原先不满足平衡方程的位移分布变成满足平衡方程；或者使得原有的不满足边界连续条件的位移函数变成满足连续条件。这样，原则上讲，刚度矩阵的性态将得到改善。

为了更清楚地说明推导过程，将以 $\underset{m\times n}{\boldsymbol{c}}$ 表示 m 行 n 列的矩阵。

设位移函数为

$$\underset{(p\times 1)}{\boldsymbol{f}} = \underset{(p\times m)}{\boldsymbol{T}}\ \underset{(m\times 1)}{\boldsymbol{a}} \tag{3-202}$$

式中，$\boldsymbol{a}$ 为待定常数。可将单元节点上的 n 个位移用 m 个常数 $\boldsymbol{a}$ 表示：

$$\underset{(n\times 1)}{\boldsymbol{d}} = \underset{(n\times m)}{\bar{\boldsymbol{A}}}\ \underset{(m\times 1)}{\boldsymbol{a}} \quad (m \geqslant n) \tag{3-203}$$

将它分割为

$$\underset{(n\times 1)}{\boldsymbol{d}} = \left[\underset{(n\times n)}{\boldsymbol{A}},\ \underset{(n\times l)}{\boldsymbol{B}}\right]\begin{Bmatrix}\underset{(n\times 1)}{\boldsymbol{a}_A} \\ \underset{(l\times 1)}{\boldsymbol{a}_B}\end{Bmatrix} \quad (l = m - n) \tag{3-204}$$

设 $|\boldsymbol{A}| \neq 0$，故有

$$\boldsymbol{a}_A = \boldsymbol{A}^{-1}\boldsymbol{d} - \boldsymbol{A}^{-1}\boldsymbol{B}\boldsymbol{a}_B \tag{3-205}$$

将它与恒等式 $\boldsymbol{a}_B = \boldsymbol{a}_B$ 相结合，得

$$\boldsymbol{a} = \begin{Bmatrix}\boldsymbol{a}_A \\ \boldsymbol{a}_B\end{Bmatrix} = \begin{bmatrix}\boldsymbol{A}^{-1} & -\boldsymbol{A}^{-1}\boldsymbol{B} \\ \boldsymbol{0} & \boldsymbol{I}\end{bmatrix}\begin{Bmatrix}\boldsymbol{d} \\ \boldsymbol{a}_B\end{Bmatrix}$$

或记作为

$$\underset{(m\times 1)}{\boldsymbol{a}} = \underset{(m\times m)}{\boldsymbol{W}}\ \underset{(m\times 1)}{\bar{\boldsymbol{d}}} \tag{3-206}$$

代入式(3-202)，得

$$\boldsymbol{f} = \boldsymbol{T}\boldsymbol{W}\bar{\boldsymbol{d}} \tag{3-207}$$

利用应变-位移关系，有

$$\underset{(s\times 1)}{\boldsymbol{\varepsilon}} = \underset{(s\times p)}{\boldsymbol{L}}\ \underset{(p\times 1)}{\boldsymbol{f}} = \underset{(s\times p)}{\boldsymbol{L}}\ \underset{(p\times m)}{\boldsymbol{T}}\ \underset{(m\times m)}{\boldsymbol{W}}\ \underset{(m\times 1)}{\bar{\boldsymbol{d}}} = \underset{(s\times m)}{\boldsymbol{H}}\ \underset{(m\times m)}{\boldsymbol{W}}\ \underset{(m\times 1)}{\bar{\boldsymbol{d}}} \tag{3-208}$$

式中，$\boldsymbol{L}$ 为微分算符矩阵。于是，单元的应变能可表示成

$$U = \frac{1}{2}\int_V \boldsymbol{\varepsilon}^{\mathrm{T}}\boldsymbol{D}\boldsymbol{\varepsilon}\,\mathrm{d}V = \frac{1}{2}\bar{\boldsymbol{d}}^{\mathrm{T}}\bar{\boldsymbol{K}}\bar{\boldsymbol{d}} \tag{3-209}$$

式中，$\boldsymbol{D}$ 为弹性矩阵，而

$$\underset{(m\times m)}{\overline{\boldsymbol{K}}} = \underset{(m\times m)}{\boldsymbol{W}^{\mathrm{T}}}\left(\int_V \underset{(m\times s)}{\boldsymbol{H}^{\mathrm{T}}}\underset{(s\times s)}{\boldsymbol{D}}\underset{(s\times m)}{\boldsymbol{H}}\,\mathrm{d}V\right)\underset{(m\times m)}{\boldsymbol{W}} \tag{3-210}$$

单元的外力功可表示为

$$W = \underset{(1\times m)}{\overline{\boldsymbol{d}}^{\mathrm{T}}}\underset{(m\times 1)}{\overline{\boldsymbol{p}}} = [\underset{(1\times n)}{\boldsymbol{d}^{\mathrm{T}}}, \underset{(1\times l)}{\boldsymbol{a}_B^{\mathrm{T}}}][\underset{(1\times n)}{\boldsymbol{p}^{\mathrm{T}}}, \underset{(1\times l)}{\boldsymbol{q}^{\mathrm{T}}}]^{\mathrm{T}}$$

于是，总势能为

$$\Pi = \frac{1}{2}\overline{\boldsymbol{d}}^{\mathrm{T}}\overline{\boldsymbol{K}}\overline{\boldsymbol{d}} - \overline{\boldsymbol{d}}^{\mathrm{T}}\overline{\boldsymbol{p}}$$

由极值条件，得

$$\overline{\boldsymbol{K}}\overline{\boldsymbol{d}} - \overline{\boldsymbol{p}} = 0$$

分割成

$$\begin{bmatrix}\boldsymbol{K}_{AA} & \boldsymbol{K}_{AB}\\ K_{BA} & \boldsymbol{K}_{BB}\end{bmatrix}\begin{Bmatrix}\boldsymbol{d}\\ \boldsymbol{a}_B\end{Bmatrix} - \begin{Bmatrix}\boldsymbol{p}\\ \boldsymbol{q}\end{Bmatrix} = 0 \tag{3-211}$$

展开得

$$\boldsymbol{K}_{AA}\boldsymbol{d} + \boldsymbol{K}_{AB}\boldsymbol{a}_B - \boldsymbol{p} = 0 \tag{3-212}$$

$$\boldsymbol{K}_{BA}\boldsymbol{d} + \boldsymbol{K}_{BB}\boldsymbol{a}_B - \boldsymbol{q} = 0 \tag{3-213}$$

由式(3-213)，得

$$\boldsymbol{a}_B = \boldsymbol{K}_{BB}^{-1}\boldsymbol{q} - \boldsymbol{K}_{BB}^{-1}\boldsymbol{K}_{BA}\boldsymbol{d} \tag{3-214}$$

代入式(3-212)，得

$$(\boldsymbol{K}_{AA} - \boldsymbol{K}_{AB}\boldsymbol{K}_{BB}^{-1}\boldsymbol{K}_{BA})\boldsymbol{d} = \boldsymbol{p} - \boldsymbol{K}_{AB}K_{BB}^{-1}\boldsymbol{q}$$

令

$$\boldsymbol{K} = \boldsymbol{K}_{AA} - \boldsymbol{K}_{AB}\boldsymbol{K}_{BB}^{-1}\boldsymbol{K}_{BA} \tag{3-215}$$

$$\boldsymbol{F} = \boldsymbol{p} - \boldsymbol{K}_{AB}\boldsymbol{K}_{BB}^{-1}\boldsymbol{q} \tag{3-216}$$

则关于 n 个节点位移的单元平衡方程可表示为

$$\boldsymbol{K}\boldsymbol{d} = \boldsymbol{F} \tag{3-217}$$

式中，$\boldsymbol{K}$ 即为关于节点位移的单元刚度矩阵。而 $\boldsymbol{F}$ 为相应的节点载荷列阵。如果 $\boldsymbol{a}_B$ 相当于附加的节点广义位移，则 $\boldsymbol{q}$ 表示与 $\boldsymbol{a}_B$ 对应的附加的节点广义载荷；一般情况中，$\boldsymbol{a}_B$ 只表示附加的待定常数，并无明确的物理含义，此时总有 $\boldsymbol{q}=0$，于是有 $\boldsymbol{F}=\boldsymbol{p}$。

上述将 m 阶刚度矩阵缩减到 n 阶的过程就称为“静凝聚”(static condensation)，或简称“凝聚”。这里采用待定常数多于节点广义位移的位移模式，以期改善单元的性态，这些多余的自由常数 $\boldsymbol{a}_B$ 可以通过增加边节点、内节点来实现，也可以通过增加节点自由度位(位移的一阶、二阶，或更高阶的导数)的方法来获得。后一种方法得到的单元，也有人称之为“高精度单元”。这种增加位移函数中项数的办法，从变分原理来讲，似乎是必然能改进单元性能的。但是大量实际计算表明，在很多情况下并非如此。相反，采用某些“不协调单元”得到的结果比较接近正确解，而采用完全协调或过分协调的单元得到的结果却更偏离正确解。造成这种结果的原因尚未得到理论上的严格证明，库克(Cook)指出：“不协调单元常常比相应的协调单元要好，其原因在于我们近似解法的性质。在按最小势能原理推导有限元公式时，首先必须假定位移场。于是结构只能按由假定的位移函数中各项叠加所构成的形状来运动。因此结构真实位移形状被排除在外了。除非是十分简单或例外的情况(例如杆、梁单元)，从效果上来看，加上

了使结构刚化的附加约束。可以说,结构是'过于'被刚硬化了。但当采用不协调单元时,这种近似结构由于允许单元分离、重叠或在单元间形成'铰链'而变得柔软了。这两种影响互相抵消,常常得到较好的结果。"这是一种定性的分析,绝对不能由此得出结论,认为越是不协调的单元精度越好。实践表明,最好的结果是在"适当的"不协调状态下获得的。

二、复合单元(子结构)

有时可用几个简单的单元来组成一个复合单元,如图 3-22 所示,用四个三角形单元组成一个四边形单元;或用更多的三角形单元组成一个多边形单元。这种由若干个单元拼装而成的单元称为"复合单元",或者称为"子结构"。如果已经导出了各个单元的刚度矩阵和节点平衡方程,那么就可以按照本章第三节所述的方法,将这些单元拼装成复合单元和子结构的刚度矩阵 $\bar{\boldsymbol{K}}$ 以及节点平衡方程:

$$\bar{\boldsymbol{K}}\bar{\boldsymbol{d}} = \bar{\boldsymbol{F}} \tag{3-218}$$

式中,$\bar{\boldsymbol{d}}$,$\bar{\boldsymbol{F}}$ 表示全部节点位移和节点载荷。

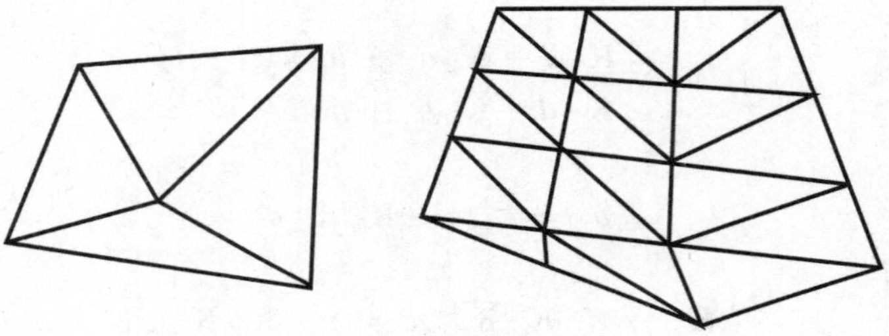

图 3-22　复合单元

如果把上述节点位移分解成两部分

$$\bar{\boldsymbol{d}} = \begin{Bmatrix} \boldsymbol{d}_A \\ \boldsymbol{d}_B \end{Bmatrix} \tag{3-219}$$

式中,$\boldsymbol{d}_A$ 表示要保留的节点位移,$\boldsymbol{d}_B$ 表示需要去除的节点位移。通常是按照"边界节点"与"内部节点"来区分的。那么方程(3-218)可写成分块形式:

$$\begin{bmatrix} \boldsymbol{K}_{AA} & \boldsymbol{K}_{AB} \\ \boldsymbol{K}_{BA} & \boldsymbol{K}_{BB} \end{bmatrix} \begin{Bmatrix} \boldsymbol{d}_A \\ \boldsymbol{d}_B \end{Bmatrix} = \begin{Bmatrix} \boldsymbol{F}_A \\ \boldsymbol{F}_B \end{Bmatrix} \tag{3-220}$$

通过前面所述的凝聚过程,同样可得关于 $\boldsymbol{d}_A$ 的节点平衡方程

$$\boldsymbol{K}\boldsymbol{d}_A = \boldsymbol{F} \tag{3-221}$$

和复合单元的"出口"刚度矩阵

$$\boldsymbol{K} = \boldsymbol{K}_{AA} - \boldsymbol{K}_{AB}\boldsymbol{K}_{BB}^{-1}\boldsymbol{K}_{BA} \tag{3-222}$$

及出口节点载荷列阵

$$\boldsymbol{F} = \boldsymbol{F}_A - \boldsymbol{K}_{AB}\boldsymbol{K}_{BB}^{-1}\boldsymbol{F}_B \tag{3-223}$$

显然,这样形成的复合单元的节点位移数要少得多了,因此由它所组集的结构平衡方程阶数也就大大减少,可以节省计算时间和减少占用的内存范围。

这里必须指出,无论是增加单元位移函数中的项数,还是建立复合单元,它们的过程基本上是相同的,即都采用"凝聚"的方法来实现。但是,它们的力学含义却是完全不同的。复合单

元是由各个子单元拼装而成的，而各个子单元是分别假设自身的位移场，因此，对于复合单元而言，不存在一个统一的位移场，只能是“分片连续”；而增加自由常数的数目却是在一个单元内假设一个统一的位移函数，因此在单元内部位移是光滑连续的。此外，复合单元基本上保持了各个子单元的特性，而由于自由常数的增加，将大大改变单元的位移、应变和应力的分布规律。因此，我们不能把它们混为一谈。

三、协调的三角形薄板单元

为了解决单元边界上法向导数$\frac{\partial w}{\partial n}$的不协调性，贝兹利(Bazeley)和克拉夫(Clough)等提出了一个“完全协调的三角形薄板单元”，它的推导过程比较繁复。这里简要地给出它的主要步骤。

将母三角形 ijm 划分成取形心 o 为顶点的三个子三角群(1)，(2)，(3)，如图 3-23 所示。在每个子三角形的外边中点 1，2，3 处增加一个自由度，即法向导数(绕公共边的转角)$\theta_s=\frac{\partial w}{\partial n}$，边界的切线及外向法线的符号如图 3-24 所示，即 $\boldsymbol{s}\times\boldsymbol{n}$ 的指向与 z 轴正向一致。由方向导数公式，有

$$\theta_s=\frac{\partial w}{\partial n}=\frac{\partial w}{\partial x}\frac{\partial x}{\partial n}+\frac{\partial w}{\partial y}\frac{\partial y}{\partial n} \tag{3-224}$$

注意到式(3-117)及图 3-24 的几何关系，则有

$$\theta_s=\theta_x\sin\beta-\theta_y\cos\beta \tag{3-225}$$

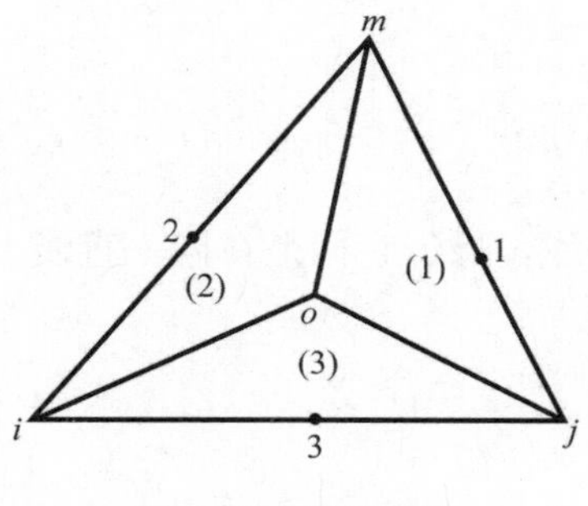

图 3-23　母三角形

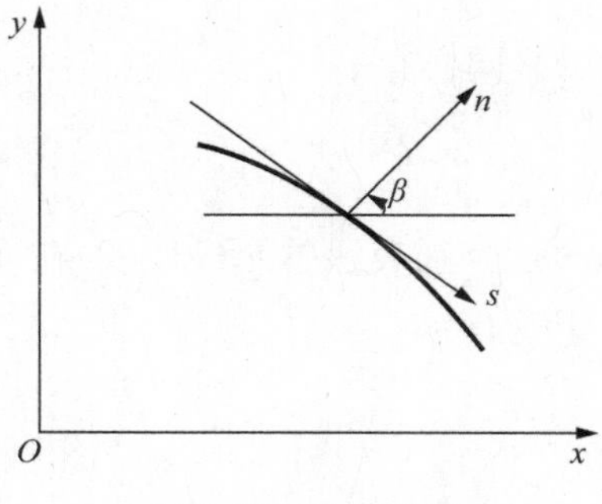

图 3-24　几何关系

于是，每个子单元都具有 10 个自由度，如第(3)个子单元 ijo 的节点位移列阵可表示为

$$\boldsymbol{d}^{(3)}=[w_i,\theta_{xi},\theta_{yi},w_j,\theta_{xj},\theta_{yj},\omega_o,\theta_{xo},\theta_{yo}]^{\mathrm{T}} \tag{3-226}$$

这样，对于每个子单元，都可以选取完全三次式作为挠度函数

$$w^{(i)}=[1,x,y,x^2,xy,y^2,x^3,x^2y,xy^2,y^3]\boldsymbol{a}^{(i)}\quad(i=1,2,3)$$

经过类似的推导，可以用节点位移表示位移

$$w^{(i)}=\boldsymbol{N}^{(i)}\boldsymbol{d}^i\quad(i=1,2,3) \tag{3-227}$$

这种具有 10 个自由度的子三角形单元简记为 $T-10$。

将三角子单元(1)，(2)，(3)拼装在一起，并经过适当排列，可构成母三角形的完整的位移

模式

$$\begin{Bmatrix} w^{(1)} \\ w^{(2)} \\ w^{(3)} \end{Bmatrix} = [\boldsymbol{N}_e, \boldsymbol{N}_o] \begin{Bmatrix} \boldsymbol{d}_e \\ \boldsymbol{d}_o \end{Bmatrix} \tag{3-228}$$

或记为

$$\boldsymbol{f} = \boldsymbol{N}_e \boldsymbol{d}_e + \boldsymbol{N}_o \boldsymbol{d}_o \tag{3-229}$$

其中

$$\boldsymbol{d}_e = [w_i, \theta_{xi}, \theta_{yi}, w_j, \theta_{xj}, \theta_{yi}, w_m, \theta_{xm}, \theta_{ym}, w_{s1}, \theta_{s2}, \theta_{s3}]^{\mathrm{T}} \tag{3-230}$$

$$\boldsymbol{d}_o = [w_o, \theta_{yo}, \theta_{yo}]^{\mathrm{T}} \tag{3-231}$$

上述的子三角形 $T-10$ 仅在一条外边上具有 θ_s 的连续性，它无法直接用于结构的拼装。正因为如此，我们在一开始就把母三角形划分成三个子单元，当把这样的三个子单元拼装成原来的母单元 ijm 后发现，它解决了与其他单元间的连续问题，即保证了这类单元间的公共边上具有共同的 $\theta_s = \dfrac{\partial w}{\partial n}$，但同时又出现了母单元内部各子单元之间边界($io, jo, mo$)上法向导数不连续的问题。为此，在沿这些公共棱边 io, jo, mo 的中点 4，5，6 处施加对 θ_s 的限制。以(1)，(2)两个子单元为例(见图 3-25)，在它们的公共边 om 的中点 6 处，对单元(1)，其 θ_s 可表示为

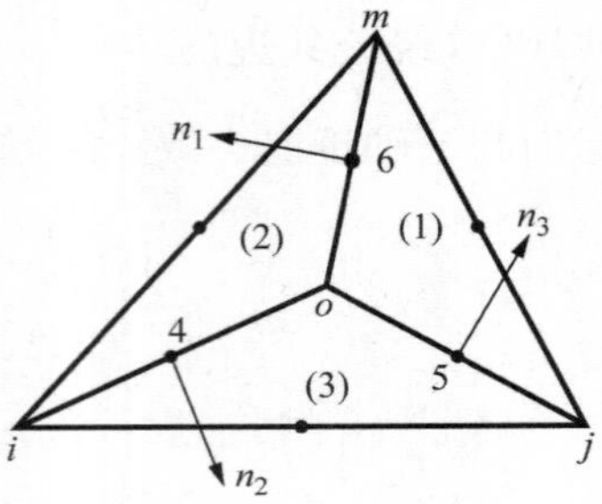

图 3-25　子单元及其法线

$$\theta_{s6}^{(1)} = \frac{\partial w^{(1)}}{\partial n_1} = \frac{\partial}{\partial n_1} \boldsymbol{N}^{(1)} \boldsymbol{d}^{(1)} \tag{3-232}$$

对单元(2)，同样有

$$\theta_{s6}^{(2)} = \frac{\partial w^{(2)}}{\partial n_2} = \frac{\partial}{\partial n_2} \boldsymbol{N}^{(2)} \boldsymbol{d}^{(2)} \tag{3-233}$$

式中，n_1, n_2 分别表示单元(1)，(2)在 om 边上的外向法线，显然，它们是在同一直线上而指向相反。于是有

$$\frac{\partial w^{(2)}}{\partial n_2} = -\frac{\partial w^{(2)}}{\partial n_1} \tag{3-234}$$

或有

$$\theta_{s6}^{(2)} = \frac{\partial w^{(2)}}{\partial n_2} = -\frac{\partial w^{(2)}}{\partial n_1}$$

在统一求导方向(即转角方向)后，即可施加连续性限制条件：

$$\theta_{s6}^{(1)} = \theta_{s6}^{(2)}, \quad 或\ \theta_{s6}^{(1)} - \theta_{s6}^{(2)} = 0 \tag{3-235}$$

以式(3-232)、式(3-234)代入，得

$$\frac{\partial w^{(1)}}{\partial n_1} + \frac{\partial w^{(2)}}{\partial n_1} = 0 \tag{3-236}$$

对 3 个子单元，两两之间作上述分析处理后可得

$$\theta_{s6}^{(1)} - \theta_{s6}^{(2)} = 0, \quad \theta_{s4}^{(2)} - \theta_{s4}^{(3)} = 0, \quad \theta_{s5}^{(3)} - \theta_{s5}^{(1)} = 0$$

或表示成

$$\left.\begin{aligned}\frac{\partial w^{(1)}}{\partial n_1}+\frac{\partial w^{(2)}}{\partial n_1}=0\\ \frac{\partial w^{(2)}}{\partial n_2}+\frac{\partial w^{(3)}}{\partial n_2}=0\\ \frac{\partial w^{(3)}}{\partial n_3}+\frac{\partial w^{(1)}}{\partial n_3}=0\end{aligned}\right\}\tag{3-237}$$

式中，n_1，n_2，n_3 分别为 3 个子单元(1)，(2)，(3)在某一公共边上的外向法线，如图 3-25 所示。

将各子单元的位移模式[式(3-227)]代入上式，得

$$\left.\begin{aligned}\frac{\partial \boldsymbol{N}^{(1)}}{\partial n_1}\boldsymbol{d}^{(1)}+\frac{\partial \boldsymbol{N}^{(2)}}{\partial n_1}\boldsymbol{d}^{(2)}=0\\ \frac{\partial \boldsymbol{N}^{(2)}}{\partial n_2}\boldsymbol{d}^{(2)}+\frac{\partial \boldsymbol{N}^{(3)}}{\partial n_2}\boldsymbol{d}^{(3)}=0\\ \frac{\partial \boldsymbol{N}^{(3)}}{\partial n_3}\boldsymbol{d}^{(3)}+\frac{\partial \boldsymbol{N}^{(1)}}{\partial n_3}\boldsymbol{d}^{(1)}=0\end{aligned}\right\}\tag{3-238}$$

经过运算并适当排列后，可将上式变成为

$$[\boldsymbol{B}_e,\boldsymbol{B}_o]\begin{Bmatrix}\boldsymbol{d}_e\\ \boldsymbol{d}_o\end{Bmatrix}=0\tag{3-239}$$

或展开成

$$\boldsymbol{B}_e\boldsymbol{d}_e+\boldsymbol{B}_o\boldsymbol{d}_o=0\tag{3-240}$$

解得

$$\boldsymbol{d}_o=-\boldsymbol{B}_o^{-1}\boldsymbol{B}_e\boldsymbol{d}_e\tag{3-241}$$

代入式(3-229)，得

$$\boldsymbol{f}=\boldsymbol{N}_e\boldsymbol{d}_e-\boldsymbol{N}_o\boldsymbol{B}_o{}^{-1}\boldsymbol{B}_e\boldsymbol{d}_e=(\boldsymbol{N}_e-\boldsymbol{N}_o\boldsymbol{B}_o{}^{-1}\boldsymbol{B}_e)\boldsymbol{d}_e\tag{3-242}$$

记为

$$\boldsymbol{f}=\boldsymbol{N}\boldsymbol{d}_e$$

这样，通过凝聚的方法，消去了内节点 o 的自由度 $\boldsymbol{d}_o$ 后，得到了具有 3 个角节点 i，j，m(9 个自由度)以及 3 个边节点 1，2，3(3 个自由度)，即具有 12 个自由度的三角形薄板单元的位移模式[式(3-242)]。这个位移模式不仅能保证其内部子单元之间具有完整的连续性，而且能保证它的外部边界与相邻单元之间具有完整的连续性。因此，这种三角形薄板单元是属于"完全协调单元"。这个位移模式是坐标的完全三次式，而应变和曲率是挠度 w 的二阶导数，所以说这种位移模式是具有线性曲率和应变的位移模式，这种单元通常称为"具有 12 个自由度的线性曲率分布的协调三角形单元"，简写为 LCCT-12(Linear Curvature Continual Triangle-12)，以区别于常应变单元。

第九节　轴对称问题的有限单元

一、弹性力学中的轴对称问题

如果弹性体的几何形状、约束情况以及所受的外力，都是绕某一轴对称的，则所有的应力、应变和位移也就对称于这一轴。这种问题称为轴对称问题。

在描述轴对称问题时，用圆柱坐标 r,θ,z 比较方便。这是因为如果以弹性体的对称轴作为轴，如图 3-26 所示，则所有的应力分量、应变和位移分量都将只是 r 和 z 的函数，不随 θ 而变。

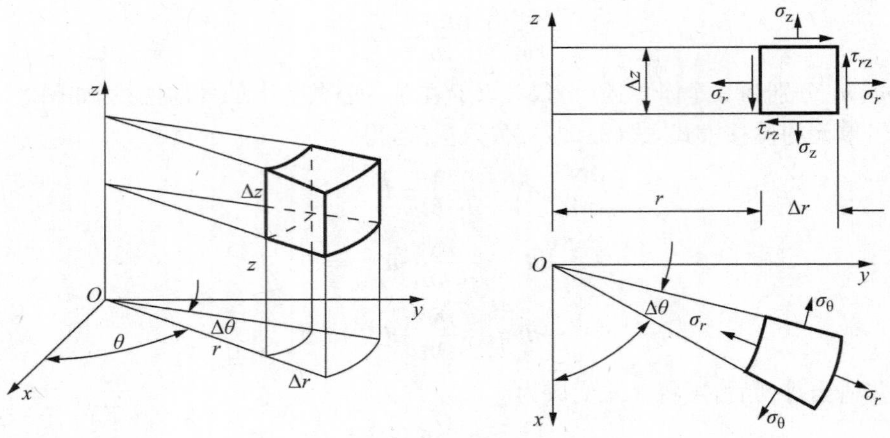

图 3-26　轴对称问题

用相距 Δr 的两个圆柱面、互成 $\Delta\theta$ 角的两个铅垂面和相距 Δz 的两个水平面，从弹性体割取一个微小六面体，如图 3-26 中，σ_r 表示径向正应力，σ_θ 表示环向正应力，σ_z 表示轴向正应力。根据剪应力互等定理，$\tau_{zr}=\tau_{rz}$，以后均以 τ_{rz} 表示。由对称条件可知：

$$\tau_{r\theta}=\tau_{\theta r}=0,\quad \tau_{z\theta}=\tau_{\theta z}=0$$

于是总共只有 4 个应力分量，可表示成

$$\boldsymbol{\sigma}=[\sigma_r,\sigma_\theta,\sigma_z,\tau_{rz}]^{\mathrm{T}} \tag{3-243}$$

相应于上述 4 个应力分量，应变分量也只有 4 个：径向正应变 ε_r，环向正应变 ε_θ，轴向正应变 ε_z，角应变 γ_{rz}，也可表示成

$$\boldsymbol{\varepsilon}=[\varepsilon_r,\varepsilon_\theta,\varepsilon_z,\gamma_{rz}]^{\mathrm{T}} \tag{3-244}$$

弹性体内任意一点的位移，现在可以分解为 2 个分量：径向位移 u，轴向位移 w，由于对称，不会有沿 θ 方向的位移(环向位移)。

根据几何关系，可以导出应变-位移关系：

$$\boldsymbol{\varepsilon}=\left[\frac{\partial u}{\partial r},\frac{u}{r},\frac{\partial w}{\partial z},\frac{\partial w}{\partial r}+\frac{\partial u}{\partial z}\right]^{\mathrm{T}} \tag{3-245}$$

应力-应变关系仍可写成

$$\boldsymbol{\sigma}=\boldsymbol{D\varepsilon} \tag{3-246}$$

式中

$$\boldsymbol{D}=\frac{E(1-\nu)}{(1+\nu)(1-2\nu)}\begin{bmatrix}1 & & & \\ \frac{\nu}{1-\nu} & 1 & \text{对} & \\ \frac{\nu}{1-\nu} & \frac{\nu}{1-\nu} & 1 & \text{称} \\ 0 & 0 & 0 & \frac{1-2\nu}{2(1-\nu)}\end{bmatrix} \tag{3-247}$$

二、轴对称单元

在轴对称问题中，总是以对称轴为 z 轴，以任意一个对称面为 rz 面。用有限元法求解时，采用的单元是一些轴对称的完整圆环，它们的横截面（与 rz 面相交的截面）可以是各种平面形状，如图 3-27 所示的三角形 ijm。各个单元之间系用圆环形的铰互相连接，而一个铰与 rz 面的交点就是节点，如 i,j,m 等。这样，各单元将在 rz 面上形成三角形网格，就像平面问题中各三角形单元在 xy 面上形成的网格一样。

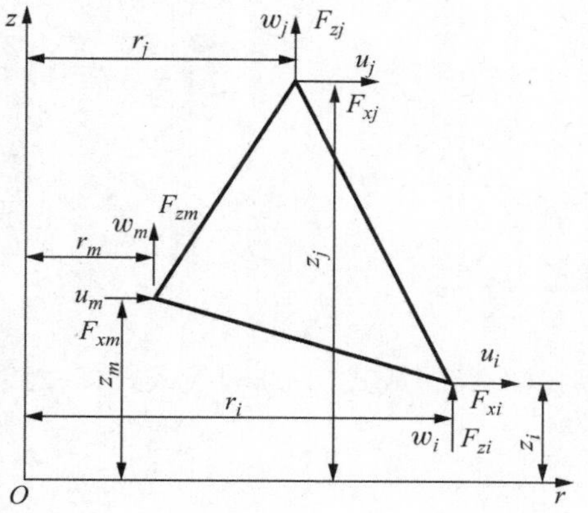

图 3-27 三角形环状单元

仿照平面问题，取线性位移模式，如同式(3-91)：

$$u = a_1 + a_2 r + a_3 z$$
$$w = a_4 + a_5 r + a_6 z$$

必然得到与式(3-92)相似的结果，即

$$\left.\begin{aligned} u &= N_i u_i + N_j u_j + N_m u_m \\ w &= N_i w_i + N_j w_j + N_m w_m \end{aligned}\right\} \tag{3-248}$$

其中

$$N_i = (a_i + b_i r + c_i z)/2A \quad (i,j,m) \tag{3-249}$$

而

$$\boldsymbol{A} = \frac{1}{2}\begin{vmatrix} 1 & r_i & z_i \\ 1 & r_j & z_j \\ 1 & r_m & z_m \end{vmatrix} \tag{3-250}$$

$$a_i = r_j z_m - r_m z_j, \quad b_i = z_j - z_m, \quad c_i = r_m - r_j \quad (i,j,m) \tag{3-251}$$

式(3-248)也可以写成矩阵形式

$$\boldsymbol{f} = \boldsymbol{N}\boldsymbol{d} \tag{3-252}$$

其中

$$\boldsymbol{N} = [\boldsymbol{N}_i, \boldsymbol{N}_j, \boldsymbol{N}_m], \quad \boldsymbol{d} = [\boldsymbol{d}_i^{\mathrm{T}}, \boldsymbol{d}_j^{\mathrm{T}}, \boldsymbol{d}_m^{\mathrm{T}}]^{\mathrm{T}} \tag{3-253}$$

而

$$\left.\begin{aligned} \boldsymbol{N}_i &= \begin{bmatrix} N_i & 0 \\ 0 & N_i \end{bmatrix} \\ \boldsymbol{d}_i &= [u_i, w_i]^{\mathrm{T}} \end{aligned}\right\} \quad (i,j,m) \tag{3-254}$$

于是式(3-252)可以写成

$$\boldsymbol{f} = \sum_{i}^{m} \boldsymbol{N}_k \boldsymbol{d}_k \quad (k = i,j,m) \tag{3-255}$$

将应变-位移关系式(3-245)改写成

$$\begin{Bmatrix} \varepsilon_r \\ \varepsilon_\theta \\ \varepsilon_z \\ \gamma_{rz} \end{Bmatrix} = \begin{Bmatrix} \dfrac{\partial u}{\partial r} \\ \dfrac{u}{r} \\ \dfrac{\partial w}{\partial z} \\ \dfrac{\partial w}{\partial r} + \dfrac{\partial u}{\partial z} \end{Bmatrix} = \begin{bmatrix} \dfrac{\partial}{\partial r} & 0 \\ \dfrac{1}{r} & 0 \\ 0 & \dfrac{\partial}{\partial z} \\ \dfrac{\partial}{\partial z} & \dfrac{\partial}{\partial r} \end{bmatrix} \begin{Bmatrix} u \\ w \end{Bmatrix} \tag{3-256}$$

或记为

$$\boldsymbol{\varepsilon} = \boldsymbol{L}\boldsymbol{f} \tag{3-257}$$

以式(3-252)或式(3-255)代入式(3-257),得

$$\boldsymbol{\varepsilon} = \boldsymbol{B}\boldsymbol{d} = \sum_{i}^{m} \boldsymbol{B}_k \boldsymbol{d}_k \tag{3-258}$$

其中

$$\boldsymbol{B} = [\boldsymbol{B}_i, \boldsymbol{B}_j, \boldsymbol{B}_m] \tag{3-259}$$

$$\boldsymbol{B}_i = \frac{1}{2A} \begin{bmatrix} b_i & 0 \\ f_i & 0 \\ 0 & c_i \\ c_i & b_i \end{bmatrix} \quad (i, j, m) \tag{3-260}$$

$$f_i = \frac{1}{r}(a_i + b_i r + c_i z) \quad (i, j, m) \tag{3-261}$$

单元的应变能可表示成

$$U = \frac{1}{2} \iiint_V \boldsymbol{\varepsilon}^{\mathrm{T}} \boldsymbol{D} \boldsymbol{\varepsilon} \mathrm{d}V = \frac{1}{2} \boldsymbol{d}^{\mathrm{T}} \boldsymbol{K} \boldsymbol{d} \tag{3-262}$$

式中刚度矩阵 $\boldsymbol{K}$ 按下式计算

$$\boldsymbol{K} = \begin{bmatrix} \boldsymbol{K}_{ii} & \boldsymbol{K}_{ij} & \boldsymbol{K}_{im} \\ \boldsymbol{K}_{ji} & \boldsymbol{K}_{jj} & \boldsymbol{K}_{jm} \\ \boldsymbol{K}_{mi} & \boldsymbol{K}_{mj} & \boldsymbol{K}_{mm} \end{bmatrix} \tag{3-263}$$

$$\boldsymbol{K}_{rs} = \iiint_V \boldsymbol{B}_r^{\mathrm{T}} \boldsymbol{D} \boldsymbol{B}_s \mathrm{d}V = 2\pi \iint r \boldsymbol{B}_r^{\mathrm{T}} \boldsymbol{D} \boldsymbol{B}_s \mathrm{d}r\mathrm{d}z \tag{3-264}$$

三、讨论

由式(3-258)可见,应变分量 $\varepsilon_r, \varepsilon_z, \gamma_{rz}$ 在单元中是常量,但环向正应变 ε_θ 是坐标 r 和 z 的函数,需特别注意的是它存在 r^{-1} 次的奇异性,即当 $r \to 0$ 时,$\varepsilon_\theta \to \infty$。这种特性给数值计算带来很多不便,为了处理这个问题,已提出各种方法,其中较常用的有 3 种。

1. 取平均值法

把每个单元中的 r 及 z 近似地当作常量,并取为

$$\left.\begin{aligned} r &= \frac{1}{3}(r_i + r_j + r_m) \\ z &= \frac{1}{3}(z_i + z_j + z_m) \end{aligned}\right\} \tag{3-265}$$

这样也就把各个单元近似地当作常应变单元。

2. 外推法

可以在 $r=0$ 邻近的小区域但是有限半径处，先计算出应力、应变，然后再将这些值外推至 $r=0$ 处。

3. 构造新的位移函数

将式(3-248)修改成

$$\left.\begin{aligned} u_i &= N_i r e_i + N_j r e_j + N_m r e_m \\ w_i &= N_i w_i + N_j w_j + N_m w_m \end{aligned}\right\} \tag{3-266}$$

其中

$$e_i = \varepsilon_{\theta i} \quad (i, j, m)$$

为节点 i 处的环向正应变。

参考文献

[1] 库克 R D，马尔库斯 D S，普利沙 M E，等. 有限元分析的概念和应用[M]. 第 4 版. 关正西，强洪夫，译. 西安：西安交通大学出版社，2007.

[2] 华东水利学院. 弹性力学问题的有限单元法[M]. 修订版. 北京：水利电力出版社，1978.

[3] Gere J M, Goodno B J. 材料力学(英文版)[M]. 第 7 版. 北京：机械工业出版社，2011.

[4] Bazeley G P, Cheung Y K, Irons B M, et al. Triangular elements in plate bending: conforming and nonconforming solutions [C]. Pror. Conf. Matrix Methods in Struct. Mech., Wright-Patterson Air Force Base, Ohio, 1965.

[5] Tocher J L. Analysis of plate bending using triangular elements [D]. Berkeley: University of California, Berkeley, 1962.

[6] Zienkiewicz Q C, Taylor R L, Zhu J Z. The finite element method: its basis and fundamentals [M]. 7th ed. Singapore: Elsevier (Singapore) Pte Ltd., 2015.

[7] 钟万勰. 关于组合结构分析程序 JIGFEX 的设计问题[J]. 力学与实践，1979，1(3)：3-4.

[8] Clough R W, Tocher J L. Finite element stiffness matrices for analysis of plate bending [C]. Proc. Conf. Matrix Methods in Struct. Mech., Wright-Patterson Air Force Base, Ohio, 1965.

[9] 钱伟长. 轴对称弹性体中的有限元分析[J]. 应用数学和力学，1980，1(1)：25-35.

习　　题

3-1 假设位移函数 $u(x)$ 如题 3-1 图所示，根据图中所示的坐标，求在 u_1 和 u_2 之间有效的一维线性插值多项式。

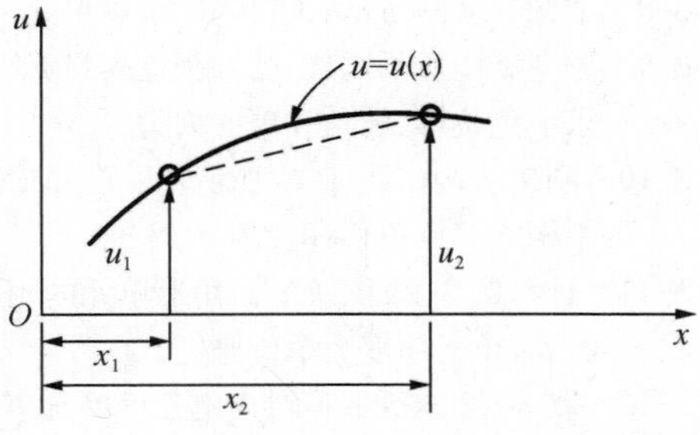

题 3-1 图

3-2 根据题 3-1 的结果，设 u_1 和 u_2 为节点位移，写出对应的形函数，用矩阵形式写出位移插值表达式。

3-3 如题 3-3 图所示杆由钢和铝两种材料组成，已知钢的弹性模量 $E_s=200\,\text{GPa}$，横截面面积 $A_s=4\times10^{-4}\,\text{m}^2$；铝的弹性模量 $E_a=70\,\text{GPa}$，横截面面积 $A_a=2\times10^{-4}\,\text{m}^2$。试确定节点位移和单元的应力。

3-4 如题 3-4 图所示杆，已知弹性模量 $E=210\,\text{GPa}$，横截面面

积 $A=4\times10^{-4}\ m^2$。节点 3 的已知位移为 $\delta=25\,mm$。试确定节点位移和单元的应力。

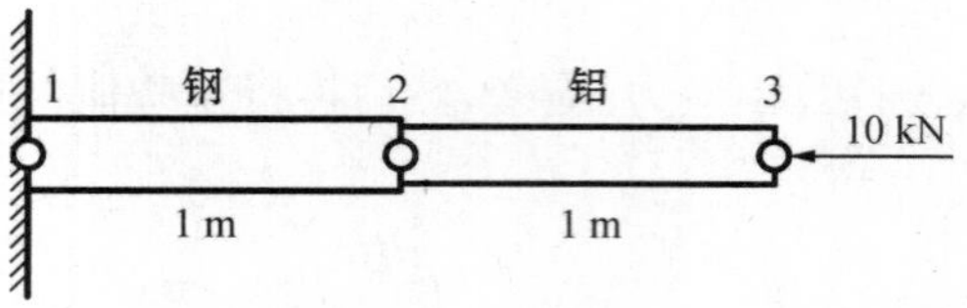

题 3-3 图

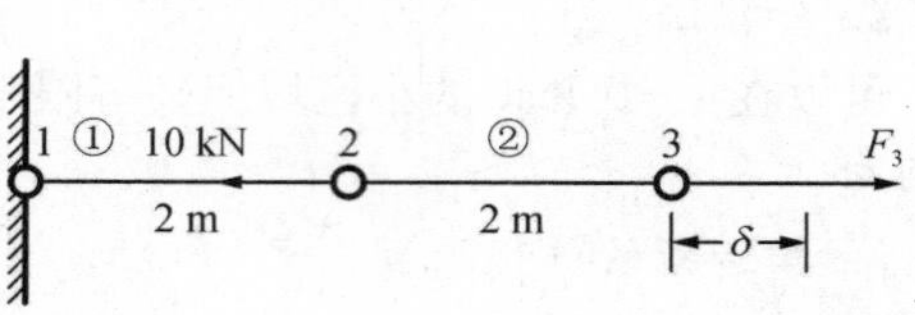

题 3-4 图

3-5 求题 3-5 图所示平面桁架的节点位移和单元内力。设弹性模量 $E=200\,GPa$,杆的横截面面积均为 $A=1.0\,cm^2$。图中 1,2,…,6 为节点位移编号,①,②,③为单元编号。

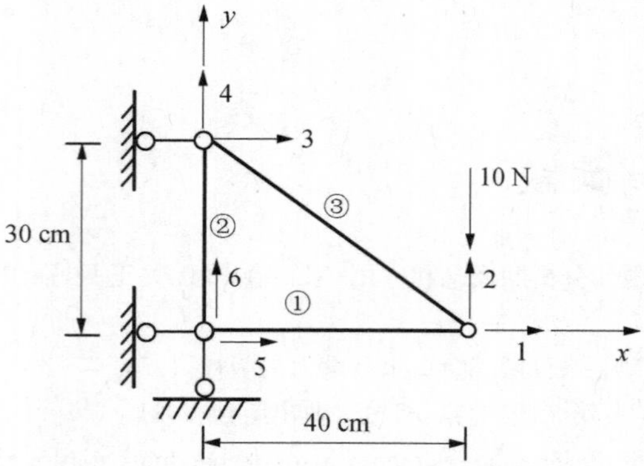

题 3-5 图

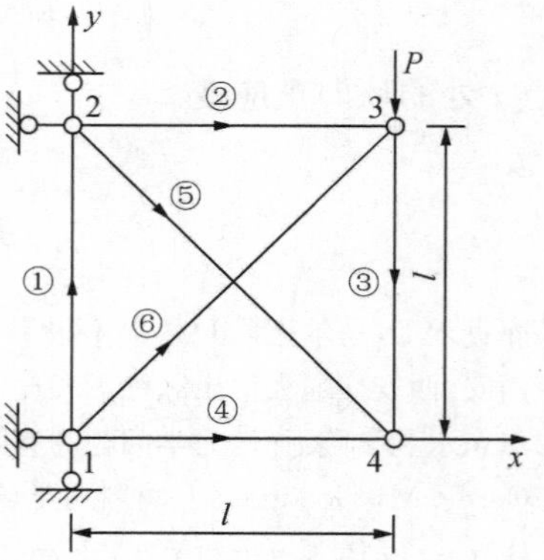

题 3-6 图

3-6 由杆件组成的结构如题 3-6 图所示,各杆的 E,A 为常数,试用有限元方法求解各杆的内力。

3-7 对于题 3-7 图所示的屋顶桁架,若已知各杆的弹性模量均为 $E=210\,GPa$,横截面面积均为 $A=10\times10^{-4}\ m^2$。试利用对称性确定各节点位移和单元的内力。

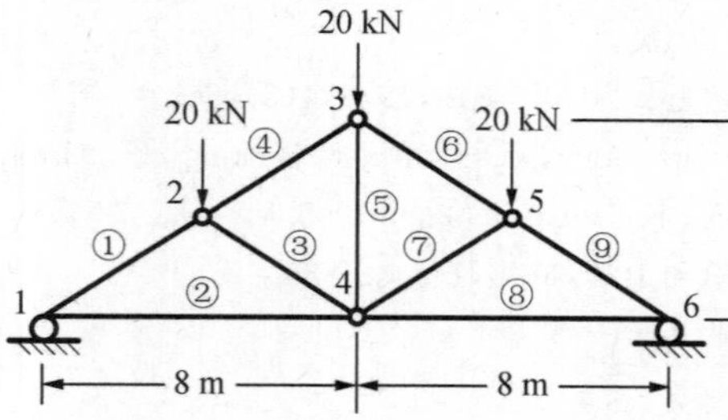

题 3-7 图

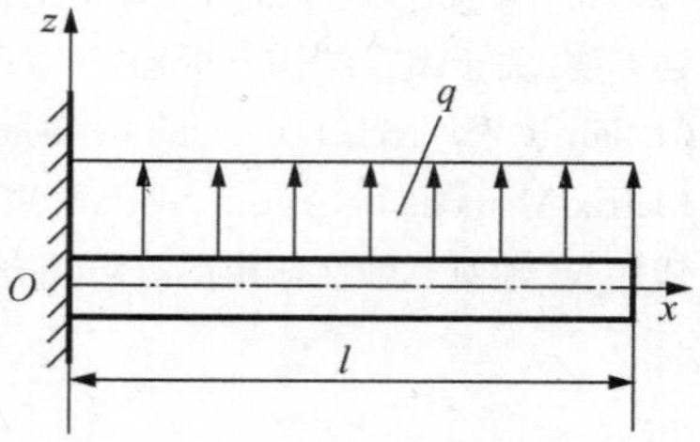

题 3-8 图

3-8 如题 3-8 图所示,试仅用一个梁单元,计算受均布载荷作用的悬臂梁的内力。

3-9 题 3-9 图所示刚架,已知弹性模量 $E=210\,GPa$,横截面面积 $A=8\times10^{-2}\ m^2$,惯矩 $I=1.2\times10^{-4}\ m^4$。试求节点位移、转角和单元内力。

3-10 刚架结构如题 3-10 图所示。已知横截面面积为 $0.5\ m^2$,惯矩为 $1/24\ m^4$,弹性模量为 30 GPa。试求该结构的节点位移和转角。

3-11 计算题 3-11 图所示三角形单元的刚度矩阵。假设平面应力状态:弹性模量 $E=200\,GPa$,泊松比 $\nu=0.25$,单元厚度为单位厚度。

3-12 题 3-12 图所示等腰直角三角单元 ijm,在重心 c 处有集中力 $P_x=3\,000\,N$,$P_y=3\,000\,N$ 作用。求等效节点载荷列阵 $\boldsymbol{F}$。

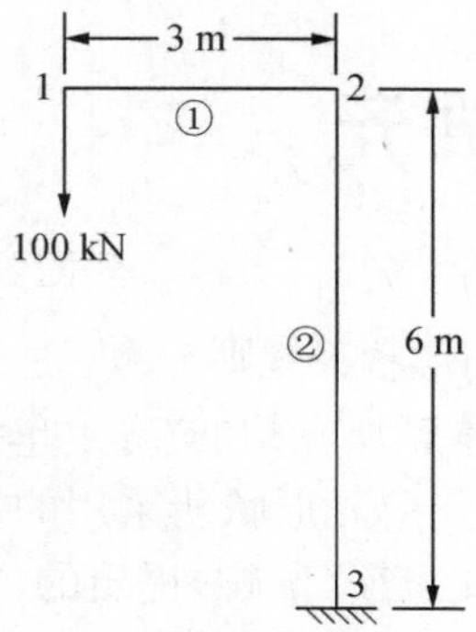

题 3-9 图

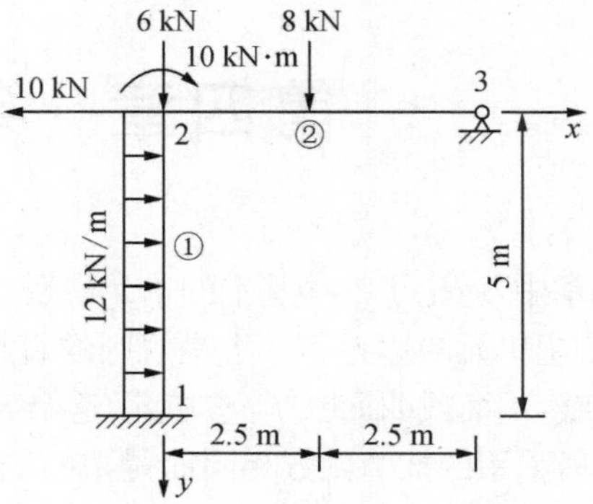

题 3-10 图

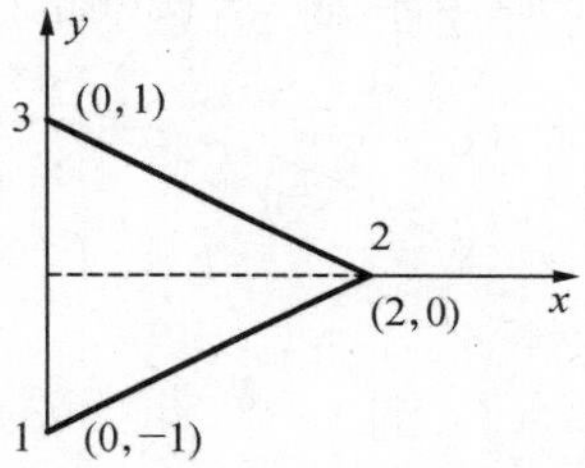

题 3-11 图

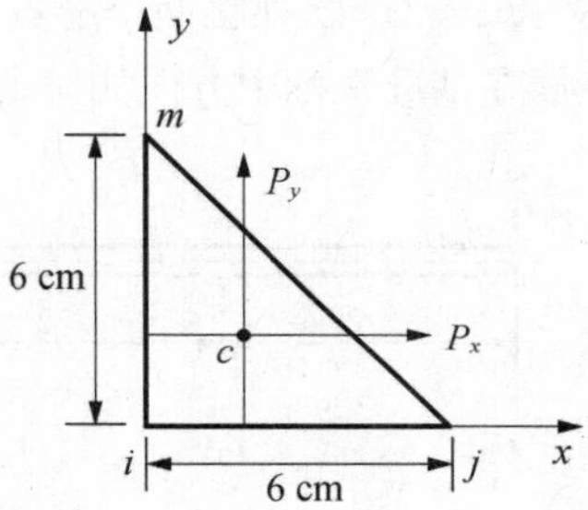

题 3-12 图

3-13　如题 3-13 图所示三角形平面应力单元，沿 i-j 边上作用有线性变化的 x 向分布载荷。三角形厚度为 t。求在该边界载荷作用下，该单元的等效节点载荷。

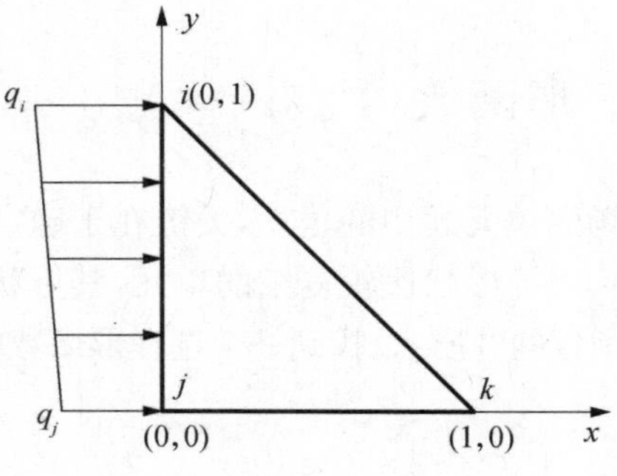

题 3-13 图

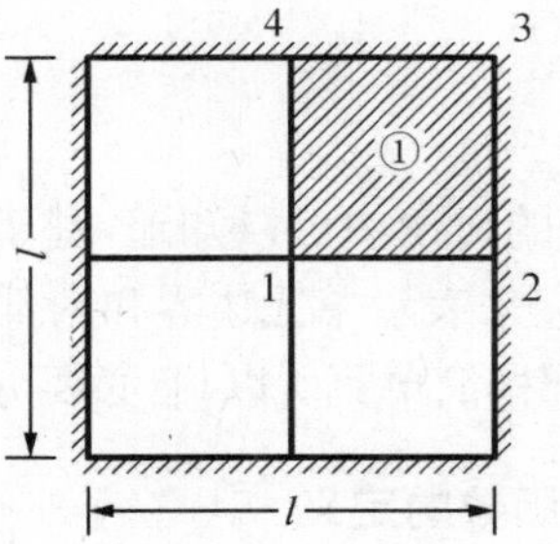

题 3-14 图

3-14　四边固定的方形板，如题 3-14 图所示。边长为 l，厚度为 t，泊松比 $\nu=1/6$。板上受均匀分布载荷 q_0 作用。试利用对称条件，只取 1/4 板(1 个单元)进行分析，求板中心点 1 的位移。

第四章　等参单元

在前面一章中，讨论了一些基本的单元模型，它们的几何形状很规则。为了适应比较复杂的结构形状，就希望单元的边界不一定是规则的直线或平面，本章所介绍的"等参单元"，其边界可以是直线或曲线，平面或曲面。"等参单元"这个名称是从确定单元形状所采用的插值函数与确定单元内位移所采用的插值函数相同而得来的。最早是由艾恩斯(Irons)提出的，单元公式是在固有坐标系(或称自然坐标系)中形成的。作为一个自然坐标系的简单例子，考虑一根棒，长度为 L，沿着 x 轴放置，并且其中点在原点 $x=0$ 处。其两端用 $x=-L/2$ 和 $x=L/2$ 来描述。如果另外一个一维坐标 ξ 定义为 $\xi=2x/L$，那么两个端点由 $\xi=-1$ 和 $\xi=1$ 来确定，如图 4-1 所示。如果让 ξ 轴附在棒上，不管该棒在基准坐标中方位如何，仍保留这个一维坐标，那么 ξ 便可称为自然坐标。

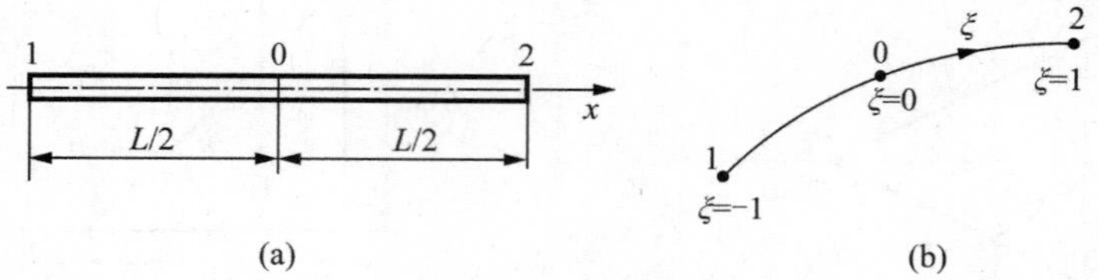

图 4-1　基准坐标系和自然坐标系

(a) 基准坐标系；(b) 自然坐标系

等参单元已经在各种问题中得到极为成功的应用，其中包括二维和三维弹性问题以及板和壳的问题。

第一节　形函数

从前面的讨论中可以知道，基于假定位移场的单元模型的建立，关键在于确定一个适当的形函数，由它来表示单元边界和内部的位移场。对于形状比较复杂的单元，其形状函数的选择不像杆、梁那样简单。所以，有必要分析一下形函数的性质，以找到一个选择形函数的基本准则。

一、形函数的定义

形函数是定义于单元内部坐标的连续函数，它应该满足下列条件：

(1) 在节点 i 上，有

$$N_i = 1,\quad N_j = 0\quad (j \neq i) \tag{4-1}$$

(2) 能保证用它定义的位移在相邻单元之间的连续性；从数学上讲，就是单值和连续。

(3) 形函数应包含有足够的坐标的一次项。

(4) 某个单元的形函数，应满足等式

$$\sum N_i = 1 \tag{4-2}$$

上述这些条件都是保证有限单元的解答能够收敛于正确解的充分和必要条件，单元的形状越复杂，或者说越具有一般性，它的适应能力就越强，那么结构分析时所需的单元就可以少些，计算工作量也相应减少；然而，这种形函数的阶次也就越高，建立单元刚度矩阵的工作量也越大。因此，对某一特定问题，总有一个最合适的形状函数，或者说，做两方面的权衡，选择一个合适的形状函数才是比较经济的。

我们把以点、直线或平面为边界的形状规则的单元称为“基本单元”；把固定在单元上的量纲为一的坐标系称为自然坐标系，该坐标系仅在单元边界之内有定义，在单元边界之外无意义，因此我们把这种自然坐标系归列为“局部坐标系”。图 4-2 中给出了 3 种基本单元及局部坐标系。

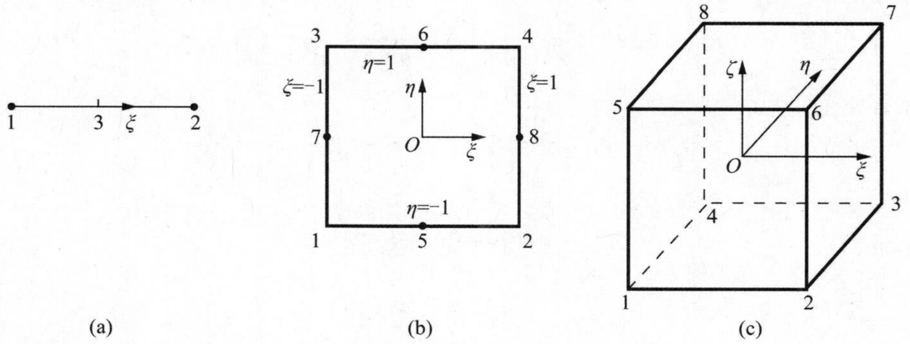

图 4-2　基本单元和局部坐标系

(a) 一维单元；(b) 二维单元；(c) 三维单元

把与基本单元有某种联系的，以点、曲线或曲面为边界的不规则形状的单元称为“实际单元”。将固定笛卡尔坐标系称为基准坐标系，实际单元就是在基准坐标系内定义的。图 4-3 中给出了与图 4-2 中的基本单元相对应的实际单元。

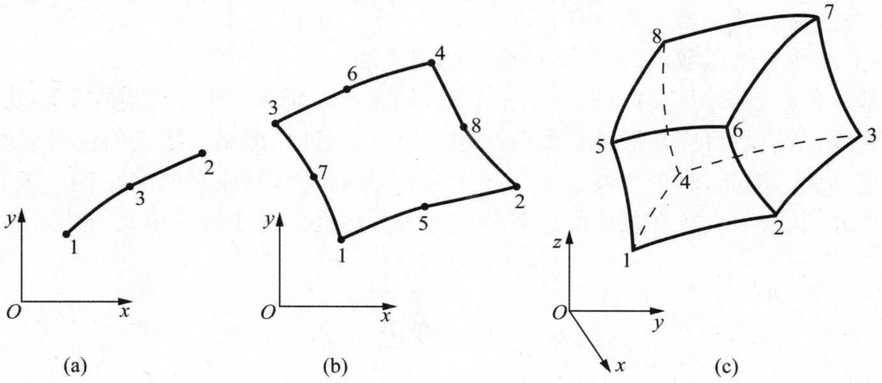

图 4-3　实际单元和基准坐标系

(a) 一维单元；(b) 二维单元；(c) 三维单元

后面要通过形函数在基本单元与实际单元之间建立起相互映射的关系。

二、典型的形函数

图 4-4 中给出了 3 种一维基本单元，对于线性单元，有 2 个节点，形函数为

$$N_1=\frac{1-\xi}{2},\quad N_2=\frac{1+\xi}{2} \tag{4-3}$$

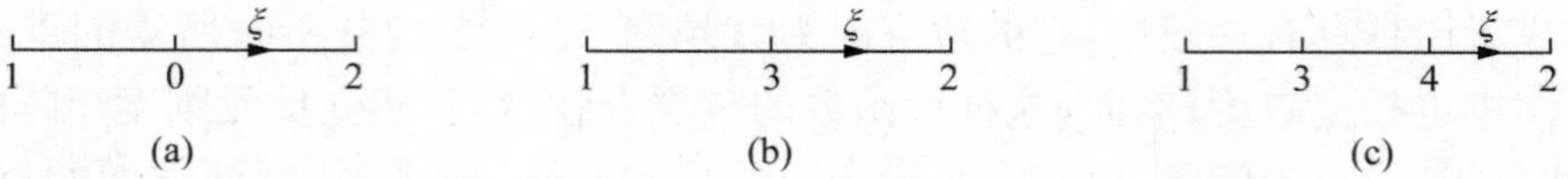

图 4-4　一维基本单元

(a) 线性单元;(b) 二次单元;(c) 三次单元

二次单元有 3 个节点

$$\xi_1 = -1,\quad \xi_2 = 1,\quad \xi_3 = 0$$

其形函数为

$$N_1 = -\frac{1-\xi}{2}\xi,\quad N_2 = \frac{1+\xi}{2}\xi,\quad N_3 = 1-\xi^2 \tag{4-4}$$

三次单元有 4 个节点

$$\xi_1 = -1,\quad \xi_2 = 1,\quad \xi_3 = -\frac{1}{3},\quad \xi_4 = \frac{1}{3}$$

其形函数为

$$\left.\begin{aligned} N_1 &= \frac{(1-\xi)(9\xi^2-1)}{16} \\ N_2 &= \frac{(1+\xi)(9\xi^2-1)}{16} \\ N_3 &= \frac{9(1-\xi^2)(1-3\xi)}{16} \\ N_4 &= \frac{9(1-\xi^2)(1+3\xi)}{16} \end{aligned}\right\} \tag{4-5}$$

一般地说,对于有 m 个节点的一维单元,其形函数可以用拉格朗日多项式表示为统一形式:

$$N_i = \frac{(\xi-\xi_1)(\xi-\xi_2)\cdots(\xi-\xi_{i-1})(\xi-\xi_{i+1})\cdots(\xi-\xi_m)}{(\xi_i-\xi_1)(\xi_i-\xi_2)\cdots(\xi_i-\xi_{i-1})(\xi_i-\xi_{i+1})\cdots(\xi_i-\xi_m)},\quad i = 1,2,\cdots,m \tag{4-6}$$

不难验证,上述所有形函数,都是满足形函数的定义的。

二维基本单元是 $\xi\eta$ 平面内的 2×2 正方形,如图 4-5 所示。坐标原点在形心处,单元的边界是四条直线,节点数目应与形函数的阶次相适应,以保证用形函数定义的位移或坐标在相邻单元间的连续性。因此,对于线性、二次、三次单元,其每边分别应有两个、三个、四个节点。除了四个角点外,其余节点放在各边的二等分或三等分点处。对于线性单元,有

$$\left.\begin{aligned} N_1 &= \frac{(1-\xi)(1-\eta)}{4} \\ N_2 &= \frac{(1+\xi)(1-\eta)}{4} \\ N_3 &= \frac{(1-\xi)(1+\eta)}{4} \\ N_4 &= \frac{(1+\xi)(1+\eta)}{4} \end{aligned}\right\} \tag{4-7}$$

引用新变数

$$\xi_0 = \xi_i\xi,\quad \eta_0 = \eta_i\eta$$

于是式(4-7)可改写成

$$N_i = \frac{(1+\xi_0)(1+\eta_0)}{4},\quad (i = 1,2,3,4) \tag{4-8}$$

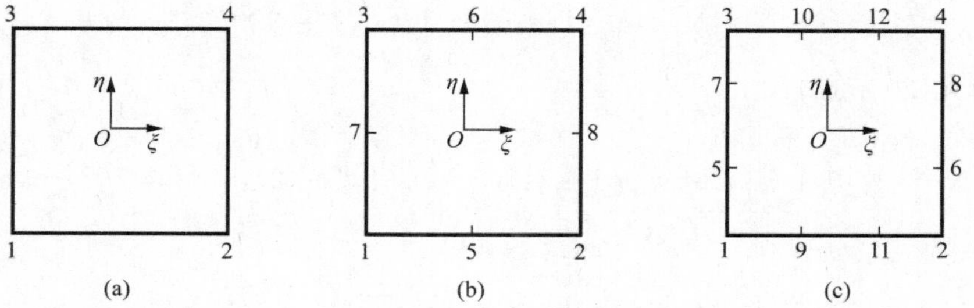

图 4-5　二维基本单元

(a) 线性单元；(b) 二次单元；(c) 三次单元

对于二次单元，形函数为

角点：

$$N_i = \frac{1}{4}(1+\xi_0)(1+\eta_0)(\xi_0+\eta_0-1), \quad (i=1,2,3,4) \tag{4-9}$$

边中点：

$$\left.\begin{aligned} N_i &= \frac{1}{2}(1-\xi^2)(1+\eta_0), \quad (i=5,6) \\ N_i &= \frac{1}{2}(1-\eta^2)(1+\xi_0), \quad (i=7,8) \end{aligned}\right\} \tag{4-10}$$

对于三次单元，形函数为

角点：

$$N_i = \frac{1}{32}(1+\xi_0)(1+\eta_0)[9(\xi^2+\eta^2)-10], \quad (i=1,2,3,4) \tag{4-11}$$

边三分点：

$$\begin{aligned} N_i &= \frac{9}{32}(1+\xi_0)(1-\eta^2)(1+9\eta_0), \quad (i=5,6,7,8) \\ N_i &= \frac{9}{32}(1+\eta_0)(1-\xi^2)(1+9\xi_0), \quad (i=9,10,11,12) \end{aligned} \tag{4-12}$$

三维基本单元是 $\xi\eta\zeta$ 坐标系中的 $2\times2\times2$ 正六面体，如图 4-6 所示。坐标原点放在单元体心上，单元边界是 6 个平面。

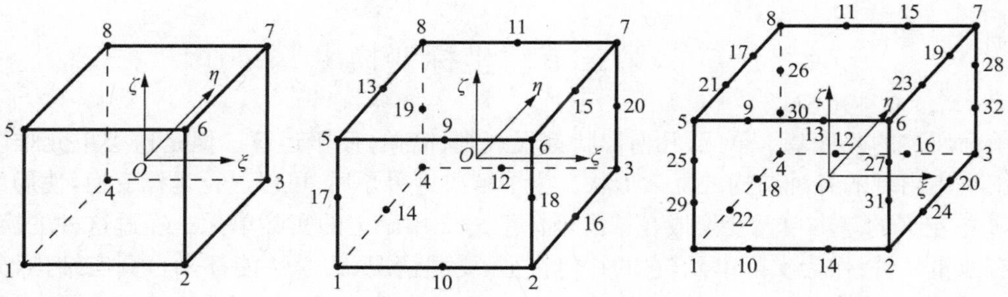

图 4-6　三维基本单元

(a) 线性单元；(b) 二次单元；(c) 三次单元

线性单元(8 节点)：

$$N_i = \frac{1}{8}(1+\xi_0)(1+\eta_0)(1+\zeta_0) \tag{4-13}$$

二次单元(20 节点):

角点:

$$N_i = \frac{1}{8}(1+\xi_0)(1+\eta_0)(1+\zeta_0)(\xi_0+\eta_0+\zeta_0-2), \quad (i=1,2,\cdots,8) \tag{4-14}$$

边中点:

$$\left.\begin{aligned}
N_i &= \frac{1}{4}(1-\xi^2)(1+\eta_0)(1+\zeta_0)\\
i &= 9,10,11,12 \quad (\xi=0,\eta=\pm 1,\zeta=\pm 1)\\
N_i &= \frac{1}{4}(1-\eta^2)(1+\xi_0)(1+\zeta_0)\\
i &= 13,14,15,16 \quad (\eta=0,\xi=\pm 1,\zeta=\pm 1)\\
N_i &= \frac{1}{4}(1-\zeta^2)(1+\xi_0)(1+\eta_0)\\
i &= 17,18,19,20 \quad (\zeta=0,\xi=\pm 1,\eta=\pm 1)
\end{aligned}\right\} \tag{4-15}$$

三次单元(32 节点)

角点:

$$N_i = \frac{1}{64}(1+\xi_0)(1+\eta_0)(1+\zeta_0)[9(\xi^2+\eta^2+\zeta^2)-19], \quad (i=1,2,\cdots,8) \tag{4-16}$$

边三分点:

$$\left.\begin{aligned}
N_i &= \frac{9}{64}(1-\xi^2)(1+9\xi_0)(1+\eta_0)(1+\zeta_0)\\
i &= 9,10,\cdots,16 \quad (\xi=\pm 1/3,\eta=\pm 1,\zeta=\pm 1)\\
N_i &= \frac{9}{64}(1-\eta^2)(1+9\eta_0)(1+\xi_0)(1+\zeta_0)\\
i &= 17,18,\cdots,24 \quad (\eta=\pm 1/3,\xi=\pm 1,\zeta=\pm 1)\\
N_i &= \frac{9}{64}(1-\zeta^2)(1+9\zeta_0)(1+\xi_0)(1+\eta_0)\\
i &= 25,26,\cdots,32 \quad (\zeta=\pm 1/3,\xi=\pm 1,\eta=\pm 1)
\end{aligned}\right\} \tag{4-17}$$

第二节　坐标变换

前面所述的几种基本单元,几何形状都很规则、简单,便于运算。但是这类单元难以适应实际工程中出现的各种结构的复杂形状。为了解决这个矛盾,可以进行坐标变换,使局部坐标系 $\xi\eta\zeta$ 中定义的基本单元变换成在基准坐标系 xyz 中确定的实际单元。经过这种变换,单元就具有双重特性:作为实际单元,它的几何特征、受载情况、力学性能都来自真实结构,充分反映了它的属性;作为基本单元,它的形状规则,便于计算和分析。为了进行这种变换,必须在局部坐标和基准坐标之间建立起必要的联系,借助于形函数就可以做到这一点。

一、一维单元的转换

对于结构中只承受轴力的绳索或杆件,可以选用如图 4-7 所示的几种实际单元,它们分别反映构件的几何形状是直线、二次和三次曲线，与它们相对应的基本单元如图 4-4 所示。为便于分析，可以取实际单元所在的平面 xy 作为基准坐标系，如图 4-7 所示；也可以取结构坐标系 $\overline{x}\overline{y}\overline{z}$ 作为基准坐标系，如图 4-8 所示。不失为一般性，假定取 $\overline{x}\overline{y}\overline{z}$ 作为基准坐标系来进行讨论。

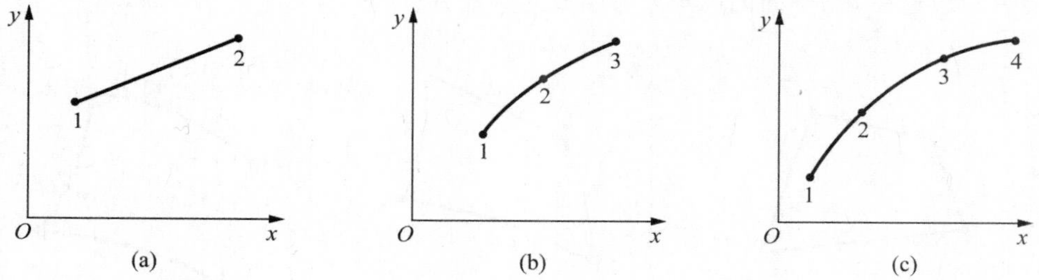

图 4-7　一维实际单元

(a) 线性单元；(b) 二次单元；(c) 三次单元

如果已知实际单元各节点的基准坐标值，那么单元内部任意一点（局部坐标值为 ξ）的基准坐标值由下式确定：

$$\left.\begin{aligned}\overline{x}(\xi) &= \sum_{i=1}^{m} N_i(\xi)\overline{x}_i \\ \overline{y}(\xi) &= \sum_{i=1}^{m} N_i(\xi)\overline{y}_i \\ \overline{z}(\xi) &= \sum_{i=1}^{m} N_i(\xi)\overline{z}_i\end{aligned}\right\} \tag{4-18}$$

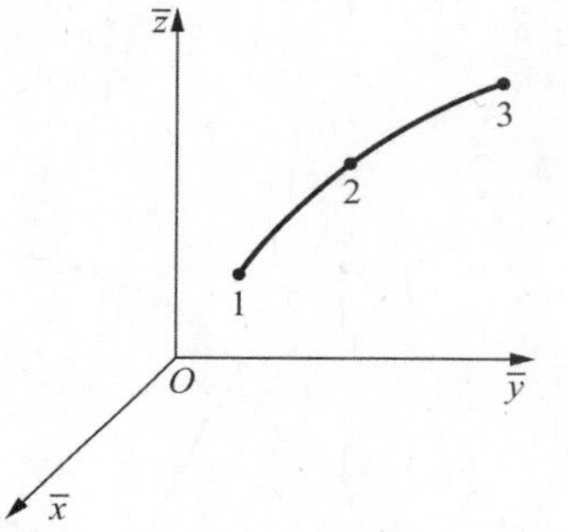

图 4-8　空间一维单元

式中，N_i 为该单元的形函数，$\overline{x}, \overline{y}, \overline{z}$ 为各节点的基准坐标值，m 为该单元的节点数。

取 3 节点二次单元为例，基本单元如图 4-4(b) 所示，实际单元如图 4-8 所示，形函数由式(4-4)给出。于是式(4-18)变成为

$$\overline{x}(\xi) = -\frac{(1-\xi)\xi}{2}\overline{x}_1 + \frac{(1+\xi)\xi}{2}\overline{x}_2 + (1-\xi^2)\overline{x}_3 \quad (\overline{x}, \overline{y}, \overline{z}) \tag{4-19}$$

显然，式(4-19)表示在 $\overline{x}\overline{y}\overline{z}$ 空间中以 ξ 为参数的一条二次曲线，只要在基本单元内确定某点(ξ)，就可以在实际单元中找到与它对应的点，并可按式(4-19)计算该点的基准坐标值。

二、二维单元的转换

对于只能承受自身平面内力系的结构部件，可以选用图 4-9 所示的二维单元，通常称为膜元，与之对应的基本单元如图 4-5 所示。

如果作为平面结构中的实际单元，那么可以在结构平面内选取一个合适的坐标系 xy 作为基准坐标系，单元内某点(ξ, η)的基准坐标可确定为(见图 4-10)：

$$\left.\begin{aligned}x(\xi, \eta) &= \sum_{i=1}^{m} N_i(\xi, \eta)x_i \\ y(\xi, \eta) &= \sum_{i=1}^{m} N_i(\xi, \eta)y_i\end{aligned}\right\} \tag{4-20}$$

以如图 4-9(a)所示的四节点线性单元为例，对应的基本单元如图 4-5(a)所示，形函数由式(4-7)给出。由式(4-20)可知，有

$$x=\frac{1}{4}[(1-\xi)(1-\eta)x_1+(1+\xi)(1-\eta)x_2+ (1-\xi)(1+\eta)x_3+(1+\xi)(1+\eta)x_4],\quad (x,y) \tag{4-21}$$

显然，式(4-21)是在 xy 平面内以 ξ,η 为参数的直线方程。

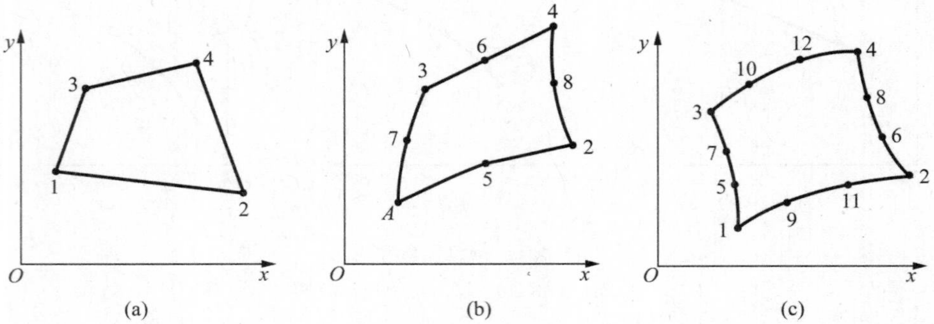

图 4-9　二维实际单元

(a) 线性单元；(b) 二次单元；(c) 三次单元

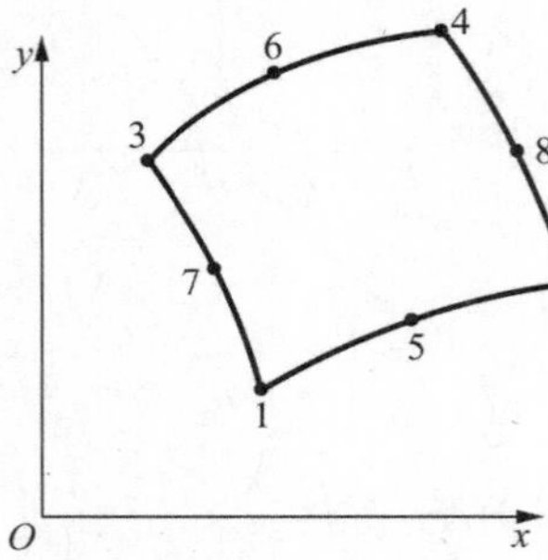

图 4-10　平面膜元

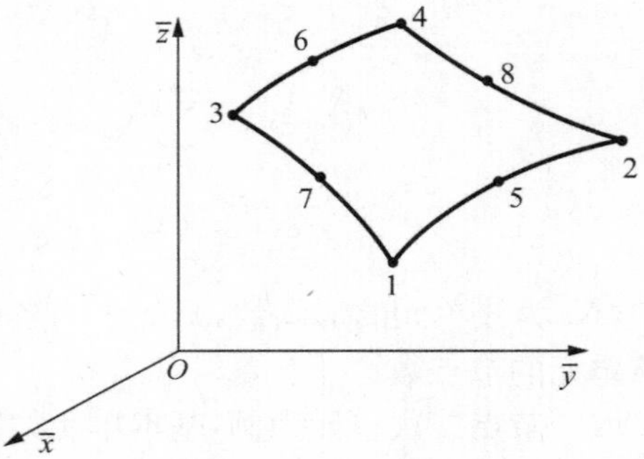

图 4-11　空间膜元

如果实际单元是作为空间结构的一个组成部分，为了今后分析的需要，有必要采用两套坐标系：在实际单元平面内选定一个合适的坐标系 xy，作为单元的基准坐标系；对于整个结构，选择($\bar{x}\bar{y}\bar{z}$)作为统一的结构坐标系，当给定各节点的结构坐标值 $\bar{x},\bar{y},\bar{z}$ 后，就可按下式确定单元内任何一点(ξ,η)的结构坐标值：

$$\left.\begin{aligned}\bar{x}(\xi,\eta)&=\sum_{i=1}^{m}N_i(\xi,\eta)\bar{x}_i\\ \bar{y}(\xi,\eta)&=\sum_{i=1}^{m}N_i(\xi,\eta)\bar{y}_i\\ \bar{z}(\xi,\eta)&=\sum_{i=1}^{m}N_i(\xi,\eta)\bar{z}_i\end{aligned}\right\} \tag{4-22}$$

再通过实际单元的几何关系，确定各节点的基准坐标值：

$$\left.\begin{aligned}x_i&=f_1(\bar{x},\bar{y},\bar{z})\\ y_i&=f_2(\bar{x},\bar{y},\bar{z})\quad (i=1,2,\cdots,m)\\ z_i&=f_3(\bar{x},\bar{y},\bar{z})\end{aligned}\right\} \tag{4-23}$$

再通过形函数确定单元内一点(ξ,η)的基准坐标值：

$$\left.\begin{aligned} x(\xi,\eta) &= \sum_{i=1}^{m} N_i(\xi,\eta)x_i \\ y(\xi,\eta) &= \sum_{i=1}^{m} N_i(\xi,\eta)y_i \end{aligned}\right\} \tag{4-24}$$

三、三维单元的转换

作为空间结构一部分的三维实际单元，可以按照分析的需要确定一个合适的坐标系 xyz，既作为单元分析时实际单元的基准坐标系，又作为结构分析中的结构坐标系。这样可以直接拼装结构刚度矩阵，不必再进行坐标系的转换。图 4-12 中给出 2 种三维单元及其基准坐标系，与对应的基本单元如图 4-6(a)(b)所示。如果已知各节点的基准坐标值 x_i，y_i，z_i，那么实际单元内一点(ξ,η,ζ)的基准坐标值由下式确定：

$$\left.\begin{aligned} x(\xi,\eta,\zeta) &= \sum_{i=1}^{m} N_i(\xi,\eta,\zeta)x_i \\ y(\xi,\eta,\zeta) &= \sum_{i=1}^{m} N_i(\xi,\eta,\zeta)y_i \\ z(\xi,\eta,\zeta) &= \sum_{i=1}^{m} N_i(\xi,\eta,\zeta)z_i \end{aligned}\right\} \tag{4-25}$$

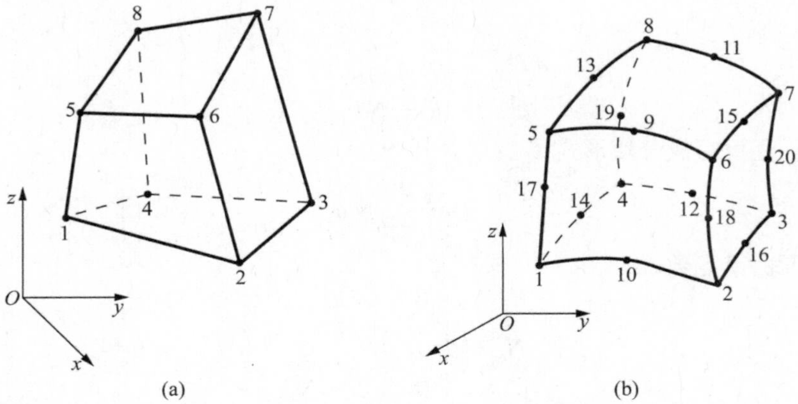

图 4-12　三维实际单元

(a) 线性单元；(b) 二次单元

以线性单元为例，形函数由式(4-13)给出，那么

$$x = \frac{1}{8}\sum(1+\xi_i\xi)(1+\eta_i\eta)(1+\zeta_i\zeta)x_i,\quad (x,y,z) \tag{4-26}$$

显然，式(4-26)是 xyz 空间中，以 ξ,η,ζ 为参数的平面方程。

由上面的讨论可知，只要在基本单元内选定一点，那么在实际单元中就有唯一对应的点存在，而该点的基准坐标值，也可由各节点的坐标值唯一地予以确定。

第三节　位移和应变

为普遍起见，我们以三维问题为例进行讨论。

一、位移函数

如果已经知道实际单元在基准坐标系中各个节点的位移

$$\boldsymbol{d}_i = [u_i, v_i, w_i]^{\mathrm{T}} \tag{4-27}$$

那么就可以借助于形函数来确定单元的某点(ξ,η,ζ)的位移

$$u(\xi,\eta,\zeta) = \sum_{i=1}^{m} N_i(\xi,\eta,\zeta)u_i, \quad (u,v,w)$$

或写成矩阵形式

$$\begin{Bmatrix} u \\ v \\ w \end{Bmatrix} = \begin{bmatrix} N_1 & 0 & 0 & N_2 & 0 & 0 & \cdots & N_m & 0 & 0 \\ 0 & N_1 & 0 & 0 & N_2 & 0 & \cdots & 0 & N_m & 0 \\ 0 & 0 & N_1 & 0 & 0 & N_2 & \cdots & 0 & 0 & N_m \end{bmatrix} \begin{Bmatrix} u_1 \\ v_1 \\ w_1 \\ u_2 \\ v_2 \\ w_2 \\ \vdots \\ u_m \\ v_m \\ w_m \end{Bmatrix} \tag{4-28}$$

记为

$$\boldsymbol{f} = \boldsymbol{N}\boldsymbol{d} \tag{4-29}$$

为了便于分析，还可写成分块形式

$$\boldsymbol{f} = \sum_{i=1}^{m} \boldsymbol{N}_i \boldsymbol{d}_i \tag{4-30}$$

式中，m 为单元的节点数，而

$$\boldsymbol{N}_i = \begin{bmatrix} N_i & 0 & 0 \\ 0 & N_i & 0 \\ 0 & 0 & N_i \end{bmatrix} \tag{4-31}$$

值得注意的是，坐标变换与位移模式中都采用了形函数，但是，它们的含义是不同的。坐标变换是用节点的坐标值来内插单元内各点的坐标，属于几何图形的变换。而位移模式，则是用节点的位移来内插单元的位移场，它描述的是单元的变形形态。显然，从数值分析角度来看，两者都是属于“插值”问题，节点就是“插值基点”，形函数就是“插值函数”。因此，对于某一个单元而言，在进行坐标变换和选择位移模式时，可以采用相同的插值基点和插值函数，也可以采用不同的插值基点和插值函数。通常有三种情况。

1. 等参单元

如果单元坐标变换和位移模式中采用相同的插值基点及插值函数，那么这种单元称为“等参单元”。

2. 超参单元

如果坐标变换中采用的插值基点数多于位移模式中的节点数，那么这类单元称为“超参单元”。

3. 次参单元

如果坐标变换中采用的插值基点数少于位移模式中的节点数，这类单元称为“次参单元”。

在结构分析中应用最为广泛的是等参单元，本章就讨论等参单元。至于其他两种单元的推导，原则上也大致相同。

二、应变-位移关系

在小位移弹性理论中，三维问题的应变-位移关系是

$$\begin{Bmatrix} \varepsilon_x \\ \varepsilon_y \\ \varepsilon_z \\ \gamma_{xy} \\ \gamma_{yz} \\ \gamma_{xz} \end{Bmatrix} = \begin{Bmatrix} \dfrac{\partial u}{\partial x} \\ \dfrac{\partial v}{\partial y} \\ \dfrac{\partial w}{\partial z} \\ \dfrac{\partial u}{\partial y} + \dfrac{\partial v}{\partial x} \\ \dfrac{\partial v}{\partial z} + \dfrac{\partial w}{\partial y} \\ \dfrac{\partial u}{\partial z} + \dfrac{\partial w}{\partial x} \end{Bmatrix} = \begin{bmatrix} \dfrac{\partial}{\partial x} & 0 & 0 \\ 0 & \dfrac{\partial}{\partial y} & 0 \\ 0 & 0 & \dfrac{\partial}{\partial z} \\ \dfrac{\partial}{\partial y} & \dfrac{\partial}{\partial x} & 0 \\ 0 & \dfrac{\partial}{\partial z} & \dfrac{\partial}{\partial y} \\ \dfrac{\partial}{\partial z} & 0 & \dfrac{\partial}{\partial x} \end{bmatrix} \begin{Bmatrix} u \\ v \\ w \end{Bmatrix} \tag{4-32}$$

记为

$$\boldsymbol{\varepsilon} = \boldsymbol{L}\boldsymbol{f} \tag{4-33}$$

以式(4-30)代入式(4-33)，得

$$\boldsymbol{\varepsilon} = \sum_{i=1}^{m} (\boldsymbol{L}\boldsymbol{N}_i)\boldsymbol{d}_i = \sum_{i=1}^{m} \boldsymbol{B}_i \boldsymbol{d}_i \tag{4-34}$$

式中

$$\boldsymbol{B}_i = \begin{bmatrix} \dfrac{\partial N_i}{\partial x} & 0 & 0 \\ 0 & \dfrac{\partial N_i}{\partial y} & 0 \\ 0 & 0 & \dfrac{\partial N_i}{\partial z} \\ \dfrac{\partial N_i}{\partial y} & \dfrac{\partial N_i}{\partial x} & 0 \\ 0 & \dfrac{\partial N_i}{\partial z} & \dfrac{\partial N_i}{\partial y} \\ \dfrac{\partial N_i}{\partial z} & 0 & \dfrac{\partial N_i}{\partial x} \end{bmatrix} \tag{4-35}$$

其中，微分是对基准坐标施加的，但形函数 N_i 是以局部坐标给出的，为此，可利用复合函数的微分法则：

$$\left.\begin{aligned}\frac{\partial N_i}{\partial \xi}=\frac{\partial N_i}{\partial x}\frac{\partial x}{\partial \xi}+\frac{\partial N_i}{\partial y}\frac{\partial y}{\partial \xi}+\frac{\partial N_i}{\partial z}\frac{\partial z}{\partial \xi}\\ \frac{\partial N_i}{\partial \eta}=\frac{\partial N_i}{\partial x}\frac{\partial x}{\partial \eta}+\frac{\partial N_i}{\partial y}\frac{\partial y}{\partial \eta}+\frac{\partial N_i}{\partial z}\frac{\partial z}{\partial \eta}\\ \frac{\partial N_i}{\partial \zeta}=\frac{\partial N_i}{\partial x}\frac{\partial x}{\partial \zeta}+\frac{\partial N_i}{\partial y}\frac{\partial y}{\partial \zeta}+\frac{\partial N_i}{\partial z}\frac{\partial z}{\partial \zeta}\end{aligned}\right\} \tag{4-36}$$

写成矩阵形式：

$$\begin{Bmatrix}\dfrac{\partial N_i}{\partial \xi}\\ \dfrac{\partial N_i}{\partial \eta}\\ \dfrac{\partial N_i}{\partial \zeta}\end{Bmatrix}=\begin{bmatrix}\dfrac{\partial x}{\partial \xi} & \dfrac{\partial y}{\partial \xi} & \dfrac{\partial z}{\partial \xi}\\ \dfrac{\partial x}{\partial \eta} & \dfrac{\partial y}{\partial \eta} & \dfrac{\partial z}{\partial \eta}\\ \dfrac{\partial x}{\partial \zeta} & \dfrac{\partial y}{\partial \zeta} & \dfrac{\partial z}{\partial \zeta}\end{bmatrix}\begin{Bmatrix}\dfrac{\partial N_i}{\partial x}\\ \dfrac{\partial N_i}{\partial y}\\ \dfrac{\partial N_i}{\partial z}\end{Bmatrix}=\boldsymbol{J}\begin{Bmatrix}\dfrac{\partial N_i}{\partial x}\\ \dfrac{\partial N_i}{\partial y}\\ \dfrac{\partial N_i}{\partial z}\end{Bmatrix} \tag{4-37}$$

式中，$\boldsymbol{J}$ 称为雅可比(Jacobi)矩阵，它可按坐标变换式(4-25)求出，即

$$\boldsymbol{J}=\begin{bmatrix}\dfrac{\partial N_1}{\partial \xi} & \dfrac{\partial N_2}{\partial \xi} & \cdots & \dfrac{\partial N_m}{\partial \xi}\\ \dfrac{\partial N_1}{\partial \eta} & \dfrac{\partial N_2}{\partial \eta} & \cdots & \dfrac{\partial N_m}{\partial \eta}\\ \dfrac{\partial N_1}{\partial \zeta} & \dfrac{\partial N_2}{\partial \zeta} & \cdots & \dfrac{\partial N_m}{\partial \zeta}\end{bmatrix}\begin{bmatrix}x_1 & y_1 & z_1\\ x_2 & y_2 & z_2\\ \vdots & \vdots & \vdots\\ x_m & y_m & z_m\end{bmatrix} \tag{4-38}$$

记为

$$\boldsymbol{J}=\boldsymbol{DNKxyz} \tag{4-39}$$

由式(4-37)，可得

$$\begin{Bmatrix}\dfrac{\partial N_i}{\partial x}\\ \dfrac{\partial N_i}{\partial y}\\ \dfrac{\partial N_i}{\partial z}\end{Bmatrix}=\boldsymbol{J}^{-1}\begin{Bmatrix}\dfrac{\partial N_i}{\partial \xi}\\ \dfrac{\partial N_i}{\partial \eta}\\ \dfrac{\partial N_i}{\partial \zeta}\end{Bmatrix} \tag{4-40}$$

虽然形函数是局部坐标的简单多项式，但经过坐标变换后，很难用基准坐标的显函数来表示等参单元的位移函数，因此在一般情况下很难判断等参单元中的应变和应力的分布规律。通常，等参单元为了描述变化比较剧烈的应变，应该选用阶次较高的形函数。

为了保证等参单元的坐标变换能够顺利进行，也就是说，要使得雅可比矩阵的求逆在数值运算中能够实现，根据大量计算实践得出的经验表明，必须使得所划分的等参单元的形状不能过于歪斜，对各个节点的配置有一定限制，即同一条棱边上各节点的间距不应相差过大，最好是等距配置。

第四节　矢量运算

为了推导等参单元的有关公式，这里给出一些有关矢量运算的公式。

一、矢量的乘法运算

设在直角坐标系 xyz 中有矢量

$$\left.\begin{aligned}\boldsymbol{a}&=a_x\boldsymbol{i}+a_y\boldsymbol{j}+a_z\boldsymbol{k}\\\boldsymbol{b}&=b_x\boldsymbol{i}+b_y\boldsymbol{j}+b_z\boldsymbol{k}\\\boldsymbol{c}&=c_x\boldsymbol{i}+c_y\boldsymbol{j}+c_z\boldsymbol{k}\end{aligned}\right\}\tag{4-41}$$

式中，$\boldsymbol{i},\boldsymbol{j},\boldsymbol{k}$ 分别表示沿坐标轴 x,y,z 方向的单位矢量，a_x,a_y,a_z 则表示矢量在 x,y,z 轴上的投影。

1. 矢量的数量积

矢量 $\boldsymbol{a}$ 和 $\boldsymbol{b}$ 的数量积定义为一个数量，它等于两个矢量的模与它们夹角余弦的乘积，即

$$\boldsymbol{a}\cdot\boldsymbol{b}=ab\cos\theta\tag{4-42}$$

其中，θ 是 $\boldsymbol{a}$ 与 $\boldsymbol{b}$ 的夹角(见图 4-13)，且有

$$0\leqslant\theta\leqslant\pi$$

根据上述定义，有

$$\left.\begin{aligned}\boldsymbol{i}\cdot\boldsymbol{i}=\boldsymbol{j}\cdot\boldsymbol{j}=\boldsymbol{k}\cdot\boldsymbol{k}=1\\\boldsymbol{i}\cdot\boldsymbol{j}=\boldsymbol{j}\cdot\boldsymbol{k}=\boldsymbol{k}\cdot\boldsymbol{i}=0\end{aligned}\right\}\tag{4-43}$$

$$\boldsymbol{a}\cdot\boldsymbol{b}=a_xb_x+a_yb_y+a_zb_z\tag{4-44}$$

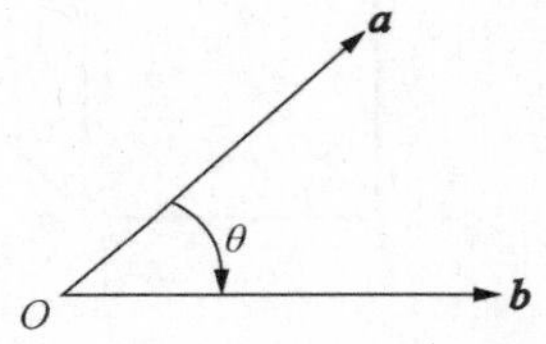

图 4-13

2. 矢量的矢量积

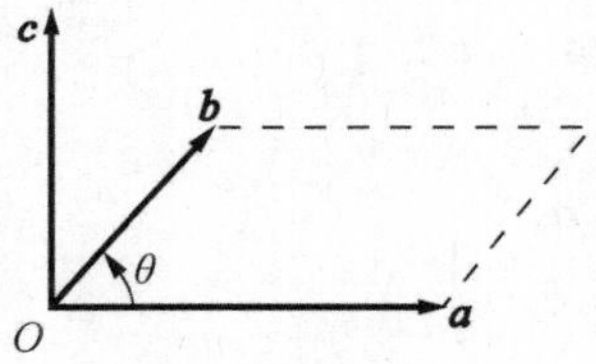

图 4-14

矢量 $\boldsymbol{a}$ 和 $\boldsymbol{b}$ 的矢量积，记作 $\boldsymbol{a}\times\boldsymbol{b}$，定义一个矢量 $\boldsymbol{c}$(见图 4-14)，它的模等于两矢量的模与夹角 θ 的正弦的乘积($0\leqslant\theta\leqslant\pi$)，$\boldsymbol{c}$ 的方向是按右手螺旋由 $\boldsymbol{a}$ 经过 θ 角转向 $\boldsymbol{b}$ 的前进方向。即有

$$\boldsymbol{c}=\boldsymbol{a}\times\boldsymbol{b}=ab\sin\theta\boldsymbol{e}\tag{4-45}$$

式中，$\boldsymbol{e}$ 是矢量 $\boldsymbol{c}$ 方向的单位矢量。

按上述定义可知有

$$\left.\begin{aligned}&\boldsymbol{i}\times\boldsymbol{i}=\boldsymbol{j}\times\boldsymbol{j}=\boldsymbol{k}\times\boldsymbol{k}=0\\&\boldsymbol{i}\times\boldsymbol{j}=\boldsymbol{k},\quad\boldsymbol{j}\times\boldsymbol{k}=\boldsymbol{i},\quad\boldsymbol{k}\times\boldsymbol{i}=\boldsymbol{j}\end{aligned}\right\}\tag{4-46}$$

故而，有

$$\boldsymbol{a}\times\boldsymbol{b}=(a_yb_z-a_zb_y)\boldsymbol{i}+(a_zb_x-a_xb_z)\boldsymbol{j}+(a_xb_y-a_yb_x)\boldsymbol{k}\tag{4-47}$$

也可写成行列式的形式

$$\boldsymbol{c}=\begin{vmatrix}\boldsymbol{i}&\boldsymbol{j}&\boldsymbol{k}\\a_x&a_y&a_z\\b_x&b_y&b_z\end{vmatrix}\tag{4-48}$$

这就是矢量积的坐标表达式。

$\boldsymbol{c}$ 的模等于以 a,b 为边的平行四边形面积

$$|\,\boldsymbol{c}\,|=A=ab\sin\theta\tag{4-49}$$

$\boldsymbol{c}$ 在坐标轴上的投影是

$$\left.\begin{aligned} c_x &= a_y b_z - a_z b_y \\ c_y &= a_z b_x - a_x b_z \\ c_z &= a_x b_y - a_y b_x \end{aligned}\right\} \tag{4-50}$$

$\boldsymbol{c}$ 的方向余弦是

$$l = \frac{c_x}{A}, \quad m = \frac{c_y}{A}, \quad n = \frac{c_z}{A} \tag{4-51}$$

3. 矢量的三重积

3 个矢量 $\boldsymbol{a},\boldsymbol{b},\boldsymbol{c}$ 的三重积或混合积就是指运算 $\boldsymbol{a}\cdot(\boldsymbol{b}\times\boldsymbol{c})$ 而得到的数量，即

$$V_{abc} = \boldsymbol{a}\cdot(\boldsymbol{b}\times\boldsymbol{c}) \tag{4-52}$$

或

$$V_{abc} = a\cdot b\cdot c\cdot \sin\theta\cdot\cos\varphi \tag{4-53}$$

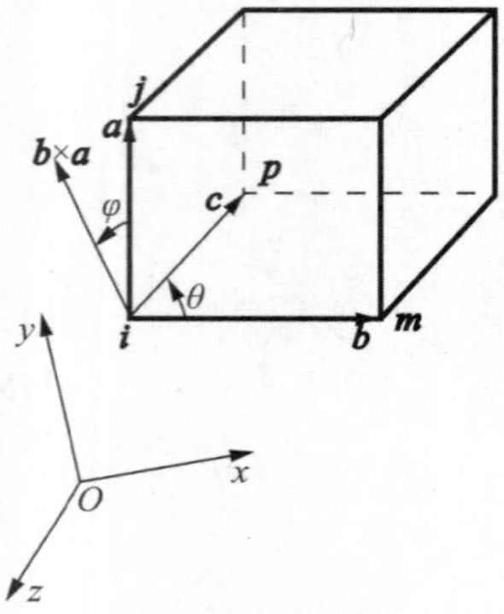

图 4-15 六面体

式中，θ 是 $\boldsymbol{b}$ 与 $\boldsymbol{c}$ 的夹角(见图 4-15)。显然，V_{abc} 等于矢量 $\boldsymbol{a},\boldsymbol{b},\boldsymbol{c}$ 所构成的平行六面体体积。以式(4-41)代入式(4-52)，得

$$V_{abc} = a_x(b_y c_z - b_z c_y) + a_y(b_z c_x - b_x c_z) + a_z(b_x c_y - b_y c_x) \tag{4-54}$$

或用行列式表示为

$$V_{abc} = \begin{vmatrix} a_x & a_y & a_z \\ b_x & b_y & b_z \\ c_x & c_y & c_z \end{vmatrix} \tag{4-55}$$

由图 4-15，令

$$\boldsymbol{ij} = \boldsymbol{a}, \boldsymbol{im} = \boldsymbol{b}, \boldsymbol{ip} = \boldsymbol{c}$$

则有

$$\begin{aligned} x_j - x_i &= a_x, \quad y_j - y_i = a_y, \quad z_j - z_i = a_z \\ x_m - x_i &= b_x, \quad y_m - y_i = b_y, \quad z_m - z_i = b_z \\ x_p - x_i &= c_x, \quad y_p - y_i = c_y, \quad z_p - z_i = c_z \end{aligned}$$

按行列式运算规则，有

$$\begin{aligned} V &= \frac{1}{6}\begin{vmatrix} 1 & x_i & y_i & z_i \\ 1 & x_j & y_j & z_j \\ 1 & x_m & y_m & z_m \\ 1 & x_p & y_p & z_p \end{vmatrix} \\ &= \frac{1}{6}\begin{vmatrix} 1 & x_i & y_i & z_i \\ 0 & a_x & a_y & a_z \\ 0 & b_x & b_y & b_z \\ 0 & c_x & c_y & c_z \end{vmatrix} \\ &= \frac{1}{6}\begin{vmatrix} a_x & a_y & a_z \\ b_x & b_y & b_z \\ c_x & c_y & c_z \end{vmatrix} \\ &= \frac{1}{6}V_{abc} \end{aligned} \tag{4-56}$$

显然，这里 $\boldsymbol{V}$ 等于四面体 $ijmp$ 的体积。

二、平面曲线坐标系中的微元面积

设 ξ,η 是直角坐标平面 xy 中的曲线坐标系，如图 4-16 所示。$\mathrm{d}\boldsymbol{\xi}$ 是曲线 $\eta=a_1$ 上过 A 点的切线方向上的微分矢量，$\mathrm{d}\boldsymbol{\eta}$ 是曲线 $\xi=b_1$ 上过 A 点的切线方向上的微分矢量。它们在 xy 坐标系中可表示为

$$\left.\begin{aligned}\mathrm{d}\boldsymbol{\xi}&=\boldsymbol{i}\frac{\partial x}{\partial\xi}\mathrm{d}\xi+\boldsymbol{j}\frac{\partial y}{\partial\xi}\mathrm{d}\xi\\\mathrm{d}\boldsymbol{\eta}&=\boldsymbol{i}\frac{\partial x}{\partial\eta}\mathrm{d}\eta+\boldsymbol{j}\frac{\partial y}{\partial\eta}\mathrm{d}\eta\end{aligned}\right\}\tag{4-57}$$

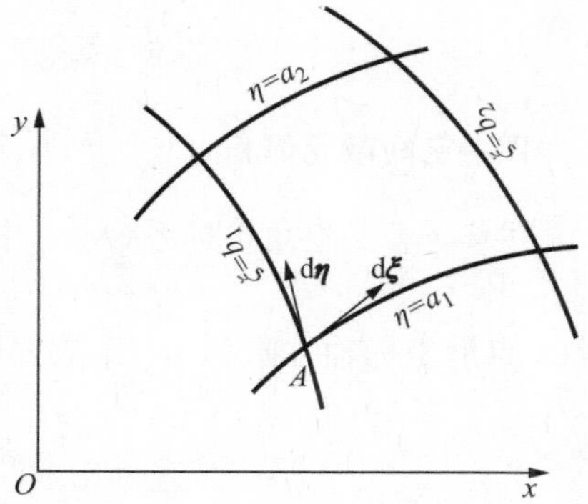

图 4-16　平面曲线坐标

令 $\boldsymbol{c}=\mathrm{d}\boldsymbol{\xi}\times\mathrm{d}\boldsymbol{\eta}$，于是有

$$\boldsymbol{c}=\mathrm{d}\boldsymbol{\xi}\times\mathrm{d}\boldsymbol{\eta}=\boldsymbol{k}\begin{vmatrix}\dfrac{\partial x}{\partial\xi}&\dfrac{\partial y}{\partial\xi}\\\dfrac{\partial x}{\partial\eta}&\dfrac{\partial y}{\partial\eta}\end{vmatrix}\mathrm{d}\xi\mathrm{d}\eta\tag{4-58}$$

由于矢量 $\boldsymbol{c}$ 的模等于以 $\mathrm{d}\boldsymbol{\xi},\mathrm{d}\boldsymbol{\eta}$ 为边的平行四边形的面积，也就是过 A 点的微元面积 $\mathrm{d}A$，即有

$$\mathrm{d}A=|\,\boldsymbol{c}\,|=\begin{vmatrix}\dfrac{\partial x}{\partial\xi}&\dfrac{\partial y}{\partial\xi}\\\dfrac{\partial x}{\partial\eta}&\dfrac{\partial y}{\partial\eta}\end{vmatrix}=\mathrm{d}\xi\mathrm{d}\eta=\det\boldsymbol{J}\mathrm{d}\xi\mathrm{d}\eta\tag{4-59}$$

式中，$\det\boldsymbol{J}$ 表示 2 阶的雅可比行列式。

三、空间曲面的微元面积

设 ξ,η 是直角坐标系 $Oxyz$ 中某个空间曲面上的曲线坐标(见图 4-17)，该曲面上 $\xi=b_1$，$\eta=a_1$ 的两条曲线的交点为 A，过 A 点作微分切线矢量

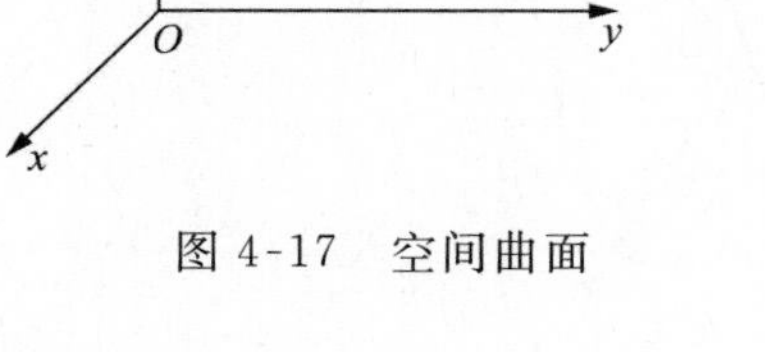

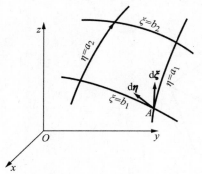

图 4-17　空间曲面

$$\left.\begin{aligned}\mathrm{d}\boldsymbol{\xi}&=\boldsymbol{i}\frac{\partial x}{\partial\xi}\mathrm{d}\xi+\boldsymbol{j}\frac{\partial y}{\partial\xi}\mathrm{d}\xi+\boldsymbol{k}\frac{\partial z}{\partial\xi}\mathrm{d}\xi\\\mathrm{d}\boldsymbol{\eta}&=\boldsymbol{i}\frac{\partial x}{\partial\eta}\mathrm{d}\eta+\boldsymbol{j}\frac{\partial y}{\partial\eta}\mathrm{d}\eta+\boldsymbol{k}\frac{\partial z}{\partial\eta}\mathrm{d}\eta\end{aligned}\right\}\tag{4-60}$$

令 $\boldsymbol{c}=\mathrm{d}\boldsymbol{\xi}\times\mathrm{d}\boldsymbol{\eta}$，于是有

$$\boldsymbol{c}=\mathrm{d}\boldsymbol{\xi}\times\mathrm{d}\boldsymbol{\eta}=\begin{vmatrix}\boldsymbol{i}&\boldsymbol{j}&\boldsymbol{k}\\\dfrac{\partial x}{\partial\xi}&\dfrac{\partial y}{\partial\xi}&\dfrac{\partial z}{\partial\xi}\\\dfrac{\partial x}{\partial\eta}&\dfrac{\partial y}{\partial\eta}&\dfrac{\partial z}{\partial\eta}\end{vmatrix}\mathrm{d}\xi\mathrm{d}\eta\tag{4-61}$$

或展开成

$$\begin{aligned}\boldsymbol{c}=&\boldsymbol{i}\left(\frac{\partial y}{\partial\xi}\frac{\partial z}{\partial\eta}-\frac{\partial z}{\partial\xi}\frac{\partial y}{\partial\eta}\right)\mathrm{d}\xi\mathrm{d}\eta+\boldsymbol{j}\left(\frac{\partial z}{\partial\xi}\frac{\partial x}{\partial\eta}-\frac{\partial x}{\partial\xi}\frac{\partial z}{\partial\eta}\right)\mathrm{d}\xi\mathrm{d}\eta+\\&\boldsymbol{k}\left(\frac{\partial x}{\partial\xi}\frac{\partial y}{\partial\eta}-\frac{\partial y}{\partial\xi}\frac{\partial x}{\partial\eta}\right)\mathrm{d}\xi\mathrm{d}\eta\end{aligned}\tag{4-62}$$

或记为

$$\boldsymbol{c} = c_x\boldsymbol{i} + c_y\boldsymbol{j} + c_z\boldsymbol{k} \tag{4-63}$$

于是，过 A 点的微元面积为

$$\mathrm{d}A_{\xi\eta} = |\ \boldsymbol{c}\ | = \sqrt{c_x^2 + c_y^2 + c_z^2} = A_{\xi\eta}\mathrm{d}\xi\mathrm{d}\eta \tag{4-64}$$

因为矢量 $\boldsymbol{c}$ 是曲面 $\xi\eta$ 上过 A 点的法线，故其方向余弦可表示成

$$l_{\xi\eta} = \frac{c_x}{\mathrm{d}A_{\xi\eta}}, \quad m_{\xi\eta} = \frac{c_y}{\mathrm{d}A_{\xi\eta}}, \quad n_{\xi\eta} = \frac{c_z}{\mathrm{d}A_{\xi\eta}} \tag{4-65}$$

四、空间微元体积

设 ξ,η,ζ 是直角坐标系 $Oxyz$ 中的曲线坐标，如图 4-18 所示。空间曲面的交点为 A，

$$\xi = a, \eta = b, \zeta = c$$

过 A 点沿坐标轴方向 ξ,η,ζ 作微分切线矢量

$$\left.\begin{aligned}
\mathrm{d}\boldsymbol{\xi} &= \boldsymbol{i}\frac{\partial x}{\partial \xi}\mathrm{d}\xi + \boldsymbol{j}\frac{\partial y}{\partial \xi}\mathrm{d}\xi + \boldsymbol{k}\frac{\partial z}{\partial \xi}\mathrm{d}\xi \\
\mathrm{d}\boldsymbol{\eta} &= \boldsymbol{i}\frac{\partial x}{\partial \eta}\mathrm{d}\eta + \boldsymbol{j}\frac{\partial y}{\partial \eta}\mathrm{d}\eta + \boldsymbol{k}\frac{\partial z}{\partial \eta}\mathrm{d}\eta \\
\mathrm{d}\boldsymbol{\zeta} &= \boldsymbol{i}\frac{\partial x}{\partial \zeta}\mathrm{d}\zeta + \boldsymbol{j}\frac{\partial y}{\partial \zeta}\mathrm{d}\zeta + \boldsymbol{k}\frac{\partial z}{\partial \zeta}\mathrm{d}\zeta
\end{aligned}\right\} \tag{4-66}$$

于是，以上述三个矢量为棱边的平行六面体的体积，也就是过 A 的微元体积 $\mathrm{d}V$ 为

$$\mathrm{d}V = \begin{vmatrix}
\frac{\partial x}{\partial \xi} & \frac{\partial y}{\partial \xi} & \frac{\partial z}{\partial \xi} \\
\frac{\partial x}{\partial \eta} & \frac{\partial y}{\partial \eta} & \frac{\partial z}{\partial \eta} \\
\frac{\partial x}{\partial \zeta} & \frac{\partial y}{\partial \zeta} & \frac{\partial z}{\partial \zeta}
\end{vmatrix}\mathrm{d}\xi\mathrm{d}\eta\mathrm{d}\zeta = \det\boldsymbol{J}\mathrm{d}\xi\mathrm{d}\eta\mathrm{d}\zeta \tag{4-67}$$

其中，$\det\boldsymbol{J}$ 表示三阶的雅可比行列式。

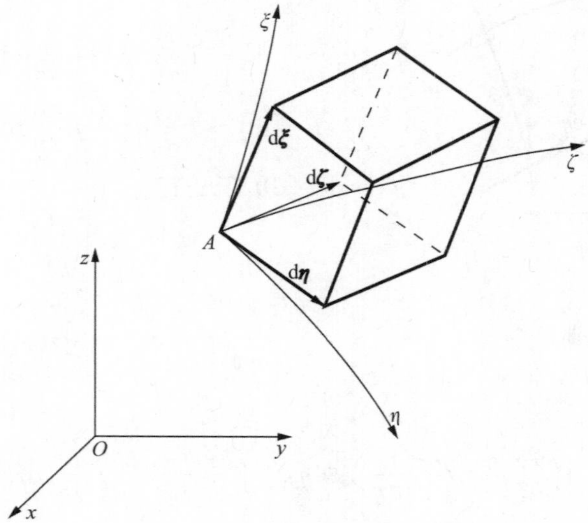

图 4-18 微元体

第五节　刚度矩阵和节点载荷

一、刚度矩阵

以式(4-34)代入三维弹性问题的应力-应变关系式，得到以节点位移表示的单元应力

$$\boldsymbol{\sigma} = \boldsymbol{D}\left(\sum_{i=1}^{m} \boldsymbol{B}_i \boldsymbol{d}_i\right) \tag{4-68}$$

若令

$$\left.\begin{aligned} \boldsymbol{d} &= [\boldsymbol{d}_1^{\mathrm{T}}, \boldsymbol{d}_2^{\mathrm{T}}, \cdots, \boldsymbol{d}_m^{\mathrm{T}}]^{\mathrm{T}} \\ \boldsymbol{B} &= [\boldsymbol{B}_1, \boldsymbol{B}_2, \cdots, \boldsymbol{B}_m] \end{aligned}\right\} \tag{4-69}$$

则式(4-34)、式(4-68)可写成

$$\left.\begin{aligned} \boldsymbol{\varepsilon} &= \boldsymbol{B}\boldsymbol{d} \\ \boldsymbol{\sigma} &= \boldsymbol{D}\boldsymbol{B}\boldsymbol{d} \end{aligned}\right\} \tag{4-70}$$

于是单元的应变能表达式

$$U = \frac{1}{2}\iiint_V \boldsymbol{\varepsilon}^{\mathrm{T}} \boldsymbol{\sigma}\, \mathrm{d}V$$

可表示为

$$U = \frac{1}{2}\boldsymbol{d}^{\mathrm{T}}\left(\iiint_V \boldsymbol{B}^{\mathrm{T}} \boldsymbol{D}\boldsymbol{B}\, \mathrm{d}V\right)\boldsymbol{d} = \frac{1}{2}\boldsymbol{d}^{\mathrm{T}}\boldsymbol{K}\boldsymbol{d} \tag{4-71}$$

其中

$$\boldsymbol{K} = \iiint_V \boldsymbol{B}^{\mathrm{T}} \boldsymbol{D}\boldsymbol{B}\, \mathrm{d}V \tag{4-72}$$

即为三维等参单元的刚度矩阵，以式(4-69)的第二式代入，可以将刚度矩阵写成分块形式，这样就便于编制计算程序。即

$$\boldsymbol{K} = \begin{bmatrix} \boldsymbol{K}_{11} & \boldsymbol{K}_{12} & \cdots & \boldsymbol{K}_{1m} \\ \boldsymbol{K}_{21} & \boldsymbol{K}_{22} & \cdots & \boldsymbol{K}_{2m} \\ \vdots & \vdots & & \vdots \\ \boldsymbol{K}_{m1} & \boldsymbol{K}_{m2} & \cdots & \boldsymbol{K}_{mm} \end{bmatrix} \tag{4-73}$$

其中，子矩阵

$$\boldsymbol{K}_{rs} = \iiint_V \boldsymbol{B}_r^{\mathrm{T}} \boldsymbol{D}\boldsymbol{B}_s\, \mathrm{d}V \quad (r, s = 1, 2, \cdots, m) \tag{4-74}$$

由式(4-35)确定的矩阵 $\boldsymbol{B}_i$ 是局部坐标的函数，为此以式(4-67)代入式(4-74)，得

$$\boldsymbol{K}_{rs} = \int_{-1}^{1}\int_{-1}^{1}\int_{-1}^{1} \boldsymbol{B}_r^{\mathrm{T}} \boldsymbol{D}\boldsymbol{B}_s \det\boldsymbol{J}\, \mathrm{d}\xi \mathrm{d}\eta \mathrm{d}\zeta \quad (r, s = 1, 2, \cdots, m) \tag{4-75}$$

应用最小势能原理，由式(4-71)可得等参单元的节点平衡方程

$$\boldsymbol{K}\boldsymbol{d} = \boldsymbol{F} \tag{4-76}$$

式中，$\boldsymbol{F}$ 是与 $\boldsymbol{d}$ 对应的节点载荷，也可按式(4-69)的第一式，相应地分割成

$$\boldsymbol{F} = [\boldsymbol{F}_1^{\mathrm{T}}, \boldsymbol{F}_2^{\mathrm{T}}, \cdots, \boldsymbol{F}_m^{\mathrm{T}}]^{\mathrm{T}} \tag{4-77}$$

二、等效节点载荷

如果外载荷不是作用在节点上，而是作用在单元的内部或边界上，那么也必须按照静力等效原理将它们移置到节点上。

当在单元内任意一点 $c(\xi_c, \eta_c, \zeta_c)$ 上作用有集中载荷

$$\boldsymbol{P} = [P_x, P_y, P_z]^{\mathrm{T}}$$

时，那么与其静力等效的节点载荷为

$$\boldsymbol{F} = \boldsymbol{N}(\xi_c, \eta_c, \zeta_c)^{\mathrm{T}}\boldsymbol{P} \tag{4-78}$$

或按照式(4-30)，可写成分块形式

$$\boldsymbol{F}_i = [\boldsymbol{N}(\xi_c, \eta_c, \zeta_c)]_i^{\mathrm{T}}\boldsymbol{P} \quad (i = 1, 2, \cdots, m) \tag{4-79}$$

如果在单元的某一边界面上，例如 $\zeta=\zeta_0=\pm 1$ 的 $\xi\eta$ 面上，作用有分布力

$$\overline{\boldsymbol{P}} = [\overline{P}_x, \overline{P}_y, \overline{P}_z]^{\mathrm{T}}$$

则等效节点载荷可按下式计算：

$$\boldsymbol{F} = \iint_S \boldsymbol{N}(\xi, \eta, \zeta_0)^{\mathrm{T}}\overline{\boldsymbol{P}}\mathrm{d}A_{\xi\eta} \tag{4-80}$$

其中，积分域 S 表示载荷 $\overline{\boldsymbol{P}}$ 的作用域，$\mathrm{d}A_{\xi\eta}$ 为其微元面积，由式(4-64)确定。同样可以写成分块形式

$$\boldsymbol{F}_i = \iint_S \boldsymbol{N}(\xi, \eta, \zeta_0)_i^{\mathrm{T}}\overline{\boldsymbol{P}}A_{\xi\eta}\mathrm{d}\xi\mathrm{d}\eta \quad (i = 1, 2, \cdots, m) \tag{4-81}$$

对于沿作用域变化的分布面力，须将面力 $\overline{\boldsymbol{P}}$ 表示成局部坐标的函数

$$\overline{\boldsymbol{P}} = \overline{\boldsymbol{P}}(\xi, \eta, \zeta_0)$$

而后，再进行积分。如果上述分布面力为静水压力 q，则有

$$\overline{\boldsymbol{P}} = q[l_{\xi\eta}, m_{\xi\eta}, n_{\xi\eta}]^{\mathrm{T}} \tag{4-82}$$

式中，$l_{\xi\eta}, m_{\xi\eta}, n_{\xi\eta}$ 为微元 $\mathrm{d}A_{\xi\eta}$ 的法线的方向余弦，由式(4-65)确定。显然，对于在 $\xi=\xi_0$ 或 $\eta=\eta_0$ 的面上作用有分布载荷作用的情况，可作类似的处理。

如果在单元的域内作用有体力

$$\boldsymbol{q} = [q_x, q_y, q_z]^{\mathrm{T}}$$

那么等效节点载荷可由下式确定：

$$\boldsymbol{F} = \iiint_V \boldsymbol{N}(\xi, \eta, \zeta)^{\mathrm{T}}\boldsymbol{q}\mathrm{d}V \tag{4-83}$$

由式(4-67)，得

$$\boldsymbol{F} = \int_{-1}^{1}\int_{-1}^{1}\int_{-1}^{1}\boldsymbol{N}(\xi, \eta, \zeta)^{\mathrm{T}}\boldsymbol{q}\det\boldsymbol{J}\mathrm{d}\xi\mathrm{d}\eta\mathrm{d}\zeta \tag{4-84}$$

或写成分块形式

$$\boldsymbol{F}_i = \int_{-1}^{1}\int_{-1}^{1}\int_{-1}^{1}\boldsymbol{N}_i^{\mathrm{T}}\boldsymbol{q}\det\boldsymbol{J}\mathrm{d}\xi\mathrm{d}\eta\mathrm{d}\zeta \quad (i = 1, 2, \cdots, m) \tag{4-85}$$

第六节　数值积分的应用

前面在推导空间等参单元的载荷列阵及刚度矩阵时，需要进行如下形式的积分：

$$\int_{-1}^{1}\int_{-1}^{1}\int_{-1}^{1} f(\xi,\eta,\zeta)\mathrm{d}\xi\mathrm{d}\eta\mathrm{d}\zeta \tag{4-86}$$

显然，被积函数一般是很复杂的，即使能得出它的显式，求它的积分也是很复杂的。因此，一般都用数值积分代替函数积分。即在单元内选出某些点，称为积分点，算出被积函数 f 在这些积分点处的函数值，然后用一些加权系数乘上这些函数值，再求出总和作为近似的积分值。数值积分的方法很多，可以从有关计算方法或数值计算的参考书中查得。在等参单元中广泛采用高斯(Gauss)积分法。应用高斯积分法与应用其他的数值积分方法相比，可以用同样数目的积分点达到较高的精度。或者说，可以用较少的积分点达到同样的精度。

首先介绍一维的高斯积分公式

$$I = \int_{-1}^{1} f(\xi)\mathrm{d}\xi = \sum_{i=1}^{n} H_i f(\xi_i) \tag{4-87}$$

式中，$f(\xi_i)$是被积函数 f 在积分点 ξ_i 处的数值；H_i 是加权系数；n 是所取积分点的数目。相应于 n 个积分点，可以选择 H_i 及 ξ_i 这 $2n$ 个数值，使式(4-87)在 f 为 ξ 的 $2n-1$ 次多项式时给出完全精确的积分值。

例如，试取 2 个积分点，即 $n=2$。这时，式(4-87)成为

$$I = \int_{-1}^{1} f(\xi)\mathrm{d}\xi = H_1 f(\xi_1) + H_2 f(\xi_2) \tag{4-88}$$

把被积函数 f 作为 ξ 的三次多项式，即

$$f(\xi) = c_0 + c_1\xi + c_2\xi^2 + c_3\xi^3 \tag{4-89}$$

它的精确积分值是

$$I = \int_{-1}^{1} (c_0 + c_1\xi + c_2\xi^2 + c_3\xi^3)\mathrm{d}\xi = 2c_0 + \frac{2}{3}c_2 \tag{4-90}$$

于是由式(4-88)、式(4-90)有

$$H_1 f(\xi_1) + H_2 f(\xi_2) = 2c_0 + \frac{2}{3}c_2$$

即

$$H_1(c_0 + c_1\xi + c_2\xi^2 + c_3\xi^3) + H_2(c_0 + c_1\xi + c_2\xi^2 + c_3\xi^3) = 2c_0 + \frac{2}{3}c_2$$

为了在 c_0 与 c_3 取任意数值(包括取零值)时，式(4-88)都是完全精确的，必须使上式两边关于 c_i 的系数都相等，即

$$H_1 + H_2 = 2, \qquad H_1\xi_1 + H_2\xi_2 = 0$$

$$H_1\xi_1^2 + H_2\xi_2^2 = \frac{2}{3}, \quad H_1\xi_1^3 + H_2\xi_2^3 = 0$$

由此得实根

$$\xi_1 = -\xi_2 = -\frac{1}{\sqrt{3}} = -0.577\,350\,269\,189\,626$$

$$H_1 = H_2 = 1.000\,000\,000\,000$$

如表 4-1 的第二行所示。

再如，试取 3 个积分点，即 $n=3$，则式(4-87)成为

$$I = \int_{-1}^{1} f(\xi)\mathrm{d}\xi = H_1 f(\xi_1) + H_2 f(\xi_2) + H_3 f(\xi_3)$$

把被积函数 f 作为 ξ 的五次多项式，即

$$f(\xi)=c_0+c_1\xi+c_2\xi^2+c_3\xi^3+c_4\xi^4+c_5\xi^5$$

由它的精确积分值

$$I=2c_0+\frac{2}{3}c_2+\frac{2}{5}c_4$$

得到

$$\begin{aligned}&H_1(c_0+c_1\xi_1+c_2\xi_1^2+c_3\xi_1^3+c_4\xi_1^4+c_5\xi_1^5)+\\&H_2(c_0+c_1\xi_2+c_2\xi_2^2+c_3\xi_2^3+c_4\xi_2^4+c_5\xi_2^5)+\\&H_3(c_0+c_1\xi_3+c_2\xi_3^2+c_3\xi_3^3+c_4\xi_3^4+c_5\xi_3^5)\\=&2c_0+\frac{2}{3}c_2+\frac{2}{5}c_4\end{aligned}$$

从而有

$$H_1+H_2+H_3=2,\qquad H_1\xi_1+H_2\xi_2+H_3\xi_3=0$$

$$H_1\xi_1^2+H_2\xi_2^2+H_3\xi_3^2=\frac{2}{3},\quad H_1\xi_1^3+H_2\xi_2^3+H_3\xi_3^3=0$$

$$H_1\xi_1^4+H_2\xi_2^4+H_3\xi_3^4=\frac{2}{5},\quad H_1\xi_1^5+H_2\xi_2^5+H_3\xi_3^5=0$$

由此解得实根

$$\xi_1=-\xi_3=-\sqrt{\frac{3}{5}}=-0.774\,596\,669\,241\,483$$

$$\xi_2=0.000\,000\,000\,000$$

$$H_1=H_3=\frac{5}{9}=0.555\,555\,555\,556$$

$$H_3=\frac{8}{9}=0.888\,888\,888\,888\,889$$

如表 4-1 的第三行所示。

对于 $n=2$ 到 $n=7$ 的情况，高斯积分公式中的积分点坐标 ξ_i 与加权系数 H_i 的数值均列于表 4-1 中。

表 4-1 高斯积分公式中的积分点坐标与加权系数

$$I=\int_{-1}^{1}f(\xi)\mathrm{d}\xi=\sum_{i=1}^{n}H_i f(\xi_i)$$

积分点数 n	$\pm\xi_i$	H_i
2	0.577 350 269 189 626	1.000 000 000 000 000
3	0.774 596 669 241 483	0.555 555 555 555 556
	0.000 000 000 000 000	0.888 888 888 888 889
4	0.816 136 311 594 053	0.347 854 845 137 454
	0.339 981 043 584 856	0.652 145 154 862 546
5	0.906 179 845 938 664	0.236 926 885 056 189
	0.538 469 310 105 683	0.478 628 670 499 366
	0.000 000 000 000 000	0.568 888 888 888 889

（续表）

积分点数 n	$\pm\xi_i$	H_i
6	0.932 469 514 203 152	0.171 324 492 379 170
	0.661 209 386 466 265	0.360 761 573 048 139
	0.238 619 186 083 197	0.476 913 934 572 691
7	0.949 107 912 342 759	0.129 484 966 168 870
	0.741 531 185 599 394	0.279 705 391 489 277
	0.405 845 151 377 397	0.381 830 050 505 119
	0.000 000 000 000 000	0.417 959 183 673 469

以一维高斯积分公式(4-87)为基础，极易导出二维及三维的求积公式。求重积分

$$\int_{-1}^{1}\int_{-1}^{1} f(\xi,\eta)\,\mathrm{d}\xi\mathrm{d}\eta$$

的数值时，可以先对 ξ 进行积分，这时把 η 当作常量，于是由式(4-87)得到

$$\int_{-1}^{1} f(\xi,\eta)\,\mathrm{d}\xi = \sum_{i=1}^{n_1} H_i f(\xi_i,\eta) = \phi(\eta)$$

再对 η 进行积分，得出

$$\int_{-1}^{1}\int_{-1}^{1} f(\xi,\eta)\,\mathrm{d}\xi\mathrm{d}\eta = \int_{-1}^{1}\phi(\eta)\,\mathrm{d}\eta = \sum_{j=1}^{n_2} H_j\phi(\eta_j)$$

归并，得

$$\int_{-1}^{1}\int_{-1}^{1} f(\xi,\eta)\,\mathrm{d}\xi\mathrm{d}\eta = \sum_{j=1}^{n_2} H_j \sum_{i=1}^{n_1} H_i f(\xi_i,\eta_j)$$

或改写为

$$\int_{-1}^{1}\int_{-1}^{1} f(\xi,\eta)\,\mathrm{d}\xi\mathrm{d}\eta = \sum_{j=1}^{n_2}\sum_{i=1}^{n_1} H_i H_j f(\xi_i,\eta_j) \tag{4-91}$$

这就是二维的高斯求积公式。与此类似，可以得出三维高斯求积公式为

$$\int_{-1}^{1}\int_{-1}^{1}\int_{-1}^{1} f(\xi,\eta,\zeta)\,\mathrm{d}\xi\mathrm{d}\eta\mathrm{d}\zeta = \sum_{i=1}^{n_1}\sum_{j=1}^{n_2}\sum_{m=1}^{n_3} H_i H_j H_m f(\xi_i,\eta_j,\zeta_m) \tag{4-92}$$

由前面的推导可见，在取 n 个积分点时，对于 m 次的多项式被积函数，如果 $m\leqslant 2n-1$，那么，一维的高斯求积公式(4-87)是完全精确的。反过来，对于 m 次的多项式被积函数，为了使积分值完全精确，积分点的数目必须取为 $n\geqslant\frac{m+1}{2}$。据此，我们来探讨一下，对于空间等参单元的节点载荷列阵及刚度矩阵中的积分公式，在用高斯求积公式时，要取多少个积分点。

分布体力的节点载荷由式(4-84)给出，即

$$\boldsymbol{F} = \int_{-1}^{1}\int_{-1}^{1}\int_{-1}^{1} \boldsymbol{N}^{\mathrm{T}}\boldsymbol{q}\det\boldsymbol{J}\,\mathrm{d}\xi\mathrm{d}\eta\mathrm{d}\zeta \tag{4-93}$$

以 20 节点的三维等参单元为例，由式(4-14)、式(4-15)可知，形函数 N_i 对每个局部坐标说来一般都是二次式，因而在 $\boldsymbol{N}^{\mathrm{T}}$ 的元素中，每个局部坐标都可能以 2 次幂出现；由式(4-38)可知，在 $\det\boldsymbol{J}$ 的表达式中，每个局部坐标都可能以 5 次幂出现。据此，当体力分量为常量时，式(4-93)中的被积函数对于每个局部坐标说来，幂次最高可能是 $m=2+5=7$ 次。于是可以判

明，为了一维积分值完全精确，积分点的数目为 $n \geqslant \frac{m+1}{2}=4$。在对式(4-93)应用三维的高斯求积公式(4-92)时，积分点的数目应为 $4^3=64$ 个。

一般分布面力的节点载荷列阵由式(4-80)给出，式中的微元面积 $\mathrm{d}A_{\xi\eta}$ 由式(4-64)确定。由于被积函数中包含着根式，不能简单地化成多项式，因而无法精确判明所需的积分点数目，只有结合面力分布的规律，依次增加积分点的数目，进行若干次试算，才能大致明了。

单元的刚度矩阵由式(4-75)确定。由于 $\boldsymbol{B}_r$ 中的元素是 $\frac{\partial N_i}{\partial x}$ 型的项，如式(4-35)所示，而这样的项与 $\boldsymbol{J}^{-1}$ 有关，如式(4-40)所示，因而式(4-75)中的被积函数也不能简单地化成多项式，因而也就无法判明所需积分点的数目。但是，如果单元很小，以致单元中的应变 $\boldsymbol{\varepsilon}$ 以及应力 $\boldsymbol{\sigma}$ 的元素都可以当作常量，则由式(4-70)可知

$$\boldsymbol{\varepsilon}^{\mathrm{T}}\boldsymbol{\sigma}=\boldsymbol{d}^{\mathrm{T}}\boldsymbol{B}^{\mathrm{T}}\boldsymbol{D}\boldsymbol{B}\boldsymbol{d}$$

的元素也可以当常量，于是 $\boldsymbol{B}^{\mathrm{T}}\boldsymbol{D}\boldsymbol{B}$ 的元素可以当作常量。这样，式(4-75)中被积函数的幂次决定于 $\det\boldsymbol{J}$ 的幂次。仍以 20 节点的三维单元为例，根据上面的分析，在 $\det\boldsymbol{J}$ 的表达式中，每个局部坐标都可能以 5 次幂出现，因而刚度矩阵的表达式(4-75)中的被积函数可以近似地当作 5 次多项式，即 $m=5$。于是可见，为了一维积分值近似精确，积分点数目可以取为 $n \geqslant \frac{m+1}{2}=3$。在对式(4-75)应用三维高斯求积公式(4-92)时，积分点的数目应取 27 个。

如果 $\boldsymbol{\varepsilon}$ 及 $\boldsymbol{\sigma}$ 不能当作常量，上面的结论就不能成立。在进行式(4-75)的积分时，所需积分点的数目将随应变和应力的分布规律而变化。值得注意的是：一方面，对于假定位移场的单元，由于人为地假定了位移模式而使得每个单元的自由度从无限多减为有限多，单元的刚度被夸大了；另一方面，由数值积分得来的刚度矩阵的数值，总是随着所取积分点的数目减少而变小。这样，如果采用偏少的积分点(少于积分值完全精确时所需的积分点数目)，可以使得上述两方面因素引起的误差部分地互相抵消。因此，在计算刚度矩阵的积分中，按照 $\det\boldsymbol{J}$ 的幂次来决定积分点的数目，是比较恰当的。

有的资料建议，在形成 20 节点等参单元的刚度矩阵时，采用如下的 14 点积分公式：

$$\begin{aligned}&\int_{-1}^{1}\int_{-1}^{1}\int_{-1}^{1} f(\xi,\eta,\zeta)\,\mathrm{d}\xi\mathrm{d}\eta\mathrm{d}\zeta\\
=&A[f(-a,0,0)+f(a,0,0)+f(0,-a,0)+\\
&f(0,a,0)+f(0,0,-a)+f(0,0,a)]+\\
&B[f(-b,-b,-b)+f(b,-b,-b)+f(-b,b,-b)+\\
&f(-b,-b,b)+f(-b,b,b)+f(b,-b,b)+\\
&f(b,b,-b)+f(b,b,b)]\end{aligned}\tag{4-94}$$

其中

$$\left.\begin{aligned}A&=0.886\,426\,592\,797\,784\\
B&=0.335\,180\,055\,401\,662\\
a&=0.795\,822\,425\,754\,222\\
b&=0.758\,786\,910\,639\,328\end{aligned}\right\}\tag{4-95}$$

作者利用这种 14 点积分公式编制了结构分析程序，曾对一些结构进行计算，并予以考核，结果表明，计算时间较少而精度较高，本章文献[2]中曾对此公式进行了推导分析。

第七节　三角形、四面体和三棱体等参单元

为了提高计算精度，应当努力使所有单元都具有较规则的形态。如果仅采用前面介绍的四边形单元和六面体单元，那么在许多结构中，为了得到较好形态的单元，将不得不采用具有折线的不规则网格，如图 4-19(a)所示。这样的网格会使整理计算结果十分不便。因此有必要建立一些三角形、空间四面体和三棱体单元来填充不规则边界。有了这样的填充单元，就不难划出很好的网格。这样既能采用形态很好的单元，又便于整理计算结果，如图 4-19(b)所示。

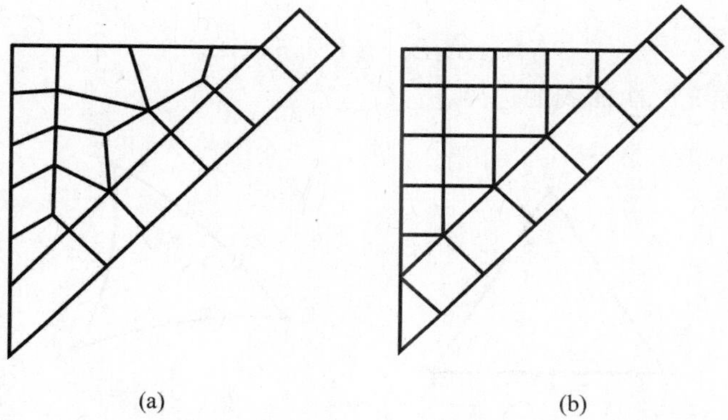

图 4-19　网格划分

(a) 不规则网格；(b) 规则网格

本节将简单地介绍这 3 种类型的填充单元。由于这些单元的推导方法与已经学过的单元完全一致，因而这里仅给出这几种单元的形函数，不再重复其刚度矩阵、节点载荷的推导。

一、三角形平面单元

利用第三章第七节中定义的面积坐标，可以建立一整族的三角形平面单元。这里列出几种典型的单元。

1. 3 节点线性三角形单元

基本单元是一个等边三角形，如图 4-20(a)所示。实际单元是任意的直边三角形，如图 4-20(b)所示。此时，单元的形函数是线性的，由下式给出：

$$N_i = L_i, \quad i = 1,2,3 \tag{4-96}$$

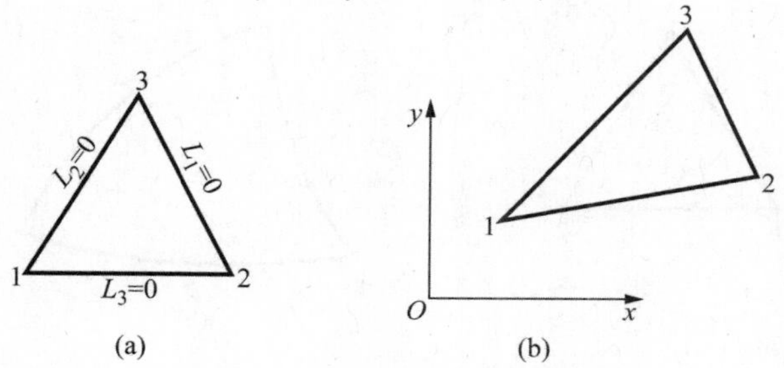

图 4-20　3 节点线性单元

(a) 基本单元；(b) 实际单元

其中，L_i 是由式(3-157)定义的面积坐标。

这类单元主要用于填充直线边界。它的精度在很大程度上取决于实际单元的形状与等边三角形的接近程度。

2. 6 节点二次三角形单元

该单元有 6 个节点，即 3 个角点，3 个边中点。基本单元是一个等边三角形，如图 4-21(a)所示。实际单元是曲边三角形，如图 4-21(b)所示。单元的形函数为

角点：

$$N_1 = (2L_1 - 1)L_1 \quad (1,2,3) \tag{4-97}$$

边中点：

$$N_4 = 4L_1L_2 \quad (4,5,6,1,2,3) \tag{4-98}$$

这类单元主要用于填充二次曲线的边界。

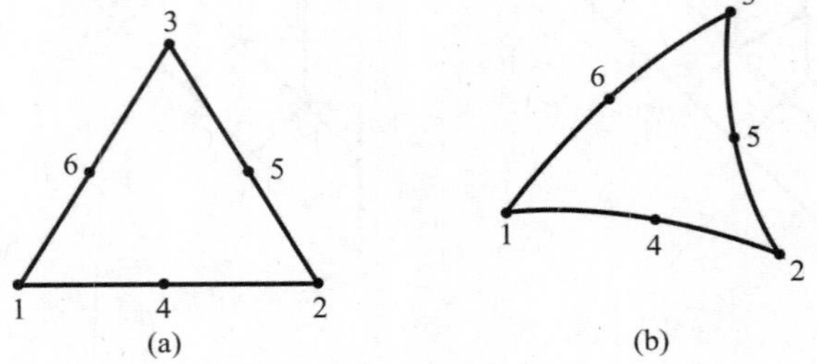

图 4-21　6 节点二次单元

(a) 基本单元；(b) 实际单元

3. 10 节点三次三角形单元

该单元有 10 个节点，即 3 个角点，6 个边三分点和 1 个内点，基本单元是一个等边三角形，如图 4-22(a)所示。实际单元是曲边三角形，如图 4-22(b)所示。单元的形函数为

角点：

$$N_1 = \frac{1}{2}(3L_1 - 1)(3L_1 - 2)L_1 \quad (1,2,3) \tag{4-99}$$

边三分点：

$$N_4 = \frac{9}{2}L_1L_2(3L_2 - 1) \quad (4,5,6,7,8,9) \tag{4-100}$$

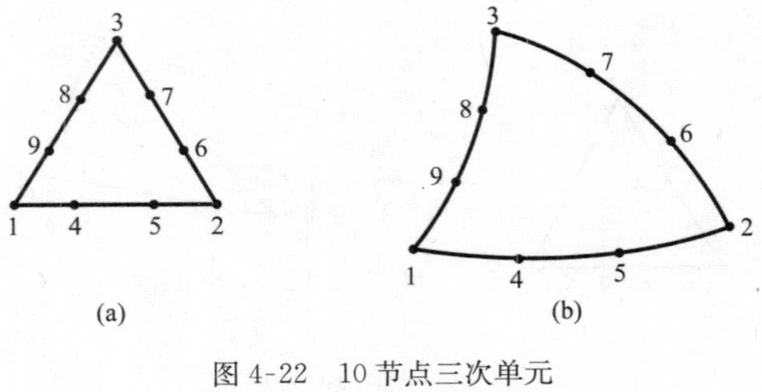

图 4-22　10 节点三次单元

(a) 基本单元；(b) 实际单元

内点：

$$N_{10} = 27L_1L_2L_3 \tag{4-101}$$

二、体积坐标

为了推导四面体单元，简化计算公式，我们定义一种体积坐标。如图 4-23 所示，四面体 1234 中，任意一点 P 的位置可以用下面四个比值来确定：

$$L_i = \frac{V_i}{V}, \quad i = 1,2,3,4 \tag{4-102}$$

式中，V_i 表示以 P 点和除 i 点以外的另外三个顶点所构成的子四面体的体积。例如，V_1 表示四面体 P-234 的体积，等等。V 表示四面体 1234 的体积。而 L_i 则称为 P 点的体积坐标，由于

$$V_1 + V_2 + V_3 + V_4 = V$$

所以有

$$L_1 + L_2 + L_3 + L_4 = 1$$

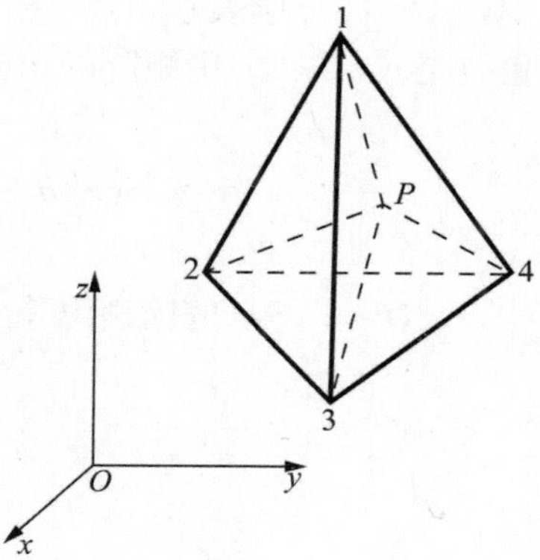

图 4-23　体积坐标

即 4 个体积坐标分量不是完全独立的，仅有 3 个独立分量。图中直角坐标系 xyz 通用于所有单元的总体，仍然称之为基准坐标系。

根据体积坐标的定义，4 个顶点的体积是

节点 1：　$L_1 = 1 \quad L_2 = 0 \quad L_3 = 0 \quad L_4 = 0$

节点 2：　$L_1 = 0 \quad L_2 = 1 \quad L_3 = 0 \quad L_4 = 0$

节点 3：　$L_1 = 0 \quad L_2 = 0 \quad L_3 = 1 \quad L_4 = 0$

节点 4：　$L_1 = 0 \quad L_2 = 0 \quad L_3 = 0 \quad L_4 = 1$

1. 体积坐标与直角坐标的关系

由四面体体积计算式(4-56)可知

$$V = \frac{1}{6}\begin{vmatrix} 1 & 1 & 1 & 1 \\ x_1 & x_2 & x_3 & x_4 \\ y_1 & y_2 & y_3 & y_4 \\ z_1 & z_2 & z_3 & z_4 \end{vmatrix} \tag{4-103}$$

$$V_1 = \frac{1}{6}\begin{vmatrix} 1 & 1 & 1 & 1 \\ x_p & x_2 & x_3 & x_4 \\ y_p & y_2 & y_3 & y_4 \\ z_p & z_2 & z_3 & z_4 \end{vmatrix} \tag{4-104}$$

直角坐标可以用体积坐标表示为

$$\begin{Bmatrix} 1 \\ x \\ y \\ z \end{Bmatrix} = \begin{vmatrix} 1 & 1 & 1 & 1 \\ x_1 & x_2 & x_3 & x_4 \\ y_1 & y_2 & y_3 & y_4 \\ z_1 & z_2 & z_3 & z_4 \end{vmatrix} \begin{Bmatrix} L_1 \\ L_2 \\ L_3 \\ L_4 \end{Bmatrix} \tag{4-105}$$

而体积坐标可以用直角坐标表示为

$$\begin{Bmatrix} L_1 \\ L_2 \\ L_3 \\ L_4 \end{Bmatrix} = \frac{1}{6V} \begin{vmatrix} V_1 & a_1 & b_1 & c_1 \\ V_2 & a_2 & b_2 & c_2 \\ V_3 & a_3 & b_3 & c_3 \\ V_4 & a_4 & b_4 & c_4 \end{vmatrix} \begin{Bmatrix} 1 \\ x \\ y \\ z \end{Bmatrix} \tag{4-106}$$

式中，a_i，b_i，c_i 分别表示角点 i 相对的表面在垂直于 x，y，z 轴的平面上的投影面积。实际上它们也就是式(4-105)中矩阵的相应于坐标 x_i，y_i，z_i 的代数余子式，即

$$\left.\begin{aligned} a_i &= (-1)^{2+i}A_{2i} \\ b_i &= (-1)^{3+i}A_{3i} \quad (i=1,2,3,4) \\ c_i &= (-1)^{4+i}A_{4i} \end{aligned}\right\} \tag{4-107}$$

其中，$A_{ki}(k=2,3,4)$表示第 k 行 i 列元素的余子式。如

$$a_1 = -\begin{vmatrix} 1 & 1 & 1 \\ y_2 & y_3 & y_4 \\ z_2 & z_3 & z_4 \end{vmatrix}$$

$$b_1 = \begin{vmatrix} 1 & 1 & 1 \\ x_2 & x_3 & x_4 \\ z_2 & z_3 & z_4 \end{vmatrix}$$

$$c_1 = -\begin{vmatrix} 1 & 1 & 1 \\ x_2 & x_3 & x_4 \\ y_2 & y_3 & y_4 \end{vmatrix}$$

等。由式(4-105)、式(4-106)可知，体积坐标与直角坐标之间存在线性变换关系。因此，凡是由直角坐标表示的多项式都可以用体积坐标表示为同阶的多项式，反之亦然。但体积坐标具有明显的优点，即它们与四面体的形状无关，而且积分运算比较简单。

2. 体积坐标的运算规则

将体积坐标的函数对直角坐标求导时，可利用下列公式：

$$\left.\begin{aligned} \frac{\partial}{\partial x} &= \sum_{i=1}^{4} \frac{\partial L_i}{\partial x}\frac{\partial}{\partial L_i} = \frac{1}{6V}\left(a_1\frac{\partial}{\partial L_1} + a_2\frac{\partial}{\partial L_2} + a_3\frac{\partial}{\partial L_3} + a_4\frac{\partial}{\partial L_4}\right) \\ \frac{\partial}{\partial y} &= \sum_{i=1}^{4} \frac{\partial L_i}{\partial y}\frac{\partial}{\partial L_i} = \frac{1}{6V}\left(b_1\frac{\partial}{\partial L_1} + b_2\frac{\partial}{\partial L_2} + b_3\frac{\partial}{\partial L_3} + b_4\frac{\partial}{\partial L_4}\right) \\ \frac{\partial}{\partial z} &= \sum_{i=1}^{4} \frac{\partial L_i}{\partial z}\frac{\partial}{\partial L_i} = \frac{1}{6V}\left(c_1\frac{\partial}{\partial L_1} + c_2\frac{\partial}{\partial L_2} + c_3\frac{\partial}{\partial L_3} + c_4\frac{\partial}{\partial L_4}\right) \end{aligned}\right\} \tag{4-108}$$

体积坐标的幂函数在四面体单元上积分时，可以用公式

$$\iiint_V L_1^a L_2^b L_3^c L_4^d \,\mathrm{d}x\mathrm{d}y\mathrm{d}z = 6V\frac{a!b!c!d!}{(a+b+c+d+3)!} \tag{4-109}$$

三、四面体单元

1. 4 节点线性单元

基本单元是正四面体，实际单元是任意直棱四面体，如图 4-24 所示。

该单元有 4 个节点，形函数可取为

$$N_i = L_i \quad (i=1,2,3,4) \tag{4-110}$$

显然，形函数是关于体积坐标的线性函数，这类单元主要用于直棱和平面边界的填充。

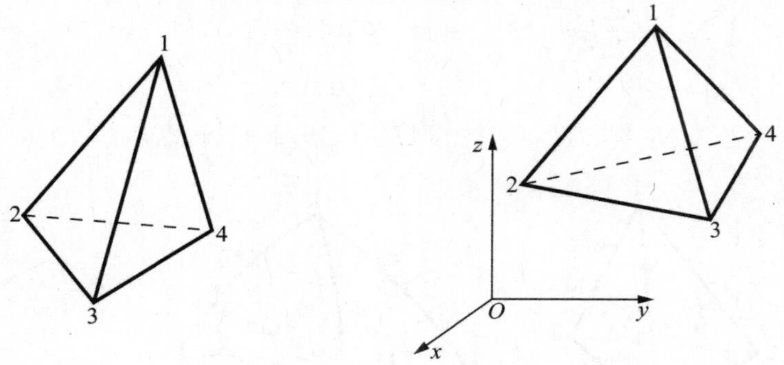

图 4-24　4 节点线性单元

2. 10 节点二次单元

基本单元是正四面体，实际单元是曲边四面体，如图 4-25 所示。形函数可取成

角点：

$$N_1 = (2L_1 - 1)L_1 \quad (1,2,3,4) \tag{4-111}$$

边中点：

$$N_5 = 4L_1L_2 \quad (5,6,7,8,9,10),\quad (1,2,3,4)$$

或展开成：

$$\left.\begin{aligned} &N_i = (2L_i - 1)L_i, \quad i = 1,2,3,4 \\ &N_5 = 4L_1L_2, \quad N_6 = 4L_1L_3, \quad N_7 = 4L_1L_4 \\ &N_8 = 4L_2L_3, \quad N_9 = 4L_2L_4, \quad N_{10} = 4L_3L_4 \end{aligned}\right\} \tag{4-112}$$

显然，形函数是关于体积坐标的二次函数，这类单元主要用于棱边为二次曲线的情况。

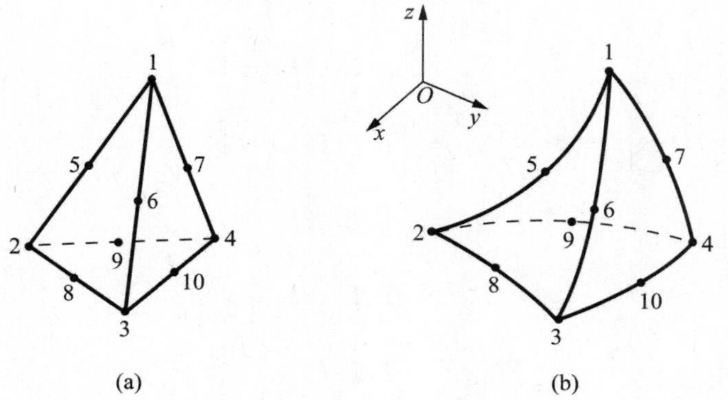

图 4-25　10 节点二次单元

(a) 基本单元；(b) 实际单元

3. 20 节点三次单元

基本单元是正四面体，实际单元是曲边四面体，如图 4-26 所示。形函数可取为

角点：

$$N_1 = \frac{1}{2}(3L_1 - 1)(3L_1 - 2)L_1 \quad (1,2,3,4)$$

边三分点：

$$N_5 = \frac{9}{2}L_1L_2(3L_1 - 1) \quad (5,6,\cdots,16),(1,2,3,4)$$

面心：

$$N_{17} = 27L_1L_2L_3 \quad (17,18,19,20),(1,2,3,4)$$

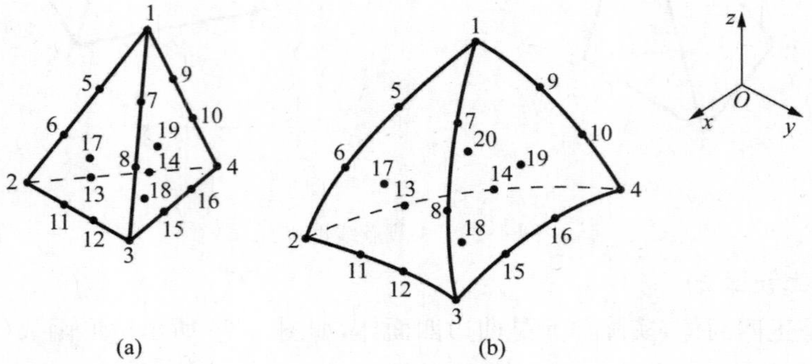

图 4-26　20 节点三次单元

(a) 基本单元；(b) 实际单元

或展开成角点：

$$N_i = \frac{1}{2}(3L_i - 1)(3L_i - 2)L_i \quad (i = 1,2,3,4)$$

边三分点：

$$N_5 = \frac{9}{2}L_1L_2(3L_1 - 1)$$

$$N_6 = \frac{9}{2}L_2L_1(3L_2 - 1)$$

$$N_7 = \frac{9}{2}L_1L_3(3L_1 - 1)$$

$$N_8 = \frac{9}{2}L_3L_1(3L_3 - 1)$$

$$N_9 = \frac{9}{2}L_1L_4(3L_1 - 1)$$

$$N_{10} = \frac{9}{2}L_4L_1(3L_4 - 1)$$

$$N_{11} = \frac{9}{2}L_2L_3(3L_2 - 1)$$

$$N_{12} = \frac{9}{2}L_3L_2(3L_3 - 1)$$

$$N_{13} = \frac{9}{2}L_2L_4(3L_2 - 1)$$

$$N_{14} = \frac{9}{2}L_4L_2(3L_4 - 1)$$

$$N_{15} = \frac{9}{2}L_3L_4(3L_3 - 1)$$

$$N_{16}=\frac{9}{2}L_4L_3(3L_4-1)$$

面心：

$$N_{17}=27L_1L_2L_3$$
$$N_{18}=27L_2L_3L_4$$
$$N_{19}=27L_3L_4L_1$$
$$N_{20}=27L_4L_1L_2$$

显然，形函数是关于局部坐标的三次函数。这类单元主要用于棱边为三次曲线的情况。

4. 雅可比矩阵的计算

在按式(4-39)计算雅可比矩阵时，我们应注意到体积坐标不是完全独立的性质，为此可令

$$\xi=L_1,\quad \eta=L_2,\quad \zeta=L_3,\quad 1-\xi-\eta-\zeta=L_4 \tag{4-113}$$

因为形函数是用体积坐标表示的，根据复合函数求导法则，有

$$\frac{\partial N_i}{\partial \xi}=\frac{\partial N_i}{\partial L_1}\frac{\partial L_1}{\partial \xi}+\frac{\partial N_i}{\partial L_2}\frac{\partial L_2}{\partial \xi}+\frac{\partial N_i}{\partial L_3}\frac{\partial L_3}{\partial \xi}+\frac{\partial N_i}{\partial L_4}\frac{\partial L_4}{\partial \xi}$$

以式(4-113)代入，可得

$$\frac{\partial N_i}{\partial \xi}=\frac{\partial N_i}{\partial L_1}-\frac{\partial N_i}{\partial L_4}$$

同理，可得$\frac{\partial N_i}{\partial \eta}$，$\frac{\partial N_i}{\partial \zeta}$的计算式，将它们归并为

$$\left.\begin{aligned}\frac{\partial N_i}{\partial \xi}&=\frac{\partial N_i}{\partial L_1}-\frac{\partial N_i}{\partial L_4}\\ \frac{\partial N_i}{\partial \eta}&=\frac{\partial N_i}{\partial L_2}-\frac{\partial N_i}{\partial L_4}\\ \frac{\partial N_i}{\partial \zeta}&=\frac{\partial N_i}{\partial L_3}-\frac{\partial L_i}{\partial L_4}\end{aligned}\right\} \tag{4-114}$$

将式(4-114)代入式(4-39)，就可计算雅可比矩阵 $\boldsymbol{J}$。

四、三棱体单元

这类单元的基本单元是一个三棱体，顶面和底面是垂直于纵向棱边的相同的两个正三角形。在基本单元内部定义的局部坐标是这样选取的：在高度方向采用量纲为一坐标 ξ，其原点在高度的中间，上底为 $\xi=1$，下底为 $\xi=-1$；在横截面的三角形内部，则采用面积坐标，由式(3-157)定义。

1. 6 节点线性单元

基本单元是高度为 2，截面为正三角形的三棱体，如图 4-27(a)所示。该单元有 6 个节点，形函数可取为

上底面角点：
$$N_i=\frac{1}{2}(1+\zeta)L_i,\quad i=1,2,3$$

下底面节点：
$$N_i=\frac{1}{2}(1-\zeta)L_{i-3},\quad i=4,5,6$$

显然，形函数是局部坐标的线性函数。与其对应的实际单元是直棱五面体，如图 4-27(b)所示。这类单元主要用于填充边界是平面或直棱的结构。

2. 15 节点二次单元

基本单元是高度为 2，截面为正三角形的三棱体，实际是曲棱五面体，如图 4-28(b)所示。该单元有 15 个节点，除 6 个角点外，其余 9 个节点均安置在各棱边的中点。单元的形函数可取为

下底面角点： $N_i = \frac{\zeta}{2}(1-\zeta)(2L_i-1)L_i, \quad i=1,2,3$

下底面边中点： $N_4 = -2\zeta(1-\zeta)L_1L_2 \quad (4,5,6;\ \ 1,2,3)$

上底两角点： $N_7 = \frac{\zeta}{2}(1+\zeta)(2L_1-1)L_1 \quad (7,8,9;\ \ 1,2,3)$

上底面边中点： $N_{10} = 2\zeta(1+\zeta)L_1L_2 \quad (10,11,12;\ \ 1,2,3)$

侧棱中点： $N_{13} = (1-\zeta^2)(2L_1-1)L_1 \quad (13,14,15;\ \ 1,2,3)$

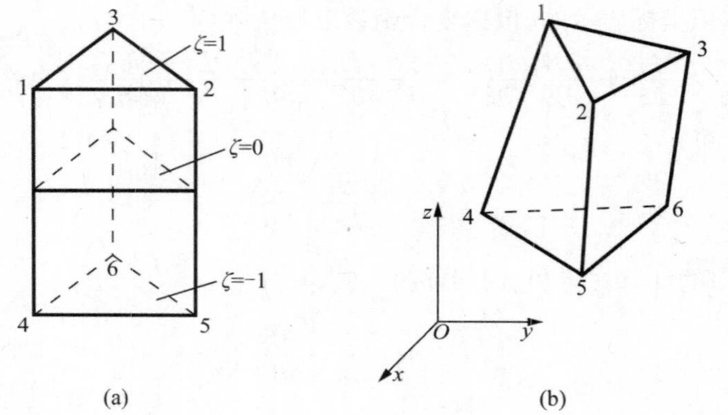

图 4-27 6 节点线性单元

(a) 基本单元；(b) 实际单元

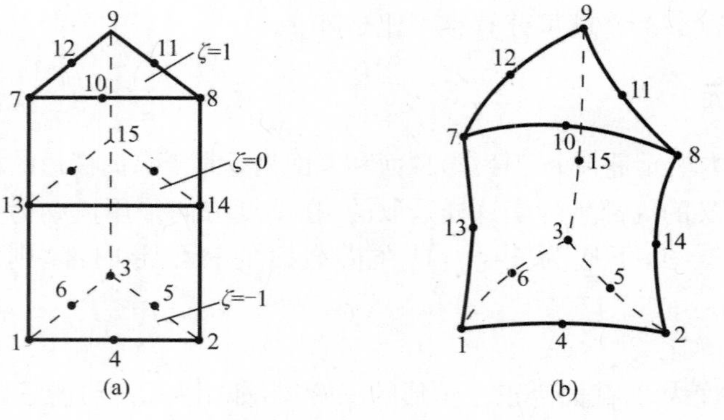

图 4-28 15 节点二次单元

(a) 基本单元；(b) 实际单元

第八节 厚壳单元

众所周知，即使对于厚壳，中面法线在变形后仍基本上保持为直线。利用这一事实，艾哈

迈德(Ahmad)等人提出了分析厚壳的一个方法,即假定中面法线在变形后仍保持为直线,并忽略垂直于中面的正应力所引起的应变能。每一节点有 5 个自由度,利用形函数作坐标变换,壳体中面可以是任意曲面。计算中考虑了横向剪切应力的影响,因此比薄壳理论更为准确。这种壳体单元不但可用以分析厚壳,也可用以分析薄壳。实际计算经验表明,它具有计算精度高、运用范围广等优点,是到目前为止最好的壳体单元之一。

典型的曲面厚壳单元如图 4-29 所示。单元的局部坐标系为(ξ,η,ζ)。$\zeta=0$ 为单元的中面;$\zeta=\pm1$ 为单元的上、下表面,均可为曲面;$\xi=\pm1$,$\eta=\pm1$ 是由上、下表面及 4 条沿高度方向的直线构成的截面,单元的节点取在中面上。如图 4-29 所示的二次单元,在中面上有 8 个节点,即 4 个角点和 4 个边中点。

厚壳单元的中面一般是曲面,如图 4-30 所示。

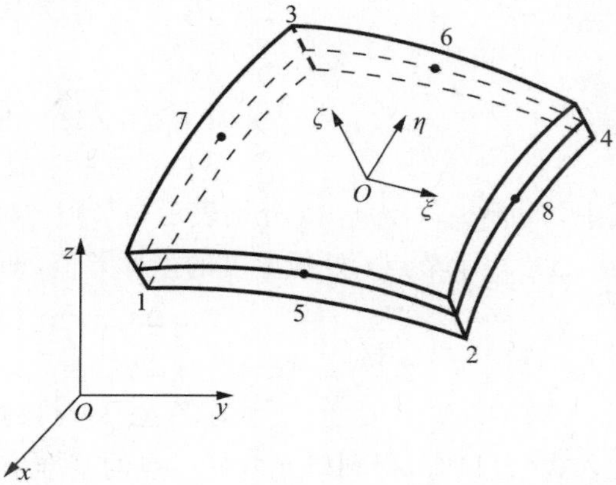

图 4-29　曲面厚壳单元

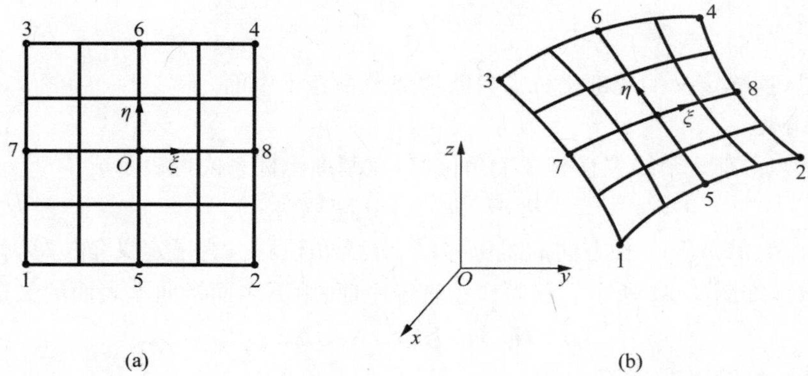

图 4-30　壳体中面

(a) 基本单元;(b) 基本单元

1. 坐标变换

取直角坐标系(x,y,z)作为基准坐标系,节点 i 的基准坐标为(x_i,y_i,z_i)。于是,中面$(\zeta_0=0)$上任意一点(ξ,η)的基准坐标可表示为

$$\left.\begin{aligned} x(\xi,\eta,\zeta_0) &= \sum_{i=1}^{m} N_i(\xi,\eta)x_i \\ y(\xi,\eta,\zeta_0) &= \sum_{i=1}^{m} N_i(\xi,\eta)y_i \\ z(\xi,\eta,\zeta_0) &= \sum_{i=1}^{m} N_i(\xi,\eta)z_i \end{aligned}\right\} \tag{4-115}$$

式中,$N_i(\xi,\eta)$为单元的形函数,对于 8 节点四边形单元可由式(4-9)、式(4-10)确定,也可采用前面介绍的其他的二维形函数。

假定 $\zeta=1$ 表示壳元上表面，$\zeta=-1$ 表示下表面。那么，单元内部任意一点(ξ,η,ζ)的基准坐标可表示为

$$\left.\begin{aligned}\begin{Bmatrix}x\\y\\z\end{Bmatrix}&=\sum N_i(\xi,\eta)\,\frac{1+\zeta}{2}\begin{Bmatrix}x_i\\y_i\\z_i\end{Bmatrix}_{\text{上表面}}\\\begin{Bmatrix}x\\y\\z\end{Bmatrix}&=\sum N_i(\xi,\eta)\,\frac{1-\zeta}{2}\begin{Bmatrix}x_i\\y_i\\z_i\end{Bmatrix}_{\text{下表面}}\end{aligned}\right\}\tag{4-116}$$

式中，$(x_i)_{\text{上表面}}$，$(x_i)_{\text{下表面}}$分别表示与节点 i 对应的上表面和下表面上点的坐标值等。令 Δx_i，Δy_i，Δz_i 表示节点 i 处板厚度的坐标差值，即

$$\begin{Bmatrix}\Delta x_i\\\Delta y_i\\\Delta z_i\end{Bmatrix}=\begin{Bmatrix}x_i\\y_i\\z_i\end{Bmatrix}_{\text{上表面}}-\begin{Bmatrix}x_i\\y_i\\z_i\end{Bmatrix}_{\text{下表面}}\tag{4-117}$$

代入式(4-116)，得到单元内任一点的基准坐标

$$\begin{Bmatrix}x\\y\\z\end{Bmatrix}=\sum_{i=1}^{m}N_i\begin{Bmatrix}x_i\\y_i\\z_i\end{Bmatrix}+\sum_{i=1}^{m}N_i\,\frac{\zeta}{2}\begin{Bmatrix}\Delta x_i\\\Delta y_i\\\Delta z_i\end{Bmatrix}\tag{4-118}$$

值得注意的是，这样定义的局部坐标 ζ 只能近似地垂直于中面。

2. 位移函数

每一个节点 i 有 3 个线位移和 2 个角位移，在基准坐标系内可表示成

$$\boldsymbol{d}_i=[u_i,v_i,w_i,\phi_i,\psi_i]^{\mathrm{T}}\tag{4-119}$$

式中，u_i，v_i，w_i 为沿 x，y，z 轴方向的线位移；ϕ_i，ψ_i 为角位移。为了定义角位移，作 3 个正交矢量 $\boldsymbol{H}_{1i}$，$\boldsymbol{H}_{2i}$，$\boldsymbol{H}_{3i}$，如图 4-31 所示。首先作垂直于中面、由下表面指向上表面的矢量 $\boldsymbol{H}_{3i}$：

$$|\boldsymbol{H}_{3i}|=[\Delta x_i,\Delta y_i,\Delta z_i]^{\mathrm{T}}\tag{4-120}$$

其模即为节点 i 处的厚度，即

$$|\boldsymbol{H}_{3i}|=t_i=\sqrt{\Delta x_i^2+\Delta y_i^2+\Delta z_i^2}\tag{4-121}$$

于是，$\boldsymbol{H}_{3i}$的方向余弦为

$$l_{3i}=\frac{\Delta x_i}{t_i},\quad m_{3i}=\frac{\Delta y_i}{t_i},\quad n_{3i}=\frac{\Delta z_i}{t_i}\tag{4-122}$$

再过 i 点作两个矢量 $\boldsymbol{H}_{1i}$，$\boldsymbol{H}_{2i}$，它们均切于中面，并与 $\boldsymbol{H}_{3i}$正交。为了使 $\boldsymbol{H}_{1i}$，$\boldsymbol{H}_{2i}$，$\boldsymbol{H}_{3i}$与 x，y，z 轴的方向大体一致，可采用如下做法，令

$$\boldsymbol{H}_{2i}=\boldsymbol{H}_{3i}\times\boldsymbol{i},\quad \boldsymbol{H}_{1i}=\boldsymbol{H}_{2i}\times\boldsymbol{H}_{3i}\tag{4-123}$$

即 $\boldsymbol{H}_{2i}$正交于$\boldsymbol{H}_{3i}$与 x 轴，$\boldsymbol{H}_{1i}$正交于$\boldsymbol{H}_{2i}$与$\boldsymbol{H}_{3i}$，式中，$\boldsymbol{i}$ 表示 x 轴向的单位矢量。根据矢量运算法则不难确定矢量 $\boldsymbol{H}_{2i}$与 $\boldsymbol{H}_{1i}$的方向余弦。我们定义角位移：ϕ_i 为壳体中面法线矢量 $\boldsymbol{H}_{3i}$绕矢量 $\boldsymbol{H}_{2i}$的转角，ψ_i 为 $\boldsymbol{H}_{3i}$绕矢量 $\boldsymbol{H}_{1i}$的转角。图 4-32 中给出它们的正方向。

设 C 点为在 $\boldsymbol{H}_{3i}$ 上的点，其坐标为 ζ，由于转角 ϕ_i，那么 C 点沿 $\boldsymbol{H}_{1i}$ 方向的线位移为 $\overline{CE}=+\phi_i\,\dfrac{t_i}{2}\zeta$，它在 x，y，z 方向的位移分量为

$$\phi_i \frac{t_i}{2}\zeta l_{1i},\quad \phi_i \frac{t_i}{2}\zeta m_{1i},\quad \phi_i \frac{t_i}{2}\zeta_i n_{1i} \tag{4-124}$$

同理，由于转角 ψ_i，C 点沿 $\boldsymbol{H}_{2i}$ 移到 D 点，而 $\overline{CD}=-\psi_i \frac{t_i}{2}\zeta$，它在 x,y,z 上的分量为

$$-\psi_i \frac{t_i}{2}\zeta l_{2i},\quad -\psi_i \frac{t_i}{2}\zeta m_{2i},\quad -\psi_i \frac{t_i}{2}\zeta n_{2i} \tag{4-125}$$

于是，单元内任一点的位移均可用中面节点位移表示为

$$\begin{Bmatrix} u \\ v \\ w \end{Bmatrix} = \sum_{i=1}^{m} N_i \begin{Bmatrix} u_i \\ v_i \\ w_i \end{Bmatrix} + \sum N_i \frac{\zeta t_i}{2} \begin{bmatrix} l_{1i} & -l_{2i} \\ m_{1i} & -m_{2i} \\ n_{1i} & -n_{2i} \end{bmatrix} \begin{Bmatrix} \phi_i \\ \psi_i \end{Bmatrix} \tag{4-126}$$

比较式(4-118)与式(4-126)可见，定义单元形状即进行坐标变换时需用 $2m$ 个插值点(中面上的节点，以及对应的上或下表面点)；但定义单元的位移时，只需 m 个节点。因此，这里的厚壳单元属于超参数单元。

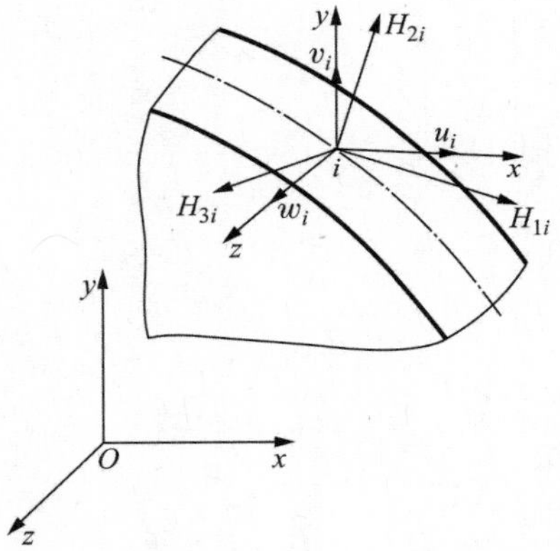

图 4-31　节点 i 的线位移

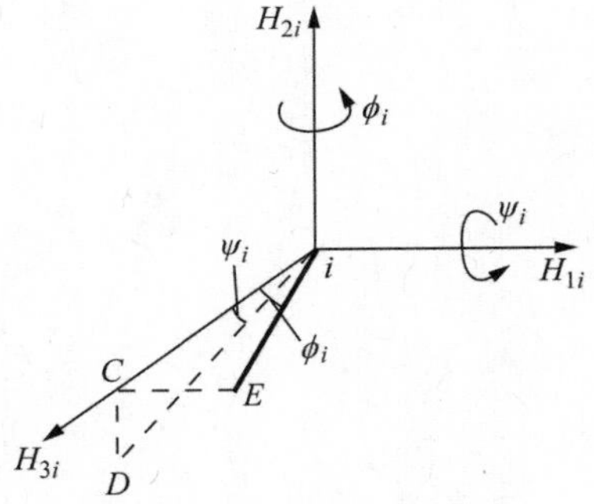

图 4-32　节点 i 的角位移

3. 基准坐标系中的应变

由三维问题的应变-位移关系知道，基准坐标系中的应变决定于矩阵

$$\begin{bmatrix} \frac{\partial u}{\partial x} & \frac{\partial v}{\partial x} & \frac{\partial w}{\partial x} \\ \frac{\partial u}{\partial y} & \frac{\partial v}{\partial y} & \frac{\partial w}{\partial y} \\ \frac{\partial u}{\partial z} & \frac{\partial v}{\partial z} & \frac{\partial w}{\partial z} \end{bmatrix} \tag{4-127}$$

令

$$P_i(\xi,\eta,\zeta) = \zeta N_i(\xi,\eta) \tag{4-128}$$

于是由式(4-126)，可得

$$\left.\begin{aligned} \frac{\partial u}{\partial x} &= \sum \frac{\partial N_i}{\partial x}u_i + \frac{1}{2}\sum \frac{\partial P_i}{\partial x}t_i(l_{1i}\phi_i - l_{2i}\psi_i) \\ \frac{\partial v}{\partial x} &= \sum \frac{\partial N_i}{\partial x}v_i + \frac{1}{2}\sum \frac{\partial P_i}{\partial x}t_i(m_{1i}\phi_i - m_{2i}\psi_i) \\ \frac{\partial w}{\partial x} &= \sum \frac{\partial N_i}{\partial x}w_i + \frac{1}{2}\sum \frac{\partial P_i}{\partial x}t_i(n_{1i}\phi_i - n_{2i}\psi_i) \end{aligned}\right\} \tag{4-129}$$

由复合函数微分法则，有

$$\frac{\partial N_i}{\partial \xi}=\frac{\partial N_i}{\partial x}\frac{\partial x}{\partial \xi}+\frac{\partial N_i}{\partial y}\frac{\partial y}{\partial \xi}+\frac{\partial N_i}{\partial z}\frac{\partial z}{\partial \xi}\quad(\xi,\eta,\zeta) \tag{4-130}$$

于是可得

$$\begin{Bmatrix}\dfrac{\partial N_i}{\partial x}\\ \dfrac{\partial N_i}{\partial y}\\ \dfrac{\partial N_i}{\partial z}\end{Bmatrix}=\boldsymbol{J}^{-1}\begin{Bmatrix}\dfrac{\partial N_i}{\partial \xi}\\ \dfrac{\partial N_i}{\partial \eta}\\ \dfrac{\partial N_i}{\partial \zeta}\end{Bmatrix} \tag{4-131}$$

式中

$$\frac{\partial N_i(\xi,\eta)}{\partial \zeta}=0$$

$$\boldsymbol{J}=\begin{bmatrix}\dfrac{\partial x}{\partial \xi} & \dfrac{\partial y}{\partial \xi} & \dfrac{\partial z}{\partial \xi}\\ \dfrac{\partial x}{\partial \eta} & \dfrac{\partial y}{\partial \eta} & \dfrac{\partial z}{\partial \eta}\\ \dfrac{\partial x}{\partial \zeta} & \dfrac{\partial y}{\partial \zeta} & \dfrac{\partial z}{\partial \zeta}\end{bmatrix} \tag{4-132}$$

同理可得

$$\begin{Bmatrix}\dfrac{\partial P_i}{\partial x}\\ \dfrac{\partial P_i}{\partial y}\\ \dfrac{\partial P_i}{\partial z}\end{Bmatrix}=\boldsymbol{J}^{-1}\begin{Bmatrix}\dfrac{\partial P_i}{\partial \xi}\\ \dfrac{\partial P_i}{\partial \eta}\\ N_i\end{Bmatrix} \tag{4-133}$$

显然，由式(4-131)、式(4-133)可确定矩阵(4-127)中的各元素，从而计算得到基准坐标系中的应变。

4. 局部坐标系中的应变与应力

在厚壳单元分析应力和应变一般不在基准坐标系中计算。这是由于壳体中面的法线方向与基准坐标的轴并不一致，而且法线方向随着点的位置不同而变化。既然我们假定垂直于壳体中面的正应力等于零，就必须求出局部坐标系中的应力和应变。现假定局部坐标系为(x',y',z')，其中z'轴垂直于壳体中面。

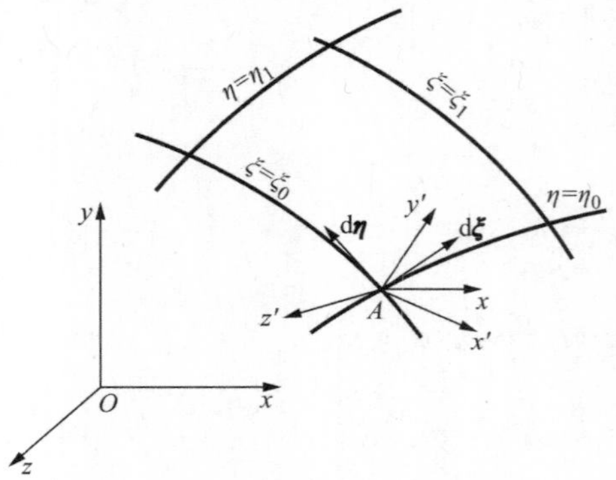

图 4-33 任意点的局部正交坐标系

前面已求出了节点的局部正交坐标 $\boldsymbol{H}_{1i}$，$\boldsymbol{H}_{2i}$，$\boldsymbol{H}_{3i}$，现在建立单元内在任一点的局部正交坐标系(x',y',z')。如图 4-33 所示，在点 $A(\xi_0,\eta_0,\zeta_0)$作曲面 $\zeta=\zeta_0$(即壳的中面)，在此曲面上有 2 条空间曲线

$$\eta=\eta_0,\quad \xi=\xi_0$$

在该曲面上过 A 点作 2 个切线矢量：

$$\left.\begin{aligned}\mathrm{d}\boldsymbol{\xi}&=\boldsymbol{i}\frac{\partial x}{\partial \xi}\mathrm{d}\xi+\boldsymbol{j}\frac{\partial y}{\partial \xi}\mathrm{d}\xi+\boldsymbol{k}\frac{\partial z}{\partial \xi}\mathrm{d}\xi\\ \mathrm{d}\boldsymbol{\eta}&=\boldsymbol{i}\frac{\partial x}{\partial \eta}\mathrm{d}\eta+\boldsymbol{j}\frac{\partial y}{\partial \eta}\mathrm{d}\eta+\boldsymbol{k}\frac{\partial z}{\partial \eta}\mathrm{d}\eta\end{aligned}\right\} \tag{4-134}$$

其中，$\boldsymbol{i},\boldsymbol{j},\boldsymbol{k}$ 为 x,y,z 方向的单位矢量，先作 z' 垂直于 $\mathrm{d}\boldsymbol{\xi}$ 和 $\mathrm{d}\boldsymbol{\eta}$，即正交于 $\zeta=\zeta_0$ 的曲面：

$$\boldsymbol{z}'=\mathrm{d}\boldsymbol{\xi}\times\mathrm{d}\boldsymbol{\eta}=\begin{vmatrix}\boldsymbol{i} & \boldsymbol{j} & \boldsymbol{k}\\ \frac{\partial x}{\partial \xi} & \frac{\partial y}{\partial \xi} & \frac{\partial z}{\partial \xi}\\ \frac{\partial x}{\partial \eta} & \frac{\partial y}{\partial \eta} & \frac{\partial z}{\partial \eta}\end{vmatrix}\mathrm{d}\xi\mathrm{d}\eta \tag{4-135}$$

展开得

$$\begin{aligned}\boldsymbol{z}'&=\left[\left(\frac{\partial y}{\partial \xi}\frac{\partial z}{\partial \eta}-\frac{\partial z}{\partial \xi}\frac{\partial y}{\partial \eta}\right)\boldsymbol{i}+\left(\frac{\partial z}{\partial \xi}\frac{\partial x}{\partial \eta}-\frac{\partial x}{\partial \xi}\frac{\partial z}{\partial \eta}\right)\boldsymbol{j}+\left(\frac{\partial x}{\partial \xi}\frac{\partial y}{\partial \eta}-\frac{\partial y}{\partial \xi}\frac{\partial x}{\partial \eta}\right)\boldsymbol{k}\right]\mathrm{d}\xi\mathrm{d}\eta\\ &=(c_x\boldsymbol{i}+c_y\boldsymbol{j}+c_z\boldsymbol{k})\mathrm{d}\xi\mathrm{d}\eta\end{aligned} \tag{4-136}$$

其模为

$$|\boldsymbol{z}'|=\sqrt{c_x^2+c_y^2+c_z^2}\,\mathrm{d}\xi\mathrm{d}\eta=A_z\mathrm{d}\xi\mathrm{d}\eta \tag{4-137}$$

于是 $\boldsymbol{z}'$ 的方向余弦可表示为

$$l_3=\frac{c_x}{A_z},\quad m_3=\frac{c_y}{A_z},\quad n_3=\frac{c_z}{A_z} \tag{4-138}$$

为了使局部坐标 x',y',z' 与基准坐标 (x,y,z) 大体一致，以利于成果整理和边界条件处理，可以按下述方法选取 x',y'。令 $\boldsymbol{r}$ 表示轴 z' 上的单位矢量，则有

$$\boldsymbol{r}=l_3\boldsymbol{i}+m_3\boldsymbol{j}+n_3\boldsymbol{k} \tag{4-139}$$

由 z' 及 x' 轴确定 $\boldsymbol{y}'$，即

$$\boldsymbol{y}'=\boldsymbol{r}\times\boldsymbol{i}=\begin{vmatrix}\boldsymbol{i} & \boldsymbol{j} & \boldsymbol{k}\\ l_3 & m_3 & n_3\\ l & 0 & 0\end{vmatrix}=n_3\boldsymbol{j}-m_3\boldsymbol{k} \tag{4-140}$$

其模为

$$|\boldsymbol{y}'|=\sqrt{n_3^2+m_3^2} \tag{4-141}$$

故 y' 轴上的单位矢量 $\boldsymbol{q}$ 可表示为

$$\boldsymbol{q}=\frac{y'}{|y'|}=\frac{n_3}{|\boldsymbol{y}'|}\boldsymbol{j}-\frac{m_3}{|\boldsymbol{y}'|}\boldsymbol{k}=l_2\boldsymbol{i}+m_2\boldsymbol{j}+n_2\boldsymbol{k} \tag{4-142}$$

式中，l_2,m_2,n_2 为 $\boldsymbol{q}$ 的方向余弦，即

$$l_2=0,\quad m_2=\frac{n_3}{|\boldsymbol{y}'|},\quad n_2=-\frac{m_2}{|\boldsymbol{y}'|} \tag{4-143}$$

最后可按正交性确定 $\boldsymbol{x}'$，即

$$\boldsymbol{x}'=\boldsymbol{q}\times\boldsymbol{r}=\begin{vmatrix}\boldsymbol{i} & \boldsymbol{j} & \boldsymbol{k}\\ l_2 & m_2 & n_2\\ l_3 & m_3 & n_3\end{vmatrix} \tag{4-144}$$

其模为

$$|\boldsymbol{x}'|=\sqrt{(m_2n_3-n_2m_3)^2+(n_2l_3-l_2n_3)^2+(l_2m_3-m_2l_3)^2} \tag{4-145}$$

而 x' 轴上的单位矢量 $\boldsymbol{p}$ 可表示为

$$\boldsymbol{p} = l_1\boldsymbol{i} + m_1\boldsymbol{j} + n_1\boldsymbol{k} \tag{4-146}$$

其中

$$\left.\begin{aligned} l_1 &= \frac{m_2 n_3 - n_2 m_3}{|\boldsymbol{x}'|} \\ m_1 &= \frac{n_2 l_3 - l_2 n_3}{|\boldsymbol{x}'|} \\ n_1 &= \frac{l_2 m_3 - m_2 l_3}{|\boldsymbol{x}'|} \end{aligned}\right\} \tag{4-147}$$

这样,我们就得到了局部坐标系 x', y', z' 在基准坐标系(x, y, z)中的方向余弦矩阵

$$\boldsymbol{\lambda} = \begin{bmatrix} l_1 & m_1 & n_1 \\ l_2 & m_2 & n_2 \\ l_3 & m_3 & n_3 \end{bmatrix} \tag{4-148}$$

或写成

$$\boldsymbol{\lambda} = \begin{bmatrix} \cos(x', x) & \cos(y', x) & \cos(z', x) \\ \cos(x', y) & \cos(y', y) & \cos(z', y) \\ \cos(x', z) & \cos(y', z) & \cos(z', z) \end{bmatrix} \tag{4-149}$$

注意到

$$\begin{aligned} \frac{\partial}{\partial x'}\begin{Bmatrix} u' \\ v' \\ w' \end{Bmatrix} &= \frac{\partial}{\partial x'}\left[\begin{bmatrix} \cos(x', x) & \cos(y', x) & \cos(z', x) \\ \cos(x', y) & \cos(y', y) & \cos(z', y) \\ \cos(x', z) & \cos(y', z) & \cos(z', z) \end{bmatrix}\begin{Bmatrix} u \\ v \\ w \end{Bmatrix}\right] \\ &= \boldsymbol{\lambda}^{\mathrm{T}} \frac{\partial}{\partial x'}\begin{Bmatrix} u \\ v \\ w \end{Bmatrix} \end{aligned} \tag{4-150}$$

以及复合函数的求导法则,有

$$\frac{\partial}{\partial x'}\begin{Bmatrix} u \\ v \\ w \end{Bmatrix} = \begin{bmatrix} \dfrac{\partial u}{\partial x} & \dfrac{\partial u}{\partial y} & \dfrac{\partial u}{\partial z} \\ \dfrac{\partial v}{\partial x} & \dfrac{\partial v}{\partial y} & \dfrac{\partial v}{\partial z} \\ \dfrac{\partial w}{\partial x} & \dfrac{\partial w}{\partial y} & \dfrac{\partial w}{\partial z} \end{bmatrix}\begin{Bmatrix} \dfrac{\partial x}{\partial x'} \\ \dfrac{\partial y}{\partial x'} \\ \dfrac{\partial z}{\partial x'} \end{Bmatrix} \tag{4-151}$$

以式(4-151)代入式(4-150),得

$$\begin{Bmatrix} \dfrac{\partial u'}{\partial x'} \\ \dfrac{\partial v'}{\partial x'} \\ \dfrac{\partial w'}{\partial x'} \end{Bmatrix} = \boldsymbol{\lambda}^{\mathrm{T}} \begin{bmatrix} \dfrac{\partial u}{\partial x} & \dfrac{\partial u}{\partial y} & \dfrac{\partial u}{\partial z} \\ \dfrac{\partial v}{\partial x} & \dfrac{\partial v}{\partial y} & \dfrac{\partial v}{\partial z} \\ \dfrac{\partial w}{\partial x} & \dfrac{\partial w}{\partial y} & \dfrac{\partial w}{\partial z} \end{bmatrix}\begin{Bmatrix} \cos(x', x) \\ \cos(x', y) \\ \cos(x', z) \end{Bmatrix} \tag{4-152}$$

或转置得到

$$\begin{bmatrix} \dfrac{\partial u'}{\partial x'} & \dfrac{\partial v'}{\partial x'} & \dfrac{\partial w'}{\partial x'} \end{bmatrix}$$

$$=\begin{bmatrix}\cos(x',x) & \cos(x',y) & \cos(x',z)\end{bmatrix}\begin{bmatrix}\frac{\partial u}{\partial x} & \frac{\partial v}{\partial x} & \frac{\partial w}{\partial x}\\ \frac{\partial u}{\partial y} & \frac{\partial v}{\partial y} & \frac{\partial w}{\partial y}\\ \frac{\partial u}{\partial z} & \frac{\partial v}{\partial z} & \frac{\partial w}{\partial z}\end{bmatrix}\boldsymbol{\lambda} \tag{4-153}$$

同样可计算得到

$$\begin{bmatrix}\frac{\partial u'}{\partial x'} & \frac{\partial v'}{\partial x'} & \frac{\partial w'}{\partial x'}\\ \frac{\partial u'}{\partial y'} & \frac{\partial v'}{\partial y'} & \frac{\partial w'}{\partial y'}\\ \frac{\partial u'}{\partial z'} & \frac{\partial v'}{\partial z'} & \frac{\partial w'}{\partial z'}\end{bmatrix}=\boldsymbol{\lambda}^{\mathrm{T}}\begin{bmatrix}\frac{\partial u}{\partial x} & \frac{\partial v}{\partial x} & \frac{\partial w}{\partial x}\\ \frac{\partial u}{\partial y} & \frac{\partial v}{\partial y} & \frac{\partial w}{\partial y}\\ \frac{\partial u}{\partial z} & \frac{\partial v}{\partial z} & \frac{\partial w}{\partial z}\end{bmatrix}\boldsymbol{\lambda} \tag{4-154}$$

于是就可以计算局部坐标中的应变

$$\begin{Bmatrix}\varepsilon_{x'}\\ \varepsilon_{y'}\\ \gamma_{x'y'}\\ \gamma_{y'z'}\\ \gamma_{z'x'}\end{Bmatrix}=\begin{Bmatrix}\frac{\partial u'}{\partial x'}\\ \frac{\partial v'}{\partial y'}\\ \frac{\partial u'}{\partial y'}+\frac{\partial v'}{\partial x'}\\ \frac{\partial w'}{\partial y'}+\frac{\partial v'}{\partial z'}\\ \frac{\partial u'}{\partial z'}+\frac{\partial w'}{\partial x'}\end{Bmatrix} \tag{4-155}$$

根据式(4-154)，经过运算整理后可把式(4-155)变为

$$\boldsymbol{\varepsilon}'=\boldsymbol{B}\boldsymbol{d} \tag{4-156}$$

或写成分块矩阵形式

$$\boldsymbol{\varepsilon}'=\sum_{i=1}^{m}\boldsymbol{B}_i\boldsymbol{d}_i \tag{4-157}$$

其中

$$\boldsymbol{B}_i=\begin{bmatrix}b_{11} & b_{12} & b_{13} & b_{14} & b_{15}\\ b_{21} & b_{22} & b_{23} & b_{24} & b_{25}\\ b_{31} & b_{32} & b_{33} & b_{34} & b_{35}\\ b_{41} & b_{42} & b_{43} & b_{44} & b_{45}\\ b_{51} & b_{52} & b_{53} & b_{54} & b_{55}\end{bmatrix}_i$$

$$=\begin{bmatrix}l_1\alpha_1 & m_1\alpha_1 & n_1\alpha_1 & \beta_1\gamma_1 & \beta_1\lambda_1\\ l_2\alpha_2 & m_2\alpha_2 & n_2\alpha_2 & \beta_2\gamma_2 & \beta_2\gamma_2\\ l_1\alpha_2+l_2\alpha_1 & m_1\alpha_2+m_2\alpha_1 & n_1a_2+n_2\alpha_1 & \beta_1\gamma_2+\beta_2\gamma_1 & \beta_1\lambda_2+\beta_2\lambda_1\\ l_2\alpha_3+l_3\alpha_2 & m_2\alpha_3+m_3\alpha_2 & n_2a_3+n_3\alpha_2 & \beta_2\gamma_3+\beta_3\gamma_2 & \beta_2\lambda_3+\beta_3\lambda_2\\ l_3\alpha_1+l_1\alpha_3 & m_3\alpha_1+m_1\alpha_3 & n_3a_1+n_1\alpha_3 & \beta_3\gamma_1+\beta_1\gamma_3 & \beta_3\lambda_1+\beta_1\lambda_3\end{bmatrix} \tag{4-158}$$

其中，系数

$$\left.\begin{aligned}\alpha_s &= l_s\frac{\partial N_i}{\partial x}+m_s\frac{\partial N_i}{\partial y}+n_s\frac{\partial N_i}{\partial z}\\ \beta_s &= \left(l_s\frac{\partial P_i}{\partial x}+m_s\frac{\partial P_i}{\partial y}+n_s\frac{\partial P_i}{\partial z}\right)\frac{t_i}{2}\\ \gamma_s &= l_sl_{1i}+m_sm_{1i}+n_sn_{1i}\\ \lambda_s &= l_sl_{2i}+m_sm_{2i}+n_sn_{2i}\end{aligned}\right\} \tag{4-159}$$

由应力-位移关系,可得局部坐标系中的应力

$$\boldsymbol{\sigma}'=\boldsymbol{D}\boldsymbol{\varepsilon}'=\boldsymbol{D}\sum_{i=1}^{m}\boldsymbol{B}_i\boldsymbol{d}_i \tag{4-160}$$

式中,$\boldsymbol{D}$ 为弹性矩阵,$\boldsymbol{\sigma}'=[\sigma'_x,\sigma'_y,\tau'_{xy},\tau'_{yz},\tau'_{zx}]^{\mathrm{T}}$,在计算单元刚度矩阵时,将直接利用局部坐标系中的应力 $\boldsymbol{\sigma}'$。但在结果分析时,往往还需基准坐标系中的应力分量

$$\boldsymbol{\sigma}=[\sigma_x,\sigma_y,\tau_{xy},\tau_{yz},\tau_{xz}]^{\mathrm{T}} \tag{4-161}$$

由弹性理论知道,其各个分量可从张量转换式

$$\begin{bmatrix}\sigma_x & \tau_{yx} & \tau_{zx}\\ \tau_{xy} & \sigma_y & \tau_{zy}\\ \tau_{xz} & \tau_{yz} & \sigma_z\end{bmatrix}=\boldsymbol{\lambda}\begin{bmatrix}\sigma'_x & \tau'_{yx} & \tau'_{zx}\\ \tau'_{xy} & \sigma'_y & \tau'_{zy}\\ \tau'_{xz} & \tau'_{yz} & 0\end{bmatrix}\boldsymbol{\lambda}^{\mathrm{T}} \tag{4-162}$$

中得到。

还需指出,由式(4-160)直接算得的局部坐标系中的应力 $\boldsymbol{\sigma}'$,其中切应力 τ'_{zx} 和 τ'_{yz} 是壳体厚度上的平均值。实际上切应力是沿厚度方向按抛物线分布,在壳体的上、下表面。而在中面处的值为平均切应力的 1.5 倍。因此,在按式(4-160)计算出 $\boldsymbol{\sigma}'$ 后,应该进行适当修正。

5. 刚度矩阵和节点载荷

单元刚度矩阵直接在局部坐标系中按下式计算:

$$\boldsymbol{K}=\iiint_V \boldsymbol{B}^{\mathrm{T}}\boldsymbol{D}\boldsymbol{B}\,\mathrm{d}V \tag{4-163}$$

$$\boldsymbol{K}=\begin{bmatrix}\boldsymbol{K}_{11} & \boldsymbol{K}_{12} & \cdots & \boldsymbol{K}_{1m}\\ \boldsymbol{K}_{21} & \boldsymbol{K}_{22} & \cdots & \boldsymbol{K}_{2m}\\ \vdots & \vdots & & \vdots\\ \boldsymbol{K}_{m1} & \boldsymbol{K}_{m2} & \cdots & \boldsymbol{K}_{mm}\end{bmatrix}$$

其中,子矩阵为

$$\begin{aligned}\boldsymbol{K}_{rs} &= \iiint_V \boldsymbol{B}_r^{\mathrm{T}}\boldsymbol{D}\boldsymbol{B}_s\,\mathrm{d}V\\ &= \int_{-1}^{1}\int_{-1}^{1}\int_{-1}^{1}\boldsymbol{B}_r^{\mathrm{T}}\boldsymbol{D}\boldsymbol{B}_s\det\boldsymbol{J}\,\mathrm{d}\xi\mathrm{d}\eta\mathrm{d}\zeta\\ &\quad (r,s=1,2,\cdots,m)\end{aligned} \tag{4-164}$$

由于假定的位移模式(4-126),排除了转角与线位移之间的耦合,所以在载荷移置时可将其简化为

$$\begin{Bmatrix}u\\ v\\ w\end{Bmatrix}=\sum_{i=1}^{m}N_i\begin{Bmatrix}u_i\\ v_i\\ w_i\end{Bmatrix}$$

记为

$$\boldsymbol{f}=\sum_{i=1}^{m}\overline{\boldsymbol{N}}_i\bar{\boldsymbol{d}}_i=\overline{\boldsymbol{N}}\boldsymbol{d} \tag{4-165}$$

其中

$$\bar{\boldsymbol{d}}_i=[u_i,v_i,w_i]^{\mathrm{T}},\quad \overline{\boldsymbol{N}}_i=\begin{bmatrix}N_i&0&0\\0&N_i&0\\0&0&N_i\end{bmatrix} \tag{4-166}$$

与节点位移 $\boldsymbol{d}_i$ 对应的节点力为

$$\boldsymbol{F}_i=[F_{xi},F_{yi},F_{zi}]^{\mathrm{T}} \tag{4-167}$$

其分量表示沿 x,y,z 轴方向的力。

设壳体中面受了分布荷载 $\boldsymbol{P}$，它在 i 点集度为

$$\boldsymbol{P}_i=[P_{xi},P_{yi},P_{zi}]^{\mathrm{T}} \tag{4-168}$$

于是中面上任一点(ξ,η)处的载荷集度为

$$\boldsymbol{P}=\sum_{i=1}^{m}\overline{\boldsymbol{N}}_i\boldsymbol{P}_i \tag{4-169}$$

于是，等效节点载荷可按下式计算：

$$\boldsymbol{F}_i=\iint_S\overline{\boldsymbol{N}}_i^{\mathrm{T}}\boldsymbol{P}A_{\xi\eta}\mathrm{d}\xi\mathrm{d}\eta\quad(i=1,2,\cdots,m) \tag{4-170}$$

式中，$A_{\xi\eta}\mathrm{d}\xi\mathrm{d}\eta$ 为中面上的微元面积，由式(4-64)确定；S 表示载荷 $\overline{\boldsymbol{P}}$ 的作用域。

参考文献

[1] Irons B M. Engineering application of numerical integration in stiffness methods [J]. AIAA. J., 1966, 4(11): 2035-2037.

[2] 华东水利学院. 弹性力学问题的有限单元法[M]. 修订版. 北京：水利电力出版社，1978.

[3] 朱伯芳. 有限单元法原理与应用[M]. 第 3 版. 北京：中国水利水电出版社，2009.

习　　题

4-1 如题 4-1 图所示，试推导一维三节点二次单元的形函数，并验证其满足形函数定义。假设抗拉刚度为 EA，设 $\xi=x/l$，推导该单元刚度矩阵。

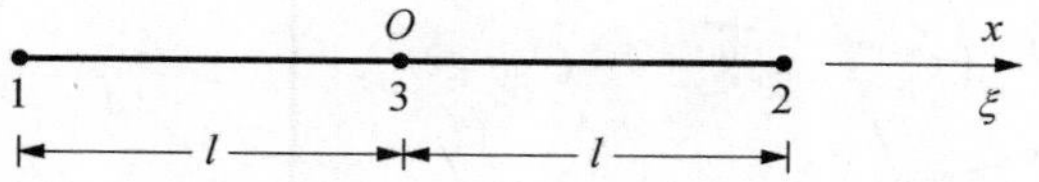

题 4-1 图

4-2 用局部坐标(ξ,η)表示的母单元，如题 4-2 图所示，当取单元节点数分别为 4，8 点时，采用下列形式的位移模式：

$$u=\sum_{i=1}^{n}N_iu_i,\quad v=\sum_{i=1}^{n}N_iv_i$$

试验证位移模式的正确性和是否满足收敛性条件。

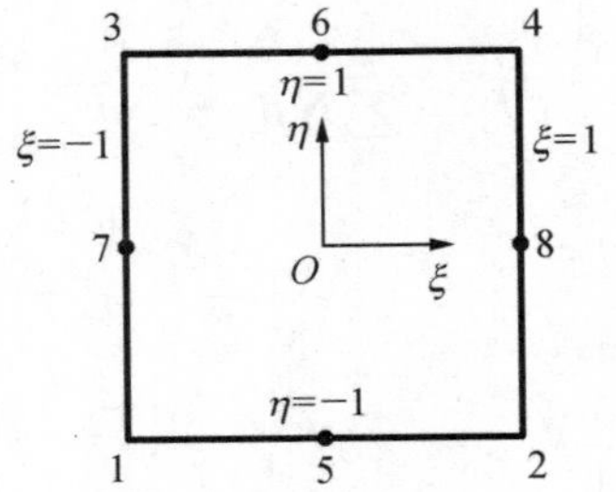

题 4-2 图

4-3　如题 4-3 图所示线性单元，厚度 $t=1\,\mathrm{cm}$。

(1) 用等参坐标变换公式，计算形心 C 点的坐标值(x_C,y_C)。

(2) 写出坐标变换的 Jacobi 矩阵的显式及$|J(0.5,0.5)|$。

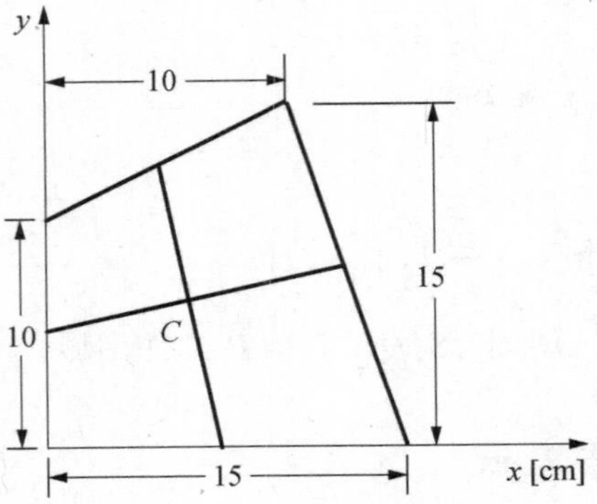

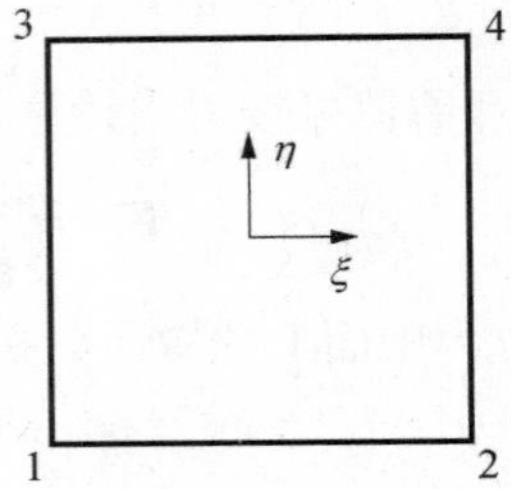

题 4-3 图

4-4　题 4-4 图为 8 节点二维单元，试计算$\dfrac{\partial N_1}{\partial x}$和$\dfrac{\partial N_2}{\partial y}$在自然坐标为(0.5,0.5)的点 Q 的数值(因为单元的边是直线，可用 4 个节点定义单元的几何形状)。

4-5　证明棱边为直线的四面体和平行六面体的三维单元的 Jacobi 矩阵是常数矩阵。

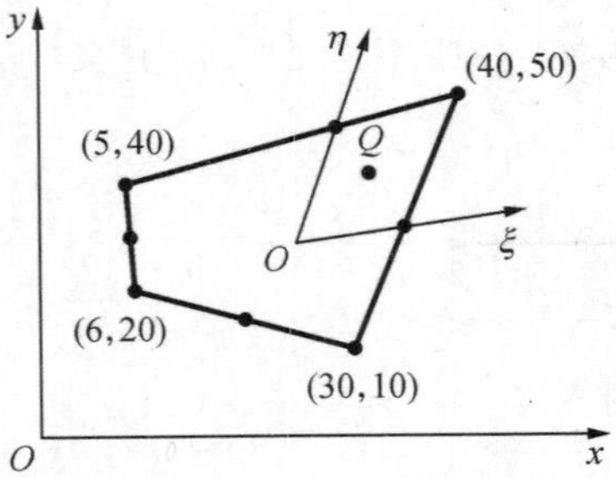

题 4-4 图

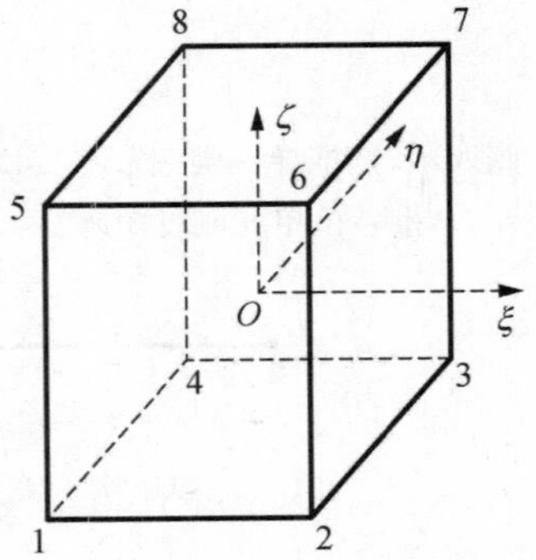

题 4-7 图

4-6　试利用最小势能原理推导空间四面体单元的刚度矩阵。

4-7　如题 4-7 图所示，写出三维 8 节点等参单元的 Jacobi 矩阵的显式，并求出体心 $O(0,0,0)$处的$|J(0,0,0)|$。若在体心处作用有集中载荷 $P_x=P_y=P_z=8\,\mathrm{kN}$，求等效节点载荷。

第五章　杆系结构的程序设计

第一节　简　介

有限元结构分析是建立在结构离散化的计算模型基础上的，即把连续弹性体离散成为一群仅在节点处互相连接的有限单元的集合体。对于杆系结构(桁架、刚架)，这种离散是自然的，将组成桁架(刚架)的杆(梁)作为离散元素。图 5-1 中的桁架离散为 14 个杆元素，它们分别在 8 个节点处相连接。一般设结构离散元素总数为 NE，离散节点总数为 NP，节点在结构总体坐标系下的自由度为 NF。对于图 5-1 中桁架结构：$NE=14$，$NP=8$，$NF=3$。

用有限元素法分析结构的线弹性静力问题，其基本方程为

$$\boldsymbol{K\delta} = \boldsymbol{P} \tag{5-1}$$

式中，$\boldsymbol{K}$ 为结构的刚度系数矩阵，它的阶数是 $N\times N$ ($N=NP\times NF$)，$\boldsymbol{P}$ 为结构的节点载荷列阵，$\boldsymbol{\delta}$ 为节点位移列阵，它们的阶数都是 $N\times M$(M 是载荷和相对于载荷的位移的组数，当仅有一组载荷时，取 $M=1$)。

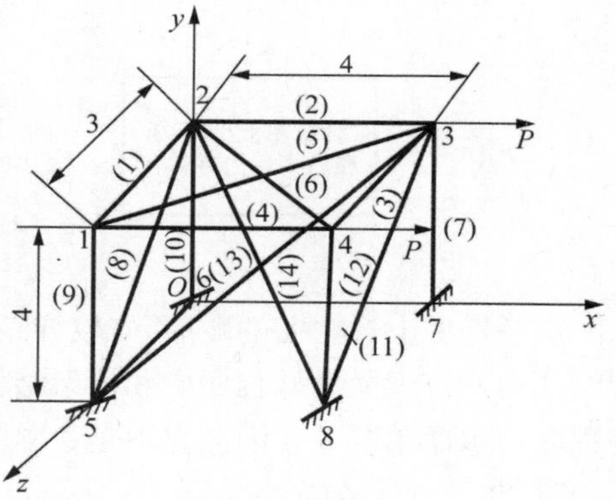

图 5-1　桁架结构

大家知道，结构的刚度系数由各单元的刚度系数叠加而成，它具有对称、稀疏的特点，在进行约束处理后，它又是一个正定矩阵。载荷列阵通常是已知的，所以求解方程(5-1)，即可得到节点位移，进而求得各元素的应力和节点力。

有限元素法的内容很丰富，有许多种类的单元，对方程(5-1)也有各种各样的求解方法。我们首先选定一种结构(空间桁架结构)和一种解法[乔雷斯基(Cholesky)法]，介绍线弹性静力问题有限元程序设计的思路和方法。

线弹性静力问题有限元求解步骤可归纳为：

(1) 划分单元，选取坐标系(包括整体坐标系和局部坐标系)，标明节点号和单元号码。

(2) 给出初始参数(控制数据、几何数据、单元特征数和载荷数据)。

(3) 计算单元刚度矩阵：先计算局部坐标系下单元刚度矩阵，通过坐标转换形成总体坐标下单元刚度矩阵。

(4) 形成结构总刚度矩阵。

(5) 引入边界条件。

(6) 解方程组求节点位移。

(7) 求单元内力(或应力)。

根据以上步骤设计程序如图 5-2 所示。

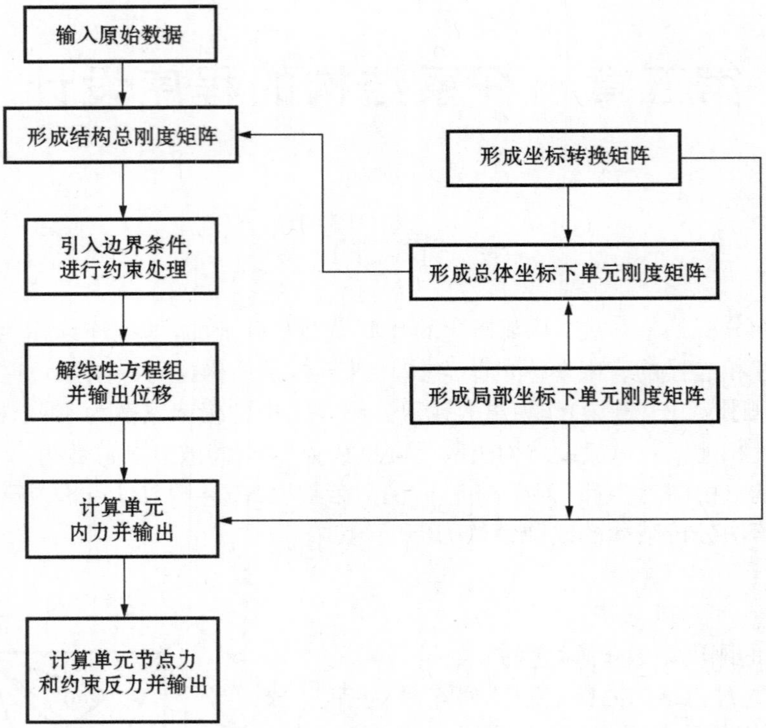

图 5-2　设计程序

本章按照上述框图的顺序，先较详细地介绍桁架结构有限元设计程序方法，再简单介绍空间刚架结构有限元设计程序中和桁架结构所不同的地方。为了方便初学者自学，这里所介绍的程序力求简单明了。因此它不是一个非常精练的通用标准程序，也必定有很多可修改的地方，我们将这一工作留给大家。

过去的有限元程序多采用 FORTRAN 语言编写。用 FORTRAN 语言编写的程序结构紧凑，句法严格，特别适合科学计算应用。随着计算机技术的发展，程序的设计思想和方法发生了很多变化，所采用的编程方法和技巧也有很大的提高和改变，特别是随着教学计划的改变，C 语言作为主要的计算机语言课程的地位已经确立。它作为广泛流行的编程工具，具有语言简练、编辑灵活、数据结构丰富、执行效率高等等许多优点，还有很丰富的图形函数，不仅可以做科学计算，也能够为分析程序制作美观的人机交互界面和图形化的前后处理显示。所以本章讲述 C 语言的有限元程序。

第二节　输入与输出

对于任何一个有限元的计算程序，都要输入计算所必需的数据，并输出所需的计算结果。虽然这是一项技术性较低的工作，但是对技术人员来说，仍然是一项非常重要的工作。

一、输入数据

对有限元计算程序，输入数据可归结为：控制数据；几何数据；单元特征数和单元特征数类信息；载荷数据。

1. 控制数据

整理出这些数据，是为了使程序能解决规模不同的同类型问题，使程序具有一定的通用性。一般说来，程序的通用性越强，则这类数据就越多。对于桁架结构，它的控制数据如下：

NF　单个节点自由度数；

NP　结构离散节点总数；

NE　结构离散单元总数；

NM　结构中单元不同特征数类的总数；

NR　结构受约束的自由度总数。

如图 5-1 所示的空间桁架结构，若所有杆的材料和横截面都相同，则其控制数据为：NF=3；NP=8；NE=14；NM=1；NR=12。

2. 几何数据

确定结构的几何形状、单元几何形状和结构边界支持条件的数据称为几何数据，它包含：

1）节点坐标

当选定结构的总体坐标系 XYZ 后，每一节点的坐标即可确定，有了节点坐标即可确定单元的几何特性（杆长）以及该元素的空间位置。对于空间桁架，用 3 个数组来存放节点总体的坐标值，即

X[NP]　存放节点的 X 坐标值；

Y[NP]　存放节点的 Y 坐标值；

Z[NP]　存放节点的 Z 坐标值。

在数组 X,Y,Z 中分别存放第 1 个节点到第 NP 个节点的坐标值，而 X[I]，Y[I]，Z[I]分别是第 I 个节点的 X,Y,Z 三个坐标值。

对于图 5-1 所示的桁架结构，应取数组 X[8]，Y[8]，Z[8]，它们的值为：X[8]—[0,0,4,4,0,0,4,4]；Y[8]—[4,4,4,4,0,0,0,0]；Z[8]—[3,0,0,3,3,0,0,3]。

2）单元信息

单元信息是存放单元节点编号的，它是非常重要的数据，因为只要知道单元节点编号，即可知道单元的位置，并从 X,Y,Z 数组中得到它所对应的节点坐标，从而确定元素的几何参数和空间方位。一般可用一个两维数组 ME[ND][NE]存放单元信息，数组的行数 ND 为该单元的节点总数，列数 NE 为单元总数。对于空间桁架，则有 ND=2。ME[1][IE]中存放第 IE 个单元的第 1 个节点号，ME[2][IE]中存放第 IE 个单元的第 2 个节点号。如图 5-1 所示桁架结构的单元信息可写成

$$\mathrm{ME}[2][14]-\begin{bmatrix}1 & 2 & 3 & 1 & 1 & 2 & 7 & 5 & 5 & 6 & 8 & 8 & 5 & 8\\ 2 & 3 & 4 & 4 & 3 & 4 & 3 & 2 & 1 & 2 & 4 & 3 & 3 & 2\end{bmatrix}。$$

3）边界条件和约束条件

由单元刚度矩阵叠加而成的结构刚度矩阵，必须根据几何边界条件进行约束处理，使其成为非奇异矩阵。约束信息就是给出约束的位移号，用 NRR[NR]数组存放这个信息，NR 是结构约束自由度总数，对于图 5-1 所示的空间桁架，NR[12]—[13,14,15,16,17,18,19,20,21,

22,23,24]。

3. 单元特征数及单元特征数类信息

所谓单元特征数是指表示单元的几何特性和物理特性的数据。对于不同的单元,所需的特征数是不同的。等截面杆元的特征数是指弹性常数 E 和横截面的面积 A。

在实际结构中,单元的个数虽然很多,但是一般不会有所有单元特征数均不相同的情况,因此不需要每一个单元都输入一组特征数,只要输入各种不同的特征数就可以了。前面提到的 NM 是表示不同特征数类的总个数,可用 AE[2][NM]数组存放全部不同的特征数。对于桁架结构 AE 的第一行存放材料弹性常数 E,AE 的第二行存放杆元面积 A。AE[1][IN]存放第 IN 类杆元弹性常数,AE[2][IN]存放第 IN 类杆元横截面面积。这里,IN=1,2,…,NM。

从上面的分析知道,要能得到单元的特征数,必须给每一单元一个信息,表明该单元的特征数类别。这个信息称为单元特征数类信息,可用数组 NAE[NE]存放这个信息。因此,NAE[IE]中存放第 IE 单元的特征数类别 NMN,即

$$\mathrm{NMN} = \mathrm{NAE[IE]}$$

可知它的弹性模量和横截面积为

$$E = \mathrm{AE[1][NMN]}, \quad A = \mathrm{AE[2][NMN]}$$

4. 载荷数据

数组 P[N]存放结构的节点载荷,其中 N=NF * NP 是结构的节点自由度总数,载荷是按节点和每一节点的自由度顺序排列的。对于空间桁架,每一节点有 3 个自由度,分别用 u,v,w 表示。这样 P[1],P[2],P[3]中就存放着第一个节点 X,Y,Z 方向的 3 个外载荷 P_x,P_y,P_z。显然,对于第 ID 节点上的 3 个外载荷分别存在 P[3*(ID−1)+1],P[3*(ID−1)+2],P[3*(ID−1)+3]。

对于图 5-1 中的空间桁架,它的载荷数据为

P[24]—[0,0,0,0,0,0,1,0,0,1,0,0,0,0,0,0,0,0,0,0,0,0,0,0]

填写载荷数据时应注意,约束位移方向的载荷应填零,这是因为约束反力是需求的未知力。

二、输出数据

结构有限元分析程序的输出数据表述有 3 种。

1. 计算的最终结果

1) 节点位移

用乔雷斯基法解方程(5-1),所得的位移存放在原载荷数组 P[N]中。空间桁架 P[3*(ID−1)+1],P[3*(ID−1)+2],P[3*(ID−1)+3]中分别存放 ID 节点的 3 个位移分量 u,v,w。

2) 单元应力

对于空间桁架,用数组 SG[NE]存放每一单元的正应力。

3) 节点力

输出由单元节点力合成的结构节点力,用于检查节点平衡和确定约束反力。

2. 输出输入的数据

有限元结构分析的输入数据是相当多的,任一个数据的错误都会影响计算结果的准确性,为了检查输入数据,一般情况下,让输入数据再输出。另外,作为一个完整的计算报告,将输入的原始数据输出也是十分必要的。

3. 中间结果的输出

为了检查计算过程中的问题,设计一些中间结果的输出程序。例如,当方程解溢出时,常输出结构刚度矩阵的主角元。这种类型的输出,在调试程序时会设计得多一点,一旦程序被证实是正确的,就可以减少,甚至完全取消。

第三节　单元刚度矩阵的形成

杆单元在自身坐标系中时(见图 5-3),它的刚度矩阵为:

$$\boldsymbol{K}_e' = \frac{EA}{L}\begin{bmatrix} 1 & -1 \\ -1 & 1 \end{bmatrix} \tag{5-2}$$

可见刚度矩阵仅与单元的几何参数 L 和单元特征数 A,E 有关。整个结构分析的全部数据都由前一节给出,因此,建立单元刚度矩阵的首要工作,是从前面的输入数据中取出本单元所需的数据,然后形成单元刚度矩阵。步骤如下:

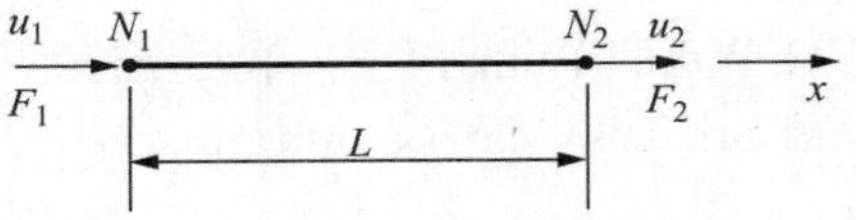

图 5-3　杆单元

首先,从单元信息数组 ME 中得到所求第 i 个单元的节点号:

N1 = ME[1][i],　N2 = ME[2][i]

有了节点号后,即可从节点坐标数据中得到该单元的节点坐标,进而求得杆长。对于空间桁架,两节点坐标分别为

X1 = X[N1],　Y1 = Y[N1],　Z1 = Z[N1]

X2 = X[N2],　Y2 = Y[N2],　Z2 = Z[N2]

杆长公式为

L = sqrt((X2 − X1) * (X2 − X1) + (Y2 − Y1) * (Y2 − Y1) + (Z2 − Z1) * (Z2 − Z1))

再从 NAE[NE]数组中,确定第 i 号单元的特征数的类别 NMN,即

NMN = NAE[i]

进而从杆单元的特征数数组中得到杆单元的弹性常数和横截面面积为

E = AE[1][NMN],　A = AE[2][NMN]

得到 A,E,L 后,即可按式(5-2)形成杆元的刚度矩阵。形成空间桁架单元刚度矩阵的子程序设计如下:

功用

计算杆元自身坐标系中的刚度矩阵。

变量

i	所求单元号
X	节点坐标数组 X[NP]
Y	节点坐标数组 Y[NP]

Z　　节点坐标数组 Z[NP]
NP　　结构的节点总数
ME　　单元信息数组 ME[2][NE]
NAE　　单元特征类信息数组 NAE[NE]
AE　　单元特征数数组 AE[2][NE]
TK　　单元坐标系中的刚度矩阵 $\boldsymbol{K}'_e$，用数组 TK[2][2]表示

子程序

```
//求每个杆的长度(i 表示单元号)
void Length(int i)
    {
    X2=X[ME[2][i]];X1=X[ME[1][i]];
    Y2=Y[ME[2][i]];Y1=Y[ME[1][i]];
    Z2=Z[ME[2][i]];Z1=Z[ME[1][i]];
    L=sqrt((X2-X1)*(X2-X1)+(Y2-Y1)*(Y2-Y1)+(Z2-Z1)*(Z2-Z1));
}
//杆单元的单元刚度阵(单元坐标系下)
void StiffnessMatrix_unit(int i)
{
    Length(i);
    NMN=NAE[i];
    E=AE[1][NMN];A=AE[2][NMN];
    TK[1][1]=E*A/L;TK[1][2]=-E*A/L;
    TK[2][1]=-E*A/L;TK[2][2]=E*A/L;
}
```

第四节　单元刚度矩阵的坐标转换

前面形成的单元刚度矩阵，是在单元坐标系(或称局部坐标系)中建立的。但是，为了形成结构的总刚度矩阵，必须将其转换成结构(总体)坐标系中的刚度矩阵。

一、坐标转换矩阵

图 5-4 中 XYZ 是结构的总体坐标系，$X'Y'Z'$ 是单元局部坐标系。结构中某节点 i 变形后的位置为 i'，则矢量 $\overrightarrow{ii'}$ 为节点 i 的位移。

矢量 $\overrightarrow{ii'}$ 在 XYZ 坐标系中的分量 u_i, v_i, w_i 为节点 i 在总体坐标系中的位移分量，记作 $\boldsymbol{\delta}_i=[u_i, v_i, w_i]^{\mathrm{T}}$；同样，$\overrightarrow{ii'}$ 在 $X'Y'Z'$ 中的分量 u'_i, v'_i, w'_i 为节点 i 在局部坐标系中的位移分量，记作 $\boldsymbol{\delta}'_i=[u'_i, v'_i, w'_i]^{\mathrm{T}}$，由几何关系可得

$$\begin{Bmatrix} u'_i \\ v'_i \\ w'_i \end{Bmatrix}=\begin{bmatrix} \cos(x,x') & \cos(y,x') & \cos(z,x') \\ \cos(x,y') & \cos(y,y') & \cos(z,y') \\ \cos(x,z') & \cos(y,z') & \cos(z,z') \end{bmatrix}\begin{Bmatrix} u_i \\ v_i \\ w_i \end{Bmatrix} \tag{5-3}$$

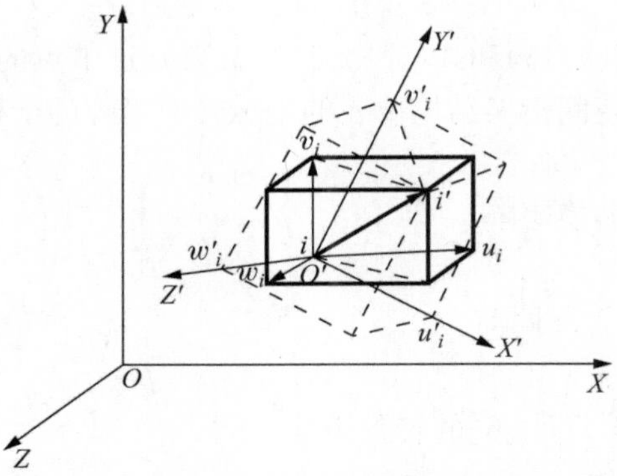

图 5-4　总体坐标系和局部坐标系中的位移分量

其中，$\cos(x,x')$，$\cos(y,x')$，$\cos(z,x')$分别表示 X，Y，Z 轴与 X'轴间的夹角余弦，等等。令

$$\boldsymbol{\lambda}=\begin{bmatrix}\cos(x,x') & \cos(y,x') & \cos(z,x')\\ \cos(x,y') & \cos(y,y') & \cos(z,y')\\ \cos(x,z') & \cos(y,z') & \cos(z,z')\end{bmatrix} \tag{5-4}$$

则式(5-3)简化为

$$\boldsymbol{\delta}'_{\mathbf{i}}=\boldsymbol{\lambda}\boldsymbol{\delta}_{\mathbf{i}} \tag{5-5}$$

对于空间桁架中的杆单元，节点 i 在局部坐标系中的位移仅有 X'方向的分量 u'_i，而在 XYZ 总体坐标系中的位移分量则为 u_i，v_i，w_i，此时它们间的转换关系为

$$\boldsymbol{u}'_i=[\cos(x,x'),\cos(y,x'),\cos(z,x')]\begin{Bmatrix}u_i\\ v_i\\ w_i\end{Bmatrix} \tag{5-6}$$

此时显然有

$$\boldsymbol{\lambda}=[\cos(x,x'),\cos(y,x'),\cos(z,x')] \tag{5-7}$$

整个杆单元的节点位移在局部坐标系与总体坐标系中可分别表示为

$$\boldsymbol{\delta}'=[u'_i,u'_j]^{\mathrm{T}}$$

$$\boldsymbol{\delta}=[u_i,v_i,w_i,u_j,v_j,w_j]^{\mathrm{T}}$$

它们之间的转换关系为

$$\boldsymbol{\delta}'=\begin{bmatrix}\boldsymbol{\lambda} & \mathbf{0}\\ \mathbf{0} & \boldsymbol{\lambda}\end{bmatrix}\boldsymbol{\delta}=\boldsymbol{T}\boldsymbol{\delta} \tag{5-8}$$

以 $\boldsymbol{F}'_i$，$\boldsymbol{F}_i$ 分别表示 i 处的节点力在局部坐标系与总体坐标系内的矢量，以 $\boldsymbol{F}'$，$\boldsymbol{F}$ 分别表示单元节点力的矢量，故有转换关系为

$$\boldsymbol{F}'_i=\boldsymbol{\lambda}\boldsymbol{F}_i \tag{5-9}$$

$$\boldsymbol{F}'=\boldsymbol{T}\boldsymbol{F} \tag{5-10}$$

式中，$\boldsymbol{F}'$为单元局部坐标系中的节点力，$\boldsymbol{F}$ 为单元节点力在总体坐标系内的矢量。

由式(5-8)可知，坐标转换矩阵 $\boldsymbol{T}$ 中的元素是杆的局部坐标轴 X'轴与总体坐标轴 X，Y，Z 间的夹角余弦，其值为

$$\cos(x,x')=(X2-X1)/L$$

$$\cos(y,x')=(Y2-Y1)/L$$

$$\cos(z,x') = (Z2 - Z1)/L \tag{5-11}$$

式中,L 是杆的长度。从式(5-11)和式(5-8)可知,只要知道节点的坐标值,即可确定它的坐标转换矩阵。下面介绍形成空间桁架结构单元的坐标转换矩阵的子程序。

功用

形成空间桁架单元的坐标转换矩阵。

变量

i X Y Z NP ME 含义同前。

T[2][6]为坐标转换矩阵,

TT[6][2]为坐标转换矩阵 T[2][6]的转置矩阵。

子程序

```
void TransformMatrix(int i)
{
    int m,n;
    Length(i);
    T[1][1]=(X2-X1)/L;  T[2][4]=(X2-X1)/L;
    T[1][2]=(Y2-Y1)/L;  T[2][5]=(Y2-Y1)/L;
    T[1][3]=(Z2-Z1)/L;  T[2][6]=(Z2-Z1)/L;
    //其余元素已在声明时赋零
    for(m=1;m<=2;m++)
        for(n=1;n<=(NF*ND);n++)
            TT[n][m]=T[m][n];
}
```

二、总体坐标系下的单元刚度矩阵

在总体坐标系下,单元节点力与单元节点位移之间的关系为

$$\boldsymbol{F} = \boldsymbol{K}_e\boldsymbol{\delta} \tag{5-12}$$

式中,$\boldsymbol{K}_e$为总体坐标系下单元刚度矩阵。在局部坐标系下,单元节点力与单元节点位移之间的关系为

$$\boldsymbol{F}' = \boldsymbol{K}'_e\boldsymbol{\delta}' \tag{5-13}$$

这里

$$\boldsymbol{F}' = \boldsymbol{T}\boldsymbol{F} \tag{5-14}$$

$$\boldsymbol{\delta}' = \boldsymbol{T}\boldsymbol{\delta}$$

若设在总体坐标系中节点产生一虚位移 $\bar{\boldsymbol{\delta}}$,则在局部坐标系中其值为

$$\bar{\boldsymbol{\delta}}' = \boldsymbol{T}\bar{\boldsymbol{\delta}} \tag{5-15}$$

节点力在虚位移上所做的功可分别在两个坐标系中表示。在总体坐标系中表示为

$$W = \bar{\boldsymbol{\delta}}^{\mathrm{T}}\boldsymbol{F} = \bar{\boldsymbol{\delta}}^{\mathrm{T}}\boldsymbol{K}_e\boldsymbol{\delta} \tag{5-16}$$

在局部坐标系中表示为

$$W' = \bar{\boldsymbol{\delta}}'^{\mathrm{T}}\boldsymbol{F}' = \bar{\boldsymbol{\delta}}'^{\mathrm{T}}\boldsymbol{K}'_e\boldsymbol{\delta}' \tag{5-17}$$

将式(5-15)代入上式,则得

$$W' = \bar{\boldsymbol{\delta}}^{\mathrm{T}} \boldsymbol{T}^{\mathrm{T}} \boldsymbol{K}_e' \boldsymbol{T} \boldsymbol{\delta} \tag{5-18}$$

虚功是一标量，其值与坐标系的选取无关，故有

$$\boldsymbol{W} = \boldsymbol{W}'$$

即

$$\bar{\boldsymbol{\delta}}^{\mathrm{T}} \boldsymbol{K}_e \delta = \bar{\boldsymbol{\delta}}^{\mathrm{T}} \boldsymbol{T}^{\mathrm{T}} \boldsymbol{K}_e' \boldsymbol{T} \boldsymbol{\delta}$$

考虑到节点位移和节点虚位移的任意性，则可得到

$$\boldsymbol{K}_e = \boldsymbol{T}^{\mathrm{T}} \boldsymbol{K}_e' \boldsymbol{T}$$

此式表明了总体坐标系下的单元刚度矩阵 $\boldsymbol{K}_e$ 和局部坐标系中的单元刚度矩阵 $\boldsymbol{K}_e'$ 之间的关系。形成空间桁架单元总体坐标系下的单元刚度矩阵 $\boldsymbol{K}_e$ 的子程序设计如下：

功用

计算杆元总体坐标系中的刚度矩阵。

变量

i　T　TT　TK　NP　含义同前。

AKEE　　AKEE[6][6]为杆元总体坐标系中的刚度矩阵。

NF　　在结构总体坐标系下节点自由度数

ND　　单元所含节点数

X　　节点坐标数组 X[NP]

Y　　节点坐标数组 Y[NP]

Z　　节点坐标数组 Z[NP]

子程序

```
void MultiplyMatrix(int i)
{
    int j,m,n;
    double a;
    StiffnessMatrix_unit(i);
    TransformMatrix(i);
    for(n=1;n<=(NF*ND);n++)
    {
        for(m=1;m<=2;m++)
        {
        a=0.0;
        for(j=1;j<=2;j++)
        a+=TT[n][j]*TK[j][m];
        s[n][m]=a;
        }
    }
    for(m=1;m<=(NF*ND);m++)
    {
```

```
        for(n=1;n<=(NF*ND);n++)
        {
        a=0.0;
        for(j=1;j<=2;j++)
        a+=s[m][j]*T[j][n];
        AKEE[m][n]=a;
        }
    }
        }
```

第五节　结构刚度矩阵的形成

一、二维结构刚度矩阵的形成

每个单元中的节点按一定的顺序编号，例如图 5-3 中的杆单元两端的节点号为 N1=1，N2=2，1 代表单元的始点，2 代表单元的终点，对于杆单元，每个单元只有两个节点。在整体坐标系中每个节点有 3 个自由度，所以杆单元在整体坐标系中的单元位移分量有 6 个，它们的编号一般为 1，2，3，4，5，6，其中 1，2，3 对应于单元节点 1 的 x,y,z 方向的位移分量 u_1,v_1,w_1，4，5，6 对应于单元节点 2 的 x,y,z 方向的位移分量 u_2,v_2,w_2。

整个桁架结构中的所有节点有统一的编号，如图 5-1 所示。结构位移编号是从节点 1 开始到节点 NP 按每个节点的自由度 NF 编号的，杆单元 NF=3，依次为：1，2，3，…，(NP−1)*NF+1，(NP−1)*NF+2，(NP−1)*NF+3。

所以我们必须要找到每个单元自身的位移编号与其在结构中的整体位移编号之间的关系，才能将单元刚度矩阵组集成结构刚度矩阵。这个关系可以用一个 IS 数组来给出，对于杆单元：

$$
\begin{aligned}
IS[1] &= (ME[1][i]-1)*NF+1\\
IS[2] &= (ME[1][i]-1)*NF+2\\
IS[3] &= (ME[1][i]-1)*NF+3\\
IS[4] &= (ME[2][i]-1)*NF+1\\
IS[5] &= (ME[2][i]-1)*NF+2\\
IS[6] &= (ME[2][i]-1)*NF+3
\end{aligned}
\tag{5-19}
$$

式中，ME[1][i]为第 i 个单元的第 1 个节点在整体结构中的编号；ME[2][i]为第 i 个单元的第 2 个节点在整体结构中的编号。IS[I]这个数就表示杆单元中位移编号为 I，它在桁架结构位移中的编号为 IS[I]。当然它也表示总体坐标系下的单元刚度矩阵中的 I 行(或列)的元素，应与总刚度矩阵中的 IS[I]行(或列)的元素相对应。单元节点力在单元节点力列阵中的编号与其在结构节点力列阵中的编号的关系也是这样一一对应。

上面所述 IS 数组是就空间桁架结构中的杆单元而言的，对于一般结构中的任意单元，它的节点数为 ND，节点自由度数为 NF。设有第 I 号单元中的第 ID 个节点，则它的位移在单元局部位移列阵中的编号为(ID−1)*NF+1，(ID−1)*NF+2，…，(ID−1)*NF+NF，共 NF

个。这些位移在结构整体位移中的编号为(ME[ID][I]−1)*NF+1,(ME[ID][I]−1)*NF+2,…,(ME[ID][I]−1)*NF+NF,也是NF个,它们一一对应。所以数组IS[NFD]可写成,其中NFD=NF*ND:

$$
\begin{aligned}
&IS[(ID-1)*NF+1]=(ME[ID][i]-1)*NF+1\\
&IS[(ID-1)*NF+2]=(ME[ID][i]-1)*NF+2\\
&\cdots\cdots\\
&IS[(ID-1)*NF+NF]=(ME[ID][i]-1)*NF+NF
\end{aligned}
\tag{5-20}
$$

式中的ID=1,2,…,ND。

根据式(5-19)设计计算桁架结构中IS数组的子程序。

功用

计算IS数组。

变量

i　ME　NF　含义同前。

IS　　数组IS[6]。

```
void FIS(int i )
{
        IS[1]=(ME[1][i]-1)*NF+1;
        IS[2]=(ME[1][i]-1)*NF+2;
        IS[3]=(ME[1][i]-1)*NF+3;
        IS[4]=(ME[2][i]-1)*NF+1;
        IS[5]=(ME[2][i]-1)*NF+2;
        IS[6]=(ME[2][i]-1)*NF+3;
    }
```

求得IS数组后,即可将单元刚度矩阵的每一元素叠加到结构总刚度矩阵中去。其语句为

```
for(i = 1;i <= (NF * ND);i ++)
for(j = 1;j <= (NF * ND);j ++)
AK[IS[I]][IS[J]] += AKEE[i][j]
```

其中AKEE为单元整体坐标系中的刚度矩阵,AK为结构的总刚度矩阵。

二、一维存储的结构刚度矩阵

结构刚度矩阵的阶数为$(NF\cdot NP)\cdot(NF\cdot NP)$,当离散节点较多时,这个数可能非常大。实际计算中,考虑到刚度矩阵的一些特征,可设法节省其存储量。

1. 对称性

结构的刚度矩阵是对称的,即$K_{ij}=K_{ji}$,利用这一点,我们可以只存储它的下三角(或上三角)部分。

2. 稀疏性

结构刚度矩阵中元素虽然很多,但大量的是零元素,而非零元素是较少的。作为一个例子,这里就图5-5中节点14所对应的刚度系数作一讨论。图5-5中所示为平板,每一节点两个自由度,节点14所对应的系数在结构刚度矩阵中所对应的行是第14×2−1=27和第14×2=28

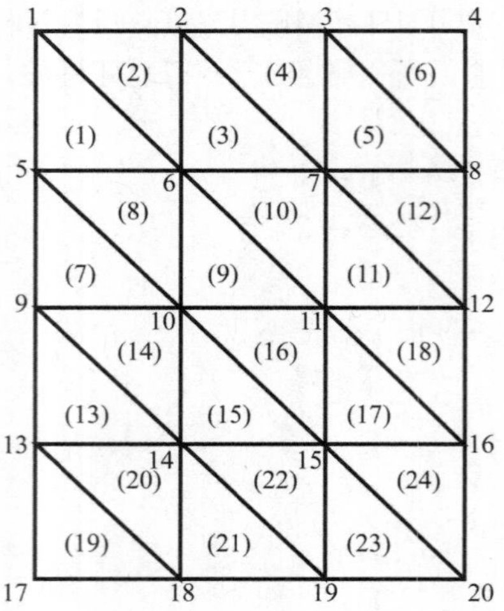

图 5-5 离散化的平板

行，这两行在下三角区的刚度系数为 AK[27][1]，AK[27][2]，…，AK[27][27]和 AK[28][1]，AK[28][2]，…，AK[28][28]。它们是由有关单元中相应的系数叠加而成的。从前面分析可知，只有包含节点 14 的 13，14，15，20，21 和 22 单元才包含这些系数，13 单元中含有列号最小的系数为 AK[27][17]和 AK[28][17]，因此从 AK[27][1]到 AK[27][16]和从 AK[28][1]到 AK[28][16]全为零。可见系数不为零的最小列号由包含该节点(如 14)的各单元中的最小节点号 $N_{\min}$ 来决定，它的数值等于 $(N_{\min}-1)\cdot NF+1$，而这个列号前面的系数全部为零。我们称这种性质为结构刚度矩阵的稀疏性，利用这一特点，我们设法不存放最左非零元素列号左边的那些零元素，以大大节省存储量。

1）变带宽的一维数组存储

从某一行中最左非零元素到该行主角元之间(包括它们自身)的个数，称为该行的半带宽。对于矩阵

$$\boldsymbol{A}=\begin{bmatrix} 1 & & & & & & & \\ 2 & 4 & & & \text{对} & & & \\ 1.3 & 5 & 7 & & & & & \\ 0 & 2.3 & 0 & 9.2 & & \text{称} & & \\ 0 & 0 & 0 & 29 & 8 & & & \\ 0 & 0 & 0 & 0 & 0 & 6.7 & & \\ 0 & 0 & 5 & 7 & 6 & 3 & 9 & \\ 0 & 0 & 0 & 0 & 0 & 6 & 5 & 7 \end{bmatrix} \tag{5-21}$$

从第 1 行到第 8 行，它们的半带宽分别为 1，2，3，3，2，1，5 和 3。

带宽外的零元素在解方程时不起作用，所以这些零元素不予存储。再考虑到刚度矩阵的对称性，因此，只要存储结构刚度矩阵中半带宽的元素，就可以完全确定该矩阵。

将每一行半带宽的元素从第一行依次连起来，就得到一个一维的数组。对于矩阵 **A**，按这种方法一维存储的数组是

$$[1,2,4,1.3,5,7,2.3,0,9.2,29,8,6.7,5,7,6,3,9,6,5,7]$$

由于矩阵的每一行的半带宽是各不相同的，所以这种存储方式又称为变带宽的一维存储。

2）一维数组与方阵的关系

把结构刚度矩阵用一个一维数组进行存储，并不是说结构刚度矩阵是一维数组。结构的刚度矩阵始终是一个方阵，这里只不过是用一个一维数组来代替方阵，以存储刚度矩阵的元素。这样带来的一个问题是怎样把二维的结构刚度矩阵的系数放到一维的数组中去，以及在解方程时怎样从一维数组中取出所需的刚度系数。这就需要确定二维存储与一维存储之间的对应关系。解决这个问题的关键是确定方阵的主角元在一维数组中的编号。

为此，这里引进一个重要的辅助数组 LD[N]，其中 $N=NF\cdot NP$，LD[I]存放的是方阵 AK 中第 I 行主角元 AK[I][I]在一维存储中的编号。从而有

$$\left.\begin{aligned} &LD[1] = 1 \\ &LD[I] = LD[I-1] + I\text{行的半带宽} \quad (I = 2,3,\cdots,N) \end{aligned}\right\} \tag{5-22}$$

现在讨论在有限元分析中怎样建立 LD 数组。从式(5-22)可知，如果知道方阵的每一行的半带宽，就能很方便地利用该式，从第一行到第 N 行，逐一求得 LD 数组的每一个元素。所以建立结构刚度矩阵的 LD 数组的关键是确定它的每一行的半带宽。前面提到，对某一节点 ID，它在刚度矩阵中所对应的行里，最左非零元素的列号取决于包含该节点的所有单元中的最小节点号 N_{min}。节点 ID 所对应的刚度系数在总刚度矩阵中所占行号为

$$NF \cdot (ID-1) + I, \quad (I = 1,2,\cdots,NF) \tag{5-23}$$

若节点 ID 所对应的 N_{min} 已知，则各行对应的半带宽为

$$NF \cdot (ID - N_{min}) + I, \quad (I = 1,2,\cdots,NF) \tag{5-24}$$

可见确定半带宽的关键是确定最小节点号。首先从第一节点到第 NP 节点逐一寻找它们对应的最小节点，然后利用式(5-24)求得每行的半带宽，进而利用式(5-22)求得 LD 数组，这一工作借助计算机来实现是很方便的。现将这一子程序提供如下：

功用

计算 LD 数组。

变量

ME　NF　NP　ND　NE　含义同前。

LD　　数组 LD[N]，　N=NP·NF。

子程序：

```
    void FLd (       )
    {  int k,i,j,L,IG,J;
       LD[1]=1;
    //按节点循环,确定与其有关的最小节点号和该点所占行的LD数组
    for(k=1;k<=NP;k++)
        {IG=100000;
    //按单元循环,确定有关的最小节点号
        for(i=1;i<=NE;i++)
        for(j=1;j<=ND;j++)
    //判别单元中是否含有K点
        {if(ME[j][i]! =k)continue;
    //寻找与K点有关的最小节点号
        for(L=1;L<=ND;L++)
        {if(ME[L][i]>=IG)continue;
        IG=ME[L][i];}}
    //确定K点所含行号的LD数组
        for(i=1;i<=NF;i++)
        {            J=NF*(k-1)+i;
        if(J==1)continue;
        LD[J]=LD[J-1]+NF*(k-IG)+i;}
```

```
        }
    N=NP*NF;
//确定一位数组的总容量
    NN=LD[N];
    }
```

在子函数 FLD 中,计算了二维刚度矩阵在一维存储中的总容量 NN,这样就可设定一个一维数组 A[NN]来存放全部系数。有了 LD 数组,就可将 AK[I][I]存放到一维存储的数组 A[LD[I]]中,反之,从 A[LD[I]]中可取到刚度系数 AK[I][I]。现在,进一步确定 AK[I][J]在 A 数组中序号。由于 AK[I][J]是下三角中的元素,所以这些系数是 AK[I][I]前(I-J)个元素。可见它在 A 数组中序号为 IJ=LD(I)-(I-J),即系数 AK[I][J]可存放到 A[LD[I]-(I-J)]中。

根据这样的对应关系,即可将单元刚度矩阵的每一元素叠加到结构总刚度矩阵中去,可以仅仅叠加单元刚度矩阵中的下三角元素,并且将二维的结构刚度矩阵采用一维存储的形式。这一过程通过以下子函数来实现:

功用

组集一维存储结构刚度矩阵。

变量

IS　LD　NF　NP　ND　NE　含义同前。

AK　　一维数组 AK[NN],NN=LD(N),N=NP*NF。

子程序:

```
void StructureMatrix()
{
    int i,j,m,ISS,NI,NJ,IJ;
    FLd(      );
    N=NP*NF;
    NN=LD[N];
    for(m=1;m<=NE;m++)
    {          MultiplyMatrix(m);
               FIS(m);
          for(i=1;i<=(NF*ND);i++)
              for(j=1;j<=(NF*ND);j++)
              {ISS=IS[i]-IS[j];
               if(ISS>=0)
               {    NI=IS[i];IJ=LD[NI]-(NI-IS[j]);
               AK[IJ]+=AKEE[i][j];}}
                  }
}
```

上述 LD 数组子程序和刚度矩阵的叠加是对一般结构而言的,具有通用性。对于空间桁架结构,仅需设虚元 ND=2,NF=3 即可。

第六节　约束处理

建立刚度矩阵时，解除了结构与外界的一切约束，从而成为一个自由体，即结构具有刚体位移，所以方程式(5-1)就不可能有确定的解。工程上的结构都是受到约束的，它们以一定的约束形式与外界固定在一起，或者给边界一定的位移限制，这种形式的数学表达式称为几何边界条件，它们的作用是使实际结构消除刚体位移。

在有限元程序中，为了使方程式(5-1)有确定的解，必须将几何边界条件引入到结构的刚度方程中去，这就是常说的约束处理。约束处理的方法一般有下列几种。

一、划行划列法

采用这种方法，节点的位移列阵可以写成$[\boldsymbol{\delta}_A,\boldsymbol{\delta}_N]^{\mathrm{T}}$，其中$\boldsymbol{\delta}_A$表示未知的节点位移；$\boldsymbol{\delta}_N$是已知边界节点的位移；相应的载荷列阵也可写成$[\boldsymbol{P}_A,\boldsymbol{P}_N]^{\mathrm{T}}$，其中的$\boldsymbol{P}_A$是所求位移之节点上的外载荷；$\boldsymbol{P}_N$是边界节点的约束反力。于是平衡方程式(5-1)可写成分块形式，即

$$\begin{bmatrix} \boldsymbol{K}_A & \boldsymbol{K}_{AN} \\ \boldsymbol{K}_{NA} & \boldsymbol{K}_N \end{bmatrix} \begin{Bmatrix} \boldsymbol{\delta}_A \\ \boldsymbol{\delta}_N \end{Bmatrix} = \begin{Bmatrix} \boldsymbol{P}_A \\ \boldsymbol{P}_N \end{Bmatrix} \tag{5-25}$$

展开上式，得

$$\boldsymbol{K}_A\boldsymbol{\delta}_A + \boldsymbol{K}_{AN}\boldsymbol{\delta}_N = \boldsymbol{P}_A \tag{5-26}$$

$$\boldsymbol{K}_{NA}\boldsymbol{\delta}_A + \boldsymbol{K}_N\boldsymbol{\delta}_N = \boldsymbol{P}_N \tag{5-27}$$

令

$$\overline{\boldsymbol{P}}_A = \boldsymbol{P}_A - \boldsymbol{K}_{AN}\boldsymbol{\delta}_N \tag{5-28}$$

则式(5-26)可写成

$$\boldsymbol{K}_A\boldsymbol{\delta}_A = \overline{\boldsymbol{P}}_A \tag{5-29}$$

解式(5-29)得到$\boldsymbol{\delta}_A$，再代入式(5-27)，就可得到反力$\boldsymbol{P}_N$。

若已知的边界节点位移$\boldsymbol{\delta}_N=\boldsymbol{0}$，则式(5-26)就简化为

$$\boldsymbol{K}_A\boldsymbol{\delta}_A = \boldsymbol{F}_A \tag{5-30}$$

这种处理约束的方法，对约束集中在一端的结构较为合适。如果约束点很分散，节点编号又不能使其集中在一起，就会导致刚度矩阵带宽的增加，或使程序编制复杂化，故不宜使用此法。

二、主对角元置 1 法

将平衡方程(5-1)改写成

$$\begin{bmatrix} K_{11} & K_{12} & \cdots & K_{1i} & \cdots & K_{1n} \\ K_{21} & K_{22} & \cdots & K_{2i} & \cdots & K_{2n} \\ \vdots & \vdots & & \vdots & & \vdots \\ K_{i1} & K_{i2} & \cdots & K_{ii} & \cdots & K_{in} \\ \vdots & \vdots & & \vdots & & \vdots \\ K_{n1} & K_{n2} & \cdots & K_{ni} & \cdots & K_{nn} \end{bmatrix} \begin{Bmatrix} \delta_1 \\ \delta_2 \\ \vdots \\ \delta_i \\ \vdots \\ \delta_n \end{Bmatrix} = \begin{Bmatrix} P_1 \\ P_2 \\ \vdots \\ P_i \\ \vdots \\ P_n \end{Bmatrix} \tag{5-31}$$

设已知节点位移δ_i等于d_0，则可将刚度矩阵$\boldsymbol{K}$中第i行的主对角元K_{ii}改成 1，将i行的

其他元素都改成零，而右端的 P_i 改成 d_0。于是式(5-31)中第 i 行方程可写成

$$\delta_i = d_0$$

也就是在平衡方程中引进了 $\delta_i = d_0$ 这一已知边界条件。

实际计算中，为了节省存储单元，常利用刚度矩阵的对称性，仅需存储它的下三角(或上三角)的元素即可。为了使上述的处理不破坏刚度矩阵的对称性，其中的第 i 列元素也要作相应的处理。即保持 $k_{ii}=1$ 以外，i 列的其他元素都改为零。同时，为了不影响其他方程，载荷列阵也要作相应的变更。于是，原方程就变为

$$\begin{bmatrix} K_{11} & K_{12} & \cdots & K_{1,i-1} & 0 & K_{1,i+1} & \cdots & K_{1n} \\ K_{21} & K_{22} & \cdots & K_{2,i-1} & 0 & K_{2,i+1} & \cdots & K_{2n} \\ \vdots & \vdots & & \vdots & 0 & \vdots & & \vdots \\ K_{i-1,1} & K_{i-121} & \cdots & K_{i-1,i-1} & 0 & K_{i-1,i+1} & \cdots & K_{i-1,n} \\ 0 & 0 & 0 & 0 & 1 & 0 & 0 & 0 \\ K_{i+1,i} & K_{i+1,2} & \cdots & K_{i+1,i-1} & 0 & K_{i+1,i+1} & \cdots & K_{i+1,n} \\ \vdots & \vdots & & \vdots & \vdots & 0 & & \vdots \\ K_{n1} & K_{n2} & \cdots & K_{n,i-1} & 0 & K_{n,i+1} & \cdots & K_{nn} \end{bmatrix} \begin{Bmatrix} \delta_1 \\ \delta_2 \\ \vdots \\ \delta_{i-1} \\ \delta_i \\ \delta_{i+1} \\ \vdots \\ \delta_n \end{Bmatrix} = \begin{Bmatrix} P_1 - K_{1i}d_0 \\ P_2 - K_{2i}d_0 \\ \vdots \\ P_{i-1} - K_{i-1,i}d_0 \\ d_0 \\ P_{i+1} - K_{i+1,i}d_0 \\ \vdots \\ P_n - K_{ni}d_0 \end{Bmatrix} \tag{5-32}$$

三、主角元置大数法

设节点位移 i 项的 δ_i 是已知的位移 d_0，以主角元置大数法进行约束处理，是将刚度矩阵 **K** 中的第 i 行的主对角元 K_{ii} 置一个相当大的数 $\overline{K}_{ii}$(一般取 $\overline{K}_{ii}=10^{18}\sim10^{20}$)，同时将右端载荷列阵中的 P_i 改为 $\overline{K}_{ii}d_0$，这样方程组(5-1)的第 i 个方程就变为

$$K_{i1}\delta_1 + K_{i2}\delta_2 + \cdots + \overline{K}_{ii}\delta_i + \cdots + K_{in}\delta_n = d_0\overline{K}_{ii} \tag{5-33}$$

等式两边都除以 $\overline{K}_{ii}$，并注意到 $\overline{K}_{ii}$ 是大数，则有

$$\frac{K_{i1}}{\overline{K}_{ii}} \approx \frac{K_{i2}}{\overline{K}_{ii}} \approx \cdots \approx \frac{K_{i,i-1}}{\overline{K}_{ii}} \approx \frac{K_{i,i+1}}{\overline{K}_{ii}} \approx \cdots \approx \frac{K_{in}}{\overline{K}_{ii}} \approx 0$$

$$\delta_i = d_0$$

若已知位移 $d_0=0$，则 P_i 就不用改变，仅需将主角元置大数。

这种方法在程序设计中较易实现，故得到较为广泛的应用。现用主角元置大数方法对约束位移为零的边界进行约束处理的程序段设计如下：

```
//约束处理(置大数法)
    for(i=1;i<=NR;i++)
    {                    NI=NRR[i];NJ=LD[NI];
    AK[NJ]=1e25;}
```

第七节　解线性方程组

对方程式(5-1)进行约束处理后，即可求解方程，从而求得所需的位移。求解线性方程组的方法很多，这里介绍一种较为常用的乔雷斯基方法，又称改进平方根法。

一、系数矩阵的分解

结构刚度矩阵在约束处理后，若是一个对称正定矩阵，则可以分解为

$$\boldsymbol{K}=\boldsymbol{L}\boldsymbol{D}\boldsymbol{L}^{\mathrm{T}} \tag{5-34}$$

这里

$$\boldsymbol{L}=\begin{bmatrix} 1 & & & & & \\ l_{21} & 1 & & & & \\ \vdots & \vdots & \ddots & & 0 & \\ \vdots & \vdots & & \ddots & 1 & \\ l_{n1} & l_{n2} & \cdots & \cdots & l_{n,n-1} & 1 \end{bmatrix} \tag{5-35}$$

是单位下三角矩阵：

$$\boldsymbol{D}=\begin{bmatrix} d_{11} & \cdots & & 0 \\ \vdots & d_{22} & & \\ \vdots & & \ddots & \vdots \\ 0 & \cdots & \cdots & d_{nn} \end{bmatrix} \tag{5-36}$$

为对角矩阵，$\boldsymbol{L}^{\mathrm{T}}$ 是 $\boldsymbol{L}$ 矩阵的转置矩阵，是一个单位上三角矩阵。

现在讨论怎样计算 $\boldsymbol{L}$ 和 $\boldsymbol{D}$ 矩阵中的元素 l_{ij} 和 d_{ii}（$i=1,2,\cdots,n;j=2,\cdots,i-1$）。设

$$\boldsymbol{C}=\boldsymbol{L}\boldsymbol{D} \tag{5-37}$$

则

$$\boldsymbol{K}=\boldsymbol{C}\boldsymbol{L}^{\mathrm{T}} \tag{5-38}$$

矩阵 $\boldsymbol{C}$ 也是一个下三角矩阵，展开式(5-37)，比较左右矩阵的系数，得

$$c_{ij}=\sum_{t=1}^{n} l_{it}\cdot d_{tt}=l_{ij}d_{jj},\quad i=1,2,\cdots,n;j=2,\cdots,i \tag{5-39}$$

同样展开式(5-38)，然后比较等式两边，有

$$\begin{aligned} k_{ij}&=\sum_{i=1}^{n} c_{it}\cdot l_{jt} \\ &=\sum_{t=1}^{n} l_{it}d_{tt}l_{jt} \\ &=\sum_{t=1}^{j-1} l_{it}d_{tt}l_{jt}+l_{ij}d_{jj}l_{jj}+\sum_{t=j+1}^{n} l_{it}d_{tt}l_{jt} \\ &=\sum_{t=1}^{j-1} l_{it}d_{tt}l_{jt}+l_{ij}d_{jj} \end{aligned} \tag{5-40}$$

故有

$$\begin{aligned} l_{i1}&=k_{i1}/d_{11} \\ l_{ij}&=\left(k_{ij}-\sum_{t=1}^{j-1} l_{it}d_{tt}l_{jt}\right)/d_{jj},\ (i=2,3,\cdots,n,\quad j=2,3,\cdots,i-1) \end{aligned} \tag{5-41}$$

当 $i=j$ 时，式(5-41)变为

$$1=\left(k_{ii}-\sum_{t=1}^{i-1} l_{it}l_{it}d_{tt}\right)/d_{ii}$$

所以有

$$d_{11}=k_{11}$$
$$d_{ii}=k_{ii}-\sum_{t=1}^{i-1}l_{it}^2d_{tt},\quad i=2,3,\cdots,n \tag{5-42}$$

式(5-41)、式(5-42)就是矩阵 $\boldsymbol{K}$ 的分解公式。利用这两个公式就可求得 $\boldsymbol{L}$ 和 $\boldsymbol{D}$ 矩阵的全部元素。同时,从这两个公式可以看出以下一些特殊性质:

(1) $\boldsymbol{L}$、$\boldsymbol{K}$ 矩阵具有相同的半带宽,即如果有 $k_{i1}=k_{i2}=\cdots=k_{i,mi-1}=0$,则必有 $l_{i1}=l_{i2}=\cdots=l_{i,mi-1}=0$。因此说 $\boldsymbol{L}$ 也是一个稀疏矩阵。如果采用一维存储,则它的 LD 数组就是 $\boldsymbol{K}$ 的 LD 数组。

(2) 当由 k_{ij}(或 k_{ji})计算出 l_{ij} 或 d_{ii} 后,以后的运算不再需 k_{ij} 了。也就是说在求得 l_{ij},d_{ii} 后,k_{ij},k_{ii} 就没有必要再保留。因此,在实际运算中,所求得的 l_{ij},d_{ii} 就存放在 k_{ij},k_{ii} 的位置上。

由此可知,上述分解结束后,原来存放刚度矩阵 $\boldsymbol{K}$ 的位置,全部代之以 $\boldsymbol{L}$ 和 $\boldsymbol{D}$ 的元素。这样也就解释了前面将二维数组转为一维存储时,为什么可以不存储 $\boldsymbol{K}$ 矩阵中半带宽以外的零元素。

根据性质 1 可知,l_{it},l_{jt} 只是从 t 分别等于 m_i 和 m_j 开始才不是零元素。这里 m_i 是 $\boldsymbol{K}$ 矩阵中 i 行第一个非零元素的列号。所以,当 $t<m_i$ 或 $t<m_j$ 时,有 $l_{it}=0$ 或 $l_{jt}=0$,要使式(5-41)、式(5-42)中累加项不为零,t 必须从 m_i 和 m_j 中较大的一个开始。取 m_i,m_j 中大者为 m_{ij},则式(5-41)应写成

$$l_{i1}=k_{i1}/d_{11}$$
$$l_{ij}=\left(k_{ij}-\sum_{t=m_{ij}}^{j-1}l_{it}d_{tt}l_{jt}\right)/d_{jj},\quad (i=2,3,\cdots,n;j=2,3,\cdots,i-1) \tag{5-43}$$

同理,式(5-42)应改写成

$$d_{11}=k_{11}$$
$$d_{ii}=k_{ii}-\sum_{t=m_i}^{i-1}l_{it}^2d_{tt},\quad i=2,3,\cdots,n \tag{5-44}$$

因为

$$c_{ij}=l_{ij}d_{jj} \tag{5-45}$$

则上述两式可写成

$$l_{ij}=k_{ij}-\sum_{t=m_{ij}}^{j-1}c_{it}l_{jt}$$
$$d_{ii}=k_{ii}-\sum_{t=m_i}^{i-1}c_{it}l_{it},\quad (i=2,\cdots,n) \tag{5-46}$$
$$d_{11}=k_{11}$$

从式(5-45)和式(5-46)可以清楚地看出,分解矩阵 $\boldsymbol{K}$ 时,累加号中不会出现 $\boldsymbol{L}$ 矩阵中半带宽以外的零元素,故不必存储这些零元素。而 $\boldsymbol{K}$ 矩阵中半带宽以外的零元素,也因为不需要参加分解而不必存储了。

下面讨论 m_i 和 m_j 是如何确定的。从 LD 数组知道,矩阵 $\boldsymbol{K}$ 的第 i 行的主对角元 k_{ii} 在一维存储时的序号是 LD[i],($i-1$)行的主对角元 $k_{i-1,i-1}$ 的序号是 LD[$i-1$]。所以,矩阵 $\boldsymbol{K}$ 的第 i 行所需存储元素的个数(即该行的半带宽)是 LD[i]−LD[$i-1$](指 $i\geqslant 2$)。其第一个非零

元素的列号是 $m_i = i-(\mathrm{LD}[i]-\mathrm{LD}[i-1])+1 = 1-(\mathrm{LD}[i]-i)+\mathrm{LD}[i-1]$，同样有 $m_j = 1-(\mathrm{LD}[j]-j)+\mathrm{LD}[j-1]$。$m_i$、$m_j$ 中较大的一个记作 m_{ij}。于是有

$$\begin{aligned} m_i &= 1-(\mathrm{LD}[i]-i)+\mathrm{LD}[i-1] \\ m_j &= 1-(\mathrm{LD}[j]-j)+\mathrm{LD}[j-1] \\ m_{ij} &= \max(m_i, m_j) \end{aligned} \tag{5-47}$$

为了更好地理解以上分解过程，给出以下例子。设 $\boldsymbol{K}$ 为 8×8 阶对称矩阵，将其分解为

$$\begin{bmatrix} K_{11} & & & & & & & \\ K_{21} & K_{22} & & & & & & \\ K_{31} & K_{32} & K_{33} & & \text{对} & & & \\ K_{41} & K_{42} & K_{43} & K_{44} & & & & \\ 0 & K_{52} & K_{53} & K_{54} & K_{55} & & \text{称} & \\ 0 & 0 & 0 & K_{64} & K_{65} & K_{66} & & \\ 0 & 0 & 0 & 0 & 0 & K_{76} & K_{77} & \\ 0 & K_{82} & K_{83} & K_{84} & K_{85} & K_{86} & K_{87} & K_{88} \end{bmatrix}$$

$$= \begin{bmatrix} 1 & & & & & & & \\ l_{21} & 1 & & & & & & \\ l_{31} & l_{32} & 1 & & & 0 & & \\ l_{41} & l_{42} & l_{43} & 1 & & & & \\ 0 & l_{52} & l_{53} & l_{54} & 1 & & & \\ 0 & 0 & 0 & l_{64} & l_{65} & 1 & & \\ 0 & 0 & 0 & 0 & 0 & l_{76} & 1 & \\ 0 & l_{82} & l_{83} & l_{84} & l_{85} & l_{86} & l_{87} & 1 \end{bmatrix} \times$$

$$\begin{bmatrix} d_{11} & & & & & & & \\ & d_{22} & & & & & & \\ & & d_{33} & & & 0 & & \\ & & & d_{44} & & & & \\ & & & & d_{55} & & & \\ & & & & & d_{66} & & \\ & & 0 & & & & d_{77} & \\ & & & & & & & d_{88} \end{bmatrix} \times$$

$$\begin{bmatrix} 1 & l_{21} & l_{31} & l_{41} & 0 & 0 & 0 & 0 \\ & 1 & l_{32} & l_{42} & l_{52} & 0 & 0 & l_{82} \\ & & 1 & l_{43} & l_{53} & 0 & 0 & l_{83} \\ & & & 1 & l_{54} & l_{64} & 0 & l_{84} \\ & & & & 1 & l_{65} & 0 & l_{85} \\ & & 0 & & & 1 & l_{76} & l_{86} \\ & & & & & & 1 & l_{87} \\ & & & & & & & 1 \end{bmatrix} \tag{5-48}$$

展开后，左边 $\boldsymbol{K}$ 矩阵的元素与右边三个矩阵乘积所得到的元素一一对应，因此有

$$k_{11} = d_{11}$$

$$k_{21} = l_{21} d_{11}$$

$$
\begin{aligned}
k_{22} &= l_{21}^2 d_{11} + d_{22} \\
k_{31} &= l_{31} d_{11} \\
k_{32} &= l_{31} l_{21} d_{11} + l_{32} d_{22} \\
k_{33} &= l_{31}^2 d_{11} + l_{32}^2 d_{22} + d_{33} \\
&\cdots\cdots
\end{aligned}
$$

所以得到 **L** 和 **D** 矩阵中的各元素为

$$
\begin{aligned}
d_{11} &= k_{11} \\
l_{21} &= k_{21}/d_{11} \\
d_{22} &= k_{22} - l_{21}^2 d_{11} \\
l_{31} &= k_{31}/d_{11} \\
l_{32} &= (k_{32} - l_{31} l_{21} d_{11})/d_{22} \\
d_{32} &= k_{33} - l_{31}^2 d_{11} - l_{32}^2 d_{22} \\
&\cdots\cdots \\
l_{82} &= k_{82}/d_{22} \\
l_{83} &= (k_{83} - l_{82} l_{32} d_{22})/d_{33} \\
l_{84} &= (k_{84} - l_{82} l_{42} d_{22} - l_{83} l_{43} d_{33})/d_{44} \\
l_{85} &= (k_{85} - l_{82} l_{52} d_{22} - l_{83} l_{53} d_{33} - l_{84} l_{54} d_{44})/d_{55} \\
l_{86} &= (k_{86} - l_{84} l_{64} d_{44} - l_{85} l_{65} d_{55})/d_{66} \\
l_{87} &= (k_{87} - l_{86} l_{76} d_{66})/d_{77} \\
d_{88} &= k_{88} - l_{82}^2 d_{22} - l_{83}^2 d_{33} - l_{84}^2 d_{44} - l_{85}^2 d_{55} - l_{86}^2 d_{66} - l_{87}^2 d_{77}
\end{aligned}
$$

分解的次序是按照行的次序将 **K** 矩阵中的系数依下三角的列号逐个进行。

二、载荷列阵的分解

在求得 **L** 和 **D** 后，方程式(5-1)可写成

$$\boldsymbol{LDL}^{\mathrm{T}}\boldsymbol{\delta} = \boldsymbol{P} \tag{5-49}$$

现设

$$\boldsymbol{LD} = \boldsymbol{C}, \quad \boldsymbol{L}^{\mathrm{T}}\boldsymbol{\delta} = \boldsymbol{R} \tag{5-50}$$

则式(5-48)又可改写

$$\boldsymbol{CR} = \boldsymbol{P} \tag{5-51}$$

前面已提到 **C** 是下三角矩阵，故展开上式可得

$$\sum_{j=1}^{n} c_{ij} r_j = P_i, \quad i = 1,2,\cdots,n$$

以式(5-39)代入上式，有

$$\sum_{j=1}^{n} l_{ij} d_{jj} r_j = P_i \tag{5-52}$$

对此式予以分段求和，有

$$P_i = \sum_{j=1}^{m_i - 1} l_{ij} d_{jj} r_j + \sum_{j=m_i}^{i-1} l_{ij} d_{jj} r_j + l_{ii} d_{ii} r_i + \sum_{j=i+1}^{n} l_{ij} d_{jj} r_j$$

注意到当 $j<m_i$，或 $j>i+1$ 时，$l_{ij}=0$，故上式可简化成

$$P_i = d_{ii}r_i + \sum_{j=m_i}^{i-1} l_{ij}d_{jj}r_j$$

由此得

$$r_i = (P_i - \sum_{j=m_i}^{i-1} l_{ij}d_{jj}r_j)/d_{ii} = (P_i - \sum_{j=m_i}^{i-1} c_{ij}r_j)/d_{ii}, \quad i=1,2,\cdots,n \tag{5-53}$$

此即为载荷列阵的分解公式。同矩阵 $\boldsymbol{K}$ 的分解一样，当利用上式求得 r_i 后，P_i 就不会再被调用。为了节省存储，可将求得的 r_i 存放在 P_i 的位置上。

结合所给例子，方程(5-1)中的载荷矩阵 $\boldsymbol{P}$ 为 8×1 的矩阵，$\boldsymbol{K}$ 为式(5-48)中的 $\boldsymbol{K}$，根据式(5-52)，分解如下：

$$
\begin{aligned}
& d_{11}r_1 = P_1 \\
& l_{21}d_{11}r_1 + d_{22}r_2 = P_2 \\
& l_{31}d_{11}r_1 + l_{32}d_{22}r_2 + d_{33}r_3 = P_3 \\
& \cdots\cdots \\
& l_{82}d_{22}r_2 + l_{83}d_{33}r_3 + \cdots + l_{87}d_{77}r_7 + d_{88}r_8 = P_8
\end{aligned}
$$

从中求得 $\boldsymbol{R}$ 的各分量 $r_i(i=1,2,\cdots,8)$：

$$
\begin{aligned}
& r_1 = P_1/d_{11} \\
& r_2 = (P_2 - l_{21}d_{11}r_1)/d_{22} \\
& \cdots\cdots \\
& r_8 = (P_8 - l_{82}d_{22}r_2 - l_{83}d_{33}r_3 - \cdots - l_{87}d_{77}r_7)/d_{88}
\end{aligned}
$$

三、回代求解

最后，通过解上三角方程组(5-50)，就可得到位移值。
展开式(5-50)，可得

$$r_j = \sum_{i=1}^{n} l_{ij}\delta_i = \sum_{i=1}^{j-1} l_{ij}\delta_i + l_{jj}\delta_j + \sum_{i=j+1}^{n} l_{ij}\delta_i = \delta_j + \sum_{i=j+1}^{n} l_{ij}\delta_i$$

由此可得

$$\delta_j = r_j - \sum_{i=j+1}^{n} l_{ij}\delta_i, \quad j=n,n-1,\cdots,1 \tag{5-54}$$

由上式可知，求得 δ_j 后，r_j 就不再需要保留。所以可将位移 δ_j 置于 r_j 的内存处，也就是将最后求得的位移置于载荷列阵中。

注意到 $j<m_i$ 时，$l_{ij}=0$，故上式可改写为

$$\delta_j = r_j - \sum_{\substack{i=j+1 \\ j\geqslant m_i}}^{n} l_{ij}\delta_i \tag{5-55}$$

这里的回代过程，没有采用由下而上的方法，如式(5-55)所示，即

$$
\begin{aligned}
\delta_n &= r_n \\
\delta_{n-1} &= r_{n-1} - l_{n,n-1}\delta_n \\
&\cdots\cdots
\end{aligned}
$$

本算法是反复改变 r_i 的数值：

对每个 $i(i=n,n-1,\cdots,2)$，计算

$$r_k \Leftarrow r_k - l_{ik} r_i, \quad (k = m_i, m_i+1, \cdots, i-1) \tag{5-56}$$

且

$$\delta_i = r_i \tag{5-57}$$

最后，$\delta_1 = r_1$。应注意式(5-56)中所用的是赋值符号“$\Leftarrow$”，表示将赋值号右边表达式的计算结果赋给左边。根据以上所给例子，观察回代过程中 $\boldsymbol{P}$ 的数值变化。方程(5-50)中第二式 $\boldsymbol{L}^{\mathrm{T}}\boldsymbol{\delta}=\boldsymbol{R}$ 的展开形式为

$$\begin{array}{ccccccccc}
\delta_1 & +l_{21}\delta_2 & +l_{31}\delta_3 & +l_{41}\delta_4 & +0 & +0 & +0 & +0 & =r_1 \\
 & \delta_2 & +l_{32}\delta_3 & +l_{42}\delta_4 & +l_{52}\delta_2 & +0 & +0 & +l_{82}\delta_8 & =r_2 \\
 & & \delta_3 & +l_{43}\delta_4 & +l_{53}\delta_5 & +0 & +0 & +l_{83}\delta_8 & =r_3 \\
 & & & \delta_4 & +l_{54}\delta_5 & +l_{64}\delta_6 & +0 & +l_{84}\delta_8 & =r_4 \\
 & & & & \delta_5 & +l_{65}\delta_6 & +0 & +l_{85}\delta_8 & =r_5 \\
 & & & & & \delta_6 & +l_{76}\delta_7 & +l_{86}\delta_8 & =r_6 \\
 & & & & & & \delta_7 & +l_{87}\delta_8 & =r_7 \\
 & & & & & & & \delta_8 & =r_8
\end{array}$$

用下面的图示来说明回代过程：

原始 $\boldsymbol{P}$　将 $\boldsymbol{P}$ 分解　回代，$i=8$　回代，$i=7$　回代，$i=6$

$$\begin{bmatrix} P_1 \\ P_2 \\ P_3 \\ P_4 \\ P_5 \\ P_6 \\ P_7 \\ P_8 \end{bmatrix} \Rightarrow
\begin{bmatrix} r_1 \\ r_2 \\ r_3 \\ r_4 \\ r_5 \\ r_6 \\ r_7 \\ r_8 \end{bmatrix} \Rightarrow
\begin{bmatrix} r_1 \\ r_2 - l_{82}\delta_8 \Rightarrow r_2 \\ r_3 - l_{83}\delta_8 \Rightarrow r_3 \\ r_4 - l_{84}\delta_8 \Rightarrow r_4 \\ r_5 - l_{85}\delta_8 \Rightarrow r_5 \\ r_6 - l_{86}\delta_8 \Rightarrow r_6 \\ r_7 - l_{87}\delta_8 \Rightarrow r_7 \\ r_8(=\delta_8) \end{bmatrix} \Rightarrow
\begin{bmatrix} r_1 \\ r_2 \\ r_3 \\ r_4 \\ r_5 \\ r_6 - l_{76}\delta_7 \Rightarrow r_6 \\ r_7(=\delta_7) \\ r_8(=\delta_8) \end{bmatrix}
\begin{bmatrix} r_1 \\ r_2 \\ r_3 \\ r_4 - l_{64}\delta_6 \Rightarrow r_4 \\ r_5 - l_{65}\delta_6 \Rightarrow r_5 \\ r_6(=\delta_6) \\ r_7(=\delta_7) \\ r_8(=\delta_8) \end{bmatrix} \Rightarrow$$

回代，$i=5$　回代，$i=4$　回代，$i=3$　回代，$i=2$

$$\begin{bmatrix} r_1 \\ r_2 - l_{52}\delta_5 \Rightarrow r_2 \\ r_3 - l_{53}\delta_5 \Rightarrow r_3 \\ r_4 - l_{54}\delta_5 \Rightarrow r_4 \\ r_5(=\delta_5) \\ r_6(=\delta_6) \\ r_7(=\delta_7) \\ r_8(=\delta_8) \end{bmatrix} \Rightarrow
\begin{bmatrix} r - l_{41}\delta_4 \Rightarrow r_1 \\ r_2 - l_{42}\delta_4 \Rightarrow r_2 \\ r_3 - l_{43}\delta_4 \Rightarrow r_3 \\ r_4(=\delta_4) \\ r_5(=\delta_5) \\ r_6(=\delta_6) \\ r_7(=\delta_7) \\ r_8(=\delta_8) \end{bmatrix} \Rightarrow
\begin{bmatrix} r_1 - l_{31}\delta_3 \Rightarrow r_1 \\ r_2 - l_{32}\delta_3 \Rightarrow r_2 \\ r_3(=\delta_3) \\ r_4(=\delta_4) \\ r_5(=\delta_5) \\ r_6(=\delta_6) \\ r_7(=\delta_7) \\ r_8(=\delta_8) \end{bmatrix} \Rightarrow
\begin{bmatrix} r - l_{21}\delta_2 \Rightarrow r_1 \\ r_2(=\delta_2) \\ r_3(=\delta_3) \\ r_4(=\delta_4) \\ r_5(=\delta_5) \\ r_6(=\delta_6) \\ r_7(=\delta_7) \\ r_8(=\delta_8) \end{bmatrix}$$

四、解方程的子程序

功用

解大型线性方程组

$$\boldsymbol{AX} = \boldsymbol{B}$$

其中，$\boldsymbol{A}$ 是 n 阶大型稀疏对称正定矩阵，$\boldsymbol{X}$ 和 $\boldsymbol{B}$ 是 $n\times 1$ 阶矩阵。

变量

N　方程组的阶数

a　数组 a[100]，开始时存放系数矩阵，分解后存放 LD 数组的元素

x　数组 x[100]，开始时存放右端载荷列阵，解方程结束后存放方程组的解

LD　数组 LD[N]，标注二维系数矩阵的主对角元在一维数组 a 中的序号

子程序

```
void cholesky(int n,double a[100 ],double x[100])
{
int i,j,k,ij,kj,ii,jj,ik,jk,kk,iig,ig,igp,jgp,mi,mj,mij;
    for(i=1;i<=n;i++)
    {if(i!=1)   //i! =1 时进行以下分解(i=1 时,d11=k11,无须分解)
  {mi=i-(LD[i]-LD[i-1])+1;//第 i 行最左非零元素列号 mi
      if(mi! =i)                            //第 i 行不只有对角元的情况
      {iig=LD[i]-i;
    for(j=mi;j<=i-1;j++)              //第 i 行带宽内元素(不含对角元)循环
    {if(j!=mi)
      {mj=j-(LD[j]-LD[j-1])+1;//第 j 行最左非零元素列号 mj
        igp=LD[i]-(i-j);              //当前被分解元素 Kij 的一维地址
          if(mj<mi)mij=mi;            //求 mij=max{mi,mj}
              else mij=mj;
                jgp=LD[j]-j;
          if(mij<=j-1)          //mij<=j-1 时
          {for(k=mij;k<=j-1;k++)    //式(5-43)中求和部分的循环
          {ik=iig+k;jk=jgp+k;kk=LD[k];//分别计算 Lik,Ljk,dkk 的一维地址
                  a[igp]-=a[ik]*a[kk]*a[jk];}//累积计算式(5-43)中第二式括号内部分
      }
    }
  if(j==mi)igp=LD[i-1]+1;// 最左非零元素的一维地址
    ii=LD[j];                       //对角元 djj 的一维地址
      a[igp]=a[igp]/a[ii];//按式(5-43)最后算出 Lij
          x[i]-=a[igp]*a[ii]*x[j];//分解载荷项,累积计算式(5-53)括号内部分
  }
      ij=LD[i];
      for(k=mi;k<=i-1;k++)//式(5-44)中求和部分的循环
          {ii=iig+k;jj=LD[k];//分别计算 Lik 和 dkk 的一维地址
              a[ij]-=a[ii]*a[ii]*a[jj];}//按式(5-44)累积计算 dii
      }
    }
```

```
    ij=LD[i];//对角元 dii 的一维地址(对 i 行只有对角元的情况未得出过)
     x[i]=x[i]/a[ij];//按式(5-53),完成 Pi 的分解
}
        for(i=n;i>=2;i--)//回代循环
         {mi=i-(LD[i]-LD[i-1])+1;//第 i 行最左非零元素列号
           if(mi==i)continue;//mi=i 在式(5-56)应用范围之外,不作任何处理
              iig=LD[i]-i;
              for(k=mi;k<=i-1;k++)//式(5-56)中 k 的循环
              {ij=iig+k;//Lik 的一维地址
                    x[k]-=a[ij]*x[i];}//按式(5-56)计算
     }
   fp2=fopen("整体节点位移.txt","w");
    for(i=1;i<=n;i++)
    {     fprintf(fp2,"%d %1e %1e\n",i,x[i],a[i]);
   }
   fclose(fp2);
   }
```

解方程在有限元分析中起着很重要的作用,上述程序设计得较为精练,读者阅读时可对照公式,逐渐加深对程序的理解,初学者在编写该程序时往往会因出现意外而使整个计算宣告失败,为了避免这种情况,这里提供一个考题,可用于考核所设计的子程序是否正确。

线性方程组

$$\boldsymbol{A}\boldsymbol{X}=\boldsymbol{B}$$

其中的 $\boldsymbol{A}$ 是对称正定矩阵,即

$$\boldsymbol{A}=\begin{bmatrix} 4.5 & & & & & \\ 0.2 & 5.3 & & \text{对} & & \\ -1.3 & 0 & 10.2 & & \text{称} & \\ 0 & 0 & 5.1 & 8.4 & & \\ 0 & 0 & 0 & 0 & 0.6 & \\ 0 & 0 & -1.7 & 0 & 0 & 3.1 \end{bmatrix}$$

$\boldsymbol{B}$ 矩阵为

$$\boldsymbol{B}=[3.4,5.5,12.3,13.5,0.6,1.4]^{\mathrm{T}}$$

这时 $N=6$,$NN=13$,$\boldsymbol{A}$ 矩阵的一维存储为

$$\boldsymbol{A}=[4.5,0.2,5.3,-1.3,0,10.2,5.1,8.4,0.6,-1.7,0,0,3.1]$$

计算结果为

$$X_1=X_2=X_3=X_4=X_5=X_6=1.00000$$

第八节　单元节点力和应力的计算

求得节点位移后,即可按照结构的刚度指标鉴别结构的可靠性。若要进一步分析结构的

应力水平，还必须求得每一个单元的应力值。此外，为了求得约束反力和检查节点的平衡，还要计算节点力。

对于杆和梁元，如求得单元的节点力，就可很容易地求得单元的应力值。而对于其他单元，则必须按照其相应的公式来计算应力。

单元节点力和应力的计算，有以下几步工作：

一、求单元的节点位移

若要计算单元的节点力和应力，则需要用到单元的节点位移。这些位移在解刚度方程后已经全部求得。但是，它们是存储在整个结构的节点位移列阵中的，所以必须从中取出单元的节点位移。

前面讨论单元刚度矩阵向结构刚度矩阵叠加时，引进了 IS 数组，建立了单元节点位移 $\boldsymbol{\delta}_e$ 和结构节点位移 $\boldsymbol{\delta}$ 之间的对应关系，即单元中位移分量 $\delta_e[1]$，$\delta_e[2]$，…，$\delta_e[ND \cdot NF]$分别是 $\boldsymbol{\delta}$ 中的 $\delta[\mathrm{IS}[1]]$，$\delta[\mathrm{IS}[2]]$，…，$\delta[\mathrm{IS}[ND \cdot NF]]$。所以，只要求得单元的 IS 数组，就可以方便地从结构的节点位移中得到所需的单元节点位移。其程序可设计为

```
for(k=1;k<=(NF*ND);k++)
{                    ue[k]=P[IS[k]];}
```

这里，P 为数组 P[N]，是结构位移列阵，ue 是数组 ue[ND*NF]，是单元节点的位移列阵。

二、求单元局部坐标系中的节点位移

为了计算单元的应力，一般都需要有单元局部坐标系中的节点位移。而只要求得坐标转换矩阵 $\boldsymbol{T}$ 后，就可将上面求得的节点在总体坐标系的位移转化为局部坐标系中的位移，即

$$\boldsymbol{\delta}'_{\mathrm{e}} = \boldsymbol{T}\boldsymbol{\delta}_{\mathrm{e}}$$

程序设计时，只要调用坐标转换子程序与前面求得的单元节点位移列阵 ue[ND * NF]相乘，即可得到局部坐标系中的单元节点位移列阵 ***dee***，杆单元在局部坐标系中的节点位移只有 2 个。

三、计算单元节点力和应力

1. 单元节点力的计算

单元节点力与单元节点位移之间的关系为

$$\boldsymbol{F}'_{\mathrm{e}} = \boldsymbol{K}'_e\boldsymbol{\delta}'_{\mathrm{e}} \tag{5-58}$$

式中，$\boldsymbol{K}'_e$是单元在局部坐标系中的刚度矩阵，$\boldsymbol{\delta}'_{\mathrm{e}}$ 是单元在局部坐标系中的节点位移，$\boldsymbol{F}'_{\mathrm{e}}$ 是单元在局部坐标系中的节点力。因此在程序设计时，只要调用局部坐标系中单元刚度矩阵子程序与上面求得的单元局部坐标系节点位移列阵 ***dee*** 相乘，即可得到单元在局部坐标系中的节点力，用 $Fee[i][2]$表示，其中 i 表示第 i 个单元，杆单元在局部坐标系中的节点力只有 2 个。

2. 单元应力的计算

对于杆单元，其应力可由局部坐标系中的节点力求得，即

$$SG = Fee[i][2]/A \tag{5-59}$$

式中，$Fee[i][2]$为第 i 个单元第二个节点的节点力；A 为杆单元的横截面积；SG 为单元的应力。

四、约束反力的计算和节点的平衡检查

由式(5-58)求得单元局部坐标下的节点力 $\boldsymbol{F}'_{\mathrm{e}}$，由

$$\boldsymbol{F}_{\mathrm{e}} = \boldsymbol{T}^{\mathrm{T}} \boldsymbol{F}'_{\mathrm{e}} \tag{5-60}$$

可求得单元在总体坐标中的节点力 $\boldsymbol{F}_{\mathrm{e}}$，这里的 $\boldsymbol{T}^{\mathrm{T}}$ 为坐标转换矩阵的 $\boldsymbol{T}$ 的转置矩阵。

在程序中用 F[i][mm]表示，i 表示第 i 个单元(i=1,2,…,NE)，mm=1,2,3,4,5,6 为该单元 6 个节点位移方向。

有了单元节点力，利用 IS 数组，就可把各元素在总体坐标中的节点力叠加。从而形成结构的节点力列阵 ***PP***，程序为

```
for(jj=1;jj<=6;jj++)
    PP[IS[jj]]=PP[IS[jj]]+F[i][jj];
```

按照节点平衡的概念，可知 ***PP*** 应与结构上节点的外力 ***P*** 相等。因此，形成节点力 ***PP*** 可以有两个作用：

(1) 在那些没有约束的节点上，结构所受的外载荷就是载荷列阵中的相应值。因此，可以将 ***PP*** 与 ***P*** 比较，看看这些方向上的 ***PP*** 与 ***P*** 的对应分量是否相等。如果结果不相等，则说明计算结果是错误的；如果相等，则表明计算结果中节点是平衡的。但是，要注意的是，即使节点是平衡的，也并不能说明整个计算全部都正确。因为这只表明在解线性方程组中计算工作没有错误。如若其他计算环节有错误(如原始数据输错)，在这里并不一定能反映出来。

(2) 在结果受约束的位移方向上，结构的外力即为基础给予结果的反力。因此，***PP*** 中与这些位移分量对应的节点力就是这些地方的约束反力。

程序设计中，可进行 ***PP-P*** 的计算，求解约束反力，程序为

```
for(k=1;k<=NF*NP;k++)
    P1[k]=PP[k]-P1[k];
```

P1 是给外载荷设的第二个数组。因为，在调子程序 Cholesky 解方程后，最后在载荷列阵中存储的已经是位移了。于是，在无约束的位移方向上其值为零；在有约束的位移方向上，这个力就是约束力。

对于空间桁架，上述计算程序为

```
//求解单元内力及约束反力并检查平衡
void InternalForce( )
{
    int n,m,i,k,j,ii,mm,jj;
    for(i=1;i<=NE;i++)
{//该单元的节点位移(整体坐标系)
        TransformMatrix(i);
        StiffnessMatrix_unit(i);
        FIS(i);
```

```
        for(k=1;k<=(NF*ND);k++)
        {          ue[k]=P[IS[k]];}
//该单元局部坐标系下节点位移
        for(j=1;j<=2;j++)
{               for(k=1;k<=6;k++)
    { dee[i][j]+=T[j][k]*ue[k];
  }
//该单元内力
  for(m=1;m<=ND;m++)
  {            for(j=1;j<=ND;j++)
      { Fee[i][m]+=TK[m][j]*dee[i][j];   }}
//该单元应力
      SG=Fee[i][2]/A;
//该单元整体坐标系下的节点力
        for(mm=1;mm<=(ND*NF);mm++)
  {
      for(j=1;j<=ND;j++)
      { F[i][mm]+=TT[mm][j]*Fee[i][j];   }}
//求解整体结构节点力
            for(jj=1;jj<=6;jj++)
                PP[IS[jj]]=PP[IS[jj]]+F[i][jj];
}
    //求解约束反力
    for(k=1;k<=NF*NP;k++)
P1[k]=PP[k]-P1[k];
}
```

第九节　空间桁架有限元分析程序

至此，已经介绍了线弹性静力学问题的有限元程序设计的主要内容。为了使读者对有限元程序设计有一个完整的概念，下面给出空间桁架有限元分析程序，以说明有限元程序设计的步骤和方法。初学者先认真读懂一个程序，再着手设计其他程序时就不会感到困难。

```
#include "stdio.h"
#include "math.h"
FILE *fp1;//存储整体刚度矩阵
FILE *fp2;//存储结构节点位移
FILE *fp3;//存储单元内力
FILE *fp4;//存储节点力
```

```
FILE *fp5; // 显示输入数据
FILE *fp6; //原始数据
int ND; //单元的节点总数
int NF; //单个节点的自由度数
int NP; //节点总数
int NE; //单元总数
int NR; //受约束的自由度总数
int NM,NMN; //单元类别总数,单元的类别数
int N; //N=NP*NF
int NN; //一维存储 AK 的总容量
double X[50],Y[50],Z[50]; //各个节点的三维坐标
double X2,X1,Y2,Y1,Z2,Z1,b;
int ME[3][50]; //每个单元的节点号,ME[1][i]存放第 i 个单元第一个节点坐标号,ME[2][i]存放第 i 个单元第二个节点坐标号
int NRR[30]; //约束的位移号
int LD[50];
int NAE[100]; //每个单元的类别
double AE[3][100]; //AE[1][i]存放第 i 种类型的单元的杨氏模量,AE[2][i]存放该种类型单元的横截面面积
double P[100],P1[100]; //节点载荷
double PP[100]; //整体结构节点力
double A; //单元横截面
double E; //单元杨氏模量
double TK[3][3]; //单元刚度矩阵
double T[3][7]; //坐标转换矩阵
double TT[7][3]; //坐标转换矩阵的转置
double AK[100]; //整体刚度矩阵
double AKEE[7][7]; //整体坐标系下的单元刚度阵
double s[7][3]; //作矩阵乘法时的中间矩阵
int IS[7];
double L; //杆单元的长度
double SG; //单元应力
double d[100]; //结构位移矩阵
double ue[7]; //单元位移矩阵
double dee[50][3]; //局部坐标下的单元位移矩阵
double Fee[50][7]; //局部坐标系下的单元节点力(即单元内力)
double F[50][100]; //单元整体坐标系中的节点力
double l[100][100],y[100]; //解方程时用到的 L,Y 矩阵
//数据输入子函数
```

```
void scan( )
{
    int i;
   fp5=fopen("显示输入数据 1. txt","w");
   fp6=fopen("原始数据 1. txt","r");

   fscanf(fp6,"%d",&ND);
   fprintf(fp5,"ND(单元节点数)=%d\n",ND);

   fscanf(fp6,"%d",&NF);
   fprintf(fp5,"NF(节点自由度数)=%d\n",NF);

   fscanf(fp6,"%d",&NP);
   fprintf(fp5,"NP(节点总数)=%d\n",NP);

   fscanf(fp6,"%d",&NE);
   fprintf(fp5,"NE(单元总数)=%d\n",NE);

   fscanf(fp6,"%d",&NM);
   fprintf(fp5,"NM(单元类别总数)=%d\n",NM);

   fscanf(fp6,"%d",&NR);//注意:平面问题时,z 方向上的位移号全部作为约束号
   fprintf(fp5,"NR(受约束的自由度总数)=%d\n",NR);

    for(i=1;i<=NE;i++)
   {   fscanf(fp6,"%d",&NAE[i]);   }
   for(i=1;i<=NE;i++)
   {   fprintf(fp5,"第 %d 个单元的类别=%d\n",i,NAE[i]);   }

     for(i=1;i<=NM;i++)
   {     fscanf(fp6,"%le%le",&AE[1][i],&AE[2][i]);     }
     for(i=1;i<=NM;i++)
   {       fprintf(fp5,"第 %d 个单元类别的 E 和 A 值:%e   %e\n",i,AE[1][i],AE[2][i]);  }

     for(i=1;i<=NP;i++)
   { fscanf(fp6,"%lf%lf%lf",&X[i],&Y[i],&Z[i]);  }
    for(i=1;i<=NP;i++)
   {          fprintf(fp5,"第 %d 个节点的坐标值:%f%f%f\n",i,X[i],Y[i],Z[i]);  }
```

```
    for(i=1;i<=NE;i++)
  {  fscanf(fp6,"%d%d",&ME[1][i],&ME[2][i]);  }
  for(i=1;i<=NE;i++)
  {  fprintf(fp5,"第 %d 个单元的节点号:%d %d\n",i,ME[1][i],ME[2][i]);  }
  for(i=1;i<=NR;i++)
  {          fscanf(fp6,"%d",&NRR[i]);  }
  for(i=1;i<=NR;i++)
  {     fprintf(fp5,"约束的第 %d 个位移号:%d\n",i,NRR[i]);  }

  for(i=1;i<=NP*NF;i++)
  {          fscanf(fp6,"%lf",&P[i]);  }
  for(i=1;i<=NP*NF;i++)
     {     P1[i]=P[i];
     fprintf(fp5,"第 %d 个位移方向上的外加载荷:%f %f\n",i,P[i],P1[i]);  }
}

//求每个杆的长度(i 表示单元号)
void Length(int i)
{
    X2=X[ME[2][i]];  X1=X[ME[1][i]];
    Y2=Y[ME[2][i]];  Y1=Y[ME[1][i]];
    Z2=Z[ME[2][i]];  Z1=Z[ME[1][i]];
    L=sqrt((X2-X1)*(X2-X1)+(Y2-Y1)*(Y2-Y1)+(Z2-Z1)*(Z2-Z1));
}

//杆单元的单元刚度阵(单元坐标系下)(i 表示单元号)
void StiffnessMatrix_unit(int i)
{
    Length(i);
    NMN=NAE[i];
    E=AE[1][NMN];A=AE[2][NMN];
    TK[1][1]=E*A/L;  TK[1][2]=-E*A/L;
    TK[2][1]=-E*A/L;TK[2][2]=E*A/L;
}

//坐标转换矩阵(i 表示单元号)
void TransformMatrix(int i)
{
    int m,n;
```

```
    Length(i);
    T[1][1]=(X2-X1)/L;      T[2][4]=(X2-X1)/L;
    T[1][2]=(Y2-Y1)/L;      T[2][5]=(Y2-Y1)/L;
    T[1][3]=(Z2-Z1)/L;      T[2][6]=(Z2-Z1)/L;
//其余元素已在声明时赋零,
        for(m=1;m<=2;m++)
        for(n=1;n<=(NF*ND);n++)
            TT[n][m]=T[m][n];//求出坐标转换矩阵[T]的转置矩阵
}

//总体坐标下的单元刚度阵(矩阵乘法)(i表示单元号)
void MultiplyMatrix(int i)
{
    int j,m,n;
    double b;
    StiffnessMatrix_unit(i);
    TransformMatrix(i);
    for(n=1;n<=(NF*ND);n++)
    {
        for(m=1;m<=2;m++)
        {           b=0.0;
        for(j=1;j<=2;j++)
        b+=TT[n][j]*TK[j][m];
        s[n][m]=b;          }
    }
    for(m=1;m<=(NF*ND);m++)
    {           for(n=1;n<=(NF*ND);n++)
        {           b=0.0;
        for(j=1;j<=2;j++)
        b+=s[m][j]*T[j][n];
        AKEE[m][n]=b;           }   }
}

//形成LD数组
void FLd( )
{   int k,i,j,L,IG,J,NN,N;
    LD[1]=1;
    //按节点循环,确定与其有关的最小节点号和该点所占行的LD数组
    for(k=1;k<=NP;k++)
```

```
    {IG=100000;
    //按单元循环,确定其最小节点号
    for(i=1;i<=NE;i++)
    for(j=1;j<=ND;j++)
    //判别单元中是否含有 K 点
    {if(ME[j][i]!=k)continue;
    //寻找与 K 点有关的最小节点号放入 IG
    for(L=1;L<=ND;L++)
    {if(ME[L][i]>=IG)continue;
    IG=ME[L][i];}}
    //确定 K 点所含的 LD 数组
    for(i=1;i<=NF;i++)
    {              J=NF*(k-1)+i;//K 点所对应的刚阵的行号
    if(J==1)continue;
    LD[J]=LD[J-1]+NF*(k-IG)+i;}
        }
    //确定一维数组的总容量
    N=NP*NF;
            NN=LD[N];
}

//形成 IS 数组
void FIS(int i  )
{
    //对于杆单元,单元位移为 I(I=1,2,…,6),它在结构位移中的编号为 IS[I]
        IS[1]=(ME[1][i]-1)*NF+1;
        IS[2]=(ME[1][i]-1)*NF+2;
        IS[3]=(ME[1][i]-1)*NF+3;
        IS[4]=(ME[2][i]-1)*NF+1;
        IS[5]=(ME[2][i]-1)*NF+2;
        IS[6]=(ME[2][i]-1)*NF+3;
}

//组集结构刚度阵
void StructureMatrix(  )
{
    int i,j,m,ISS,NI,NJ,IJ;
    FLd(  );
    for(m=1;m<=NE;m++)
```

```
    {
        MultiplyMatrix(m);
         FIS(m);
    for(i=1;i<=(NF*ND);i++)
    for(j=1;j<=(NF*ND);j++)
       {ISS=IS[i]-IS[j];
            if(ISS>=0)
       {    NI=IS[i];IJ=LD[NI]-(NI-IS[j]);
            AK[IJ]+=AKEE[i][j];}}
    }
    //约束处理(置大数法)
       for(i=1;i<=NR;i++)
       {    NI=NRR[i];NJ=LD[NI];
       AK[NJ]=1e25;}
}

void cholesky(int n,double a[100 ],double x[100 ])
{
int i,j,k,ij,kj,ii,jj,ik,jk,kk,iig,ig,igp,jgp,mi,mj,mij;
     for(i=1;i<=n;i++)
     {if(i!=1)  //i!=1 时进行以下分解(i=1 时,d11=k11,无须分解)
    {mi=i-(LD[i]-LD[i-1])+1;//第 i 行最左非零元素列号 mi
      if(mi!=i)                          //第 i 行不只有对角元的情况
      {iig=LD[i]-i;
     for(j=mi;j<=i-1;j++)            //第 i 行带宽内元素(不含对角元)循环
     {if(j!=mi)
      {mj=j-(LD[j]-LD[j-1])+1;//第 j 行最左非零元素列号 mj
        igp=LD[i]-(i-j);              //当前被分解元素 Kij 的一维地址
          if(mj<mi)mij=mi;                //求 mij=max{mi,mj}
              else mij=mj;
                jgp=LD[j]-j;
          if(mij<=j-1)          //mij<=j-1 时
          {for(k=mij;k<=j-1;k++)  //式(5-43)中求和部分的循环
          {ik=iig+k;jk=jgp+k;kk=LD[k];//分别计算 Lik,Ljk,dkk 的一维地址
                a[igp]-=a[ik]*a[kk]*a[jk];}//累积计算式(5-43)中第二式括号内部分
      }
     }
    if(j==mi)igp=LD[i-1]+1;// 最左非零元素的一维地址
     ii=LD[j];                      //对角元 djj 的一维地址
```

```
      a[igp]=a[igp]/a[ii]; //按式(5-43)最后算出 Lij
          x[i]-=a[igp]*a[ii]*x[j]; //分解载荷项,累积计算式(5-53)括号内部分
    }
      ij=LD[i];
      for(k=mi;k<=i-1;k++) //式(5-44)中求和部分的循环
          {ii=iig+k;jj=LD[k]; //分别计算 Lik 和 dkk 的一维地址
              a[ij]-=a[ii]*a[ii]*a[jj];} //按式(5-44)累积计算 dii
        }
     }
      ij=LD[i]; //对角元 dii 的一维地址(对 i 行只有对角元的情况未得出过)
       x[i]=x[i]/a[ij]; //按式(5-53),完成 Pi 的分解
    }
          for(i=n;i>=2;i--) //回代循环
           {mi=i-(LD[i]-LD[i-1])+1; //第 i 行最左非零元素列号
            if(mi==i)continue; //mi=i 在式(5-56)应用范围之外,不作任何处理
              iig=LD[i]-i;
              for(k=mi;k<=i-1;k++) //式(5-56)中 k 的循环
              {ij=iig+k; //Lik 的一维地址
                  x[k]-=a[ij]*x[i];} //按式(5-56)计算
         }
     fp2=fopen("整体节点位移.txt","w");
       for(i=1;i<=n;i++)
       {    fprintf(fp2,"%d %1e %1e\n",i,x[i],a[i]);
   }
   fclose(fp2);
   }

//求解单元内力及约束反力并检查平衡
void InternalForce( )
{
   int n,m,i,k,j,ii,mm,jj;
   fp3=fopen("单元内力.txt","w");
               fp4=fopen("约束反力.txt","w");
   for(i=1;i<=NE;i++)
   {//该单元的节点位移(整体坐标系)
      TransformMatrix(i);
      StiffnessMatrix_unit(i);
      FIS(i);
      for(k=1;k<=(NF*ND);k++)
```

```
{          ue[k]=P[IS[k]];}

      fprintf(fp3,"第%d 个单元整体坐标系下的节点位移\n",i);
      for(ii=1;ii<=ND*NF;ii++)
      {     fprintf(fp3," %d %1e\n",ii,ue[ii]);}
   //该单元局部坐标系下节点位移
      for(j=1;j<=2;j++)
{              for(k=1;k<=6;k++)
     { dee[i][j]+=T[j][k]*ue[k];
                               }
              }
                      fprintf(fp3,"第%d 个单元局部坐标系下的节点位移\n",i);
                         fprintf(fp3," %1e %1e \n",dee[i][1],dee[i][2]);
                //该单元内力、应力
 for(m=1;m<=ND;m++)
 {          for(j=1;j<=ND;j++)
     { Fee[i][m]+=TK[m][j]*dee[i][j];  }}
      fprintf(fp3,"第%d 个单元局部坐标系下的节点力\n",i);
                      fprintf(fp3," %1e %1e \n",Fee[i][1],Fee[i][2]);
    SG=Fee[i][2]/A;
    fprintf(fp3,"第%d 个单元的单元内力、应力",i);
      fprintf(fp3,"%e  %e\n",Fee[i][2],SG);
   //该单元整体坐标系下的节点力
      for(mm=1;mm<=(ND*NF);mm++)
 {       for(j=1;j<=ND;j++)
     { F[i][mm]+=TT[mm][j]*Fee[i][j];  }}

      fprintf(fp4,"第%d 个单元整体坐标系下的节点力\n",i);
                for(ii=1;ii<=ND*NF;ii++)
      {  fprintf(fp4," %d %1e \n",ii,F[i][ii]);}

//求解整体结构节点力
    for(jj=1;jj<=6;jj++)
    PP[IS[jj]]=PP[IS[jj]]+F[i][jj];
}
    //求解约束反力
    for(k=1;k<=NF*NP;k++)
P1[k]=PP[k]-P1[k];
        for(m=1;m<=NP;m++)
```

```
        {           for(n=1;n<=NF;n++)
                              fprintf(fp4,"第%d个节点的第%d个约束力%f\n",m,n,
                              P1[(m-1)*NF+n]);
              fprintf(fp3,"                              \n");
}
    fclose(fp3);   fclose(fp4);
}

//主函数,通过调用上述函数实现各种计算功能
void main( )
{
    scan( );//调用输入子函数输入各种数据
    StructureMatrix( );//计算结构刚度矩阵
    N=NP*NF;
    cholesky(N,AK,P);//计算节点位移
    InternalForce( );//计算单元内力
}
```

第十节　刚架结构的程序设计

前面较详细地介绍了桁架结构的程序设计过程,揭示了用有限元分析结构线弹性静力学问题时程序设计的一般思路和方法。对于采用其他单元的结构,其程序设计的步骤是相同的。对于同为杆系结构的刚架结构,在进行程序设计时应注意 4 个问题。

1. 等截面空间直梁单元的刚度矩阵

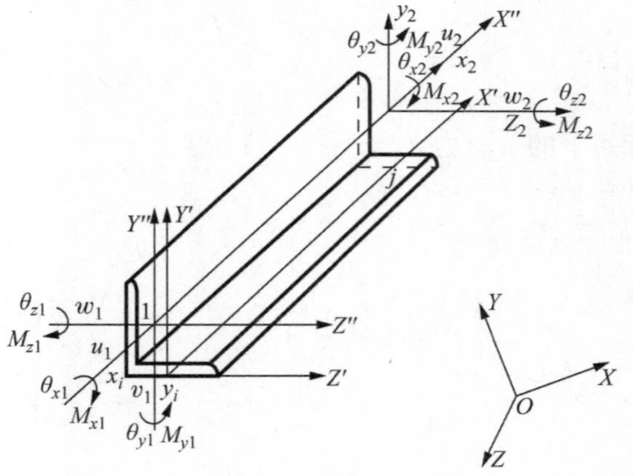

图 5-6　空间梁元

等截面空间直梁单元如图 5-6 所示,i,j 为梁元节点;1,2 为与 i,j 相对应的梁元端面形心;X'',Y'',Z''是以形心 1 为原点的梁元主轴坐标系,其中 Y'',Z''为梁元主惯性轴;X',Y',Z'是以节点 i 为原点的梁元节点坐标系,XYZ 为结构总体坐标系。等截面空间直梁单元关于主惯性轴的节点平衡方程为

$$\boldsymbol{F}''_{\mathrm{e}} = \boldsymbol{K}''_e \boldsymbol{\delta}''_{\mathrm{e}}$$

式中 $\boldsymbol{\delta}''_{\mathrm{e}}=[u''_1,v''_1,w''_1,\theta''_{x1},\theta''_{y1},\theta''_{z1},u''_2,v''_2,w''_2,\theta''_{x2},\theta''_{y2},\theta''_{z2}]^{\mathrm{T}}$,表示主轴坐标系内的形心位移列阵;$\boldsymbol{F}''_{\mathrm{e}}=[F''_{x1},F''_{y1},F''_{z1},M''_{x1},M''_{y1},M''_{z1},F''_{x2},F''_{y2},F''_{z2},M''_{x2},M''_{y2},M''_{z2}]^{\mathrm{T}}$,表示主轴坐标系内的形心载荷列阵;$\boldsymbol{K}''_e$ 为主轴坐标系内的单元刚度矩阵。

$$
\boldsymbol{K}_e'' = \begin{bmatrix}
\frac{EA}{l} & & & & & & & & & & & \\
0 & \frac{12EI_z}{(1+b_y)l^3} & & & & & & & & & & \\
0 & 0 & \frac{12EI_y}{(1+b_z)l^3} & & & & & & & & & \\
0 & 0 & 0 & \frac{GI_x}{l} & & & & & \text{对} & & & \\
0 & 0 & -\frac{6EI_y}{(1+b_z)l^2} & 0 & \frac{(4+b_z)EI_y}{(1+b_z)l} & & & & & & & \\
0 & \frac{6EI_z}{(1+b_y)l^2} & 0 & 0 & 0 & \frac{(4+b_y)EI_z}{(1+b_y)l} & & & & & \text{称} & \\
-\frac{EA}{6} & 0 & 0 & 0 & 0 & 0 & \frac{EA}{l} & & & & & \\
0 & -\frac{12EI_z}{(1+b_y)l^3} & 0 & 0 & 0 & \frac{-6EI_z}{(1+b_y)l^2} & 0 & \frac{12EI_z}{(1+b_y)l^3} & & & & \\
0 & 0 & \frac{-12EI_y}{(1+b_z)l^3} & 0 & \frac{6EI_y}{(1+b_z)l^2} & 0 & 0 & 0 & \frac{12EI_y}{(1+b_z)l^3} & & & \\
0 & 0 & 0 & -\frac{GI_x}{l} & 0 & 0 & 0 & 0 & 0 & \frac{GI_x}{l} & & \\
0 & 0 & \frac{-6EI_y}{(1+b_z)l^2} & 0 & \frac{(2-b_z)EI_y}{(1+b_z)l} & 0 & 0 & 0 & \frac{6EI_y}{(1+b_y)l^2} & 0 & \frac{(4+b_z)EI_y}{(1+b_z)l} & \\
0 & \frac{6EI_z}{(1+b_y)l^2} & 0 & 0 & 0 & \frac{(2-b_y)EI_z}{(1+b_y)l} & 0 & \frac{-6EI_z}{(1+b_y)l^2} & 0 & 0 & 0 & \frac{(4+b_y)EI_z}{(1+b_y)l}
\end{bmatrix} \tag{5-61}
$$

式中

$$b_y = \frac{12KEI_z}{GA_y l^2} \tag{5-62}$$

$$b_z = \frac{12KEI_y}{GA_z l^2} \tag{5-63}$$

为考虑横向效应而引入的系数。A_z 是 Z 向受剪面积，A_y 是 Y 向受剪面积，对于矩形截面，$A_y=A_z$。当不考虑横向效应时，取 $b_y=b_z=0$。对于细长梁元素，只要将式(5-61)中取 $b_y=b_z=0$，就得到该单元的刚度矩阵。在程序设计时，仅需取 $K=0$，即可达到此要求。这里 K 为考虑剪应力不均匀分布时的系数，对于矩形截面，$K=1.2$，对于圆形截面，$K=1.1$。对于金属材料取 $\nu=0.3$，则有

$$b_y = \frac{31.2KI_z}{Al^2}, b_z = \frac{31.2KI_y}{Al^2}$$

式中的 I_x, I_y, I_z 为梁剖面对主惯性轴 X'', Y'', Z'' 的惯性矩，l 为梁元长度(端面形心 1 和 2 之间的距离)。

2. 偏心修正

在结构分析中，梁元的形心和节点并不重合，也就是存在“偏心”，所以必须根据“虚功原理”，对梁元的长度、节点位移、节点力进行修正，最终导出考虑偏心影响的单元刚度矩阵。

1) 偏心值

节点 i 在 $X''Y''Z''$ 坐标系中的坐标值 a_1, b_1, c_1 就是节点 i 的偏心值；节点 j 与形心 2 在 $X''Y''Z''$ 坐标系中的坐标差值 a_2, b_2, c_2 就是节点机的偏心值，定义如下：

$$a_1 = x_i'', b_1 = y_i'', c_1 = z_i'',\quad a_2 = x_j'' - x_i'', b_2 = y_j'', c_2 = z_j''$$

2）长度的修正

在第三章中已推导得到

$$l = l_{ij} + a_1 - a_2 \tag{5-64}$$

程序设计时，一般提供的是节点坐标值，可以得到节点 i,j 在总体坐标系中的距离 l_{ij}，根据上式即可求得单元刚度矩阵 $\boldsymbol{K}''_e$ 中要用到的形心之间的距离 l。

3）节点位移的修正

结构承载后，在节点上产生转角，由于偏心的存在，在形心上将引起位移增量。在有限元分析中，基本未知量是节点位移，而对梁元进行分析时，需要的是形心位移。根据两者的几何关系，可建立它们之间的转换表达式（在第三章中推得）：

$$\boldsymbol{\delta}'' = \boldsymbol{T}_T\boldsymbol{\delta}' \tag{5-65}$$

式中，$\boldsymbol{\delta}''=[u''_1, v''_1, w''_1, \theta''_{x1}, \theta''_{y1}, \theta''_{z1}, u''_2, v''_2, w''_2, \theta''_{x2}, \theta''_{y2}, \theta''_{z2}]^{\mathrm{T}}$，表示主轴坐标系内的形心位移列阵；$\boldsymbol{\delta}=[u'_i, v'_i, w'_i, \theta'_{xi}, \theta'_{yi}, \theta'_{zi}, u'_j, v'_j, w'_j, \theta'_{xj}, \theta'_{yj}, \theta'_{zj}]^{\mathrm{T}}$ 表示节点坐标系内的节点位移列阵；$\boldsymbol{T}_T$称为位移矢量修正矩阵

$$\boldsymbol{T}_T = \begin{bmatrix} \boldsymbol{T}_1 & \boldsymbol{0} \\ \boldsymbol{0} & \boldsymbol{T}_2 \end{bmatrix} \tag{5-66}$$

而

$$\boldsymbol{T}_K = \begin{bmatrix} 1 & 0 & 0 & 0 & -c_K & b_K \\ 0 & 1 & 0 & c_K & 0 & -a_K \\ 0 & 0 & 1 & -b_K & a_K & 0 \\ 0 & 0 & 0 & 1 & 0 & 0 \\ 0 & 0 & 0 & 0 & 1 & 0 \\ 0 & 0 & 0 & 0 & 0 & 1 \end{bmatrix} \quad (K=1,2)$$

4）节点力矢量的修正

同理，在结构有限元分析时，得到的是节点 i 和 j 的节点力列阵 $\boldsymbol{F}'$，而分析时需要的是形心处的内力列阵 $\boldsymbol{F}''$。根据虚功原理可建立它们之间的转换关系（在第三章中推得）：

$$\boldsymbol{F}'' = \boldsymbol{T}_{TF}\boldsymbol{F}' \tag{5-67}$$

式中，$\boldsymbol{F}''=[F''_{x1}, F''_{y1}, F''_{z1}, M''_{x1}, M''_{y1}, M''_{z1}, F''_{x2}, F''_{y2}, F''_{z2}, M''_{x2}, M''_{y2}, M''_{z2}]^{\mathrm{T}}$，表示主轴坐标系内的形心载荷列阵；$\boldsymbol{F}'=[F'_{xi}, F'_{yi}, F'_{zi}, M'_{xi}, M'_{yi}, M'_{zi}, F'_{xj}, F'_{yj}, F'_{zj}, M'_{xj}, M'_{yi}, M'_{zj}]^{\mathrm{T}}$，表示节点坐标系内的节点力列阵；$\boldsymbol{T}_{TF}$称为内力矢量修正矩阵：

$$\boldsymbol{T}_{TF} = \boldsymbol{T}_T^{-\mathrm{T}} = \begin{bmatrix} \boldsymbol{T}_1^{-\mathrm{T}} & \boldsymbol{0} \\ \boldsymbol{0} & \boldsymbol{T}_2^{-\mathrm{T}} \end{bmatrix}$$

其中

$$\boldsymbol{T}_K^{-\mathrm{T}} = \begin{bmatrix} 1 & 0 & 0 & 0 & 0 & 0 \\ 0 & 1 & 0 & 0 & 0 & 0 \\ 0 & 0 & 1 & 0 & 0 & 0 \\ 0 & -c_K & b_K & 1 & 0 & 0 \\ c_K & 0 & -a_K & 0 & 1 & 0 \\ -b_K & a_K & 0 & 0 & 0 & 1 \end{bmatrix} \quad (K=1,2)$$

5）刚度矩阵的修正

根据虚功原理，可以得到考虑偏心影响的梁元在节点坐标系中的刚度矩阵：

$$\boldsymbol{K}_F = \boldsymbol{T}_T^{\mathrm{T}} \boldsymbol{K}_e'' \boldsymbol{T}_T \tag{5-68}$$

以及平衡方程：

$$\boldsymbol{K}_F \boldsymbol{\delta}' = \boldsymbol{F}'$$

计算结果表明，在某些问题(如稳定问题)中考虑偏心修正是很必要的。

3. 坐标变换

在第三章第二节中已推导得到了基准坐标系下的单元刚度矩阵

$$\bar{\boldsymbol{K}} = \boldsymbol{T}^{\mathrm{T}} \boldsymbol{K}_F \boldsymbol{T} \tag{5-69}$$

其中

$$\boldsymbol{T} = \begin{bmatrix} \boldsymbol{\lambda}_K & & & \\ & \boldsymbol{\lambda}_K & \boldsymbol{0} & \\ & \boldsymbol{0} & \boldsymbol{\lambda}_K & \\ & & & \boldsymbol{\lambda}_K \end{bmatrix} \tag{5-70}$$

而

$$\boldsymbol{\lambda}_K = \begin{bmatrix} \cos(x',\bar{x}) & \cos(x',\bar{y}) & \cos(x',\bar{z}) \\ \cos(y',\bar{x}) & \cos(y',\bar{y}) & \cos(y',\bar{z}) \\ \cos(z',\bar{z}) & \cos(z',\bar{y}) & \cos(x',\bar{z}) \end{bmatrix}$$

4. 空间刚架程序设计中的几个问题

由上面的分析可知，空间梁单元刚度矩阵程序如图 5-7 所示。

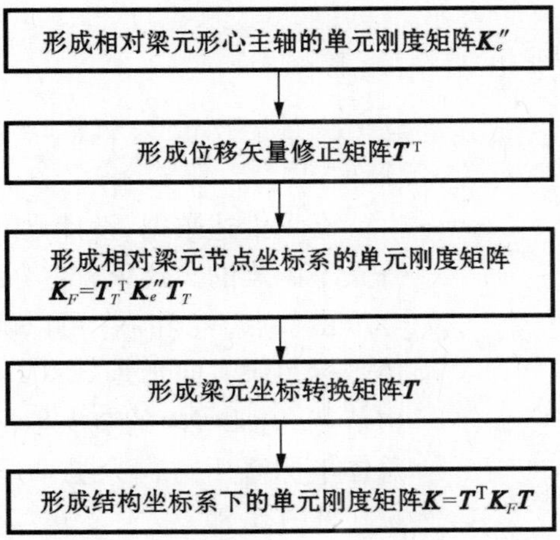

图 5-7　空间梁单元刚度矩阵程序

一、输入数据

1. 控制数据

前面介绍的控制数据 NF，NP，NE，NM，NR 分别表示梁元节点自由度数、刚架离散节点总数、离散梁元总数、梁元特征数类的总数、受约束的自由度总数，此外还应增加表示梁元偏心特征总类控制变量 NBP。

2. 几何数据

1）节点坐标

对于空间刚架结构，仅有离散节点的坐标 $X[NP]$，$Y[NP]$，$Z[NP]$是不够的，因为对一个梁元来说，仅有两个离散节点，它只能给出一根 X' 轴线，这样无法形成式(5-69)的 $\boldsymbol{\lambda}$ 矩阵。为此在作空间刚架分析时，每一单元均需增加一个辅助节点，这个节点取在梁元的第一个节点所在的横截面上，位于与主轴 Y'' 平行的线上，它与梁元第一个节点的连线构成 Y' 轴。这样总节点数为 $NPE=NP+NEB$，输入的节点坐标为 $X[NPE]$，$Y[NPE]$，$Z[NPE]$。

在节点编号时要注意，先编离散节点号，然后再编辅助节点号。

2）单元信息

考虑到辅助节点，梁元单元信息为 $MEB[3][NEB]$。

3）约束信息

约束信息 $NRR[NR]$ 的意义同前所述。

3. 单元特征数及单元特征类型数信息

从式(5-61)可知，一般情况下，梁元特征数有 9 个，它们分别是 $E,G,A,A_z,A_y,I_x,I_y,I_z$. K。于是，用 $AEB[9][NMB]$ 数组存放全部不同的梁元特征数，用 $NAEB[NEB]$ 数组存放单元特征类型数信息。

4. 偏心特征数及单元偏心特征类型数信息

从式(5-67)可见，一般情况下，梁元偏心特征数有 6 个，它们分别是 a_1,b_1,c_1,a_2,b_2,c_2，用数组 $APB[6][NBP]$ 存放全部不同的梁元偏心值，用数组 $NAPB[NEB]$ 存放单元偏心类信息，以表示每一单元属于哪一类偏心。

5. 载荷数据

载荷数据 $P[N]$ 同前所述。

二、梁元程序设计

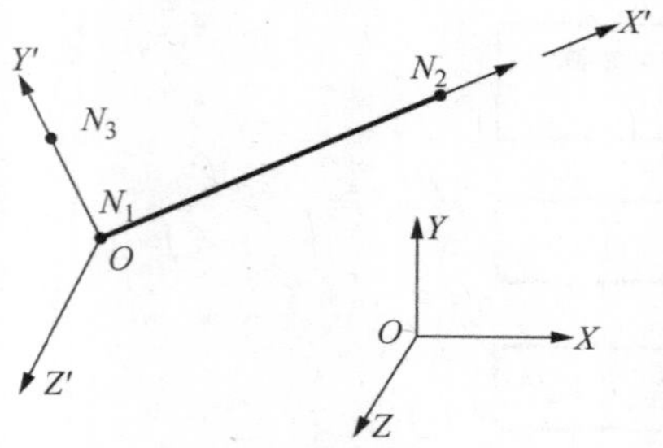

图 5-8　梁无坐标

有了上述数据，设计梁元相对节点坐标系的刚度矩阵是不困难的。这里着重介绍 $\boldsymbol{\lambda}$ 矩阵的确定方法。

由节点 N_1 和 N_2 可以确定节点坐标系中 X' 轴在总体坐标系中方向余弦 $\cos(x,x')$，$\cos(y,x')$，$\cos(z,x')$。由节点 N_1 和 N_3 的节点坐标确定节点坐标系中 Y' 轴在总体坐标系中方向余弦 $\cos(x,y')$，$\cos(y,y')$，$\cos(z,y')$（见图 5-8）。

设 $\boldsymbol{i}',\boldsymbol{j}',\boldsymbol{k}'$ 和 $\boldsymbol{i},\boldsymbol{j},\boldsymbol{k}$ 分别表示在 X',Y',Z' 和 X,Y,Z 轴上的单位矢量，则有

$$\boldsymbol{i}' = \cos(x,x')\boldsymbol{i} + \cos(y,x')\boldsymbol{j} + \cos(z,x')\boldsymbol{k} \tag{5-71}$$

$$\boldsymbol{j}' = \cos(x,y')\boldsymbol{i} + \cos(y,y')\boldsymbol{j} + \cos(z,y')\boldsymbol{k} \tag{5-72}$$

$$\boldsymbol{k}' = \cos(x,z')\boldsymbol{i} + \cos(y,z')\boldsymbol{j} + \cos(z,z')\boldsymbol{k} \tag{5-73}$$

Z' 轴上的单位矢量 $\boldsymbol{k}'$，可由矢积

$$\boldsymbol{k}' = \boldsymbol{i}' \times \boldsymbol{j}'$$

求得。将式(5-71)和式(5-72)代入上式，得

$$\begin{aligned}\boldsymbol{k}' = &(\cos(y,x')\cos(z,y') - \cos(z,x')\cos(y,y'))\boldsymbol{i} + \\ &(\cos(z,x')\cos(x,y') - \cos(x,x')\cos(z,y'))\boldsymbol{j} + \\ &(\cos(x,x')\cos(y,y') - \cos(y,x')\cos(x,y'))\boldsymbol{k}\end{aligned} \tag{5-74}$$

比较式(5-73)、式(5-74)，就可得到 Z' 轴的方向余弦如下：

$$\begin{aligned}
\cos(x,z') &= \cos(y,x')\cos(z,y') - \cos(z,x')\cos(y,y') \\
\cos(y,z') &= \cos(z,x')\cos(x,y') - \cos(x,x')\cos(z,y') \\
\cos(z,z') &= \cos(x,x')\cos(y,y') - \cos(y,x')\cos(x,y')
\end{aligned} \tag{5-75}$$

有了 X',Y,Z' 轴在结构坐标系中的方向余弦，即可按式(5-70)求得 $\boldsymbol{\lambda}$ 矩阵。

下面介绍形成梁元主轴坐标系中刚度矩阵、坐标转换矩阵、梁元位移、内力列阵的偏心修正矩阵的程序设计。

功用

计算杆元自身坐标系中的刚度矩阵。

变量

i	所求单元号
NP	结构的节点总数
NEB	梁元总数
NPE	NPE＝NP＋NEB 节点数加单元数
NMB	梁元特征数总类数
NBP	梁元偏心特征总类数
X	节点的 X 坐标数组 X[NPE]
Y	节点的 Y 坐标数组 Y[NPE]
Z	节点的 Z 坐标数组 Z[NPE]
MEB	单元信息数组 ME[3][NEB]
NAEB	单元特征类信息数组 NAEB[NEB]
AEB	单元特征数 AEB[9][NMB]
APB	APB[6][NBP]梁元偏心特征数
NAPB	NAPEB[NEB]梁元偏心特征数类信息
AKE	单元主轴坐标系中的刚度矩阵 AKE[12][12]
TT	梁元位移偏心修正矩阵 TT[12][12]
TTF	梁元内力偏心修正矩阵 TTF[12][12]
T	梁元坐标转换矩阵 $\boldsymbol{\lambda}$,用 T[12][12]表示

子程序

```
void AKETTFMatrix_unitbeam(int i)
{
    X2=X[ME[2][i]];X1=X[ME[1][i]];X3=X[ME[3][i]];
    Y1=Y[ME[1][i]];Y2=Y[ME[2][i]];Y3=Y[ME[3][i]];
    Z1=Z[ME[1][i]];Z2=Z[ME[2][i]];Z3=Z[ME[3][i]];
    L=sqrt((X2-X1)*(X2-X1)+(Y2-Y1)*(Y2-Y1)+(Z2-Z1)*(Z2-Z1));
    NM=NAPB[i];
    A1=APB[1][NM];B1=APB[2][NM];C1=APB[3][NM];
    A2=APB[4][NM];B2=APB[5][NM];C2=APB[6][NM];
```

```
L=L**2;
L=L-(B2-B1)**2+(C2-C1)**2;
L=sqrt(L)+A1-A2;
NMN=NAEB[i];
E=AEB[1][NMN];
A=AEB[2][NMN];
G=AEB[3][NMN];
AZ=AEB[4][NMN];
AY=AEB[5][NMN];
J=AEB[6][NMN];
JY=AEB[7][NMN];
JZ=AEB[8][NMN];
K=AEB[9][NMN];
AKE[1][1]=E*A/L;
AKE[7][7]=AKE[1][1];
AKE[7][1]=-AKE[1][1];
BZ=12*K*E*JY/G/AZ/L/L;
BY=12*K*E*JZ/G/AY/L/L;
C=12*E*JZ/(1+BY)/L/L/L;
AKE[2][2]=C;AKE[8][8]=C;
AKE[8][2]=-C;AKE[8][6]=-C*L/2;
C=12*E*JY/(1+BZ)/L/L/L;
AKE[3][3]=C;AKE[9][9]=C;
AKE[9][3]=-C;AKE[9][5]=C*L/2;
AKE[4][4]=G*J/L;AKE[10][10]=AKE[4][4];
AKE[10][4]=-AKE[4][4];
C=(4+BZ)*E*JY/(1+BZ)/L;
AKE[5][5]=C;AKE[11][11]=C;
C=6*E*JY/(1+BZ)/L/L;
AKE[5][3]=C;AKE[11][9]=C;AKE[11][3]=-C;
AKE[11][5]=(2-BZ)*E*JY/(1+BZ)/L;
C=(4+BY)*E*JZ/(1+BY)/L;
AKE[6][6]=C;AKE[12][12]=C;
C=6*E*JZ/(1+BY)/L/L;
AKE[6][2]=C;AKE[12][2]=C;
AKE[12][8]=C;
AKE[12][6]=(2-BZ)*E*JZ/(1+BZ)/L;
for(m=1;m<=12;m++)
    for(n=1;n<=(m-1);n++)
```

```
            AKE[n][m]=AKE[m][n];
//形成梁元位移偏心修正矩阵，置于数组 TT 中
for (m=1;m<=12;m++)
    TT[m][m]=1;
TT[1][5]=-C1;TT[1][6]=B1;
TT[2][4]=-C1;TT[2][6]=-A1;
TT[3][4]=-B1;TT[3][5]=A1;
TT[7][11]=-C2;TT[7][12]=B2;
TT[8][10]=-C2;TT[8][12]=-A2;
TT[9][10]=-B2;TT[9][11]=A2;
//形成梁元坐标转换矩阵，置于数组 T 中
XX=X2-X1;YY=Y2-Y1;ZZ=Z2-Z1;
L=sqrt(XX*XX+YY*YY+ZZ*ZZ);
C=XX/L;
T[1][1]=C;  T[4][4]=C;
T[7][7]=C;  T[10][10]=C;
C=YY/L;
T[1][2]=C;  T[4][5]=C;
T[7][8]=C;  T[10][11]=C;
C=ZZ/L;
T[1][3]=C;  T[4][6]=C;
T[7][9]=C;  T[10][12]=C;
XX=X3-X1;YY=Y3-Y1;ZZ=Z3-Z1;
L=sqrt(XX*XX+YY*YY+ZZ*ZZ);
C=XX/L;
T[2][1]=C;  T[5][4]=C;
T[8][7]=C;  T[11][10]=C;
C=YY/L;
T[2][2]=C;  T[5][5]=C;
T[8][8]=C;  T[11][11]=C;
C=ZZ/L;
T[2][3]=C;  T[5][6]=C;
T[8][9]=C;  T[11][12]=C;
C=T[1][2]*T[2][3]-T[1][3]*T[2][2];
T[3][1]=C;  T[6][4]=C;
T[9][7]=C;  T[12][10]=C;
C=T[1][3]*T[2][1]-T[1][1]*T[2][3];
T[3][2]=C;  T[6][5]=C;
T[9][8]=C;  T[12][11]=C;
```

```
C=T[1][1]*T[2][2]-T[1][2]*T[2][1];
T[3][3]=C;  T[6][6]=C;
T[9][9]=C;  T[12][12]=C;
//形成梁元内力偏心修正矩阵,置于数组 TTF 中
for(m=1;m<=12;m++)
    TTF[m][m]=1;
TTF[4][2]=-C1;TTF[4][3]=B1;
TTF[5][1]=C1;TT[5][3]=-A1;
TTF[10][8]=-C2;TTF[6][1]=-B1;
TTF[10][9]=-B2;TT[6][2]=-A1;
TTF[11][7]=C2;TTF[11][9]=-A2;
TTF[12][7]=-B2;TTF[12][8]=A2;
}
```

有了梁元主轴坐标系中刚度矩阵、坐标转换矩阵,梁元位移、内力列阵的偏心修正矩阵就可以按照矩阵相乘的原则得到整体坐标系中梁元的刚度矩阵,即可组合成结构的刚度矩阵,进而解方程求得结构的节点位移,这一部分的程序设计与空间桁架类似,这里不重述。

求得结构的节点位移后,即可求得梁元在总体坐标系中的节点力,通过坐标转换求得梁元在节点坐标系中的节点力,再利用式(5-67)求得形心 1 和 2 在形心坐标系中的内力,作为梁元应力计算的依据。

至于梁元应力的计算,仅需利用材料力学的有关公式即可实现。这部分程序的编制,留给读者完成。

上面讨论了考虑横向剪切效应和偏心影响的空间梁元,对于无偏心的梁元,只要取偏心值为零就可。当梁元较长时,可不考虑横向剪切的影响,此时取 $K=0$。

当令每一节点的 Z 坐标为零并作约束处理时,取每一节点的 Z 方向位移 w 以及绕 X 轴和 Y 轴的转角 θ_x,θ_y 全等于零,上述空间刚架的程序就可用于分析平面刚架。

参考文献

[1] 库克 R D,马尔库斯 D S,普利沙 M E,等. 有限元分析的概念和应用[M]. 第 4 版. 关正西,强洪夫,译. 西安:西安交通大学出版社,2007.

[2] Zienkiewicz O C, Taylor R L, Zhu J Z. The finite element method: its basis and fundamentals [M]. 7th ed. Singapore: Elsevier (Singapore) Pte Ltd., 2015.

[3] 巴特 K J,威尔逊 E L. 有限元分析中的数值方法[M]. 林松豫,等译. 北京:科学出版社,1985.

[4] 李亚智,赵美英,万小朋. 有限元法基础与程序设计[M]. 北京:科学出版社,2004.

第六章　几何非线性问题

在前几章中我们叙述了根据变分原理建立有限元模型的一般方法。当时把问题限于线性弹性范围。本章及下一章将讨论用于非线性结构分析的有限单元。

在结构分析问题中,有两种类型的非线性:第一种属于材料性质的非线性,它是由于结构材料的弹塑性或黏弹性的性能是非线性而引出的,它反映在应力-应变关系的物理方程,因此,这类非线性问题称为物理非线性;第二种类型是指“几何非线性”,当位移(挠度)大得足以使结构的几何形状发生显著的改变,以致平衡方程必须按照变形后的位置来建立时,就属于这类非线性,它反映在应变-位移关系式中,故称之为“几何非线性”。

为线性结构而发展起来的有限元法可以扩充来分析上述的非线性问题。因为非线性项的存在,起控制作用的矩阵方程的解不能再像线性结构那样直截了当地解出,往往要采用迭代的方法。工程结构中广泛存在非线性结构分析问题,尤其是在航空、航天和仪表等工程领域中。但是,经典力学与传统的线性结构分析方程,对这类问题不是无法找到闭合解,就是繁杂的微分方程根本无法建立。自 20 世纪 50 年代有限单元问世以来,很快就向非线性结构分析领域扩展,并且显示出强大的优势。经过 60 多年的发展,有限元法在线性领域中趋于成熟和完善,但是,在非线性结构分析领域中,还存在大量的问题需要研究和探索。

在 20 世纪 50 年代后期,特纳及其合作者用了一种逐段线性的增量过程,第一次把有限元法推广到大挠度的非线性问题中。而后,关于非线性问题的研究有了很大的发展。迄今为止,无论是材料非线性还是几何非线性问题,几乎无例外地都采用增量法求解。通常,增量解的一个重要特点是,在加载增量开始时起,解答就不会是精确的。它们不能完全满足应力平衡条件,也违背了协调条件。而根据增量变分原理建立起来的有限元法,能够考虑到这种初始不平衡效应而导出具有平衡修正的增量解的矩阵方程组。

在本章中,我们首先给出小位移问题中的增量变分原理,它可以推广到几何或物理非线性分析中去。接着就介绍在有限变形的弹性问题中的应用。关于在物理非线性问题中的应用,将留在下一章中去讨论。

第一节　小位移弹性问题中的增量变分原理

在一个可变形固体的静力非线性问题的增量解中,外载荷是按小增量逐步施加的。即对每一个增量,求解一个逐段线性的问题。本节将对应用于小变形静力学问题的有限元分析的增量变分原理做简单叙述,重点仍将在虚功原理上。

在本章及第七章所涉及的方程中,初始量用记号$(\ \ )^0$表示,增量用$\Delta(\ \ )$表示,已规定量用$\overline{(\ \ )}$表示,惯用的符号不再作说明。不失为一般性,我们在这里将以三维固体作为研究对象来建立基本方程。很显然,这些公式将不难推广到二维和一维问题中。

一、增量问题中的基本方程

应力平衡方程可表示成

$$\boldsymbol{D}_{\sigma}(\boldsymbol{\sigma}^{0}+\Delta\boldsymbol{\sigma})+\overline{\boldsymbol{F}}^{0}+\Delta\overline{\boldsymbol{F}}=0 \tag{6-1}$$

式中

$$\boldsymbol{\sigma}=[\sigma_x,\sigma_y,\sigma_z,\tau_{xy},\tau_{yz},\tau_{xz}]^{\mathrm{T}}$$

表示应力分量；

$$\overline{\boldsymbol{F}}=[\overline{X},\overline{Y},\overline{Z}]^{\mathrm{T}}$$

表示给定的体力分量；

$$\boldsymbol{D}_{\sigma}=\begin{bmatrix}\frac{\partial}{\partial x} & 0 & 0 & \frac{\partial}{\partial y} & 0 & \frac{\partial}{\partial z}\\ 0 & \frac{\partial}{\partial y} & 0 & \frac{\partial}{\partial x} & \frac{\partial}{\partial z} & 0\\ 0 & 0 & \frac{\partial}{\partial z} & 0 & \frac{\partial}{\partial y} & \frac{\partial}{\partial x}\end{bmatrix} \tag{6-2}$$

为矩阵微分算子。

应变-位移的增量关系式可表示成

$$\Delta\boldsymbol{\varepsilon}_{\mathrm{t}}=\boldsymbol{D}_{u}(\boldsymbol{f}^{0}+\Delta\boldsymbol{f})-\boldsymbol{\varepsilon}^{0} \tag{6-3}$$

式中

$$\boldsymbol{\varepsilon}=[\varepsilon_x,\varepsilon_y,\varepsilon_z,\gamma_{xy},\gamma_{yz},\gamma_{xz}]^{\mathrm{T}}$$

表示应变分量；

$$\boldsymbol{f}=[u,v,w]^{\mathrm{T}}$$

表示位移分量；$\boldsymbol{D}_u$ 是定义应变-位移关系的矩阵微分算子，在小位移情况中，有

$$\boldsymbol{D}_{u}=\boldsymbol{D}_{\sigma}^{\mathrm{T}} \tag{6-4}$$

令

$$\Delta\boldsymbol{\varepsilon}=\boldsymbol{D}_{u}\Delta\boldsymbol{f} \tag{6-5}$$

表示本次加载直接产生的应变增量；

$$\Delta\boldsymbol{\varepsilon}^{0}=\boldsymbol{D}_{u}\boldsymbol{f}^{0}-\boldsymbol{\varepsilon}^{0} \tag{6-6}$$

表示本次加载前已经残留在系统内的“初始不协调应变”。在协调模型中，协调条件经常能对每一个外载荷增量得到满足，此时有 $\Delta\boldsymbol{\varepsilon}^{0}=0$。

于是式(6-3)又可以写成

$$\Delta\boldsymbol{\varepsilon}_{\mathrm{t}}=\Delta\boldsymbol{\varepsilon}^{0}+\Delta\boldsymbol{\varepsilon} \tag{6-7}$$

或者，当 $\Delta\boldsymbol{\varepsilon}^{0}=0$ 时，有

$$\Delta\boldsymbol{\varepsilon}_{\mathrm{t}}=\boldsymbol{D}_{u}\Delta\boldsymbol{f}=\Delta\boldsymbol{\varepsilon} \tag{6-8}$$

应力-应变的增量关系可表示成

$$\Delta\boldsymbol{\sigma}=\boldsymbol{C}\Delta\boldsymbol{\varepsilon}_{\mathrm{t}} \tag{6-9}$$

其中，$\boldsymbol{C}$ 即由式(2-16)定义的弹性矩阵 $\boldsymbol{D}$，或者是相应的弹塑性矩阵，第七章中将予以说明。于是，在增量载荷施加后单元内的总应力为

$$\boldsymbol{\sigma}=\boldsymbol{\sigma}^{0}+\Delta\boldsymbol{\sigma}=\boldsymbol{\sigma}+\boldsymbol{C}\Delta\boldsymbol{\varepsilon}_{\mathrm{t}} \tag{6-10}$$

力的边界条件则表示为

在 S_σ 上：

$$\boldsymbol{T}^0+\Delta\boldsymbol{T}=\overline{\boldsymbol{T}}^0+\Delta\overline{\boldsymbol{T}} \tag{6-11}$$

式中

$$\boldsymbol{T}=[X_\nu,Y_\nu,Z_\nu]^{\mathrm{T}}$$

是由式(2-20)定义的边界力，它可以表示为

$$\boldsymbol{T}=\boldsymbol{N}\boldsymbol{\sigma} \tag{6-12}$$

其中

$$\boldsymbol{N}=\begin{bmatrix} l & 0 & 0 & m & 0 & n \\ 0 & m & 0 & l & n & 0 \\ 0 & 0 & n & 0 & m & l \end{bmatrix} \tag{6-13}$$

式中，l,m,n 为边界外法线的方向余弦。

位移边界条件可以表示为

在 S_u 上：

$$\boldsymbol{f}^0+\Delta\boldsymbol{f}=\overline{\boldsymbol{f}}^0+\Delta\overline{\boldsymbol{f}} \tag{6-14}$$

二、虚功原理的增量形式

由式(2-61)定义的虚功原理的增量形式可表示为

$$\sum_n\Big[\iiint_{V_n}(\boldsymbol{\sigma}^{0^{\mathrm{T}}}+\Delta\boldsymbol{\sigma}^{\mathrm{T}})\delta\Delta\boldsymbol{\varepsilon}_{\mathrm{t}}\mathrm{d}V-\iiint_{V_n}(\overline{\boldsymbol{F}}^{0^{\mathrm{T}}}+\Delta\overline{\boldsymbol{F}}^{\mathrm{T}})\delta\Delta\boldsymbol{f}\mathrm{d}V-\iint_{S_{\sigma n}}(\overline{\boldsymbol{T}}^{0^{\mathrm{T}}}+\Delta\overline{\boldsymbol{T}}^{\mathrm{T}})\delta\Delta\boldsymbol{f}\mathrm{d}S\Big]=0 \tag{6-15}$$

其约束条件是

$$\left.\begin{aligned} &\text{在 } V_n \text{ 中：} && \delta\Delta\boldsymbol{\varepsilon}=\boldsymbol{D}_u\delta\Delta\boldsymbol{f} \\ &\text{在 } S_{un} \text{ 上：} && \delta\Delta\boldsymbol{f}=0 \end{aligned}\right\} \tag{6-16}$$

以及单元间界面上的协调条件式(2-153)。这里将增量号 Δ 移至矩阵号内，以与变分号 δ 作区分。

三、最小势能原理的增量形式

设某单元的体积为 V_n，给定位移的边界 S_{un} 和给定面力的边界 $S_{\sigma n}$，在体力增量 $\Delta\overline{\boldsymbol{F}}$ 和面力增量 $\Delta\overline{\boldsymbol{T}}$ 作用下，产生位移增量 $\Delta\boldsymbol{f}$。此时应变能的增量为

$$U_n=\iiint_{V_n}\Big(\int_0^{\Delta\boldsymbol{\varepsilon}_{\mathrm{t}}}\boldsymbol{\sigma}^{\mathrm{T}}\mathrm{d}\Delta\boldsymbol{\varepsilon}\Big)\mathrm{d}V \tag{6-17}$$

以式(6-10)、式(6-9)代入，得

$$U_n=\iiint_{V_n}\Big[\int_0^{\Delta\boldsymbol{\varepsilon}_{\mathrm{t}}}(\boldsymbol{\sigma}^0+\Delta\boldsymbol{\sigma})^{\mathrm{T}}\mathrm{d}\Delta\boldsymbol{\varepsilon}\Big]\mathrm{d}V=\iiint_{V_n}\Delta\boldsymbol{\varepsilon}_{\mathrm{t}}^{\mathrm{T}}\boldsymbol{\sigma}^0\mathrm{d}V+\frac{1}{2}\iiint_{V_n}\Delta\boldsymbol{\varepsilon}_{\mathrm{t}}^{\mathrm{T}}\boldsymbol{C}\Delta\boldsymbol{\varepsilon}_{\mathrm{t}}\mathrm{d}V \tag{6-18}$$

功的增量为

$$W_n=\iiint_{V_n}\Big(\int_0^{\Delta f}\overline{\boldsymbol{F}}^{\mathrm{T}}\mathrm{d}\Delta\boldsymbol{f}\Big)\mathrm{d}V+\iint_{S_n}\Big(\int_0^{\Delta f}\boldsymbol{T}^{\mathrm{T}}\mathrm{d}\Delta\boldsymbol{f}\Big)\mathrm{d}S$$

$$=\iiint_{V_n}\left[\int_0^{\Delta f}(\bar{\boldsymbol{F}}^0+\Delta\bar{\boldsymbol{F}})^{\mathrm{T}}\mathrm{d}\Delta\boldsymbol{f}\right]\mathrm{d}V+\iint_{S_n}\left[\int_0^{\Delta f}(\boldsymbol{T}^0+\Delta\boldsymbol{T})^{\mathrm{T}}\mathrm{d}\Delta\boldsymbol{f}\right]\mathrm{d}S \tag{6-19}$$

如果我们假定,载荷增量与位移增量无关,或者载荷增量与位移增量是线性关系,那么式(6-19)可以写成

$$W_n=\iiint_{V_n}\Delta\boldsymbol{f}^{\mathrm{T}}(\bar{\boldsymbol{F}}^0+\Delta\bar{\boldsymbol{F}})\mathrm{d}V+\iint_{S_n}\Delta\boldsymbol{f}^{\mathrm{T}}(\boldsymbol{T}^0+\Delta\boldsymbol{T})\mathrm{d}S \tag{6-20}$$

于是,单元的总势能增量为

$$\begin{aligned}\Pi_n&=U_n-W_n\\&=\iiint_{V_n}\Delta\boldsymbol{\varepsilon}_{\mathrm{t}}^{\mathrm{T}}\boldsymbol{\sigma}^0\mathrm{d}V+\frac{1}{2}\iiint_{V_n}\Delta\boldsymbol{\varepsilon}_{\mathrm{t}}^{\mathrm{T}}\boldsymbol{C}\Delta\boldsymbol{\varepsilon}_{\mathrm{t}}\mathrm{d}V-\\&\quad\iiint_{V_n}\Delta\boldsymbol{f}^{\mathrm{T}}(\bar{\boldsymbol{F}}^0+\Delta\bar{\boldsymbol{F}})\mathrm{d}V-\iint_{S_n}\Delta\boldsymbol{f}^{\mathrm{T}}(\boldsymbol{T}^0+\Delta\boldsymbol{T})\mathrm{d}S\end{aligned} \tag{6-21}$$

对于单元的集合,最小势能原理的增量形式可表述为

$$\begin{aligned}\Pi(\Delta\boldsymbol{f})&=\sum_n\Pi_n\\&=\sum_n\left\{\iiint_{V_n}\left[\Delta\boldsymbol{\varepsilon}_{\mathrm{t}}^{\mathrm{T}}\boldsymbol{\sigma}^0+\frac{1}{2}\Delta\boldsymbol{\varepsilon}_{\mathrm{t}}^{\mathrm{T}}\boldsymbol{C}\Delta\boldsymbol{\varepsilon}_{\mathrm{t}}-\Delta\boldsymbol{f}^{\mathrm{T}}(\bar{\boldsymbol{F}}^0+\Delta\bar{\boldsymbol{F}})\right]\mathrm{d}V-\right.\\&\quad\left.\iint_{S_n}\Delta\boldsymbol{f}^{\mathrm{T}}(\boldsymbol{T}^0+\Delta\boldsymbol{T})\mathrm{d}S\right\}\end{aligned} \tag{6-22}$$

其约束条件仍然为式(6-16)与式(2-153),式中 $\Delta\boldsymbol{\varepsilon}_{\mathrm{t}}$ 通过式(6-3)以 $\Delta\boldsymbol{f}$ 表示。以式(6-7)代入,得

$$\begin{aligned}\Pi(\Delta\boldsymbol{f})&=\sum_n\Pi_n\\&=\sum_n\left\{\iiint_{V_n}\left[\Delta\boldsymbol{\varepsilon}^{\mathrm{T}}\boldsymbol{\sigma}^0+\frac{1}{2}\Delta\boldsymbol{\varepsilon}^{\mathrm{T}}\boldsymbol{C}\Delta\boldsymbol{\varepsilon}+\Delta\boldsymbol{\varepsilon}^{\mathrm{T}}\boldsymbol{C}\Delta\boldsymbol{\varepsilon}^0-\Delta\boldsymbol{f}^{\mathrm{T}}(\bar{\boldsymbol{F}}^0+\Delta\bar{\boldsymbol{F}})\right]\mathrm{d}V-\right.\\&\quad\left.\iint_{S_{\sigma n}}\Delta\boldsymbol{f}^{\mathrm{T}}(\bar{\boldsymbol{T}}^0+\Delta\bar{\boldsymbol{T}})\mathrm{d}S+I\right\}\end{aligned} \tag{6-23}$$

式中

$$I=\iiint_{V_n}\Delta\boldsymbol{\varepsilon}^{0^{\mathrm{T}}}\boldsymbol{\sigma}^0\mathrm{d}V+\frac{1}{2}\iiint_{V_n}\Delta\boldsymbol{\varepsilon}^{0^{\mathrm{T}}}\boldsymbol{C}\Delta\boldsymbol{\varepsilon}^0\mathrm{d}V-\iint_{S_{un}}\Delta\bar{\boldsymbol{f}}^{\mathrm{T}}(\boldsymbol{T}^0+\Delta\boldsymbol{T})\mathrm{d}S \tag{6-24}$$

是不参加变分的项。

其中

$$S_n=S_{un}+S_{\sigma n} \tag{6-25}$$

由此可见,总势能增量泛函中仅有一个独立的场变量 $\Delta\boldsymbol{f}$,且受方程(6-16)和式(2-153)的约束。

四、广义变分原理和胡海昌-鹫津原理的增量形式

将式(6-3)改写成

$$\boldsymbol{\varepsilon}^0+\Delta\boldsymbol{\varepsilon}-\boldsymbol{D}_u\boldsymbol{f}^0-\boldsymbol{D}_u\Delta\boldsymbol{f}=0 \tag{6-26}$$

将式(6-14)改写成

在 S_{un} 上：
$$\boldsymbol{f}^0+\Delta\boldsymbol{f}-\bar{\boldsymbol{f}}^0-\Delta\bar{\boldsymbol{f}}=0 \tag{6-27}$$

我们以式(6-26)、式(6-27)作为约束条件，其相应的拉格朗日乘子为 $\boldsymbol{\lambda}$，$\boldsymbol{\mu}$，引入到式(6-21)所表达的泛函中去，则得到新的泛函为

$$\begin{aligned}\Pi_{\mathrm{G}}=&\sum_n\Big\{\iiint_{V_n}\Big[\Delta\boldsymbol{\varepsilon}^{\mathrm{T}}\boldsymbol{\sigma}^0+\frac{1}{2}\Delta\boldsymbol{\varepsilon}^{\mathrm{T}}\boldsymbol{C}\Delta\boldsymbol{\varepsilon}-\Delta\boldsymbol{f}^{\mathrm{T}}(\bar{\boldsymbol{F}}^0+\Delta\bar{\boldsymbol{F}})-\\&\boldsymbol{\lambda}^{\mathrm{T}}(\boldsymbol{\varepsilon}^0+\Delta\boldsymbol{\varepsilon}-\boldsymbol{D}_u\boldsymbol{f}^0-\boldsymbol{D}_u\Delta\boldsymbol{f})\Big]\mathrm{d}V-\\&\iint_{S_n}[\Delta\boldsymbol{f}^{\mathrm{T}}(\boldsymbol{T}^0+\Delta\boldsymbol{T})+\boldsymbol{\mu}^{\mathrm{T}}(\bar{\boldsymbol{f}}^0+\Delta\bar{\boldsymbol{f}}-\boldsymbol{f}^0-\Delta\boldsymbol{f})]\mathrm{d}S\Big\}\\=&\sum_n\Pi_n\end{aligned} \tag{6-28}$$

其约束条件是式(6-11)。这个泛函只取驻值，有 4 个独立的场变量 $\Delta\boldsymbol{f}$，$\Delta\boldsymbol{\varepsilon}$，$\boldsymbol{\lambda}$ 和 $\boldsymbol{\mu}$，称之为广义变分原理的增量形式。

由驻值条件

$$\delta\Pi_{\mathrm{G}}=\sum_n\Big[\delta\Delta\boldsymbol{\varepsilon}^{\mathrm{T}}\frac{\partial\Pi_n}{\partial\Delta\boldsymbol{\varepsilon}}+\delta\Delta\boldsymbol{f}^{\mathrm{T}}\frac{\partial\Pi_n}{\partial\Delta\boldsymbol{f}}+\delta\boldsymbol{\lambda}^{\mathrm{T}}\frac{\partial\Pi_n}{\partial\boldsymbol{\lambda}}+\delta\boldsymbol{\mu}^{\mathrm{T}}\frac{\partial\Pi_n}{\partial\boldsymbol{\mu}}\Big]=0 \tag{6-29}$$

得

$$\frac{\partial\Pi_n}{\partial\Delta\boldsymbol{\varepsilon}}=0,\quad\frac{\partial\Pi_n}{\partial\Delta\boldsymbol{f}}=0 \tag{6-30}$$

以式(6-28)代入式(6-30)，得到

$$\frac{\partial\Pi_n}{\partial\Delta\boldsymbol{\varepsilon}}=\iiint_{V_n}[\boldsymbol{\sigma}^0+\boldsymbol{C}\Delta\boldsymbol{\varepsilon}-\boldsymbol{\lambda}]\mathrm{d}V=0$$

$$\frac{\partial\Pi_n}{\partial\Delta\boldsymbol{f}}=\iint_{S_n}[\boldsymbol{T}^0+\Delta\boldsymbol{T}-\boldsymbol{\mu}]\mathrm{d}S=0$$

解上述两式，得

$$\boldsymbol{\lambda}=\boldsymbol{\sigma}^0+\boldsymbol{C}\Delta\boldsymbol{\varepsilon}=\boldsymbol{\sigma}^0+\Delta\boldsymbol{\sigma} \tag{6-31}$$

$$\boldsymbol{\mu}=\boldsymbol{T}^0+\Delta\boldsymbol{T} \tag{6-32}$$

这就表明了拉格朗日乘子的物理意义。

将式(6-31)、式(6-32)代入式(6-28)，并略去不变分的量，则可得到胡海昌-鹫津原理的增量表达式

$$\begin{aligned}\Pi_{\mathrm{HW}}(\Delta\boldsymbol{f},\Delta\boldsymbol{\varepsilon},\Delta\boldsymbol{\sigma})=&\sum\Big\{\iiint_{V_n}\Big[\frac{1}{2}\Delta\boldsymbol{\varepsilon}^{\mathrm{T}}\boldsymbol{C}\Delta\boldsymbol{\varepsilon}+(\boldsymbol{D}_u\Delta\boldsymbol{f})^{\mathrm{T}}\boldsymbol{\sigma}^0-\\&\Delta\boldsymbol{\sigma}^{\mathrm{T}}(\boldsymbol{\varepsilon}^0+\Delta\boldsymbol{\varepsilon}-\boldsymbol{D}_u\boldsymbol{f}^0-\boldsymbol{D}_u\Delta\boldsymbol{f})-\\&\Delta\boldsymbol{f}^T(\bar{\boldsymbol{F}}^0+\Delta\bar{\boldsymbol{F}})\Big]\mathrm{d}V-\iint_{S_{on}}\Delta\boldsymbol{f}^{\mathrm{T}}(\bar{\boldsymbol{T}}^0+\Delta\bar{\boldsymbol{T}})\mathrm{d}S-\\&\iint_{S_{un}}[\Delta\boldsymbol{T}^{\mathrm{T}}(\boldsymbol{f}^0+\Delta\boldsymbol{f}-\bar{\boldsymbol{f}}^0-\Delta\bar{\boldsymbol{f}})+\Delta\boldsymbol{f}^{\mathrm{T}}\boldsymbol{T}^0]\mathrm{d}S\Big\}\end{aligned} \tag{6-33}$$

式中，$\boldsymbol{T}$ 通过式(6-12)由应力 $\boldsymbol{\sigma}$ 表示。这个原理也是个驻值原理。

五、赫林格-赖斯纳原理的增量形式

利用方程(6-9)，消去式(6-33)中的变量 $\Delta\boldsymbol{\varepsilon}$，就得到赫林格-赖斯纳原理的增量形式

$$\begin{aligned}\Pi_{\mathrm{R}}(\Delta\boldsymbol{f},\Delta\boldsymbol{\sigma})=\sum_{n}\Big\{&\iiint_{V_n}\Big[-\frac{1}{2}\Delta\boldsymbol{\sigma}^{\mathrm{T}}\boldsymbol{C}^{-1}\Delta\boldsymbol{\sigma}+\\&(\boldsymbol{\sigma}^{0}+\Delta\boldsymbol{\sigma})^{\mathrm{T}}(\boldsymbol{D}_u\Delta\boldsymbol{f})-\Delta\boldsymbol{\sigma}^{\mathrm{T}}(\boldsymbol{\varepsilon}^{0}-\boldsymbol{D}_u\boldsymbol{f}^{0})-\\&\Delta\boldsymbol{f}^{\mathrm{T}}(\overline{\boldsymbol{F}}^{0}+\Delta\overline{\boldsymbol{F}})\Big]\mathrm{d}V-\iint_{S_{\sigma n}}\Delta\boldsymbol{f}^{\mathrm{T}}(\overline{\boldsymbol{T}}+\Delta\overline{\boldsymbol{T}})\mathrm{d}S-\\&\iint_{S_{un}}[\Delta\boldsymbol{T}^{\mathrm{T}}(\Delta\boldsymbol{f}-\Delta\overline{\boldsymbol{f}}+\boldsymbol{f}^{0}-\overline{\boldsymbol{f}}^{0})+\Delta\boldsymbol{f}^{\mathrm{T}}\boldsymbol{T}^{0}]\mathrm{d}S\Big\}\end{aligned}\tag{6-34}$$

这也是个驻值原理。

六、最小余能原理的增量形式

对式(6-34)中的

$$\iiint_{V_n}[(\boldsymbol{\sigma}^{0}+\Delta\boldsymbol{\sigma})^{\mathrm{T}}(\boldsymbol{D}_u\Delta\boldsymbol{f})+\Delta\boldsymbol{\sigma}^{\mathrm{T}}(\boldsymbol{D}_u\boldsymbol{f}^{0})]\mathrm{d}V$$

项进行分部积分后，可将式(6-34)改写成

$$\begin{aligned}\Pi_{\mathrm{R}^*}^{\mathrm{C}}=\sum_{n}\Big\{&\iiint_{V_n}\Big[-\frac{1}{2}\Delta\boldsymbol{\sigma}^{\mathrm{T}}\boldsymbol{C}^{-1}\Delta\boldsymbol{\sigma}-[(\boldsymbol{D}_\sigma\boldsymbol{\sigma}^{0})^{\mathrm{T}}+\\&(\boldsymbol{D}_\sigma\Delta\boldsymbol{\sigma})^{\mathrm{T}}+(\overline{\boldsymbol{F}}^{0}+\Delta\overline{\boldsymbol{F}})^{\mathrm{T}}]\Delta\boldsymbol{f}-(\boldsymbol{D}_\sigma\Delta\boldsymbol{\sigma})^{\mathrm{T}}\boldsymbol{f}^{0}-\Delta\boldsymbol{\sigma}^{\mathrm{T}}\boldsymbol{\varepsilon}^{0}\Big]\mathrm{d}V-\\&\iint_{S_{\sigma n}}[\Delta\boldsymbol{f}^{\mathrm{T}}(\overline{\boldsymbol{T}}^{0}+\Delta\overline{\boldsymbol{T}}-\boldsymbol{T}^{0}+\Delta\boldsymbol{T}^{0})-\Delta\boldsymbol{T}^{\mathrm{T}}\boldsymbol{f}^{0}]\mathrm{d}S+\iint_{S_{un}}\Delta\boldsymbol{T}^{\mathrm{T}}(\Delta\overline{\boldsymbol{f}}+\overline{\boldsymbol{f}}^{0})\mathrm{d}S\Big\}\end{aligned}\tag{6-35}$$

如果由式(6-1)给出的应力平衡条件，以及由式(6-11)给出的边界条件完全满足，那么式(6-35)中在 V_n 内的$(\boldsymbol{D}_\sigma\Delta\boldsymbol{\sigma})^{\mathrm{T}}\boldsymbol{f}^{0}$，以及在 $S_{\sigma n}$ 上的 $\Delta\boldsymbol{T}^{\mathrm{T}}\boldsymbol{f}^{0}$ 不再参加变分。于是，在消去所有不参加变分的项以后，式(6-35)可引出另一个泛函

$$\begin{aligned}\Pi_{\mathrm{C}}^{\mathrm{C}}(\Delta\sigma)&=-\Pi_{\mathrm{R}^*}^{\mathrm{C}}\\&=\sum_{n}\Big[\iiint_{V_n}\Big(\frac{1}{2}\Delta\boldsymbol{\sigma}^{\mathrm{T}}\boldsymbol{C}^{-1}\Delta\boldsymbol{\sigma}+\Delta\boldsymbol{\sigma}^{\mathrm{T}}\boldsymbol{\varepsilon}^{0}\Big)\mathrm{d}V-\iint_{S_{un}}\Delta\boldsymbol{T}^{\mathrm{T}}(\overline{\boldsymbol{f}}^{0}+\Delta\overline{\boldsymbol{f}})\mathrm{d}S\Big]\end{aligned}\tag{6-36}$$

事实上，因为项$\left(\frac{1}{2}\Delta\boldsymbol{\sigma}^{\mathrm{T}}\boldsymbol{C}^{-1}\Delta\boldsymbol{\sigma}\right)$具有正定性质，可以证明 $\Pi_{\mathrm{C}}^{\mathrm{C}}$ 的驻值为最小值。式(6-36)表示了最小余能原理的增量形式。

对式(6-34)中的

$$\iiint_{V_n}[\Delta\boldsymbol{\sigma}^{\mathrm{T}}(\boldsymbol{D}_u\Delta\boldsymbol{f}+\boldsymbol{D}_u\boldsymbol{f}^{0})]\mathrm{d}V$$

项进行分部积分后，可将式(6-34)改写成

$$\Pi_{\mathrm{R}^*}^{\mathrm{I}}=\sum_{n}\Big\{\iiint_{V_n}\Big\{-\frac{1}{2}\Delta\boldsymbol{\sigma}^{\mathrm{T}}\boldsymbol{C}^{-1}\Delta\boldsymbol{\sigma}+\boldsymbol{\sigma}^{0^{\mathrm{T}}}(\boldsymbol{D}_u\Delta\boldsymbol{f})-$$

$$\Delta \boldsymbol{f}^{\mathrm{T}}\overline{\boldsymbol{F}}^{0}-[(\boldsymbol{D}_{\sigma}\Delta\boldsymbol{\sigma})^{\mathrm{T}}+\Delta\overline{\boldsymbol{F}}^{\mathrm{T}}]\Delta\boldsymbol{f}-(\boldsymbol{D}_{\sigma}\Delta\boldsymbol{\sigma})^{\mathrm{T}}\boldsymbol{f}^{0}-\Delta\boldsymbol{\sigma}^{\mathrm{T}}\boldsymbol{\varepsilon}^{0}\Big\}\mathrm{d}V-$$
$$\iint_{S_{\sigma n}}[\Delta\boldsymbol{f}^{\mathrm{T}}(\overline{\boldsymbol{T}}^{0}+\Delta\overline{\boldsymbol{T}}-\Delta\boldsymbol{T})-\Delta\boldsymbol{T}^{\mathrm{T}}\boldsymbol{f}^{0}]\mathrm{d}S+$$
$$\iint_{S_{un}}[\Delta\boldsymbol{T}^{\mathrm{T}}(\Delta\overline{\boldsymbol{f}}+\overline{\boldsymbol{f}}^{0})-\Delta\boldsymbol{f}^{\mathrm{T}}\boldsymbol{T}^{0}]\mathrm{d}S\Big\} \tag{6-37}$$

如果应力增量 $\Delta\boldsymbol{\sigma}$ 仅仅满足下面所示的不完全的平衡方程和边界条件：

$$\left.\begin{aligned} &\text{在 } V_n \text{ 中：} && \boldsymbol{D}_{\sigma}\Delta\boldsymbol{\sigma}+\Delta\overline{\boldsymbol{F}}=0 \\ &\text{在 } S_{\sigma n} \text{ 上：} && \Delta\boldsymbol{T}=\Delta\overline{\boldsymbol{T}} \end{aligned}\right\} \tag{6-38}$$

我们就可以从式(6-37)导出另一种泛函：

$$\begin{aligned}\Pi_{\mathrm{C}}^{\mathrm{I}}(\Delta\boldsymbol{\sigma},\Delta\boldsymbol{f}) &= -\Pi_{\mathrm{R}^*}^{\mathrm{I}} \\ &= \sum_{n}\Big\{\iiint_{V_n}\Big(\frac{1}{2}\Delta\boldsymbol{\sigma}^{\mathrm{T}}\boldsymbol{C}^{-1}\Delta\boldsymbol{\sigma}-(\boldsymbol{D}_u\Delta\boldsymbol{f})^{\mathrm{T}}\boldsymbol{\sigma}^{0}+\Delta\boldsymbol{f}^{\mathrm{T}}\overline{\boldsymbol{F}}^{0}+\Delta\boldsymbol{\sigma}^{\mathrm{T}}\boldsymbol{\varepsilon}^{0}\Big)\mathrm{d}V+ \\ &\quad \iint_{S_{\sigma n}}\Delta\boldsymbol{f}^{\mathrm{T}}\overline{\boldsymbol{T}}^{0}\mathrm{d}S-\iint_{S_{un}}[\Delta\boldsymbol{T}^{\mathrm{T}}(\Delta\overline{\boldsymbol{f}}+\overline{\boldsymbol{f}}^{0})-\Delta\boldsymbol{f}^{\mathrm{T}}\boldsymbol{T}^{0}]\mathrm{d}S\Big\}\end{aligned} \tag{6-39}$$

这个泛函有两个独立的变量 $\Delta\boldsymbol{\sigma}$ 和 $\Delta\boldsymbol{f}$，也是个驻值原理。这是另一种形式的余能原理的增量表达式。

第二节　有限变形的基本理论

从几何上考虑，非线性弹性问题可以分成四大类型：

第一类：大应变问题；

第二类：小应变、大转动问题；

第三类：小应变、小转动，但转动的平方与应变大小同量级；

第四类：小应变、小转动，但转动和应变大小同量级。

习惯上，人们把第三类问题称为“有限变形”或“有限位移”问题，而把第四类问题称为“小位移”问题。本节将针对有限变形问题扼要地介绍一些有关的知识，为建立有限元模型提供基础。

一、有限变形

1. 坐标系

描述变形体的几何位置通常可采用下述 3 种坐标系，如图 6-1 所示。

(1) 基本的参考坐标系。它是一个固定不变的直角坐标系，记为

$$\boldsymbol{x}_0=[x_0,y_0,z_0]^{\mathrm{T}} \tag{6-40}$$

(2) 初始未变形的自身坐标系。它可以是直角坐标系，也可以是曲线坐标系，记为

$$\boldsymbol{x}=[x,y,z]^{\mathrm{T}} \tag{6-41}$$

(3) 最后变形状态的自身坐标系。可以是直角或曲线坐标系，记为

$$\overline{\boldsymbol{x}}=[\overline{x},\overline{y},\overline{z}]^{\mathrm{T}} \tag{6-42}$$

在初始未变形状态下，任一质点 P 既可以用坐标系 $\boldsymbol{x}_0$ 表示，也可以用 $\boldsymbol{x}$ 来表示；在最终变

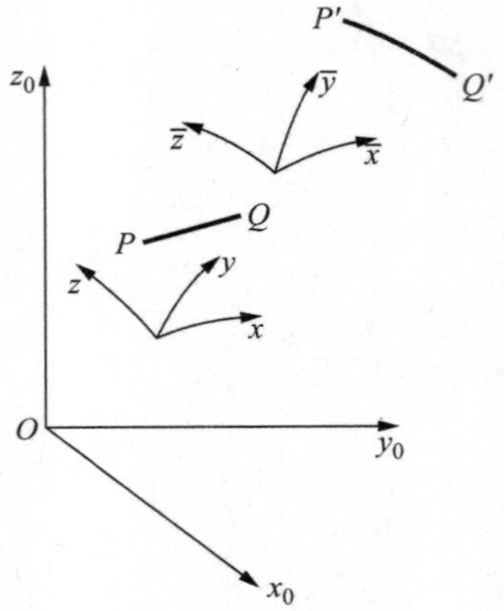

图 6-1　坐标系

形状态下的同一质点 P'，可以用 $\boldsymbol{x}_0$ 或 $\bar{\boldsymbol{x}}$ 表示。

表示变形体的常用方法有两种：

(1) 拉格朗日法。在整个变形过程中，始终采用初始的自身坐标系 $\boldsymbol{x}$。

(2) 欧拉法。在整个变形过程中，始终采用最终变形状态时的自身坐标系 $\bar{\boldsymbol{x}}$。

2. 一般情况下的形变和应变

在坐标系 $\boldsymbol{x}$ 中一线元 $\overline{PQ}$ 定义为

$$\mathrm{d}\boldsymbol{x} = [\mathrm{d}x, \mathrm{d}y, \mathrm{d}z]^{\mathrm{T}} \tag{6-43}$$

变形后，在 $\bar{\boldsymbol{x}}$ 中线元 $\overline{P'Q'}$ 定义为

$$\mathrm{d}\bar{\boldsymbol{x}} = [\mathrm{d}\bar{x}, \mathrm{d}\bar{y}, \mathrm{d}\bar{z}]^{\mathrm{T}} \tag{6-44}$$

如果在 $\boldsymbol{x}_0$ 坐标系中表示，那么变形前后的线元 $\overline{PQ}$ 与 $\overline{P'Q'}$ 分别为

$$\mathrm{d}\boldsymbol{x}_0 = [\mathrm{d}x_0, \mathrm{d}y_0, \mathrm{d}z_0]^{\mathrm{T}} \tag{6-45}$$

$$\mathrm{d}\bar{\boldsymbol{x}}_0 = [\mathrm{d}\bar{x}_0, \mathrm{d}\bar{y}_0, \mathrm{d}\bar{z}_0]^{\mathrm{T}} \tag{6-46}$$

根据微分几何学，利用坐标转换式可建立 $\mathrm{d}\boldsymbol{x}_0$ 与 $\mathrm{d}\boldsymbol{x}$，$\mathrm{d}\bar{\boldsymbol{x}}_0$ 与 $\mathrm{d}\bar{\boldsymbol{x}}$ 之间的关系。由微分关系

$$\begin{Bmatrix} \mathrm{d}x_0 \\ \mathrm{d}y_0 \\ \mathrm{d}z_0 \end{Bmatrix} = \begin{bmatrix} \dfrac{\partial x_0}{\partial x} & \dfrac{\partial x_0}{\partial y} & \dfrac{\partial x_0}{\partial z} \\ \dfrac{\partial y_0}{\partial x} & \dfrac{\partial y_0}{\partial y} & \dfrac{\partial y_0}{\partial z} \\ \dfrac{\partial z_0}{\partial x} & \dfrac{\partial z_0}{\partial y} & \dfrac{\partial z_0}{\partial z} \end{bmatrix} \begin{Bmatrix} \mathrm{d}x \\ \mathrm{d}y \\ \mathrm{d}z \end{Bmatrix} \tag{6-47}$$

记为

$$\mathrm{d}\boldsymbol{x}_0 = \boldsymbol{l}\,\mathrm{d}\boldsymbol{x} \tag{6-48}$$

同样有

$$\begin{Bmatrix} \mathrm{d}\bar{x}_0 \\ \mathrm{d}\bar{y}_0 \\ \mathrm{d}\bar{z}_0 \end{Bmatrix} = \begin{bmatrix} \dfrac{\partial \bar{x}_0}{\partial \bar{x}} & \dfrac{\partial \bar{x}_0}{\partial \bar{y}} & \dfrac{\partial \bar{x}_0}{\partial \bar{z}} \\ \dfrac{\partial \bar{y}_0}{\partial \bar{x}} & \dfrac{\partial \bar{y}_0}{\partial \bar{y}} & \dfrac{\partial \bar{y}_0}{\partial \bar{z}} \\ \dfrac{\partial \bar{z}_0}{\partial \bar{x}} & \dfrac{\partial \bar{z}_0}{\partial \bar{y}} & \dfrac{\partial \bar{z}_0}{\partial \bar{z}} \end{bmatrix} \begin{Bmatrix} \mathrm{d}\bar{x} \\ \mathrm{d}\bar{y} \\ \mathrm{d}\bar{z} \end{Bmatrix} \tag{6-49}$$

记为

$$\mathrm{d}\bar{\boldsymbol{x}}_0 = \bar{\boldsymbol{l}}\,\mathrm{d}\bar{\boldsymbol{x}} \tag{6-50}$$

为了书写方便，引入记号

$$\left[\frac{\partial(x_0, y_0, z_0)}{\partial(x, y, z)}\right] = \begin{bmatrix} \dfrac{\partial x_0}{\partial x} & \dfrac{\partial x_0}{\partial y} & \dfrac{\partial x_0}{\partial z} \\ \dfrac{\partial y_0}{\partial x} & \dfrac{\partial y_0}{\partial y} & \dfrac{\partial y_0}{\partial z} \\ \dfrac{\partial z_0}{\partial x} & \dfrac{\partial z_0}{\partial y} & \dfrac{\partial z_0}{\partial z} \end{bmatrix} \tag{6-51}$$

于是有

$$\boldsymbol{l}=\left[\frac{\partial(x_0,y_0,z_0)}{\partial(x,y,z)}\right] \tag{6-52}$$

$$\bar{\boldsymbol{l}}=\left[\frac{\partial(\bar{x}_0,\bar{y}_0,\bar{z}_0)}{\partial(\bar{x},\bar{y},\bar{z})}\right] \tag{6-53}$$

假定变形前线元$\overline{PQ}$的长度为$\mathrm{d}S$,变形后的线元$\overline{P'Q'}$的长度为$\overline{\mathrm{d}S}$,则有

$$\overline{\mathrm{d}S}^2-\mathrm{d}S^2=\mathrm{d}\bar{\boldsymbol{x}}_0{}^{\mathrm{T}}\mathrm{d}\bar{\boldsymbol{x}}_0-\mathrm{d}\boldsymbol{x}_0{}^{\mathrm{T}}\mathrm{d}\boldsymbol{x}_0 \tag{6-54}$$

以式(6-50)、式(6-48)代入,得

$$\overline{\mathrm{d}S}^2-\mathrm{d}S^2=\mathrm{d}\bar{\boldsymbol{x}}^{\mathrm{T}}\overline{\boldsymbol{N}}\mathrm{d}\bar{\boldsymbol{x}}-\mathrm{d}\boldsymbol{x}^{\mathrm{T}}\boldsymbol{N}\mathrm{d}\boldsymbol{x} \tag{6-55}$$

其中

$$\overline{\boldsymbol{N}}=\bar{\boldsymbol{l}}^{\mathrm{T}}\bar{\boldsymbol{l}},\quad \boldsymbol{N}=\boldsymbol{l}^{\mathrm{T}}\boldsymbol{l} \tag{6-56}$$

下面我们来建立$\mathrm{d}\boldsymbol{x}$与$\mathrm{d}\bar{\boldsymbol{x}}$之间的关系。

假定$\bar{\boldsymbol{x}}=F(\boldsymbol{x})$,其中,$F$是关于$\boldsymbol{x}$的单值且一阶导数连续的函数,则有下面的全微分关系:

$$\begin{Bmatrix}\mathrm{d}\bar{x}\\ \mathrm{d}\bar{y}\\ \mathrm{d}\bar{z}\end{Bmatrix}=\left[\frac{\partial(\bar{x},\bar{y},\bar{z})}{\partial(x,y,z)}\right]\begin{Bmatrix}\mathrm{d}x\\ \mathrm{d}y\\ \mathrm{d}z\end{Bmatrix}$$

记为

$$\mathrm{d}\bar{\boldsymbol{x}}=\boldsymbol{J}\mathrm{d}\boldsymbol{x} \tag{6-57}$$

同理有

$$\begin{Bmatrix}\mathrm{d}x\\ \mathrm{d}y\\ \mathrm{d}z\end{Bmatrix}=\left[\frac{\partial(x,y,z)}{\partial(\bar{x},\bar{y},\bar{z})}\right]\begin{Bmatrix}\mathrm{d}\bar{x}\\ \mathrm{d}\bar{y}\\ \mathrm{d}\bar{z}\end{Bmatrix}$$

记为

$$\mathrm{d}\boldsymbol{x}=\bar{\boldsymbol{J}}\mathrm{d}\bar{\boldsymbol{x}} \tag{6-58}$$

比较式(6-57)、式(6-58),可知有

$$\bar{\boldsymbol{J}}=\boldsymbol{J}^{-1} \tag{6-59}$$

或

$$\boldsymbol{J}\bar{\boldsymbol{J}}=\boldsymbol{I} \tag{6-60}$$

式中,$\boldsymbol{I}$为单位矩阵,而$\boldsymbol{J}$称为“形变矩阵”,它在以后的分析中将起很重要的作用。它按下式定义:

$$\boldsymbol{J}=\left[\frac{\partial(\bar{x},\bar{y},\bar{z})}{\partial(x,y,z)}\right] \tag{6-61}$$

以式(6-57)代入式(6-55),有

$$\overline{\mathrm{d}S}^2-\mathrm{d}S^2=\mathrm{d}\boldsymbol{x}^{\mathrm{T}}(\boldsymbol{J}^{\mathrm{T}}\overline{\boldsymbol{N}}\boldsymbol{J}-\boldsymbol{N})\mathrm{d}\boldsymbol{x}$$

$$\boldsymbol{\varepsilon}=\frac{1}{2}(\boldsymbol{J}^{\mathrm{T}}\overline{\boldsymbol{N}}\boldsymbol{J}-\boldsymbol{N}) \tag{6-62}$$

于是有

$$\overline{\mathrm{d}S}^2-\mathrm{d}S^2=2\mathrm{d}\boldsymbol{x}^{\mathrm{T}}\boldsymbol{\varepsilon}\,\mathrm{d}\boldsymbol{x} \tag{6-63}$$

这里,$\boldsymbol{\varepsilon}$称之为格林(Green)应变矩阵,它是在初始未变形的坐标系$\boldsymbol{x}$中度量的,这种表示方法称为拉格朗日表示法。

如果以式(6-58)代入式(6-55)，有

$$\overline{dS}^2 - dS^2 = d\bar{\boldsymbol{x}}^{T}(\bar{\boldsymbol{N}} - \bar{\boldsymbol{J}}^{T}\boldsymbol{N}\bar{\boldsymbol{J}})d\bar{\boldsymbol{x}}$$

令

$$\bar{\boldsymbol{\varepsilon}} = \frac{1}{2}(\bar{\boldsymbol{N}} - \bar{\boldsymbol{J}}^{T}\boldsymbol{N}\bar{\boldsymbol{J}}) \tag{6-64}$$

于是有

$$\overline{dS}^2 - dS^2 = 2d\bar{\boldsymbol{x}}^{T}\,\bar{\boldsymbol{\varepsilon}}d\bar{\boldsymbol{x}} \tag{6-65}$$

这里，$\bar{\boldsymbol{\varepsilon}}$ 称为阿尔曼西(Almansi)应变矩阵。它是在变形后状态的自身坐标系中度量的。这种表示方法称为欧拉表示法。

3. 在直角坐标系内的形变和应变

当前述的 3 个坐标系 $\boldsymbol{x}_0$，$\boldsymbol{x}$ 和 $\bar{\boldsymbol{x}}$ 均为直角坐标系时，可使

$$\boldsymbol{x}_0 = \boldsymbol{x}, \quad \bar{\boldsymbol{x}}_0 = \bar{\boldsymbol{x}} \tag{6-66}$$

于是由式(6-52)、式(6-53)，得

$$\boldsymbol{l} = \bar{\boldsymbol{l}} = \boldsymbol{I} \tag{6-67}$$

由式(6-56)，得

$$\bar{\boldsymbol{N}} = \boldsymbol{I}, \quad \boldsymbol{N} = \boldsymbol{I} \tag{6-68}$$

由式(6-62)，得到在直角坐标系中的格林应变矩阵

$$\boldsymbol{\varepsilon} = \frac{1}{2}(\boldsymbol{J}^{T}\boldsymbol{J} - \boldsymbol{I}) \tag{6-69}$$

再由式(6-64)，得到在直角坐标系中的阿尔曼西应变矩阵

$$\bar{\boldsymbol{\varepsilon}} = \frac{1}{2}(\boldsymbol{I} - \bar{\boldsymbol{J}}^{T}\bar{\boldsymbol{J}}) \tag{6-70}$$

现在设

$$\boldsymbol{u} = [u, v, w]^{T} \tag{6-71}$$

表示在 $\boldsymbol{x}_0 = \boldsymbol{x}$ 坐标系内度量的质点由 P 点变形 P' 点的位移向量，则有下列关系式成立：

$$\bar{\boldsymbol{x}} = \boldsymbol{x} + \boldsymbol{u} \tag{6-72a}$$

或

$$\boldsymbol{x} = \bar{\boldsymbol{x}} - \boldsymbol{u} \tag{6-72b}$$

因为位移 $\boldsymbol{u}$ 是坐标(x, y, z)或$(\bar{x}, \bar{y}, \bar{z})$的连续函数，并且令

$$\boldsymbol{j} = \left[\frac{\partial(u, v, w)}{\partial(x, y, z)}\right] \tag{6-73}$$

$$\bar{\boldsymbol{j}} = \left[\frac{\partial(u, v, w)}{\partial(\bar{x}, \bar{y}, \bar{z})}\right] \tag{6-74}$$

于是由式(6-61)得到直角坐标系内的形变矩阵

$$\boldsymbol{J} = \begin{bmatrix} \dfrac{\partial \bar{x}}{\partial x} & \dfrac{\partial \bar{x}}{\partial y} & \dfrac{\partial \bar{x}}{\partial z} \\ \dfrac{\partial \bar{y}}{\partial x} & \dfrac{\partial \bar{y}}{\partial y} & \dfrac{\partial \bar{y}}{\partial z} \\ \dfrac{\partial \bar{z}}{\partial x} & \dfrac{\partial \bar{z}}{\partial y} & \dfrac{\partial \bar{z}}{\partial z} \end{bmatrix}$$

$$=\begin{bmatrix}\frac{\partial}{\partial x}(x+u) & \frac{\partial}{\partial y}(x+u) & \frac{\partial}{\partial z}(x+u)\\ \frac{\partial}{\partial x}(y+v) & \frac{\partial}{\partial y}(y+v) & \frac{\partial}{\partial z}(y+v)\\ \frac{\partial}{\partial x}(z+w) & \frac{\partial}{\partial y}(z+w) & \frac{\partial}{\partial z}(z+w)\end{bmatrix}$$

$$=\boldsymbol{I}+\boldsymbol{j} \tag{6-75}$$

同理,有在变形后的直角坐标系 $\boldsymbol{x}$ 中度量的形变矩阵

$$\bar{\boldsymbol{J}}=\boldsymbol{I}-\bar{\boldsymbol{j}} \tag{6-76}$$

以式(6-75)代入式(6-69),得到格林应变矩阵

$$\boldsymbol{\varepsilon}=\frac{1}{2}(\boldsymbol{j}^{\mathrm{T}}+\boldsymbol{j}+\boldsymbol{j}^{\mathrm{T}}\boldsymbol{j}) \tag{6-77}$$

以式(6-73)代入上式,并展开之:

$$\begin{bmatrix}\varepsilon_{xx} & \varepsilon_{xy} & \varepsilon_{xz}\\ \varepsilon_{yx} & \varepsilon_{yy} & \varepsilon_{yz}\\ \varepsilon_{zx} & \varepsilon_{zy} & \varepsilon_{zz}\end{bmatrix}=\frac{1}{2}\left(\begin{bmatrix}\frac{\partial u}{\partial x} & \frac{\partial v}{\partial x} & \frac{\partial w}{\partial x}\\ \frac{\partial u}{\partial y} & \frac{\partial v}{\partial y} & \frac{\partial w}{\partial y}\\ \frac{\partial u}{\partial z} & \frac{\partial v}{\partial z} & \frac{\partial w}{\partial z}\end{bmatrix}+\begin{bmatrix}\frac{\partial u}{\partial x} & \frac{\partial u}{\partial y} & \frac{\partial u}{\partial z}\\ \frac{\partial v}{\partial x} & \frac{\partial v}{\partial y} & \frac{\partial v}{\partial z}\\ \frac{\partial w}{\partial x} & \frac{\partial w}{\partial y} & \frac{\partial w}{\partial z}\end{bmatrix}+\right.$$
$$\left.\begin{bmatrix}\frac{\partial u}{\partial x} & \frac{\partial v}{\partial x} & \frac{\partial w}{\partial x}\\ \frac{\partial u}{\partial y} & \frac{\partial v}{\partial y} & \frac{\partial w}{\partial y}\\ \frac{\partial u}{\partial z} & \frac{\partial v}{\partial z} & \frac{\partial w}{\partial z}\end{bmatrix}\begin{bmatrix}\frac{\partial u}{\partial x} & \frac{\partial u}{\partial y} & \frac{\partial u}{\partial z}\\ \frac{\partial v}{\partial x} & \frac{\partial v}{\partial y} & \frac{\partial v}{\partial z}\\ \frac{\partial w}{\partial x} & \frac{\partial w}{\partial y} & \frac{\partial w}{\partial z}\end{bmatrix}\right) \tag{6-78}$$

比较等式前后的对应元素,可得到格林应变张量的分量为

$$\left.\begin{aligned}
\varepsilon_{xx}&=\frac{\partial u}{\partial x}+\frac{1}{2}\left[\left(\frac{\partial u}{\partial x}\right)^2+\left(\frac{\partial v}{\partial x}\right)^2+\left(\frac{\partial w}{\partial x}\right)^2\right]\\
\varepsilon_{yy}&=\frac{\partial v}{\partial y}+\frac{1}{2}\left[\left(\frac{\partial u}{\partial y}\right)^2+\left(\frac{\partial v}{\partial y}\right)^2+\left(\frac{\partial w}{\partial y}\right)^2\right]\\
\varepsilon_{zz}&=\frac{\partial w}{\partial z}+\frac{1}{2}\left[\left(\frac{\partial u}{\partial z}\right)^2+\left(\frac{\partial v}{\partial z}\right)^2+\left(\frac{\partial w}{\partial z}\right)^2\right]\\
\varepsilon_{xy}&=\varepsilon_{yx}=\frac{1}{2}\left[\left(\frac{\partial u}{\partial y}+\frac{\partial v}{\partial x}\right)+\left(\frac{\partial u}{\partial x}\frac{\partial u}{\partial y}+\frac{\partial v}{\partial x}\frac{\partial v}{\partial y}+\frac{\partial w}{\partial x}\frac{\partial w}{\partial y}\right)\right]\\
\varepsilon_{yz}&=\varepsilon_{zy}=\frac{1}{2}\left[\left(\frac{\partial v}{\partial z}+\frac{\partial w}{\partial y}\right)+\left(\frac{\partial u}{\partial y}\frac{\partial u}{\partial z}+\frac{\partial v}{\partial y}\frac{\partial v}{\partial z}+\frac{\partial w}{\partial y}\frac{\partial w}{\partial z}\right)\right]\\
\varepsilon_{zx}&=\varepsilon_{xz}=\frac{1}{2}\left[\left(\frac{\partial w}{\partial x}+\frac{\partial u}{\partial z}\right)+\left(\frac{\partial u}{\partial z}\frac{\partial u}{\partial x}+\frac{\partial v}{\partial z}\frac{\partial v}{\partial x}+\frac{\partial w}{\partial z}\frac{\partial w}{\partial x}\right)\right]
\end{aligned}\right\} \tag{6-79}$$

与小位移弹性问题一样,对应的工程应变分量可定义为

$$\left.\begin{aligned}
&\varepsilon_x=\varepsilon_{xx}, \quad \varepsilon_y=\varepsilon_{yy}, \quad \varepsilon_z=\varepsilon_{zz}\\
&\gamma_{xy}=2\varepsilon_{xy}, \quad \gamma_{yz}=2\varepsilon_{yz}, \quad \gamma_{zx}=2\varepsilon_{zx}
\end{aligned}\right\} \tag{6-80}$$

式(6-79)、式(6-80)就表示了有限变形问题中的应变-位移之间的几何关系。它是在初始未变形的直角坐标系 $\boldsymbol{x}$ 中,或称拉格朗日坐标系中度量的。各个分量被称为格林应变分量。

以式(6-76)代入式(6-70),得到阿尔曼西应变矩阵

$$\bar{\boldsymbol{\varepsilon}} = \frac{1}{2}(\bar{\boldsymbol{j}}^{\mathrm{T}} - \bar{\boldsymbol{j}} - \bar{\boldsymbol{j}}^{\mathrm{T}}\bar{\boldsymbol{j}}) \tag{6-81}$$

同理,以式(6-74)代入上式并展开之,等式前后的对应元素可表示成

$$\left.\begin{aligned}
\bar{\varepsilon}_{xx} &= \frac{\partial u}{\partial \bar{x}} - \frac{1}{2}\left[\left(\frac{\partial u}{\partial \bar{x}}\right)^2 + \left(\frac{\partial v}{\partial \bar{x}}\right)^2 + \left(\frac{\partial w}{\partial \bar{x}}\right)^2\right] \\
\bar{\varepsilon}_{yy} &= \frac{\partial v}{\partial \bar{y}} - \frac{1}{2}\left[\left(\frac{\partial u}{\partial \bar{y}}\right)^2 + \left(\frac{\partial v}{\partial \bar{y}}\right)^2 + \left(\frac{\partial w}{\partial \bar{y}}\right)^2\right] \\
\bar{\varepsilon}_{zz} &= \frac{\partial w}{\partial \bar{z}} - \frac{1}{2}\left[\left(\frac{\partial u}{\partial \bar{z}}\right)^2 + \left(\frac{\partial v}{\partial \bar{z}}\right)^2 + \left(\frac{\partial w}{\partial \bar{z}}\right)^2\right] \\
\bar{\varepsilon}_{xy} &= \frac{1}{2}\left[\left(\frac{\partial u}{\partial \bar{y}} + \frac{\partial v}{\partial \bar{x}}\right) - \left(\frac{\partial u}{\partial \bar{x}}\frac{\partial u}{\partial \bar{y}} + \frac{\partial v}{\partial \bar{x}}\frac{\partial v}{\partial \bar{y}} + \frac{\partial w}{\partial \bar{x}}\frac{\partial w}{\partial \bar{y}}\right)\right] \\
\bar{\varepsilon}_{yz} &= \frac{1}{2}\left[\left(\frac{\partial v}{\partial \bar{z}} + \frac{\partial w}{\partial \bar{y}}\right) - \left(\frac{\partial u}{\partial \bar{y}}\frac{\partial u}{\partial \bar{z}} + \frac{\partial v}{\partial \bar{y}}\frac{\partial v}{\partial \bar{z}} + \frac{\partial w}{\partial \bar{y}}\frac{\partial w}{\partial \bar{z}}\right)\right] \\
\bar{\varepsilon}_{zx} &= \frac{1}{2}\left[\left(\frac{\partial w}{\partial \bar{x}} + \frac{\partial u}{\partial \bar{z}}\right) - \left(\frac{\partial u}{\partial \bar{z}}\frac{\partial u}{\partial \bar{x}} + \frac{\partial v}{\partial \bar{z}}\frac{\partial v}{\partial \bar{x}} + \frac{\partial w}{\partial \bar{z}}\frac{\partial w}{\partial \bar{x}}\right)\right]
\end{aligned}\right\} \tag{6-82}$$

同样有互等定理

$$\bar{\varepsilon}_{xy} = \bar{\varepsilon}_{yx}, \quad \bar{\varepsilon}_{yz} = \bar{\varepsilon}_{zy}, \quad \bar{\varepsilon}_{zx} = \bar{\varepsilon}_{xz} \tag{6-83}$$

式(6-82)代表了在变形后的直角坐标系 $\bar{x}$ 中度量的有限变形问题的应变-位移关系。其中各个应变分量称为阿尔曼西应变。

4. 线应变 ε_{ii} 的物理意义

在工程中常遇到这样一类问题,其应变分量 ε_{ij} 的绝对值与 1 相比是很小的,且与转动分量 ω_{r}^2 属同阶或更高阶微量。此时格林应变矩阵中的各个分量将有明确的物理意义。这种情况在薄板、薄壳及结构稳定性问题中比较常见。令

$$\frac{\mathrm{d}\boldsymbol{x}}{\mathrm{d}S} = \left[\frac{\mathrm{d}x}{\mathrm{d}S}, \frac{\mathrm{d}y}{\mathrm{d}S}, \frac{\mathrm{d}z}{\mathrm{d}S}\right]^{\mathrm{T}} = \boldsymbol{l} \tag{6-84}$$

称之为线元 $\overline{PQ}$ 在拉格朗日坐标系的方向余弦。则由式(6-63)导出

$$\frac{1}{2}\,\frac{\overline{\mathrm{d}S}^2 - \mathrm{d}S^2}{\mathrm{d}S^2} = \boldsymbol{l}^{\mathrm{T}}\boldsymbol{\varepsilon}\boldsymbol{l} \tag{6-85}$$

线元 $\overline{PQ}$ 变形产生的相对伸长度定义为

$$E_{PQ} = \frac{\overline{\mathrm{d}S} - \mathrm{d}S}{\mathrm{d}S} \tag{6-86}$$

于是式(6-85)可改写为

$$E_{PQ}\left(1 + \frac{1}{2}E_{PQ}\right) = \boldsymbol{l}^{\mathrm{T}}\boldsymbol{\varepsilon}\boldsymbol{l} \tag{6-87}$$

这样就建立了相对伸长度与格林应变矩阵之间的联系。

现假定变形前 $\overline{PQ}$ 平行于 x 轴,则有

$$\begin{aligned}
\boldsymbol{l}_x &= [1, 0, 0]^{\mathrm{T}} \\
E_{PQ} &= E_{xx}
\end{aligned}$$

于是式(6-87)变为

$$E_{xx}\left(1 + \frac{1}{2}E_{xx}\right) = \varepsilon_{xx} \tag{6-88}$$

解上式，得

$$E_{xx} = -1 \pm \sqrt{1+2\varepsilon_{xx}}$$

因为$|E_{xx}| \ll 1$，故

$$E_{xx} = -1 + \sqrt{1+2\varepsilon_{xx}} \tag{6-89}$$

按泰勒级数展开，取一阶近似，则有

$$E_{xx} = \varepsilon_{xx} = \varepsilon_x \tag{6-90}$$

同理，若以 E_{yy}，E_{zz} 表示平行 y 轴、z 轴的线元的相对伸长度，必可导得

$$E_{yy} = \varepsilon_{yy} = \varepsilon_y, \quad E_{zz} = \varepsilon_{zz} = \varepsilon_z \tag{6-91}$$

由此可见，格林应变矩阵中的主对角线元素，具有"相对伸长度"的物理意义，它们也就是工程线应变分量。

5. 应变分量 ε_{ij} 的物理意义

在 $\boldsymbol{x}$ 坐标系中，原先互相垂直的二线元，变形时除线元发生伸长外，它们间的夹角也将产生变化。为方便起见，假定变形前二线元分别平行于 x 轴和 y 轴，并取为 $\mathrm{d}x$ 和 $\mathrm{d}y$，它们的方向余弦分别是

$$\boldsymbol{l}_x = [1,0,0]^{\mathrm{T}}, \quad \boldsymbol{l}_y = [0,1,0]^{\mathrm{T}}$$

假定角度的改变量为

$$\phi_{xy} = \alpha + \beta$$

如图 6-2 所示。显然有

$$\alpha \approx \sin\alpha = \left(\frac{\partial v}{\partial x}\right) \Big/ (1+E_{xx})$$

$$\beta \approx \sin\beta = \left(\frac{\partial u}{\partial y}\right) \Big/ (1+E_{yy})$$

于是

$$\phi_{xy} = \frac{\dfrac{\partial v}{\partial x}(1+E_{yy}) + \dfrac{\partial u}{\partial y}(1+E_{xx})}{(1+E_{xx})(1+E_{yy})} \tag{6-92}$$

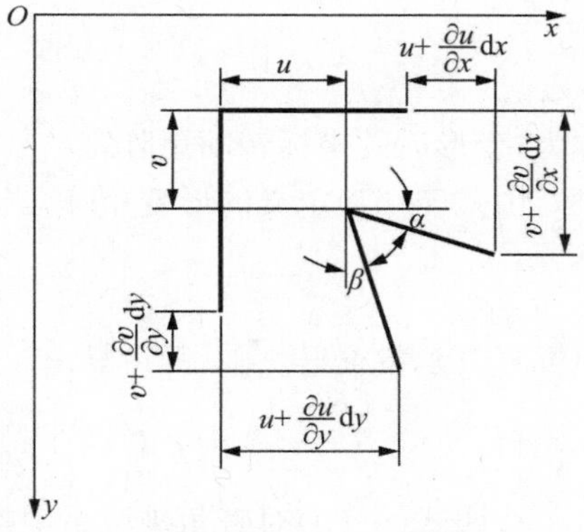

图 6-2　剪切应变

如果略去式(6-79)中正应变分量中的二次项，那么由式(6-90)、式(6-91)，可知近似有

$$E_{xx} = \frac{\partial u}{\partial x}, \quad E_{yy} = \frac{\partial v}{\partial y} \tag{6-93}$$

$$\phi_{xy} = \left(\frac{\partial u}{\partial y} + \frac{\partial v}{\partial x}\right) + \left(\frac{\partial u}{\partial x}\frac{\partial u}{\partial y} + \frac{\partial v}{\partial x}\frac{\partial v}{\partial y}\right) = 2\varepsilon_{xy} \tag{6-94}$$

由此可见，格林应变矩阵中的分量 ε_{ij}，具有"角变形"的意义。在小变形情况中，它就等于工程切应变分量。

6. 直角坐标系的转动

本节将给出变形前或变形后的直角坐标系转动时，格林应变和阿尔曼西应变的转换关系，先定义两个转动矩阵。

(1) 变形前坐标的转动矩阵：

设(x,y,z)为变形前的直角坐标系，由于它的转动而形成新的坐标系(x',y',z')。它们间的转换关系为

$$\begin{Bmatrix} x \\ y \\ z \end{Bmatrix} = \begin{bmatrix} \dfrac{\partial x}{\partial x'} & \dfrac{\partial x}{\partial y'} & \dfrac{\partial x}{\partial z'} \\ \dfrac{\partial y}{\partial x'} & \dfrac{\partial y}{\partial y'} & \dfrac{\partial y}{\partial z'} \\ \dfrac{\partial z}{\partial x'} & \dfrac{\partial z}{\partial y'} & \dfrac{\partial z}{\partial z'} \end{bmatrix} \begin{Bmatrix} x' \\ y' \\ z' \end{Bmatrix}$$

记为

$$\boldsymbol{x} = \boldsymbol{R}'\boldsymbol{x}' \tag{6-95}$$

式中

$$\boldsymbol{R}' = \left[\frac{\partial(x,y,z)}{\partial(x',y',z')}\right] \tag{6-96}$$

称为“变形前的坐标转动矩阵”。

(2) 变形后坐标系的转动矩阵：

设$(\bar{x},\bar{y},\bar{z})$为变形后的直角坐标系，$(\bar{x}',\bar{y}',\bar{z}')$为由其转动而产生的新坐标系，它们间的转换关系也应为

$$\bar{\boldsymbol{x}} = \bar{\boldsymbol{R}}'\bar{\boldsymbol{x}}' \tag{6-97}$$

其中

$$\bar{\boldsymbol{R}}' = \left[\frac{\partial(\bar{x},\bar{y},\bar{z})}{\partial(\bar{x}',\bar{y}',\bar{z}')}\right] \tag{6-98}$$

称为“变形后的坐标转动矩阵”。

由式(6-61)定义的形变矩阵，当以(x',y',z')代替(x,y,z)时，即为

$$\boldsymbol{J}' = \left[\frac{\partial(\bar{x},\bar{y},\bar{z})}{\partial(x',y',z')}\right] \tag{6-99}$$

根据复合函数求导法则，即可导出

$$\boldsymbol{J}' = \left[\frac{\partial(\bar{x},\bar{y},\bar{z})}{\partial(x,y,z)}\right]\left[\frac{\partial(x,y,z)}{\partial(x',y',z')}\right] = \boldsymbol{J}\boldsymbol{R}' \tag{6-100}$$

按照式(6-69)对直角坐标系中格林应变矩阵的定义，那么，在(x',y',z')坐标系中的格林应变矩阵为

$$\boldsymbol{\varepsilon}' = \frac{1}{2}(\boldsymbol{J}'^{\mathrm{T}}\boldsymbol{J}' - \boldsymbol{I}) \tag{6-101}$$

以式(6-100)代入上式，得

$$\boldsymbol{\varepsilon}' = \frac{1}{2}(\boldsymbol{R}'^{\mathrm{T}}\boldsymbol{J}^{\mathrm{T}}\boldsymbol{J}\boldsymbol{R}' - \boldsymbol{I}) \tag{6-102}$$

由于在直角坐标系中的转动矩阵 $\boldsymbol{R}'$ 具有正交性，即

$$\boldsymbol{R}'^{\mathrm{T}}\boldsymbol{R}' = \boldsymbol{I} \tag{6-103}$$

于是式(6-102)可变换成

$$\boldsymbol{\varepsilon}' = \frac{1}{2}(\boldsymbol{R}'^{\mathrm{T}}\boldsymbol{J}^{\mathrm{T}}\boldsymbol{J}\boldsymbol{R}' - \boldsymbol{R}'^{\mathrm{T}}\boldsymbol{R}') = \boldsymbol{R}'^{\mathrm{T}}\boldsymbol{\varepsilon}\boldsymbol{R}' \tag{6-104}$$

上式反映了变形前坐标系转动前后的格林应变矩阵间的转换关系。

因为此时变形后的坐标不发生转动，故由式(6-70)可知，有

$$\bar{\boldsymbol{\varepsilon}}' = \bar{\boldsymbol{\varepsilon}} \tag{6-105}$$

同样，若以$(\bar{x}',\bar{y}',\bar{z}')$代替$(\bar{x},\bar{y},\bar{z})$，则有

$$\bar{\boldsymbol{J}}' = \left[\frac{\partial(x,y,z)}{\partial(\bar{x}',\bar{y}',\bar{z}')}\right] = \bar{\boldsymbol{J}}\bar{\boldsymbol{R}}' \tag{6-106}$$

也可导出

$$\bar{\boldsymbol{\varepsilon}}' = \bar{\boldsymbol{R}}'^{\mathrm{T}}\,\overline{\boldsymbol{\varepsilon}\boldsymbol{R}}' \tag{6-107}$$

上式反映了变形后坐标系转动前后的阿尔曼西应变矩阵间的转换关系，而此时仍有

$$\boldsymbol{\varepsilon}' = \boldsymbol{\varepsilon} \tag{6-108}$$

由上述可知，格林应变矩阵与变形前坐标系的转动有关，而与变形后坐标系的转动无关；而阿尔曼西应变矩阵仅与变形后的坐标系转动有关。

7. 线元、面元及体元的变化与转换

(1) 线元：

在直角坐标系中，由式(6-68)可知，变形前线元长度 $\mathrm{d}S$ 由下式确定：

$$\mathrm{d}S = \sqrt{\mathrm{d}\boldsymbol{x}^{\mathrm{T}}\mathrm{d}\boldsymbol{x}} \tag{6-109}$$

由式(6-68)、式(6-57)和式(6-69)可知，变形后线元长度$\overline{\mathrm{d}S}$ 由下式确定：

$$\overline{\mathrm{d}S}^2 = \mathrm{d}\boldsymbol{x}^{\mathrm{T}}\bar{\boldsymbol{N}}^{\mathrm{T}}\mathrm{d}\bar{\boldsymbol{x}} = \mathrm{d}\bar{\boldsymbol{x}}^{\mathrm{T}}\mathrm{d}\bar{\boldsymbol{x}} = \mathrm{d}\boldsymbol{x}^{\mathrm{T}}\boldsymbol{J}^{\mathrm{T}}\boldsymbol{J}\mathrm{d}\boldsymbol{x} = \mathrm{d}\boldsymbol{x}^{\mathrm{T}}(\boldsymbol{I}+2\boldsymbol{\varepsilon})\mathrm{d}\boldsymbol{x}$$

即有

$$\overline{\mathrm{d}S} = \sqrt{\mathrm{d}\boldsymbol{x}^{\mathrm{T}}(I+2\boldsymbol{\varepsilon})\mathrm{d}\boldsymbol{x}} \tag{6-110}$$

于是，在拉格朗日直角坐标系中，线元的相对伸长可表示成

$$\frac{\overline{\mathrm{d}S}-\mathrm{d}S}{\mathrm{d}S} = \sqrt{\frac{\mathrm{d}\boldsymbol{x}^{\mathrm{T}}(\boldsymbol{I}+2\boldsymbol{\varepsilon})\mathrm{d}\boldsymbol{x}}{\mathrm{d}\boldsymbol{x}^{\mathrm{T}}\mathrm{d}\boldsymbol{x}}} - 1 \tag{6-111}$$

同样，在欧拉直角坐标系中有

$$\overline{\mathrm{d}S} = \sqrt{\mathrm{d}\bar{\boldsymbol{x}}^{\mathrm{T}}\mathrm{d}\bar{\boldsymbol{x}}} \tag{6-112}$$

$$\mathrm{d}S^2 = \mathrm{d}\boldsymbol{x}^{\mathrm{T}}\mathrm{d}\boldsymbol{x} = \mathrm{d}\bar{\boldsymbol{x}}^{\mathrm{T}}\bar{\boldsymbol{J}}^{\mathrm{T}}\bar{\boldsymbol{J}}\mathrm{d}\bar{\boldsymbol{x}} = \mathrm{d}\bar{\boldsymbol{x}}^{\mathrm{T}}(\boldsymbol{I}-2\,\bar{\boldsymbol{\varepsilon}})\mathrm{d}\bar{\boldsymbol{x}}$$

即有

$$\mathrm{d}S = \sqrt{\mathrm{d}\bar{\boldsymbol{x}}^{\mathrm{T}}(\boldsymbol{I}-2\,\bar{\boldsymbol{\varepsilon}})\mathrm{d}\bar{\boldsymbol{x}}} \tag{6-113}$$

若取曲线坐标 ξ，则曲线微元弧的切线向量 $\mathrm{d}\boldsymbol{\xi}$ 可表示为

$$\mathrm{d}\boldsymbol{\xi} = \frac{\partial x}{\partial \xi}\mathrm{d}\xi\boldsymbol{i} + \frac{\partial y}{\partial \xi}\mathrm{d}\xi\boldsymbol{j} + \frac{\partial z}{\partial \xi}\mathrm{d}\xi\boldsymbol{k}$$

式中，$\boldsymbol{i},\boldsymbol{j},\boldsymbol{k}$ 为 $\boldsymbol{x}$ 坐标的 3 个单位矢量。将上式记为

$$\mathrm{d}\boldsymbol{\xi} = \frac{\partial \boldsymbol{x}}{\partial \xi}\mathrm{d}\xi \tag{6-114}$$

于是变形前的弧长可表示为

$$\mathrm{d}\boldsymbol{S} = \sqrt{\frac{\partial \boldsymbol{x}^{\mathrm{T}}}{\partial \xi}\frac{\partial \boldsymbol{x}}{\partial \xi}}\mathrm{d}\xi \tag{6-115}$$

同理，可得变形后的弧长为

$$\overline{\mathrm{d}S} = \sqrt{\frac{\partial \bar{\boldsymbol{x}}^{\mathrm{T}}}{\partial \xi}\frac{\partial \bar{\boldsymbol{x}}}{\partial \xi}}\mathrm{d}\xi \tag{6-116}$$

由式(6-57)有

$$\frac{\partial \bar{\boldsymbol{x}}}{\partial \xi} = \boldsymbol{J}\,\frac{\partial \boldsymbol{x}}{\partial \xi} \tag{6-117}$$

于是式(6-116)可改写成

$$\overline{\mathrm{d}S}=\sqrt{\frac{\partial \boldsymbol{x}}{\partial \xi}^{\mathrm{T}} \boldsymbol{J}^{\mathrm{T}} \boldsymbol{J} \frac{\partial \boldsymbol{x}}{\partial \xi}} \mathrm{d}\xi \tag{6-118}$$

(2) 面元：

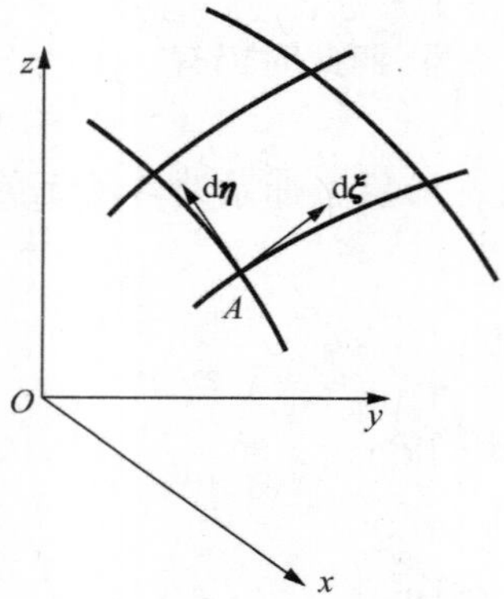

图 6-3 空间面元

在直角坐标系中，某一空间曲面上取曲线坐标 ξ,η。过 A 点取微弧长的切线矢量为

$$\mathrm{d}\boldsymbol{\xi}=\frac{\partial \boldsymbol{x}}{\partial \xi}\mathrm{d}\xi,\quad \mathrm{d}\boldsymbol{\eta}=\frac{\partial \boldsymbol{x}}{\partial \eta}\mathrm{d}\eta \tag{6-119}$$

于是变形前过 A 点的微元面积矢量可表示为

$$\mathrm{d}\boldsymbol{A}=[\mathrm{d}A_x,\mathrm{d}A_y,\mathrm{d}A_z]^{\mathrm{T}}=\boldsymbol{n}\mathrm{d}\xi\mathrm{d}\eta \tag{6-120}$$

其中，$\mathrm{d}A$ 表示变形前面元的大小，而 $\mathrm{d}A_x,\mathrm{d}A_y,\mathrm{d}A_z$ 分别为微元三个方向的投影面积。$\boldsymbol{n}$ 由下式确定：

$$\boldsymbol{n}=\left[\det\left[\frac{\partial(y,z)}{\partial(\xi,\eta)}\right],\det\left[\frac{\partial(z,x)}{\partial(\xi,\eta)}\right],\det\left[\frac{\partial(x,y)}{\partial(\xi,\eta)}\right]\right]^{\mathrm{T}} \tag{6-121}$$

这里“det”表示行列式。

类似地可将变形后的面元 $\mathrm{d}\overline{\boldsymbol{A}}$ 表示为

$$\mathrm{d}\overline{\boldsymbol{A}}=[\mathrm{d}\overline{A}_x,\mathrm{d}\overline{A}_y,\mathrm{d}\overline{A}_z]^{\mathrm{T}}=\overline{\boldsymbol{n}}\mathrm{d}\xi\mathrm{d}\eta \tag{6-122}$$

$$\overline{\boldsymbol{n}}=\left[\det\left[\frac{\partial(\overline{y},\overline{z})}{\partial(\xi,\eta)}\right],\det\left[\frac{\partial(\overline{z},\overline{x})}{\partial(\xi,\eta)}\right],\det\left[\frac{\partial(\overline{x},\overline{y})}{\partial(\xi,\eta)}\right]\right]^{\mathrm{T}} \tag{6-123}$$

于是式(6-122)可变换成

$$\mathrm{d}\overline{\boldsymbol{A}}=\begin{bmatrix}\det\left[\frac{\partial(\overline{y},\overline{z})}{\partial(y,z)}\right] & \det\left[\frac{\partial(\overline{y},\overline{z})}{\partial(z,x)}\right] & \det\left[\frac{\partial(\overline{y},\overline{z})}{\partial(x,y)}\right]\\ \det\left[\frac{\partial(\overline{z},\overline{x})}{\partial(y,z)}\right] & \det\left[\frac{\partial(\overline{z},\overline{x})}{\partial(z,x)}\right] & \det\left[\frac{\partial(\overline{z},\overline{x})}{\partial(x,y)}\right]\\ \det\left[\frac{\partial(\overline{x},\overline{y})}{\partial(y,z)}\right] & \det\left[\frac{\partial(\overline{x},\overline{y})}{\partial(z,x)}\right] & \det\left[\frac{\partial(\overline{x},\overline{y})}{\partial(x,y)}\right]\end{bmatrix}\begin{Bmatrix}\det\left[\frac{\partial(\overline{y},\overline{z})}{\partial(\xi,\eta)}\right]\\ \det\left[\frac{\partial(\overline{z},\overline{x})}{\partial(\xi,\eta)}\right]\\ \det\left[\frac{\partial(\overline{x},\overline{y})}{\partial(\xi,\eta)}\right]\end{Bmatrix}\mathrm{d}\xi\mathrm{d}\eta \tag{6-124}$$

根据式(6-61)所定义的形变矩阵 $\boldsymbol{J}$，可导出它的逆矩阵 $\boldsymbol{J}^{-1}$ 及伴随矩阵 $\boldsymbol{J}^{*}$，它们间有如下关系：

$$\boldsymbol{J}^{-1}=\boldsymbol{J}^{*}/\det\boldsymbol{J} \tag{6-125}$$

于是可导出

$$\mathrm{d}\overline{\boldsymbol{A}}=\det\boldsymbol{J}(\boldsymbol{J}^{\mathrm{T}})^{-1}\mathrm{d}\boldsymbol{A} \tag{6-126}$$

式(6-126)表示了变形前后面元间的转换关系。

(3) 体元：

该空间曲线坐标系(ξ,η,ζ)中 3 个曲面(见图 6-4)

$$\xi=a,\quad \eta=b,\quad \zeta=c$$

的交点为 A，过 A 点沿 3 个坐标轴的正向作微弧切线向量 $\mathrm{d}\boldsymbol{\xi},\mathrm{d}\boldsymbol{\eta},\mathrm{d}\boldsymbol{\zeta}$，在 $\boldsymbol{x}$ 坐标系中可表示成

$$\left.\begin{aligned}&\mathrm{d}\boldsymbol{\xi}=\frac{\partial \boldsymbol{x}}{\partial \xi}\mathrm{d}\xi,\quad \mathrm{d}\boldsymbol{\eta}=\frac{\partial \boldsymbol{x}}{\partial \eta}\mathrm{d}\eta\\ &\mathrm{d}\boldsymbol{\zeta}=\frac{\partial \boldsymbol{x}}{\partial \zeta}\mathrm{d}\zeta\end{aligned}\right\} \tag{6-127}$$

于是在 A 点的微元体积按下式计算：

$$\mathrm{d}V = \mathrm{d}\boldsymbol{\xi}\cdot(\mathrm{d}\boldsymbol{\eta}\times\mathrm{d}\boldsymbol{\zeta}) = \det\left[\frac{\partial(x,y,z)}{\partial(\xi,\eta,\zeta)}\right]\mathrm{d}\xi\mathrm{d}\eta\mathrm{d}\zeta \tag{6-128}$$

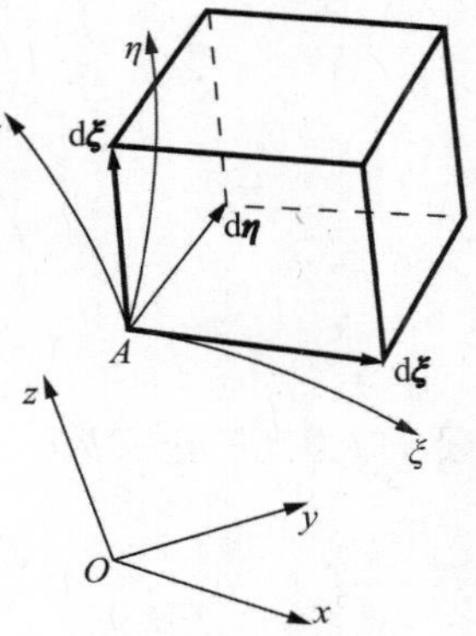

图 6-4　体元

同理，在变形后的坐标系 $\boldsymbol{x}$ 中，微元体积可表示成

$$\mathrm{d}\bar{V} = \det\left[\frac{\partial(\bar{x},\bar{y},\bar{z})}{\partial(\xi,\eta,\zeta)}\right]\mathrm{d}\xi\mathrm{d}\eta\mathrm{d}\zeta \tag{6-129}$$

根据复合函数求导法则，有

$$\det = \left[\frac{\partial(\bar{x},\bar{y},\bar{z})}{\partial(\xi,\eta,\zeta)}\right] = \det\left[\frac{\partial(\bar{x},\bar{y},\bar{z})}{\partial(x,y,z)}\right]\det\left[\frac{\partial(x,y,z)}{\partial(\xi,\eta,\zeta)}\right] \tag{6-130}$$

于是式(6-129)可以写成：

$$\mathrm{d}\bar{V} = \det\boldsymbol{J}\mathrm{d}V \tag{6-131}$$

这就是变形前后微元体积的转换关系式。

若以 $\rho,\bar{\rho}$ 分别表示变形前后的质量密度，$\mathrm{d}M$ 为体元质量，则有关系式

$$\mathrm{d}M = \rho\mathrm{d}V = \bar{\rho}\mathrm{d}\bar{V}$$

或

$$\bar{\rho} = \rho/\det\boldsymbol{J} \tag{6-132}$$

二、应力

1. 柯西应力矩阵

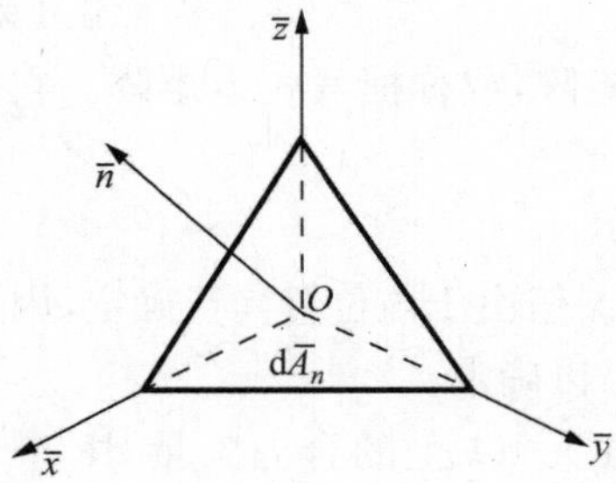

图 6-5　应力

如图 6-5 所示，设在欧拉直角坐标系 $\boldsymbol{x}$ 中，某面元 $\mathrm{d}\bar{A}_n$ 的外向法线为

$$\bar{\boldsymbol{n}} = [\cos(\bar{n},\bar{x}),\cos(\bar{n},\bar{y}),\cos(\bar{n},\bar{z})]^{\mathrm{T}} = [\bar{l},\bar{m},\bar{n}]^{\mathrm{T}} \tag{6-133}$$

于是面元矢量可记为

$$\mathrm{d}\bar{\boldsymbol{A}} = [\mathrm{d}A_{\bar{x}},\mathrm{d}A_{\bar{y}},\mathrm{d}A_{\bar{z}}]^{\mathrm{T}} = \mathrm{d}\bar{A}_n\boldsymbol{n} \tag{6-134}$$

式中 $\mathrm{d}\bar{A}_n = \det\mathrm{d}\boldsymbol{A}$，表示面元的面积。

作用在该面元上的应力定义为

$$\bar{\boldsymbol{p}} = [\bar{p}_x,\bar{p}_y,\bar{p}_z]^{\mathrm{T}} = \frac{1}{\mathrm{d}\bar{A}_n}\mathrm{d}\bar{\boldsymbol{F}} \tag{6-135}$$

其中

$$\mathrm{d}\bar{\boldsymbol{F}} = [\mathrm{d}\bar{F}_x,\mathrm{d}\bar{F}_y,\mathrm{d}\bar{F}_z]^{\mathrm{T}} \tag{6-136}$$

是作用在该面元 $\mathrm{d}\bar{A}_n$ 上的合力矢量。

当 $\bar{n}$ 与 $\bar{x}$ 轴一致时，有

$$\bar{\boldsymbol{n}} = [1,0,0]^{\mathrm{T}},\quad \mathrm{d}\bar{A}_n = \mathrm{d}\bar{A}_x$$

而式(6-135)可写成

$$\begin{Bmatrix}\bar{p}_x\\ \bar{p}_y\\ \bar{p}_z\end{Bmatrix}_{\bar{x}} = \begin{Bmatrix}\bar{\sigma}_{xx}\\ \bar{\sigma}_{xy}\\ \bar{\sigma}_{xz}\end{Bmatrix} = \bar{\boldsymbol{\sigma}}_x \tag{6-137}$$

类似地，当 $\bar{n}$ 与 $\bar{y},\bar{z}$ 轴一致时，分别有

$$\begin{Bmatrix} \bar{p}_x \\ \bar{p}_y \\ \bar{p}_z \end{Bmatrix}_{\bar{y}} = \begin{Bmatrix} \bar{\sigma}_{yx} \\ \bar{\sigma}_{yy} \\ \bar{\sigma}_{yz} \end{Bmatrix} = \bar{\boldsymbol{\sigma}}_y \tag{6-138}$$

$$\begin{Bmatrix} \bar{p}_x \\ \bar{p}_y \\ \bar{p}_z \end{Bmatrix}_{\bar{z}} = \begin{Bmatrix} \bar{\sigma}_{zx} \\ \bar{\sigma}_{zy} \\ \bar{\sigma}_{zz} \end{Bmatrix} = \bar{\boldsymbol{\sigma}}_z \tag{6-139}$$

于是,应力矩阵定义为

$$\bar{\boldsymbol{\sigma}}^{\mathrm{T}} = \begin{bmatrix} \bar{\sigma}_{xx} & \bar{\sigma}_{yx} & \bar{\sigma}_{zx} \\ \bar{\sigma}_{xy} & \bar{\sigma}_{yy} & \bar{\sigma}_{zy} \\ \bar{\sigma}_{xz} & \bar{\sigma}_{yz} & \bar{\sigma}_{zz} \end{bmatrix} = \bar{\boldsymbol{\sigma}} \tag{6-140}$$

此时,可列出静力平衡方程如下:

$$\bar{p}_x = \frac{\mathrm{d}\bar{F}_x}{\mathrm{d}\bar{A}_n} = \bar{\sigma}_{xx}\bar{l} + \bar{\sigma}_{yx}\bar{m} + \bar{\sigma}_{zx}\bar{n}$$

$$\bar{p}_y = \frac{\mathrm{d}\bar{F}_y}{\mathrm{d}\bar{A}_n} = \bar{\sigma}_{xy}\bar{l} + \bar{\sigma}_{yy}\bar{m} + \bar{\sigma}_{zy}\bar{n}$$

$$\bar{p}_z = \frac{\mathrm{d}\bar{F}_z}{\mathrm{d}\bar{A}_n} = \bar{\sigma}_{xz}\bar{l} + \bar{\sigma}_{yz}\bar{m} + \bar{\sigma}_{zz}\bar{n}$$

记为

$$\bar{\boldsymbol{p}} = \overline{\boldsymbol{\sigma}\boldsymbol{n}} \tag{6-141}$$

以式(6-135)代入,得

$$\mathrm{d}\bar{\boldsymbol{F}} = \bar{\boldsymbol{\sigma}}\mathrm{d}\,A_n\bar{\boldsymbol{n}} = \bar{\boldsymbol{\sigma}}\mathrm{d}\bar{\boldsymbol{A}} \tag{6-142}$$

此式反映了面力与应力之间的关系。式中的 $\bar{\boldsymbol{\sigma}}$ 称为欧氏应力矩阵,或称柯西应力矩阵。它是在变形后的直角坐标系内度量的。

2. P-K 应力矩阵

在有限变形理论中,平衡方程应该在变形后的位置上建立。但由于该位置尚待确定,因此这些方程包括欧氏应力都可设法转换到变形前的坐标系中而予以确定。

作用在变形后面元 $\mathrm{d}\bar{\boldsymbol{A}}$ 上的合力矢量 $\mathrm{d}\bar{\boldsymbol{F}}$,可以用变形前面元 $\mathrm{d}\boldsymbol{A}$ 上的合力矢量 $\mathrm{d}\boldsymbol{F}$ 来表示,它们间的转换关系与位移间量的转换关系与式(6-57)类似,有

$$\mathrm{d}\bar{\boldsymbol{F}} = \boldsymbol{J}\mathrm{d}\boldsymbol{F} \tag{6-143}$$

以式(6-126)、式(6-143)代入式(6-142),得

$$\mathrm{d}\boldsymbol{F} = \det\boldsymbol{J}\boldsymbol{J}^{-1}\bar{\boldsymbol{\sigma}}(\boldsymbol{J}^{-1})^{\mathrm{T}}\mathrm{d}\boldsymbol{A} \tag{6-144}$$

而与式(6-142)的推导类似,可以导出变形前的面力与应力之间的关系式:

$$\mathrm{d}\boldsymbol{F} = \boldsymbol{\sigma}\,\mathrm{d}\boldsymbol{A} \tag{6-145}$$

比较式(6-144)、式(6-145),可得

$$\boldsymbol{\sigma} = \det\boldsymbol{J}\boldsymbol{J}^{-1}\bar{\boldsymbol{\sigma}}(\boldsymbol{J}^{-1})^{\mathrm{T}} \tag{6-146}$$

或

$$\bar{\boldsymbol{\sigma}} = \frac{1}{\det\boldsymbol{J}}\boldsymbol{J}\boldsymbol{\sigma}\boldsymbol{J}^{\mathrm{T}} \tag{6-147}$$

这样就建立了变形前后的应力矩阵之间的转换关系,这种方法是由皮奥拉(G. Piola)于 1833 年首先提出,在 1852 年经基尔霍夫(Kirchhoff)进一步发展而建立的。因此把 $\boldsymbol{\sigma}$ 称作为 P-K

应力矩阵，或称基尔霍夫应力矩阵。

若在拉格朗日直角坐标系 $\boldsymbol{x}$ 中，面元 $\mathrm{d}A_n$ 的外法线为

$$\boldsymbol{n}=[\cos(n,x),\cos(n,y),\cos(n,z)]^{\mathrm{T}}=[l,m,n]^{\mathrm{T}} \tag{6-148}$$

同样可得到变形前面元上的应力为

$$p_x=\sigma_{xx}l+\sigma_{yx}m+\sigma_{zx}n$$
$$p_y=\sigma_{xy}l+\sigma_{yy}m+\sigma_{zy}n$$
$$p_z=\sigma_{xz}l+\sigma_{yz}m+\sigma_{zz}n$$

记为

$$\boldsymbol{p}=\boldsymbol{\sigma n} \tag{6-149}$$

3. P-K 应力的物理意义

设

$$\bar{\boldsymbol{x}}'=[\bar{x}',\bar{y}',\bar{z}']^{\mathrm{T}} \tag{6-150}$$

是欧拉直角坐标系 $\bar{\boldsymbol{x}}$ 转动后产生的坐标系，则由式(6-97)得

$$\bar{\boldsymbol{x}}=\bar{\boldsymbol{R}}'\bar{\boldsymbol{x}}'$$

可知，合力矢量 $\mathrm{d}\bar{\boldsymbol{F}}$、面元矢量 $\mathrm{d}\bar{\boldsymbol{A}}$ 有类似的转换关系为

$$\mathrm{d}\bar{\boldsymbol{F}}=\bar{\boldsymbol{R}}'\mathrm{d}\bar{\boldsymbol{F}}'$$
$$\mathrm{d}\bar{\boldsymbol{A}}=\bar{\boldsymbol{R}}'\mathrm{d}\bar{\boldsymbol{A}}' \tag{6-151}$$

以式(6-151)代入式(6-142)，得

$$\bar{\boldsymbol{R}}'\mathrm{d}\bar{\boldsymbol{F}}'=\overline{\boldsymbol{\sigma}\boldsymbol{R}}'\mathrm{d}\bar{\boldsymbol{A}}' \tag{6-152}$$

由 $\bar{\boldsymbol{R}}'$ 的正交性，得

$$\mathrm{d}\bar{\boldsymbol{F}}'=\bar{\boldsymbol{R}}'^{\mathrm{T}}\,\overline{\boldsymbol{\sigma}\boldsymbol{R}}'\mathrm{d}\bar{\boldsymbol{A}}' \tag{6-153}$$

令
$$\bar{\boldsymbol{R}}'^{\mathrm{T}}\,\overline{\boldsymbol{\sigma}\boldsymbol{R}}'=\bar{\boldsymbol{\sigma}}' \tag{6-154}$$

则有
$$\mathrm{d}\bar{\boldsymbol{F}}'=\bar{\boldsymbol{\sigma}}'\mathrm{d}\bar{\boldsymbol{A}}' \tag{6-155}$$

这就是在 $\bar{\boldsymbol{x}}'$ 坐标系内的面元合力矢量与应力矩阵的关系式。由于 $\bar{\boldsymbol{R}}'$ 是正交矩阵，故式(6-154)又可写成

$$\bar{\boldsymbol{\sigma}}=\bar{\boldsymbol{R}}'\bar{\boldsymbol{\sigma}}'\bar{\boldsymbol{R}}'^{\mathrm{T}} \tag{6-156}$$

在小变形情况下，可以假定变形前的坐标系 $\boldsymbol{x}$ 是变形后的坐标系 $\bar{\boldsymbol{x}}$ 的转动结果，即假定有

$$\bar{\boldsymbol{x}}'=\boldsymbol{x}$$

于是由式(6-79)得到

$$\bar{\boldsymbol{x}}=\left[\frac{\partial(\bar{x},\bar{y},\bar{z})}{\partial(x,y,z)}\right]\boldsymbol{x}$$

由转动矩阵的定义式(6-98)及形变矩阵的定义式(6-61)可知，此时有

$$\bar{\boldsymbol{R}}'=\boldsymbol{J},\quad \det\boldsymbol{J}\approx 1 \tag{6-157}$$

于是式(6-156)可写成

$$\bar{\boldsymbol{\sigma}}=\boldsymbol{J}\bar{\boldsymbol{\sigma}}'\boldsymbol{J}^{\mathrm{T}} \tag{6-158}$$

或写成

$$\bar{\boldsymbol{\sigma}}'=\boldsymbol{J}^{\mathrm{T}}\bar{\boldsymbol{\sigma}}\boldsymbol{J} \tag{6-159}$$

将式(6-158)与式(6-147)比较，得到

$$\boldsymbol{\sigma}=\bar{\boldsymbol{\sigma}}' \tag{6-160}$$

上式给出 P-K 应力的物理意义，即在小应变时，P-K 应力等于在迁移坐标方向的欧氏应力。

三、形变和应变的变分

1. 形变的变分

在有限变形理论中，形变的变分对建立虚功方程、计算由虚位移引起的虚功，以及应力、应变的叠加等，都是很有用的。

定义在 $\boldsymbol{x}$ 坐标系中某点$(\bar{x},\bar{y},\bar{z})$的虚位移矢量为

$$\delta\boldsymbol{f}=[\delta u,\delta v,\delta w]^{\mathrm{T}} \tag{6-161}$$

其中，$\delta u,\delta v,\delta w$ 分别为$\bar{x},\bar{y},\bar{z}$ 方向的虚位移分量，且位移的变分为变形后坐标的函数，即

$$\delta\boldsymbol{f}=\delta\boldsymbol{f}(\bar{x},\bar{y},\bar{z})$$

定义形变的变化为

$$\bar{\boldsymbol{V}}_d=\frac{\partial}{\partial\bar{\boldsymbol{x}}^{\mathrm{T}}}(\delta\boldsymbol{f})=\left[\frac{\partial(\delta u,\delta v,\delta w)}{\partial(\bar{x},\bar{y},\bar{z})}\right]=\delta\left[\frac{\partial(u,v,w)}{\partial(\bar{x},\bar{y},\bar{z})}\right] \tag{6-162}$$

由式(6-74)，可得

$$\bar{\boldsymbol{V}}_d=\delta\bar{\boldsymbol{j}} \tag{6-163}$$

2. 应变的变分

由式(6-75)得

$$\begin{aligned}\delta\boldsymbol{J}&=\delta(\boldsymbol{I}+\boldsymbol{j})\\&=\delta\boldsymbol{j}\\&=\delta\left[\frac{\partial(u,v,w)}{\partial(x,y,z)}\right]\\&=\delta\left[\frac{\partial(u,v,w)}{\partial(\bar{x},\bar{y},\bar{z})}\right]\left[\frac{\partial(\bar{x},\bar{y},\bar{z})}{\partial(x,y,z)}\right]\\&=\delta\bar{\boldsymbol{j}}\cdot\boldsymbol{J}\\&=\bar{\boldsymbol{V}}_{\mathrm{d}}\boldsymbol{J}\end{aligned} \tag{6-164}$$

或写成

$$\delta\boldsymbol{J}^{\mathrm{T}}=\boldsymbol{J}^{\mathrm{T}}\bar{\boldsymbol{V}}_{\mathrm{d}}^{\mathrm{T}} \tag{6-165}$$

$$\bar{\boldsymbol{V}}_{\mathrm{d}}=\delta\boldsymbol{J}\boldsymbol{J}^{-1} \tag{6-166}$$

对式(6-60)进行变分，有

$$\left.\begin{aligned}\delta\boldsymbol{J}\cdot\bar{\boldsymbol{J}}+\boldsymbol{J}\delta\bar{\boldsymbol{J}}&=0\\\delta\bar{\boldsymbol{J}}&=-\boldsymbol{J}^{-1}\delta\boldsymbol{J}\bar{\boldsymbol{J}}\end{aligned}\right\} \tag{6-167}$$

以式(6-164)代入，得

$$\delta\bar{\boldsymbol{J}}=-\boldsymbol{J}^{-1}\bar{\boldsymbol{V}}_{\mathrm{d}}\boldsymbol{J}\bar{\boldsymbol{J}}=-\boldsymbol{J}^{-1}\bar{\boldsymbol{V}}_{\mathrm{d}}=-\bar{\boldsymbol{J}}\bar{\boldsymbol{V}}_{\mathrm{d}} \tag{6-168}$$

这样就可以用形变的变分 $\bar{\boldsymbol{V}}_{\mathrm{d}}$ 来表示形变矩阵的变分。

将形变变分 $\bar{\boldsymbol{V}}_{\mathrm{d}}$ 分解成对称和非对称两部分：

$$\left.\begin{aligned}\delta\bar{e}&=\frac{1}{2}(\bar{\boldsymbol{V}}_{\mathrm{d}}+\bar{\boldsymbol{V}}_{\mathrm{d}}^{\mathrm{T}})\\\delta\bar{w}&=\frac{1}{2}(\bar{\boldsymbol{V}}_{\mathrm{d}}-\bar{\boldsymbol{V}}_{\mathrm{d}}^{\mathrm{T}})\end{aligned}\right\} \tag{6-169}$$

或改写成

$$\left.\begin{aligned} \bar{\boldsymbol{V}}_{\mathrm{d}} &= \delta\bar{\boldsymbol{e}} + \delta\bar{\boldsymbol{w}} \\ \bar{\boldsymbol{V}}_{\mathrm{d}}^{\mathrm{T}} &= \delta\bar{\boldsymbol{e}} - \delta\bar{\boldsymbol{w}} \end{aligned}\right\} \tag{6-170}$$

对式(6-69)定义的格林应变矩阵进行变分，可得

$$\begin{aligned} \delta\boldsymbol{\varepsilon} &= \frac{1}{2}(\delta\boldsymbol{J}^{\mathrm{T}}\boldsymbol{J} + \boldsymbol{J}^{\mathrm{T}}\delta\boldsymbol{J}) \\ &= \frac{1}{2}(\boldsymbol{J}^{\mathrm{T}}\bar{\boldsymbol{V}}_{\mathrm{d}}^{\mathrm{T}}\boldsymbol{J} + \boldsymbol{J}^{\mathrm{T}}\bar{\boldsymbol{V}}_{\mathrm{d}}\boldsymbol{J}) \\ &= \frac{1}{2}\boldsymbol{J}^{\mathrm{T}}(\bar{\boldsymbol{V}}_{\mathrm{d}}^{\mathrm{T}} + \bar{\boldsymbol{V}}_{\mathrm{d}})\boldsymbol{J} \\ &= \boldsymbol{J}^{\mathrm{T}}\delta\bar{\boldsymbol{e}}\boldsymbol{J} \end{aligned} \tag{6-171}$$

或写成

$$\delta\bar{\boldsymbol{e}} = (\boldsymbol{J}^{\mathrm{T}})^{-1}\delta\boldsymbol{\varepsilon}\boldsymbol{J}^{-1} \tag{6-172}$$

同样，对由式(6-70)定义的阿尔曼西应变矩阵进行变分，可得

$$\begin{aligned} \delta\bar{\boldsymbol{\varepsilon}} &= -\frac{1}{2}(\delta\bar{\boldsymbol{J}}^{\mathrm{T}}\bar{\boldsymbol{J}} + \bar{\boldsymbol{J}}^{\mathrm{T}}\delta\bar{\boldsymbol{J}}) \\ &= \frac{1}{2}(\bar{\boldsymbol{V}}_{\mathrm{d}}^{\mathrm{T}}\bar{\boldsymbol{J}}^{\mathrm{T}}\bar{\boldsymbol{J}} + \bar{\boldsymbol{J}}^{\mathrm{T}}\bar{\boldsymbol{J}}\bar{\boldsymbol{V}}_{\mathrm{d}}) \\ &= \frac{1}{2}(\bar{\boldsymbol{V}}_{\mathrm{d}}^{\mathrm{T}} + \bar{\boldsymbol{V}}_{\mathrm{d}}) - \frac{1}{2}[\bar{\boldsymbol{V}}_{\mathrm{d}}^{\mathrm{T}}(\boldsymbol{I} - \bar{\boldsymbol{J}}^{\mathrm{T}}\bar{\boldsymbol{J}}) + (\boldsymbol{I} - \bar{\boldsymbol{J}}^{\mathrm{T}}\bar{\boldsymbol{J}})\bar{\boldsymbol{V}}_{\mathrm{d}}] \\ &= \delta\bar{\boldsymbol{e}} - (\bar{\boldsymbol{V}}_{\mathrm{d}}^{\mathrm{T}}\bar{\boldsymbol{\varepsilon}} + \bar{\boldsymbol{\varepsilon}}\bar{\boldsymbol{V}}_{\mathrm{d}}) \end{aligned} \tag{6-173}$$

四、应变、应力的矢量表达式

在有限元分析中，应变、应力都用矢量表示，以便于编制程序。下面就给出应变、应力的矢量表达式。

格林应变矢量定义为

$$\boldsymbol{\varepsilon} = [\varepsilon_x, \varepsilon_y, \varepsilon_z, \gamma_{xy}, \gamma_{yz}, \gamma_{zx}]^{\mathrm{T}} \tag{6-174}$$

它的各分量通常被称为“工程应变”，由式(6-80)定义，并在拉格朗日坐标系中度量。

同样，在欧拉坐标系中与阿尔曼西应变相对应的应变矢量定义为

$$\bar{\boldsymbol{\varepsilon}} = [\bar{\varepsilon}_x, \bar{\varepsilon}_y, \bar{\varepsilon}_z, \bar{\gamma}_{xy}, \bar{\gamma}_{yz}, \bar{\gamma}_{zx}]^{\mathrm{T}} \tag{6-175}$$

它的各分量与阿尔曼西应变分量有如下关系：

$$\left.\begin{aligned} \bar{\varepsilon}_x &= \bar{\varepsilon}_{xx},\ \bar{\varepsilon}_y = \bar{\varepsilon}_{yy},\ \bar{\varepsilon}_z = \bar{\varepsilon}_{zz} \\ \bar{\gamma}_{xy} &= 2\bar{\varepsilon}_{xy},\ \bar{\gamma}_{yz} = 2\bar{\varepsilon}_{yz},\ \bar{\gamma}_{zx} = 2\bar{\varepsilon}_{zx} \end{aligned}\right\} \tag{6-176}$$

现令

$$\left.\begin{aligned} Q_x &= \frac{\partial}{\partial x}\boldsymbol{f} = \left[\frac{\partial u}{\partial x}, \frac{\partial v}{\partial x}, \frac{\partial w}{\partial x}\right]^{\mathrm{T}} \\ Q_y &= \frac{\partial}{\partial y}\boldsymbol{f} = \left[\frac{\partial u}{\partial y}, \frac{\partial v}{\partial y}, \frac{\partial w}{\partial y}\right]^{\mathrm{T}} \\ Q_z &= \frac{\partial}{\partial z}\boldsymbol{f} = \left[\frac{\partial u}{\partial z}, \frac{\partial v}{\partial z}, \frac{\partial w}{\partial z}\right]^{\mathrm{T}} \end{aligned}\right\} \tag{6-177}$$

$$\left.\begin{aligned}\bar{Q}_x &= \frac{\partial}{\partial \bar{x}}\boldsymbol{f} = \left[\frac{\partial u}{\partial \bar{x}}, \frac{\partial v}{\partial \bar{x}}, \frac{\partial w}{\partial \bar{x}}\right]^{\mathrm{T}} \\ \bar{Q}_y &= \frac{\partial}{\partial \bar{y}}\boldsymbol{f} = \left[\frac{\partial u}{\partial \bar{y}}, \frac{\partial v}{\partial \bar{y}}, \frac{\partial w}{\partial \bar{y}}\right]^{\mathrm{T}} \\ \bar{Q}_z &= \frac{\partial}{\partial \bar{z}}\boldsymbol{f} = \left[\frac{\partial u}{\partial \bar{z}}, \frac{\partial v}{\partial \bar{z}}, \frac{\partial w}{\partial \bar{z}}\right]^{\mathrm{T}}\end{aligned}\right\} \tag{6-178}$$

格林应变矢量可分解成线性和非线性两部分：

$$\boldsymbol{\varepsilon} = \boldsymbol{\varepsilon}_{\mathrm{L}} + \boldsymbol{\varepsilon}_{\mathrm{NL}} = \boldsymbol{\varepsilon}_{\mathrm{L}} + \frac{1}{2}\boldsymbol{A}_Q\boldsymbol{Q} \tag{6-179}$$

其中

$$\boldsymbol{\varepsilon}_{\mathrm{L}} = \left[\frac{\partial u}{\partial x}, \frac{\partial u}{\partial y}, \frac{\partial w}{\partial z}, \frac{\partial u}{\partial y} + \frac{\partial v}{\partial x}, \frac{\partial v}{\partial z} + \frac{\partial w}{\partial y}, \frac{\partial w}{\partial x} + \frac{\partial u}{\partial z}\right]^{\mathrm{T}} \tag{6-180}$$

$$\boldsymbol{\varepsilon}_{\mathrm{NL}} = \frac{1}{2}\boldsymbol{A}_Q\boldsymbol{Q} \tag{6-181}$$

$$\boldsymbol{A}_Q = \begin{bmatrix} \boldsymbol{Q}_x^{\mathrm{T}} & 0 & 0 \\ 0 & \boldsymbol{Q}_y^{\mathrm{T}} & 0 \\ 0 & 0 & \boldsymbol{Q}_z^{\mathrm{T}} \\ \boldsymbol{Q}_y^{\mathrm{T}} & \boldsymbol{Q}_x^{\mathrm{T}} & 0 \\ 0 & \boldsymbol{Q}_z^{\mathrm{T}} & \boldsymbol{Q}_y^{\mathrm{T}} \\ \boldsymbol{Q}_z^{\mathrm{T}} & 0 & \boldsymbol{Q}_x^{\mathrm{T}} \end{bmatrix} \tag{6-182}$$

$$\boldsymbol{Q} = [\boldsymbol{Q}_x^{\mathrm{T}}, \boldsymbol{Q}_y^{\mathrm{T}}, \boldsymbol{Q}_z^{\mathrm{T}}]^{\mathrm{T}} \tag{6-183}$$

类似地将阿尔曼西应变矢量分解成

$$\bar{\boldsymbol{\varepsilon}} = \bar{\boldsymbol{\varepsilon}}_{\mathrm{L}} + \bar{\boldsymbol{\varepsilon}}_{\mathrm{NL}} = \bar{\boldsymbol{\varepsilon}}_{\mathrm{L}} - \frac{1}{2}\bar{\boldsymbol{A}}_Q\bar{\boldsymbol{Q}} \tag{6-184}$$

其中

$$\bar{\boldsymbol{\varepsilon}}_{\mathrm{L}} = \left[\frac{\partial u}{\partial \bar{x}}, \frac{\partial v}{\partial \bar{y}}, \frac{\partial w}{\partial \bar{z}}, \frac{\partial u}{\partial \bar{y}} + \frac{\partial v}{\partial \bar{x}}, \frac{\partial v}{\partial \bar{z}} + \frac{\partial w}{\partial \bar{y}}, \frac{\partial w}{\partial \bar{x}} + \frac{\partial u}{\partial \bar{z}}\right]^{\mathrm{T}} \tag{6-185}$$

$$\bar{\boldsymbol{\varepsilon}}_{\mathrm{NL}} = -\frac{1}{2}\bar{\boldsymbol{A}}_Q\bar{\boldsymbol{Q}} \tag{6-186}$$

$$\bar{\boldsymbol{A}}_Q = \begin{bmatrix} \bar{\boldsymbol{Q}}_x^{\mathrm{T}} & 0 & 0 \\ 0 & \bar{\boldsymbol{Q}}_y^{\mathrm{T}} & 0 \\ 0 & 0 & \bar{\boldsymbol{Q}}_z^{\mathrm{T}} \\ \bar{\boldsymbol{Q}}_y^{\mathrm{T}} & \bar{\boldsymbol{Q}}_x^{\mathrm{T}} & 0 \\ 0 & \bar{\boldsymbol{Q}}_z^{\mathrm{T}} & \bar{\boldsymbol{Q}}_y^{\mathrm{T}} \\ \bar{\boldsymbol{Q}}_z^{\mathrm{T}} & 0 & \bar{\boldsymbol{Q}}_x^{\mathrm{T}} \end{bmatrix} \tag{6-187}$$

$$\bar{\boldsymbol{Q}} = [\bar{\boldsymbol{Q}}_x^{\mathrm{T}}, \bar{\boldsymbol{Q}}_y^{\mathrm{T}}, \bar{\boldsymbol{Q}}_z^{\mathrm{T}}]^{\mathrm{T}} \tag{6-188}$$

注意到有下列关系成立：

$$\boldsymbol{A}_Q\delta\boldsymbol{Q} = \delta\boldsymbol{A}_Q\boldsymbol{Q} \tag{6-189}$$

$$\bar{\boldsymbol{A}}_Q\delta\bar{\boldsymbol{Q}} = \delta\bar{\boldsymbol{A}}_Q\bar{\boldsymbol{Q}} \tag{6-190}$$

于是有

$$\delta\boldsymbol{\varepsilon}=\delta\boldsymbol{\varepsilon}_{\mathrm{L}}+\frac{1}{2}\delta\boldsymbol{A}_{Q}\boldsymbol{Q}+\frac{1}{2}\boldsymbol{A}_{Q}\delta\boldsymbol{Q}=\delta\boldsymbol{\varepsilon}_{\mathrm{L}}+\boldsymbol{A}_{Q}\delta\boldsymbol{Q}\tag{6-191}$$

$$\delta\,\bar{\boldsymbol{\varepsilon}}=\delta\,\bar{\boldsymbol{\varepsilon}}_{\mathrm{L}}-\bar{\boldsymbol{A}}_{Q}\delta\bar{\boldsymbol{Q}}\tag{6-192}$$

在拉格朗日坐标系中与P-K应力张量相对应的基尔霍夫应力矢量定义为

$$\boldsymbol{\sigma}=[\sigma_x,\sigma_y,\sigma_z,\tau_{xy},\tau_{yz},\tau_{zx}]^{\mathrm{T}}\tag{6-193}$$

在欧拉坐标系中的应力矢量则定义为

$$\bar{\boldsymbol{\sigma}}=[\bar{\sigma}_x,\bar{\sigma}_y,\bar{\sigma}_z,\bar{\tau}_{xy},\bar{\tau}_{yz},\bar{\tau}_{zx}]^{\mathrm{T}}\tag{6-194}$$

五、虚功原理

在这一节中我们将给出有限变形问题中的虚功原理。在有限变形问题中，应力平衡方程应该在变形后的位置上建立。由于这个位置事先是未知的，因此，为了便于分析，我们将把平衡关系转换到变形前的坐标系中进行讨论。

1. 在变形后的坐标系内

假定物体在 $\bar{\boldsymbol{V}}$ 域内作用有体力 $\bar{\rho}\,\boldsymbol{q}$，在 S_σ 上作用有面力 $\bar{\boldsymbol{p}}$，而在 S_u 上给定位移下处于平衡状态。现在，在不违反 S_u 上给定位移的前提下，从这个平衡位置出发对物体施加虚位移 $\delta\boldsymbol{f}$，于是外力所做的虚功为

$$\delta W=\iiint_V\delta\boldsymbol{f}^{\mathrm{T}}\bar{\rho}\,\boldsymbol{q}\mathrm{d}\bar{\boldsymbol{V}}+\iint_{S_\sigma}\delta\boldsymbol{F}^{\mathrm{T}}\bar{\boldsymbol{p}}\mathrm{d}\bar{A}_n\tag{6-195}$$

其中，$\bar{\rho}$ 为变形后的质量密度，$\boldsymbol{q}$ 表示单位质量的力矢。引入记号

$$T_{\mathrm{r}}\boldsymbol{AB}=\sum_{i=1}^{n}\sum_{j=1}^{n}a_{ij}b_{ij}\tag{6-196}$$

式中，a_{ij}，b_{ij} 为方阵 $\boldsymbol{A}$，$\boldsymbol{B}$ 的元素，于是应变能可表示成

$$\delta U=\iiint_V T_{\mathrm{r}}\bar{\boldsymbol{\sigma}}\delta\bar{\boldsymbol{e}}\mathrm{d}\bar{\boldsymbol{V}}\tag{6-197}$$

由虚功原理，有

$$\iiint_V T_{\mathrm{r}}\bar{\boldsymbol{\sigma}}\delta\bar{\boldsymbol{e}}\mathrm{d}\bar{V}=\iiint_V\delta\boldsymbol{f}^{\mathrm{T}}\bar{\rho}\,\boldsymbol{q}\mathrm{d}\bar{V}+\iint_{S_\sigma}\boldsymbol{f}^{\mathrm{T}}\bar{\boldsymbol{p}}\mathrm{d}\bar{A}_n\tag{6-198}$$

此即在变形后坐标系内表示的虚功方程。

2. 在变形前的坐标系内

由式(6-132)、式(6-141)和式(6-172)，并令

$$\mathrm{d}\bar{\boldsymbol{F}}=\bar{\boldsymbol{p}}\mathrm{d}\bar{A}_n=\boldsymbol{p}\mathrm{d}A_n\tag{6-199}$$

于是可将式(6-198)改写成

$$\iiint_V T_{\mathrm{r}}\bar{\boldsymbol{\sigma}}(\boldsymbol{J}^{\mathrm{T}})^{-1}\delta\boldsymbol{\varepsilon}\boldsymbol{J}^{-1}\det\boldsymbol{J}\mathrm{d}V=\iiint_V\delta\boldsymbol{f}^{\mathrm{T}}\boldsymbol{q}\rho\mathrm{d}V+\iint_{S_\sigma}\delta\boldsymbol{f}^{\mathrm{T}}\boldsymbol{p}\mathrm{d}A_n\tag{6-200}$$

以式(6-146)代入上式，得

$$\iiint_V T_{\mathrm{r}}\boldsymbol{\sigma}\,\delta\boldsymbol{\varepsilon}\,\mathrm{d}V=\iiint_V\delta\boldsymbol{f}^{\mathrm{T}}\boldsymbol{q}\rho\mathrm{d}V+\iint_{S_\sigma}\delta\boldsymbol{f}^{\mathrm{T}}\boldsymbol{p}\mathrm{d}A_n\tag{6-201}$$

或以格林应变矢量和基尔霍夫应力矢量表示为

$$\iiint_V \delta\boldsymbol{\varepsilon}^{\mathrm{T}}\boldsymbol{\sigma}\,\mathrm{d}V = \iiint_V \delta\boldsymbol{f}^{\mathrm{T}}\boldsymbol{q}\rho\mathrm{d}V + \iint_{S_\sigma} \delta\boldsymbol{f}^{\mathrm{T}}\boldsymbol{p}\mathrm{d}A_n \tag{6-202}$$

这就是在变形前坐标系中的虚功方程。

第三节　有限变形分析中的有限单元

在薄板、薄壳一类工程结构中，由于挠度较大，载荷与挠度间呈现出非线性关系，同时由于转动而引起的伸长再也不能忽略，在大多数情况中，转动还是有限的，因此可把这类问题归列为有限变形来处理。本节将采用拉格朗日坐标系中的增量势能原理，建立有限变形问题中的有限单元公式，可供结构分析之用。

一、基于增量势能原理的有限元列式

对于这一类大挠度、小转动的有限变形问题，我们将采用线性化的逐步增量法。即将外载荷分成若干级，按小增量逐步施加，而对每一个增量求解一个逐段线性问题。与小变形的问题不同在于这里将要考虑加载前的应力状态对本次加载的影响，而且每次都是在上一级载荷增量施加终止时的结构位置上施加本次载荷增量。

1. 拉格朗日坐标系中的增量势能原理

不失为一般性，本节的推导都以三维弹性体作为分析对象，在讨论具体单元时再按不同的情况予以简化。当我们采用拉格朗日坐标系，根据式(6-23)，略去不参加变分的项，并仅对个别单元而言，增量形式的最小势能原理可以表示成

$$\begin{aligned}\Pi =& \iiint_V \left[\Delta\boldsymbol{\varepsilon}^{\mathrm{T}}\boldsymbol{\sigma}^0 + \frac{1}{2}\Delta\boldsymbol{\varepsilon}^{\mathrm{T}}\boldsymbol{C}\Delta\boldsymbol{\varepsilon} + \Delta\boldsymbol{\varepsilon}^{\mathrm{T}}\boldsymbol{C}\Delta\boldsymbol{\varepsilon}^0 - \Delta\boldsymbol{f}^{\mathrm{T}}(\bar{\boldsymbol{F}}^0 + \Delta\boldsymbol{F})\right]\mathrm{d}V - \\ & \iint_{S_\sigma} \Delta\boldsymbol{f}^{\mathrm{T}}(\bar{\boldsymbol{T}}^0 + \Delta\bar{\boldsymbol{T}})\mathrm{d}S \\ =& \text{极小}\end{aligned} \tag{6-203}$$

它与小位移的问题不同在于式中的应变、应力是指格林应变矢量与基尔霍夫应力矢量，而应变-位移关系则可由式(6-79)、式(6-80)导出为

$$\Delta\boldsymbol{\varepsilon} = \boldsymbol{D}_u\Delta\boldsymbol{f} = (\boldsymbol{D}_{u\mathrm{L}} + \boldsymbol{D}_{u\mathrm{NL}})\Delta\boldsymbol{f} \tag{6-204}$$

式中

$$\Delta\boldsymbol{f} = [\Delta u, \Delta v, \Delta w]^{\mathrm{T}} \tag{6-205}$$

$$\boldsymbol{D}_u = \boldsymbol{D}_{u\mathrm{L}} + \boldsymbol{D}_{u\mathrm{NL}} \tag{6-206}$$

$$\boldsymbol{D}_{u\mathrm{L}} = \begin{bmatrix} \dfrac{\partial}{\partial x} & 0 & 0 & \dfrac{\partial}{\partial y} & 0 & \dfrac{\partial}{\partial z} \\ 0 & \dfrac{\partial}{\partial y} & 0 & \dfrac{\partial}{\partial x} & \dfrac{\partial}{\partial z} & 0 \\ 0 & 0 & \dfrac{\partial}{\partial z} & 0 & \dfrac{\partial}{\partial y} & \dfrac{\partial}{\partial x} \end{bmatrix} \tag{6-207}$$

$$\boldsymbol{D}_{u\mathrm{NL}} = \boldsymbol{A}\boldsymbol{L} \tag{6-208}$$

$$
\boldsymbol{A}=\frac{1}{2}\begin{bmatrix}
\frac{\partial}{\partial x}\Delta u & \frac{\partial}{\partial x}\Delta v & \frac{\partial}{\partial x}\Delta w & 0 & 0 & 0 & 0 & 0 & 0 \\
0 & 0 & 0 & \frac{\partial}{\partial y}\Delta u & \frac{\partial}{\partial y}\Delta v & \frac{\partial}{\partial y}\Delta w & 0 & 0 & 0 \\
0 & 0 & 0 & 0 & 0 & 0 & \frac{\partial}{\partial z}\Delta u & \frac{\partial}{\partial z}\Delta v & \frac{\partial}{\partial z}\Delta w \\
2\frac{\partial}{\partial y}\Delta u & 2\frac{\partial}{\partial y}\Delta v & 2\frac{\partial}{\partial y}\Delta w & 0 & 0 & 0 & 0 & 0 & 0 \\
0 & 0 & 0 & 2\frac{\partial}{\partial z}\Delta u & 2\frac{\partial}{\partial z}\Delta v & 2\frac{\partial}{\partial z}\Delta w & 0 & 0 & 0 \\
0 & 0 & 0 & 0 & 0 & 0 & 2\frac{\partial}{\partial x}\Delta u & 2\frac{\partial}{\partial x}\Delta v & 2\frac{\partial}{\partial x}\Delta w
\end{bmatrix} \tag{6-209}
$$

$$
\boldsymbol{L}=\begin{bmatrix}
\frac{\partial}{\partial x} & 0 & 0 & \frac{\partial}{\partial y} & 0 & 0 & \frac{\partial}{\partial z} & 0 & 0 \\
0 & \frac{\partial}{\partial x} & 0 & 0 & \frac{\partial}{\partial y} & 0 & 0 & \frac{\partial}{\partial z} & 0 \\
0 & 0 & \frac{\partial}{\partial x} & 0 & 0 & \frac{\partial}{\partial y} & 0 & 0 & \frac{\partial}{\partial z}
\end{bmatrix}^{\mathrm{T}} \tag{6-210}
$$

2. 有限元列式

在拉格朗日坐标系内，可用节点位移增量内插单元的位移增量，写成

$$\Delta \boldsymbol{f}=\boldsymbol{N}\Delta \boldsymbol{d} \tag{6-211}$$

式中，$\boldsymbol{N}$ 为单元的形函数。以式(6-211)代入式(6-204)可得本次加载产生的增量应变

$$\Delta \boldsymbol{\varepsilon}=\overline{\boldsymbol{B}}\Delta \boldsymbol{d} \tag{6-212}$$

其中

$$\overline{\boldsymbol{B}}=(\boldsymbol{D}_{u\mathrm{L}}+\boldsymbol{D}_{u\mathrm{NL}})\boldsymbol{N}=\boldsymbol{B}_{\mathrm{L}}+\boldsymbol{B}_{\mathrm{NL}} \tag{6-213}$$

称为应变矩阵，而

$$\boldsymbol{B}_{\mathrm{L}}=\boldsymbol{D}_{u\mathrm{L}}\boldsymbol{N} \tag{6-214}$$

就是小位移情况中的应变矩阵，称为“线性应变矩阵”；

$$\boldsymbol{B}_{\mathrm{NL}}=\boldsymbol{D}_{u\mathrm{NL}}\boldsymbol{N}=\boldsymbol{A}\boldsymbol{L}\boldsymbol{N} \tag{6-215}$$

称为“非线性应变矩阵”或“大位移应变矩阵”。

由式(6-9)，可得应力增量

$$\Delta \boldsymbol{\sigma}=\boldsymbol{C}\Delta \boldsymbol{\varepsilon}^{0}+\boldsymbol{C}\overline{\boldsymbol{B}}\Delta \boldsymbol{d} \tag{6-216}$$

于是，以节点位移增量表示的总势能增量可写成

$$
\begin{aligned}
\Pi(\Delta \boldsymbol{d})=&\Delta \boldsymbol{d}^{\mathrm{T}}\int_{V}\overline{\boldsymbol{B}}^{\mathrm{T}}\boldsymbol{\sigma}^{0}\,\mathrm{d}V+\frac{1}{2}\Delta \boldsymbol{d}^{\mathrm{T}}\int_{V}\overline{\boldsymbol{B}}^{\mathrm{T}}\boldsymbol{C}\Delta \boldsymbol{\varepsilon}\,\mathrm{d}V+\Delta \boldsymbol{d}^{\mathrm{T}}\int_{V}\overline{\boldsymbol{B}}^{\mathrm{T}}\boldsymbol{C}\Delta \boldsymbol{\varepsilon}^{0}\,\mathrm{d}V- \\
&\Delta \boldsymbol{d}^{\mathrm{T}}\int_{V}\boldsymbol{N}^{\mathrm{T}}(\overline{\boldsymbol{F}}^{0}+\Delta \overline{\boldsymbol{F}})\,\mathrm{d}V-\Delta \boldsymbol{d}^{\mathrm{T}}\int_{S_{\sigma}}\boldsymbol{N}^{\mathrm{T}}(\overline{\boldsymbol{T}}^{0}+\Delta \overline{\boldsymbol{T}})\,\mathrm{d}S
\end{aligned} \tag{6-217}
$$

现对单元施加一满足几何边界条件的虚位移 $\delta\Delta \boldsymbol{d}$，相应的总势能增量的变化为

$$\Delta \Pi=\Pi(\Delta \boldsymbol{d}+\delta\Delta \boldsymbol{d})-\Pi(\Delta \boldsymbol{d})=\delta \Pi+\frac{1}{2!}\delta^{2}\Pi+\frac{1}{3!}\delta^{3}\Pi+\cdots \tag{6-218}$$

单元处于平衡状态的充分和必要条件是

$$\delta \Pi = \delta\Delta \boldsymbol{d}^{\mathrm{T}} \frac{\partial \Pi}{\partial \Delta \boldsymbol{d}} = 0 \tag{6-219}$$

在作进一步推导之前，我们先引出下列关系式：

$$\left(\delta\Delta \boldsymbol{d}^{\mathrm{T}} \frac{\partial}{\partial \Delta \boldsymbol{d}}\right)\Delta \boldsymbol{d} = \delta\Delta \boldsymbol{d} \tag{6-220}$$

$$\left(\delta\Delta \boldsymbol{d}^{\mathrm{T}} \frac{\partial}{\partial \Delta \boldsymbol{d}}\overline{\boldsymbol{B}}\right)\Delta \boldsymbol{d} = \mathrm{d}\overline{\boldsymbol{B}} \cdot \delta\Delta \boldsymbol{d} \tag{6-221}$$

式中

$$\mathrm{d}\overline{\boldsymbol{B}} = \begin{bmatrix} \Delta \boldsymbol{d}^{\mathrm{T}}\left(\frac{\partial}{\partial \Delta \boldsymbol{d}}\overline{\boldsymbol{B}}_1\right)^{\mathrm{T}} \\ \Delta \boldsymbol{d}^{\mathrm{T}}\left(\frac{\partial}{\partial \Delta \boldsymbol{d}}\overline{\boldsymbol{B}}_2\right)^{\mathrm{T}} \\ \vdots \\ \Delta \boldsymbol{d}^{\mathrm{T}}\left(\frac{\partial}{\partial \Delta \boldsymbol{d}}\overline{\boldsymbol{B}}_m\right)^{\mathrm{T}} \end{bmatrix} \tag{6-222}$$

其中，下标 m 表示矩阵$\boldsymbol{B}$ 的行号，$\boldsymbol{B}_i$ 表示由$\boldsymbol{B}$ 中第 i 行元素组成的行阵。

$$\delta\Delta \boldsymbol{d}^{\mathrm{T}} \frac{\partial}{\partial \Delta \boldsymbol{d}}(\overline{\boldsymbol{B}}\Delta \boldsymbol{d}) = (\mathrm{d}\overline{\boldsymbol{B}} + \overline{\boldsymbol{B}})\delta\Delta \boldsymbol{d} \tag{6-223}$$

$$\delta\Delta \boldsymbol{d}^{\mathrm{T}} \frac{\partial}{\partial \Delta \boldsymbol{d}}(\Delta \boldsymbol{d}^{\mathrm{T}}\overline{\boldsymbol{B}}^{\mathrm{T}}) = \delta\Delta \boldsymbol{d}^{\mathrm{T}}(\mathrm{d}\overline{\boldsymbol{B}}^{\mathrm{T}} + \overline{\boldsymbol{B}}^{\mathrm{T}}) \tag{6-224}$$

$$\delta\Delta \boldsymbol{d}^{\mathrm{T}} \frac{\partial}{\partial \Delta \boldsymbol{d}}\Delta \boldsymbol{\sigma} = \delta\Delta \boldsymbol{d}^{\mathrm{T}} \frac{\partial}{\partial \Delta \boldsymbol{d}}(\boldsymbol{C}\Delta \boldsymbol{\varepsilon}^0 + \boldsymbol{C}\overline{\boldsymbol{B}}\boldsymbol{\Delta d}) = \boldsymbol{C}(\mathrm{d}\overline{\boldsymbol{B}} + \overline{\boldsymbol{B}})\delta\Delta \boldsymbol{d} \tag{6-225}$$

$$\frac{\partial}{\partial \Delta \boldsymbol{d}} = \left(\frac{\partial}{\partial \Delta \boldsymbol{f}^{\mathrm{T}}} \frac{\partial \Delta \boldsymbol{f}}{\partial \Delta \boldsymbol{d}^{\mathrm{T}}}\right)^{\mathrm{T}} = \frac{\partial \Delta \boldsymbol{f}^{\mathrm{T}}}{\partial \Delta \boldsymbol{d}} \frac{\partial}{\partial \Delta \boldsymbol{f}} \tag{6-226}$$

$$\boldsymbol{\sigma} = \boldsymbol{\sigma}^0 + \Delta \boldsymbol{\sigma} \tag{6-227}$$

表示本次增量载荷施加后的终止应力状态。由式(6-211)有

$$\frac{\partial \Delta \boldsymbol{f}^{\mathrm{T}}}{\partial \Delta \boldsymbol{d}} = \boldsymbol{N}^{\mathrm{T}} \tag{6-228}$$

将上述一系列关系式代入式(6-219)，可得

$$\begin{aligned}\delta \Pi = &\delta\Delta \boldsymbol{d}^{\mathrm{T}}\Big\{\int_V \overline{\boldsymbol{B}}^{\mathrm{T}}\boldsymbol{C}\overline{\boldsymbol{B}}\,\mathrm{d}V \cdot \Delta \boldsymbol{d} + \int_V \mathrm{d}\overline{\boldsymbol{B}}^{\mathrm{T}}\boldsymbol{\sigma}\,\mathrm{d}V + \int_V \overline{\boldsymbol{B}}\boldsymbol{C}\Delta \boldsymbol{\varepsilon}^0\,\mathrm{d}V + \\ &\Big[\int_V \overline{\boldsymbol{B}}^{\mathrm{T}}\boldsymbol{\sigma}^0\,\mathrm{d}V - \int_V \boldsymbol{N}^{\mathrm{T}}\overline{\boldsymbol{F}}^0\,\mathrm{d}V - \iint_{S_\sigma} \boldsymbol{N}^{\mathrm{T}}\overline{\boldsymbol{T}}^0\,\mathrm{d}S\Big] - \\ &\int_V \boldsymbol{N}\Delta\overline{\boldsymbol{F}}\mathrm{d}V - \iint_{S_\sigma} \boldsymbol{N}^{\mathrm{T}}\Delta\overline{\boldsymbol{T}}\mathrm{d}S\Big\} \\ = &0\end{aligned} \tag{6-229}$$

由 $\delta\Delta \boldsymbol{d}$ 的任意性，从上式即得单元节点平衡方程的增量形式

$$(\overline{\boldsymbol{K}} + \boldsymbol{K}_\sigma)\Delta \boldsymbol{d} - \Delta \boldsymbol{R}_\varepsilon - \Delta \boldsymbol{R}_\sigma - \Delta \boldsymbol{F}_V - \Delta \boldsymbol{F}_S = 0 \tag{6-230}$$

式中

$$\overline{\boldsymbol{K}} = \int_V \overline{\boldsymbol{B}}^{\mathrm{T}}\boldsymbol{C}\overline{\boldsymbol{B}}\,\mathrm{d}V \tag{6-231}$$

$$\boldsymbol{K}_\sigma \Delta \boldsymbol{d} = \int_V \mathrm{d}\overline{\boldsymbol{B}}^{\mathrm{T}}\boldsymbol{\sigma}\,\mathrm{d}V \tag{6-232}$$

$$\Delta \boldsymbol{R}_{\varepsilon} = -\int_V \overline{\boldsymbol{B}}^{\mathrm{T}} \boldsymbol{C} \Delta \boldsymbol{\varepsilon}^0 \mathrm{d}V \tag{6-233}$$

$$\Delta \boldsymbol{R}_{\sigma} = -\left[\int_V \overline{\boldsymbol{B}}^{\mathrm{T}} \boldsymbol{\sigma}^0 \mathrm{d}V - \int_V \boldsymbol{N}^{\mathrm{T}} \overline{\boldsymbol{F}}^0 \mathrm{d}V - \iint_{S_\sigma} \boldsymbol{N}^{\mathrm{T}} \overline{\boldsymbol{T}}^0 \mathrm{d}S\right] \tag{6-234}$$

$$\Delta \boldsymbol{F}_V = \int_V \boldsymbol{N}^{\mathrm{T}} \Delta \overline{\boldsymbol{F}} \mathrm{d}V \tag{6-235}$$

$$\Delta \boldsymbol{F}_S = \iint_{S_\sigma} \boldsymbol{N}^{\mathrm{T}} \Delta \overline{\boldsymbol{T}} \mathrm{d}S \tag{6-236}$$

下面分别说明上述各项的计算公式和物理意义。

(1) 初应力矩阵 $\boldsymbol{K}_{\sigma}$：

以式(6-205)、式(6-211)代入式(6-209)，可得

$$\boldsymbol{A} = \frac{1}{2}\begin{bmatrix} \Delta \boldsymbol{d}^{\mathrm{T}} \frac{\partial}{\partial x}\boldsymbol{N}^{\mathrm{T}} & 0 & 0 \\ 0 & \Delta \boldsymbol{d}^{\mathrm{T}} \frac{\partial}{\partial y}\boldsymbol{N}^{\mathrm{T}} & 0 \\ 0 & 0 & \Delta \boldsymbol{d}^{\mathrm{T}} \frac{\partial}{\partial z}\boldsymbol{N}^{\mathrm{T}} \\ 2\Delta \boldsymbol{d}^{\mathrm{T}} \frac{\partial}{\partial y}\boldsymbol{N}^{\mathrm{T}} & 0 & 0 \\ 0 & 2\Delta \boldsymbol{d}^{\mathrm{T}} \frac{\partial}{\partial z}\boldsymbol{N}^{\mathrm{T}} & 0 \\ 0 & 0 & 2\Delta \boldsymbol{d}^{\mathrm{T}} \frac{\partial}{\partial x}\boldsymbol{N}^{\mathrm{T}} \end{bmatrix} \tag{6-237}$$

以及式(6-215)可写成

$$\boldsymbol{B}_{\mathrm{NL}} = \boldsymbol{A}\boldsymbol{G} \tag{6-238}$$

其中

$$\boldsymbol{G} = \boldsymbol{L}\boldsymbol{N} = \left[\frac{\partial}{\partial x}\boldsymbol{N}^{\mathrm{T}}, \frac{\partial}{\partial y}\boldsymbol{N}^{\mathrm{T}}, \frac{\partial}{\partial z}\boldsymbol{N}^{\mathrm{T}}\right]^{\mathrm{T}} \tag{6-239}$$

这是一个仅与坐标有关的矩阵。以式(6-237)、式(6-239)代入式(6-238)，得

$$\boldsymbol{B}_{\mathrm{NL}} = \frac{1}{2}\begin{bmatrix} \Delta \boldsymbol{d}^{\mathrm{T}} \frac{\partial}{\partial x}\boldsymbol{N}^{\mathrm{T}} \frac{\partial}{\partial x}\boldsymbol{N} \\ \Delta \boldsymbol{d}^{\mathrm{T}} \frac{\partial}{\partial y}\boldsymbol{N}^{\mathrm{T}} \frac{\partial}{\partial y}\boldsymbol{N} \\ \Delta \boldsymbol{d}^{\mathrm{T}} \frac{\partial}{\partial z}\boldsymbol{N}^{\mathrm{T}} \frac{\partial}{\partial z}\boldsymbol{N} \\ 2\Delta \boldsymbol{d}^{\mathrm{T}} \frac{\partial}{\partial y}\boldsymbol{N}^{\mathrm{T}} \frac{\partial}{\partial x}\boldsymbol{N} \\ 2\Delta \boldsymbol{d}^{\mathrm{T}} \frac{\partial}{\partial z}\boldsymbol{N}^{\mathrm{T}} \frac{\partial}{\partial y}\boldsymbol{N} \\ 2\Delta \boldsymbol{d}^{\mathrm{T}} \frac{\partial}{\partial x}\boldsymbol{N}^{\mathrm{T}} \frac{\partial}{\partial z}\boldsymbol{N} \end{bmatrix} = \begin{bmatrix} \boldsymbol{B}_{1\mathrm{NL}} \\ \boldsymbol{B}_{2\mathrm{NL}} \\ \boldsymbol{B}_{3\mathrm{NL}} \\ \boldsymbol{B}_{4\mathrm{NL}} \\ \boldsymbol{B}_{5\mathrm{NL}} \\ \boldsymbol{B}_{6\mathrm{NL}} \end{bmatrix} \tag{6-240}$$

于是由式(6-222)、式(6-240)得

$$
\mathrm{d}\bar{\boldsymbol{B}} = \frac{1}{2}\begin{bmatrix} \Delta \boldsymbol{d}^{\mathrm{T}} \dfrac{\partial}{\partial x}\boldsymbol{N}^{\mathrm{T}} \dfrac{\partial}{\partial x}\boldsymbol{N} \\ \Delta \boldsymbol{d}^{\mathrm{T}} \dfrac{\partial}{\partial y}\boldsymbol{N}^{\mathrm{T}} \dfrac{\partial}{\partial y}\boldsymbol{N} \\ \Delta \boldsymbol{d}^{\mathrm{T}} \dfrac{\partial}{\partial z}\boldsymbol{N}^{\mathrm{T}} \dfrac{\partial}{\partial z}\boldsymbol{N} \\ 2\Delta \boldsymbol{d}^{\mathrm{T}} \dfrac{\partial}{\partial x}\boldsymbol{N}^{\mathrm{T}} \dfrac{\partial}{\partial y}\boldsymbol{N} \\ 2\Delta \boldsymbol{d}^{\mathrm{T}} \dfrac{\partial}{\partial y}\boldsymbol{N}^{\mathrm{T}} \dfrac{\partial}{\partial z}\boldsymbol{N} \\ 2\Delta \boldsymbol{d}^{\mathrm{T}} \dfrac{\partial}{\partial z}\boldsymbol{N}^{\mathrm{T}} \dfrac{\partial}{\partial x}\boldsymbol{N} \end{bmatrix} \tag{6-241}
$$

注意到有下式成立：

$$
\begin{gathered}
\frac{\partial}{\partial x}\boldsymbol{N}^{\mathrm{T}} \frac{\partial}{\partial y}\boldsymbol{N} = \frac{\partial}{\partial y}\boldsymbol{N}^{\mathrm{T}} \frac{\partial}{\partial x}\boldsymbol{N} \\
\frac{\partial}{\partial y}\boldsymbol{N}^{\mathrm{T}} \frac{\partial}{\partial z}\boldsymbol{N} = \frac{\partial}{\partial z}\boldsymbol{N}^{\mathrm{T}} \frac{\partial}{\partial y}\boldsymbol{N} \\
\frac{\partial}{\partial z}\boldsymbol{N}^{\mathrm{T}} \frac{\partial}{\partial x}\boldsymbol{N} = \frac{\partial}{\partial x}\boldsymbol{N}^{\mathrm{T}} \frac{\partial}{\partial z}\boldsymbol{N}
\end{gathered} \tag{6-242}
$$

于是由式(6-193)、式(6-241)，可导出

$$
\int_V \mathrm{d}\bar{\boldsymbol{B}}^{\mathrm{T}} \boldsymbol{\sigma}\,\mathrm{d}V = \int_V \boldsymbol{G}^{\mathrm{T}} \boldsymbol{T} \boldsymbol{G}\,\mathrm{d}V \cdot \Delta \boldsymbol{d} = \boldsymbol{K}_{\sigma} \Delta \boldsymbol{d} \tag{6-243}
$$

式中

$$
\boldsymbol{T} = \frac{1}{2}\begin{bmatrix} \boldsymbol{\sigma}_x & \boldsymbol{\tau}_{yx} & \boldsymbol{\tau}_{zx} \\ \boldsymbol{\tau}_{xy} & \boldsymbol{\sigma}_y & \boldsymbol{\tau}_{zy} \\ \boldsymbol{\tau}_{xz} & \boldsymbol{\tau}_{yz} & \boldsymbol{\sigma}_z \end{bmatrix} \tag{6-244}
$$

是由当前应力水平 $\boldsymbol{\sigma}$ 确定的对称矩阵，其中子矩阵为

$$
\boldsymbol{\sigma}_x = \sigma_x \boldsymbol{I}, \cdots, \quad \boldsymbol{\tau}_{zx} = \tau_{zx} \boldsymbol{I} \tag{6-245}
$$

这里 $\boldsymbol{I}$ 是单位矩阵，对于三维问题是三阶单位阵，可知

$$
\boldsymbol{K}_{\sigma} = \int_V \boldsymbol{G}^{\mathrm{T}} \boldsymbol{T} \boldsymbol{G}\,\mathrm{d}V \tag{6-246}
$$

是由当前应力水平确定的对称矩阵。通常称之为“初应力矩阵”或“几何矩阵”。

(2) 切线刚度矩阵 $\boldsymbol{K}_{\mathrm{T}}$：

以式(6-213)代入式(6-231)，有

$$
\bar{\boldsymbol{K}} = \boldsymbol{K}_{\mathrm{L}} + \boldsymbol{K}_{\mathrm{NL}} \tag{6-247}
$$

其中

$$
\boldsymbol{K}_{\mathrm{L}} = \int_V \boldsymbol{B}_{\mathrm{L}}^{\mathrm{T}} \boldsymbol{C} \boldsymbol{B}_{\mathrm{L}}\,\mathrm{d}V \tag{6-248}
$$

是小位移刚度矩阵；

$$
\boldsymbol{K}_{\mathrm{NL}} = \int_V (\boldsymbol{B}_{\mathrm{L}}^{\mathrm{T}} \boldsymbol{C} \boldsymbol{B}_{\mathrm{NL}} + \boldsymbol{B}_{\mathrm{NL}}^{\mathrm{T}} \boldsymbol{C} \boldsymbol{B}_{\mathrm{L}} + \boldsymbol{B}_{\mathrm{NL}}^{\mathrm{T}} \boldsymbol{C} \boldsymbol{B}_{\mathrm{NL}})\,\mathrm{d}V \tag{6-249}
$$

称为“大位移矩阵”或“初位移矩阵”。

引入记号

$$\boldsymbol{K}_{\mathrm{T}} = \bar{\boldsymbol{K}} + \boldsymbol{K}_{\sigma} = \boldsymbol{K}_{\mathrm{L}} + \boldsymbol{K}_{\mathrm{NL}} + \boldsymbol{K}_{\sigma} \tag{6-250}$$

称之为“切线刚度矩阵”。

(3) 节点载荷增量：

由式(6-235)定义的 $\Delta \boldsymbol{F}_V$ 表示由增量体力引起的等效节点载荷部分；由式(6-236)定义的 $\Delta \boldsymbol{F}_S$ 表示增量面力产生的等效节点载荷部分。

(4) 不平衡修正节点力 $\Delta \boldsymbol{R}_{\sigma}$：

由式(6-213)、式(6-238)，可将式(6-234)改写成

$$\Delta \boldsymbol{R}_{\sigma} = \left(\int_V \boldsymbol{N}^{\mathrm{T}} \bar{\boldsymbol{F}}^0 \mathrm{d}V + \iint_{S_{\sigma}} \boldsymbol{N}^{\mathrm{T}} \bar{\boldsymbol{T}}^0 \mathrm{d}S - \int_V \boldsymbol{B}_{\mathrm{L}}{}^{\mathrm{T}} \boldsymbol{\sigma}^0 \mathrm{d}V\right) - \int_V \boldsymbol{G}^{\mathrm{T}} \boldsymbol{A}^{\mathrm{T}} \boldsymbol{\sigma}^0 \mathrm{d}V \tag{6-251}$$

分析上式可知，右端最后一项中矩阵 $\boldsymbol{A}$ 与本次加载将要产生的节点位移增量 $\Delta \boldsymbol{d}$ 有关，因此属于一个需要确定的不定量，而其余各项都取决于本次加载前的单元状态。因此 $\Delta \boldsymbol{R}_{\sigma}$ 反映了本次载荷施加前，以及施加过程中单元节点载荷不平衡的程度，往后将会说明，随着迭代次数的增加，这种不平衡程度将趋于消失。我们把它称为“初始不平衡力”，在节点平衡方程(6-230)中起到修正不平衡的作用。

(5) 协调程度修正节点力 $\Delta \boldsymbol{R}_{\varepsilon}$：

由式(6-6)定义的初始不协调应变 $\Delta \boldsymbol{\varepsilon}^0$，反映了加载前的不协调程度，因此由式(6-233)定义的 $\Delta \boldsymbol{R}_{\varepsilon}$ 就反映了这种不协调应变对节点力的影响，在大多数协调模式中，可以认为 $\Delta \boldsymbol{\varepsilon}^0 = 0$，也即有 $\Delta \boldsymbol{R}_{\varepsilon} = 0$。

二、几何非线性问题的工程分析法

如果令

$$\Delta \boldsymbol{F} = \Delta \boldsymbol{F}_{\mathrm{V}} + \Delta \boldsymbol{F}_{\mathrm{S}} + \Delta \boldsymbol{R}_{\sigma} + \Delta \boldsymbol{R}_{\varepsilon}$$

于是几何非线性结构分析的基本方程的增量形式[式(6-230)]可以写成：

$$(\boldsymbol{K}_{\mathrm{L}} + \boldsymbol{K}_{\mathrm{NL}} + \boldsymbol{K}_{\sigma}) \Delta \boldsymbol{d} = \Delta \boldsymbol{F} \tag{6-252}$$

由于$\boldsymbol{K}_{\mathrm{NL}}$包含了尚待确定的 $\Delta \boldsymbol{d}$，$\boldsymbol{K}_{\sigma}$ 中包含了尚待确定的 $\boldsymbol{\sigma}$，因此式(6-252)是一个关于节点位移 $\Delta \boldsymbol{d}$ 的非线性方程组，而且这个平衡方程应该考虑结构的变形形态以及载荷可能随结构变形而在作用方式上有所变化，因此问题变得相当复杂。

工程中处理这一非线性问题可以用一系列线性方程来代替。假定载荷是分成若干级，并且是逐级施加在结构上的，即设：

$$\boldsymbol{F} = \Delta \boldsymbol{F}_1 + \Delta \boldsymbol{F}_2 + \cdots + \Delta \boldsymbol{F}_n = \sum_{i=1}^{n} \Delta \boldsymbol{F}_i \tag{6-253}$$

于是，在每一级载荷施加后即计算出结构的变形形态和变形后的结构位置，以及结构中的应力。以此为依据再计算出结构中各单元的刚度矩阵。在此基础上再施加下一级载荷，直到全部载荷施加完毕为止。这样，通过逐级追踪与各级累加就可得到结构的最终变形形态与内力。可用下式表示这种方法的计算格式：

$$(\boldsymbol{K}_{\mathrm{L}} + \boldsymbol{K}_{\mathrm{NL}} + \boldsymbol{K}_{\sigma})_{(i-1)} \Delta \boldsymbol{d}_{(i)} = \Delta \boldsymbol{F}_{(i)} \quad (i = 1, 2, \cdots, n) \tag{6-254}$$

式(6-254)与式(6-252)的区别在于：系数矩阵仅与本次载荷增量施加前的结构形态及应力状态有关，而与本次加载过程中将要产生的位移增量及应力增量无关，因此在每一加载过程都是

一个逐段线性的问题。这样就使问题变得很简单，容易为工程界所接受。

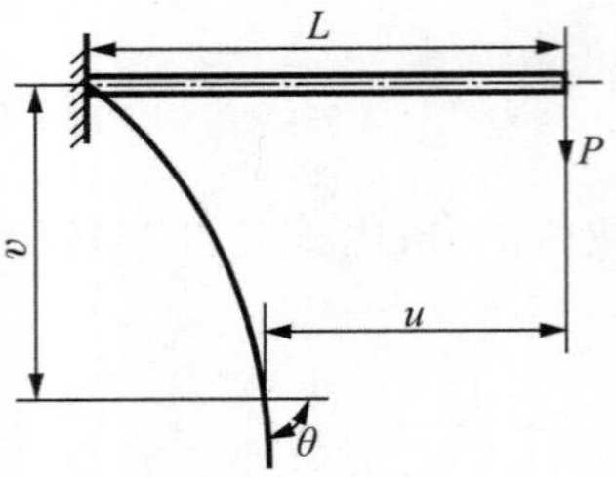

图 6-6　悬臂柔性梁

例 6-1　(悬臂梁的大挠度分析)图 6-6 表示在自由端作用集中载荷的悬臂梁，参数为

$$P = 50\,\mathrm{N}, L = 5\,\mathrm{m}, EI = 250\,\mathrm{N \cdot m^2},$$

计算结果列入表 6-1，表中量纲为一的参数为

$$P^* = PL^2/EJ, u^* = u/L, v^* = v/L, \theta^* = \theta/\left(\frac{2}{\pi}\right)。$$

这类结构寄生着很大的刚体转动，而轴向伸长可以忽略不计。因而在计算时可省略$\boldsymbol{K}_L$ 项。

表 6-1　悬臂柔性梁计算结果

载　荷	P^*	0.5	1.0	2.0	3.0	4.0	5.0
线性解	v^*	0.167	0.333	0.667	1.000	1.333	1.667
	u^*	0	0	0	0	0	0
	θ^*	0.159	0.318	0.636	0.955	1.273	1.592
非线性解	v^*	0.162	0.302	0.494	0.603	0.670	0.714
	u^*	−0.016	−0.056	−0.160	−0.255	−0.329	−0.388
	θ^*	0.156	0.294	0.498	0.628	0.714	0.774
非线性有限元解	v^*	0.162	0.302	0.520	0.591	0.670	0.758
	u^*	−0.016	−0.056	−0.175	−0.241	−0.329	−0.386
	θ^*	0.155	0.293	0.500	0.618	0.714	0.768

三、稳定性问题

1. 非线性稳定性问题

单元处于平衡状态的条件已由式(6-219)给出，然而这种平衡状态属于何种性质，则应由总势能增量的改变式中的两阶变分判定。如果

$$\delta^2 \Pi > 0 \tag{6-255}$$

表示在单元得到一个虚位移 $\delta\Delta\boldsymbol{d}$ 时，相当于给结构增加了一个包含有多余的能量的二阶项。这就表明结构原来的状态的总势能最小，单元是处于稳定的平衡状态。如果

$$\delta^2 \Pi < 0 \tag{6-256}$$

则表示单元在发生虚位移过程中，能量要损耗、发散，反映了该状态的不稳定性。如果

$$\delta^2 \Pi = 0 \tag{6-257}$$

表明单元处于从稳定状态转到不稳定状态的临界态势，而式(6-257)可以写成

$$\delta^2 \Pi = \delta\Delta\,\boldsymbol{d}^{\mathrm{T}} \frac{\partial}{\partial \Delta \boldsymbol{d}}\left(\delta\Delta\,\boldsymbol{d}^{\mathrm{T}} \frac{\partial \Pi(\Delta \boldsymbol{d})}{\partial \Delta \boldsymbol{d}}\right) = 0 \tag{6-258}$$

于是式(6-229)可以改写成

$$\delta \Pi = \delta\Delta\,\boldsymbol{d}^{\mathrm{T}}(K_T \Delta \boldsymbol{d} - \Delta \boldsymbol{F}) \tag{6-259}$$

代入式(6-258)，得

$$\delta^2 \Pi = \delta\Delta \boldsymbol{d}^{\mathrm{T}} \frac{\partial}{\partial \Delta \boldsymbol{d}}(\Delta \boldsymbol{d}^{\mathrm{T}} \boldsymbol{K}_T \delta\Delta\boldsymbol{d} - \Delta \boldsymbol{F}^T \delta\Delta\boldsymbol{d}) = 0 \tag{6-260}$$

在一般情况下，$\boldsymbol{K}_T$ 与 $\Delta\boldsymbol{F}$ 都是 $\Delta\boldsymbol{d}$ 的函数。但是，如果我们采用逐步增量的方法，且每一个载荷增量都取得足够小，可以假定：

切线刚度矩阵 $\boldsymbol{K}_T$ 只与当前的应力水平有关，而与节点位移增量 $\Delta\boldsymbol{d}$ 无关。

于是，式(6-260)简化为

$$\delta^2 \Pi = \delta\Delta \boldsymbol{d}^{\mathrm{T}}(\boldsymbol{K}_T \delta\Delta\boldsymbol{d} - \delta\Delta\boldsymbol{F}\delta\Delta\boldsymbol{d}) = 0 \tag{6-261}$$

其中

$$\delta\Delta\boldsymbol{F} = \frac{\partial}{\partial \Delta\boldsymbol{d}}\Delta \boldsymbol{F}^{\mathrm{T}} \tag{6-262}$$

由 $\delta\Delta\boldsymbol{d}$ 的任意性，从式(6-261)得到

$$(\boldsymbol{K}_T - \delta\Delta\boldsymbol{F})\delta\Delta\boldsymbol{d} = 0 \tag{6-263}$$

这就是非线性稳定分析的单元基本方程。我们来讨论两种比较简单的情况。

(1) 节点载荷增量与节点位移增量无关：

假定节点载荷 $\Delta\boldsymbol{F}$ 与节点位移 $\Delta\boldsymbol{d}$ 无关，由式(6-262)可知有 $\delta\Delta\boldsymbol{F}=0$，于是方程(6-263)可简化为

$$\boldsymbol{K}_T\delta\Delta\boldsymbol{d} = 0 \tag{6-264}$$

这是一组关于 $\delta\Delta\boldsymbol{d}$ 的齐次方程，其非零解的条件是

$$\det \boldsymbol{K}_T = 0 \tag{6-265}$$

(2) 节点载荷增量是节点位移增量的线性函数：

如果有关系式

$$\Delta\boldsymbol{F} = \boldsymbol{K}_F\Delta\boldsymbol{d} \tag{6-266}$$

成立，其中$\boldsymbol{K}_F$ 是一个常系数矩阵，称为“初始载荷刚度矩阵”。就是，由式(6-262)得

$$\delta\Delta\boldsymbol{F} = \boldsymbol{K}_F \tag{6-267}$$

这时，稳定性方程(6-263)简化为

$$(\boldsymbol{K}_T - \mathrm{K}_F)\delta\Delta\boldsymbol{d} = 0 \tag{6-268}$$

该方程的非零解条件是

$$\det(\boldsymbol{K}_T - \boldsymbol{K}_F) = 0 \tag{6-269}$$

由于$\boldsymbol{K}_T$ 中包含有变量 $\boldsymbol{\sigma}$，它表示了单元(或结构)当前的应力状态及大小。分析式(6-264)或式(6-268)可知：随着载荷的增加，当此载荷达到某一种状态(指作用方式、大小以及各种分量载荷的组合等)时，系统的变形形态及应力的状态使得方程的系数矩阵变得奇异，即使得式(6-265)或式(6-269)成立，结构的这种状态被称为“屈曲”或“失稳”。

在屈曲时，几个无限靠近的状态，如

$$\Delta\boldsymbol{d} \text{ 与 } \Delta\boldsymbol{d} + \delta\Delta\boldsymbol{d}$$

都是可能的平衡状态，然而这是一种不稳定的平衡状态，在载荷-位移曲线中，相应于这种状态的点称为“分枝点”(见图 6-7)，例如图中的点 A、B、C，相应的载荷 F_A、F_B、F_C 称为临界载荷。

“非线性”在这里指的是在分枝点以前的载荷位移曲线呈现出非线性关系。当载荷超过临界值 F_{cr}后，结构就进入“后屈曲状态”。例如，图 6-7 中曲线$\overset{\frown}{BD}$，就代表具有后屈强度的系统，

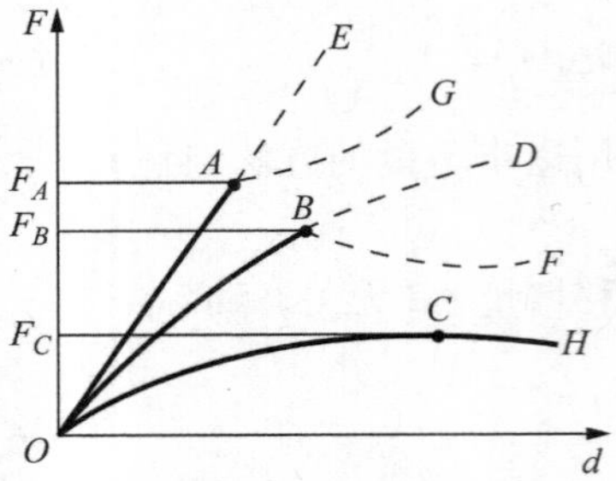

图 6-7 载荷位移

而$\widehat{BF}$则表示系统在负载荷增量下位移却在增加的情况，这表明结构在 $F_{cr}=F_B$ 情况下可能因突然跳跃而破坏。

非线性效应也可能导致曲线$\widehat{OC}$，这里点 C 表示结构的破坏。如果 $F_C<F_{cr}$，此时没有相邻的平衡状态，它不属于稳定性问题，而是"非线性的强度问题"。

2. 线性稳定性问题

非线性稳定性问题是一个十分复杂的问题，影响它的因素很多，尤其是在接近"分枝点"时，节点平衡方程(6-230)将呈现出"病态"，此时必须采用特殊的求解技巧，更增加了问题的困难程度，这是一个尚待进一步探索的课题。

作为工程应用，人们首先把注意力集中在线性稳定性问题的研究，它属于经典的屈曲问题。在这类问题中假定：在屈曲发生之前，载荷与位移是线性关系。如图中直线$\overline{OA}$所示。在这样假定下，应变位移关系也将是线性的，于是反映非线性特征的项将消失，例如

$$\boldsymbol{B}_{\mathrm{NL}}=0,\boldsymbol{K}_{\mathrm{NL}}=0,\Delta\boldsymbol{R}_{\sigma}=0,\Delta\boldsymbol{R}_{\varepsilon}=0$$

等等。方程(6-230)将简化成

$$(\boldsymbol{K}_{\mathrm{L}}+\boldsymbol{K}_{\sigma})\Delta\boldsymbol{d}-(\Delta\boldsymbol{F}_{V}+\Delta\boldsymbol{F}_{S})=0 \tag{6-270}$$

在此仍然假定，$\boldsymbol{K}_{\sigma}$ 仅与当前的应力水平有关，而与位移增量 $\Delta\boldsymbol{d}$ 无关。同时假定节点载荷取得足够小以至可认为与 $\Delta\boldsymbol{d}$ 无关，于是可导出单元的线性稳定性方程：

$$(\boldsymbol{K}_{\mathrm{L}}+\boldsymbol{K}_{\sigma})\delta\Delta\boldsymbol{d}=0 \tag{6-271}$$

这就是说，当应力 $\boldsymbol{\sigma}$ 达到某一数值 $\boldsymbol{\sigma}_{cr}$时，使得

$$\det(\boldsymbol{K}_{\mathrm{L}}+\boldsymbol{K}_{\sigma})=0$$

成立，此时结构将发生屈曲或失去稳定性。因为已限制在线性范围内进行讨论，于是初应力矩阵 $\boldsymbol{K}_{\sigma}$ 可由线性分析来确定。

假定单元承受体力 $\Delta\bar{\boldsymbol{F}}^{*}$、面力 $\Delta\bar{\boldsymbol{T}}^{*}$，于是等效节点载荷可由下式确定

$$\Delta\boldsymbol{F}^{*}=\Delta\boldsymbol{F}_{V}{}^{*}+\Delta\boldsymbol{F}_{S}^{*}=\int_{V}\boldsymbol{N}^{T}\Delta\bar{\boldsymbol{F}}^{*}\mathrm{d}V+\iint_{S_{\sigma}}\boldsymbol{N}^{T}\Delta\bar{\boldsymbol{T}}^{*}\mathrm{d}S \tag{6-272}$$

作为线性分析的第一步，可取 $\boldsymbol{K}_{\sigma}=0$，则由式(6-270)得

$$\boldsymbol{K}_{\mathrm{L}}\Delta\boldsymbol{d}^{*}=\Delta\boldsymbol{F}^{*} \tag{6-273}$$

解上式可得 $\Delta\boldsymbol{d}^{*}$，再由式(6-216)可得应力矢量

$$\Delta\boldsymbol{\sigma}^{*}=\boldsymbol{C}\boldsymbol{B}_{\mathrm{L}}\Delta\boldsymbol{d}^{*} \tag{6-274}$$

再由式(6-246)求得相应的初应力矩阵

$$\boldsymbol{K}_{\sigma}^{*}=\int_{V}\boldsymbol{G}^{\mathrm{T}}\boldsymbol{T}^{*}\boldsymbol{G}\mathrm{d}V \tag{6-275}$$

其中$\boldsymbol{T}^{*}$由式(6-244)确定。

现在假定载荷各分量均按同一比例因子 λ 扩大，则有

$$\boldsymbol{K}_{\sigma}=\lambda\boldsymbol{K}_{\sigma}^{*} \tag{6-276}$$

代入式(6-271)，得

$$(\boldsymbol{K}_{\mathrm{L}}+\lambda\boldsymbol{K}_{\sigma}^{*})\delta\Delta\boldsymbol{d}=0 \tag{6-277}$$

该式的非零解条件是其系数行列式为零，即

$$\det(\boldsymbol{K}_{\mathrm{L}}+\lambda \boldsymbol{K}_{\sigma}^{*})=0 \tag{6-278}$$

于是线性稳定性分析归结为求解特征方程(6-278)。在求出特征值 λ 后,即可得到系统的临界载荷,即

$$\overline{\boldsymbol{F}}_{\mathrm{cr}}=\lambda\Delta\overline{\boldsymbol{F}}^{*} \tag{6-279}$$

因为把"屈曲前的载荷与位移呈线性关系"的假设作为讨论的前提,因此定义为"线性稳定性问题"。辛克维奇(O. C. Zienkiewicz)曾指出:在文献中经常出现把这种方法应用到超出所能应用的范围的情况,在应用时必须注意到这一点。

3. 平面杆元的初应力矩阵 $\boldsymbol{K}_{\sigma}$

由式(6-271)可以看到,求解线性稳定问题时,需要确定初应力矩阵 $\boldsymbol{K}_{\sigma}$。这里介绍平面杆单元初应力矩阵的推导。

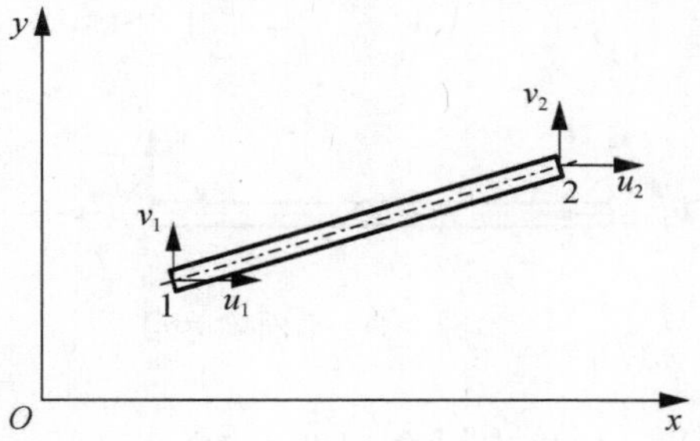

图 6-8　平面杆单元

考虑如图 6-8 所示的平面杆单元,假设杆单元长度为 L,和第三章推导杆单元弹性刚度矩阵类似,插值函数采用式(3-14),由于本节分析的是稳定问题,节点位移必须考虑 u,v 两个方向,则单元内任一点位移可用节点位移插值表示为

$$\boldsymbol{f}=\boldsymbol{N}\boldsymbol{d} \tag{6-280}$$

式中

$$\boldsymbol{f}=\begin{Bmatrix} u \\ v \end{Bmatrix},\quad \boldsymbol{N}=\begin{bmatrix} 1-\dfrac{x}{L} & 0 & \dfrac{x}{L} & 0 \\ 0 & 1-\dfrac{x}{L} & 0 & \dfrac{x}{L} \end{bmatrix},\quad \boldsymbol{d}=\begin{Bmatrix} u_1 \\ v_1 \\ u_2 \\ v_2 \end{Bmatrix}$$

分析杆件稳定问题时,应变-位移关系要考虑非线性项,这样可以使得位移 u 和 v 耦合,于是有

$$\varepsilon_x=\frac{\partial u}{\partial x}+\frac{1}{2}\left(\frac{\partial v}{\partial x}\right)^2+\frac{1}{2}\left(\frac{\partial u}{\partial x}\right)^2 \tag{6-281}$$

杆单元应变能表达式为

$$U=\frac{1}{2}\int_V \varepsilon_x\sigma_x\,\mathrm{d}V=\frac{1}{2}\int_V E\varepsilon_x^2\,\mathrm{d}V \tag{6-282}$$

将式(6-281)代入,再根据式(6-280)离散,则有

$$U=\frac{EA}{2L}(u_2-u_1)^2+\frac{EA}{2L^2}(u_2-u_1)(v_2-v_1)^2$$

若令 $F_{\mathrm{N}}=\dfrac{EA}{L}(u_2-u_1)$,其物理含义即为杆单元初内力——轴力,则应变能表示为

$$U=\frac{1}{2}\boldsymbol{d}^{\mathrm{T}}(\boldsymbol{K}_{\mathrm{L}}+\boldsymbol{K}_{\sigma})\boldsymbol{d} \tag{6-283}$$

式中

$$\boldsymbol{K}_{\mathrm{L}}=\frac{EA}{L}\begin{bmatrix} 1 & 0 & -1 & 0 \\ 0 & 0 & 0 & 0 \\ -1 & 0 & 1 & 0 \\ 0 & 0 & 0 & 0 \end{bmatrix}\quad \text{为弹性刚度矩阵}$$

$$\boldsymbol{K}_\sigma = \frac{F_N}{L}\begin{bmatrix} 0 & 0 & 0 & 0 \\ 0 & 1 & 0 & -1 \\ 0 & 0 & 0 & 0 \\ 0 & -1 & 0 & 1 \end{bmatrix} \quad \text{为初应力矩阵}$$

可以看到，按线性稳定问题分析推导得出的初应力矩阵 $\boldsymbol{K}_\sigma$，仅与几何形状及初应力有关，与弹性性质无关，被称为“初应力刚阵”或“几何刚阵”。

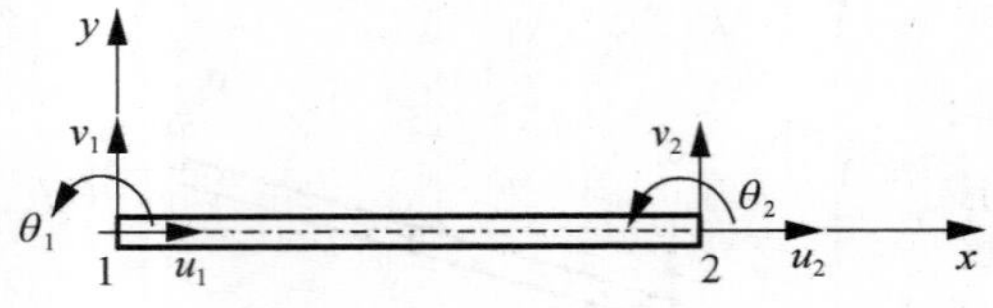

图 6-9　平面梁单元

4. 平面梁元的初应力矩阵 $\boldsymbol{K}_\sigma$

考虑如图 6-9 所示的平面梁单元，假设梁单元长度为 L，横截面面积为 A，和第三章推导梁单元弹性刚度矩阵类似，插值函数采用式(3-37)，令

$$\xi = \frac{x}{L}$$

单元内任意一点的位移函数可表示为

$$\begin{cases} u = (1-\xi)u_1 + \xi u_2 \\ v = (1-3\xi^2+2\xi^3)v_1 + (\xi-2\xi^2+\xi^3)L\theta_1 + (3\xi^2-2\xi^3)v_2 + (-\xi^2+\xi^3)L\theta_2 \end{cases}$$

平面梁单元的应变-位移关系考虑非线性项，有

$$\varepsilon_x = \frac{\partial u}{\partial x} - \frac{\partial^2 v}{\partial x^2}y + \frac{1}{2}\left(\frac{\partial v}{\partial x}\right)^2 \tag{6-284}$$

则单元的应变能可表示为

$$U = \frac{1}{2}\int_V \varepsilon_x\sigma_x \mathrm{d}V = \frac{E}{2}\int_V \varepsilon_x^2 \mathrm{d}V = \frac{E}{2}\int_V \left[\frac{\partial u}{\partial x} - \frac{\partial^2 v}{\partial x^2}y + \frac{1}{2}\left(\frac{\partial v}{\partial x}\right)^2\right]^2 \mathrm{d}V$$

化简后有：

$$U = \frac{EA}{2}\int_0^L \left(\frac{\partial u}{\partial x}\right)^2 \mathrm{d}x + \frac{EI_z}{2}\int_0^L \left(\frac{\partial^2 v}{\partial x^2}\right)^2 \mathrm{d}x + \frac{EA}{2}\int_0^L \frac{\partial u}{\partial x}\cdot\left(\frac{\partial v}{\partial x}\right)^2 \mathrm{d}x \tag{6-285}$$

对照第三章第二节梁单元推导可以看到，式(6-285)的第一项对应的即为梁单元轴向弹性刚度矩阵，第二项对应的是梁单元弯曲弹性刚度矩阵。

若令

$$F_N = \frac{\partial u}{\partial x}EA = (u_2 - u_1)\frac{EA}{L}$$

则式(6-285)的第三项对应的正是初应力项。

若一个平面梁单元总的节点位移列阵为

$$\boldsymbol{d} = [u_1 \quad v_1 \quad \theta_1 \quad u_2 \quad v_2 \quad \theta_2]^{\mathrm{T}}$$

则由式(6-285)最后可以得到平面梁单元的弹性刚度矩阵为

$$\boldsymbol{K}_L = \frac{EI_z}{L^3}\begin{bmatrix} \frac{AL^2}{I_z} & & & \text{对} & & \\ 0 & 12 & & & \text{称} & \\ 0 & 6L & 4L^2 & & & \\ -\frac{AL^2}{I_z} & 0 & 0 & \frac{AL^2}{I_z} & & \\ 0 & -12 & -6L & 0 & 12 & \\ 0 & 6L & 2L^2 & 0 & -6L & 4L^2 \end{bmatrix}$$

初应力矩阵为

$$
\boldsymbol{K}_\sigma = \frac{F_{\mathrm{N}}}{L}\begin{bmatrix}
0 & & & & & \text{对} \\
0 & \frac{6}{5} & & & & \text{称} \\
0 & \frac{L}{10} & \frac{2L^2}{15} & & & \\
0 & 0 & 0 & 0 & & \\
0 & -\frac{6}{5} & -\frac{L}{10} & 0 & \frac{6}{5} & \\
0 & \frac{L}{10} & -\frac{L^2}{30} & 0 & -\frac{L}{10} & \frac{2L^2}{15}
\end{bmatrix}
$$

可以看到，梁单元的初应力矩阵 $\boldsymbol{K}_\sigma$ 与材料弹性性质无关，仅与几何尺寸及初应力有关。它反映了轴向力对弯曲刚度的影响，也就是说轴向拉伸与横向挠度是互相耦合的。这与线性问题是有本质区别的。

参考文献

[1] Turner M J, Dill E H, Martin H C, et al. Large deflection analysis of complex structures subjected to heating and external loads [J]. JAS. Sci, 1960(27):97-106.

[2] 卞学镄. 有限元法论文选[M]. 北京：国防工业出版社，1980.

[3] 鹫津久一郎. 弹性和塑性力学中的变分法[M]. 北京：科学出版社，1984.

[4] Zienkiewicz O C, Taylor R L, Zhu J Z. The finite element method: its basis and fundamentals [M]. 7th ed. Singapore: Elsevier (Singapore) Pte Ltd., 2015.

[5] 钱伟长. 变分法及有限元(上册)[M]. 北京：科学出版社，1980.

[6] Owen D R J, Hinton E. Finite elements in plasticity: theory and practice [M]. Swansea: Pineridge Press LTD, 1980.

[7] Gere J M, Goodno B J. 材料力学(英文版)[M]. 第 7 版. 北京：机械工业出版社，2011.

[8] 铁摩辛柯 S，沃诺斯基 S. 板壳理论[M]. 北京：科学出版社，1977.

[9] 朱伯芳. 有限单元法原理与应用[M]. 第 3 版. 北京：中国水利水电出版社，2009.

[10] 谢贻权，何福保. 弹性和塑性力学中的有限单元法[M]. 北京：机械工业出版社，1981.

[11] 何君毅，林祥都. 工程结构非线性问题的数值解法[M]. 北京：国防工业出版社，1994.

习　题

6-1　请说明几何非线性问题和线性问题的区别。

6-2　工程中常遇到的几何非线性问题有哪几种类型？举例说明。

6-3　试推导线性稳定问题的特征方程。

6-4　如题 6-4 图所示平面桁架，设弹性模量 $E=200$ GPa，杆的横截面面积 A 均为 1.0 cm²。图中 1,2,…,6 为节点位移编号，①,②,③为单元编号。试按线性稳定问题求该结构的临界载荷。

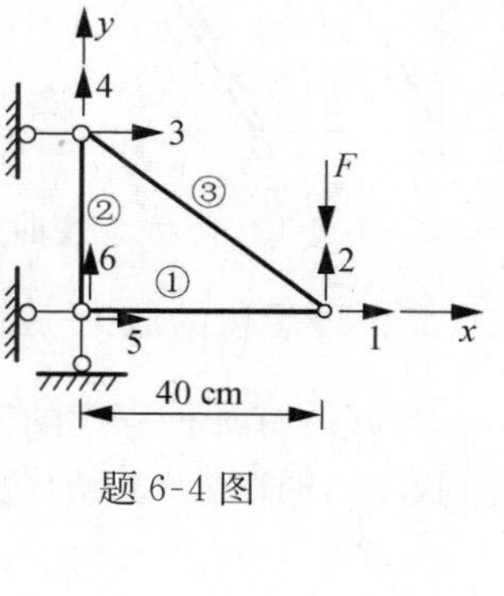

题 6-4 图

第七章　材料非线性问题

在实践中提出了许多弹塑性应力分析问题，例如，在对压延加工的金属材料或高负荷下工作的机械和结构零部件进行强度分析时都会遇到这类问题。特别是由于通过弹塑性分析可以充分地利用机械或结构的强度潜力，因而在工程实践中有其重要的意义。

在弹塑性状态下，材料的应力-应变关系是非线性的，这就给问题的准确归结以及数学处理带来了不少困难。由于这个原因，虽然近数十年来各方面对弹塑性问题都很重视，但在有限元法出现之前，只是在少数简单的特殊情况下，问题才能得到解决。

有限元法出现不久，就有用它来解决弹塑性应力分析问题的尝试，有限元法对弹塑性应力分析等非线性问题的成功应用，使得一般弹塑性强度分析的问题都有了顺利解决的可能。

本章采用米塞斯（von Mises）屈服准则对等向强化材料建立增量应力-应变关系，然后介绍使用有限元法进行弹塑性应力分析的几种常用方法。

第一节　弹塑性应力-应变关系

对于小位移弹塑性情况，弹性力学中的几何方程和平衡方程依然是成立的，然而描述应力-应变关系的物理方程发生了变化，因此我们主要讨论弹塑性的应力-应变关系。

一、材料的塑性性质

我们用金属材料简单拉伸试验的应力-应变曲线（见图 7-1）来说明材料的塑性性质，在金属试件上施加拉伸载荷（称为加载），随着载荷的增加试件被拉长，在最初阶段应力 σ 与应变 ε 之间保持线性关系。这时若除去载荷（称为卸载），变形将消失，试件将恢复原来长度。使 σ 和 ε 保持线性关系的最大应力称为比例极限，记为 σ_p，对应曲线上的 A 点。

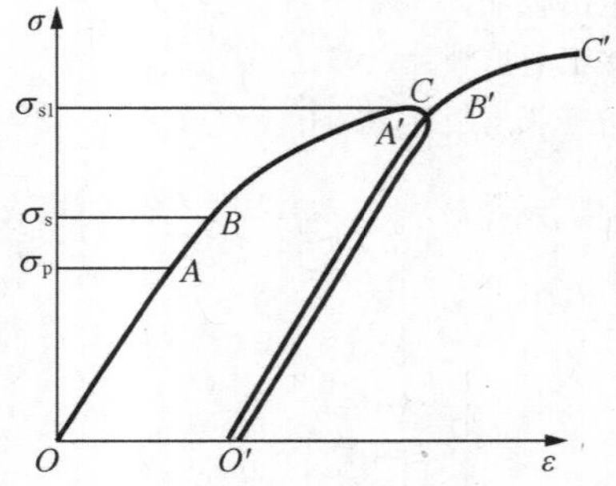

图 7-1　应力-应变曲线

当应力超过被称为屈服极限的某个数值时，即使卸去全部载荷，试件也不会恢复到原来的长度，这种不能恢复的永久变形就称为塑性变形。屈服极限记作 σ_s，图中对应 B 点，显然有 $\sigma_s \geqslant \sigma_p$。

对于大多数金属材料，必须使应力进一步增加才能继续产生塑性变形，对于应力-应变曲线有 $d\sigma/d\varepsilon > 0$。这种现象称为应变强化或加工硬化。

二、理想化的应力-应变曲线

若试件有某种程度的塑性变形后，使载荷自 C 点减少，那么，当沿着图上的 CO' 使载荷回复到零时，便产生 OO' 的塑性变形。由图中可看到 $\overline{CO'}$ 可以认为是条直线而且基本上平行于直线$\overline{OA}$，也就是说卸载时应力-应变关系又是线性的。

自O'点再进行加载，则σ-ε曲线的前一部分$\overline{O'A'}$与卸载曲线$\overline{CO'}$几乎重合，在这个范围内σ-ε仍是直线，而与A'点对应的应力$\sigma_{A'}$是表示具有初始塑性变形OO'的材料的新的比例极限。经过A'点再加微小的载荷使应力接近于原来的σ_{s1}值时，则曲线在B'点附近产生剧烈弯曲而逐渐形成$B'C'$，且好像是从BC曲线延伸过来的。

由此可见，应力-应变关系的曲线是比较复杂的，为了方便对这种现象作数学研究与工程处理，就有必要将应力-应变曲线进行简化。通常有以下几种简化方案。

1. 幂次硬化的弹塑性材料

对图7-1所示的曲线，将A点和B点重合，将C，B'，A'三点重合，此时就成为图7-2所示的幂次曲线，这里，A点既是比例极限，又是屈服极限，C点可以看成是受有初始应变为OO'的材料的新的屈服极限。而应力-应变关系可表示成幂函数形式：

$$\sigma = \phi(\varepsilon) \tag{7-1}$$

容易看到，这种简化保留了弹塑性材料应力-应变关系的基本特征。

2. 线性硬化弹塑性材料

若将受有初始应变材料的σ-ε曲线$O'CC'$与完全不受初始应变材料的σ-ε曲线$OACC'$（见图7-2）进行比较就可以看出：前者的屈服应力较高，即$\sigma_{s1} > \sigma_s$，且当$\sigma > \sigma_{s1}$时，曲线剧烈弯曲，接近直线，为了简化研究，可以用过C点切线$\overline{CC'}$代替原来的曲线CC'（见图7-3）。

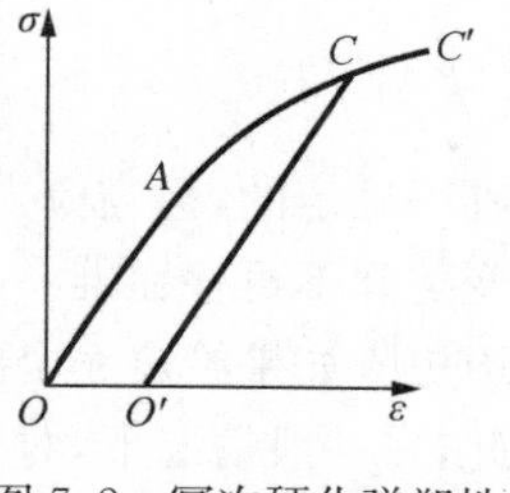

图7-2　幂次硬化弹塑性

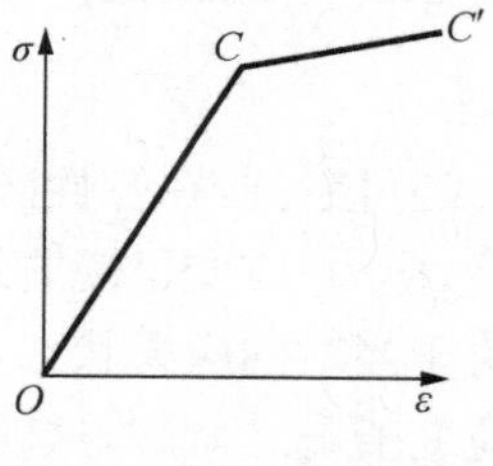

图7-3　线性硬化弹塑性

3. 理想弹塑性材料

在一般情况下，为了使试件产生应变增量$d\varepsilon$，所需的应力增量$d\sigma$恒随ε的增大而减少，换言之，应变强化的比率逐渐减小，即有

$$\frac{d\sigma}{d\varepsilon} > 0, \quad \frac{d^2\sigma}{d\varepsilon^2} < 0 \tag{7-2}$$

因此，当塑性变形足够大，即σ_{s1}大到一定阶段后，可以认为$\overline{CC'} \parallel \varepsilon$轴，因此可将图7-3所示的曲线进一步简化成图7-4所示的曲线，这曲线代表了理想弹塑性材料的应力-应变关系。

此外，根据不同需要，还有仅研究弹性变形的理想弹性体；仅研究塑性变形的线性硬化刚塑性体等，如图7-5至图7-7所示。

上述种种简化的目的都是为了减少计算工作量或简化数学推导，这在用经典的塑性理论求解析解时是十分必要的。然而，在用有限元法进行分析时，都是采用计算机求数值解，上述各种简化就显得不很必要。因此一般都采用较接近真实情况的幂次硬化的弹塑性应力-应变曲线式(7-1)。式中函数通常由材料拉伸试验曲线拟合而成。

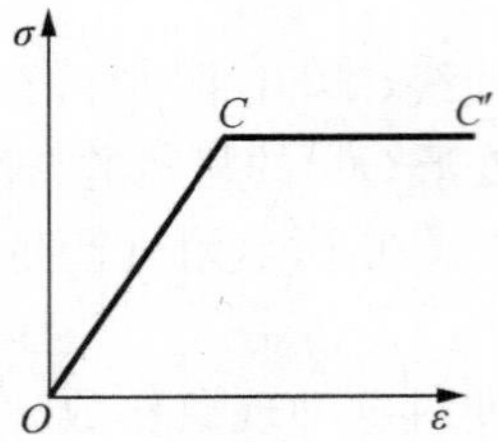

图 7-4 理想弹塑性

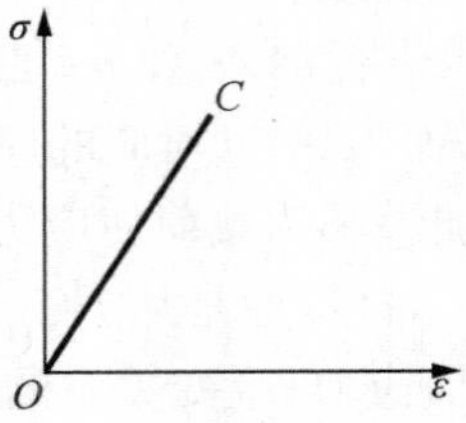

图 7-5 理想弹性

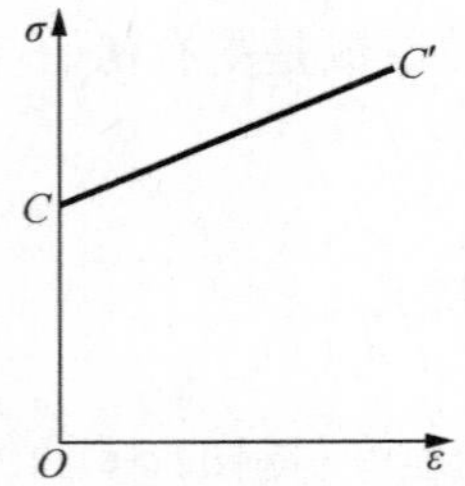

图 7-6 线性硬化刚塑性

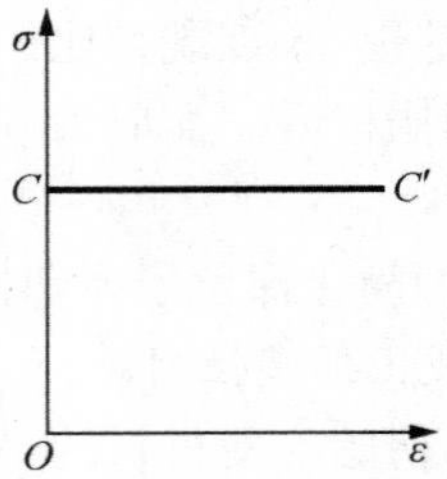

图 7-7 理想刚塑性

三、多值性和不可压缩性

1. 多值性

由图 7-1 还可看到，在弹性区域内，σ 与 ε 是一一对应而唯一确定的，但当应力超过屈服点进入塑性区后，应力-应变呈现非线性关系。此时，应力与应变之间不再存在唯一的对应关系，应变不仅取决于当时的应力状态，而且还依赖于整个加载的历史。如果给定一个应力值，将有多个可能的应变值与之对应，这就是塑性问题的多值性。因此，在一般情况下，对于塑性材料，我们无法像弹性材料那样建立最终应力状态和应变状态之间的全量关系，而只能建立反映对加载路径依赖性的应力与应变之间的增量关系。

显然，只要利用加载和卸载的适当配合，就可以达到曲线 $OACC'$ 与横轴之间区域内的任意点(σ,ε)。

2. 不可压缩性

通过大量试验可以发现，由塑性变形引起的永久性体积改变量是可以忽略不计的。因此可以假设:塑性变形不引起体积的改变，即所谓塑性材料的“不可压缩性”。

在这种假设下，在试件拉伸过程中，由塑性变形引起的横向收缩与纵向伸长之比值约为 0.5。借用弹性力学中的术语，我们将此比值称为泊松比，以 ν_p表示，有

$$\nu_p = 0.5 \tag{7-3}$$

可以作如下证明。

设有一单位边长的立方体发生塑性变形，若其某一方向（定为纵向）的棱的伸长为 ε，另外两个方向（定为横向）的收缩为 δ，则立方体的体积改变量为

$$\begin{aligned}\Delta V &= (1+\varepsilon)(1-\delta)^2 - 1 \\ &= [1+\varepsilon-2\delta-2\delta\varepsilon+\delta^2(1+\varepsilon)] - 1\end{aligned}$$

略去高阶量，并按不可压缩的假定，有

$$\Delta V \approx \varepsilon - 2\delta = 0$$

故得

$$\nu_{\mathrm{p}} = \frac{\delta}{\varepsilon} = 0.5$$

四、屈服准则和硬化条件

1. 米塞斯屈服准则

在简单拉伸时，若拉伸应力达到材料的屈服极限，即 $\sigma=\sigma_{\mathrm{s}}$ 时，材料就开始进入屈服状态。那么，在复杂应力状态下，屈服是在什么情况下发生的呢？要回答这个问题，就必须建立适当的准则。

不失为一般性，讨论三维情况，此时应力分量组成的应力矢量可表示成

$$\boldsymbol{\sigma} = [\sigma_x, \sigma_y, \sigma_z, \tau_{xy}, \tau_{yz}, \tau_{zx}]^{\mathrm{T}} \tag{7-4}$$

或写成

$$\boldsymbol{\sigma} = [\sigma_1, \sigma_2, \sigma_3, \sigma_4, \sigma_5, \sigma_6]^{\mathrm{T}} \tag{7-5}$$

下面定义几个物理量：

$$\bar{\sigma} = \sqrt{\frac{1}{2}}\sqrt{(\sigma_x - \sigma_y)^2 + (\sigma_y - \sigma_z)^2 + (\sigma_z - \sigma_x)^2 + 6(\tau_{xy}^2 + \tau_{yz}^2 + \tau_{zx}^2)} \tag{7-6}$$

称为等效应力；

$$\sigma_{\mathrm{m}} = \frac{1}{3}(\sigma_x + \sigma_y + \sigma_z) \tag{7-7}$$

称为平均应力，或称静水压力；

$$\left.\begin{array}{l} \sigma'_x = \sigma_x - \sigma_{\mathrm{m}}, \quad \sigma'_y = \sigma_y - \sigma_{\mathrm{m}}, \quad \sigma'_z = \sigma_z - \sigma_{\mathrm{m}} \\ \tau'_{xy} = \tau_{xy}, \quad \tau'_{yz} = \tau_{yz}, \quad \tau'_{zx} = \tau_{zx} \end{array}\right\} \tag{7-8}$$

称为应力偏量；

$$\boldsymbol{\sigma}' = [\sigma'_x, \sigma'_y, \sigma'_z, \tau'_{xy}, \tau'_{yz}, \tau'_{zx}]^{\mathrm{T}} \tag{7-9}$$

称为偏应力向量。显然，等效应力可以用应力偏量表示成

$$\bar{\sigma} = \sqrt{\frac{3}{2}}\sqrt{\sigma'^2_x + \sigma'^2_y + \sigma'^2_z + 2(\tau'^2_{xy} + \tau'^2_{yz} + \tau'^2_{zx})} \tag{7-10}$$

引入符号

$$\boldsymbol{\sigma}'' = [\sigma'_x, \sigma'_y, \sigma'_z, \sqrt{2}\tau'_{xy}, \sqrt{2}\tau'_{yz}, \sqrt{2}\tau'_{zx}]^{\mathrm{T}} \tag{7-11}$$

则等效应力又可简洁地表示成

$$\bar{\sigma} = \sqrt{\frac{3}{2}\boldsymbol{\sigma}''^{\mathrm{T}}\boldsymbol{\sigma}''} \tag{7-12}$$

若以 σ_{I}，σ_{II}，σ_{III} 表示 3 个主应力分量，则又有

$$\bar{\sigma} = \sqrt{\frac{1}{2}}\sqrt{(\sigma_{\mathrm{I}} - \sigma_{\mathrm{II}})^2 + (\sigma_{\mathrm{II}} - \sigma_{\mathrm{III}})^2 + (\sigma_{\mathrm{III}} - \sigma_{\mathrm{I}})^2} \tag{7-13}$$

于是容易看出，等效应力 $\bar{\sigma}$ 是坐标变换的不变量；在简单拉伸时，它恰好等于位伸应力 σ_x。

米塞斯屈服准则认为，当等效应力 $\bar{\sigma}$ 达到屈服极限时，材料就进入屈服，即

$$\bar{\sigma} = \sigma_s \tag{7-14}$$

除了米塞斯准则外，对金属材料常用的还有特雷斯卡(Tresca)准则。当最大切应力达到材料固有的某一数值时，材料开始屈服而进入塑性状态，可表示为

$$\tau_{max} = \frac{\sigma_{\mathrm{I}} - \sigma_{\mathrm{III}}}{2} = \frac{1}{2}\sigma_s \tag{7-15}$$

或

$$\sigma_{\mathrm{I}} - \sigma_{\mathrm{III}} = \sigma_s \tag{7-16}$$

这里假定3个主应力按大小排列成

$$\sigma_{\mathrm{I}} \geqslant \sigma_{\mathrm{II}} \geqslant \sigma_{\mathrm{III}}$$

实验证明，对大多数金属材料而言，米塞斯准则比特雷斯卡准则更符合实际，因此采用米塞斯准则进行讨论。然而将有关的结果转到采用特雷斯卡准则的情况，并无特殊的困难。

2. 等向硬化规律

从简单拉伸的情况知道，对于应变硬化的材料，进入屈服以后进行卸载或部分卸载，然后再进行加载，其屈服应力值就会增加，这就是应变硬化，这个新的屈服应力值即是卸载前的应变值在应力-应变曲线上所对应的应力值，如图7-8中的 σ_{s1}。

下面我们讨论在复杂应力状态下的应变硬化规律。应变分量与应力分量相对应地表示成

$$\boldsymbol{\varepsilon} = [\varepsilon_x, \varepsilon_y, \varepsilon_z, \gamma_{xy}, \gamma_{yz}, \gamma_{zx}]^{\mathrm{T}} \tag{7-17}$$

或

$$\boldsymbol{\varepsilon} = [\varepsilon_1, \varepsilon_2, \varepsilon_3, \varepsilon_4, \varepsilon_5, \varepsilon_6]^{\mathrm{T}} \tag{7-18}$$

假定在进入屈服后，载荷按微小增量的方式逐步施加。在一个载荷增量作用下，应力和应变都在原来的水平上得到一个增量 $\mathrm{d}\boldsymbol{\sigma}$ 和 $\mathrm{d}\boldsymbol{\varepsilon}$，而应变增量可以分解成两部分：

$$\mathrm{d}\boldsymbol{\varepsilon} = \mathrm{d}\boldsymbol{\varepsilon}_e + \mathrm{d}\boldsymbol{\varepsilon}_p \tag{7-19}$$

其中，$\mathrm{d}\boldsymbol{\varepsilon}_e$ 表示卸载后将要消失的部分，称为弹性应变增量；$\mathrm{d}\boldsymbol{\varepsilon}_p$ 表示卸载后不能消失的部分，称为塑性应变增量，以后我们用 $\mathrm{d}\boldsymbol{\varepsilon}_{ip}(i=1,2,\cdots,6)$ 来表示 $\mathrm{d}\boldsymbol{\varepsilon}_p$ 中的各个分量，图7-9表示单向拉伸情况下的应力增量和应变增量。

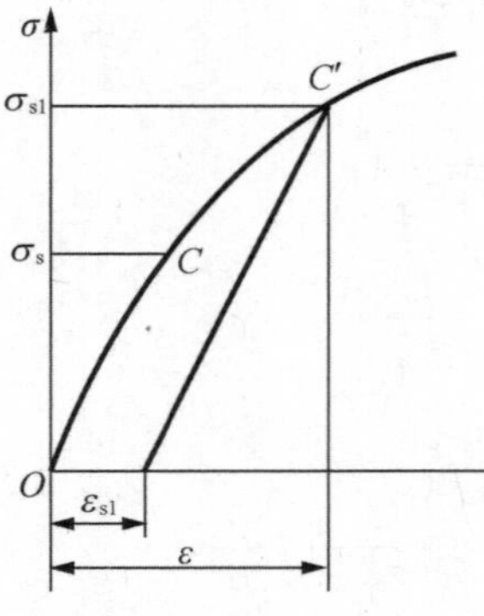

图7-8 幂次硬化

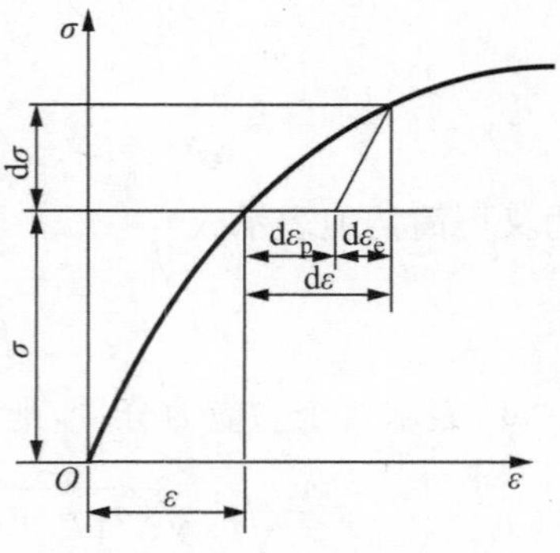

图7-9 应力增量和应变增量

与等效应力相对应，定义等效应变为

$$\bar{\varepsilon}=\frac{\sqrt{2}}{2(1+\nu)}\left[(\varepsilon_1-\varepsilon_2)^2+(\varepsilon_2-\varepsilon_3)^2+(\varepsilon_3-\varepsilon_1)^2+\frac{3}{2}(\varepsilon_4^2+\varepsilon_5^2+\varepsilon_6^2)\right]^{\frac{1}{2}} \tag{7-20}$$

显然，在单向拉伸情况中，有

$$\varepsilon_1=\varepsilon,\quad \varepsilon_2=\varepsilon_3=-\nu\varepsilon,\quad \varepsilon_4=\varepsilon_5=\varepsilon_6=0$$

故有

$$\bar{\varepsilon}=\varepsilon$$

把对应于塑性应变增量的等效应变定义为“塑性等效应变增量”，由下式确定：

$$\mathrm{d}\bar{\varepsilon}_{\mathrm{p}}=\frac{\sqrt{2}}{3}\left[(\mathrm{d}\varepsilon_{1\mathrm{p}}-\mathrm{d}\varepsilon_{2\mathrm{p}})^2+(\mathrm{d}\varepsilon_{2\mathrm{p}}-\mathrm{d}\varepsilon_{3\mathrm{p}})^2+(\mathrm{d}\varepsilon_{3\mathrm{p}}-\mathrm{d}\varepsilon_{1\mathrm{p}})^2+\frac{3}{2}(\mathrm{d}\varepsilon_{4\mathrm{p}}^2+\mathrm{d}\varepsilon_{5\mathrm{p}}^2+\mathrm{d}\varepsilon_{6\mathrm{p}}^2)\right]^{\frac{1}{2}} \tag{7-21}$$

对于复杂应力状态，有如下的“等向硬化规律”：在进入屈服以后进行卸载或部分卸载，然后再加载，其新的屈服应力仅与卸载时的塑性等效应变总量 $\int\mathrm{d}\bar{\varepsilon}_{\mathrm{p}}$ 有关，即

$$\sigma_{\mathrm{s1}}=H\left(\int\mathrm{d}\bar{\varepsilon}_{\mathrm{p}}\right) \tag{7-22}$$

式中，函数 H 反映了新的屈服应力 σ_{s1} 对塑性等效应变总量的依赖关系。

必须注意，塑性等效应变增量 $\mathrm{d}\bar{\varepsilon}_{\mathrm{p}}$ 并不是塑性等效应变 $\bar{\varepsilon}_{\mathrm{p}}$ 的全微分，而仅仅是按式(7-21)定义的一个物理量，它沿应变路径的积分 $\int\mathrm{d}\bar{\varepsilon}_{\mathrm{p}}$ 反映了塑性畸变的程度。

结合米塞斯屈服条件，可以写成

$$\bar{\sigma}=\sigma_{\mathrm{s1}}=H\left(\int\mathrm{d}\bar{\varepsilon}_{\mathrm{p}}\right) \tag{7-23}$$

这就是说，新的屈服只有当等效应力满足式(7-23)的条件时才会发生。式(7-23)反映了屈服与硬化之间的关系，称为“等向硬化材料的米塞斯准则”。不论对何种应力状态，此式均应成立，所以可由简单拉伸试验来确定其中的函数关系 H。

为了以后分析的需要，定义下面一些符号。

应变偏量：

$$\varepsilon_1'=\varepsilon_1-\varepsilon_{\mathrm{m}},\quad \varepsilon_2'=\varepsilon_2-\varepsilon_{\mathrm{m}},\quad \varepsilon_3'=\varepsilon_3-\varepsilon_{\mathrm{m}},\quad \varepsilon_4'=\varepsilon_4,\quad \varepsilon_5'=\varepsilon_5,\quad \varepsilon_6'=\varepsilon_6 \tag{7-24}$$

平均应变：

$$\varepsilon_{\mathrm{m}}=\frac{1}{3}(\varepsilon_1+\varepsilon_2+\varepsilon_3) \tag{7-25}$$

体积应变：

$$\theta=\varepsilon_1+\varepsilon_2+\varepsilon_3 \tag{7-26}$$

塑性应变增量的偏量：

$$\left.\begin{aligned}&\mathrm{d}\varepsilon_{1\mathrm{p}}'=\mathrm{d}\varepsilon_{1\mathrm{p}}-\mathrm{d}\varepsilon_{\mathrm{mp}},\quad \mathrm{d}\varepsilon_{2\mathrm{p}}'=\mathrm{d}\varepsilon_{2\mathrm{p}}-\mathrm{d}\varepsilon_{\mathrm{mp}},\quad \mathrm{d}\varepsilon_{3\mathrm{p}}'=\mathrm{d}\varepsilon_{3\mathrm{p}}-\mathrm{d}\varepsilon_{\mathrm{mp}}\\&\mathrm{d}\varepsilon_{4\mathrm{p}}'=\mathrm{d}\varepsilon_{4\mathrm{p}},\quad \mathrm{d}\varepsilon_{5\mathrm{p}}'=\mathrm{d}\varepsilon_{5\mathrm{p}},\quad \mathrm{d}\varepsilon_{6\mathrm{p}}'=\mathrm{d}\varepsilon_{6\mathrm{p}}\end{aligned}\right\} \tag{7-27}$$

注意到塑性变形不会引起体积的改变，即有

$$\mathrm{d}\varepsilon_{\mathrm{mp}}=\frac{1}{3}(\mathrm{d}\varepsilon_{1\mathrm{p}}+\mathrm{d}\varepsilon_{2\mathrm{p}}+\mathrm{d}\varepsilon_{3\mathrm{p}})=0 \tag{7-28}$$

于是式(7-27)可简化成

$$\mathrm{d}\varepsilon'_{ip} = \mathrm{d}\varepsilon_{ip}, \quad i = 1,2,\cdots,6 \tag{7-29}$$

也就是说，对塑性应变而言，偏量就是它本身。

以式(7-24)代入式(7-20)，可以用应变偏量表示等效应变：

$$\bar{\varepsilon} = \frac{\sqrt{2}\sqrt{3}}{2(1+\nu)}\left[\varepsilon_1'^2 + \varepsilon_2'^2 + \varepsilon_3'^2 + \frac{1}{2}(\varepsilon_4'^2 + \varepsilon_5'^2 + \varepsilon_6'^2)\right]^{\frac{1}{2}} \tag{7-30}$$

类似地，以 $\nu = \nu_p = \dfrac{1}{2}$ 代入，以塑性应变增量的偏量来表示塑性等效应变增量，式(7-21)可以改写成

$$\mathrm{d}\bar{\varepsilon}_p = \sqrt{\frac{2}{3}}\left[\mathrm{d}\varepsilon_{1p}'^2 + \mathrm{d}\varepsilon_{2p}'^2 + \mathrm{d}\varepsilon_{3p}'^2 + \frac{1}{2}(\mathrm{d}\varepsilon_{4p}'^2 + \mathrm{d}\varepsilon_{5p}'^2 + \mathrm{d}\varepsilon_{6p}'^2)\right]^{\frac{1}{2}} \tag{7-31}$$

利用式(7-29)，上式又可写成

$$\mathrm{d}\bar{\varepsilon}_p = \sqrt{\frac{2}{3}}\left[\mathrm{d}\varepsilon_{1p}^2 + \mathrm{d}\varepsilon_{2p}^2 + \mathrm{d}\varepsilon_{3p}^2 + \frac{1}{2}(\mathrm{d}\varepsilon_{4p}^2 + \mathrm{d}\varepsilon_{5p}^2 + \mathrm{d}\varepsilon_{6p}^2)\right]^{\frac{1}{2}} \tag{7-32}$$

引入符号

$$\mathrm{d}\boldsymbol{\varepsilon}''_p = \left[\mathrm{d}\varepsilon_{1p}, \mathrm{d}\varepsilon_{2p}, \mathrm{d}\varepsilon_{3p}, \frac{\mathrm{d}\varepsilon_{4p}}{\sqrt{2}}, \frac{\mathrm{d}\varepsilon_{5p}}{\sqrt{2}}, \frac{\mathrm{d}\varepsilon_{6p}}{\sqrt{2}}\right]^{\mathrm{T}} \tag{7-33}$$

则有

$$\mathrm{d}\bar{\varepsilon}_p = \sqrt{\frac{2}{3}}\sqrt{\mathrm{d}\boldsymbol{\varepsilon}''^{\mathrm{T}}_p \mathrm{d}\boldsymbol{\varepsilon}''_p} \tag{7-34}$$

五、应力和应变关系

在弹性理论中，有反映应力与应变一一对应关系的广义胡克定律。在塑性区域中，应变不仅与最终的应力状态有关，而且还依赖于加载的历史。目前描述塑性区域中应力与应变关系的理论主要有两种。

(1) 全量理论，又称形变理论：认为塑性变形阶段，应变全量与应力全量之间仍然存在确定的关系。

(2) 增量理论，又称流动理论：认为塑性变形阶段，应该是塑性应变增量与应力及应力增量之间的对应关系。

目前在用有限元法解弹塑性问题上，基本上都用增量理论，因此这里我们将采用增量理论来进行讨论。

1. 普朗达尔-罗斯方程

将式(7-6)定义的等效应力 $\bar{\sigma}$ 对应力矢量 $\boldsymbol{\sigma}$ 求导，可得

$$\frac{\partial\bar{\sigma}}{\partial\boldsymbol{\sigma}} = \frac{3}{2}\frac{1}{\bar{\sigma}}[\sigma_1', \sigma_2', \sigma_3', 2\sigma_4', 2\sigma_5', 2\sigma_6']^{\mathrm{T}} \tag{7-35}$$

普朗达尔首先研究了平面应变的特殊情况，然后罗斯又在更一般的情况下作出下列假定：

$$\mathrm{d}\boldsymbol{\varepsilon}_p = \lambda\frac{\partial\bar{\sigma}}{\partial\boldsymbol{\sigma}} \tag{7-36}$$

称为“法向流动法则”，式中 λ 为一待定的数量因子。

以式(7-35)代入式(7-36)，并展开有

$$\begin{Bmatrix} d\varepsilon_{1p} \\ d\varepsilon_{2p} \\ d\varepsilon_{3p} \\ d\varepsilon_{4p} \\ d\varepsilon_{5p} \\ d\varepsilon_{6p} \end{Bmatrix} = \lambda \frac{3}{2} \frac{1}{\bar{\sigma}} \begin{Bmatrix} \sigma'_1 \\ \sigma'_2 \\ \sigma'_3 \\ 2\sigma'_4 \\ 2\sigma'_5 \\ 2\sigma'_6 \end{Bmatrix} \tag{7-37}$$

或改写成

$$\begin{Bmatrix} d\varepsilon'_{1p} \\ d\varepsilon'_{2p} \\ d\varepsilon'_{3p} \\ d\varepsilon'_{4p}/2 \\ d\varepsilon'_{5p}/2 \\ d\varepsilon'_{6p}/2 \end{Bmatrix} = \lambda \frac{3}{2} \frac{1}{\bar{\sigma}} \begin{Bmatrix} \sigma'_1 \\ \sigma'_2 \\ \sigma'_3 \\ \sigma'_4 \\ \sigma'_5 \\ \sigma'_6 \end{Bmatrix} \tag{7-38}$$

等式左边为“塑性应变增量的偏张量”，右边为“应力偏张量”，而$\frac{3}{2}\frac{1}{\bar{\sigma}}\lambda$为比例常数。于是式(7-38)的物理意义很明确，即“塑性应变偏张量”与“应力偏张量”相似且同轴，或者说两者的主方向一致、各分量成比例。

将式(7-38)再改写成

$$\begin{Bmatrix} d\varepsilon_{1p} \\ d\varepsilon_{2p} \\ d\varepsilon_{3p} \\ d\varepsilon_{4p}/\sqrt{2} \\ d\varepsilon_{5p}/\sqrt{2} \\ d\varepsilon_{6p}/\sqrt{2} \end{Bmatrix} = \lambda \begin{Bmatrix} \sigma'_1 \\ \sigma'_2 \\ \sigma'_3 \\ \sqrt{2}\sigma'_4 \\ \sqrt{2}\sigma'_5 \\ \sqrt{2}\sigma'_6 \end{Bmatrix} \tag{7-39}$$

由式(7-11)、式(7-33)，上式可写成

$$d\boldsymbol{\varepsilon}''_p = \lambda \frac{3}{2} \frac{1}{\bar{\sigma}} \boldsymbol{\sigma}'' \tag{7-40}$$

这个等式两边矢量的模应该相等，于是有

$$d\boldsymbol{\varepsilon}''^{T}_p d\boldsymbol{\varepsilon}''_p = \frac{9}{4} \frac{\lambda^2}{\bar{\sigma}^2} \boldsymbol{\sigma}''^{T} \boldsymbol{\sigma}'' \tag{7-41}$$

以式(7-12)、式(7-34)代入上式，可得

$$\frac{3}{2} d\bar{\varepsilon}^2_p = \frac{3}{2}\lambda^2 \quad 或 \quad d\bar{\varepsilon}^2_p = \lambda^2 \tag{7-42}$$

因为卸载总是按照线性规律的，可不予讨论，对于加载情况，λ应取正值，故有

$$\lambda = d\bar{\varepsilon}_p \tag{7-43}$$

代入式(7-36)，得

$$d\boldsymbol{\varepsilon}_p = \frac{\partial \bar{\sigma}}{\partial \boldsymbol{\sigma}} d\bar{\varepsilon}_p \tag{7-44}$$

上式就称为普朗达尔-罗斯方程。

2. 应力-应变关系

为了推导完整的应力-应变关系，我们对等向硬化材料的米塞斯屈服准则式(7-23)的两边取微分：

$$\left(\frac{\partial\bar{\sigma}}{\partial\boldsymbol{\sigma}}\right)^{\mathrm{T}}\mathrm{d}\boldsymbol{\sigma}=\frac{\partial H}{\partial\varepsilon_{\mathrm{p}}}\mathrm{d}\bar{\varepsilon}_{\mathrm{p}}=H'\mathrm{d}\bar{\varepsilon}_{\mathrm{p}} \tag{7-45}$$

应力增量与弹性应变增量之间已知有线性关系

$$\mathrm{d}\boldsymbol{\sigma}=\boldsymbol{D}_{\mathrm{e}}\mathrm{d}\boldsymbol{\varepsilon}_{\mathrm{e}} \tag{7-46}$$

式中，$\boldsymbol{D}_{\mathrm{e}}$ 是材料的弹性矩阵。

以式(7-19)、式(7-44)代入式(7-46)，得

$$\mathrm{d}\boldsymbol{\sigma}=\boldsymbol{D}_{\mathrm{e}}\left(\mathrm{d}\boldsymbol{\varepsilon}-\frac{\partial\bar{\sigma}}{\partial\boldsymbol{\sigma}}\mathrm{d}\bar{\varepsilon}_{\mathrm{p}}\right) \tag{7-47}$$

等式两边乘$\left(\frac{\partial\bar{\sigma}}{\partial\boldsymbol{\sigma}}\right)^{\mathrm{T}}$，有

$$\left(\frac{\partial\bar{\sigma}}{\partial\boldsymbol{\sigma}}\right)^{\mathrm{T}}\mathrm{d}\boldsymbol{\sigma}=\left(\frac{\partial\bar{\sigma}}{\partial\boldsymbol{\sigma}}\right)^{\mathrm{T}}\boldsymbol{D}_{\mathrm{e}}\left(\mathrm{d}\boldsymbol{\varepsilon}-\frac{\partial\bar{\sigma}}{\partial\boldsymbol{\sigma}}\mathrm{d}\bar{\varepsilon}_{\mathrm{p}}\right) \tag{7-48}$$

以式(7-45)代入，得

$$H'\mathrm{d}\bar{\varepsilon}_{\mathrm{p}}=\left(\frac{\partial\bar{\sigma}}{\partial\boldsymbol{\sigma}}\right)^{\mathrm{T}}\boldsymbol{D}_{\mathrm{e}}\left(\mathrm{d}\boldsymbol{\varepsilon}-\frac{\partial\bar{\sigma}}{\partial\boldsymbol{\sigma}}\mathrm{d}\bar{\varepsilon}_{\mathrm{p}}\right) \tag{7-49}$$

由上式可建立塑性等效应变与全应变之间的关系式

$$\mathrm{d}\bar{\varepsilon}_{\mathrm{p}}=\frac{\left(\frac{\partial\bar{\sigma}}{\partial\boldsymbol{\sigma}}\right)^{\mathrm{T}}\boldsymbol{D}_{\mathrm{e}}}{H'+\left(\frac{\partial\bar{\sigma}}{\partial\boldsymbol{\sigma}}\right)^{\mathrm{T}}\boldsymbol{D}_{\mathrm{e}}\frac{\partial\bar{\sigma}}{\partial\boldsymbol{\sigma}}}\mathrm{d}\boldsymbol{\varepsilon} \tag{7-50}$$

再代入式(7-47)，得

$$\mathrm{d}\boldsymbol{\sigma}=\left[\boldsymbol{D}_{\mathrm{e}}-\frac{\boldsymbol{D}_{\mathrm{e}}\frac{\partial\bar{\sigma}}{\partial\boldsymbol{\sigma}}\left(\frac{\partial\bar{\sigma}}{\partial\boldsymbol{\sigma}}\right)^{\mathrm{T}}\boldsymbol{D}_{\mathrm{e}}}{H'+\left(\frac{\partial\bar{\sigma}}{\partial\boldsymbol{\sigma}}\right)^{\mathrm{T}}\boldsymbol{D}_{\mathrm{e}}\frac{\partial\bar{\sigma}}{\partial\boldsymbol{\sigma}}}\right]\mathrm{d}\boldsymbol{\varepsilon} \tag{7-51}$$

令

$$\boldsymbol{D}_{\mathrm{p}}=\frac{\boldsymbol{D}_{\mathrm{e}}\frac{\partial\bar{\sigma}}{\partial\boldsymbol{\sigma}}\left(\frac{\partial\bar{\sigma}}{\partial\boldsymbol{\sigma}}\right)^{\mathrm{T}}\boldsymbol{D}_{\mathrm{e}}}{H'+\left(\frac{\partial\bar{\sigma}}{\partial\boldsymbol{\sigma}}\right)^{\mathrm{T}}\boldsymbol{D}_{\mathrm{e}}\frac{\partial\bar{\sigma}}{\partial\boldsymbol{\sigma}}} \tag{7-52}$$

$$\boldsymbol{D}_{\mathrm{ep}}=\boldsymbol{D}_{\mathrm{e}}-\boldsymbol{D}_{\mathrm{p}} \tag{7-53}$$

于是式(7-51)可写成

$$\mathrm{d}\boldsymbol{\sigma}=(\boldsymbol{D}_{\mathrm{e}}-\boldsymbol{D}_{\mathrm{p}})\mathrm{d}\boldsymbol{\varepsilon}=\boldsymbol{D}_{\mathrm{ep}}\mathrm{d}\boldsymbol{\varepsilon} \tag{7-54}$$

式(7-54)就是增量理论中的应力-应变间的增量关系式。式中 $\boldsymbol{D}_{\mathrm{p}}$ 称为材料的塑性矩阵，$\boldsymbol{D}_{\mathrm{ep}}$ 称为弹塑性矩阵。因为 $\boldsymbol{D}_{\mathrm{p}}$ 与本次加载过程中的应力状态 $\boldsymbol{\sigma}$ 有关，因此说式(7-54)是一个非线性的增量方程。它反映了材料进入塑性状态后，在继续加载过程中的应力与应变的增量关系，它仅仅用于加载过程，而一旦发生卸载，应力与应变关系又转为线性的了。

六、$\boldsymbol{H}'$的确定

如前所述，等向硬化材料的米塞斯屈服准则式(7-23)是一个普遍适用的公式，即不论对于

何种应力状态它都应该成立。现在我们来讨论单向拉伸情况。

设拉伸方向的应力与塑性应变增量分别为

$$\sigma_x = \sigma, \quad d\varepsilon_{xp} = d\varepsilon_p$$

由于塑性变形不引起体积的改变，有

$$d\varepsilon_{yp} = d\varepsilon_{zp} = -\frac{1}{2}d\varepsilon_p$$

此时等效应力及塑性等效应变分别为

$$\bar{\sigma} = \sigma, \quad d\bar{\varepsilon}_p = d\varepsilon_p$$

则塑性等效应变总量为

$$\int d\bar{\varepsilon}_p = \int d\varepsilon_p = \varepsilon_p$$

于是，对于单向拉伸情况，屈服准则式(7-23)变为

$$\sigma = H(\varepsilon_p) \tag{7-55}$$

通常单向拉伸试验只给出拉伸应力与全应变之间的关系：

$$\sigma = \Phi(\varepsilon) \tag{7-56}$$

由于

$$\varepsilon = \varepsilon_e + \varepsilon_p = \frac{\sigma}{E} + \varepsilon_p \tag{7-57}$$

式中 E 为弹性模量，于是式(7-56)可写成

$$\sigma = \Phi\left(\frac{\sigma}{E} + \varepsilon_p\right) \tag{7-58}$$

它实际上给出了 σ 与 ε_p 的隐函数关系，对上式进行求导运算：

$$\frac{\partial\sigma}{\partial\varepsilon_p} = \frac{\partial\Phi}{\partial\varepsilon}\frac{\partial\varepsilon}{\partial\varepsilon_p} = \frac{\partial\Phi}{\partial\varepsilon}\frac{\partial}{\partial\varepsilon_p}\left(\frac{\sigma}{E} + \varepsilon_p\right) = \Phi'\left(\frac{1}{E}\frac{\partial\sigma}{\partial\varepsilon_p} + 1\right)$$

于是得

$$\frac{\partial\sigma}{\partial\varepsilon_p} = \frac{\Phi'}{1 - \frac{1}{E}\Phi'} \tag{7-59}$$

按照 H' 的定义式(7-45)，在单向拉伸情况下，有

$$H' = \frac{\partial\bar{\sigma}}{\partial\bar{\varepsilon}_p} = \frac{\partial\sigma}{\partial\varepsilon_p} = \frac{\Phi'}{1 - \frac{1}{E}\Phi'} \tag{7-60}$$

于是由 Φ' 就可确定 H'。

在通常情况下，Φ' 和 H' 是不同的，图 7-10 的单向拉伸的应力-应变关系曲线说明了其物理意义。归结如下：

$E = \dfrac{\partial\sigma}{\partial\varepsilon_e}$：反映应力与弹性应变的增量关系；

$H = \dfrac{\partial\sigma}{\partial\varepsilon_p}$：反映应力与塑性应变的增量关系；

$\Phi' = \dfrac{\partial\sigma}{\partial\varepsilon}$：反映应力与全应变的增量关系。

式(7-60)给出了上述 3 个物理量之间的关系。

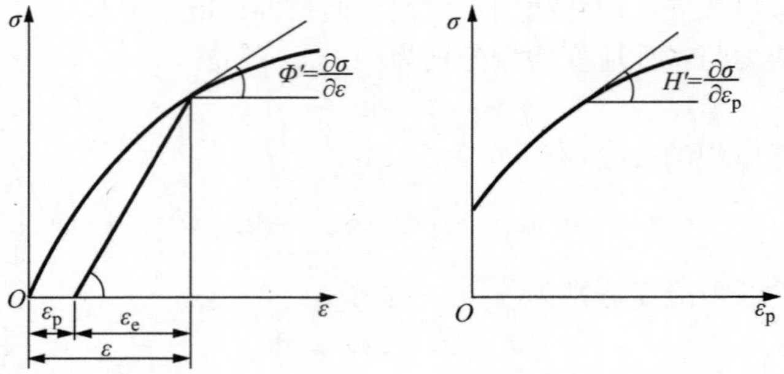

(a) 应力-全应变　　(b) 应力-塑性应变

图 7-10　单向应力-应变关系

在数值计算时，通常可采用 Ramberg-Qcgood 三参数表达式来代替幂次硬化的应力-应变曲线：

$$\varepsilon = \frac{\sigma}{E} + \alpha\left(\frac{\sigma}{E}\right)^n \tag{7-61}$$

式中，α，n 为材料特性参数。

七、弹塑性矩阵的表达式

在进行弹塑性分析时，首先需要确定弹塑性矩阵 $\boldsymbol{D}_{\mathrm{ep}}$，由式(7-52)可知，关键在于计算其中 $\boldsymbol{D}_{\mathrm{e}}\dfrac{\partial\bar{\sigma}}{\partial\boldsymbol{\sigma}}$项。本节给出几种典型情况。

1. 三维问题

三维问题中的弹性矩阵可以改写成

$$\boldsymbol{D}_{\mathrm{e}} = \begin{bmatrix} \lambda+2G & & & \text{对} & & \\ \lambda & \lambda+2G & & & & \\ \lambda & \lambda & \lambda+2G & & \text{称} & \\ 0 & 0 & 0 & G & & \\ 0 & 0 & 0 & 0 & G & \\ 0 & 0 & 0 & 0 & 0 & G \end{bmatrix} \tag{7-62}$$

其中

$$\lambda = \frac{E\nu}{(1+\nu)(1-2\nu)}, \quad G = \frac{E}{2(1+\nu)} \tag{7-63}$$

分别称为拉梅(Lamé)常数和切变模量，E 为弹性模量，ν 为泊松比。

由式(7-35)、式(7-62)，可得

$$\boldsymbol{D}_{\mathrm{e}}\frac{\partial\bar{\sigma}}{\partial\boldsymbol{\sigma}} = \frac{3}{2}\frac{1}{\sigma}\begin{Bmatrix} \lambda(\sigma'_1+\sigma'_2+\sigma'_3)+2G\sigma'_1 \\ \lambda(\sigma'_1+\sigma'_2+\sigma'_3)+2G\sigma'_2 \\ (\sigma'_1+\sigma'_2+\sigma'_3)+2G\sigma'_3 \\ 2G\sigma_4 \\ 2G\sigma_5 \\ 2G\sigma_6 \end{Bmatrix}$$

按应力偏量的定义，有

$$\sigma_1' + \sigma_2' + \sigma_3' = 0$$

于是得

$$\boldsymbol{D}_\mathrm{e} \frac{\partial \bar{\sigma}}{\partial \boldsymbol{\sigma}} = \frac{3G}{\bar{\sigma}} \boldsymbol{\sigma}' \tag{7-64}$$

代入式(7-52)、式(7-53),得

$$\boldsymbol{D}_\mathrm{p} = \frac{9G^2}{(H' + 3G)\bar{\sigma}^2} \boldsymbol{\sigma}' \boldsymbol{\sigma}'^\mathrm{T} \tag{7-65}$$

$$\boldsymbol{D}_\mathrm{ep} = \boldsymbol{D}_\mathrm{e} - \boldsymbol{D}_\mathrm{p} \tag{7-66}$$

2. 轴对称问题

如图 7-11 所示,取 z 轴为对称轴,则有

应力矢量

$$\boldsymbol{\sigma} = [\sigma_r, \sigma_\theta, \sigma_z, \tau_{zr}]^\mathrm{T}$$

应变矢量

$$\boldsymbol{\varepsilon} = [\varepsilon_r, \varepsilon_\theta, \varepsilon_z, \gamma_{zr}]^\mathrm{T}$$

平均应力

$$\sigma_\mathrm{m} = \frac{1}{3}(\sigma_r + \sigma_\theta + \sigma_z)$$

应力偏量

$$S_x = \sigma_r - \sigma_\mathrm{m}, \quad S_y = \sigma_\theta - \sigma_\mathrm{m}$$
$$S_z = \sigma_z - \sigma_\mathrm{m}, \quad S_{zr} = \gamma_{zr}$$

偏应力矢量

$$\boldsymbol{\sigma}' = [S_x, S_y, S_z, S_{zr}]^\mathrm{T}$$

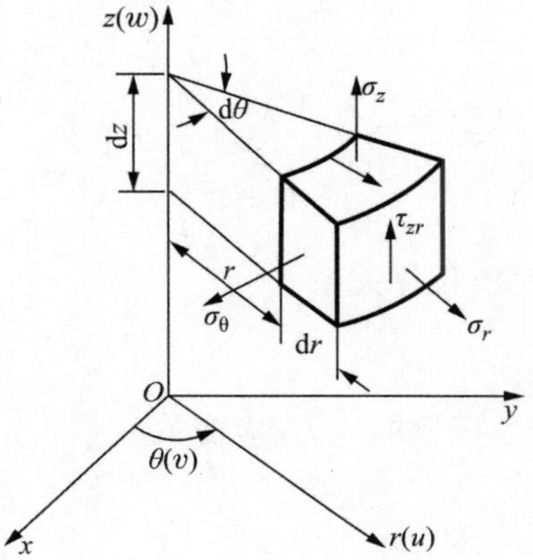

图 7-11　轴对称问题

等效应力

$$\bar{\sigma} = \sqrt{\frac{3}{2}} \sqrt{S_x^2 + S_y^2 + S_z^2 + 2S_{zr}^2}$$

应力-位移关系

$$\boldsymbol{\varepsilon} = \left[\frac{\partial u}{\partial r}, \frac{u}{r}, \frac{\partial w}{\partial z}, \frac{\partial w}{\partial r} + \frac{\partial u}{\partial z}\right]^\mathrm{T}$$

弹性区域的应力-应变关系

$$\mathrm{d}\boldsymbol{\sigma} = \boldsymbol{D}_\mathrm{e} \mathrm{d}\boldsymbol{\varepsilon}_\mathrm{e}$$

$$\boldsymbol{D}_\mathrm{e} = \begin{bmatrix} \lambda + 2G & & \text{对} & \\ \lambda & \lambda + 2G & & \text{称} \\ \lambda & \lambda & \lambda + 2G & \\ 0 & 0 & 0 & G \end{bmatrix}$$

经过与三维问题类似的推导,可得

$$\frac{\partial \bar{\sigma}}{\partial \boldsymbol{\sigma}} = \frac{3}{2} \frac{1}{\bar{\sigma}} [S_x, S_y, S_z, S_{zr}]^\mathrm{T} \tag{7-67}$$

$$\boldsymbol{D}_\mathrm{p} = \frac{9G^2}{(H' + 3G)\bar{\sigma}^2} \boldsymbol{\sigma}' \boldsymbol{\sigma}'^\mathrm{T} \tag{7-68}$$

3. 平面应力问题

取 xy 平面讨论(见图 7-12),则有

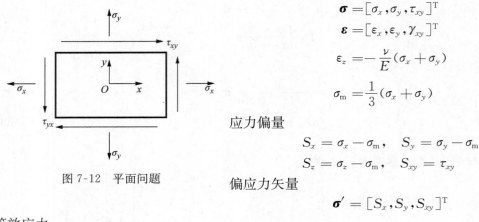

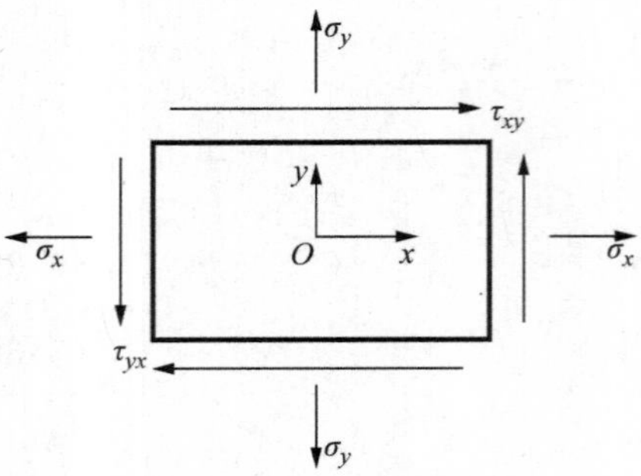

图 7-12 平面问题

$$\boldsymbol{\sigma}=[\sigma_x,\sigma_y,\tau_{xy}]^{\mathrm{T}}$$

$$\boldsymbol{\varepsilon}=[\varepsilon_x,\varepsilon_y,\gamma_{xy}]^{\mathrm{T}}$$

$$\varepsilon_z=-\frac{\nu}{E}(\sigma_x+\sigma_y)$$

$$\sigma_{\mathrm{m}}=\frac{1}{3}(\sigma_x+\sigma_y)$$

应力偏量

$$S_x=\sigma_x-\sigma_{\mathrm{m}},\quad S_y=\sigma_y-\sigma_{\mathrm{m}}$$

$$S_z=\sigma_z-\sigma_{\mathrm{m}},\quad S_{xy}=\tau_{xy}$$

偏应力矢量

$$\boldsymbol{\sigma}'=[S_x,S_y,S_{xy}]^{\mathrm{T}}$$

等效应力

$$\bar{\sigma}=\frac{1}{\sqrt{2}}\sqrt{(\sigma_x-\sigma_y)^2+\sigma_y^2+\sigma_x^2+6\tau_{xy}^2}=\sqrt{\sigma_x^2+\sigma_y^2-\sigma_x\sigma_y+3\tau_{xy}^2}$$

应变-位移关系

$$\boldsymbol{\varepsilon}=\left[\frac{\partial u}{\partial x},\frac{\partial v}{\partial y},\frac{\partial u}{\partial y}+\frac{\partial v}{\partial x}\right]^{\mathrm{T}}$$

弹性区域的应力-应变关系

$$\mathrm{d}\boldsymbol{\sigma}=\boldsymbol{D}_{\mathrm{e}}\mathrm{d}\boldsymbol{\varepsilon}_{\mathrm{e}}$$

$$\boldsymbol{D}_{\mathrm{e}}=\frac{E}{1-\nu^2}\begin{bmatrix}1 & \nu & 0\\ \nu & 1 & 0\\ 0 & 0 & \frac{1-\nu}{2}\end{bmatrix}\tag{7-69}$$

$$\frac{\partial\bar{\sigma}}{\partial\boldsymbol{\sigma}}=\frac{3}{2}\ \frac{1}{\bar{\sigma}}[S_x,S_y,2S_{xy}]^{\mathrm{T}}$$

注意到

$$\frac{E}{G}=2(1+\nu)$$

并令

$$\boldsymbol{S}_\nu=[S_x+\nu S_y,S_y+\nu S_x,(1+\nu)S_{xy}]^{\mathrm{T}}\tag{7-70}$$

则有

$$\boldsymbol{D}_{\mathrm{e}}\frac{\partial\bar{\sigma}}{\partial\boldsymbol{\sigma}}=\frac{3G}{(1-\nu)\bar{\sigma}}\boldsymbol{S}_\nu$$

$$\left(\frac{\partial\bar{\sigma}}{\partial\boldsymbol{\sigma}}\right)^{\mathrm{T}}\boldsymbol{D}_{\mathrm{e}}\frac{\partial\bar{\sigma}}{\partial\boldsymbol{\sigma}}=\frac{9G}{2(1-\nu)\bar{\sigma}^2}K$$

$$K=[S_x^2+2\nu S_xS_y+S_y^2+2(1-\nu)S_{xy}^2]$$

再令

$$Q=\frac{2H'(1-\nu)\bar{\sigma}^2}{9G}+K$$

最终可得

$$\boldsymbol{D}_{\mathrm{p}}=\frac{E}{(1-\nu^2)Q}\boldsymbol{S}_\nu\boldsymbol{S}_\nu^{\mathrm{T}}\tag{7-71}$$

4. 平面应变问题

习惯上称之为平面应变问题，实质上是平面位移问题。仍取 xy 平面讨论(见图 7-12)。垂直平面方向的位移 $w=0$，故有应变分量

$$\varepsilon_z = \gamma_{xz} = \gamma_{yz} = 0$$

而应力分量中，有

$$\tau_{yz} = \tau_{xz} = 0,\quad \sigma_z = \nu(\sigma_x + \sigma_y)$$

应力矢量

$$\boldsymbol{\sigma} = [\sigma_x, \sigma_y, \sigma_z, \tau_{xy}]^{\mathrm{T}}$$

应变矢量

$$\boldsymbol{\varepsilon} = [\varepsilon_x, \varepsilon_y, \varepsilon_z, \gamma_{xy}]^{\mathrm{T}}$$

弹性区域中，有

$$\mathrm{d}\boldsymbol{\sigma} = \boldsymbol{D}_{\mathrm{e}}\mathrm{d}\boldsymbol{\varepsilon}_{\mathrm{e}}$$

$$\boldsymbol{D}_{\mathrm{e}} = \frac{E(1-\nu)}{(1+\nu)(1-2\nu)}\begin{bmatrix} 1 & & & \text{对} \\ \frac{\nu}{1-\nu} & 1 & & \text{称} \\ \frac{\nu}{1-\nu} & \frac{\nu}{1-\nu} & 1 & \\ 0 & 0 & 0 & \frac{1-2\nu}{2(1-\nu)} \end{bmatrix}$$

平均应力

$$\sigma_{\mathrm{m}} = \frac{1}{3}(\sigma_x + \sigma_y + \sigma_z) = \frac{1+\nu}{3}(\sigma_x + \sigma_y)$$

应力偏量

$$S_x = \sigma_x - \sigma_{\mathrm{m}},\quad S_y = \sigma_y - \sigma_{\mathrm{m}},\quad S_z = \sigma_z - \sigma_{\mathrm{m}},\quad S_{xy} = \tau_{xy}$$

偏应力矢量

$$\boldsymbol{\sigma}' = [S_x, S_y, S_z, S_{xy}]^{\mathrm{T}}$$

等效应力

$$\bar{\sigma} = \sqrt{\frac{3}{2}}\sqrt{S_x^2 + S_y^2 + S_z^2 + 2S_{xy}^2}$$

$$\frac{\partial\bar{\sigma}}{\partial\boldsymbol{\sigma}} = \frac{3}{2}\,\frac{1}{\bar{\sigma}}[S_x, S_y, S_z, 2S_{xy}]^{\mathrm{T}}$$

最终可导出

$$\boldsymbol{D}_{\mathrm{p}} = \frac{9G^2}{(H'+3G)\bar{\sigma}^2}\boldsymbol{\sigma}'\boldsymbol{\sigma}'^{\mathrm{T}} \tag{7-72}$$

第二节　线性化的逐步增量法

分析材料非线性问题的方法主要有两大类:直接迭代法和线性化的逐步增量法。

直接迭代法是假定全部材料都是弹性的，按弹性计算通常的结构刚度，把全部载荷加到结构上去并解出位移，而后计算出每个单元的应力和应变。对那些已超出它们的屈服极限的单

元，适当地降低它们的弹性刚度，根据修改过的弹性性质，再重新形成结构刚度，依照上述步骤再次进行计算，直到满足某些收敛准则为止。薄壁构件结构力学中的减缩系数法就是这种直接迭代法的典型例子。图 7-13 给出了一个单自由度系统的示意图，图中 σ_A 和 ε_A 代表最终的应力与应变。

直接迭代法的主要优点是它的简单性。将弹性结构分析程序做少量的修改就可以用作弹塑性结构分析。然而，这种方法是依据于全量理论的，仅当所有应力是按比例增加时，全量理论才是合适的，但大多数工程实际结构很难满足这种“比例加载”的限制，而且这种方法没有考虑塑性变形材料可能的弹性卸载，以及如果塑性变形的区域较大时，这种方法往往收敛很慢甚至不收敛，因此，目前在有限元法中很少应用直接迭代法。

线性化的逐步增量法，是把全部外载荷分成若干部分的增量载荷，用逐步施加增量载荷的方法把全部载荷施加到结构上，这样，在一定应力和应变水平上增加一次载荷，将产生应力增量 $\Delta\boldsymbol{\sigma}$ 和应变增量 $\Delta\boldsymbol{\varepsilon}$。只要增量载荷取得足够小，以至在每一增量步中都可以认为是个线性问题，也就是说，用一系列逐段线性来逼近原来的曲线，图 7-14 是一个单自由度的情况。从理论上讲，只要增量步数取得足够大，就可以无限接近真实解，但从效果考虑，这种做法代价太大，因此提出了各种不同的修改格式，目前用有限元法解非线性问题几乎无例外地采用增量法。本节就介绍几种最常用的基本方法。

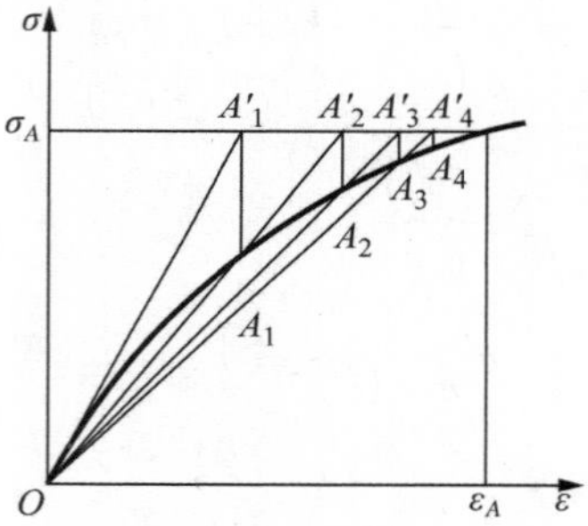

图 7-13　直接迭代法

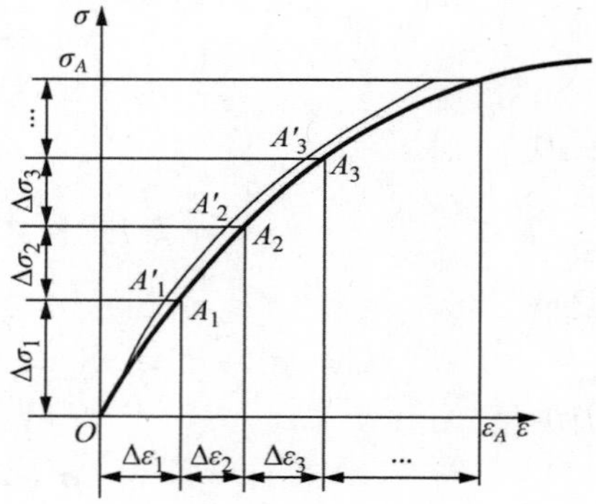

图 7-14　逐步增量法

如上所述，只要载荷取得足够小，就可能把式(7-54)定义的应力增量和应变增量的关系式变换成

$$\Delta\boldsymbol{\sigma} = \boldsymbol{D}_{\mathrm{ep}}\Delta\boldsymbol{\varepsilon} = (\boldsymbol{D}_{\mathrm{e}} - \boldsymbol{D}_{\mathrm{p}})\Delta\boldsymbol{\varepsilon} \tag{7-73}$$

从形式上看，这里仅仅是用增量代替了微分，但其本质的区别在于此时的 $\boldsymbol{D}_{\mathrm{ep}}$ 仅仅与这一增量载荷施加前的应力状态有关，而与本次增量载荷作用下将要产生的应力增量无关。也就是说，在每次加载过程中，弹塑性矩阵 $\boldsymbol{D}_{\mathrm{ep}}$ 可以认为是个常数矩阵。因此，式(7-73)是一个线性关系式。

一、增量变刚度法

1. 小位移弹塑性问题中的增量势能原理

如果以式(7-73)代替式(6-9)表示应力-应变关系的话，那么对于个别单元的最小势能原理的增量形式的泛函式(6-22)可表示为

$$\Pi=\int_V\left[\Delta\boldsymbol{\varepsilon}_{\mathrm{t}}^{\mathrm{T}}\boldsymbol{\sigma}^0+\frac{1}{2}\Delta\boldsymbol{\varepsilon}_{\mathrm{t}}^{\mathrm{T}}\boldsymbol{D}_{\mathrm{ep}}\Delta\boldsymbol{\varepsilon}_t-\Delta\boldsymbol{f}^{\mathrm{T}}(\overline{\boldsymbol{F}}^0+\Delta\overline{\boldsymbol{F}})\right]\mathrm{d}V-\iint_{S_\sigma}\Delta\boldsymbol{f}^{\mathrm{T}}(\overline{\boldsymbol{T}}^0+\Delta\overline{\boldsymbol{T}})\mathrm{d}S \tag{7-74}$$

或表示成式(6-23)的形式：

$$\Pi=\int_V\left[\Delta\boldsymbol{\varepsilon}^{\mathrm{T}}\boldsymbol{\sigma}^0+\frac{1}{2}\Delta\boldsymbol{\varepsilon}^{\mathrm{T}}\boldsymbol{D}_{\mathrm{ep}}\Delta\boldsymbol{\varepsilon}+\Delta\boldsymbol{\varepsilon}^{\mathrm{T}}\boldsymbol{D}_{\mathrm{ep}}\Delta\boldsymbol{\varepsilon}^0-\Delta\boldsymbol{f}^{\mathrm{T}}(\overline{\boldsymbol{F}}^0+\Delta\overline{\boldsymbol{F}})\right]\mathrm{d}V-\iint_{S_\sigma}\Delta\boldsymbol{f}^{\mathrm{T}}(\overline{\boldsymbol{T}}^0+\Delta\overline{\boldsymbol{T}})\mathrm{d}S+I \tag{7-75}$$

式中，I 为不参加变分的项。

2. 有限元列式

以节点位移内插单元的位移场

$$\Delta\boldsymbol{f}=\boldsymbol{N}\Delta\boldsymbol{d} \tag{7-76}$$

由应变-位移关系式(7-75)，可得

$$\Delta\boldsymbol{\varepsilon}=\boldsymbol{D}_u\Delta\boldsymbol{f}=\boldsymbol{B}\Delta\boldsymbol{d} \tag{7-77}$$

$$\Delta\boldsymbol{\varepsilon}^0=(\boldsymbol{D}_u\boldsymbol{f}^0-\boldsymbol{\varepsilon}^0) \tag{7-78}$$

将上述三式代入式(7-75)并略去不参加变分的项 I，得

$$\Pi=\frac{1}{2}\Delta\boldsymbol{d}^{\mathrm{T}}\int_V\boldsymbol{B}^{\mathrm{T}}\boldsymbol{D}_{\mathrm{ep}}\boldsymbol{B}\mathrm{d}V\Delta\boldsymbol{d}+\Delta\boldsymbol{d}^{\mathrm{T}}\left(\int_V\boldsymbol{B}^{\mathrm{T}}\boldsymbol{\sigma}^0\mathrm{d}V-\int_V\boldsymbol{N}^{\mathrm{T}}\overline{\boldsymbol{F}}^0\mathrm{d}V-\iint_{S_\sigma}\boldsymbol{N}^{\mathrm{T}}\overline{\boldsymbol{T}}^0\mathrm{d}S\right)+\Delta\boldsymbol{d}^{\mathrm{T}}\int_V\boldsymbol{B}^{\mathrm{T}}\boldsymbol{D}_{\mathrm{ep}}\Delta\boldsymbol{\varepsilon}^0\mathrm{d}V-\Delta\boldsymbol{d}^{\mathrm{T}}\left(\int_V\boldsymbol{N}^{\mathrm{T}}\Delta\overline{\boldsymbol{F}}\mathrm{d}V+\iint_{S_\sigma}\boldsymbol{N}^{\mathrm{T}}\Delta\overline{\boldsymbol{T}}\mathrm{d}S\right) \tag{7-79}$$

令

$$\boldsymbol{K}_{\mathrm{ep}}=\int_V\boldsymbol{B}^{\mathrm{T}}\boldsymbol{D}_{\mathrm{ep}}\boldsymbol{B}\mathrm{d}V \tag{7-80}$$

称为单元弹塑性刚度矩阵；

$$\Delta\boldsymbol{F}=\int_V\boldsymbol{N}^{\mathrm{T}}\Delta\overline{\boldsymbol{F}}\mathrm{d}V+\iint_{S_\sigma}\boldsymbol{N}^{\mathrm{T}}\Delta\overline{\boldsymbol{T}}\mathrm{d}S \tag{7-81}$$

表示与增量体力 $\Delta\overline{\boldsymbol{F}}$、增量面力 $\Delta\overline{\boldsymbol{T}}$ 静力等效的节点载荷；

$$\Delta\boldsymbol{R}_\sigma^0=-\left(\int_V\boldsymbol{B}^{\mathrm{T}}\boldsymbol{\sigma}^0\mathrm{d}V-\int_V\boldsymbol{N}^{\mathrm{T}}\overline{\boldsymbol{F}}^0\mathrm{d}V-\iint_{S_\sigma}\boldsymbol{N}^{\mathrm{T}}\overline{\boldsymbol{T}}^0\mathrm{d}S\right) \tag{7-82}$$

反映初始不平衡程度的等效节点载荷；

$$\Delta\boldsymbol{R}_\varepsilon^0=-\int_V\boldsymbol{B}^{\mathrm{T}}\boldsymbol{D}_{\mathrm{ep}}\Delta\boldsymbol{\varepsilon}^0\mathrm{d}V \tag{7-83}$$

反映由于初始不协调应变 $\Delta\boldsymbol{\varepsilon}^0$ 引起的等效节点载荷。

于是，式(7-79)可以简洁地写成

$$\Pi=\frac{1}{2}\Delta\boldsymbol{d}^{\mathrm{T}}\boldsymbol{K}_{\mathrm{ep}}\Delta\boldsymbol{d}-\Delta\boldsymbol{d}^{\mathrm{T}}\Delta\boldsymbol{R}_\sigma^0-\Delta\boldsymbol{d}^{\mathrm{T}}\Delta\boldsymbol{R}_\varepsilon^0-\Delta\boldsymbol{d}^{\mathrm{T}}\Delta\boldsymbol{F} \tag{7-84}$$

如果以

$$\Delta\boldsymbol{P}=\Delta\boldsymbol{F}+\Delta\boldsymbol{R}_\sigma^0+\Delta\boldsymbol{R}_\varepsilon^0 \tag{7-85}$$

表示总的节点载荷增量，那么可以写成

$$\Pi=\frac{1}{2}\Delta\boldsymbol{d}^{\mathrm{T}}\boldsymbol{K}_{\mathrm{ep}}\Delta\boldsymbol{d}-\Delta\boldsymbol{d}^{\mathrm{T}}\Delta\boldsymbol{P} \tag{7-86}$$

由最小势能原理可知，对于处于平衡状态的单元，有

$$\delta \Pi = \delta \Delta \boldsymbol{d}^{\mathrm{T}} \frac{\partial \Pi}{\partial \Delta \boldsymbol{d}} = 0 \tag{7-87}$$

由线性化假设可知，$\boldsymbol{K}_{\mathrm{ep}}$ 与 $\Delta \boldsymbol{d}$ 无关，这里再进一步假定 $\Delta \boldsymbol{P}$ 与 $\Delta \boldsymbol{d}$ 无关。于是式(7-86)代入式(7-87)，可得

$$\boldsymbol{K}_{\mathrm{ep}} \Delta \boldsymbol{d} = \Delta \boldsymbol{P} \tag{7-88}$$

这就是单元的节点平衡方程，由它组集结构的平衡方程。

3. 线性化的逐步增量法

当载荷增加到使结构中有单元进入屈服状态时，就采用增量加载的方法，设在进入屈服前的载荷、位移、应变和应力分别为 $\boldsymbol{P}_0, \boldsymbol{d}_0, \boldsymbol{\varepsilon}_0, \boldsymbol{\sigma}_0$。在此基础上再施加增量载荷 $\Delta \boldsymbol{P}_i$，则可求解基本方程

$$\boldsymbol{K}_{i-1} \Delta \boldsymbol{d}_i = \Delta \boldsymbol{P}_i, \qquad i = 1, 2, \cdots, n \tag{7-89}$$

在求得节点位移增量 $\Delta \boldsymbol{d}_i$ 后，再按下式计算应变增量、应力增量：

$$\begin{aligned} \Delta \boldsymbol{\varepsilon}_i &= \boldsymbol{B} \Delta \boldsymbol{d}_i \\ \Delta \boldsymbol{\sigma}_i &= (\boldsymbol{D}_{\mathrm{ep}})_{i-1} \Delta \boldsymbol{\varepsilon}_i \end{aligned} \tag{7-90}$$

而总的载荷、位移、应变和应力则由下式确定：

$$\left.\begin{aligned} \boldsymbol{P} &= \boldsymbol{P}_0 + \sum_{i=1}^{n} \Delta \boldsymbol{P}_i \\ \boldsymbol{d} &= \boldsymbol{d}_0 + \sum_{i=1}^{n} \Delta \boldsymbol{d}_i \\ \boldsymbol{\varepsilon} &= \boldsymbol{\varepsilon}_0 + \sum_{i=1}^{n} \Delta \boldsymbol{\varepsilon}_i \\ \boldsymbol{\sigma} &= \boldsymbol{\sigma}_0 + \sum_{i=1}^{n} \Delta \boldsymbol{\sigma}_i \end{aligned}\right\} \tag{7-91}$$

这种计算格式是很清楚的，但困难在于在加载过程中并非是所有单元都同时进入塑性区域的。一般说来，在逐步加载过程中，塑性区域是不断扩展的。我们把增量载荷 $\Delta \boldsymbol{P}_i$ 施加在结构上，将结构分成下列 3 种区域，而分别处理的方法见本章文献[1]。

弹性区域：在 $\Delta \boldsymbol{P}_i$ 施加前和施加后均处于弹性范围的区域。在这种区域中的单元的刚度矩阵可按下式计算：

$$\boldsymbol{K}^{\mathrm{e}} = \boldsymbol{K}_{\mathrm{e}} = \int_V \boldsymbol{B}^{\mathrm{T}} \boldsymbol{D}_{\mathrm{e}} \boldsymbol{B} \mathrm{d}V \tag{7-92}$$

式中，$\boldsymbol{D}_{\mathrm{e}}$ 为单元的弹性矩阵。

塑性区域：在 $\Delta \boldsymbol{P}_i$ 施加前已经处于塑性状态，在施力 $\Delta \boldsymbol{P}_i$ 后仍然处于塑性状态的区域，该区域中的单元的刚度矩阵可按下式计算：

$$\boldsymbol{K}^{\mathrm{e}} = \boldsymbol{K}_{\mathrm{ep}} = \int_V \boldsymbol{B}^{\mathrm{T}} \boldsymbol{D}_{\mathrm{ep}} \boldsymbol{B} \mathrm{d}V \tag{7-93}$$

式中，$\boldsymbol{D}_{\mathrm{ep}}$ 为单元的弹塑性矩阵，应按加载荷的应力水平 $\boldsymbol{\sigma}_{i-1}$ 由式(7-53)确定。

过渡区域：在 $\Delta \boldsymbol{P}_i$ 施加前处于弹性阶段，在 $\Delta \boldsymbol{P}_i$ 施加过程中逐渐进入屈服，此区域中的单元的刚度矩阵可按下式计算：

$$\boldsymbol{K}^{e}=\overline{\boldsymbol{K}}_{ep}=\int_{V}\boldsymbol{B}^{T}\overline{\boldsymbol{D}}_{ep}\boldsymbol{B}\mathrm{d}V \tag{7-94}$$

式中，$\overline{\boldsymbol{D}}_{ep}$称为“加权平均弹塑性矩阵”，按下式定义：

$$\overline{\boldsymbol{D}}_{ep}=m\boldsymbol{D}_{e}+(1-m)\boldsymbol{D}_{ep} \tag{7-95}$$

其中

$$m=\Delta\bar{\varepsilon}_{s}/\Delta\bar{\varepsilon}_{es}\leqslant 1 \tag{7-96}$$

称为权系数，$\Delta\bar{\varepsilon}_{s}$ 表示要使该单元达到屈服尚需增加的等效应变数值，$\Delta\bar{\varepsilon}_{es}$为本次加载可能产生的等效应变数值，单自由度情况如图 7-15 所示。

这种方法的优点是可以正确地考虑与加载路径、历程有关的塑性性质，并在塑性发展时追踪它的特性，还可以计算多次加载、卸载的复杂情况。如果采用加权平均弹塑性矩阵，即使每次的载荷增量取得较大，加载过程中进入屈服的单元较多时也能获得比较精确的解答。但是，这种方法的计算量较大，程序编制也较复杂，由于对每一次加载都必须根据这种加载前的应力状态重新计算每个单元的刚度矩阵，故这种方法称为“增量变刚度法”。

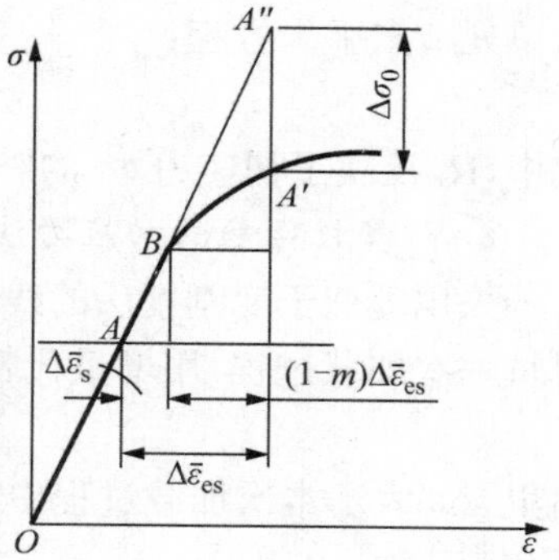

图 7-15　权系数和初应力

二、增量初应力法

1. *有初应力的弹性问题*

具有初应力的弹性问题的应力-应变关系可写成

$$\boldsymbol{\sigma}=\boldsymbol{D}_{e}\boldsymbol{\varepsilon}+\boldsymbol{\sigma}_{0} \tag{7-97}$$

式中，$\boldsymbol{\sigma}_{0}$ 表示初应力，此时应变能将由两部分组成：

$$U=\frac{1}{2}\int_{V}\boldsymbol{\varepsilon}^{T}\boldsymbol{D}_{e}\boldsymbol{\varepsilon}\,\mathrm{d}V+\int_{V}\boldsymbol{\varepsilon}^{T}\boldsymbol{\sigma}_{0}\,\mathrm{d}V \tag{7-98}$$

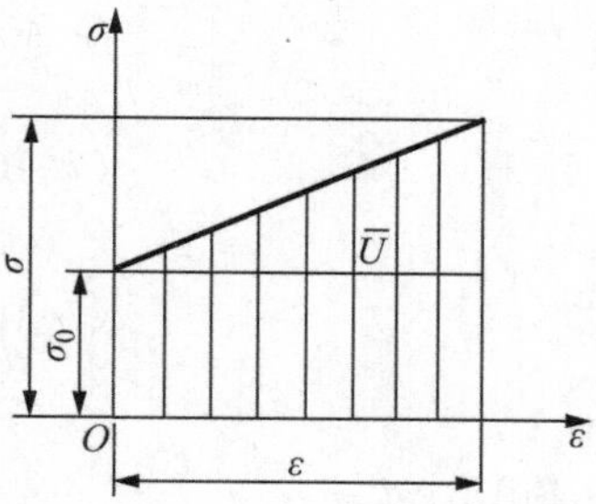

图 7-16　初应力问题

其中，第一项表示受载过程中由本次载荷产生的应力、应变所形成的应变能；第二项表示初应力在变形过程中所做的功。图 7-16 表示一个单自由度情况。

按照最小势能原理可导出具有初应力的弹性问题的有限单元的基本方程：

位移模式：

$$\boldsymbol{f}=\boldsymbol{N}\boldsymbol{d}$$

应变-位移关系：

$$\boldsymbol{\varepsilon}=\boldsymbol{D}_{u}\boldsymbol{f}=\boldsymbol{B}\boldsymbol{d}$$

应力-应变关系：

$$\boldsymbol{\sigma}=\boldsymbol{D}_{e}\boldsymbol{\varepsilon}+\boldsymbol{\sigma}_{0}=\boldsymbol{D}_{e}\boldsymbol{B}\boldsymbol{d}+\boldsymbol{\sigma}_{0}$$

应变能：

$$U=\frac{1}{2}\boldsymbol{d}^{T}\left(\int_{V}\boldsymbol{B}^{T}\boldsymbol{D}_{e}\boldsymbol{B}\mathrm{d}V\right)\boldsymbol{d}+\boldsymbol{d}^{T}\int_{V}\boldsymbol{B}^{T}\boldsymbol{\sigma}_{0}\,\mathrm{d}V \tag{7-99}$$

令

$$\boldsymbol{K}_{\mathrm{e}}=\int_{V}\boldsymbol{B}^{\mathrm{T}}\boldsymbol{D}_{\mathrm{e}}\boldsymbol{B}\mathrm{d}V \tag{7-100}$$

称为单元刚度矩阵；

$$\boldsymbol{R}_{\sigma}=-\int_{V}\boldsymbol{B}^{\mathrm{T}}\boldsymbol{\sigma}_{0}\,\mathrm{d}V \tag{7-101}$$

称为初应力矢量；并以 $\boldsymbol{F}$ 表示与节点位移 $\boldsymbol{d}$ 对应的等效节点载荷。于是由卡氏第一定理可导出单元节点平衡方程：

$$\boldsymbol{K}_{\mathrm{e}}\boldsymbol{d}=\boldsymbol{F}+\boldsymbol{R}_{\sigma} \tag{7-102}$$

其中，$\boldsymbol{R}_{\sigma}$ 反映了初应力 $\boldsymbol{\sigma}_{0}$ 的影响。

2. *弹塑性问题的初应力法*

采用类似于变刚度法的线性化过程，在有单元要进入塑性状态时就采用逐步加载的方法，对每一次加载过程，用增量代替微分，于是式(7-73)可以写成

$$\Delta\boldsymbol{\sigma}=\boldsymbol{D}_{\mathrm{e}}\Delta\boldsymbol{\varepsilon}-\boldsymbol{D}_{\mathrm{p}}\Delta\boldsymbol{\varepsilon} \tag{7-103}$$

这里，$\Delta\boldsymbol{\varepsilon}$ 表示本次加载过程中将要产生的应变增量，与式(7-97)比较可知，这里 $-\boldsymbol{D}_{\mathrm{p}}\Delta\boldsymbol{\varepsilon}$ 相当于初应力 $\boldsymbol{\sigma}_{0}$。

在采用协调模型的大多数情况中，可以不考虑“初始不协调应变”$\Delta\boldsymbol{\varepsilon}^{0}$。式(7-74)的泛函可以写成

$$\begin{aligned}\Pi=&\int_{V}\left[\Delta\boldsymbol{\varepsilon}^{\mathrm{T}}\boldsymbol{\sigma}^{0}+\frac{1}{2}\Delta\boldsymbol{\varepsilon}^{\mathrm{T}}\Delta\boldsymbol{\sigma}-\Delta\boldsymbol{f}^{\mathrm{T}}(\bar{\boldsymbol{F}}^{0}+\Delta\bar{\boldsymbol{F}})\right]\mathrm{d}V-\\&\iint_{S_{\sigma}}\Delta\boldsymbol{f}^{\mathrm{T}}(\bar{\boldsymbol{T}}^{0}+\Delta\bar{\boldsymbol{T}})\mathrm{d}S\end{aligned} \tag{7-104a}$$

式中，$\boldsymbol{\sigma}^{0}$ 表示本次载荷施加前的应力状态，展开后，得

$$\begin{aligned}\Pi=&\frac{1}{2}\int_{V}\Delta\boldsymbol{\varepsilon}^{\mathrm{T}}\Delta\boldsymbol{\sigma}\,\mathrm{d}V-\int_{V}\Delta\boldsymbol{f}^{\mathrm{T}}\Delta\bar{\boldsymbol{F}}\mathrm{d}V-\iint_{S_{\sigma}}\Delta\boldsymbol{f}^{\mathrm{T}}\Delta\bar{\boldsymbol{T}}\mathrm{d}S+\\&\int_{V}\Delta\boldsymbol{\varepsilon}^{\mathrm{T}}\boldsymbol{\sigma}^{0}\,\mathrm{d}V-\int_{V}\Delta\boldsymbol{f}^{\mathrm{T}}\bar{\boldsymbol{F}}^{0}\,\mathrm{d}V-\iint_{S_{\sigma}}\Delta\boldsymbol{f}^{\mathrm{T}}\bar{\boldsymbol{T}}^{0}\,\mathrm{d}S\end{aligned} \tag{7-104b}$$

以节点位移增量内插单元的位移场

$$\Delta\boldsymbol{f}=\boldsymbol{N}\Delta\boldsymbol{d} \tag{7-105}$$

由应变-位移关系，得

$$\Delta\boldsymbol{\varepsilon}=\boldsymbol{D}_{u}\Delta\boldsymbol{f}=\boldsymbol{B}\Delta\boldsymbol{d} \tag{7-106}$$

以式(7-103)、式(7-105)、式(7-106)代入式(7-104)，得

$$\begin{aligned}\Pi=&\frac{1}{2}\Delta\boldsymbol{d}^{\mathrm{T}}\left(\int_{V}\boldsymbol{B}^{\mathrm{T}}\boldsymbol{D}_{\mathrm{e}}\boldsymbol{B}\mathrm{d}V\right)\Delta\boldsymbol{d}-\frac{1}{2}\Delta\boldsymbol{d}^{\mathrm{T}}\left(\int_{V}\boldsymbol{B}^{\mathrm{T}}\boldsymbol{D}_{\mathrm{p}}\boldsymbol{B}\mathrm{d}V\right)\Delta\boldsymbol{d}-\\&\Delta\boldsymbol{d}^{\mathrm{T}}\int_{V}\boldsymbol{N}^{\mathrm{T}}\Delta\bar{\boldsymbol{F}}\mathrm{d}V-\Delta\boldsymbol{d}^{\mathrm{T}}\iint_{S_{\sigma}}\boldsymbol{N}^{\mathrm{T}}\Delta\bar{\boldsymbol{T}}\mathrm{d}S+\\&\Delta\boldsymbol{d}^{\mathrm{T}}\left(\int_{V}\boldsymbol{B}^{\mathrm{T}}\boldsymbol{\sigma}^{0}\,\mathrm{d}V-\int_{V}\boldsymbol{N}^{\mathrm{T}}\bar{\boldsymbol{F}}^{0}\,\mathrm{d}V-\iint_{S_{\sigma}}\boldsymbol{N}^{\mathrm{T}}\bar{\boldsymbol{T}}^{0}\,\mathrm{d}S\right)\end{aligned} \tag{7-107}$$

式(7-54)中的 $\boldsymbol{D}_{\mathrm{p}}$ 应该由当前的应力状态

$$\boldsymbol{\sigma}=\boldsymbol{\sigma}^{0}+\Delta\boldsymbol{\sigma} \tag{7-108}$$

确定，现在，经过线性化后，在式(7-103)中的 $\boldsymbol{D}_{\mathrm{p}}$ 仅与加载前的应力状态 $\boldsymbol{\sigma}^{0}$ 有关，而在本次加

载过程中可以认为是个常系数矩阵而不参加变分。于是由最小势能原理

$$\delta \Pi = \delta \Delta \boldsymbol{d}^{\mathrm{T}} \frac{\partial \Pi}{\partial \Delta \boldsymbol{d}} = 0$$

可导出

$$\begin{aligned}&\left(\int_V \boldsymbol{B}^{\mathrm{T}} \boldsymbol{D}_{\mathrm{e}} \boldsymbol{B} \mathrm{d}V\right)\Delta \boldsymbol{d} - \left(\int_V \boldsymbol{B}^{\mathrm{T}} \boldsymbol{D}_{\mathrm{p}} \boldsymbol{B} \mathrm{d}V\right)\Delta \boldsymbol{d} - \\ &\left(\int_V \boldsymbol{N}^{\mathrm{T}} \Delta \overline{\boldsymbol{F}} \mathrm{d}V + \iint_{S_\sigma} \boldsymbol{N} \Delta \overline{\boldsymbol{T}} \mathrm{d}S\right) + \\ &\left(\int_V \boldsymbol{B}^{\mathrm{T}} \boldsymbol{\sigma}^0 \mathrm{d}V - \int_V \boldsymbol{N}^{\mathrm{T}} \overline{\boldsymbol{F}}^0 \mathrm{d}V - \iint_{S_\sigma} \boldsymbol{N}^{\mathrm{T}} \overline{\boldsymbol{T}}^0 \mathrm{d}S\right) \\ &= 0\end{aligned} \tag{7-109}$$

令

$$\boldsymbol{K}_{\mathrm{e}} = \int_V \boldsymbol{B}^{\mathrm{T}} \boldsymbol{D}_{\mathrm{e}} \boldsymbol{B} \mathrm{d}V \tag{7-110}$$

称为单元弹性刚度矩阵；

$$\boldsymbol{K}_{\mathrm{p}} = \int_V \boldsymbol{B}^{\mathrm{T}} \boldsymbol{D}_{\mathrm{p}} \boldsymbol{B} \mathrm{d}V \tag{7-111}$$

称为单元塑性刚度矩阵；

$$\Delta \boldsymbol{F} = \int_V \boldsymbol{N}^{\mathrm{T}} \Delta \overline{\boldsymbol{F}} \mathrm{d}V + \iint_{S_\sigma} \boldsymbol{N}^{\mathrm{T}} \Delta \overline{\boldsymbol{T}} \mathrm{d}S \tag{7-112}$$

称为与本次增量载荷等效的节点载荷增量；

$$\Delta \boldsymbol{R}_\sigma^0 = -\left(\int_V \boldsymbol{B}^{\mathrm{T}} \boldsymbol{\sigma}^0 \mathrm{d}V - \int_V \boldsymbol{N}^{\mathrm{T}} \overline{\boldsymbol{F}}^0 \mathrm{d}V - \iint_{S_\sigma} \boldsymbol{N}^{\mathrm{T}} \Delta \overline{\boldsymbol{T}}^0 \mathrm{d}S\right) \tag{7-113}$$

为“初始不平衡载荷”，它反映了本次加载前的不平衡程度。于是式(7-109)可以改写成

$$\boldsymbol{K}_{\mathrm{e}} \Delta \boldsymbol{d} = \Delta \boldsymbol{F} + \Delta \boldsymbol{R}_\sigma^0 + \boldsymbol{K}_{\mathrm{p}} \Delta \boldsymbol{d} \tag{7-114}$$

若认为每次加载时，单元已经调整到平衡，于是有

$$\Delta \boldsymbol{R}_\sigma^0 = 0$$

再令

$$\Delta \boldsymbol{R}_\sigma = \boldsymbol{K}_{\mathrm{p}} \Delta \boldsymbol{d} = \int_V \boldsymbol{B}^{\mathrm{T}} \boldsymbol{D}_{\mathrm{p}} \boldsymbol{B} \Delta \boldsymbol{d} \mathrm{d}V \tag{7-115}$$

称为“初应力矢量”，以表示与弹性问题中式(7-101)定义的初应力矢量相似。于是式(7-114)又写成

$$\boldsymbol{K}_{\mathrm{e}} \Delta \boldsymbol{d} = \Delta \boldsymbol{F} + \Delta \boldsymbol{R}_\sigma \tag{7-116}$$

式(7-116)就是弹塑性问题中的单元节点平衡方程，它与有初应力的弹性问题中的单元节点平衡方程(7-102)在形式上是一致的，但必须注意它们之间有本质的差别。由式(7-101)定义的 $\boldsymbol{R}_\sigma$ 是个常数，因此式(7-102)是个线性方程组；而由式(7-115)定义的 $\Delta \boldsymbol{R}_\sigma(\Delta \boldsymbol{d})$ 是与本次加载过程中将要产生的节点位移增量 $\Delta \boldsymbol{d}$ 及塑性矩阵 $\boldsymbol{D}_{\mathrm{p}}$ 有关的，因此式(7-116)是个非线性方程组。

把式(7-116)与式(7-88)比较一下，可以发现，塑性效应现在由初应力矢量 $\Delta \boldsymbol{R}_\sigma$ 反映，而系数矩阵即为不变的弹性矩阵，只要能恰当地确定 $\Delta \boldsymbol{R}_\sigma$，那么就可以把塑性问题转化为弹性问题求解，因此把这种方程称为“增量初应力法”。

3. 计算格式

对于式(7-116)给出的非线性代数方程组，可以采用迭代的方法求解，具体来说，对每一次

加载可进行如下的计算。

(1) 取 $\Delta \boldsymbol{d}_0=0$，则有 $\Delta \boldsymbol{R}_{\sigma 0}=0$。

(2) 求解

$$\boldsymbol{K}_{\mathrm{e}} \Delta \boldsymbol{d}_1=\Delta \boldsymbol{F}+\Delta \boldsymbol{R}_{\sigma 0}=\Delta \boldsymbol{F}$$

得到 $\Delta \boldsymbol{d}_1$。

(3) 按加载前的应力水平 $\boldsymbol{\sigma}^0$，由式(7-52)确定塑性矩阵 $\boldsymbol{D}_{\mathrm{p}}$，并在求增量载荷的计算过程中保持不变，再由式(7-115)确定修改后的初应力矢量

$$\Delta \boldsymbol{R}_{\sigma 1}=\int_V \boldsymbol{B}^{\mathrm{T}} \boldsymbol{D}_{\mathrm{p}} \boldsymbol{B} \mathrm{d} V \cdot \Delta \boldsymbol{d}_1$$

(4) 重新求解

$$\boldsymbol{K}_{\mathrm{e}} \Delta \boldsymbol{d}_2=\Delta \boldsymbol{F}+\Delta \boldsymbol{R}_{\sigma 1}$$

得到 $\Delta \boldsymbol{d}_2$。

……

一般来说，若已求得节点位移增量的第 i 次近似值 $\Delta \boldsymbol{d}_i$，则可由式(7-115)计算

$$\Delta \boldsymbol{R}_{\sigma i}=\int_V \boldsymbol{B}^{\mathrm{T}} \boldsymbol{D}_{\mathrm{p}} \boldsymbol{B} \mathrm{d} V \cdot \Delta \boldsymbol{d}_i$$

再求解

$$\boldsymbol{K}_{\mathrm{e}} \Delta \boldsymbol{d}_{i+1}=\Delta \boldsymbol{F}+\Delta \boldsymbol{R}_{\sigma i}$$

得到 $\Delta \boldsymbol{d}_{i+1}$，直到 $\Delta \boldsymbol{d}_{i+1} \approx \Delta \boldsymbol{d}_i$ 为止。就可取 $\Delta \boldsymbol{d}_{i+1}$ 作为本次加载的增量值，并以它来计算位移、应变和应力的终值：

$$\left.\begin{array}{ll}
\Delta \boldsymbol{d}=\Delta \boldsymbol{d}_{i+1}, & \boldsymbol{d}=\boldsymbol{d}^0+\Delta \boldsymbol{d} \\
\Delta \boldsymbol{\varepsilon}=\boldsymbol{B} \Delta \boldsymbol{d}, & \boldsymbol{\varepsilon}=\boldsymbol{\varepsilon}^0+\Delta \boldsymbol{\varepsilon} \\
\Delta \boldsymbol{\sigma}=\left(\boldsymbol{D}_{\mathrm{e}}-\boldsymbol{D}_{\mathrm{p}}\right) \Delta \boldsymbol{\varepsilon}, & \boldsymbol{\sigma}=\boldsymbol{\sigma}^0+\Delta \boldsymbol{\sigma}
\end{array}\right\} \tag{7-117}$$

式中，$\boldsymbol{d}^0$，$\boldsymbol{\varepsilon}^0$，$\boldsymbol{\sigma}^0$ 均为本次加载荷的初值；而 $\boldsymbol{d}$ 将作为下一增量载荷施加前的初值，直到全部载荷施加完毕为止。

4. *初应力矢量的计算*

用初应力法进行弹塑性计算时，对于每个增量载荷及其各次迭代计算中，刚度矩阵 $\boldsymbol{K}_{\mathrm{E}}$ 始终保持不变，但初应力矢量 $\Delta \boldsymbol{R}_\sigma$ 都要重新计算。由式(7-115)可知，初应力矢量仅对于塑性区域存在，在弹性区域中由于塑性矩阵不存在，即 $\boldsymbol{D}_{\mathrm{p}}=0$，故不存在初应力。然而，对于过渡区域中的单元，它的初应力矢量又该如何确定呢？引入适当的权系数就可以解决这个问题。

将式(7-106)代入式(7-115)后，可以分别按下式确定各种区域中的初应力矢量。

弹性区域：

$$\Delta \boldsymbol{R}_\sigma=0 \tag{7-118}$$

塑性区域：

$$\Delta \boldsymbol{R}_\sigma=\int_V \boldsymbol{B}^{\mathrm{T}} \boldsymbol{D}_{\mathrm{p}} \Delta \boldsymbol{\varepsilon} \, \mathrm{d} V \tag{7-119}$$

过渡区域：

$$\Delta \boldsymbol{R}_\sigma=\int_V \boldsymbol{B}^{\mathrm{T}} \boldsymbol{D}_{\mathrm{p}}(1-m) \Delta \boldsymbol{\varepsilon} \, \mathrm{d} V \tag{7-120}$$

其中，权系数由式(7-96)确定。图 7-15 给出了它的物理意义，加载前处于弹性区域的 A 点，加载过程中自 B 点开始进入塑性区域。若按弹性计算将到达 A'' 点，考虑到塑性效应，应引入

“初应力”$[-\boldsymbol{D}_{\mathrm{p}}(1-m)\Delta\boldsymbol{\varepsilon}]$来进入修正到 A' 点，实际情况是必须通过迭代多次才能达到真实的 A' 点。

三、增量初应变法

1. *有初应变的弹性问题*

具有初应变的弹性问题，其应力-应变关系可以写成

$$\boldsymbol{\sigma} = \boldsymbol{D}_{\mathrm{e}}(\boldsymbol{\varepsilon} - \boldsymbol{\varepsilon}_0) \tag{7-121}$$

式中，$\boldsymbol{\varepsilon}_0$ 表示初应变。而应变能可写成

$$U = \frac{1}{2}\int_V (\boldsymbol{\varepsilon}^{\mathrm{T}} - \boldsymbol{\varepsilon}_0{}^{\mathrm{T}})\boldsymbol{\sigma}\,\mathrm{d}V \tag{7-122}$$

图 7-17 给出单自由度情况的应变能密度，将式(7-121)代入式(7-122)，得

$$U = \frac{1}{2}\int_V \boldsymbol{\varepsilon}^{\mathrm{T}}\boldsymbol{D}_{\mathrm{e}}\boldsymbol{\varepsilon}\,\mathrm{d}V - \int_V \boldsymbol{\varepsilon}^{\mathrm{T}}\boldsymbol{D}_{\mathrm{e}}\boldsymbol{\varepsilon}_0\,\mathrm{d}V + \frac{1}{2}\int_V \boldsymbol{\varepsilon}_0^{\mathrm{T}}\boldsymbol{D}_{\mathrm{e}}\boldsymbol{\varepsilon}_0\,\mathrm{d}V \tag{7-123}$$

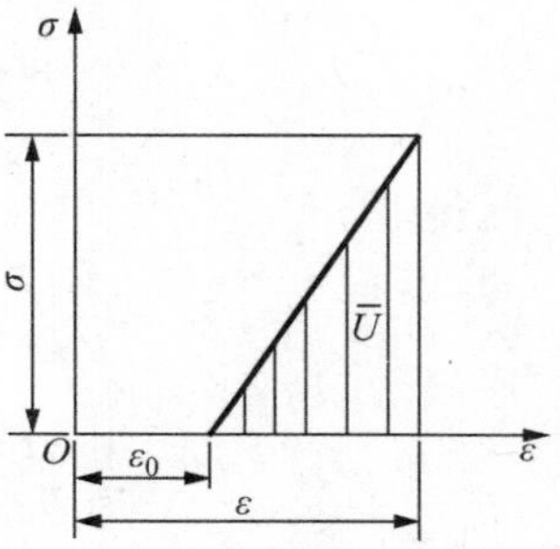

图 7-17　初应变问题

以节点位移 $\boldsymbol{d}$ 内插，可得

$$\boldsymbol{\varepsilon} = \boldsymbol{B}\boldsymbol{d} \tag{7-124}$$

以式(7-124)代入式(7-123)，并略去不参加变分的最后一项，可得

$$U = \frac{1}{2}\boldsymbol{d}^{\mathrm{T}}\left(\int_V \boldsymbol{B}^{\mathrm{T}}\boldsymbol{D}_{\mathrm{e}}\boldsymbol{B}\mathrm{d}V\right)\boldsymbol{d} - \boldsymbol{d}^{\mathrm{T}}\int_V \boldsymbol{B}^{\mathrm{T}}\boldsymbol{D}_{\mathrm{e}}\boldsymbol{\varepsilon}_0\,\mathrm{d}V \tag{7-125}$$

令

$$\boldsymbol{K}_{\mathrm{e}} = \int_V \boldsymbol{B}^{\mathrm{T}}\boldsymbol{D}_{\mathrm{e}}\boldsymbol{B}\mathrm{d}V \tag{7-126}$$

称为单元弹性刚度矩阵；

$$\boldsymbol{R}_{\varepsilon} = \int_V \boldsymbol{B}^{\mathrm{T}}\boldsymbol{D}_{\mathrm{e}}\boldsymbol{\varepsilon}_0\,\mathrm{d}V \tag{7-127}$$

称为“初应变矢量”。于是式(7-125)又可写成

$$U = \frac{1}{2}\boldsymbol{d}^{\mathrm{T}}\boldsymbol{K}_{\mathrm{e}}\boldsymbol{d} - \boldsymbol{d}^{\mathrm{T}}\boldsymbol{R}_{\varepsilon} \tag{7-128}$$

由卡氏第一定理可得单元的节点平衡方程

$$\boldsymbol{K}_{\mathrm{e}}\boldsymbol{d} = \boldsymbol{F} + \boldsymbol{R}_{\varepsilon} \tag{7-129}$$

式中，$\boldsymbol{F}$ 为与 $\boldsymbol{d}$ 对应的等效节点力矢量，而 $\boldsymbol{R}_{\varepsilon}$ 反映了初应变对平衡方程的影响。

2. *弹塑性问题的初应变法*

在有单元要进入塑性状态时，就用逐步加载的方法。对于每一次加载，用有限增量代替微分，于是式(7-19)可以写成

$$\Delta\boldsymbol{\varepsilon} = \Delta\boldsymbol{\varepsilon}_{\mathrm{e}} + \Delta\boldsymbol{\varepsilon}_{\mathrm{p}} \tag{7-130}$$

而式(7-46)可写成

$$\Delta\boldsymbol{\sigma} = \boldsymbol{D}_{\mathrm{e}}\Delta\boldsymbol{\varepsilon}_{\mathrm{e}} \tag{7-131}$$

再由式(7-44)、式(7-45)，可得

$$\Delta\boldsymbol{\varepsilon}_{\mathrm{p}}=\frac{\partial\bar{\sigma}}{\partial\boldsymbol{\sigma}}\Delta\bar{\varepsilon}_{\mathrm{p}}=\frac{1}{H'}\frac{\partial\bar{\sigma}}{\partial\boldsymbol{\sigma}}\left(\frac{\partial\bar{\sigma}}{\partial\boldsymbol{\sigma}}\right)^{\mathrm{T}}\Delta\boldsymbol{\sigma} \tag{7-132}$$

式中，H'按式(7-60)确定，而应力矢量

$$\boldsymbol{\sigma}=\boldsymbol{\sigma}^0+\Delta\boldsymbol{\sigma}$$

式中，$\boldsymbol{\sigma}^0$ 表示加载前的应力，$\Delta\boldsymbol{\sigma}$ 表示本次加载将要产生的应力增量。

以式(7-130)代入式(7-131)，得

$$\Delta\boldsymbol{\sigma}=\boldsymbol{D}_{\mathrm{e}}(\Delta\boldsymbol{\varepsilon}-\Delta\boldsymbol{\varepsilon}_{\mathrm{p}}) \tag{7-133}$$

这里仍假定不考虑初始不协调应变 $\Delta\boldsymbol{\varepsilon}^0$。与式(7-122)比较可知，这里的 $\Delta\boldsymbol{\varepsilon}_{\mathrm{p}}$ 相当于初应变 $\boldsymbol{\varepsilon}_0$，以式(7-133)代入式(7-104)，得

$$\begin{aligned}\Pi=&\int_V\left[\Delta\boldsymbol{\varepsilon}^{\mathrm{T}}\boldsymbol{\sigma}_0+\frac{1}{2}\Delta\boldsymbol{\varepsilon}^{\mathrm{T}}\boldsymbol{D}_{\mathrm{e}}(\Delta\boldsymbol{\varepsilon}-\Delta\boldsymbol{\varepsilon}_{\mathrm{p}})-\Delta\boldsymbol{f}^{\mathrm{T}}\overline{\boldsymbol{F}}^0-\Delta\boldsymbol{f}^{\mathrm{T}}\Delta\overline{\boldsymbol{F}}\right]\mathrm{d}V-\\&\iint_{S_\sigma}[\Delta\boldsymbol{f}^{\mathrm{T}}\overline{\boldsymbol{T}}^0+\Delta\boldsymbol{f}^{\mathrm{T}}\Delta\overline{\boldsymbol{T}}]\mathrm{d}S\end{aligned} \tag{7-134}$$

展开，得

$$\begin{aligned}\Pi=&\frac{1}{2}\int_V\Delta\boldsymbol{\varepsilon}^{\mathrm{T}}\boldsymbol{D}_{\mathrm{e}}\Delta\boldsymbol{\varepsilon}\,\mathrm{d}V-\frac{1}{2}\int_V\Delta\boldsymbol{\varepsilon}^{\mathrm{T}}\boldsymbol{D}_{\mathrm{e}}\Delta\boldsymbol{\varepsilon}_{\mathrm{p}}\,\mathrm{d}V-\int_V\Delta\boldsymbol{f}^{\mathrm{T}}\Delta\overline{\boldsymbol{F}}\mathrm{d}V-\\&\iint_{S_\sigma}\Delta\boldsymbol{f}^{\mathrm{T}}\Delta\overline{\boldsymbol{T}}\mathrm{d}V+\int_V\Delta\boldsymbol{\varepsilon}^{\mathrm{T}}\boldsymbol{\sigma}^0\,\mathrm{d}V-\int_V\Delta\boldsymbol{f}^{\mathrm{T}}\overline{\boldsymbol{F}}^0\,\mathrm{d}V-\iint_{S_\sigma}\Delta\boldsymbol{f}^{\mathrm{T}}\overline{\boldsymbol{T}}^0\,\mathrm{d}S\end{aligned} \tag{7-135}$$

为了便于推导，我们假设塑性应变增量的分量可以用相应的全应变增量的分量表示成

$$\Delta\varepsilon_{\mathrm{p}i}=\Delta\varepsilon_i(1-h_i),\quad i=1,2,\cdots \tag{7-136}$$

其中

$$h_i=\frac{\Delta\varepsilon_{\mathrm{e}i}}{\Delta\varepsilon_i},\quad i=1,2,\cdots \tag{7-137}$$

表示本次加载所产生的弹性应变增量与全应变增量的各个分量之间的比值。为简便起见可设

$$h_i=\bar{h} \tag{7-138}$$

这里 $\bar{h}$ 是 h_i 的平均值。于是有

$$\Delta\boldsymbol{\varepsilon}_{\mathrm{p}}=(1-\bar{h})\Delta\boldsymbol{\varepsilon} \tag{7-139}$$

代入式(7-135)，得

$$\begin{aligned}\Pi=&\left[\frac{1}{2}\int_V\Delta\boldsymbol{\varepsilon}^{\mathrm{T}}\boldsymbol{D}_{\mathrm{e}}\Delta\boldsymbol{\varepsilon}\,\mathrm{d}V-\frac{1}{2}\int_V\Delta\boldsymbol{\varepsilon}^{\mathrm{T}}\boldsymbol{D}_{\mathrm{e}}(1-\bar{h})\Delta\boldsymbol{\varepsilon}\,\mathrm{d}V-\right.\\&\left.\int_V\Delta\boldsymbol{f}^{\mathrm{T}}\Delta\overline{\boldsymbol{F}}\mathrm{d}V-\iint_{S_\sigma}\Delta\boldsymbol{f}^{\mathrm{T}}\Delta\overline{\boldsymbol{T}}\mathrm{d}S\right]+\\&\left[\int_V\Delta\boldsymbol{\varepsilon}^{\mathrm{T}}\boldsymbol{\sigma}^0\,\mathrm{d}V-\int_V\Delta\boldsymbol{f}^{\mathrm{T}}\overline{\boldsymbol{F}}^0\,\mathrm{d}V-\iint_{S_\sigma}\Delta\boldsymbol{f}^{\mathrm{T}}\overline{\boldsymbol{T}}^0\,\mathrm{d}S\right]\end{aligned} \tag{7-140}$$

以节点位移增量内插，可得

$$\Delta\boldsymbol{f}=\boldsymbol{N}\Delta\boldsymbol{d},\quad\Delta\boldsymbol{\varepsilon}=\boldsymbol{B}\Delta\boldsymbol{d} \tag{7-141}$$

代入式(7-140)，得

$$\Pi=\left[\frac{1}{2}\Delta\boldsymbol{d}^{\mathrm{T}}\int_V\boldsymbol{B}^{\mathrm{T}}\boldsymbol{D}_{\mathrm{e}}\boldsymbol{B}\mathrm{d}V\Delta\boldsymbol{d}-\frac{1}{2}\Delta\boldsymbol{d}^{\mathrm{T}}\int_V\boldsymbol{B}^{\mathrm{T}}\boldsymbol{D}_{\mathrm{e}}\boldsymbol{B}(1-\bar{h})\mathrm{d}V\Delta\boldsymbol{d}-\right.$$

$$\Delta \boldsymbol{d}^{\mathrm{T}}\left(\int_V \boldsymbol{N}^{\mathrm{T}}\Delta\overline{\boldsymbol{F}}\mathrm{d}V+\iint_{S_\sigma}\boldsymbol{N}^{\mathrm{T}}\Delta\overline{\boldsymbol{T}}\mathrm{d}S\right)\Bigg]+$$

$$\Delta \boldsymbol{d}^{\mathrm{T}}\left(\int_V \boldsymbol{B}^{\mathrm{T}}\boldsymbol{\sigma}^0\mathrm{d}V-\int_V \boldsymbol{N}^{\mathrm{T}}\overline{\boldsymbol{F}}^0\mathrm{d}V-\iint_{S_\sigma}\boldsymbol{N}^{\mathrm{T}}\overline{\boldsymbol{T}}^0\mathrm{d}S\right) \tag{7-142}$$

取极值，得

$$\begin{aligned}&\int_V \boldsymbol{B}^{\mathrm{T}}\boldsymbol{D}_{\mathrm{e}}\boldsymbol{B}\mathrm{d}V\Delta\boldsymbol{d}-\int_V \boldsymbol{B}^{\mathrm{T}}\boldsymbol{D}_{\mathrm{e}}\boldsymbol{B}(1-\bar{h})\mathrm{d}V\Delta\boldsymbol{d}-\\&\left(\int_V \boldsymbol{N}^{\mathrm{T}}\Delta\overline{\boldsymbol{F}}\mathrm{d}V+\iint_{S_\sigma}\boldsymbol{N}^{\mathrm{T}}\Delta\overline{\boldsymbol{T}}\mathrm{d}S\right)-\\&\left(\int_V \boldsymbol{N}^{\mathrm{T}}\overline{\boldsymbol{F}}^0\mathrm{d}V+\iint_{S_\sigma}\boldsymbol{N}^{\mathrm{T}}\overline{\boldsymbol{T}}^0\mathrm{d}S-\int_V \boldsymbol{B}^{\mathrm{T}}\boldsymbol{\sigma}^0\mathrm{d}V\right)\\=&0\end{aligned} \tag{7-143}$$

令

$$\boldsymbol{K}_{\mathrm{e}}=\int_V \boldsymbol{B}^{\mathrm{T}}\boldsymbol{D}_{\mathrm{e}}\boldsymbol{B}\mathrm{d}V \tag{7-144}$$

称为单元弹性刚度矩阵；

$$\Delta\boldsymbol{F}=\int_V \boldsymbol{N}^{\mathrm{T}}\Delta\overline{\boldsymbol{F}}\mathrm{d}V+\iint_{S_\sigma}\boldsymbol{N}^{\mathrm{T}}\Delta\overline{\boldsymbol{T}}\mathrm{d}S$$

称为与本次增量载荷等效的节点载荷增量；

$$\Delta\boldsymbol{R}_{\varepsilon}=\int_V \boldsymbol{B}^{\mathrm{T}}\boldsymbol{D}_{\mathrm{e}}\boldsymbol{B}(1-\bar{h})\Delta\boldsymbol{d}\mathrm{d}V \tag{7-145}$$

或

$$\Delta\boldsymbol{R}_{\varepsilon}=\int_V \boldsymbol{B}^{\mathrm{T}}\boldsymbol{D}_{\mathrm{e}}\Delta\boldsymbol{\varepsilon}_{\mathrm{p}}\mathrm{d}V \tag{7-146}$$

称为“初应变向量”。将它与式(7-127)比较可知，这里的 $\Delta\boldsymbol{\varepsilon}_{\mathrm{p}}$ 相当于弹性问题中的初应变 $\boldsymbol{\varepsilon}_0$。但是两者之间有本质的区别：$\boldsymbol{\varepsilon}_0$ 是个常数，而 $\Delta\boldsymbol{\varepsilon}_{\mathrm{p}}$ 是一个在增量载荷施加过程中的逐渐产生的塑性应变增量。

$$\Delta\boldsymbol{R}_{\sigma}^0=\int_V \boldsymbol{N}^{\mathrm{T}}\overline{\boldsymbol{F}}^0\mathrm{d}V+\iint_{S_\sigma}\boldsymbol{N}^{\mathrm{T}}\ \boldsymbol{T}^0\mathrm{d}S-\int_V \boldsymbol{B}^{\mathrm{T}}\boldsymbol{\sigma}^0\mathrm{d}V \tag{7-147}$$

称为“初始不平衡载荷”。它反映了本次载荷施加前的不平衡程度，其中 $\boldsymbol{\sigma}^0$ 表示加载前的应力状态，于是式(7-143)可以写成

$$\boldsymbol{K}_{\mathrm{e}}\Delta\boldsymbol{d}=\Delta\boldsymbol{F}+\Delta\boldsymbol{R}_{\varepsilon}+\Delta\boldsymbol{R}_{\sigma}^0 \tag{7-148}$$

这是用增量初应变法解弹塑性问题时的单元基本方程，若认为每次加载前单元都已调整到平衡状态，即 $\Delta\boldsymbol{R}_{\sigma}^0=0$，那么可简化成

$$\boldsymbol{K}_{\mathrm{e}}\Delta\boldsymbol{d}=\Delta\boldsymbol{F}+\Delta\boldsymbol{R}_{\varepsilon} \tag{7-149}$$

将它与式(7-129)比较可知，两者具有相似的形式，因而把这种分析弹塑性问题的方法称为“增量初应变法”，但此时的初应变矢量由式(7-146)定义。如果以式(7-132)代入，则可表示为

$$\Delta\boldsymbol{R}_{\varepsilon}=\int_V \frac{1}{H'}\boldsymbol{B}^{\mathrm{T}}\boldsymbol{D}_{\mathrm{e}}\frac{\partial\bar{\sigma}}{\partial\boldsymbol{\sigma}}\left(\frac{\partial\bar{\sigma}}{\partial\boldsymbol{\sigma}}\right)^{\mathrm{T}}\Delta\boldsymbol{\sigma}\mathrm{d}V \tag{7-150}$$

式中，$\Delta\boldsymbol{\sigma}$ 表示本次加载将要产生的应力增量，显然可知，式(7-149)也是一个非线性方程组，与变刚度法的区别在于系数矩阵是一个常数矩阵，而右端项反映了它的非线性特性。

3. 计算格式

对于式(7-149)给出的非线性代数方程组，仍然可以采用迭代的方法求解，具体来说，可按下列步骤计算。

(1) 对于每一次加载，均用加载前的应力 $\boldsymbol{\sigma}^0$ 计算：

$$\frac{1}{H'}\frac{\partial\bar{\sigma}}{\partial\boldsymbol{\sigma}}\left(\frac{\partial\bar{\sigma}}{\partial\boldsymbol{\sigma}}\right)^{\mathrm{T}},\boldsymbol{D}_{\mathrm{ep}}$$

并在本次加载的各个迭代步计算中保持不变。

(2) 取初值

$$\Delta\boldsymbol{\sigma}_0=0,\quad \Delta\boldsymbol{R}_{\varepsilon 0}=0$$

解

$$\boldsymbol{K}_{\mathrm{e}}\Delta\boldsymbol{d}_1=\Delta\boldsymbol{F}$$

得 $\Delta\boldsymbol{d}_1$。

(3) 按下式计算：

$$\Delta\boldsymbol{\varepsilon}_1=\boldsymbol{B}\Delta\boldsymbol{d}_1,\quad \Delta\boldsymbol{\sigma}_1=\boldsymbol{D}_{\mathrm{ep}}\Delta\boldsymbol{\varepsilon}_1$$

$$\Delta\boldsymbol{R}_{\varepsilon_1}=\int_V\frac{1}{H'}\boldsymbol{B}^{\mathrm{T}}\boldsymbol{D}_{\mathrm{e}}\frac{\partial\bar{\sigma}}{\partial\boldsymbol{\sigma}}\left(\frac{\partial\bar{\sigma}}{\partial\boldsymbol{\sigma}}\right)^{\mathrm{T}}\Delta\boldsymbol{\sigma}_1\mathrm{d}V \tag{7-151}$$

(4) 求解

$$\boldsymbol{K}_{\mathrm{e}}\Delta\boldsymbol{d}_2=\Delta\boldsymbol{F}+\Delta\boldsymbol{R}_{\varepsilon 1}$$

得到 $\Delta\boldsymbol{d}_2$。

……

一般来说，若已求得节点位移增量的第 i 次近似值 $\Delta\boldsymbol{d}_i$，则可按式(7-151)计算 $\Delta\boldsymbol{\varepsilon}_i$，$\Delta\boldsymbol{\sigma}_i$，$\Delta\boldsymbol{R}_{\varepsilon i}$ 而后求解

$$\boldsymbol{K}_{\mathrm{e}}\Delta\boldsymbol{d}_{i+1}=\Delta\boldsymbol{F}+\Delta\boldsymbol{R}_{\varepsilon i},\quad i=1,2,\cdots$$

得到 $\Delta\boldsymbol{d}_{i+1}$，直到

$$\Delta\boldsymbol{d}_{i+1}\approx\Delta\boldsymbol{d}_i$$

为止。则可取 $\Delta\boldsymbol{d}_{i+1}$ 作为本次加载得到的节点位移增量值，而位移、应变及应力的增量和终值可按下式确定：

$$\begin{aligned}\Delta\boldsymbol{d}&=\Delta\boldsymbol{d}_{i+1},\quad &\boldsymbol{d}&=\boldsymbol{d}^0+\Delta\boldsymbol{d}_{i+1}\\ \Delta\boldsymbol{\varepsilon}&=\Delta\boldsymbol{\varepsilon}_{i+1},\quad &\boldsymbol{\varepsilon}&=\boldsymbol{\varepsilon}^0+\Delta\boldsymbol{\varepsilon}_{i+1}\\ \Delta\boldsymbol{\sigma}&=\Delta\boldsymbol{\sigma}_{i+1},\quad &\boldsymbol{\sigma}&=\boldsymbol{\sigma}^0+\Delta\boldsymbol{\sigma}_{i+1}\end{aligned}$$

式中，$\boldsymbol{d}^0$，$\boldsymbol{\varepsilon}^0$，$\boldsymbol{\sigma}^0$ 为本次增量载荷施加的初值。而 $\boldsymbol{d}$，$\boldsymbol{\varepsilon}$，$\boldsymbol{\sigma}$ 将作为下一增量载荷施加前的初值，直到全部载荷施加完毕为止。

对于过渡区域的单元，应按下式计算初应变矢量：

$$\Delta\boldsymbol{R}_{\varepsilon}=\int_V\frac{1}{H'}\boldsymbol{B}^{\mathrm{T}}\boldsymbol{D}_{\mathrm{e}}\frac{\partial\bar{\sigma}}{\partial\boldsymbol{\sigma}}\left(\frac{\partial\bar{\sigma}}{\partial\boldsymbol{\sigma}}\right)^{\mathrm{T}}\Delta\boldsymbol{\sigma}(1-m)\mathrm{d}V \tag{7-152}$$

式中，权系数 m 仍按式(7-96)定义。

四、3 种方法的比较

1. 基本格式

变刚度法在每次加载过程中用调整刚度矩阵的方法求得近似解；初应力和初应变法的每

一步加载均只需求解一个以弹性刚度矩阵作为常系数的线性方程组，而且用“初应力矢量”或“初应变矢量”来反映单元的非线性特征。图 7-18 以单自由度的简单情况形象地反映了这 3 种方法的基本格式，图中 A 点表示一个增量载荷施加的起点。

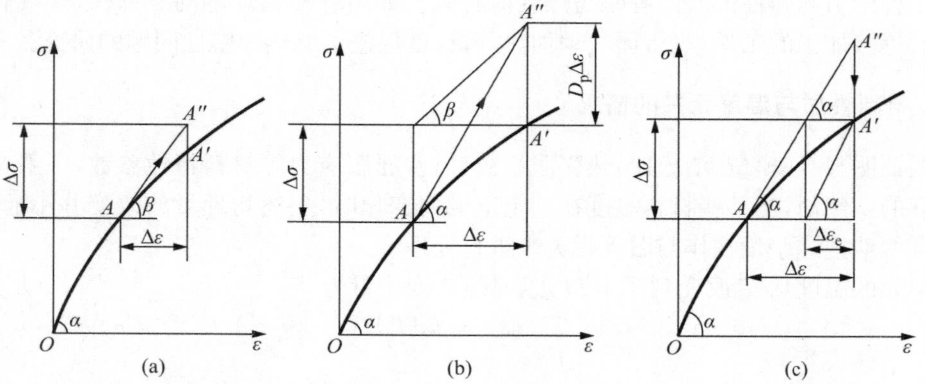

图 7-18　3 种方法的比较

(a) 变刚度法；(b) 初应力法；(c) 初应变法

(1) 变刚度法：

按照上一级载荷施加完毕后的应力状态来确定弹塑性刚度矩阵，相当于过 A 点作曲线的切线，从而在加载后由 A 点移到 A''点。图中 A'点表示精确解情况下应该达到的点。A''点与 A'点之间的不重合正是由于不平衡载荷 $\Delta \boldsymbol{R}_\sigma$ 项引起的。可以通过迭代的方法从 A''点修正到 A'点。而点 A'就可以作为下一个加载的始点[见图 7-18(a)]。

(2) 初应力法：

按照纯弹性计算，由 A 点到达 A''点，再根据 A 点的应力状态确定 $\boldsymbol{D}_\mathrm{p}$ 来计算初应力 $-\boldsymbol{D}_\mathrm{p}\Delta\boldsymbol{\varepsilon}$，将 A''点修正到 A'点，以 A'点作为下次加载的始点[见图 7-18(b)]。

(3) 初应变法：

按照纯弹性计算，由 A 点到达 A''点，按照 A 点的应力状态确定 $\Delta\boldsymbol{\varepsilon}_\mathrm{p}$，再按照

$$\Delta\boldsymbol{\sigma} = \boldsymbol{D}_\mathrm{e}(\Delta\boldsymbol{\varepsilon} - \Delta\boldsymbol{\varepsilon}_\mathrm{p})$$

从而将 A''点修正到 A'点，以 A'点作为下次加载的始点[见图 7-18(c)]。

在初应力法与初应变法中同样存在初始不平衡现象，因此实际上 A'点不可能落在真实的应力-应变曲线上，也必须通过多次迭代而逐渐逼近。

2. 特点

变刚度法由于每次增量步中都要重新计算刚度矩阵，因此计算工作量较大些。但是这种方法数值计算比较稳定，对各种硬化特性，甚至塑性范围很大的情况，它都能获得足够精确的解。

初应力法或初应变法，在计算过程中所要求解的线性方程组的系数矩阵都是相同的，所以在计算的初期就可以进行三角分解并予以储存，在以后的计算中只要改变方程组的右端项，因此计算工作量看来要少一些。但是这两种方法都存在是否收敛的问题，且适用范围要窄些。

针对上述 3 种方法各自的特点，在实际应用时可根据需要选择其中一种，或者将某两种方法结合起来。

第三节 热弹塑性问题

在工程中引起塑性的原因有时与热载荷有关。如内燃件燃烧室的零部件，燃气轮机的叶片、叶轮、焊接加工的工件，飞行器气动加热等，这就促进了对热弹塑性问题的研究。

一、材料性质与温度无关的情况

实践证明，弹性模量、泊松比、热膨胀系数，以及屈服应力等材料特性参数，一般都是随温度而改变的。然而，当某些材料温度在一定范围内变化时，上述物理量的改变并不显著，这时就可以近似地把这些量视作与温度无关来进行处理。

若单元的温度从 T 改变到 $T+\mathrm{d}T$，这时热应变增量为

$$\mathrm{d}\boldsymbol{\varepsilon}_T = \boldsymbol{\alpha}\mathrm{d}T \tag{7-153}$$

其中

$$\boldsymbol{\alpha} = \alpha[1,1,1,0,0,0]^{\mathrm{T}} \tag{7-154}$$

为三维问题的热膨胀向量，α 为热膨胀系数。

在弹性区域时，应力-应变的增量关系可表示成

$$\mathrm{d}\boldsymbol{\sigma} = \boldsymbol{D}_{\mathrm{e}}(\mathrm{d}\boldsymbol{\varepsilon} - \mathrm{d}\boldsymbol{\varepsilon}_T) \tag{7-155}$$

在塑性区域，全应变增量可以分解成

$$\mathrm{d}\boldsymbol{\varepsilon} = \mathrm{d}\boldsymbol{\varepsilon}_{\mathrm{e}} + \mathrm{d}\boldsymbol{\varepsilon}_{\mathrm{p}} + \mathrm{d}\boldsymbol{\varepsilon}_T \tag{7-156}$$

式中，$\mathrm{d}\boldsymbol{\varepsilon}_{\mathrm{e}}$，$\mathrm{d}\boldsymbol{\varepsilon}_{\mathrm{p}}$，$\mathrm{d}\boldsymbol{\varepsilon}_T$ 分别为弹性应变增量、塑性应变增量、热应变增量。或将式(7-156)改写成

$$\mathrm{d}\boldsymbol{\varepsilon} - \mathrm{d}\boldsymbol{\varepsilon}_T = \mathrm{d}\boldsymbol{\varepsilon}_{\mathrm{e}} + \mathrm{d}\boldsymbol{\varepsilon}_{\mathrm{p}} \tag{7-157}$$

于是，以$(\mathrm{d}\boldsymbol{\varepsilon}-\mathrm{d}\boldsymbol{\varepsilon}_T)$代替式(7-19)中的 $\mathrm{d}\boldsymbol{\varepsilon}$，经过类似的推导，可以得到与式(7-54)相当的应力-应变关系式：

$$\mathrm{d}\boldsymbol{\sigma} = \boldsymbol{D}_{\mathrm{ep}}(\mathrm{d}\boldsymbol{\varepsilon}_{\mathrm{e}} - \mathrm{d}\boldsymbol{\varepsilon}_T) \tag{7-158}$$

式中，$\boldsymbol{D}_{\mathrm{ep}}$ 仍是按式(7-53)定义的弹塑性矩阵。由此可见，在进入塑性状态后热膨胀影响也具有非线性性质。因此还需通过逐步加载的方法把它线性化，此时，在每一增量步中，除作用有载荷增量外还受有温度增量，且相应的热应变增量线性化为

$$\Delta\boldsymbol{\varepsilon}_T = \boldsymbol{\alpha}\Delta T \tag{7-159}$$

在弹性区域中

$$\Delta\boldsymbol{\sigma} = \boldsymbol{D}_{\mathrm{e}}(\Delta\boldsymbol{\varepsilon} - \Delta\boldsymbol{\varepsilon}_T) \tag{7-160}$$

在弹塑性区域中

$$\Delta\boldsymbol{\sigma} = \boldsymbol{D}_{\mathrm{ep}}(\Delta\boldsymbol{\varepsilon} - \Delta\boldsymbol{\varepsilon}_T) \tag{7-161}$$

式中，弹塑性矩阵 $\boldsymbol{D}_{\mathrm{ep}}$ 由增量步开始前的应力状态确定，在本增量步中作为常数使用。于是，在每一增量步中无论在弹性或塑性区域中，均可作为线性问题处理。而由于温度变化 ΔT 引起的热应变增量 $\Delta\boldsymbol{\varepsilon}_T$ 可作为初应变处理，为了便于推导，假定热应变增量可以用全应变增量表示成类似于式(7-139)的形式：

$$\Delta\boldsymbol{\varepsilon}_T = (1-\bar{h})\Delta\boldsymbol{\varepsilon} \tag{7-162}$$

对于每个单元用节点位移增量内插，得

$$\Delta\boldsymbol{f} = \boldsymbol{N}\Delta\boldsymbol{d}, \quad \Delta\boldsymbol{\varepsilon} = \boldsymbol{B}\Delta\boldsymbol{d} \tag{7-163}$$

1. 热弹性问题

以式(7-160)代入式(7-104)，得泛函

$$\Pi=\left(\frac{1}{2}\int_V \Delta\boldsymbol{\varepsilon}^{\mathrm{T}}\boldsymbol{D}_{\mathrm{e}}\Delta\boldsymbol{\varepsilon}\,\mathrm{d}V-\frac{1}{2}\int_V \Delta\boldsymbol{\varepsilon}^{\mathrm{T}}\boldsymbol{D}_{\mathrm{e}}(1-\bar{h})\Delta\boldsymbol{\varepsilon}\,\mathrm{d}V-\right.$$
$$\left.\int_V \Delta\boldsymbol{f}^{\mathrm{T}}\Delta\overline{\boldsymbol{F}}\mathrm{d}V-\iint_{S_\sigma}\Delta f^{\mathrm{T}}\Delta\overline{\boldsymbol{T}}\mathrm{d}S\right)-$$
$$\left(\int_V \Delta\boldsymbol{f}^{\mathrm{T}}\overline{\boldsymbol{F}}^0\,\mathrm{d}V+\iint_{S_\sigma}\Delta\boldsymbol{f}^{\mathrm{T}}\overline{\boldsymbol{T}}^0\,\mathrm{d}S-\int_V \Delta\boldsymbol{\varepsilon}^{\mathrm{T}}\boldsymbol{\sigma}^0\,\mathrm{d}V\right) \tag{7-164}$$

以式(7-163)代入式(7-164)，取极值后，得

$$\boldsymbol{K}_{\mathrm{e}}\Delta\boldsymbol{d}=\Delta\boldsymbol{F}+\Delta\boldsymbol{R}_\sigma^0+\Delta\boldsymbol{R}_T \tag{7-165}$$

其中

$$\boldsymbol{K}_{\mathrm{e}}=\int_V \boldsymbol{B}^{\mathrm{T}}\boldsymbol{D}_{\mathrm{e}}\boldsymbol{B}\mathrm{d}V \tag{7-166}$$

称为弹性刚度矩阵；

$$\Delta\boldsymbol{F}=\int_V \boldsymbol{N}^{\mathrm{T}}\Delta\overline{\boldsymbol{F}}\mathrm{d}V+\iint_{S_\sigma}\boldsymbol{N}^{\mathrm{T}}\Delta\overline{\boldsymbol{T}}\mathrm{d}S \tag{7-167}$$

为本次加载的等效节点载荷增量；

$$\Delta\boldsymbol{R}_\sigma^0=\int_V \boldsymbol{N}^{\mathrm{T}}\overline{\boldsymbol{F}}^0\,\mathrm{d}V+\iint_{S_\sigma}\boldsymbol{N}^{\mathrm{T}}\overline{\boldsymbol{T}}^0\,\mathrm{d}S-\int_V \boldsymbol{B}^{\mathrm{T}}\boldsymbol{\sigma}^0\,\mathrm{d}V \tag{7-168}$$

为初始不平衡载荷；

$$\Delta\boldsymbol{R}_T=\int_V \boldsymbol{B}^{\mathrm{T}}\boldsymbol{D}_{\mathrm{e}}\boldsymbol{B}(1-\bar{h})\Delta\boldsymbol{d}\mathrm{d}V=\int_V \boldsymbol{B}^{\mathrm{T}}\boldsymbol{D}_{\mathrm{e}}\Delta\boldsymbol{\varepsilon}_T\mathrm{d}V \tag{7-169}$$

称为“热弹性载荷矢量”，它反映了热应变增量对节点平衡方程的影响。显然，热弹性问题最终归结为求解式(7-165)的线性方程组。

2. 热弹塑性问题

以式(7-161)代入式(7-104)，得泛函

$$\Pi=\left(\frac{1}{2}\int_V \Delta\boldsymbol{\varepsilon}^{\mathrm{T}}\boldsymbol{D}_{\mathrm{ep}}\Delta\boldsymbol{\varepsilon}\,\mathrm{d}V-\frac{1}{2}\int_V \Delta\boldsymbol{\varepsilon}^{\mathrm{T}}\boldsymbol{D}_{\mathrm{ep}}(1-\bar{h})\Delta\boldsymbol{\varepsilon}\,\mathrm{d}V-\right.$$
$$\left.\int_V \Delta\boldsymbol{f}^{\mathrm{T}}\Delta\overline{\boldsymbol{F}}\mathrm{d}V-\iint_{S_\sigma}\Delta\boldsymbol{f}^{\mathrm{T}}\Delta\overline{\boldsymbol{T}}\mathrm{d}S\right)-$$
$$\left(\int_V \Delta\boldsymbol{f}^{\mathrm{T}}\overline{\boldsymbol{F}}^0\,\mathrm{d}V+\iint_{S_\sigma}\Delta\boldsymbol{f}^{\mathrm{T}}\overline{\boldsymbol{T}}^0\,\mathrm{d}S-\int_V \Delta\boldsymbol{\varepsilon}^{\mathrm{T}}\boldsymbol{\sigma}^0\,\mathrm{d}V\right) \tag{7-170}$$

再以式(7-163)代入上式并取极值后，可得

$$\boldsymbol{K}_{\mathrm{ep}}=\Delta\boldsymbol{F}+\Delta\boldsymbol{R}_\sigma^0+\Delta\boldsymbol{R}_T \tag{7-171}$$

其中

$$\boldsymbol{K}_{\mathrm{ep}}=\int_V \boldsymbol{B}^{\mathrm{T}}\boldsymbol{D}_{\mathrm{ep}}\boldsymbol{B}\mathrm{d}V \tag{7-172}$$

称为弹塑性刚度矩阵；

$$\Delta\boldsymbol{R}_\sigma^0=\int_V \boldsymbol{N}^{\mathrm{T}}\overline{\boldsymbol{F}}^0\,\mathrm{d}V+\iint_{S_\sigma}\boldsymbol{N}^{\mathrm{T}}\overline{\boldsymbol{T}}^0\,\mathrm{d}S-\int_V \boldsymbol{B}^{\mathrm{T}}\boldsymbol{\sigma}^0\,\mathrm{d}V \tag{7-173}$$

为初始不平衡载荷；

$$\Delta \boldsymbol{F} = \int_V \boldsymbol{N}^{\mathrm{T}} \Delta \bar{\boldsymbol{F}} \mathrm{d}V + \iint_{S_\sigma} \boldsymbol{N}^{\mathrm{T}} \Delta \bar{\boldsymbol{T}} \mathrm{d}S \tag{7-174}$$

为等效节点载荷增量；

$$\Delta \boldsymbol{R}_T = \int_V \boldsymbol{B}^{\mathrm{T}} \boldsymbol{D}_{\mathrm{ep}} \Delta \boldsymbol{\varepsilon}_T \mathrm{d}V \tag{7-175}$$

称为"热弹塑性载荷矢量"，它反映了热应变增量对节点平衡方程的影响。

将式(7-171)与式(7-88)比较可知，这里多了一项由于温度变化 ΔT 而引起的 $\Delta \boldsymbol{R}_T$ 项，本来是个非线性项，由于线性化后 $\boldsymbol{D}_{\mathrm{ep}}$ 可作为常系数矩阵，因而在每一增量步中 $\Delta \boldsymbol{R}_T$ 可作为常数处理。于是热弹塑性问题最终归结为求解式(7-171)这样一个逐段线性问题。因此说，式(7-171)就是分析热弹塑性问题的"增量变刚度法"中的单元基本方程。

经过类似推导，也可以得到分析弹塑性问题的增量初应力法及增量初应变法的有关公式。

二、材料性质依赖于温度的情况

如果弹性模量 E、泊松比 ν、线膨胀系数 α，以及屈服应力 σ_{s} 等等材料特性常数都与温度有关，那么就要求在不同温度下做大量试验来确定这些量与温度的依赖关系。在此基础上就可推出依赖于温度的应力和应变之间的物理关系，弹性应变可表示为

$$\boldsymbol{\varepsilon}_{\mathrm{e}} = \boldsymbol{D}_{\mathrm{e}}^{-1} \boldsymbol{\sigma} \tag{7-176}$$

当温度变化时，有

$$\frac{\mathrm{d}}{\mathrm{d}T} \boldsymbol{\varepsilon}_{\mathrm{e}} \mathrm{d}T = \frac{\mathrm{d}\boldsymbol{D}_{\mathrm{e}}^{-1}}{\mathrm{d}T} \boldsymbol{\sigma} \, \mathrm{d}T + \boldsymbol{D}_{\mathrm{e}}^{-1} \frac{\mathrm{d}\boldsymbol{\sigma}}{\mathrm{d}T} \mathrm{d}T$$

或写成

$$\mathrm{d}\boldsymbol{\varepsilon}_{\mathrm{e}} = \frac{\mathrm{d}\boldsymbol{D}_{\mathrm{e}}^{-1}}{\mathrm{d}T} \boldsymbol{\sigma} \, \mathrm{d}T + \boldsymbol{D}_{\mathrm{e}}^{-1} \mathrm{d}\boldsymbol{\sigma}$$

于是可导出依赖于温度的增量关系：

$$\mathrm{d}\boldsymbol{\sigma} = \boldsymbol{D}_{\mathrm{e}} \left(\mathrm{d}\boldsymbol{\varepsilon}_{\mathrm{e}} - \frac{\mathrm{d}\boldsymbol{D}_{\mathrm{e}}^{-1}}{\mathrm{d}T} \boldsymbol{\sigma} \, \mathrm{d}T \right) \tag{7-177}$$

1. 热弹性问题

在弹性区域中，由于温度增量 $\mathrm{d}T$ 将引起全应变增量：

$$\mathrm{d}\boldsymbol{\varepsilon} = \mathrm{d}\boldsymbol{\varepsilon}_{\mathrm{e}} + \mathrm{d}\boldsymbol{\varepsilon}_T = \mathrm{d}\boldsymbol{\varepsilon}_{\mathrm{e}} + \boldsymbol{\alpha} \mathrm{d}T \tag{7-178}$$

于是有

$$\mathrm{d}\boldsymbol{\varepsilon}_{\mathrm{e}} = \mathrm{d}\boldsymbol{\varepsilon} - \boldsymbol{\alpha} \mathrm{d}T \tag{7-179}$$

以式(7-179)代入式(7-177)，得到弹性区域中的应力-应变的增量关系为

$$\mathrm{d}\boldsymbol{\sigma} = \boldsymbol{D}_{\mathrm{e}} (\mathrm{d}\boldsymbol{\varepsilon} - \mathrm{d}\boldsymbol{\varepsilon}_0) \tag{7-180}$$

其中

$$\mathrm{d}\boldsymbol{\varepsilon}_0 = \left(\boldsymbol{\alpha} + \frac{\mathrm{d}\boldsymbol{D}_{\mathrm{e}}^{-1}}{\mathrm{d}T} \boldsymbol{\sigma} \right) \mathrm{d}T \tag{7-181}$$

表示由温度变化引起的应变增量。

将式(7-180)写成增量形式：

$$\Delta \boldsymbol{\sigma} = \boldsymbol{D}_{\mathrm{e}} (\Delta \boldsymbol{\varepsilon} - \Delta \boldsymbol{\varepsilon}_0) \tag{7-182}$$

于是以式(7-182)代替式(7-160)，经过类似的推导，可得到与式(7-165)类似的热弹性问题的基本方程

$$\boldsymbol{K}_{\mathrm{e}}\Delta\boldsymbol{d}=\Delta\boldsymbol{F}+\Delta\boldsymbol{R}_{\sigma}^{0}+\Delta\boldsymbol{R}_{T} \tag{7-183}$$

但其中“热弹性载荷矢量”应按下式确定：

$$\Delta\boldsymbol{R}_{T}=\int_{V}\boldsymbol{B}^{\mathrm{T}}\boldsymbol{D}_{\mathrm{e}}\Delta\boldsymbol{\varepsilon}_{0}\,\mathrm{d}V \tag{7-184}$$

2. 热弹塑性问题

由于屈服与温度有关，所以米塞斯屈服准则应改写成

$$\bar{\sigma}=H\left(\int\mathrm{d}\bar{\varepsilon}_{\mathrm{p}},T\right) \tag{7-185}$$

或记为

$$\bar{\sigma}=H_{T}\left(\int\mathrm{d}\bar{\varepsilon}_{\mathrm{p}}\right) \tag{7-186}$$

其中，函数 H 与 H_T 仍可由简单拉伸试验确定，此时有

$$\sigma=H(\varepsilon_{\mathrm{p}},T) \tag{7-187}$$

对式(7-185)两边取微分，得

$$\left(\frac{\partial\bar{\sigma}}{\partial\boldsymbol{\sigma}}\right)^{\mathrm{T}}\mathrm{d}\boldsymbol{\sigma}=\frac{\partial H}{\partial\bar{\varepsilon}_{\mathrm{p}}}\mathrm{d}\bar{\varepsilon}_{\mathrm{p}}+\frac{\partial H}{\partial T}\mathrm{d}T=H_{T}'\mathrm{d}\bar{\varepsilon}_{\mathrm{p}}+\frac{\partial H}{\partial T}\mathrm{d}T \tag{7-188}$$

而塑性区域中的全应变增量可分解成

$$\mathrm{d}\boldsymbol{\varepsilon}=\mathrm{d}\boldsymbol{\varepsilon}_{\mathrm{e}}+\mathrm{d}\boldsymbol{\varepsilon}_{\mathrm{p}}+\mathrm{d}\boldsymbol{\varepsilon}_{T} \tag{7-189}$$

于是弹性应变增量为

$$\mathrm{d}\boldsymbol{\varepsilon}_{\mathrm{e}}=\mathrm{d}\boldsymbol{\varepsilon}-\mathrm{d}\boldsymbol{\varepsilon}_{\mathrm{p}}-\mathrm{d}\boldsymbol{\varepsilon}_{T} \tag{7-190}$$

代入式(7-177)，得

$$\mathrm{d}\boldsymbol{\sigma}=\boldsymbol{D}_{\mathrm{e}}\left(\mathrm{d}\boldsymbol{\varepsilon}-\mathrm{d}\boldsymbol{\varepsilon}_{\mathrm{p}}-\mathrm{d}\boldsymbol{\varepsilon}_{T}-\frac{\partial\boldsymbol{D}_{\mathrm{e}}^{-1}}{\partial T}\boldsymbol{\sigma}\,\mathrm{d}T\right) \tag{7-191}$$

再以式(7-44)、式(7-153)代入，并注意到式(7-181)，有

$$\mathrm{d}\boldsymbol{\sigma}=\boldsymbol{D}_{\mathrm{e}}\left(\mathrm{d}\boldsymbol{\varepsilon}-\frac{\mathrm{d}\bar{\sigma}}{\mathrm{d}\boldsymbol{\sigma}}\mathrm{d}\bar{\varepsilon}_{\mathrm{p}}-\mathrm{d}\boldsymbol{\varepsilon}_{0}\right) \tag{7-192}$$

两端左乘 $\left(\frac{\partial\bar{\sigma}}{\partial\boldsymbol{\sigma}}\right)^{\mathrm{T}}$，并以式(7-188)代入，得

$$H_{T}'\mathrm{d}\bar{\varepsilon}_{\mathrm{p}}+\frac{\partial H}{\partial T}\mathrm{d}T=\left(\frac{\partial\bar{\sigma}}{\partial\boldsymbol{\sigma}}\right)^{\mathrm{T}}\boldsymbol{D}_{\mathrm{e}}\left(\mathrm{d}\boldsymbol{\varepsilon}-\frac{\partial\bar{\sigma}}{\partial\boldsymbol{\sigma}}\mathrm{d}\bar{\varepsilon}_{\mathrm{p}}-\mathrm{d}\boldsymbol{\varepsilon}_{0}\right) \tag{7-193}$$

由此可得

$$\mathrm{d}\bar{\varepsilon}_{\mathrm{p}}=\frac{\left(\frac{\partial\bar{\sigma}}{\partial\boldsymbol{\sigma}}\right)^{\mathrm{T}}\boldsymbol{D}_{\mathrm{e}}\mathrm{d}\boldsymbol{\varepsilon}-\left(\frac{\partial\bar{\sigma}}{\partial\boldsymbol{\sigma}}\right)^{\mathrm{T}}\boldsymbol{D}_{\mathrm{e}}\mathrm{d}\boldsymbol{\varepsilon}_{0}-\frac{\partial H}{\partial T}\mathrm{d}T}{H_{T}'+\left(\frac{\partial\bar{\sigma}}{\partial\boldsymbol{\sigma}}\right)^{\mathrm{T}}\boldsymbol{D}_{\mathrm{e}}\frac{\partial\bar{\sigma}}{\partial\boldsymbol{\sigma}}} \tag{7-194}$$

代入式(7-192)得到热弹塑性问题中的应力-应变的增量关系式

$$\mathrm{d}\boldsymbol{\sigma}=\boldsymbol{D}_{\mathrm{ep}}(\mathrm{d}\boldsymbol{\varepsilon}-\mathrm{d}\boldsymbol{\varepsilon}_{0})+\mathrm{d}\boldsymbol{\sigma}_{0} \tag{7-195}$$

其中

$$\boldsymbol{D}_{\mathrm{ep}}=\boldsymbol{D}_{\mathrm{e}}-\boldsymbol{D}_{\mathrm{p}} \tag{7-196}$$

称为热弹塑性矩阵；

$$\boldsymbol{D}_{\mathrm{p}}=\frac{\boldsymbol{D}_{\mathrm{e}}\frac{\partial\bar{\sigma}}{\partial\boldsymbol{\sigma}}\left(\frac{\partial\bar{\sigma}}{\partial\boldsymbol{\sigma}}\right)^{\mathrm{T}}\boldsymbol{D}_{\mathrm{e}}}{H_{T}'+\left(\frac{\partial\bar{\sigma}}{\partial\boldsymbol{\sigma}}\right)^{\mathrm{T}}\boldsymbol{D}_{\mathrm{e}}\frac{\partial\bar{\sigma}}{\partial\boldsymbol{\sigma}}} \tag{7-197}$$

称为热塑性矩阵，$\boldsymbol{D}_{\mathrm{e}}$ 为弹性矩阵。

$$\mathrm{d}\boldsymbol{\sigma}_0 = \frac{\boldsymbol{D}_\mathrm{e}\dfrac{\partial\bar{\sigma}}{\partial\boldsymbol{\sigma}}\dfrac{\partial H}{\partial T}\mathrm{d}T}{H'_T + \left(\dfrac{\partial\bar{\sigma}}{\partial\boldsymbol{\sigma}}\right)^\mathrm{T}\boldsymbol{D}_\mathrm{e}\dfrac{\partial\bar{\sigma}}{\partial\boldsymbol{\sigma}}} \tag{7-198}$$

它反映了由于温度变化 $\mathrm{d}T$ 所引起的应力增量，$\mathrm{d}\boldsymbol{\varepsilon}_0$ 由式(7-181)定义。

显然，式(7-195)是一个非线性关系式，为了建立有限元公式，仍可将它线性化为

$$\Delta\boldsymbol{\sigma} = \boldsymbol{D}_\mathrm{ep}(\Delta\boldsymbol{\varepsilon} - \Delta\boldsymbol{\varepsilon}_0) + \Delta\boldsymbol{\sigma}_0 \tag{7-199}$$

其中，$\boldsymbol{D}_\mathrm{ep}$可以按照增量载荷施加前的应力水平予以确定，在本增量步中作为常数矩阵处理。

经过类似的推导，可以得到“热弹塑性问题中的增量变刚度法”的单元基本方程为

$$\boldsymbol{K}_\mathrm{ep}\Delta\boldsymbol{d} = \Delta\boldsymbol{F} + \Delta\boldsymbol{R}_\sigma^0 + \Delta\boldsymbol{R}_{\sigma T} + \Delta\boldsymbol{R}_{\varepsilon T} \tag{7-200}$$

其中

$$\Delta\boldsymbol{R}_{\sigma T} = -\int_V \boldsymbol{B}^\mathrm{T}\Delta\boldsymbol{\sigma}_0\,\mathrm{d}V \tag{7-201}$$

称为“热初应力载荷矢量”；

$$\Delta\boldsymbol{R}_{\varepsilon T} = \int_V \boldsymbol{B}^\mathrm{T}\boldsymbol{D}_\mathrm{ep}\Delta\boldsymbol{\varepsilon}_0\,\mathrm{d}V \tag{7-202}$$

称为“热初应变载荷矢量”；

$$\boldsymbol{K}_\mathrm{ep} = \int_V \boldsymbol{B}^\mathrm{T}\boldsymbol{D}_\mathrm{ep}\boldsymbol{B}\,\mathrm{d}V \tag{7-203}$$

称为“热弹塑性刚度矩阵”；而 $\Delta\boldsymbol{F}$，$\Delta\boldsymbol{R}_\sigma^0$ 仍由式(7-174)、式(7-173)定义。

三、稳定温度场的计算

弹塑性结构受到温度改变的影响，由于外加的或内部的约束使结构不能自由地伸缩，这时就会产生应力。这种应力称为“变温应力”，习惯上称为“热应力”。在某些情况中这种应力是相当大的，足以导致结构的破坏，因此有研究的必要。通常，热应力计算包括两方面的内容：

(1) 按照热传导理论计算结构内某一瞬时的温度分布，即计算“温度场”。

(2) 按照已知的温度分布计算弹塑性结构的位移场、应变分布及应力分布。

1. *稳态热传导的基本方程*

这里仅讨论稳态热传导问题，即结构由初始的温度分布 $T_0(x,y,z)$受热后达到$T(x,y,z)$并且在一段时间内保持不变。于是温度分布仅仅是结构坐标的函数，而与时间无关，按照热传导理论，此时温度场 $T(x,y,z)$应当满足下面的微分方程：

$$\frac{\partial^2 T}{\partial x^2} + \frac{\partial^2 T}{\partial y^2} + \frac{\partial^2 T}{\partial z^2} = 0 \tag{7-204}$$

在 S_T 上：

$$T = \overline{T} \tag{7-205}$$

于是问题归结为在给定的边界条件下求解拉普拉斯方程式(7-204)。除了个别典型情况外，一般很难找到闭合形式的解，按照变分原理，式(7-204)完全等价于泛函

$$\Pi = \int_V \frac{1}{2}\left[\left(\frac{\partial T}{\partial x}\right)^2 + \left(\frac{\partial T}{\partial y}\right)^2 + \left(\frac{\partial T}{\partial z}\right)^2\right]\mathrm{d}V \tag{7-206}$$

的极值条件

$$\delta\Pi = 0 \tag{7-207}$$

因此可以采用有限元法来确定 T 的近似值。

2. 有限元列式

将结构划分成若干有限大小的单元，并保证各个单元之间满足温度相同的“连续条件”（属于 C_0 问题），于是对于个别单元均有

$$\Pi^{e} = \int_{V} \frac{1}{2}\left[\left(\frac{\partial T}{\partial x}\right)^{2} + \left(\frac{\partial T}{\partial y}\right)^{2} + \left(\frac{\partial T}{\partial z}\right)^{2}\right]\mathrm{d}V \tag{7-208}$$

设单元内的温度分布为

$$T = \boldsymbol{N}(x, y, z)\boldsymbol{t}^{e} \tag{7-209}$$

式中，$\boldsymbol{N}(x, y, z)$为内插函数，$\boldsymbol{t}^{e}$ 为有限个节点上的温度值，于是有

$$\left.\begin{aligned} \frac{\partial T}{\partial x} &= \frac{\partial}{\partial x}\boldsymbol{N}\boldsymbol{t}^{e} = \boldsymbol{B}_{x}\boldsymbol{t}^{e} \\ \frac{\partial T}{\partial y} &= \frac{\partial}{\partial y}\boldsymbol{N}\boldsymbol{t}^{e} = \boldsymbol{B}_{y}\boldsymbol{t}^{e} \\ \frac{\partial T}{\partial z} &= \frac{\partial}{\partial z}\boldsymbol{N}\boldsymbol{t}^{e} = \boldsymbol{B}_{z}\boldsymbol{t}^{e} \end{aligned}\right\} \tag{7-210}$$

代入式(7-208)，得

$$\Pi^{e} = \frac{1}{2}(\boldsymbol{t}^{e})^{\mathrm{T}}\boldsymbol{H}^{e}\boldsymbol{t}^{e} \tag{7-211}$$

其中

$$\left.\begin{aligned} \boldsymbol{H}^{e} &= \boldsymbol{H}_{x} + \boldsymbol{H}_{y} + \boldsymbol{H}_{z} \\ \boldsymbol{H}_{x} &= \int_{V_{e}} \boldsymbol{B}_{x}^{\mathrm{T}}\boldsymbol{B}_{x}\mathrm{d}V \\ \boldsymbol{H}_{y} &= \int_{V_{e}} \boldsymbol{B}_{y}^{\mathrm{T}}\boldsymbol{B}_{y}\mathrm{d}V \\ \boldsymbol{H}_{z} &= \int_{V_{e}} \boldsymbol{B}_{z}^{\mathrm{T}}{}_{z}\mathrm{d}V \end{aligned}\right\} \tag{7-212}$$

由极值条件可得

$$\boldsymbol{H}^{e}\boldsymbol{t}^{e} = 0 \tag{7-213}$$

这就是稳定温度场的单元基本方程。由节点的连续条件

$$t_{i}^{e} = t_{i} \tag{7-214}$$

可以组集成整个结构的基本方程：

$$\boldsymbol{H}\boldsymbol{t} = 0 \tag{7-215}$$

若已知某些区域内节点的温度值为 $\boldsymbol{t}_{s}$，可按矩阵分块的规则，将上式划分成：

$$\begin{bmatrix} \boldsymbol{H}_{rr} & \boldsymbol{H}_{rs} \\ \boldsymbol{H}_{sr} & \boldsymbol{H}_{ss} \end{bmatrix}\begin{Bmatrix} \boldsymbol{t}_{r} \\ \boldsymbol{t}_{s} \end{Bmatrix} = 0 \tag{7-216}$$

于是有

$$\boldsymbol{H}_{rr}\boldsymbol{t}_{r} = -\boldsymbol{H}_{rs}\boldsymbol{t}_{s} \tag{7-217}$$

这是一组关于未知节点温度 $\boldsymbol{t}_{r}$ 的线性方程，很容易求解。这样就可得到各个单元或结构的温度分布 $T(x, y, z)$，也很容易计算出温度增量的分布

$$\Delta T(x, y, z) = T(x, y, z) - T_{0}(x, y, z) \tag{7-218}$$

四、残余应变和残余应力的计算

工程中经常需要考察结构在进入塑性状态后，再卸去部分或全部载荷时的变形和应力状

态。由于塑性变形的存在，因而卸载后结构中将有残余变形存在；同时由于变形的不均匀性，在卸载后的结构内部还会有残余应力存在。对于这种问题，由于结构的各个单元都处于卸载状态，因此是一种最简单的纯卸载问题。在塑性理论中我们已经知道，不论是否屈服，卸载时的应力-应变关系始终是线性的，可以按照弹性进行计算，如图7-19所示的简单拉伸情况，当加载时应力自 σ_A 增加到 σ_B，这时应变由 ε_A 增加到 ε_B，而 A 点沿 $\widehat{AB}$ 到达 B 点，而在卸载时，则由 B 点沿 $\overline{BB'}$ 到达 B' 点，这时残余应变为

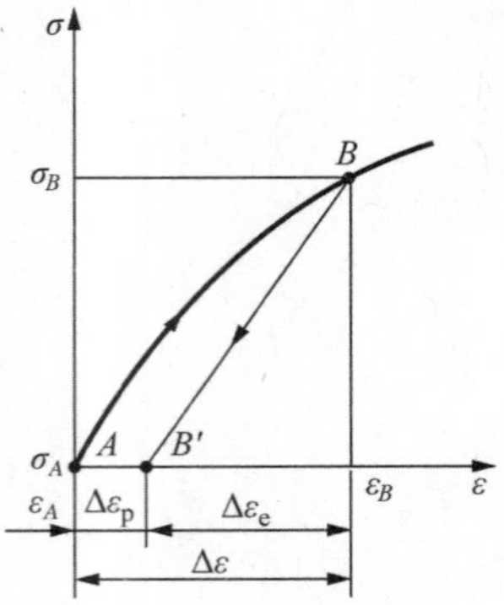

图 7-19　残余应变和残余应力

$$\Delta\varepsilon_{\mathrm{p}} = \Delta\varepsilon - \Delta\varepsilon_{\mathrm{e}} = \Delta\varepsilon - \frac{\Delta\sigma}{E} \tag{7-219}$$

一般地说，如果结构在已知载荷 $\boldsymbol{P}$ 作用下，通过弹塑性分析已知其节点位移、应变、应力分别为 $\boldsymbol{d}_{\mathrm{ep}}$，$\boldsymbol{\varepsilon}_{\mathrm{ep}}$，$\boldsymbol{\sigma}_{\mathrm{ep}}$。那么，在全部载荷 $\boldsymbol{P}$ 卸去后结构中的残余位移、残余应变和残余应力可按下式计算：

$$\left.\begin{aligned}\boldsymbol{d}_{\mathrm{r}} &= \boldsymbol{d}_{\mathrm{ep}} - \boldsymbol{d}_{\mathrm{e}}\\ \boldsymbol{\varepsilon}_{\mathrm{r}} &= \boldsymbol{\varepsilon}_{\mathrm{ep}} - \boldsymbol{\varepsilon}_{\mathrm{e}}\\ \boldsymbol{\sigma}_{\mathrm{r}} &= \boldsymbol{\sigma}_{\mathrm{ep}} - \boldsymbol{\sigma}_{\mathrm{e}}\end{aligned}\right\} \tag{7-220}$$

式中，$\boldsymbol{d}_{\mathrm{e}}$，$\boldsymbol{\varepsilon}_{\mathrm{e}}$，$\boldsymbol{\sigma}_{\mathrm{e}}$ 为结构在 $\boldsymbol{P}$ 作用下按弹性分析计算得到的位移、应变和应力。

也就是说，只要遵照当 $\bar{\sigma} \leqslant \sigma_S$ 时加载与卸载都是线性的，而当 $\bar{\sigma} > \sigma_S$ 时加载是非线性而卸载仍是线性的这个规律，那么就可以对结构的位移、应变和应力进行“跟踪分析”，并予以记录。

第四节　非线性问题的一般解法

前面分别介绍了几何非线性和材料非线性问题，事实上还有很多类似的非线性问题。因为非线性特性是可以由与时间有关或无关的材料性质引起的；也可以是位移很大以至改变了结构形状而使载荷改变了分布和方向所引起的；非线性也可以在较小的位移下发生，例如，接触应力及柔性薄板弯曲问题；非线性可以是轻微的，也可以是很严重的；问题可能是静力的，也可能是动力的；可以涉及屈曲也可以不涉及；有可能是单本的材料或几何非线性，也可能是两种问题的综合；等等。因此毫不奇怪提出了许许多多的分析非线性问题的方法，而其中没有单一的一种方法对求解所有类型的非线性问题都是最好的。然而不论是何种类型的非线性问题或者它们的组合，目前基本上都采用线性化的增量法，它的实质是把非线性问题分解为一系列线性问题的集合来求解。这样，非线性效应较小以至可以不要求大量修改线性分析中采用的一些基本技巧，这种方法的优越性，在有限元法中特别明显，且为实践所证明。

一、线性增量法

在分析几何非线性及弹塑性问题时，都已经用到过线性化的逐步增量法，如果不考虑初始不平衡，以及初始不协调的影响，那么两种非线性问题的基本方程可以统一写成

$$\boldsymbol{K}(\Delta\boldsymbol{d})\Delta\boldsymbol{d} = \Delta\boldsymbol{P} \tag{7-221}$$

其中，系数矩阵包含有待求的 $\Delta\boldsymbol{d}$，因此是个非线性方程组。通过线性化，可以认为 $\boldsymbol{K}$ 将与当

前要产生的 $\Delta\boldsymbol{d}$ 无关，而仅与 $\Delta\boldsymbol{P}$ 施加前的应力水平及结构形状有关，于是计算格式可表示成

$$\boldsymbol{K}_{(i-1)}\Delta\boldsymbol{d}_{(i)}=\Delta\boldsymbol{P}_{(i)},\quad i=1,2,\cdots,n \tag{7-222}$$

这里 n 表示所划分的增量步数。这种方法称为“纯粹增量法”。其优点是概念清楚、步骤简单，只要把用于线性分析的程序稍加修改，就可以用于分析非线性问题。它的明显缺点就是精度问题。因为它没有考虑每一增量步中所产生的“不平衡”及“不协调”因素，以及它们的累积。因此，为了达到足够的精度就必须采用很多的增量步，使每一载荷增量足够小，以避免过多地偏离真实状态，图 7-20 是一个单自由度的非线性问题的增量变刚度法。增量解与其实解的偏离是由于“不平衡”及“不协调”误差累积所产生的。在许多实际问题中，往往难以事先估计应取多大的增量载荷才是合适的。

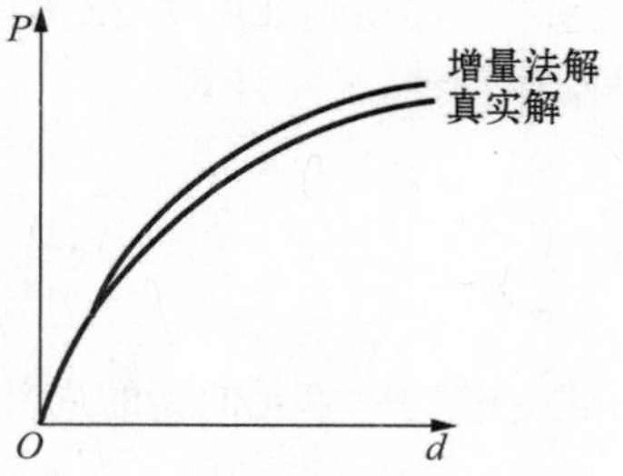

图 7-20　纯粹增量法

为了克服纯粹增量法的不足而提出了许多改进方法，其中最常见的是“增量迭代法”。下面介绍几种基本形式。

二、增量迭代法

完整的增量迭代法就是在每一增量步中都采用牛顿-拉夫逊(Newton-Raphson)方法来求解，为了用一个简单方法说明，考虑如图 7-21 所示的单自由度系统。

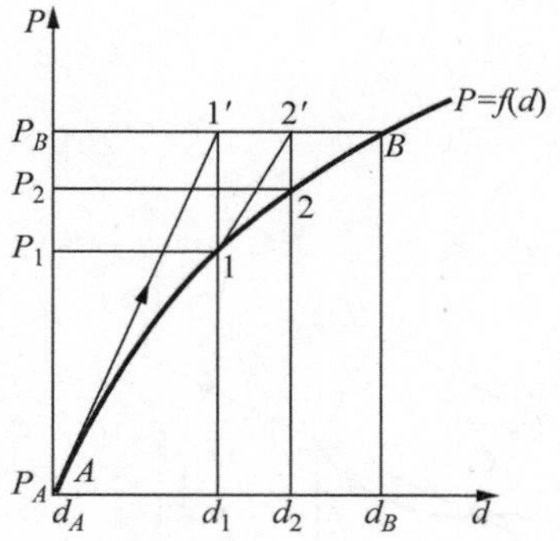

图 7-21　增量迭代法

设在载荷 P_A 作用下达到收敛以后，自 A 点出发把载荷增加到 P_B。现要求相应的位移 d_B，作出在 A 点的一阶泰勒级数展开，可得到

$$f(d_A+\Delta d_1)-f(d_A)=\left(\frac{\partial f}{\partial d}\right)_A\Delta d_1+\cdots \tag{7-223}$$

表达式中的导数就是曲线在 A 点的切线的斜率，这里是在 A 点的结构刚度 K_A(称为切线刚度)。要求 Δd_1，使得

$$f(d_A+\Delta d_1)=P_B \tag{7-224}$$

于是式(7-223)就可写成

$$K_A\Delta d_1=P_B-P_A \tag{7-225}$$

解上式，得到 Δd_1，于是在载荷 P_B 作用下结构位移的估计值应该是

$$d_1=d_A+\Delta d_1 \tag{7-226}$$

因为泰勒级数方程式(7-223)已被截断，这个位移显然是不精确的，从图中也可看出，d_1 是由 A 点沿过 A 点的切线达到 $1'$点所对应的位移，并非真实位移 d_B，而在位移 d_1 条件下结构所提供的抗力为 P_1。为了求得下一次的修正值，可接着利用在 1 点的切线刚度 K_1 和不平衡载荷 P_B-P_1 来求解：

$$K_1\Delta d_2=P_B-P_1 \tag{7-227}$$

于是位移的又一次修正值是

$$d_2=d_1+\Delta d_2$$

这样，反复进行修正直到 $|d_{i+1}-d_i|\leqslant\varepsilon$ 为止，再转入下一个增量步，直到全部载荷施加完为止。

可以用一个平面梁元为例来解释上述过程。

图 7-22(a)给出在固定不变的全局坐标系 xy 中的一个未变形的平面梁元。从节点 1 和 2 原有的全局坐标值出发，我们建立当时的局部坐标系 $x'y'$，以及节点 2 在全局坐标系中与节点 1 的相对位置 x_0, y_0, l_0, φ_0。在施加载荷后，单元将产生全局位移

$$\boldsymbol{d} = [d_1, d_2, d_3, d_4, d_5, d_6]^{\mathrm{T}} \tag{7-228}$$

于是单元移动到如图 7-22(b)所示的位置，这个位置是由刚体位移和单元变形合成的，为了减去刚体移动，经过计算：

$$\left.\begin{aligned} x_{\mathrm{L}} &= x_0 + d_4 - d_1 \\ y_{\mathrm{L}} &= y_0 + d_5 - d_2 \\ \varphi &= \arctan(y_{\mathrm{L}}/x_{\mathrm{L}}) \end{aligned}\right\} \tag{7-229}$$

再建立畸变后单元的新的局部坐标系 $x''y''$，在该坐标系内单元的畸变可表示为

$$\begin{aligned} u_1 &= 0 \\ u_2 &= l - l_0 = \sqrt{x_{\mathrm{L}}^2 + y_{\mathrm{L}}^2} - l_0 \\ v_1 &= 0 \\ v_2 &= (d_5 - d_2)\cos\varphi_0 - (d_4 - d_1)\sin\varphi_0 \\ \theta_1 &= \varphi_0 + d_3 - \varphi \\ \theta_2 &= \varphi_0 + d_6 - \varphi \end{aligned}$$

可记为

$$\boldsymbol{d}^{\mathrm{e}} = [0, 0, \theta_1, u_2, v_2, \theta_2]^{\mathrm{T}} \tag{7-230}$$

并在新坐标系内形成单元的刚度矩阵 $\boldsymbol{k}^{\mathrm{e}}$ 和结构抗力

$$\boldsymbol{P}^{\mathrm{e}} = \boldsymbol{k}^{\mathrm{e}} \boldsymbol{d}^{\mathrm{e}}$$

显然，$\boldsymbol{P}^{\mathrm{e}}$，$\boldsymbol{d}^{\mathrm{e}}$ 和 $\boldsymbol{k}^{\mathrm{e}}$ 可以借助 φ 角利用通常的运算而转换到全局坐标系去。

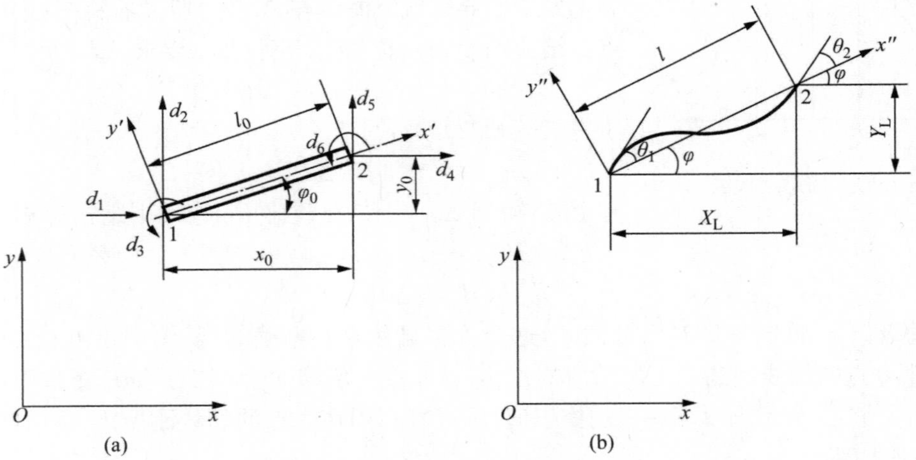

图 7-22 变形前后的平面梁元

(a) 未畸变的单元；(b) 变形后的单元

一个典型的迭代循环应包括下列步骤，设结构在一个特定一级外载荷，例如 P_B 作用下已经变形但未平衡，那么就进行以下的工作：

(1) 利用全局位移 $\boldsymbol{d}_1$ 建立各单元局部坐标系。

(2) 计算各单元的畸变，形成在局部坐标系中的单元节点位移 $\boldsymbol{d}^e$。

(3) 建立局部坐标系中的单元刚度 $\boldsymbol{k}^e$ 和结构抗力 $\boldsymbol{P}^e=\boldsymbol{k}^e\boldsymbol{d}^e$。

(4) 经过坐标转换，将 $\boldsymbol{k}^e$，$\boldsymbol{P}^e$ 转换到全局坐标系内。

(5) 组集结构刚度阵和结构抗力阵

$$\boldsymbol{K}_1=\sum_e \boldsymbol{k}^e,\quad \boldsymbol{P}_1=\sum_e \boldsymbol{P}^e$$

(6) 计算不平衡载荷 $\boldsymbol{P}_B-\boldsymbol{P}_1$。

(7) 求解结构方程

$$\boldsymbol{K}_1\Delta\boldsymbol{d}_2=\boldsymbol{P}_B-\boldsymbol{P}_1$$

得到位移增量 $\Delta\boldsymbol{d}_2$。

(8) 将位移增量 $\Delta\boldsymbol{d}_2$ 加到前边迭代中累积起来的总体位移 $\boldsymbol{d}_1$ 中去，就给出平衡位置修改后的更新值

$$\boldsymbol{d}_2=\boldsymbol{d}_1+\Delta\boldsymbol{d}_2$$

(9) 检查收敛性，如果不满足则返回步骤(1)。

前面所述步骤的计算格式可以写成

$$\left.\begin{aligned}\boldsymbol{K}_{(i)}\Delta\boldsymbol{d}_{(i+1)}&=\boldsymbol{P}-\sum_e \boldsymbol{k}^e_{(i)}\boldsymbol{d}^e_{(i)}\\ \boldsymbol{d}_{i+1}&=\boldsymbol{d}_{(i)}+\Delta\boldsymbol{d}_{(i+1)},\quad i=0,1,\cdots\end{aligned}\right\}\tag{7-231}$$

在给定载荷水平上达到收敛后，就可增加到一个新的载荷水平上，再开始迭代计算以找到一个新的平衡位置。这种方法把增量和迭代计算结合起来，故称为增量迭代法，或简称 N-R 法。为了达到最后的载荷水平，可以取许多增量步而在每一步用较少的迭代次数；也可以取较少的增量步而在每一步中用较多的迭代次数。

N-R 法要求在每个增量，以及每次迭代过程中，都要重新形成切线刚度矩阵、重新求解线性方程组，显然计算工作量是很大的。因此，在此基础上又提出了许多修正方案。

三、修正的增量迭代法

图 7-23 说明了一个经修改的增量迭代法的计算模式，记作 MR-N 法：在某一增量载荷(P_B-P_A)作用过程中，全部迭代计算都采用同一个切线刚度 K_A。显然，在每次迭代中的不平衡程度将加剧。与 N-R 法相比较可知，为了达到收敛的目的，它将需要更多的迭代次数。但由于刚度矩阵可事先予以三角分解并储存，因此每一次迭代计算将做得更快，它的计算格式可修改成

$$\left.\begin{aligned}\boldsymbol{K}_A\Delta\boldsymbol{d}_{(i+1)}&=\boldsymbol{P}-\sum_e \boldsymbol{k}^e_{(i)}\boldsymbol{d}^e_{(i)}\\ \boldsymbol{d}_{(i+1)}&=\boldsymbol{d}_{(i)}+\Delta\boldsymbol{d}_{(i+1)},\quad i=1,2,\cdots\end{aligned}\right\}\tag{7-232}$$

这种计算格式相当于在每个增量步的开始时采用变刚度法，而后的各次迭代中采用初应力法。

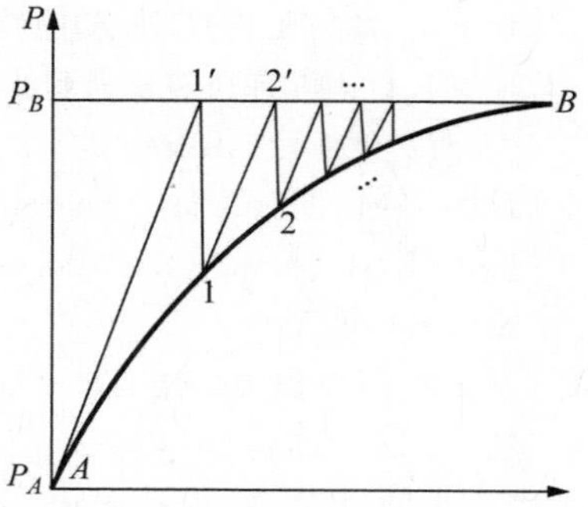

图 7-23　修正的增量迭代法

四、一步修正的增量法

还有另一种修正方法，它是在每个载荷水平上使用一次 N-R 法迭代，于是迭代次数就等

于增量步数，求解过程如图 7-24 所示的阶梯形切线。这个过程也可描写为增量过程，因为逐次的位移增量

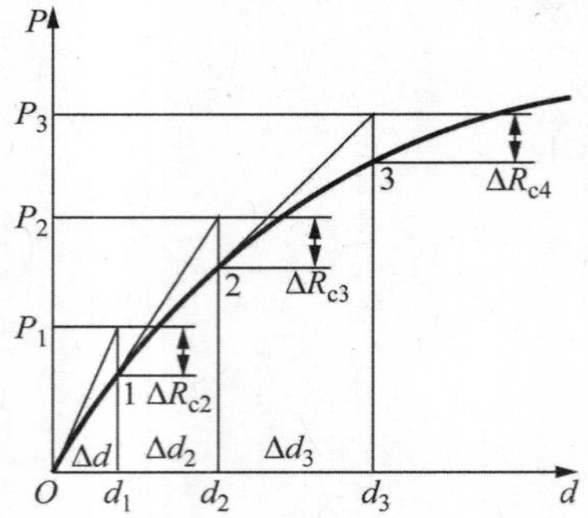

图 7-24　一步修正法

$$\Delta \boldsymbol{d}_{(i)} = \boldsymbol{d}_{(i)} - \boldsymbol{d}_{(i-1)}$$

是由逐次的载荷增量

$$\Delta \boldsymbol{P}_{(i)} = \boldsymbol{P}_{(i)} - \boldsymbol{P}_{(i-1)}$$

所产生的，但是每次都把本增量步中造成的不平衡载荷

$$\Delta \boldsymbol{R}_{c(i)} = \boldsymbol{P}_{(i-1)} - \sum_{e} \boldsymbol{k}_{(i-1)}^{e} \boldsymbol{d}_{(i-1)}^{e}$$

加到下一个增量步中的载荷中去，这样就可以防止与正确曲线的过多偏离，于是计算格式可写成

$$\left.\begin{aligned} \boldsymbol{K}_{(i-1)} \Delta \boldsymbol{d}_{(i)} &= \boldsymbol{P}_{(i)} + \Delta \boldsymbol{R}_{c(i)} \\ \boldsymbol{d}_{(i)} &= \boldsymbol{d}_{(i-1)} + \Delta \boldsymbol{d}_{(i)}, \quad i = 1,2,\cdots \end{aligned}\right\} \tag{7-233}$$

显然其中

$$\Delta \boldsymbol{R}_{c(1)} = 0$$

当略去修正项 $\Delta \boldsymbol{R}_c$ 以后，便蜕化为纯粹的增量法。

五、其他方法

解非线性矩阵方程的方法很多，除了上述几种常用的方法以外，还有用“共轭牛顿法”，它将修正的牛顿法与共轭梯度法结合起来，是由艾恩斯(Irons)提出的；“准牛顿法”，它是在每次迭代计算时采用简单的方法修正刚度矩阵，企图以较少的计算获得较高的精度，“割线牛顿法”也是一种矩阵修正法，通过矢量运算对刚度矩阵进行修正。

参考文献

[1] 李大潜. 有限元素法续讲[M]. 北京：科学出版社，1979.

[2] Kachanov L M. Foundations of the theory of plasticity [M]. Amsterdam: North-Holland Publishing Company, 1971.

[3] 徐秉业，陈森灿. 塑性理论简明教程[M]. 北京：清华大学出版社，1981.

[4] 库克 R D，马尔库斯 D S，普利沙 M E，等. 有限元分析的概念和应用[M]. 第 4 版. 关正西，强洪夫，译. 西安：西安交通大学出版社，2007.

[5] Irons B M. Theory and applications of the finite element method [C]. University of Calgary, 1973.

[6] Bathe K J. Formulations and computational algorithms in finite element analysis [C]. U. S.-German Symposium, 1977.

[7] Matthies H, Strang G. The solution of nonlinear finite element equations [J]. Int. J. Numer. Meth. Eng., 1979, 14: 1613-1626.

[8] Crisfield M A. TRRL Report LR900 [R]. Transport and Road Research Laboratory, 1979.

习　题

7-1　试推导平面应变问题的弹塑性矩阵 $\boldsymbol{D}_{ep}$。

7-2　考虑温度对材料性质的影响，试推导热弹塑性矩阵 $\boldsymbol{D}_p$。

7-3　一维弹塑性问题如题 7-3(a)图所示，作用于中间截面的轴向力 $P=30$。材料性质如题 7-3(b)图所示。分别用线性增量法、增量迭代法和修正的增量迭代法求解。

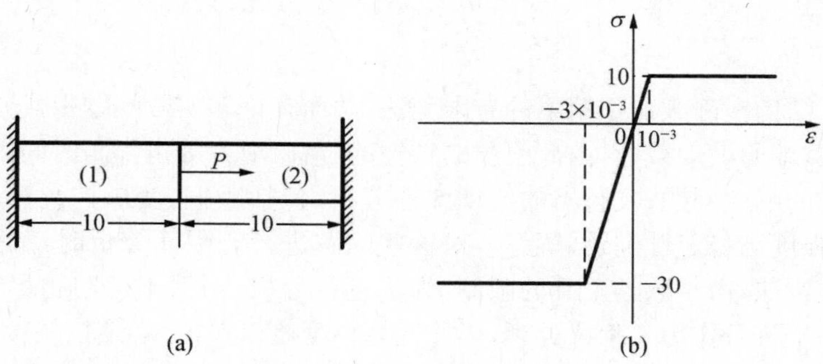

题 7-3 图

第八章　动力问题的有限元法

前面讨论了结构在静载荷作用下的有限元法，然而在许多实际问题中，结构所受到的载荷与时间因素有关，即所谓动载荷，由此引起的结构的位移、应力等也都与时间因素有关。例如，地震时建筑结构的响应问题；飞行器的气动弹性分析，包括颤振、变形扩大等；船舶结构在风、浪、流作用下的强度与稳定性问题；等等。对这些问题进行有限元分析时，都必须考虑动载荷对结构的影响。以往，由于数学工具的限制，为了进行分析，不得不把问题尽量简化，例如，把船体或飞机的整个机身作为工程梁处理，因此计算精度难以保证，必须依赖耗费很大的实物试验。而有限元法一经引入到动力分析中，就使得各种复杂结构的动力分析成为可能，可以既经济又合理地进行分析，充分显示了它的优越性。本章将介绍用有限元法分析动力问题的基本概念及简单应用。

第一节　弹性系统的动力方程

一、达朗贝尔原理和动力方程

在静力分析中已经知道，对一个单元有节点平衡方程

$$\boldsymbol{K}_{\mathrm{e}}\boldsymbol{d}_{\mathrm{e}} = \boldsymbol{F}_{\mathrm{e}} \tag{8-1}$$

式中，$\boldsymbol{K}_{\mathrm{e}}$ 是单元的刚度矩阵，$\boldsymbol{d}_{\mathrm{e}}$ 是单元节点位移，$\boldsymbol{F}_{\mathrm{e}}$ 是与 $\boldsymbol{d}_{\mathrm{e}}$ 相对应的等效节点载荷，通常是由作用在单元上的体力、面力和集中力移置而成的。

在动力问题分析中，节点的位移是时间的函数，应用达朗贝尔原理，只要引入相应惯性力，就可以将弹性体的动力问题转化为相应的静力平衡问题来处理。如果在这里仅考虑体力情况，在计及惯性力和阻尼力时，单元上作用的体力一般可以表示成

$$\boldsymbol{p} = \boldsymbol{p}_{\mathrm{s}} - \rho\frac{\partial^2}{\partial t^2}\boldsymbol{f} - \nu\frac{\partial}{\partial t}\boldsymbol{f} \tag{8-2}$$

式中，$\boldsymbol{p}_{\mathrm{s}}$ 表示体力，$\boldsymbol{f}$ 表示位移，ρ 表示质量密度，ν 表示阻尼系数。仍然用节点位移来内插单元的位移场，即

$$\boldsymbol{f} = \boldsymbol{N}_{\mathrm{e}}\boldsymbol{d}_{\mathrm{e}} \tag{8-3}$$

代入式(8-2)，得

$$\boldsymbol{p} = \boldsymbol{p}_{\mathrm{s}} - \rho\boldsymbol{N}_{\mathrm{e}}\ddot{\boldsymbol{d}}_{\mathrm{e}} - \nu\boldsymbol{N}_{\mathrm{e}}\dot{\boldsymbol{d}}_{\mathrm{e}} \tag{8-4}$$

按照载荷移置公式可得到等效节点载荷为

$$\boldsymbol{F}_{\mathrm{e}} = \int_V \boldsymbol{N}_{\mathrm{e}}^{\mathrm{T}}\boldsymbol{p}\,\mathrm{d}V = \boldsymbol{F}_{\mathrm{se}} - \boldsymbol{M}_{\mathrm{e}}\ddot{\boldsymbol{d}}_{\mathrm{e}} - \boldsymbol{C}_{\mathrm{e}}\dot{\boldsymbol{d}}_{\mathrm{e}} \tag{8-5}$$

其中

$$\boldsymbol{F}_{\mathrm{se}} = \int_V \boldsymbol{N}_{\mathrm{e}}^{\mathrm{T}}\boldsymbol{p}_{\mathrm{s}}\,\mathrm{d}V \tag{8-6}$$

是单元体上与体力等效的节点载荷；

$$\boldsymbol{M}_e = \int_V \boldsymbol{N}_e^T \rho \boldsymbol{N}_e \mathrm{d}V \tag{8-7}$$

称为单元的质量矩阵；

$$\boldsymbol{C}_e = \int_V \boldsymbol{N}_e^T \nu \boldsymbol{N}_e \mathrm{d}V \tag{8-8}$$

称为单元的阻尼矩阵；

$$\dot{\boldsymbol{d}}_e = \frac{\mathrm{d}}{\mathrm{d}t}\boldsymbol{d}_e \tag{8-9}$$

为单元节点的位移速度；

$$\ddot{\boldsymbol{d}} = \frac{\mathrm{d}^2}{\mathrm{d}t^2}\boldsymbol{d}_e \tag{8-10}$$

为单元节点的位移加速度。

将式(8-5)代入式(8-1)，得到单元节点平衡方程

$$\boldsymbol{M}_e\ddot{\boldsymbol{d}}_e + \boldsymbol{C}_e\dot{\boldsymbol{d}}_e + \boldsymbol{K}_e\boldsymbol{d}_e = \boldsymbol{F}_e \tag{8-11}$$

也称为单元的动力方程。将各单元的动力方程按一般的方法组集在一起，则可得到结构的整体动力方程

$$\boldsymbol{M}\ddot{\boldsymbol{d}} + \boldsymbol{C}\dot{\boldsymbol{d}} + \boldsymbol{K}\boldsymbol{d} = \boldsymbol{F} \tag{8-12}$$

式中，$\boldsymbol{M}$,$\boldsymbol{C}$,$\boldsymbol{K}$ 分别是整个结构的质量矩阵、阻尼矩阵和刚度矩阵；$\boldsymbol{d}$ 为整个结构的节点位移向量。

二、拉格朗日的动力方程

推导动力方程可以由另一条途径实现。单元的动能可表示成

$$T = \int_V \frac{1}{2}\rho \dot{\boldsymbol{f}}^T \dot{\boldsymbol{f}} \mathrm{d}V \tag{8-13}$$

将式(8-3)代入，则单元的动能为

$$T = \frac{1}{2}\dot{\boldsymbol{d}}_e^T \boldsymbol{M}_e \dot{\boldsymbol{d}}_e \tag{8-14}$$

假设存在与相对速度成正比的耗散力，那么单元的耗散函数可表示为

$$F = \int_V \frac{1}{2}\nu \dot{\boldsymbol{f}}^T \dot{\boldsymbol{f}} \mathrm{d}V \tag{8-15}$$

将式(8-3)代入，则单元的耗散函数 F 为

$$F = \frac{1}{2}\dot{\boldsymbol{d}}_e^T \boldsymbol{C}_e \dot{\boldsymbol{d}}_e \tag{8-16}$$

单元的总势能可表示成

$$\Pi = U - W = \frac{1}{2}\boldsymbol{d}_e^T \boldsymbol{K}_e \boldsymbol{d}_e - \boldsymbol{d}_e^T \boldsymbol{F}_e \tag{8-17}$$

由哈密顿(Hamilton)原理导出的拉格朗日方程可以写成

$$\frac{\mathrm{d}}{\mathrm{d}t}\left\{\frac{\partial L}{\partial \dot{\boldsymbol{d}}}\right\} - \frac{\partial L}{\partial \boldsymbol{d}} + \frac{\partial F}{\partial \dot{\boldsymbol{d}}} = 0 \tag{8-18}$$

其中，L 是拉格朗日函数

$$L = T - \Pi \tag{8-19}$$

将式(8-14)、式(8-16)、式(8-17)代入式(8-18)，得到

$$\boldsymbol{M}_{\mathrm{e}}\ddot{\boldsymbol{d}}_{\mathrm{e}}+\boldsymbol{C}_{\mathrm{e}}\dot{\boldsymbol{d}}_{\mathrm{e}}+\boldsymbol{K}_{\mathrm{e}}\boldsymbol{d}_{\mathrm{e}}=\boldsymbol{F}_{\mathrm{e}} \tag{8-20}$$

这是与式(8-11)一致的单元动力方程。再经过单元组集，可得到式(8-12)，即结构的整体动力方程。

第二节　质量矩阵和阻尼矩阵

结构的总刚度矩阵是由单元的刚度矩阵组集而成的。同样，结构的总质量矩阵和总阻尼矩阵也是由单元的质量矩阵和单元的阻尼矩阵组集而成的。组集的方法与刚度矩阵的组集方法完全一致。

一、协调质量矩阵

前面在推导一个单元的动力方程时，考虑了惯性力

$$\boldsymbol{p}_{\mathrm{i}}=-\rho\frac{\mathrm{d}^2}{\mathrm{d}t^2}\boldsymbol{f} \tag{8-21}$$

的作用，按静力等效原则将惯性力移置到节点上，并由式(8-3)，可得等效的节点惯性力

$$\boldsymbol{F}_{\mathrm{i}}=\int_V\boldsymbol{N}_{\mathrm{e}}^{\mathrm{T}}\boldsymbol{p}_{\mathrm{i}}\mathrm{d}V=-\boldsymbol{M}_{\mathrm{e}}\ddot{\boldsymbol{d}}_{\mathrm{e}} \tag{8-22}$$

其中

$$\boldsymbol{M}_{\mathrm{e}}=\int_V\boldsymbol{N}_{\mathrm{e}}^{\mathrm{T}}\rho\boldsymbol{N}_{\mathrm{e}}\mathrm{d}V \tag{8-23}$$

是依据静力分析所采用的位移模式导出来的单元质量矩阵，通常称为“协调质量矩阵”或“一致质量矩阵”，它反映了单元的惯性特性，显然它是一个对称矩阵。

二、集中质量矩阵

结构单元惯性特性最简单的数学模型就是集中质量表示法，即认为单元的质量集中于质心，再按平行力分解的原则移置到各个节点上。这样得到的单元质量矩阵是个对角矩阵，通常称之为“集中质量矩阵”或“堆聚质量矩阵”。显然，这样得到的质量矩阵与静力分析所选取的位移模式无关，它忽略了分布质量的局部效应。它的优点是计算简单，计算时间较之于采用协调质量矩阵时要少得多，占用内存量少，且在计算结构固有频率时，采用集中质量矩阵往往能得出比协调质量矩阵更精确的结果。

三、典型单元的质量矩阵

下面以典型单元为例，说明上述两种质量矩阵的具体计算方法和它们之间的差别。

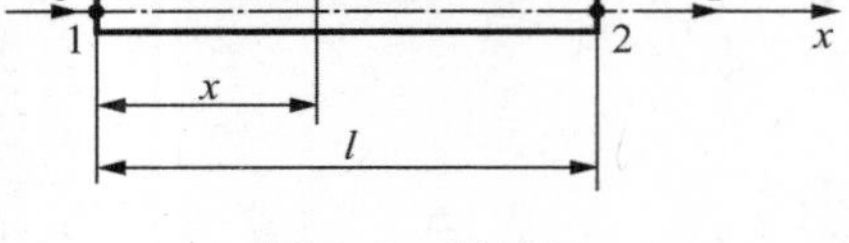

图 8-1　杆单元

1. 杆单元

如图 8-1 所示，设 x 为杆单元的轴线坐标，l 为杆单元的轴向长度，ξ 为量纲为一坐标，即 $\xi=x/l$，则单元轴向位移 $u(x)$ 为

$$\left.\begin{aligned} u(x) &= \boldsymbol{N}_{\mathrm{e}}\boldsymbol{d}_{\mathrm{e}} \\ \boldsymbol{N}_{\mathrm{e}} &= [1-\xi, \xi] \\ \boldsymbol{d}_{\mathrm{e}} &= \begin{Bmatrix} u_1 \\ u_2 \end{Bmatrix} \end{aligned}\right\} \tag{8-24}$$

根据式(8-23)，杆单元的协调质量矩阵为

$$\boldsymbol{M}_{\mathrm{e}} = \int_V \boldsymbol{N}_{\mathrm{e}}^{\mathrm{T}} \rho \boldsymbol{N}_{\mathrm{e}} \mathrm{d}V = \frac{\rho A l}{6}\begin{bmatrix} 2 & 1 \\ 1 & 2 \end{bmatrix} \tag{8-25}$$

式中，A 为杆的横截面面积，ρ 为杆的质量密度。

对于等截面均质杆单元，在其自由度方向分别堆聚杆的一半质量，则它的集中质量矩阵为

$$\boldsymbol{M}_{\mathrm{e}} = \frac{\rho A l}{2}\begin{bmatrix} 1 & 0 \\ 0 & 1 \end{bmatrix} \tag{8-26}$$

2. 梁单元

设梁单元如图 3-4 所示，假如不考虑弯曲转动惯量及剪切变形效应，那么梁的挠度可表示成

$$\boldsymbol{f} = \boldsymbol{N}_{\mathrm{e}}\boldsymbol{d}_{\mathrm{e}} \tag{8-27}$$

其中

$$\begin{aligned} \boldsymbol{f} &= v \\ \boldsymbol{d}_{\mathrm{e}} &= [v_1, \theta_1, v_2, \theta_2]^{\mathrm{T}} \end{aligned}$$

$\boldsymbol{N}_{\mathrm{e}}$ 是形函数：

$$\boldsymbol{N}_{\mathrm{e}} = [1-3\xi^2+2\xi^3, (\xi-2\xi^2+\xi^3)l, (3\xi^2-2\xi^3), (-\xi^2+\xi^3)l] \tag{8-28}$$

以式(8-28)代入式(8-23)，可得平面梁单元的协调质量矩阵为

$$\boldsymbol{M}_{\mathrm{e}} = \frac{\rho A l}{420}\begin{bmatrix} 156 & & \text{对} & \\ 22l & 4l^2 & & \text{称} \\ 54 & 13l & 156 & \\ -13l & -3l^2 & -22l & 4l^2 \end{bmatrix} \tag{8-29}$$

式中，A 是梁单元的横截面面积，ρ 是梁的质量密度。

如果略去转动项，可将质量均匀地分配给梁单元的 2 个节点，那么平面梁单元的集中质量矩阵为

$$\boldsymbol{M}_{\mathrm{e}} = \frac{\rho A l}{2}\begin{bmatrix} 1 & 0 & 0 & 0 \\ 0 & 0 & 0 & 0 \\ 0 & 0 & 1 & 0 \\ 0 & 0 & 0 & 0 \end{bmatrix} \tag{8-30}$$

对于图 3-2 所示的空间梁单元，它的协调质量矩阵可同理推出：

$$\boldsymbol{M}_{\mathrm{e}}=\rho Al\begin{bmatrix}\frac{1}{3} & & & & & & & & & & & \\ 0 & \frac{13}{35} & & & & & & & & & & \\ 0 & 0 & \frac{13}{35} & & \text{对} & & & & & & & \\ 0 & 0 & 0 & \frac{I_x}{3A} & & & & & & & & \\ 0 & 0 & \frac{-11l}{210} & 0 & \frac{l^2}{105} & \text{称} & & & & & & \\ 0 & \frac{11l}{210} & 0 & 0 & 0 & \frac{l^2}{105} & & & & & & \\ \frac{1}{6} & 0 & 0 & 0 & 0 & 0 & \frac{1}{3} & & & & & \\ 0 & \frac{9}{70} & 0 & 0 & 0 & \frac{13l}{420} & 0 & \frac{13}{35} & & & & \\ 0 & 0 & \frac{9}{70} & 0 & \frac{-13l}{420} & 0 & 0 & 0 & \frac{13}{35} & & & \\ 0 & 0 & 0 & \frac{I_x}{6A} & 0 & 0 & 0 & 0 & 0 & \frac{I_x}{3A} & & \\ 0 & 0 & \frac{13l}{420} & 0 & \frac{-l^2}{140} & 0 & 0 & 0 & \frac{11l}{210} & 0 & \frac{l^2}{105} & \\ 0 & \frac{-13l}{420} & 0 & 0 & 0 & \frac{-l^2}{140} & 0 & \frac{-11l}{210} & 0 & 0 & 0 & \frac{l^2}{105}\end{bmatrix} \tag{8-31}$$

式中，I_x 为梁单元的扭转惯性矩。

同样，空间梁单元的集中质量矩阵可表示成

$$\boldsymbol{M}_{\mathrm{e}}=\frac{\rho Al}{2}\ulcorner 1,1,1,0,0,0,1,1,1,0,0,0 \lrcorner \tag{8-32}$$

式中，「」表示对角矩阵。

3. *平面三角形单元*

对图 3-12 所示的平面三角形单元，可以采用式(3-92)所给定的位移模式，根据对应的形函数，可得到协调质量矩阵为

$$\boldsymbol{M}_{\mathrm{e}}=\frac{\rho At}{3}\begin{bmatrix}\frac{1}{2} & & & & & \\ 0 & \frac{1}{2} & & \text{对} & & \\ \frac{1}{4} & 0 & \frac{1}{2} & & \text{称} & \\ 0 & \frac{1}{4} & 0 & \frac{1}{2} & & \\ \frac{1}{4} & 0 & \frac{1}{4} & 0 & \frac{1}{2} & \\ 0 & \frac{1}{4} & 0 & \frac{1}{4} & 0 & \frac{1}{2}\end{bmatrix} \tag{8-33}$$

式中，A 是三角形单元面积，t 是单元厚度。

对于均质三角形单元，也可将质量均匀分配给 3 个节点而得到集中质量矩阵

$$\boldsymbol{M}_{\mathrm{e}} = \frac{\rho A t}{3}\boldsymbol{I} \tag{8-34}$$

这里，$\boldsymbol{I}$ 是六阶单位矩阵。

在实际分析中，这两种质量矩阵都有应用。一般情况下，两者给出的计算结果相差不多。集中质量矩阵的组集和计算比较简单，可有效地节约内存，减少机时；但对高次单元来说，恰当地分配质量比较麻烦。协调质量矩阵是通过严密的推导得出的，但它在计算上要费时得多，求得的结构固有频率是真实频率的上限。由于集中质量矩阵比较简单，目前在工程计算中用得比较多。

四、阻尼矩阵

产生阻尼的原因很多，机理也很复杂。从宏观上看，一般可分为两种形态：由结构周围的黏性介质产生的黏性阻尼和由结构本身的内摩擦产生的结构阻尼。完全考虑每一种原因的阻尼是很难的，因此，通常近似地认为所有的阻尼可归结为与速度成正比的等效黏性阻尼。

1. 阻尼力与位移速度成正比

假设阻尼力与位移速度成正比，令 $\boldsymbol{p}_{\mathrm{r}}$ 表示单位体积上的阻尼力，则

$$\boldsymbol{p}_{\mathrm{r}} = -\nu \frac{\partial}{\partial t}\boldsymbol{f} \tag{8-35}$$

式中，ν 是阻尼系数。采用静力分析用的位移模式，得

$$\boldsymbol{f} = \boldsymbol{N}_{\mathrm{e}}\boldsymbol{d}_{\mathrm{e}}$$

于是，等效节点载荷为

$$\boldsymbol{F}_{\mathrm{r}} = \int_V \boldsymbol{N}_{\mathrm{e}}^{\mathrm{T}}\boldsymbol{p}_{\mathrm{r}}\mathrm{d}V = -\boldsymbol{C}_{\mathrm{e}}\dot{\boldsymbol{d}}_{\mathrm{e}} \tag{8-36}$$

其中

$$\boldsymbol{C}_{\mathrm{e}} = \int_V \boldsymbol{N}_{\mathrm{e}}^{\mathrm{T}}\nu\boldsymbol{N}_{\mathrm{e}}\mathrm{d}V \tag{8-37}$$

称为单元的阻尼矩阵，它与单元协调质量矩阵仅差一个常数。若令 $\alpha=\dfrac{\nu}{\rho}$，则

$$\boldsymbol{C}_{\mathrm{e}} = \alpha\boldsymbol{M}_{\mathrm{e}} \tag{8-38}$$

通常将介质阻尼简化为这种情况。

2. 阻尼应力与应变速度成正比

假定阻尼应力正比于应变速度，即有

$$\boldsymbol{\sigma}_{\mathrm{r}} = -\beta\boldsymbol{D}\frac{\mathrm{d}}{\mathrm{d}t}\boldsymbol{\varepsilon} \tag{8-39}$$

式中，β 是应变阻尼系数，$\boldsymbol{D}$ 是弹性矩阵。

对于协调模型，可用节点位移表示应变：

$$\boldsymbol{\varepsilon} = \boldsymbol{B}\boldsymbol{d}_{\mathrm{e}} \tag{8-40}$$

与虚位移 $\delta\boldsymbol{d}_{\mathrm{e}}$ 对应的虚应变是

$$\delta\boldsymbol{\varepsilon} = \boldsymbol{B}\delta\boldsymbol{d}_{\mathrm{e}} \tag{8-41}$$

则由虚功原理

$$\delta\boldsymbol{d}_{\mathrm{e}}^{\mathrm{T}}\boldsymbol{F}_{\mathrm{r}} = \int_V \delta\boldsymbol{\varepsilon}^{\mathrm{T}}\boldsymbol{\sigma}_{\mathrm{r}}\mathrm{d}V \tag{8-42}$$

将式(8-39)、式(8-41)代入式(8-42)，得

$$\delta \boldsymbol{d}_{\mathrm{e}}^{\mathrm{T}} \boldsymbol{F}_{\mathrm{r}} = -\delta \boldsymbol{d}_{\mathrm{e}}^{\mathrm{T}} \beta \left(\int_{V} \boldsymbol{B}^{\mathrm{T}} \boldsymbol{D} \boldsymbol{B} \mathrm{d}V \right) \dot{\boldsymbol{d}}_{\mathrm{e}} \tag{8-43}$$

令

$$\boldsymbol{C}_{\mathrm{e}} = \beta \int_{V} \boldsymbol{B}^{\mathrm{T}} \boldsymbol{D} \boldsymbol{B} \mathrm{d}V \tag{8-44}$$

由 $\delta \boldsymbol{d}_{\mathrm{e}}$ 的任意性，可得

$$\boldsymbol{F}_{\mathrm{r}} = -\boldsymbol{C}_{\mathrm{e}} \dot{\boldsymbol{d}}_{\mathrm{e}} \tag{8-45}$$

式中，$\boldsymbol{F}_{\mathrm{r}}$ 表示与阻尼应力等效的阻尼力，$\dot{\boldsymbol{d}}_{\mathrm{e}}$ 表示节点位移速度，$\boldsymbol{C}_{\mathrm{e}}$ 表示单元的阻尼矩阵，显然它与单元的刚度矩阵仅差一个常数 β，可表示成

$$\boldsymbol{C}_{\mathrm{e}} = \beta \boldsymbol{K}_{\mathrm{e}} \tag{8-46}$$

通常将结构阻尼简化为这种情况。

3. 复合阻尼

在实际分析中，精确地决定阻尼矩阵是相对困难的，通常将实际结构的阻尼矩阵简化为上述两种形式的线性组合，即复合阻尼

$$\boldsymbol{C}_{\mathrm{e}} = \alpha \boldsymbol{M}_{\mathrm{e}} + \beta \boldsymbol{K}_{\mathrm{e}} \tag{8-47}$$

由此得到的阻尼矩阵称为比例阻尼或振型阻尼，在用结构的振型矩阵对动力方程作坐标转换后，它将化为对角矩阵，这对计算带来很大的便利。

第三节　结构的自振特性

一、结构无阻尼自由振动

不管结构发生振动的原因是什么，如果发生振动以后，就不再受外部干扰(阻尼除外)，这样的振动称为自由振动。反之，结构因持续地受到外部干扰作用而发生的振动，就称为强迫振动。首先讨论不考虑阻尼作用时的自由振动问题。

考查结构动力方程式(8-12)，结构做无阻尼自由振动时，阻尼力项和外力项为零，则方程可简化为

$$\boldsymbol{M}\ddot{\boldsymbol{d}} + \boldsymbol{K}\boldsymbol{d} = 0 \tag{8-48}$$

自由振动时，各质点均做简谐振动，各节点的位移可表示成

$$\boldsymbol{d} = \boldsymbol{d}_0 \cos \omega t \tag{8-49}$$

则位移加速度可表示成

$$\ddot{\boldsymbol{d}} = -\omega^2 \boldsymbol{d}_0 \cos \omega t \tag{8-50}$$

式中，$\boldsymbol{d}_0$ 称为振型向量，它将某一频率下各节点的位移幅值依次排列，组成一个向量；ω 是与 $\boldsymbol{d}_0$ 对应的频率；t 是时间。

将式(8-49)、式(8-50)代入式(8-48)，得

$$(\boldsymbol{K} - \omega^2 \boldsymbol{M}) \boldsymbol{d}_0 = 0 \tag{8-51}$$

结构做自由振动时，各节点振幅 $\boldsymbol{d}_0$ 不可能全为零，因此方程式(8-51)的“系数行列式”必须等于 0，即

$$\det(\boldsymbol{K} - \omega^2 \boldsymbol{M}) = 0 \tag{8-52}$$

这就是无阻尼自由振动的特征方程。由它能求出 ω^2 的 n 个正根，即方程式(8-51)的特征值，

从而可求出 n 个正的 ω 值，即结构的自振频率。如果用 $\omega_1, \omega_2, \cdots, \omega_n$ 表示方程的根，并设 $\omega_1 < \omega_2 < \cdots < \omega_n$，则称 ω_1 为第一频率或基频，ω_2 为第二频率……这些自振频率的大小与引起振动的原因无关，仅取决于结构体系的质量分布和刚度分布，是体系所固有的，所以自振频率常称为体系的固有频率。每个自振频率各对应一个特征向量，n 个自由度的体系有 n 个自振频率和对应的 n 个特征向量。特征向量也完全是由体系本身的刚度和质量分布所决定的，因而也称为固有向量。每一个固有向量都确定了体系的一个振型(或称主振型)。对应于基频的振型叫作基本振型，其余的振型统称为高振型。

n 个自由度体系的无阻尼自由振动，总可以化成式(8-51)的形式，这种形式在数学上叫作广义特征值问题。关于广义特征值问题的解法，后面专门叙述。

二、自由振动的实例

1. 无约束杆的纵向振动

考察如图 8-2 所示的均质杆的纵向振动。为简化计算，将它仅离散成 2 个杆单元。因此这个体系仅包含 3 个位移

$$\boldsymbol{d} = [u_1, u_2, u_3]^{\mathrm{T}}$$

若已知杆的质量密度 ρ，弹性模量 E，截面积 A 和长度 L，l，则可计算得到这个体系的刚度矩阵和质量矩阵分别为

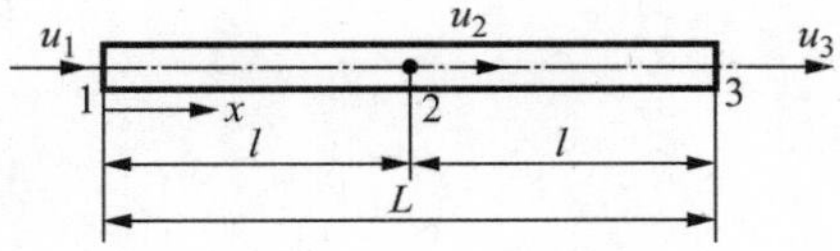

图 8-2　均质杆

$$\boldsymbol{K} = \frac{2EA}{L}\begin{bmatrix} 1 & -1 & 0 \\ -1 & 2 & -1 \\ 0 & -1 & 1 \end{bmatrix}$$

$$\boldsymbol{M} = \frac{\rho AL}{12}\begin{bmatrix} 2 & 1 & 0 \\ 1 & 4 & 1 \\ 0 & 1 & 2 \end{bmatrix}$$

代入特征方程式(8-52)，得

$$\begin{vmatrix} 1-2\nu^2 & -(1+\nu^2) & 0 \\ -(1+\nu^2) & 2(1-2\nu^2) & -(1+\nu^2) \\ 0 & -(1+\nu^2) & 1-2\nu^2 \end{vmatrix} = 0$$

式中

$$\nu^2 = \frac{\omega^2 \rho L^2}{24E}$$

展开行列式得到特征方程

$$6\nu^2(1-2\nu^2)(\nu^2-2) = 0$$

解得 3 个特征根

$$\nu_1^2 = 0, \quad \omega_1^2 = 0, \quad \omega_1 = 0$$

$$\nu_2^2 = \frac{1}{2}, \quad \omega_2^2 = \frac{12E}{\rho L^2}, \quad \omega_2 = 3.46\sqrt{\frac{E}{\rho L^2}}$$

$$\nu_3^2 = 2, \quad \omega_3^2 = \frac{48E}{\rho L^2}, \quad \omega_2 = 6.92\sqrt{\frac{E}{\rho L^2}}$$

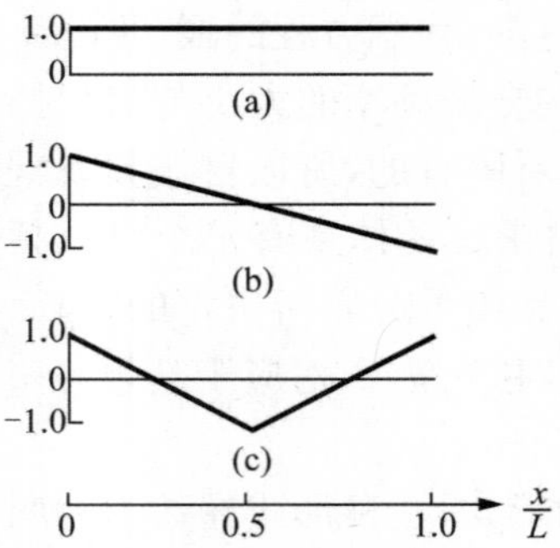

图 8-3 振型

第一频率 ω_1 是刚体频率，而 ω_2, ω_3 是弹性振动的自振频率。ω_2, ω_3 的数值大约比精确解高 10%，只要增加单元的数目，精度就会提高。

将 3 个频率依次代入方程式(8-51)，就可得到相应的 3 个固有振型：

$$\boldsymbol{d}_{01} = [1,1,1]^{\mathrm{T}}$$

$$\boldsymbol{d}_{02} = [1,0,-1]^{\mathrm{T}}$$

$$\boldsymbol{d}_{03} = [1,-1,1]^{\mathrm{T}}$$

它们分别表示在图 8-3(a)，(b)，(c)中。

2. 约束杆的纵向振动

如果图 8-2 所示的杆端 1 被固定，则有位移约束条件 $u_1=0$，于是结构的刚度矩阵和质量矩阵分别简化为

$$\boldsymbol{K} = \frac{2AE}{L}\begin{bmatrix} 2 & -1 \\ -1 & 1 \end{bmatrix}$$

$$\boldsymbol{M} = \frac{\rho AL}{12}\begin{bmatrix} 4 & 1 \\ 1 & 2 \end{bmatrix}$$

代入振动方程(8-51)，得

$$\left(\frac{2AE}{L}\begin{bmatrix} 2 & -1 \\ -1 & 1 \end{bmatrix} - \omega^2 \frac{\rho AL}{12}\begin{bmatrix} 4 & 1 \\ 1 & 2 \end{bmatrix}\right)\begin{Bmatrix} u_1 \\ u_2 \end{Bmatrix} = 0$$

其特征方程为

$$\begin{vmatrix} 2(1-2\nu^2) & -(1+\nu^2) \\ -(1+\nu^2) & 1-2\nu^2 \end{vmatrix} = 0$$

展开行列式，得

$$7\nu^4 - 10\nu^2 + 1 = 0$$

解得

$$\nu_1^2 = \frac{1}{7}(5-3\sqrt{2}), \quad \omega_1 = 1.611\,4\sqrt{\frac{E}{\rho L^2}}$$

$$\nu_2^2 = \frac{1}{7}(5-3\sqrt{2}), \quad \omega_1 = 5.629\,3\sqrt{\frac{E}{\rho L^2}}$$

这里的 ω_1, ω_2 比相应的精确解分别高 2.6%和 19.5%。只要增加单元数，精度会明显改善。与上述自振频率对应的振型为

$$\boldsymbol{d}_{01} = \left[\frac{\sqrt{2}}{2}, 1.0\right]^{\mathrm{T}}$$

$$\boldsymbol{d}_{012} = \left[\frac{\sqrt{2}}{2}, 1.0\right]^{\mathrm{T}}$$

如图 8-4 所示，这时不存在刚体运动。

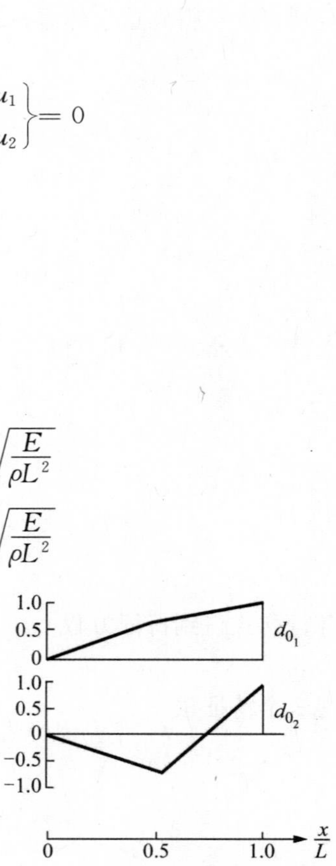

图 8-4 振型

三、正交性定理

一个 n 自由度的体系有 n 个固有振型，这些振型又叫作主振型。这些主振型有一个很重要的特性，就是关于质量阵或刚度阵的正交性。

设 $\boldsymbol{d}_{0m}$ 和 $\boldsymbol{d}_{0n}$ 是对应于 ω_m^2 和 ω_n^2 的两个振型，且 $\omega_m^2 \neq \omega_n^2$，则正交性定理可表示成

$$\left.\begin{aligned} \boldsymbol{d}_{0m}^{\mathrm{T}}\boldsymbol{M}\boldsymbol{d}_{0n} = 0 \\ \boldsymbol{d}_{0m}^{\mathrm{T}}\boldsymbol{K}\boldsymbol{d}_{0n} = 0 \end{aligned}\right\} \tag{8-53}$$

它可以利用功互等定理来证明。

假定结构分别以主振型 $\boldsymbol{d}_{0m}$ 和 $\boldsymbol{d}_{0n}$ 为振幅做无阻尼自由振动，其位移可表示为

$$\left.\begin{aligned} \boldsymbol{d}_m &= \boldsymbol{d}_{0m}\cos\omega_m t \\ \boldsymbol{d}_n &= \boldsymbol{d}_{0n}\cos\omega_n t \end{aligned}\right\} \tag{8-54}$$

位移加速度为

$$\left.\begin{aligned} \ddot{\boldsymbol{d}}_m &= -\omega_m^2\boldsymbol{d}_{0m}\cos\omega_m t \\ \ddot{\boldsymbol{d}}_n &= -\omega_n^2\boldsymbol{d}_{0n}\cos\omega_n t \end{aligned}\right\} \tag{8-55}$$

相应的惯性力分别为

$$\left.\begin{aligned} \boldsymbol{F}_{im} &= -\boldsymbol{M}\ddot{\boldsymbol{d}}_m = \omega_m^2\boldsymbol{M}\boldsymbol{d}_{0m}\cos\omega_m t \\ \boldsymbol{F}_{in} &= -\boldsymbol{M}\ddot{\boldsymbol{d}}_n = \omega_n^2\boldsymbol{M}\boldsymbol{d}_{0n}\cos\omega_n t \end{aligned}\right\} \tag{8-56}$$

按照达朗贝尔原理，可以把这两个振动作为两个动力平衡状态来研究。于是，根据功互等定理，有

$$\boldsymbol{F}_{im}^{\mathrm{T}}\boldsymbol{d}_n = \boldsymbol{d}_m^{\mathrm{T}}\boldsymbol{F}_{in} \tag{8-57}$$

以式(8-55)、式(8-56)代入式(8-57)，得

$$\omega_m^2\cos\omega_m t\cos\omega_n t\boldsymbol{d}_{0m}^{\mathrm{T}}\boldsymbol{M}\boldsymbol{d}_{0n} = \omega_n^2\cos\omega_n t\cos\omega_m t\boldsymbol{d}_{0n}^{\mathrm{T}}\boldsymbol{M}\boldsymbol{d}_{0n}$$

注意到

$$\boldsymbol{M}^{\mathrm{T}} = \boldsymbol{M}, \quad \omega_m \neq 0, \quad \omega_n \neq 0$$

于是有

$$(\omega_m^2 - \omega_n^2)\boldsymbol{d}_{0m}^{\mathrm{T}}\boldsymbol{M}\boldsymbol{d}_{0n}\cos\omega_m t\cos\omega_n t = 0$$

当 $\omega_m^2 \neq \omega_n^2$ 时，有下式成立：

$$\boldsymbol{d}_{0m}^{\mathrm{T}}\boldsymbol{M}\boldsymbol{d}_{0n} = 0 \tag{8-58}$$

相应于 $\boldsymbol{d}_{0n}$ 和 ω_n 的自由振动方程为

$$(\boldsymbol{K} - \omega_n^2\boldsymbol{M})\boldsymbol{d}_{0n} = 0 \tag{8-59}$$

以 $\boldsymbol{d}_{0m}^{\mathrm{T}}$ 左乘上式，得

$$\boldsymbol{d}_{0m}^{\mathrm{T}}\boldsymbol{K}\boldsymbol{d}_{0n} = \omega_n^2\boldsymbol{d}_{0m}^{\mathrm{T}}\boldsymbol{M}\boldsymbol{d}_{0n} \tag{8-60}$$

根据式(8-58)可知，当 $\omega_n^2 \neq \omega_n^2$ 时，有

$$\boldsymbol{d}_{0m}^{\mathrm{T}}\boldsymbol{K}\boldsymbol{d}_{0n} = 0 \tag{8-61}$$

这样，我们就证明了正交性定理。

利用振型向量关于质量阵和刚度阵正交的特性，可以对振型向量做关于质量 $\boldsymbol{M}$ 的归一化处理，即令

$$\boldsymbol{x}_m = \frac{1}{\sqrt{\boldsymbol{d}_{0m}^{\mathrm{T}}\boldsymbol{M}\boldsymbol{d}_{0m}}}\boldsymbol{d}_{0m} \tag{8-62}$$

显然,所有 $\boldsymbol{x}_m$ 也都满足式(8-51)。不难验证

$$\boldsymbol{x}_m^{\mathrm{T}}\boldsymbol{M}\boldsymbol{x}_m = 1 \tag{8-63}$$

$$\boldsymbol{x}_m^{\mathrm{T}}\boldsymbol{K}\boldsymbol{x}_m = \omega_m^2 \tag{8-64}$$

如果把 $\boldsymbol{x}_1, \boldsymbol{x}_2, \cdots, \boldsymbol{x}_n$ 自左至右排列起来构成一个矩阵 $\boldsymbol{X}$,即

$$\boldsymbol{X} = [\boldsymbol{x}_1, \boldsymbol{x}_2, \cdots, \boldsymbol{x}_n]$$

则由式(8-63)和式(8-64),得

$$\boldsymbol{X}^{\mathrm{T}}\boldsymbol{K}\boldsymbol{X} = \boldsymbol{\Omega}^2 \tag{8-65}$$

$$\boldsymbol{X}^{\mathrm{T}}\boldsymbol{M}\boldsymbol{X} = \boldsymbol{I} \tag{8-66}$$

这里,$\boldsymbol{I}$ 是单位阵。

与 $\boldsymbol{M}$ 阵之间具有式(8-63)关系的振型 $\boldsymbol{x}_m$,叫作关于 $\boldsymbol{M}$ 阵归一化的振型或正则振型。相应地,$\boldsymbol{X}$ 叫作关于 $\boldsymbol{M}$ 阵归一化的振型矩阵。

第四节　矩阵特征值问题的求解方法

从以上的分析中可以看出,在用有限元方法分析结构的振动问题时,其中一个重要的问题就是求解式(8-51),即求广义特征值问题。本节就介绍一些常用的解法。

一、有关矩阵特征值问题的一些结果

下面将给出一些讨论中要引用的定理和定义,不做详细的论证,有兴趣的读者可以查阅有关线性代数和计算方法的文献。

1. 实对称矩阵特征问题的一些结果

数学上已经证明:实对称矩阵的所有特征值都是实数,所有的特征向量也都是实向量。进一步说,对方程

$$\boldsymbol{K}\boldsymbol{x} = \omega^2\boldsymbol{M}\boldsymbol{x} \tag{8-67}$$

当 $\boldsymbol{M}$ 阵对称正定,$\boldsymbol{K}$ 阵对称正定或半正定时,则所有特征值 ω_i^2 都是非负实数,将它们按大小排成序列

$$0 \leqslant \omega_1^2 \leqslant \omega_2^2 \leqslant \cdots \leqslant \omega_n^2 \tag{8-68}$$

令

$$\boldsymbol{\Omega}^2 = \begin{bmatrix} \omega_1^2 & & & \\ & \omega_2^2 & & \\ & & \ddots & \\ & & & \omega_n^2 \end{bmatrix} \tag{8-69}$$

称为特征值矩阵,或谱矩阵,相应地将各阶主振型对应自左至右依次排列,可得

$$\boldsymbol{X} = [\boldsymbol{x}_1, \boldsymbol{x}_2, \cdots, \boldsymbol{x}_n] = \begin{bmatrix} x_{11} & x_{12} & \cdots & x_{1n} \\ x_{21} & x_{22} & \cdots & x_{2n} \\ \vdots & \vdots & & \vdots \\ x_{n1} & x_{n2} & \cdots & x_{nn} \end{bmatrix} \tag{8-70}$$

称为振型矩阵。

则 n 个特征方程可合并写成如下形式：

$$\boldsymbol{KX}=\boldsymbol{MX\Omega}^2 \tag{8-71}$$

2. 正交变换

若矩阵 $\boldsymbol{P}$ 满足条件

$$\boldsymbol{PP}^{\mathrm{T}}=\boldsymbol{P}^{\mathrm{T}}\boldsymbol{P}=\boldsymbol{I} \tag{8-72}$$

其中，$\boldsymbol{I}$ 表示单位矩阵，即

$$\boldsymbol{P}^{-1}=\boldsymbol{P}^{\mathrm{T}} \tag{8-73}$$

成立，就称 $\boldsymbol{P}$ 为正交矩阵。

容易看到，若 $\boldsymbol{P}$ 是正交矩阵，则其转置矩阵 $\boldsymbol{P}^{\mathrm{T}}$ 也是正交矩阵。此外，正交矩阵一定是非奇异的，其行列式的值为 1 或 -1。

将一个矩阵两端分别乘以正交阵 $\boldsymbol{P}$ 及 $\boldsymbol{P}^{\mathrm{T}}$，化为

$$\boldsymbol{C}=\boldsymbol{PAP}^{\mathrm{T}} \tag{8-74}$$

就称对矩阵 $\boldsymbol{A}$ 进行了一个正交变换。容易证明，对称阵经过正交变换后，仍然保持为对称阵；对称(半)正定阵经过正交变换后，仍然保持为对称(半)正定阵。

设 λ 为 n 阶实对称矩阵 $\boldsymbol{A}$ 的一个特征值，$\boldsymbol{x}$ 为其特征向量，有

$$\boldsymbol{Ax}=\lambda\boldsymbol{x} \tag{8-75}$$

两端左乘正交阵 $\boldsymbol{P}$，就得

$$\boldsymbol{PAx}=\lambda\boldsymbol{Px} \tag{8-76}$$

注意到式(8-72)，上式又可以写成

$$\boldsymbol{PAP}^{\mathrm{T}}(\boldsymbol{Px})=\lambda\boldsymbol{Px} \tag{8-77}$$

若令

$$\boldsymbol{y}=\boldsymbol{Px} \tag{8-78}$$

并注意到式(8-69)，就得

$$\boldsymbol{Cy}=\lambda\boldsymbol{y} \tag{8-79}$$

这样就将原先矩阵 $\boldsymbol{A}$ 的特征值问题化为经过正交变换后的矩阵 $\boldsymbol{C}$ 的特征值问题，而特征值 λ 保持不变。这就是说：矩阵经过正交变换后，其特征值不变，而其特征向量则由式(8-78)互相联系。这样，有可能经过一系列的正交变换，将矩阵化成比较简单的形式，从而能比较方便地求得它的特征值和特征向量。

3. 斯特姆(Sturm)序列

在线性代数中有如下重要的结论：对于一个任意的对称阵 $\boldsymbol{A}$ 和任意给定的实数 λ，如果矩阵

$$\boldsymbol{A}-\lambda\boldsymbol{I}$$

的 n 个主子行列式 $P_1(\lambda),P_2(\lambda),\cdots,P_n(\lambda)$ 都不为零，并定义它的零阶主子式为

$$P_0(\lambda)=1$$

则由它们构成的序列

$$P_0(\lambda),P_1(\lambda),P_2(\lambda),\cdots,P_n(\lambda) \tag{8-80}$$

的相邻项的变号数必等于对称阵 $\boldsymbol{A}$ 的小于 λ 的特征值的个数。

通常称具有上述性质的序列[式(8-75)]构成所谓斯特姆序列。利用上述斯特姆序列的性质，就可以确定对称阵 $\boldsymbol{A}$ 的特征值的界限。例如，对矩阵

$$\boldsymbol{A}=\begin{bmatrix}1 & 2\\2 & 4\end{bmatrix}$$

有

$$\boldsymbol{A}-\lambda\boldsymbol{I}=\begin{bmatrix}1-\lambda & 2\\2 & 4-\lambda\end{bmatrix}$$

于是

$$P_0(\lambda)=1,\quad P_1(\lambda)=1-\lambda,\quad P_2(\lambda)=\lambda(\lambda-5)$$

而矩阵 $\mathbf{A}$ 的两个特征值易知是 $\lambda_1=0,\lambda_2=5$。

显然可见，当 $\lambda>5$ 时，有序列

$$P_0(\lambda)=1,\quad P_1(\lambda)<0,\quad P_2(\lambda)>0$$

其相邻项的变号数为 2，即小于 λ 的特征值是 2 个；

当 $1<\lambda<5$ 时，有序列

$$P_0(\lambda)=1,\quad P_1(\lambda)<0,\quad P_2(\lambda)<0$$

其相邻项的变号数为 1，这时只有一个特征值小于 λ；

当 $0<\lambda<1$ 时，有序列

$$P_0(\lambda)=1,\quad P_1(\lambda)>0,\quad P_2(\lambda)<0$$

其相邻项的变号数为 1，这时也只有一个特征值小于 λ；

当 $\lambda<0$ 时，有序列

$$P_0(\lambda)=1,\quad P_1(\lambda)>0,\quad P_2(\lambda)>0$$

其相邻项的变号数为零，而小于零的特征值则没有。由此例可见，斯特姆序列的性质确实反映了矩阵 $\mathbf{A}$ 的特征值的分布情况。

另一方面也看到，对于 $\lambda=0,\lambda=1,\lambda=5$ 这 3 个数值，$\boldsymbol{A}-\lambda\boldsymbol{I}$ 的主子式中有一些为零，这时就不构成斯特姆序列。然而由于 r 阶矩阵的特征方程是 λ 的 r 次代数方程，它最多只有 r 个根。因此，对于一个 n 阶对称阵 $\boldsymbol{A}$，使得 $\boldsymbol{A}-\lambda\boldsymbol{I}$ 的 n 个主子式

$$P_r(\lambda)=\det(\boldsymbol{A}_r-\lambda\boldsymbol{I}_r),\quad r=1,2,\cdots,n \tag{8-81}$$

中可能为零的 λ 值最多只有

$$1+2+\cdots+n=\frac{n(n+1)}{2}$$

个，是有限个孤立点，并不影响大局。式(8-81)中的 $\boldsymbol{A}_r$ 表示 $\boldsymbol{A}$ 的 r 阶主子矩阵，$\boldsymbol{I}_r$ 表示 r 阶单位阵。于是利用上述斯特姆序列来划定特征值的界限，再结合二分法等步骤，就可逐步把各个特征值隔离开来，从而找出所要求的特征值。

对于广义特征值问题式(8-51)，可以证明类似的事实，即对称阵 $\boldsymbol{K}$ 和正定对称 $\boldsymbol{M}$，以及任意给定的实数 λ，由 $P_0(\lambda)=1$ 和 $\boldsymbol{K}-\lambda\boldsymbol{M}$ 的 n 个主子行列式 $P_1(\lambda),P_2(\lambda),\cdots,P_n(\lambda)$ 同样构成斯特姆序列，即此序列相邻项的变号数必须和小于 λ 的广义特征值的个数相等。

二、逆迭代法

逆迭代法是向量代法的一种，直接使用时，只能求出最小特征值及其对应的特征向量。对广义特征值问题

$$\boldsymbol{Kx}=\omega^2\boldsymbol{Mx} \tag{8-82}$$

逆迭代法的具体迭代格式是

$$K \frac{1}{\omega^2} x^{i+1} = M x^i \tag{8-83}$$

若令 $\bar{x}^{i+1}$ 代替 $\frac{1}{\omega^2} x^{i+1}$，则迭代格式写为

$$K \bar{x}^{i+1} = M x^i \tag{8-84}$$

逆迭代法的具体步骤是，将假设的初始振型 x^0 代入式(8-84)的右边，就可解出 $\bar{x}^1$，再将 $\bar{x}^1$ 代入下式，以求得 x^1：

$$x^1 = \frac{\bar{x}^1}{(\bar{x}^{1\mathrm{T}} M \bar{x}^1)^{\frac{1}{2}}} \tag{8-85}$$

由式(8-85)得到 x^2，依次进行迭代。只要假设的初始振型 x^0 不与基本振型 x_1 正交，则当 $i \to \infty$ 时，(ω^2, x^i) 将收敛于式(8-82)的基本特征对。

三、广义雅可比法

广义雅可比法是变换法的一种。它可以用来求解问题的全部特征值和特征向量。广义雅可比法的基本思想是：通过对广义特征值方程(8-82)两边的 K 阵和 M 阵实施一系列的相似变换，将两矩阵同时化为对角矩阵。然后将它们对角线上的元素对应相除，就可得到原问题的所有特征值；而将各次变换的矩阵连乘起来，就得到原问题的特征向量矩阵，并可按对角化后的 M 阵进行归一化。

具体变换实施的方法是，对于广义特征值方程式(8-82)

$$Kx = \omega^2 Mx$$

设对 K 阵和 M 阵已作了 $k-1$ 次变换，现在要利用"广义雅可比矩阵" P_k 对当前的 X_k 和 M_k 阵作第 k 次变换以得到 K_{k+1} 和 M_{k+1} 阵。变换的目的是要使 K_{k+1} 和 M_{k+1} 阵中的第 i 行第 j 列元素 k_{ij}^{k+1} 和 m_{ij}^{k+1} 为零。P_k 可取为

$$P_k = \begin{bmatrix} 1 & & & & & & & \\ & \ddots & & & & & & \\ & & 1 & \cdots & \alpha & & & \\ & & \vdots & \ddots & \vdots & & & \\ & & \gamma & & 1 & & & \\ & & \vdots & & \vdots & \ddots & & \\ & & \vdots & & \vdots & & 1 & \\ & & i\,列 & & j\,列 & & & \end{bmatrix} \begin{matrix} \\ \\ \cdots i\,行 \\ \\ \cdots j\,行 \\ \\ \\ \end{matrix} \tag{8-86}$$

即 $p_{pp}^k = 1$，$p_{ij}^k = \alpha$，$p_{ji}^k = \gamma$，其余元素全部为零。式中 α 和 γ 的选取应满足

$$k_{ij}^k = k_{ji}^k = m_{ij}^k = m_{ji}^k = 0 \tag{8-87}$$

作相似变换：

$$\left. \begin{aligned} K_{k+1} &= P_k^{\mathrm{T}} K_k P_k \\ M_{k+1} &= P_k^{\mathrm{T}} M_k P_k \end{aligned} \right\} \tag{8-88}$$

其中，当 $k=1$ 时，K_k 和 M_k 阵就是原始的 K 和 M 阵。

经过简单的矩阵相乘，与 $k_{ij}^{k+1} = 0$ 和 $m_{ij}^{k+1} = 0$ 相对应的表达式为

$$\left.\begin{aligned} ak_{ii}^{k}+(1+\alpha\gamma)k_{ij}^{k}+\gamma k_{jj}^{k}=0 \\ am_{ii}^{k}+(1+\alpha\gamma)m_{ij}^{k}+\gamma m_{jj}^{k}=0 \end{aligned}\right\} \tag{8-89}$$

由式(8-89)即可求出 α 和 γ。假如

$$\frac{k_{ii}^{k}}{m_{ii}^{k}}=\frac{k_{ij}^{k}}{m_{ij}^{k}}=\frac{k_{jj}^{k}}{m_{jj}^{k}} \tag{8-90}$$

则可取

$$\alpha=0,\quad \gamma=-\frac{k_{ij}^{k}}{k_{jj}^{k}} \tag{8-91}$$

便可使式(8-89)的两个方程均得到满足。

在 $\boldsymbol{K}$ 阵和 $\boldsymbol{M}$ 阵的变换过程中，前一次消去的元素在下一次变换后可能又会出现，但数值上会比原来的减小，矩阵将更接近于一个对角阵。重复地应用这一变换，就可使 $\boldsymbol{K}$ 阵和 $\boldsymbol{M}$ 阵变换到满足任意精度要求的对角矩阵。

四、子空间迭代法

当一个大型结构按有限元法化为多自由度体系时，将产生阶数很高的广义特征值问题。而从工程实用角度来说，通常只需计算一小部分低阶特征对就够了。如果只需求出若干个低阶特征对，那么子空间迭代法是极其有效的。而子空间迭代法的一个重要组成部分则是瑞利-里茨法。

1. 瑞利-里茨法

设已知体系的质量矩阵 $\boldsymbol{M}$ 和刚度矩阵 $\boldsymbol{K}$，体系做自由振动时的位移列向量为

$$\boldsymbol{y}=\boldsymbol{x}\sin(\omega t+\varphi)=\begin{Bmatrix} x_1 \\ x_2 \\ \vdots \\ x_n \end{Bmatrix}\sin(\omega t+\varphi) \tag{8-92}$$

则体系的势能和动能为

$$U=\frac{1}{2}\boldsymbol{x}^{\mathrm{T}}\boldsymbol{K}\boldsymbol{x}\sin^2(\omega t+\varphi) \tag{8-93}$$

$$T=\frac{1}{2}\boldsymbol{x}^{\mathrm{T}}\boldsymbol{M}\boldsymbol{x}\omega^2\cos^2(\omega t+\varphi) \tag{8-94}$$

由于体系的最大动能与最大势能相等，则有

$$\frac{1}{2}\boldsymbol{x}^{\mathrm{T}}\boldsymbol{K}\boldsymbol{x}=\frac{1}{2}\boldsymbol{x}^{\mathrm{T}}\boldsymbol{M}\boldsymbol{x}\omega^2 \tag{8-95}$$

或

$$\omega^2=\frac{\boldsymbol{x}^{\mathrm{T}}\boldsymbol{K}\boldsymbol{x}}{\boldsymbol{x}^{\mathrm{T}}\boldsymbol{M}\boldsymbol{x}} \tag{8-96}$$

式(8-96)称为多自由度体系的瑞利商或瑞利函数。

假如已知对应方程(8-82)的第 j 阶特征向量 $\boldsymbol{x}_j$ 的精确表达式，则根据上式便可求得该体系的第 j 阶固有频率的精确值。但通常只能猜测出第 j 阶振型的近似表达式，那么由式(8-96)只能求得第 j 阶固有频率的近似值。里茨对此提出了改进方法：预先猜测出若干个近似振型，然后按照这些振型的“最佳线性组合”算出前若干个自振频率的近似值。此即瑞利-里

茨法。

假设要求方程式(8-82)的前 p 阶自振频率，那么预先猜测 $q \geqslant p$ 个线性无关的振型 $\boldsymbol{x}_i (i=1,2,\cdots,q)$，然后取

$$\boldsymbol{x} = a_1 \boldsymbol{x}_1 + a_2 \boldsymbol{x}_2 + \cdots + a_q \boldsymbol{x}_q = \boldsymbol{x}\boldsymbol{A} \tag{8-97}$$

作为假设的振型，其中 $a_1, a_2, \cdots, a_q$ 是待定常数，$\boldsymbol{A}$ 是由这 q 个常数自上而下排列而成的列矩阵，$\boldsymbol{x}$ 是由 $\boldsymbol{x}_1, \boldsymbol{x}_2, \cdots, \boldsymbol{x}_q$ 自左至右排列构成的 $n \times q$ 阶矩阵。将式(8-97)代入瑞利商的表达式(8-96)中，得到

$$\omega^2 = \frac{\boldsymbol{A}^{\mathrm{T}} \boldsymbol{x}^{\mathrm{T}} \boldsymbol{K} \boldsymbol{x} \boldsymbol{A}}{\boldsymbol{A}^{\mathrm{T}} \boldsymbol{x}^{\mathrm{T}} \boldsymbol{M} \boldsymbol{x} \boldsymbol{A}} \tag{8-98}$$

令

$$\left.\begin{aligned} \boldsymbol{K}^* &= \boldsymbol{x}^{\mathrm{T}} \boldsymbol{K} \boldsymbol{x} \\ \boldsymbol{M}^* &= \boldsymbol{x}^{\mathrm{T}} \boldsymbol{M} \boldsymbol{x} \end{aligned}\right\} \tag{8-99}$$

则

$$\omega^2 = \frac{\boldsymbol{A}^{\mathrm{T}} \boldsymbol{K}^* \boldsymbol{A}}{\boldsymbol{A}^{\mathrm{T}} \boldsymbol{M}^* \boldsymbol{A}} \tag{8-100}$$

现要求出 $a_1, a_2, \cdots, a_q$ 的最佳组合，使 ω^2 取极值，因此有

$$\frac{\partial \omega^2}{\partial \boldsymbol{A}} = 0 \tag{8-101}$$

于是可以得到

$$2\boldsymbol{K}^* \boldsymbol{A}(\boldsymbol{A}^{\mathrm{T}} \boldsymbol{M}^* \boldsymbol{A}) - 2\boldsymbol{M}^* \boldsymbol{A}(\boldsymbol{A}^{\mathrm{T}} \boldsymbol{K}^* \boldsymbol{A}) = 0$$

即

$$\boldsymbol{K}^* \boldsymbol{A} - \frac{\boldsymbol{A}^{\mathrm{T}} \boldsymbol{K}^* \boldsymbol{A}}{\boldsymbol{A}^{\mathrm{T}} \boldsymbol{M}^* \boldsymbol{A}} \boldsymbol{M}^* \boldsymbol{A} = 0 \tag{8-102}$$

将式(8-100)代入上式，得

$$\boldsymbol{K}^* \boldsymbol{A} = \omega^2 \boldsymbol{M}^* \boldsymbol{A} \tag{8-103}$$

由此可以看到，瑞利函数式(8-100)的极值问题又转化为广义特征值问题式(8-103)。这时 $\boldsymbol{A}$ 是个 q 维向量，$\boldsymbol{K}^*$ 和 $\boldsymbol{M}^*$ 是 $q \times q$ 阶方阵。因此式(8-103)是一个 q 阶的广义特征值问题。由于 $q \ll n$，所以式(8-103)就相对很容易求解，一般可以用广义雅可比法来求解，得出前 q 个特征对。所得到 q 个自振频率，就是原体系的前 q 阶频率的近似值；所得的 q 个子空间的特征向量 $\boldsymbol{A}_i (i=1,2,\cdots,q)$，将它们代入式(8-97)，便可得到 q 个 n 维列向量 $\boldsymbol{x}_i$，它们就是原体系最低 q 阶振型的近似值。

2. *子空间迭代法*

由上面的介绍可以看到，经过瑞利-里茨法的运用，原来一个 n 的广义特征值问题便转化为一个 q 阶广义特征值问题的求解，其计算结果的好坏，在很大程度上依赖于初始猜测振型的好坏。但是对初始振型的假设并无把握。因此对一个并不良好的初始振型，用迭代法使之接近特征向量，再利用瑞利-里茨法计算 q 阶近似的特征向量，做反复迭代，不断改善计算结果的精确度，这就是子空间迭代法。具体步骤是：

为求解广义特征值问题式(8-82)的前 p 阶特征对，首先假设它的前 $q(>p)$ 阶振型，并依次排列，构成

$$\boldsymbol{X}_0 = [\boldsymbol{x}_1, \boldsymbol{x}_2, \cdots, \boldsymbol{x}_n]_{n \times q} \tag{a}$$

这是一个 $n \times q$ 阶矩阵，然后按以下式子[式(b)～式(f)]做循环迭代，假设已完成了 $k-1$ 次迭

代，下面是第 k 次迭代：

$$K\bar{X}_k = MX_{k-1} \tag{b}$$

这里对 X_{k-1} 做了一次逆迭代，得到 $\bar{X}_k$，它的低振型的分量增强了。然后以此作为瑞利-里茨法的基向量，对 K 阵和 M 阵在 q 维子空间上投影：

$$K_k^* = \bar{X}_k^{\mathrm{T}} K \bar{X}_k \tag{c}$$

$$M_k^* = \bar{X}_k^{\mathrm{T}} M \bar{X}_k \tag{d}$$

利用式(8-103)，得到

$$K_k^* A_k = M_k^* A_k \Omega_k^2 \tag{e}$$

用广义雅可比法可解此广义特征值方程。由(e)式求出的 q 个 ω_i^2 构成对角矩阵

$$\Omega_k^2 = \begin{bmatrix} \omega_1^2 & & & \\ & \omega_2^2 & & \\ & & \ddots & \\ & & & \omega_q^2 \end{bmatrix}$$

此即原系统的前 q 个特征值的近似值；与其对应的 q 个特征向量 A_k^i 按序排列构成

$$A_k = [A_k^1, K_k^2, \cdots, A_k^q]$$

最后由(f)式回到原空间，得到原系统的前 q 个特征向量的近似值

$$X_k = \bar{X}_k A_k \tag{f}$$

若精度不满足，则再开始下一次迭代。

有关矩阵特征值或广义特征值问题的解法很多，除了上述的方法以外，常用的还有如 QL 算法、逐阶滤频法等，限于篇幅，不一一介绍了。

第五节　结构的动力响应

如果作用在结构上的外载荷是随时间变化的，那么结构的动力方程就可写成

$$M\ddot{d} + C\dot{d} + Kd = F(t) \tag{8-104}$$

其中，$F(t)$是随时间变化的等效节点载荷。研究在随时间变化的载荷作用下，结构位移、速度、应力和应变分布形态等，通常称为弹性系统的动力响应问题。下面我们就介绍几种常用的解法。

一、振型叠加法

用振型叠加法求解动力方程(8-104)时，应先计算出系统的前 q 个特征对，即自振频率 $\omega_1^2, \omega_2^2, \cdots, \omega_q^2$ 和相应的振型 $d_{01}, d_{02}, \cdots, d_{0q}$，振型按质量阵归一化。通常还假设阻尼矩阵也满足正交性条件，于是有

$$\left.\begin{aligned} d_{0m}^{\mathrm{T}} M d_{0n} &= 0 \\ d_{0m}^{\mathrm{T}} C d_{0n} &= 0 \quad (m \neq n) \\ d_{0m}^{\mathrm{T}} K d_{0n} &= 0 \end{aligned}\right\} \tag{8-105}$$

首先把结构的振动分解成按各个振型独立振动的叠加：

$$d = d_{01} y_1(t) + d_{02} y_2(t) + \cdots + d_{0q} y_q(t) \tag{8-106}$$

其中，$y_i(t)$是不同的时间函数，称为振型坐标。式(8-106)可以写成更简洁的形式

$$\boldsymbol{d}=\boldsymbol{d}_0\boldsymbol{Y} \tag{8-107}$$

式中

$$\boldsymbol{d}_0=[\boldsymbol{d}_{01},\boldsymbol{d}_{02},\cdots,\boldsymbol{d}_{0q}]_{n\times q} \tag{8-108}$$

$$\boldsymbol{Y}=[\boldsymbol{y}_1(t),\boldsymbol{y}_2(t)\cdots,\boldsymbol{y}_q(t)]_{q\times 1}^{\mathrm{T}} \tag{8-109}$$

将式(8-107)代入动力方程式(8-104)，得

$$\boldsymbol{M}\boldsymbol{d}_0\ddot{\boldsymbol{Y}}+\boldsymbol{C}\boldsymbol{d}_0\dot{\boldsymbol{Y}}+\boldsymbol{K}\boldsymbol{d}_0\boldsymbol{Y}=\boldsymbol{F}(t) \tag{8-110}$$

以 $\boldsymbol{d}_0^{\mathrm{T}}$ 左乘上式，得

$$\boldsymbol{d}_0^{\mathrm{T}}\boldsymbol{M}\boldsymbol{d}_0\ddot{\boldsymbol{Y}}+\boldsymbol{d}_0^{\mathrm{T}}\boldsymbol{C}\boldsymbol{d}_0\dot{\boldsymbol{Y}}+\boldsymbol{K}\boldsymbol{d}_0\boldsymbol{Y}=\boldsymbol{d}_0^{\mathrm{T}}\boldsymbol{F}=\overline{\boldsymbol{F}} \tag{8-111}$$

利用正交性条件式(8-105)，有

$$\boldsymbol{d}_0^{\mathrm{T}}\boldsymbol{M}\boldsymbol{d}_0=\boldsymbol{I} \tag{8-112}$$

$$\boldsymbol{d}_0^{\mathrm{T}}\boldsymbol{K}\boldsymbol{d}_0=\boldsymbol{\Omega}^2 \tag{8-113}$$

同式(8-65)、式(8-66)。

对于阻尼矩阵，若按式(8-47)所设，则

$$\boldsymbol{d}_0^{\mathrm{T}}\boldsymbol{C}\boldsymbol{d}_0=\alpha\boldsymbol{d}_0^{\mathrm{T}}\boldsymbol{M}\boldsymbol{d}_0+\beta\boldsymbol{d}_0^{\mathrm{T}}\boldsymbol{K}\boldsymbol{d}_0=\begin{bmatrix}c_1 & & & \\ & c_2 & & \\ & & \ddots & \\ & & & c_q\end{bmatrix} \tag{8-114}$$

于是式(8-111)就可写成 q 个互相独立的单自由度振动的运动方程：

$$\ddot{y}_i+c_i\dot{y}_i+\omega_i^2y_i=\overline{f}_i,\quad i=1,2,\cdots,q \tag{8-115}$$

分别求解这 q 个方程，可得到$\boldsymbol{Y}$，把它代回到式(8-107)，得到系统的动力响应 $\boldsymbol{d}$。

二、直接积分法

直接积分法又称逐步积分法。应用逐步积分法时，不必计算结构的自振频率和振型，而是直接用差分法解动力方程，以得出各时刻结构的位移、速度和加速度。下面对它的求解方法进行说明。

假设在时间 $t-\Delta t\to t$ 内，加速度呈线性变化，即

$$\ddot{\boldsymbol{d}}_{t-\Delta t+\tau}=\ddot{\boldsymbol{d}}_{t-\Delta t}+(\ddot{\boldsymbol{d}}_t-\ddot{\boldsymbol{d}}_{t-\Delta t})\frac{\tau}{\Delta t}\quad(0\leqslant\tau\leqslant\Delta t) \tag{8-116}$$

对上式积分两次可得

$$\dot{\boldsymbol{d}}_{t-\Delta t+\tau}=\ddot{\boldsymbol{d}}_{t-\Delta t}\tau+(\ddot{\boldsymbol{d}}_t-\ddot{\boldsymbol{d}}_{t-\Delta t})\frac{\tau^2}{2\Delta t}+\dot{\boldsymbol{d}}_{t-\Delta t} \tag{8-117}$$

$$\boldsymbol{d}_{t-\Delta t+\tau}=\ddot{\boldsymbol{d}}_{t-\Delta t}\frac{\tau^2}{2}+(\ddot{\boldsymbol{d}}_t-\ddot{\boldsymbol{d}}_{t-\Delta t})\frac{\tau^2}{6\Delta t}+\dot{\boldsymbol{d}}_{t-\Delta t}\tau+\boldsymbol{d}_{t-\Delta t} \tag{8-118}$$

令 $\tau=\Delta t$，便得到 t 时刻的速度和位移

$$\dot{\boldsymbol{d}}_t=\dot{\boldsymbol{d}}_{t-\Delta t}+\frac{\Delta t}{2}\ddot{\boldsymbol{d}}_{t-\Delta t}+\frac{\Delta t}{2}\ddot{\boldsymbol{d}}_t \tag{8-119}$$

$$\boldsymbol{d}_t=\boldsymbol{d}_{t-\Delta t}+\dot{\boldsymbol{d}}_{t-\Delta t}\Delta t+\frac{1}{3}\ddot{\boldsymbol{d}}_{t-\Delta t}\Delta t+\frac{1}{6}\ddot{\boldsymbol{d}}_t\Delta t^2 \tag{8-120}$$

由动力方程(8-104)，在 t 时刻有

$$\boldsymbol{M}\ddot{\boldsymbol{d}}_t + \boldsymbol{C}\dot{\boldsymbol{d}}_t + \boldsymbol{K}\boldsymbol{d}_t = \boldsymbol{F}(t)_t \tag{8-121}$$

将式(8-119)、式(8-120)代入,经整理归并后,可得

$$\boldsymbol{Q}\ddot{\boldsymbol{d}}_t = \boldsymbol{F}_t - \boldsymbol{C}\boldsymbol{A}_{t-\Delta t} - \boldsymbol{K}\boldsymbol{B}_{t-\Delta t} \tag{8-122}$$

其中

$$\left.\begin{aligned} \boldsymbol{Q} &= \boldsymbol{M} + \frac{\Delta t}{2}\boldsymbol{C} + \frac{\Delta t^2}{6}\boldsymbol{K} \\ \boldsymbol{A}_{t-\Delta t} &= \dot{\boldsymbol{d}}_{t-\Delta t} + \frac{\Delta t}{2}\ddot{\boldsymbol{d}}_{t-\Delta t} \\ \boldsymbol{B}_{t-\Delta t} &= \boldsymbol{d}_{t-\Delta t} + \Delta t\dot{\boldsymbol{d}}_{t-\Delta t} + \frac{\Delta t^2}{3}\ddot{\boldsymbol{d}}_{t-\Delta t} \end{aligned}\right\} \tag{8-123}$$

求解式(8-122),即可逐步求得各时刻的加速度 $\ddot{\boldsymbol{d}}_t$,再由式(8-119)、式(8-120)求得各时刻的速度和位移。

三、暂态历程的精细计算方法

1. 关于暂态计算的方程

暂态历程的计算方法是受到广泛关心的课题。虽然暂态分析往往要处理非线性或时变系统,但其基础仍应先精细地将线性时不变系统的分析做好,然后再用不同的方法进一步处理各类较复杂的课题。

结构动力学对于暂态历程的需求是显然的。结构动力学方程为

$$\boldsymbol{M}\ddot{\boldsymbol{d}} + \boldsymbol{G}\dot{\boldsymbol{d}} + \boldsymbol{K}\boldsymbol{d} = \boldsymbol{F}(t) \tag{8-124}$$

式中,$\boldsymbol{M}$ 是对称正定质量阵;$\boldsymbol{G}$ 为阻尼阵(对称非负)及陀螺力阵(反对称)之和;$\boldsymbol{K}$ 为结构刚度阵(对称非负);$\boldsymbol{F}$ 是外力向量,皆为已知;$\boldsymbol{d}$ 是待求的位移向量,其初态为已知,即 $\boldsymbol{d}_0$,$\dot{\boldsymbol{d}}_0$ 已知。

以上方程是用位移有限元法推导出来的半离散形式。如果采用一般变分原理来推导,则将得到 $2n$ 个一阶常微分方程组。

精细积分法宜于处理一阶方程,因此采用哈密顿体系常用的方法,式(8-124)化成为

$$\dot{\boldsymbol{v}} = \boldsymbol{H}\boldsymbol{v} + \boldsymbol{f} \tag{8-125}$$

其中,$\boldsymbol{v}$ 是 $2n$ 维的待求向量,有以下公式:

$$\left.\begin{aligned} &\boldsymbol{v} = [\boldsymbol{d}, \boldsymbol{p}]^{\mathrm{T}}, \quad \boldsymbol{p} = \boldsymbol{M}\dot{\boldsymbol{d}} + \frac{1}{2}\boldsymbol{G}\boldsymbol{d}, \quad \boldsymbol{H} = \begin{bmatrix} \boldsymbol{A} & \boldsymbol{C} \\ \boldsymbol{B} & \boldsymbol{D} \end{bmatrix} \\ &\boldsymbol{A} = -\frac{1}{2}\boldsymbol{M}^{-1}\boldsymbol{G}, \quad \boldsymbol{B} = \frac{1}{4}\boldsymbol{G}\boldsymbol{M}^{-1}\boldsymbol{G} - \boldsymbol{K}, \quad \boldsymbol{C} = -\frac{1}{2}\boldsymbol{G}\boldsymbol{M}^{-1} \\ &\boldsymbol{D} = \boldsymbol{M}^{-1}, \quad \boldsymbol{f} = [0, \boldsymbol{F}]^{\mathrm{T}} \end{aligned}\right\} \tag{8-126}$$

当 $\boldsymbol{M}$ 为对称正定,$\boldsymbol{G}$ 为反对称,$\boldsymbol{K}$ 为对称,且 $\boldsymbol{f}=0$ 时,即成为自由陀螺系统,体系成为保守体系。此时 $\boldsymbol{B}$,$\boldsymbol{D}$ 为对称矩阵,$\boldsymbol{A}=-\boldsymbol{C}^{\mathrm{T}}$,而 $\boldsymbol{H}$ 成为哈密顿矩阵。

对于保守体系可充分利用哈密顿体系的已有成果,利用本征向量展开的方法也比较方便。但当有一般阻尼或非保守力时,通常的模态分析已经不便。因此,采用时程积分是很自然的,尤其是对于冲击载荷等情况。

方程式(8-125)是暂态计算方程的正规形式。以下仅讨论对该方程的精细积分求解。

2. 齐次方程的精细积分

从常微分方程组的理论可知，应当先求解式(8-125)的齐次方程

$$\dot{\boldsymbol{v}} = \boldsymbol{H}\boldsymbol{v} \tag{8-127}$$

因为 $\boldsymbol{H}$ 是常矩阵，其通解可写成为

$$\boldsymbol{v} = \exp(\boldsymbol{H} \cdot t) \cdot \boldsymbol{v}_0 \tag{8-128}$$

现在令时间步长为 τ，一系列等步长 τ 的时刻为

$$t_0 = 0, \quad t_1 = \tau, \cdots, \quad t_k = k \cdot \tau \tag{8-129}$$

于是有

$$\boldsymbol{v}(\tau) = \boldsymbol{v}_1 = \boldsymbol{T} \cdot \boldsymbol{v}_0, \quad \boldsymbol{T} = \exp(\boldsymbol{H} \cdot \tau) \tag{8-130}$$

以及递推的逐步积分公式

$$\boldsymbol{v}_1 = \boldsymbol{T}\boldsymbol{v}_0, \quad \boldsymbol{v}_2 = \boldsymbol{T}\boldsymbol{v}_1, \cdots, \boldsymbol{v}_{k+1} = \boldsymbol{T}\boldsymbol{v}_k, \cdots \tag{8-131}$$

于是问题就归结到对式(8-130)中 $\boldsymbol{T}$ 阵的计算，应当非常精细地算出该阵，然后就只是一系列的矩阵、向量乘法。而对于 $\boldsymbol{T}$ 阵的计算，文献[7]中已经给出了指数矩阵的精细算法，其要点是利用指数函数的加法定理：

$$\exp(\boldsymbol{H} \cdot \tau) = [\exp(\boldsymbol{H} \cdot \tau / m)]^m \tag{8-132}$$

其中可选用

$$m = 2^N, \text{例如 } N = 20, \text{则 } m = 1\,048\,576 \tag{8-133}$$

由于 τ 本来是不大的时间区段，则 $\Delta t = \tau/m$ 将是非常小的一个时间区段。因此对于 Δt 的区段，有

$$\begin{aligned}\exp(\boldsymbol{H} \cdot \Delta t) &\approx \boldsymbol{I} + \boldsymbol{H}\Delta t + (\boldsymbol{H}\Delta t)^2/2 + (\boldsymbol{H}\Delta t)^3/3! + (\boldsymbol{H}\Delta t)^4/4! \\ &= \boldsymbol{I} + \boldsymbol{H}\Delta t + (\boldsymbol{H}\Delta t)^2 \times [\boldsymbol{I} + (\boldsymbol{H}\Delta t)/3 + (\boldsymbol{H}\Delta t^2)/12]/2\end{aligned} \tag{8-134}$$

由于 Δt 很小，幂级数的 5 项展开式应已足够，此时指数矩阵 $\boldsymbol{T}$ 与单位阵 $\boldsymbol{I}$ 相差不远，因此

$$\begin{aligned}&\exp(\boldsymbol{H}\Delta t) \approx \boldsymbol{I} + \boldsymbol{T}_a, \\ &\boldsymbol{T}_a = \boldsymbol{H}\Delta t + (\boldsymbol{H}\Delta t)^2 \times [\boldsymbol{I} + (\boldsymbol{H}\Delta t)/3 + (\boldsymbol{H}\Delta t)^2/12]/2\end{aligned} \tag{8-135}$$

$\boldsymbol{T}_a$ 阵是一个小量。

在计算中至关重要的一点是指数矩阵的存储只能是式(8-135)的 $\boldsymbol{T}_a$，而不是$(\boldsymbol{I}+\boldsymbol{T}_a)$。因为 $\boldsymbol{T}_a$ 很小，当它与单位阵 $\boldsymbol{I}$ 相加时就成为其尾数，在计算机的舍入操作中其精度将丧失殆尽。

为计算 $\boldsymbol{T}$ 阵，应先将式(8-132)做分解：

$$\boldsymbol{T} = (\boldsymbol{I} + \boldsymbol{T}_a)^{2^N} = (\boldsymbol{I} + \boldsymbol{T}_a)^{2^{(N-1)}} \times (\boldsymbol{I} + \boldsymbol{T}_a)^{2^{(N-1)}} \tag{8-136}$$

这种分解一直做下去共 N 次。其次应注意，对任意 $\boldsymbol{T}_b, \boldsymbol{T}_c$ 有

$$(\boldsymbol{I} + \boldsymbol{T}_b) \times (\boldsymbol{I} + \boldsymbol{T}_c) = \boldsymbol{I} + \boldsymbol{T}_b + \boldsymbol{T}_c + \boldsymbol{T}_b \times \boldsymbol{T}_c \tag{8-137}$$

将 $\boldsymbol{T}_b, \boldsymbol{T}_c$ 都看成为 $\boldsymbol{T}_a$，因此式(8-137)相当于下列语句：

$$\text{for(iter} = 0;\text{iter} < \text{N};\text{iter}++) \quad \boldsymbol{T}_a = 2\boldsymbol{T}_a + \boldsymbol{T}_a \times \boldsymbol{T}_a \tag{8-138}$$

当循环结束后，再做

$$\boldsymbol{T} = \boldsymbol{I} + \boldsymbol{T}_a \tag{8-139}$$

式(8-135)、式(8-138)、式(8-139)便是指数矩阵 $\boldsymbol{T}$ 的精细计算公式。这是一种 2^N 类的算法。

3. 非齐次方程

可以认为非齐次项在时间步(t_k, t_{k+1})内是线性的，即

$$\dot{\boldsymbol{v}} = \boldsymbol{H}\boldsymbol{v} + \boldsymbol{f}_0 + \boldsymbol{f}_1(t - t_k), \text{当 } t = t_k \text{ 时}, \boldsymbol{v} = \boldsymbol{v}_k \tag{8-140}$$

式中,$\boldsymbol{r}_0$,$\boldsymbol{r}_1$ 是给定向量。该方程可以用叠加原理求解。令 $\Phi(t-t_k)$是齐次方程的解,即

$$\dot{\Phi} = \boldsymbol{H}\Phi, \text{且 } \Phi(0) = \boldsymbol{I} \tag{8-141}$$

于是可以写出式(8-140)的解为

$$\begin{aligned} \boldsymbol{v} = & \Phi(t - t_k) \cdot [\boldsymbol{v}_k + \boldsymbol{H}^{-1}(\boldsymbol{f}_0 + \boldsymbol{H}^{-1}\boldsymbol{f}_1)] - \\ & \boldsymbol{H}^{-1}[\boldsymbol{f}_0 + \boldsymbol{H}^{-1}\boldsymbol{f}_1 + \boldsymbol{f}_1 \cdot (t - t_k)] \end{aligned} \tag{8-142}$$

数值计算中虽没有 Φ 的解析表达式,然而逐步积分要求提供的是 $t_{k+1} = t_k + \tau$ 时刻的向量 $\boldsymbol{v}_{k+1}$,此时

$$\Phi(t_{k+1} - t_k) = \Phi(\tau) = \boldsymbol{T} \tag{8-143}$$

而 $\boldsymbol{T}$ 阵是已算得的。因此得

$$\boldsymbol{v}_{k+1} = \boldsymbol{T}[\boldsymbol{v}_k + \boldsymbol{H}^{-1}(\boldsymbol{f}_0 + \boldsymbol{H}^{-1}\boldsymbol{f}_1)] - \boldsymbol{H}^{-1}[\boldsymbol{f}_0 + \boldsymbol{H}^{-1} + \boldsymbol{f}_1 \cdot \tau] \tag{8-144}$$

这就是有非齐次项时的时程积分公式。

4. 精度分析

精细时程积分的主要步骤是指数矩阵 $\boldsymbol{T}$ 的计算。除矩阵乘法通常会带来一些算术误差外,误差只能来自展开式(8-134)。在 2^N 算法中采用 $\boldsymbol{T}_a$ 阵的迭代,其主要项在开始时是($\boldsymbol{H} \cdot \Delta t$),因此其相对误差必须与它相对比。在展开式(8-135)中的下一项是$(\boldsymbol{H} \cdot \Delta t)^5/5!$,因此其相对误差大体上可估计为:

$$(\boldsymbol{H} \cdot \Delta t)^4/5! \tag{8-145}$$

设对于矩阵 $\boldsymbol{H}$ 做出了全部特征解,

$$\boldsymbol{HY} = \boldsymbol{Y\mu} \quad \text{或} \quad \boldsymbol{H} = \boldsymbol{Y\mu Y}^{-1} \tag{8-146}$$

其中,$\boldsymbol{Y}$ 为特征向量所组成的矩阵,$\boldsymbol{\mu}$ 是相应的特征值组成的对角矩阵。此时就可以导出

$$\exp(\boldsymbol{H}\Delta t) = \boldsymbol{Y}\exp(\boldsymbol{\mu}\Delta t)\boldsymbol{Y}^{-1} = \boldsymbol{Y}\exp(\boldsymbol{\mu}\Delta t)\boldsymbol{Y}^{-1}$$

于是式(8-134)的近似值相当于

$$\exp(\mu \cdot \Delta t) \approx 1 + \mu\Delta t + (\mu\Delta t)^2/2 + (\mu\Delta t)^3/3! + (\mu\Delta t)^4/4!$$

以上的分析将不同特征值的特征解所带来的误差分离出来了,式(8-145)的相对误差,对于各个特征解为

$$(\mu \cdot \Delta t)^4/5!$$

因此主要要看$[\text{abs}(\mu) \cdot \Delta t]^4$。注意,倍精度数的有效位数是 16 位十进制数,因此在计算机双精度内要求:

$$\text{abs}(\mu) \cdot \tau/2^N < 10^{-4}$$

当 $N=20$ 时,

$$\text{abs}(\mu) \cdot \tau < 100 \tag{8-147}$$

对于无阻尼自由振动问题,μ 就是 $\mathrm{i}\omega$,其中 ω 为圆频率。这表明即使积分步长为 16 个周期,也不至于带来展开式的误差。当然,应当考虑高频振动的 ω。然而,实际课题的振动都是有阻尼的。若干个周期后高频振动本身已无足轻重,因此式(8-147)对于高频的估计也过于保守。

根据以上对计算精度的分析,精细时程分析得到的数值结果,实际上就是精确解的数值结果。精细时程积分中大量使用矩阵乘法,因而特别适合于并行计算机。

时程积分暂态数值分析在广大的工程领域中很重要。本节介绍的精细时程积分法利用了 2^N 类的算法,相当于在每一时间步长内再进一步划分为 2^N 个精细步长,其中还可利用幂级数

展开式以提高精度。精细时程积分计算结果精度很高，这是其突出的特点。

第六节　弹性结构在流体介质中的耦合振动

处于流体介质中的固体结构，在受到动载荷作用时将会产生振动，这种振动通过对流固界面的激励在介质中产生附加的动压力，而附加动压力又通过界面再度引起结构的动力响应，这种过程称为结构与流体介质的耦合振动问题。虽然早在20世纪初Lamb等人就提出了这类问题，但直到20世纪60年代，有限元和边界元等数值方法出现以后，才有可能对其进行较详细的分析。本节将介绍依据流体力学、弹性力学及变分原理推导的适用于求解水下结构自振特性及动力响应的工程计算方法。

一、流体动压力的计算原理

设流体是均匀的、无黏、无旋的理想流体，并假定为不可压缩流体，做小幅度运动。此时流体内动压力 P 服从下述方程

在 V 域： $$\nabla^2 P=\frac{\partial^2 P}{\partial x^2}+\frac{\partial^2 P}{\partial y^2}+\frac{\partial^2 P}{\partial z^2}=0 \tag{8-148}$$

在 S_p： $$P=\bar{P}$$

在 S_n： $$\frac{\partial P}{\partial n}=-\rho\frac{\partial^2 u_n}{\partial t^2}$$

式中，S_p 是给定压力的边界；S_n 是流体结构接触的交界面；$\bar{P}$ 是给定的动水压力；u_n 是固体边界位移在法线方向的分量；n 是流固接触面的法线，其正向指向流体外部；ρ 是流体的质量密度。与式(8-148)对应的泛函为

$$\Pi=\int_V\frac{1}{2}\left[\left(\frac{\partial P}{\partial y}\right)^2+\left(\frac{\partial P}{\partial y}\right)^2+\left(\frac{\partial P}{\partial z}\right)^2\right]\mathrm{d}V+\int_{S_n}\left(\rho\frac{\partial^2 u_n}{\partial t^2}\right)P\mathrm{d}S \tag{8-149}$$

式中，V 是流体全部计算体积域，S_n 是流体与结构全部接触面积域。将整个流体域离散成 N_E 个单元，在节点处的连续与平衡条件约束下，式(8-149)可写成

$$\left.\begin{aligned}&\Pi=\sum_{e=1}^{N_E}\Pi_e\\&\Pi_e=\int_{V_e}\frac{1}{2}\left[\left(\frac{\partial P}{\partial x}\right)^2+\left(\frac{\partial P}{\partial z}\right)^2\right]\mathrm{d}V+\int_{s_{ne}}\left(\rho\frac{\partial^2 u_n}{\partial t^2}\right)P\mathrm{d}S\end{aligned}\right\} \tag{8-150}$$

式中，V_e 表示流体元体积，S_{ne} 表示该流体元与结构的接触面积。

设一个流体单元有 n 个节点，则该单元的压力为

$$P_e=\boldsymbol{N}\boldsymbol{q}_e \tag{8-151}$$

式中，$\boldsymbol{N}$ 是插值函数，$\boldsymbol{q}_e$ 是单元节点处的动压力。设流体单元与结构接触面 S_{ne} 上有 S 个节点，则该面域上的法向位移为

$$u_n=\boldsymbol{N}_s\boldsymbol{d}_{ne} \tag{8-152}$$

式中，$\boldsymbol{N}_s$ 是流固界面 S_{ne} 上定义的插值函数，$\boldsymbol{d}_{ne}$ 是 S_{ne} 上各节点的法向位移。

根据式(8-151)、式(8-152)有

$$\left.\begin{aligned}\left(\frac{\partial P}{\partial x}\right)^2 &= \boldsymbol{q}_e^{\mathrm{T}}\left(\frac{\partial}{\partial x}\boldsymbol{N}^{\mathrm{T}}\frac{\partial}{\partial x}\boldsymbol{N}\right)\boldsymbol{q}_e \\ \left(\frac{\partial P}{\partial y}\right)^2 &= \boldsymbol{q}_e^{\mathrm{T}}\left(\frac{\partial}{\partial y}\boldsymbol{N}^{\mathrm{T}}\frac{\partial}{\partial y}\boldsymbol{N}\right)\boldsymbol{q}_e \\ \left(\frac{\partial P}{\partial z}\right)^2 &= \boldsymbol{q}_e^{\mathrm{T}}\left(\frac{\partial}{\partial z}\boldsymbol{N}^{\mathrm{T}}\frac{\partial}{\partial z}\boldsymbol{N}\right)\boldsymbol{q}_e \\ \frac{\partial^2}{\partial t^2}u_n &= \boldsymbol{N}_s\frac{\mathrm{d}^2}{\mathrm{d}t^2}\boldsymbol{d}_{ne} = \boldsymbol{N}_s\ddot{\boldsymbol{d}}_{ne}\end{aligned}\right\} \tag{8-153}$$

式中，$\ddot{\boldsymbol{d}}_{ne}$是流固界面$\boldsymbol{S}_{ne}$上各节点的法向位移加速度。将式(8-153)代入式(8-150)，有

$$\begin{aligned}\Pi_e =& \frac{1}{2}\boldsymbol{q}_e^{\mathrm{T}}\int_{Ve}\left[\left(\frac{\partial}{\partial x}\boldsymbol{N}^{\mathrm{T}}\frac{\partial}{\partial x}\boldsymbol{N}\right)+\left(\frac{\partial}{\partial y}\boldsymbol{N}^{\mathrm{T}}\frac{\partial}{\partial y}\boldsymbol{N}\right)+\left(\frac{\partial}{\partial z}\boldsymbol{N}^{\mathrm{T}}\frac{\partial}{\partial z}\boldsymbol{N}\right)\right]\mathrm{d}V\boldsymbol{q}_e + \\ & \boldsymbol{q}_e^{\mathrm{T}}\left(\int_{S_{ne}}\boldsymbol{N}^{\mathrm{T}}\rho\boldsymbol{N}_s\mathrm{d}S\right)\ddot{\boldsymbol{d}}_{ne}\end{aligned} \tag{8-154}$$

令

$$\left.\begin{aligned}\boldsymbol{H}_e &= \int_{V_e}\left[\left(\frac{\partial}{\partial x}\boldsymbol{N}^{\mathrm{T}}\frac{\partial}{\partial x}\boldsymbol{N}\right)+\left(\frac{\partial}{\partial y}\boldsymbol{N}^{\mathrm{T}}\frac{\partial}{\partial y}\boldsymbol{N}\right)+\left(\frac{\partial}{\partial z}\boldsymbol{N}^{\mathrm{T}}\frac{\partial}{\partial z}\boldsymbol{N}\right)\right]\mathrm{d}V \\ \boldsymbol{F}_e &= -\left(\int_{S_{ne}}\boldsymbol{N}^{\mathrm{T}}\rho\boldsymbol{N}_{\mathrm{S}}\mathrm{d}S\right)\ddot{\boldsymbol{d}}_{ne} = -\boldsymbol{B}_{\mathrm{S}e}\ddot{\boldsymbol{d}}_{ne} \\ \boldsymbol{B}_{\mathrm{S}e} &= \int_{S_{ne}}\boldsymbol{N}^{\mathrm{T}}\rho\boldsymbol{N}_{\mathrm{S}}\mathrm{d}S\end{aligned}\right\} \tag{8-155}$$

则式(8-154)可写成

$$\Pi_e = \frac{1}{2}\boldsymbol{q}_e^{\mathrm{T}}\boldsymbol{H}_e\boldsymbol{q}_e - \boldsymbol{q}_e^{\mathrm{T}}\boldsymbol{F}_e \tag{8-156}$$

由极值条件 $\delta\Pi_e=0$，得

$$\boldsymbol{H}_e\boldsymbol{q}_e = \boldsymbol{F}_e = -\boldsymbol{B}_{\mathrm{S}e}\ddot{\boldsymbol{d}}_{ne} \tag{8-157}$$

假设整个流体域离散成 N_{E} 个单元和 NP 个节点，流固接触面上共有 g 个节点，且令

$$\boldsymbol{Q} = [q_1, q_2, \cdots, q_{NP}]^{\mathrm{T}}$$
$$\boldsymbol{F} = [F_1, F_2, \cdots, F_{NP}]^{\mathrm{T}}$$
$$\ddot{\boldsymbol{D}}_{\mathrm{S}} = [\ddot{d}_{nl}, \ddot{d}_{n2}, \cdots, \ddot{d}_{ng}]^{\mathrm{T}}$$

分别表示流体域节点动压力、等效节点“载荷”、节点法向加速度，那么根据节点处动压力的平衡条件和加速度的协调条件，可组集成整个流体域的基本方程，即

$$\boldsymbol{HQ} = \boldsymbol{F} = -\boldsymbol{B}\ddot{\boldsymbol{D}}_{\mathrm{S}} \tag{8-158}$$

如果知道流固接触面上各节点的法向加速度 $\ddot{\boldsymbol{D}}_{\mathrm{S}}$，则由上式解方程组，即可得到流体域中各节点的动压力 $\boldsymbol{Q}$。

二、流固接触面上的动压力

由流体域的边界条件，可将节点动压力 $\boldsymbol{Q}$ 分解成三部分，按顺序排列成

$$\boldsymbol{Q} = [\boldsymbol{Q}_p^{\mathrm{T}}, \boldsymbol{Q}_n^{\mathrm{T}}, \boldsymbol{Q}_v^{\mathrm{T}}]^{\mathrm{T}}$$

式中，$\boldsymbol{Q}_p$ 表示边界 S_p 上的节点动压力；$\boldsymbol{Q}_n$ 表示流体与结构接触面 S_n 上的节点动压力，是结构分析所必需的；$\boldsymbol{Q}_v$ 是除上述以外流体域节点上的动压力，是流体域分析所需要的。于是，式(8-158)相应地写成

$$\begin{bmatrix} \boldsymbol{H}_{pp} & \boldsymbol{H}_{pn} & \boldsymbol{H}_{pv} \\ \boldsymbol{H}_{np} & \boldsymbol{H}_{nn} & \boldsymbol{H}_{nv} \\ \boldsymbol{H}_{vp} & \boldsymbol{H}_{vn} & \boldsymbol{H}_{vv} \end{bmatrix} \begin{Bmatrix} \boldsymbol{Q}_p \\ \boldsymbol{Q}_n \\ \boldsymbol{Q}_v \end{Bmatrix} = \begin{Bmatrix} \boldsymbol{F}_p \\ \boldsymbol{F}_n \\ \boldsymbol{F}_v \end{Bmatrix} = -\begin{bmatrix} \boldsymbol{B}_p \\ \boldsymbol{B}_n \\ \boldsymbol{B}_v \end{bmatrix} \ddot{\boldsymbol{D}}_S \tag{8-159}$$

如果将边界 S_p 置于距结构足够远处，可认为结构的振动对此边界以外的水域无影响，则有 $\boldsymbol{Q}_p=0$，代入上式，由此可得到关于 $\boldsymbol{Q}_n$ 的基本方程为

$$\boldsymbol{H}_{\mathrm{N}}\boldsymbol{Q}_n = \boldsymbol{F}_{\mathrm{N}} = -\boldsymbol{B}_{\mathrm{N}}\ddot{\boldsymbol{D}}_{\mathrm{S}} \tag{8-160a}$$

或写成

$$\boldsymbol{Q}_n = -\boldsymbol{H}_{\mathrm{N}}^{-1}\boldsymbol{B}_{\mathrm{N}}\ddot{\boldsymbol{D}}_{\mathrm{S}} \tag{8-160b}$$

式中

$$\left.\begin{aligned} \boldsymbol{H}_{\mathrm{N}} &= \boldsymbol{H}_{nn} - \boldsymbol{H}_{nv}\boldsymbol{H}_{vv}^{-1}\boldsymbol{H}_{vn} \\ \boldsymbol{F}_{\mathrm{N}} &= \boldsymbol{F}_n - \boldsymbol{H}_{nv}\boldsymbol{H}_{vv}^{-1}\boldsymbol{F}_v \\ \boldsymbol{B}_{\mathrm{N}} &= \boldsymbol{B}_n - \boldsymbol{H}_{nv}\boldsymbol{H}_{vv}^{-1}\boldsymbol{B}_v \end{aligned}\right\} \tag{8-161}$$

同时可得

$$\boldsymbol{Q}_v = \boldsymbol{H}_{vv}^{-1}(\boldsymbol{F}_v - \boldsymbol{H}_{vn}\boldsymbol{Q}_n) \tag{8-162}$$

三、结构等效节点载荷

$\boldsymbol{Q}_n$ 是结构与流体接触面上所有节点的动压力列阵。为了求出这个附加动压力对结构作用的等效节点载荷，必须先求得接触面上每个单元的节点动压力分布。为此引入一个位序矩阵 $\boldsymbol{A}_{(k)}$，从 $\boldsymbol{Q}_n$ 中分解出接触面上第 k 号单元的 S 个节点处的动压力为

$$(\boldsymbol{q})_{(k)} = \boldsymbol{A}_{(k)}\boldsymbol{Q}_n,\quad k=1,2,\cdots,S_E \tag{8-163}$$

式中，S_E 表示与结构相接触的流体单元数。于是该接触面上的动压力可表示为

$$P_{(k)} = \boldsymbol{N}_{S(k)}\boldsymbol{q}_{(k)} = \boldsymbol{N}_{S(k)}\boldsymbol{A}_{(k)}\boldsymbol{Q}_n \tag{8-164}$$

沿该接触面法向施加一虚位移 δu_n，利用式(8-152)可知 $P_{(k)}$ 做虚功：

$$\delta W = \int_{S_{n(k)}} \delta u_n P_{(k)}\,\mathrm{d}S = \delta\boldsymbol{d}_{n(k)}^{\mathrm{T}}\int_{S_{n(k)}} \boldsymbol{N}_{S(k)}^{\mathrm{T}} P_{(k)}\,\mathrm{d}S \tag{8-165}$$

假定与 $P_{(k)}$ 等效的节点载荷 $\boldsymbol{F}_{e(k)}$ 与位移 $\boldsymbol{d}_{n(k)}$ 方向一致，其排列序号与 $\boldsymbol{q}_{(k)}$ 一致，则 $\boldsymbol{F}_{e(k)}$ 在相应的虚位移上作虚功为

$$\delta W = \delta\boldsymbol{d}_{n(k)}^{\mathrm{T}}\boldsymbol{F}_{e(k)} \tag{8-166}$$

比较上述两式，得

$$\boldsymbol{F}_{e(k)} = \int_{S_{n(k)}} \boldsymbol{N}_{S(k)}^{\mathrm{T}} P_{(k)}\,\mathrm{d}S \tag{8-167}$$

假设接触面上流体动压力的全部等效节点载荷 $\boldsymbol{F}_Q$ 其元素排列次序号与 $\boldsymbol{Q}_n$ 一致，则(k)号单元的等效节点载荷 $\boldsymbol{F}_{e(k)}$ 在 $\boldsymbol{F}_Q$ 中的位置同样用位序矩阵 $\boldsymbol{A}_{(k)}$ 确定：

$$\boldsymbol{F}_{Q(k)} = \boldsymbol{A}_{(k)}^{\mathrm{T}}\boldsymbol{F}_{e(k)},\quad k=1,2,\cdots,S_E \tag{8-168}$$

接触面上的所有单元作上述运算后，简单叠加就能得到流体内附加动压力在结构上的等效节点载荷，即

$$\boldsymbol{F}_Q = \sum_{k=1}^{S_E}\boldsymbol{F}_{Q(k)} = \sum_{k=1}^{S_E}\boldsymbol{A}_{(k)}^{\mathrm{T}}\boldsymbol{F}_{e(k)} \tag{8-169}$$

将式(8-167)、式(8-164)和式(8-160)相继代入式(8-169)，得

$$\boldsymbol{F}_Q = -\Big[\sum_{k=1}^{S_E} \boldsymbol{A}_{(k)}^{\mathrm{T}} \Big(\int_{S_{n(k)}} \boldsymbol{N}_{\mathrm{S}(k)}^{\mathrm{T}} \boldsymbol{N}_{\mathrm{S}(k)} \mathrm{d}S\Big) \boldsymbol{A}_{(k)}\Big] \boldsymbol{H}_{\mathrm{N}}^{-1} \boldsymbol{B}_{\mathrm{N}} \ddot{\boldsymbol{D}}_S \tag{8-170}$$

令

$$\boldsymbol{L}_{(k)} = \int_{S_{n(k)}} \boldsymbol{N}_{\mathrm{S}(k)}^{\mathrm{T}} \boldsymbol{N}_{\mathrm{S}(k)} \mathrm{d}S \tag{8-171}$$

$$\boldsymbol{M}_P = \Big(\sum_{k=1}^{S_E} \boldsymbol{A}_{(k)}^{\mathrm{T}} \boldsymbol{L}_{(k)} \boldsymbol{A}_{(k)}\Big) \boldsymbol{H}_{\mathrm{N}}^{-1} \boldsymbol{B}_{\mathrm{N}} \tag{8-172}$$

则有

$$\boldsymbol{F}_Q = -\boldsymbol{M}_P \ddot{\boldsymbol{D}}_S \tag{8-173}$$

式中，$\boldsymbol{M}_P$ 称为“附连水质量”。

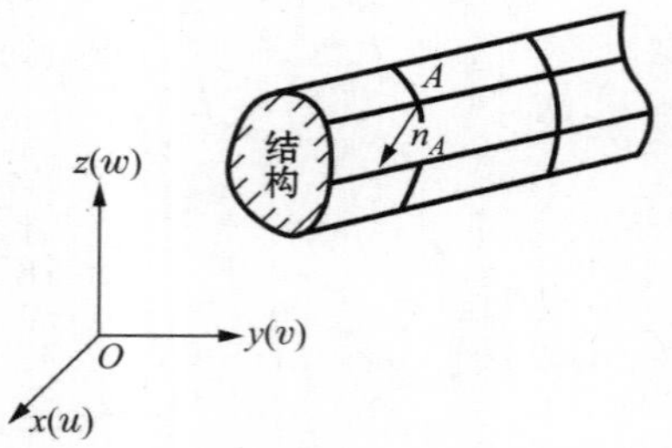

图 8-5 结构-流体系统

按前面推导时的规定，式(8-173)中 $\boldsymbol{F}_Q$，$\ddot{\boldsymbol{D}}_S$ 的各元素其正方向都是沿节点所在表面的法向，其正向均规定指向流体外部。因此将式(8-173)用于结构分析时，需按结构坐标系进行转换。如图 8-5 所示，假设结构坐标系用($\bar{x}$，$\bar{y}$，$\bar{z}$)表示，接触上 A 点的法线为 $\boldsymbol{n}_A$，它的正向指向流体外部(结构内部)。沿法线的位移 $u_{n(A)}$ 在 $\bar{x}\bar{y}\bar{z}$ 坐标系的分量可写成

$$[\bar{u}_A, \bar{v}_A, \bar{w}_A]^{\mathrm{T}} = \bar{\boldsymbol{d}}_A$$

于是有转换关系式

$$u_{n(A)} = [\cos(n_A, \bar{x}), \cos(n_A, \bar{y}), \cos(n_A, \bar{z})][\bar{u}_A, \bar{v}_A, \bar{w}_A]^{\mathrm{T}} = \boldsymbol{\lambda}_{(A)} \bar{\boldsymbol{d}}_{(A)} \tag{8-174}$$

把接触上面所有点按规定顺序排列，得

$$\begin{Bmatrix} u_{n(1)} \\ u_{n(2)} \\ \vdots \\ u_{n(g)} \end{Bmatrix} = \begin{bmatrix} \boldsymbol{\lambda}_{(1)} & & & \\ & \boldsymbol{\lambda}_{(2)} & & \\ & & \ddots & \\ & & & \boldsymbol{\lambda}_{(g)} \end{bmatrix} \begin{Bmatrix} \bar{\boldsymbol{d}}_{(1)} \\ \bar{\boldsymbol{d}}_{(2)} \\ \vdots \\ \bar{\boldsymbol{d}}_{(g)} \end{Bmatrix}$$

记为

$$\boldsymbol{D}_S = \boldsymbol{T} \bar{\boldsymbol{D}}_S \tag{8-175}$$

节点力、位移加速度亦有同样的转换关系，即

$$\boldsymbol{F}_Q = \boldsymbol{T} \bar{\boldsymbol{F}}_Q \tag{8-176}$$

$$\ddot{\boldsymbol{D}}_S = \boldsymbol{T} \ddot{\bar{\boldsymbol{D}}}_S \tag{8-177}$$

代入式(8-173)，并注意到矩阵 $\boldsymbol{T}$ 的正交性，得到在结构坐标系中标定的附加动压力的等效节点载荷计算式为

$$\bar{\boldsymbol{F}}_Q = -\bar{\boldsymbol{M}}_P \ddot{\bar{\boldsymbol{D}}}_S \tag{8-178}$$

式中

$$\bar{\boldsymbol{M}}_P = \boldsymbol{T}^{\mathrm{T}} \boldsymbol{M}_P \boldsymbol{T} \tag{8-179}$$

四、结构动力方程

在结构坐标系中，离散化的结构动力方程为

$$\bar{\boldsymbol{M}} \ddot{\bar{\boldsymbol{D}}} + \bar{\boldsymbol{C}} \dot{\bar{\boldsymbol{D}}} + \bar{\boldsymbol{K}} \bar{\boldsymbol{D}} = \bar{\boldsymbol{F}}_S(t) + \bar{\boldsymbol{F}}_G(t) \tag{8-180}$$

式中，$\bar{\boldsymbol{M}}$，$\bar{\boldsymbol{C}}$，$\bar{\boldsymbol{K}}$ 分别表示结构的质量矩阵、阻尼矩阵和刚度矩阵；$\bar{\boldsymbol{D}}$ 表示结构总的节点自由度，它可以分解成

$$\bar{\boldsymbol{D}} = \begin{Bmatrix} \bar{\boldsymbol{D}}_S \\ \bar{\boldsymbol{D}}_G \end{Bmatrix} \tag{8-181}$$

式中，$\bar{\boldsymbol{D}}_S$ 表示与流体接触表面上的自由度，称为“湿自由度”；$\bar{\boldsymbol{D}}_G$ 表示不与流体接触的自由度，称为“干自由度”；$\bar{\boldsymbol{F}}_S$ 表示仅由流体附加动压力引起的节点载荷；$\bar{\boldsymbol{F}}_G$ 表示作用在结构上的其余载荷。显然式(8-178)的 $\bar{\boldsymbol{F}}_Q$ 与 $\bar{\boldsymbol{F}}_S$ 的阶数不同，做如下处理，令

$$\bar{\boldsymbol{F}}_S = \begin{Bmatrix} \bar{\boldsymbol{F}}_Q \\ \boldsymbol{0} \end{Bmatrix} = -\begin{bmatrix} \bar{\boldsymbol{M}}_P & \boldsymbol{0} \\ \boldsymbol{0} & \boldsymbol{0} \end{bmatrix} \begin{Bmatrix} \ddot{\bar{\boldsymbol{D}}}_S \\ \ddot{\bar{\boldsymbol{D}}}_G \end{Bmatrix}$$

记为

$$\bar{\boldsymbol{F}}_S = -\bar{\boldsymbol{M}}_G \ddot{\bar{\boldsymbol{D}}} \tag{8-182}$$

代入式(8-180)移项后，得

$$(\bar{\boldsymbol{M}} + \bar{\boldsymbol{M}}_G)\ddot{\bar{\boldsymbol{D}}} + \bar{\boldsymbol{C}}\dot{\bar{\boldsymbol{D}}} + \bar{\boldsymbol{K}}\bar{\boldsymbol{D}} = \bar{\boldsymbol{F}}_G(t) \tag{8-183}$$

这就是考虑流体介质影响的结构动力分析的基本方程，其自由振动方程为

$$(\bar{\boldsymbol{M}} + \bar{\boldsymbol{M}}_G)\ddot{\bar{\boldsymbol{D}}} + \bar{\boldsymbol{C}}\dot{\bar{\boldsymbol{D}}} + \bar{\boldsymbol{K}}\bar{\boldsymbol{D}} = 0 \tag{8-184}$$

由式(8-184)、式(8-183)，再利用本章前面介绍的方法，即可求解弹性结构在水下的自振特性及动力响应问题。

参考文献

[1] 库克 R D，马尔库斯 D S，普利沙 M E，等. 有限元分析的概念和应用[M]. 第 4 版. 关正西，强洪夫，译. 西安：西安交通大学出版社，2007.

[2] Zienkiewicz O C, Taylor R L, Zhu J Z. The finite element method: it's basis and fundamentals [M]. 7th ed. Singapore: Elsevier (Singapore) Pte Ltd., 2015.

[3] Wilkinson J H, Reinsch G. Linear algebra [M]. London: Oxford University Press, 1971.

[4] 南京大学数学系计算数学专业. 线性代数计算方法[M]. 北京：科学出版社，1979.

[5] Bathe K J, Wilson E L. Numerical methods in finite element analysis [M]. New Jersey: Prentice-Hall, Inc., Englewood Cliffs, 1976.

[6] 林家浩，曲乃泗，孙焕纯. 计算结构动力学[M]. 北京：高等教育出版社，1989.

[7] 钟万勰. 计算结构力学与最优控制[M]. 大连：大连理工大学出版社，1993.

[8] 钟万勰，林家浩. 陀螺系统与反对称矩阵辛本征解的计算[J]. 计算结构力学及其应用，1993，10(3)：237-253.

[9] 陆鑫森. 高等结构动力学[M]. 上海：上海交通大学出版社，1992.

[10] 刘正兴，孙雁，谢守国. 流体介质中结构的动力特性及响应分析[J]. 上海交通大学学报，1995，29(4)：7-16.

习　　题

8-1　如题 8-1 图所示的均质梁单元，总质量为 m，试导出其一致质量矩阵及集中质量矩阵。

8-2　试用一个梁单元求如题 8-2 图所示悬臂梁的自振频率。设梁的质量密度为 ρ，弹性模量为 E，截面面积为 A，截面惯性矩为 I。

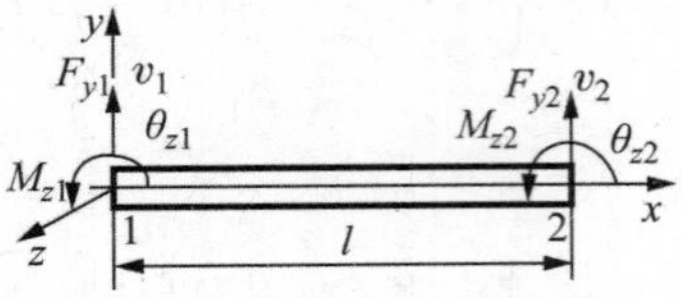

题 8-1 图

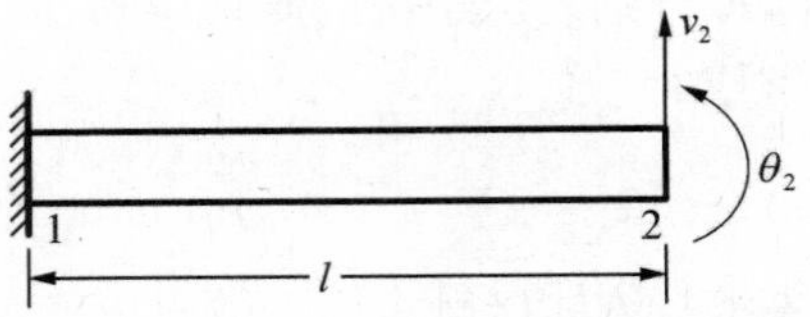

题 8-2 图

8-3 变截面均质杆横截面面积如题 8-3 图所示。假设 $E=50$，$\rho=1$，a_1，a_2，a_3 为节点位移。试分别用协调质量矩阵和集中质量矩阵求该杆的固有频率和振型。

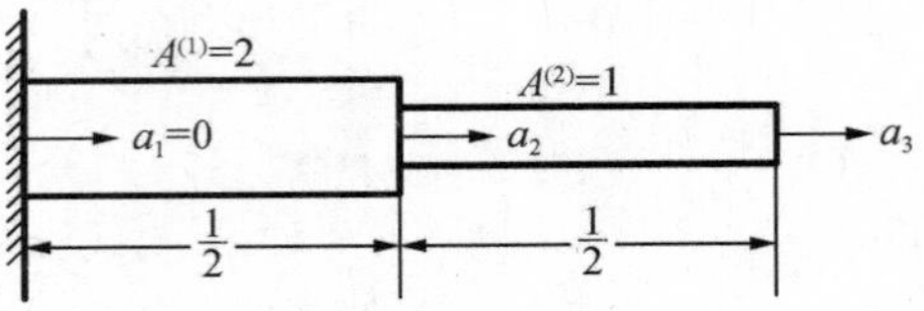

题 8-3 图

8-4 如有一结构，它的刚度矩阵和质量矩阵如下：

$$\boldsymbol{K}=\begin{bmatrix}2 & -1 & 0\\ 0 & 4 & -2\\ 0 & -2 & 2\end{bmatrix},\boldsymbol{M}=\begin{bmatrix}1 & 0 & 0\\ 0 & 3 & 0\\ 0 & 0 & 1\end{bmatrix}$$

试求出该结构的全部固有频率和振型。

8-5 用子空间迭代法求解题 8-4 的前二阶频率。

8-6 求题 8-6 图所示平面桁架的固有频率。设弹性模量 $E=200\,\text{GPa}$，杆的横截面面积 A 均为 $1.0\,\text{cm}^2$，质量密度 $\rho=1\,\text{kg/m}^3$。图中 1，2，…，6 为节点位移编号，①，②，③为单元编号。

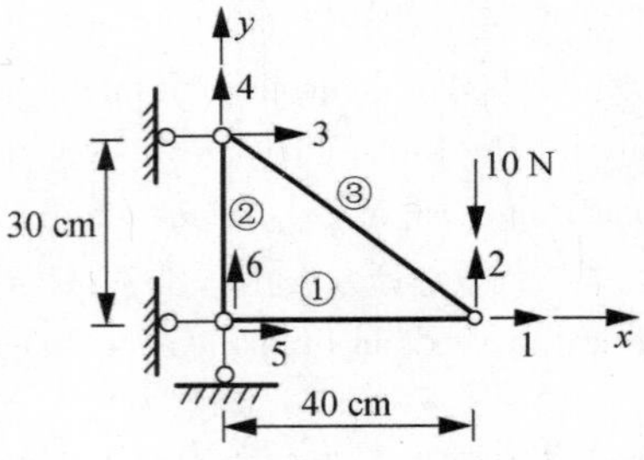

题 8-6 图

第九章　离散系统的辛方法

辛数学是 H. Weyl 从动力学正则方程的对称性发展来的。后来发展成为纯数学，从微分几何成为辛几何，完全脱离了物理意义，非常抽象，让读者难以理解，有神秘感。

辛数学的实质是讲力学的，不是纯数学，所以不应采用微分几何的定义。当今是数字化时代，离散是大势所趋，而离散后恰当的数学工具就是代数。因为分析力学是辛数学的，所以辛代数的出现是必然的。离散后全套的辛代数方法，可统称为辛数学。

本章将通过力学中最简单、最基本的课题着手讲述辛数学，强调其物理意义，破除辛数学的神秘感，便于读者理解。动力学的分析理论可对应于结构静力学，而静力学更容易理解，因此从离散的结构问题着手。一根弹簧，胡克定律的静力学问题，就可以讲述辛数学入门了。

第一节　一根弹簧受力变形的启示

最简单的结构力学模型是一根弹簧满足胡克定律的受力变形。胡克是牛顿同时代的科学家。胡克定律可认为是结构力学数学理论的开始。

设一根弹簧刚度为 k，长度方向的坐标为 z。弹簧根部端 1 固定，另一端 2 在 z 方向外力 $p=f$ 作用下发生的位移 w 也在 z 方向[见图 9-1(a)]。根据弹簧刚度的意义有弹簧内力 f 与位移的关系

$$f = k \cdot \Delta w \tag{9-1}$$

此时，$\Delta w = w_2 - w_1$ 就是弹簧的伸长。胡克定律说，内力 f 是伸长 Δw 的线性函数，即用图9-1(b)表示是一根直线。

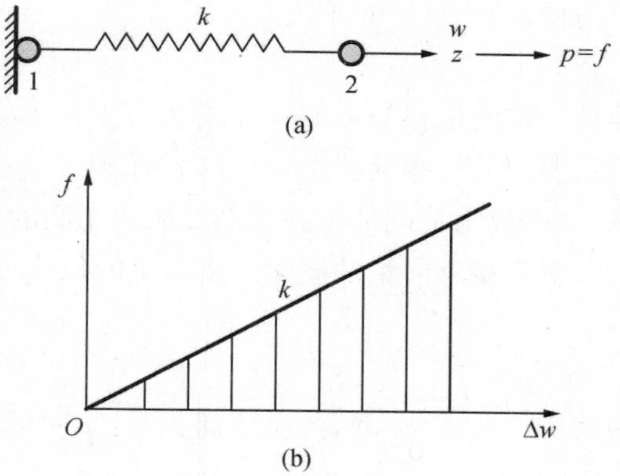

图 9-1

(a) 一根弹簧拉伸；(b) 本构关系

内力 f 使弹簧伸长，就要做功。这些功将转化为能量，成为弹簧的变形能。注意到 f 是 Δw 的函数，内力的做功并非 $f \cdot \Delta w$，而是图 9-1(b)中三角形的面积

$$f \cdot \Delta w/2 \tag{9-2}$$

这些功转化为弹簧变形能。将 $f=k \cdot \Delta w$ 代入，弹簧的变形能即为

$$U = k\,(\Delta w)^2/2 \tag{9-3}$$

此时，Δw 就是弹簧的伸长。

这是最简单的例题了。注意弹簧有两个端部 1 与 2，固定端 1 的位移 $w_1=0$，而另一端 $w_2=\Delta w$。如果端 1 有给定位移 w_1，而端 2 的位移是 w_2，则弹簧的伸长为

$$\Delta w = w_2 - w_1 \tag{9-4}$$

弹簧的变形能仍然是式(9-3)。

虽然只有一根弹簧,但这也是由一根弹簧组成的弹性体系。本章的讨论限于弹性体系。两端就是其边界,给定两端的位移 w_1,w_2,就由式(9-4)得到伸长 Δw,从而由本构关系式(9-1)得到弹簧力 f,进而得到弹簧变形能等。这是从两端位移边界条件而得到的,称为位移法求解。

也可在一端给定 w_1,而在另一端给出外力 p_2,成为混合两端边界条件。节点 2 的平衡条件为 $p_2=f_2$。于是从本构关系得到弹簧的伸长 Δw,再由式(9-4)得到另一端的位移 w_2。注意两端的弹簧张力 p_1,$p_2=f$,因为有平衡的要求,故必然有 $p_1=p_2$。总之,给定恰当的两端边界条件就可以求解。

这是弹性体系的分析。给定两端边界条件求解,或者位移或者力。于是自然就提出问题:为什么不是既给定两端位移又给定两端力?从一根弹簧分析知,如果给定了两端位移 w_1,w_2,则从胡克定律本构关系就确定了两端的张力。给定过多的条件将造成矛盾,是不可接受的。

注意,前面讲的是两端边界条件,或者位移或者力。如果两端全部既给定位移又给定力,则不能求解。然而在某一端既给定位移也给定力,而另一端则不给出条件而要求求解,问题的提法又成为合理的了。做功就是位移乘力,位移与力两个量是互相对偶的。

给定端 1 的位移 w_1,内力 f_1,要求解另一端 2 的位移 w_2,力 f_2。解法为:根据平衡条件有

$$f_2 = f_1 = f \tag{9-5}$$

用 f_1 表达了 f_2。然后由本构关系的方程式(9-1)得到伸长

$$\Delta w = f_1/k$$

再由伸长公式(9-4)求出

$$w_2 = w_1 + \Delta w = w_1 + f_1/k \tag{9-6}$$

即从一端的位移与力 w_1,f_1,求解了另一端的状态:w_2,f_2。这种给定一端边界条件的提法也很重要。从一端的状态 w_1,f_1 传递到了另一端的状态 w_2,f_2。称组合 w_1,f_1 为在端 1 的状态,从而成为从端部 1 到端部 2 的状态间的传递。

引入状态向量的概念。将端 1 的位移 w_1,力 f_1 组合成状态向量 $\boldsymbol{v}_1$ 如下:

$$\boldsymbol{v}_1 = \begin{Bmatrix} w_1 \\ f_1 \end{Bmatrix} \tag{9-7}$$

由式(9-5)、式(9-6),给出传递关系:

$$\begin{Bmatrix} w_2 \\ f_2 \end{Bmatrix} = \boldsymbol{v}_2 = \boldsymbol{S} \cdot \boldsymbol{v}_1, \quad \boldsymbol{S} = \begin{bmatrix} 1 & 1/k \\ 0 & 1 \end{bmatrix} \tag{9-8}$$

其中矩阵 $\boldsymbol{S}$ 是传递矩阵,即只要乘上传递矩阵 $\boldsymbol{S}$,就将状态向量 $\boldsymbol{v}_1$ 传递到另一端的状态向量 $\boldsymbol{v}_2$ 了。注意,$\boldsymbol{S}$ 矩阵的右上角 $S_{12}=1/k$ 是弹簧刚度之逆,即柔度。以上从力学的角度分析,得到了传递矩阵。但还应从数学结构的角度观察传递矩阵的数学内涵。

先引入辛矩阵(symplectic matrix)的概念,辛矩阵是有数学结构的矩阵。最简单的反对称矩阵是

$$\boldsymbol{J} = \begin{bmatrix} 0 & 1 \\ -1 & 0 \end{bmatrix} \tag{9-9}$$

而把满足矩阵等式

$$\boldsymbol{S}^{\mathrm{T}}\boldsymbol{J}\boldsymbol{S} = \boldsymbol{J} \tag{9-10}$$

的矩阵 $\boldsymbol{S}$ 定义为辛矩阵。左乘矩阵 $\boldsymbol{J}$，即 $\boldsymbol{J}\cdot\boldsymbol{S}=\begin{bmatrix}0 & 1\\-1 & -1/k\end{bmatrix}$，就是将下面的行移动到上面；而上面的行则改符号，移动到下面。传递矩阵式(9-8)的 $\boldsymbol{S}$ 就是辛矩阵，其行列式值为 1。可以理解为，力学的传递矩阵是数学的辛矩阵，这样力学与数学就紧密地联系在一起了。于是可称 $\boldsymbol{S}$ 为传递辛矩阵。它所传递的对象是力学结构两端的状态向量。数学结构与力学的结构相对应，这表明传递辛矩阵的表述是有物理意义的，不是纯数学。

矩阵 $\boldsymbol{J}$ 有重要的意义。矩阵 $\boldsymbol{J}$ 本身也是辛矩阵，最简单的辛矩阵。很容易验证

$$\boldsymbol{J}=\begin{bmatrix}0 & 1\\-1 & 0\end{bmatrix},\quad \boldsymbol{J}^2=-\boldsymbol{I},\quad \boldsymbol{J}^{\mathrm{T}}=-\boldsymbol{J},\quad \boldsymbol{J}^{-1}=-\boldsymbol{J} \tag{9-11}$$

将式(9-10)中的 $\boldsymbol{S}$ 用 $\boldsymbol{J}$ 代入，验证为 $\boldsymbol{J}^{\mathrm{T}}\boldsymbol{J}\boldsymbol{J}=\boldsymbol{J}$。容易验证，$\boldsymbol{I}$ 也是辛矩阵。显然 $\boldsymbol{J}$ 的行列式为 1，表达为 $\det(\boldsymbol{J})=1$。这些性质以后经常用到。注意，上面所讲的辛数学只用到代数，故称辛代数。

以上的求解方法是列出全部方程，再予以求解。但运用能量原理也是最根本的方法。一个质点在球形碗内，其平衡位置一定在最低点的碗底，因重力势能最小，这就是最小势能原理。自然界的平衡有最小势能原理，弹性体系的势能有变形势能 U 与外力（重力）势能 V 两种，而能量是可以相加的

$$E=U+V \tag{9-12}$$

将位移未知数 w_2 作为基本未知数，弹簧的变形能为

$$U=k\,(w_2-w_1)^2/2=kw_2^2/2,\quad w_1=0$$

外力势能为

$$V=-\,p_2w_2$$

其中 p_2 是在端部外力。总势能是 w_2 的二次函数。

对二次函数的一般形式 $f(w_2)=aw_2^2+bw_2+c$ 配平方，可推导出

$$f(w_2)=a\,(w_2+b/2a)^2+(c-b^2/4a)$$

得到

$$E=kw_2^2/2-p_2w_2=k\,[w_2-(p_2/k)]^2/2-p_2^2/2k$$

因 $k>0$，最小的 E 在

$$w_2=(p_2/k)$$

时达到，符合以上的解。

势能的概念非常重要。就像重力势能一样，弹性势能（变形能）只与当前的位移状态有关，而与如何达到当前状态的变形途径，是没有关系的。即与途径无关，而只与位移状态有关。举例来说，中学物理学习时一定强调，一件质量为 M 的重物，重力为 Mg，其中 g 是重力加速度。当将重物的位置提高 h 时，就有重力势能增加 Mgh。不论经过任何途径，重力势能的增加总是 Mgh，即与途径无关。

进一步看到，弹簧拉伸可用最小总势能原理来求解，也可用传递辛矩阵方法求解。所以，从实际课题的角度来观察辛矩阵，可能会感到除了名词辛比较别致外，其实是朴实无华的。这里讲辛根本没有提到外乘积、Cartan 几何等抽象概念。无非是用到状态向量、传递矩阵而已，概念并不神秘。破除神秘感正是本章的目的。

刚度矩阵 $\boldsymbol{K}$ 与传递矩阵有密切关系。单根弹簧也有刚度矩阵

$$\boldsymbol{K}=\begin{bmatrix} k & -k \\ -k & k \end{bmatrix},\quad U=\frac{1}{2}\begin{Bmatrix} w_1 \\ w_2 \end{Bmatrix}^{\mathrm{T}}\boldsymbol{K}\begin{Bmatrix} w_1 \\ w_2 \end{Bmatrix}=\boldsymbol{w}^{\mathrm{T}}\boldsymbol{K}\boldsymbol{w}/2 \tag{9-13}$$

或

$$f_1=-kw_1+kw_2,\quad f_2=-kw_1+kw_2$$

表明刚度阵 $\boldsymbol{K}$ 可变换到传递辛矩阵，从以上两式，直接就推导了 $w_2=w_1+f_1/k, f_2=f_1$ 的式(9-5)、式(9-6)，就给出了传递辛矩阵。这里要指出，刚度矩阵是对称的，对称矩阵与辛矩阵是有密切关系的。

为什么教学要强调“深入浅出”，从这里可以得到又一个例证。本来简单的概念，要顺其自然，平凡地表达出来。学习时容易懂，教学时也简单省力。

计算机之父冯·诺依曼说：“数学构造必须很简单”。结构力学状态传递的模型就十分简单。这里根本没有运用纯数学的微分形式、切从、余切从、交叉外乘积、Cartan 几何等抽象概念，因此不是微分几何。这里只用到代数，表明辛也可以用代数表达，称为辛代数是符合实际的。

数学大师希尔伯特在 1900 年国际数学家大会上的报告“数学问题”中指出：“数学中每一步真正的进展，都与更有力的工具和更简单的方法的发现密切联系着，这些工具和方法同时会有助于理解已有的理论并把陈旧的、复杂的东西抛到一边。数学科学发展的这种特点是根深蒂固的。因此，对于数学工作者个人来说，只要掌握了这些有力的工具和简单的方法，他就有可能在数学的各个分支中比其他科学更容易地找到前进的道路。”①

第二节　两段弹簧结构的受力变形，互等定理

弹簧的不同组合构成了弹性结构，不是一个元件。先讲述弹簧的并联、串联。

一、两根弹簧的并联、串联

两根弹簧的组合，有并联与串联两种。先介绍弹簧的并联。并联弹簧产生的刚度 $k_c=k_1+k_2$ 是两个弹簧的刚度之和。用变形能表示

$$U=k_1w_1^2/2+k_2w_1^2/2=(k_1+k_2)w_1^2/2$$

就可以看到弹簧刚度的相加，见图 9-2(a)。能量法是很根本很广泛的。再看两根弹簧的串联，见图 9-2(b)，设有 k_1, k_2 两根弹簧串联，于是有节点 0,1,2。这个课题既可列方程求解，也可用最小势能原理求解，还可用辛矩阵求解。先用最小势能原理求解，设点 2 作用有拉力 p，问题是两段结构的连接。因 $w_0=0$，则变形势能是 2 根弹簧的变形势能之和（变形能是相加的）

$$U=[k_1w_1^2+k_2(w_2-w_1)^2]/2=[-2k_2w_1w_2+w_1^2(k_1+k_2)+k_2w_2^2]/2$$

外力势能为

$$V=-p\cdot w_2$$

① 原文为：“It is ingrained in mathematical science that every real advance goes hand in hand with the invention of sharper tools and simpler methods which at the same time assist in understanding earlier theories and cast aside older more complicated developments. It is therefore possible for the individual investigator, when he makes these sharper tools and simpler methods his own, to find his way more easily in the branches in mathematics than is possible in any other science.”

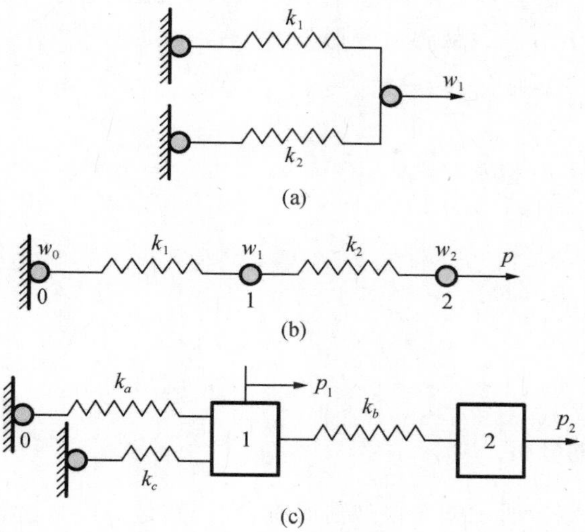

图 9-2

(a) 并联弹簧简图;(b) 串联弹簧简图;(c) 并联、串联弹簧

总势能 $E=U+V$ 是位移 w_1, w_2 的 2 次函数。配平方有

$$E=U+V=[-2k_2w_1w_2+w_1^2(k_1+k_2)+k_2w_2^2]/2-p\cdot w_2$$
$$=(k_1+k_2)[w_1-w_2\cdot k_2/(k_1+k_2)]^2/2+[k_2k_1/(k_1+k_2)]w_2^2/2-p\cdot w_2$$

对 w_1 取最小,有
$$w_1=w_2\cdot k_2/(k_1+k_2)$$
给出
$$E=-p\cdot w_2+[k_1k_2/(k_1+k_2)]\cdot w_2^2/2$$
表明串联弹簧的刚度 k_c 即

$$k_c=k_1k_2/(k_1+k_2) \tag{9-14}$$

此即通常的弹簧串联公式。

将上式求逆,得 $k_c^{-1}=k_1^{-1}+k_2^{-1}$。刚度之逆是柔度,串联弹簧的柔度 k_c^{-1} 是顺次两个弹簧的柔度之和。以上对串联弹簧的求解运用了最小势能原理。

用传递辛矩阵法求解,k_1 弹簧的传递辛矩阵为

$$\boldsymbol{S}_1=\begin{bmatrix}1 & 1/k_1\\0 & 1\end{bmatrix},\quad \boldsymbol{v}_1=\boldsymbol{S}_1\cdot\boldsymbol{v}_0$$

k_2 弹簧的传递辛矩阵为

$$\boldsymbol{S}_2=\begin{bmatrix}1 & 1/k_2\\0 & 1\end{bmatrix},\quad \boldsymbol{v}_2=\boldsymbol{S}_2\cdot\boldsymbol{v}_1$$

两段结构的辛矩阵可综合为

$$\boldsymbol{v}_2=\boldsymbol{S}_2\cdot\boldsymbol{v}_1=\boldsymbol{S}_2\cdot(\boldsymbol{S}_1\cdot\boldsymbol{v}_0)=(\boldsymbol{S}_2\cdot\boldsymbol{S}_1)\cdot\boldsymbol{v}_0=\boldsymbol{S}\boldsymbol{v}_0,\quad \boldsymbol{S}=\boldsymbol{S}_2\boldsymbol{S}_1$$

完成矩阵乘法

$$\boldsymbol{S}=\begin{bmatrix}1 & 1/k_2\\0 & 1\end{bmatrix}\cdot\begin{bmatrix}1 & 1/k_1\\0 & 1\end{bmatrix}=\begin{bmatrix}1 & (1/k_1+1/k_2)\\0 & 1\end{bmatrix} \tag{9-15}$$

表明综合弹簧的柔度就是串联弹簧的柔度相加。这里要注意,串联结构的辛矩阵是做乘法的(变形能是相加的,而辛矩阵是相乘的)。

还有列方程求解的方法。节点位移是 w_0, w_1, w_2，设 $w_0=0, w_2=1$，而两根弹簧的内力为 f_1, f_2，根据平衡条件有 $f_1=f_2$。从弹簧变形公式

$$\Delta w_1 = w_1 - w_0 = w_1, \quad \Delta w_2 = w_2 - w_1$$

再根据本构关系

$$f_1 = k_1 \Delta w_1 = k_1 w_1, \quad f_2 = k_2 \Delta w_2 = k_2 (w_2 - w_1)$$

由平衡条件有

$$k_1 w_1 = k_2 (w_2 - w_1)$$

得到

$$w_1 = [k_2/(k_1 + k_2)] \cdot w_2$$

当然得到同样的结果。

二、两段弹簧结构的分析

进一步考虑如图 9-2(c)所示的 3 根弹簧的组合，仍然是 2 段。显然弹簧 k_a, k_c 是并联，然后再与 k_b 串联。在节点上有外力 p_1, p_2 作用。

先列方程求解，此时本构关系为

$$f_a = k_a \Delta w_a, \quad f_b = k_b \Delta w_b, \quad f_c = k_c \Delta w_c, \quad \Delta w_c = w_1 \tag{9-16}$$

其中 f_a, f_b, f_c 是弹簧张力。求解，将节点的平衡方程式

$$f_a + f_c - f_b = p_1, \quad f_b = p_2 \tag{9-17}$$

作为基本方程，将式(9-16)与变形方程代入，有

$$k_a w_1 + k_c w_1 - k_b (w_2 - w_1) = p_1, \quad k_b (w_2 - w_1) = p_2$$

或用矩阵/向量写出为

$$\boldsymbol{K w} = \boldsymbol{p}, \quad \boldsymbol{K} = \begin{bmatrix} k_{11} & k_{12} \\ k_{21} & k_{22} \end{bmatrix} \tag{9-18}$$

$$k_{11} = k_a + k_b + k_c, k_{12} = -k_b, k_{21} = k_{12}, k_{22} = k_b$$

$$\boldsymbol{w} = \begin{Bmatrix} w_1 \\ w_2 \end{Bmatrix}, \boldsymbol{p} = \begin{Bmatrix} p_1 \\ p_2 \end{Bmatrix}$$

其中刚度矩阵 $\boldsymbol{K}$ 是对称的，$k_{21}=k_{12}$。

刚度阵的对称，表明了有互等定理、反力互等定理。当弹性体系取 1 号点有单位位移，而其余位移为零，即 $w_1=1, w_2=0$ 时，在 2 号点处发生的反力 k_{12}；等于 2 号点取单位位移，而其余位移为零时，在 1 号点发生的反力(约束力)k_{21}。

外力向量 $\boldsymbol{p}$ 是给定的，将方程(9-18)求逆得到

$$\boldsymbol{w} = \boldsymbol{F p}, \quad \boldsymbol{F} = \boldsymbol{K}^{-1} \tag{9-19}$$

刚度阵 $\boldsymbol{K}$ 之逆称为柔度阵 $\boldsymbol{F}$。可推出

$$\boldsymbol{F} = \begin{bmatrix} 1/(k_a + k_c) & 1/(k_a + k_c) \\ 1/(k_a + k_c) & 1/(k_a + k_c) + 1/k_b \end{bmatrix} = \begin{bmatrix} c_{11} & c_{12} \\ c_{21} & c_{22} \end{bmatrix} \tag{9-20}$$

既然刚度矩阵是对称矩阵，其逆矩阵 $\boldsymbol{F}$ 也是对称矩阵。

柔度矩阵的系数 c_{ij} 的力学意义应予以解释。设结构有 $i=1,\cdots,n$ 个节点(现在 $n=2$)，当然有 n 个位移构成 n 维位移向量 $\boldsymbol{w}$。取外力向量 $p_i=1, p_j=0, j\neq i$，则求解得到 $w_j=c_{ij}, j=$

$1\sim n$。这说明,c_{ij}的意义是:第 i 号在单位外力作用下,产生的第 j 号位移。柔度矩阵为对称的,则其系数必然有 $c_{ji}=c_{ij}$,表明第 i 号在单位外力作用下产生的第 j 号位移,等于第 j 号在单位外力作用下产生的第 i 号位移。这称为位移互等定理,它与反力互等定理互相成为对偶。

前面已经熟悉弹簧的并联与串联,本课题也可用并联与串联求解如下。节点 0,1 之间是并联弹簧,其刚度是两根弹簧的刚度之和,$k_1=k_a+k_c$ 代表区段(0～1),0 代表地面(将两个地面节点看成同一点);再与区段(1～2)的弹簧 $k_2=k_b$ 串联。柔度是刚度的倒数,即柔度为 $c_1=1/k_1$ 与 $c_2=1/k_2$ 的弹簧相串联(柔度的英文是 flexibility,但因 f 已经代表力了,故采用符号 c 代表柔度 compliance)。串联弹簧的柔度应相加,综合的柔度

$$c_c = c_1 + c_2 = 1/(k_a + k_c) + 1/k_b \tag{9-21}$$

本课题 $n=2$,在端部作用单位力,产生的位移就是 $c_c=c_{22}$。可对照刚度矩阵求逆的结果,综合的刚度

$$k_g = 1/c_c = 1/[1/(k_a + k_c) + 1/k_b] = (k_a + k_c)k_b/(k_a + k_b + k_c) \tag{9-22}$$

这是从弹簧的并联、串联推导的。

本问题也可用最小势能原理求解。用最小势能原理的求解也是基本方法。最小势能原理的求解是对二次函数总势能取最小。弹性体系的势能有变形势能 U 与外力(重力)势能 V 两种,总势能即两者之和(能量是相加的)

$$E = U + V \tag{9-23}$$

将位移 w_1, w_2 作为基本未知数,3 根弹簧的变形能分别为

$$U_a = k_a w_1^2/2, U_b = k_b(w_2 - w_1)^2/2, U_c = k_c w_1^2/2,$$
$$U = U_a + U_b + U_c$$

外力势能为

$$V = - p_1 w_1 - p_2 w_2$$

总势能是 $\boldsymbol{w}$ 的二次函数。乘出来,有

$$E = [(k_a + k_b + k_c)w_1^2 - 2k_b w_1 w_2 + k_b w_2^2]/2 - p_1 w_1 - p_2 w_2 \tag{9-24}$$

这是 w_1, w_2 的二次函数。用配平方法取最小,仍可予以求解。可以用对变量的偏微商为零,建立方程来求解。具体的计算可作为练习,由读者自行完成。

下面用传递辛矩阵法求解。区段(0～1)并联弹簧的传递辛矩阵

$$\boldsymbol{S}_1 = \begin{bmatrix} 1 & 1/k_1 \\ 0 & 1 \end{bmatrix} = \begin{bmatrix} 1 & 1/(k_a + k_c) \\ 0 & 1 \end{bmatrix}, \boldsymbol{v}_1 = \boldsymbol{S}_1 \cdot \boldsymbol{v}_0 \tag{9-25a}$$

以及

$$\boldsymbol{S}_2 = \begin{bmatrix} 1 & 1/k_b \\ 0 & 1 \end{bmatrix}, \boldsymbol{v}_2 = \boldsymbol{S}_2 \cdot \boldsymbol{v}_1 \tag{9-25b}$$

综合有

$$\boldsymbol{v}_2 = \boldsymbol{S}_2 \cdot \boldsymbol{v}_1 = \boldsymbol{S}_2 \cdot (\boldsymbol{S}_1 \cdot \boldsymbol{v}_0) = (\boldsymbol{S}_2 \cdot \boldsymbol{S}_1) \cdot \boldsymbol{v}_0 = \boldsymbol{S}\boldsymbol{v}_0, \quad \boldsymbol{S} = \boldsymbol{S}_2 \boldsymbol{S}_1$$

完成矩阵乘法

$$\boldsymbol{S} = \begin{bmatrix} 1 & 1/k_b \\ 0 & 1 \end{bmatrix} \cdot \begin{bmatrix} 1 & 1/(k_a + k_c) \\ 0 & 1 \end{bmatrix} = \begin{bmatrix} 1 & 1/(k_a + k_c) + 1/k_b \\ 0 & 1 \end{bmatrix} = \begin{bmatrix} 1 & c_c \\ 0 & 1 \end{bmatrix}$$

该矩阵 $\boldsymbol{S}$ 的右上元素是串联后弹簧的柔度。设 $p_1=0, p_2=1$,则给出传递方程

$$w_2 = w_0 + c_c \cdot f_0, f_2 = f_0, c_c = [k_a + k_b + k_c]/[k_b(k_a + k_c)]$$

边界条件是 $w_0=0,f_2=p_2=1$，求解得 $w_2=c_c\cdot p_2,f_0=p_2$，从而

$$\boldsymbol{v}_0=\begin{Bmatrix}w_0\\f_0\end{Bmatrix}=\begin{Bmatrix}0\\p_2\end{Bmatrix}$$

$$\boldsymbol{v}_1=\boldsymbol{S}_1\cdot\boldsymbol{v}_0=\begin{bmatrix}1&1/(k_a+k_c)\\0&1\end{bmatrix}\cdot\boldsymbol{v}_0=\begin{Bmatrix}p_2/(k_a+k_c)\\p_2\end{Bmatrix}$$

而弹簧内力的计算，应从$\boldsymbol{v}_1$ 先取出 $w_1=p_2/(k_a+k_c)$，然后分别计算两根弹簧的内力

$$p_2\cdot[k_a/(k_a+k_c)],\quad p_2\cdot[k_c/(k_a+k_c)]$$

弹簧并联的矩阵$\boldsymbol{S}_1$ 将两根弹簧的地面看成一个点。此时根部力是 $f_0=(k_a+k_c)\Delta w_1=(k_a+k_c)\cdot w_1$。然而，多级串联弹簧，如图 9-3 所示，每级传递的是弹簧 k_a 的力，$k_a\cdot\Delta w$。这是有所不同的，请见下一节的例题。

第三节　多区段受力变形的传递辛矩阵求解

由前面的讲述可以看到，传递矩阵的方法也是重要的，故仍应加以考虑。弹簧 k_a 与 k_c 是并联的，并联弹簧成为刚度为 k_a+k_c 的一根弹簧，然后又与 k_b 串联。从站 0 到站 1 是一次传递，而从站 1 到站 2 则是下一次的传递。传递矩阵与变形能有密切关系。

将课题扩大，认为有 m 段重复的弹簧 k_a,k_c 与质点 $1,\cdots,m$，弹簧 k_a 是串联的，而 k_c 则直接与地面相连，见图 9-3。在端部点 m 有外力 p_m 作用。该课题无非是弹簧的并联、串联而已。可以用列方程的方法求解，也可用最小势能原理求解，还可用传递辛矩阵的方法求解。

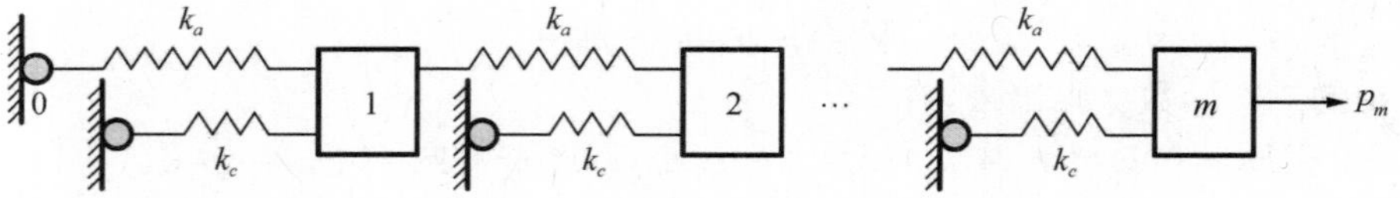

图 9-3　m 级串联

任意选择中间的$(j-1,j)$一段，称第 $j^{\#}$ 区段。该区段所属的弹簧有 2 根，一根 k_a 弹簧连接 $j-1,j$ 两点，另一根 k_c 则直接连接地面。其变形能可分别计算，而其和为

$$U_{j^{\#}}=k_a\,(w_j-w_{j-1})^2/2+k_cw_j^2/2=[k_aw_{j-1}^2-2k_aw_{j-1}w_j+(k_a+k_c)w_j^2]/2$$

或

$$U_{j^{\#}}=\frac{1}{2}\begin{Bmatrix}w_{j-1}\\w_j\end{Bmatrix}^{\mathrm{T}}\boldsymbol{K}_j\begin{Bmatrix}w_{j-1}\\w_j\end{Bmatrix},\quad \boldsymbol{K}_j=\begin{bmatrix}k_a&-k_a\\-k_a&k_a+k_c\end{bmatrix}\tag{9-26}$$

称区段变形能 $U_{j^{\#}}(w_{j-1},w_j)$，它是两端位移的函数。整体结构的变形能是全体区段变形能之和

$$U=\sum_{j=1}^{m}U_{j^{\#}}\tag{9-27}$$

而外力势能则为

$$V=-p_mw_m\tag{9-28}$$

运用最小势能原理。外力势能只影响端部位移 w_m，而与内部一个区段的变形能处理无关。传递需要用状态向量表达，因此必然要内力。$j^{\#}$ 区段右端点 j 的内力 f_j 是

$$f_j = (k_a + k_c)w_j - k_a w_{j-1} \tag{9-29}$$

组成 j 站的状态向量

$$\boldsymbol{v}_j = \begin{Bmatrix} w_j \\ f_j \end{Bmatrix} \tag{9-30}$$

因为平衡条件，$j^{\#}$ 区段左端内力是 $k_a(w_j - w_{j-1})$，一定等于区段 $(j-1)^{\#}$ 的右端内力 f_{j-1}，故

$$f_{j-1} = k_a(w_j - w_{j-1}) \tag{9-31}$$

传递矩阵 $\boldsymbol{S}$ 就是要从 $j-1$ 站的状态向量 $\boldsymbol{v}_{j-1}$ 传递到 $\boldsymbol{v}_j$，即表示为

$$\boldsymbol{v}_j = \boldsymbol{S}\,\boldsymbol{v}_{j-1} \tag{9-32}$$

要推出传递矩阵 $\boldsymbol{S}$，请对比式(9-8)，推导很简单。从式(9-31)有

$$w_j = w_{j-1} + f_{j-1}/k_a$$

再代入式(9-29)有

$$f_j = (k_a + k_c)(w_{j-1} + f_{j-1}/k_a) - k_a w_{j-1} = k_c w_{j-1} + (1 + k_c/k_a) f_{j-1}$$

综合，从 $j-1$ 站到 j 的传递辛矩阵是

$$\boldsymbol{S} = \boldsymbol{S}_{j-1\sim j} = \begin{bmatrix} 1 & 1/k_a \\ k_c & (1 + k_c/k_a) \end{bmatrix} \tag{9-33}$$

式(9-10)指出了辛矩阵的概念是满足矩阵等式 $\boldsymbol{S}^{\mathrm{T}}\boldsymbol{J}\boldsymbol{S} = \boldsymbol{J}$。读者不妨再验证，式(9-33)的矩阵确实满足 $\boldsymbol{S}^{\mathrm{T}}\boldsymbol{J}\boldsymbol{S} = \boldsymbol{J}$。

在此又一次看到，辛矩阵的物理意义就是两端状态向量间的传递矩阵，传递辛矩阵。辛矩阵不再只是“神龙现首”，而是扎根了，扎根在结构力学中。辛本来是从力学来的，实用化了。其实辛数学在多门学科中有应用。

注意 $\boldsymbol{S}$ 与位移 w 无关，是取给定值的。有了传递矩阵，还要落实到求解整体问题。状态向量的引入是 $\boldsymbol{v}_j = \boldsymbol{S}\,\boldsymbol{v}_{j-1}$，代表了任意区段

$$j^{\#}:(j-1, j)$$

整数 j 是可以任意选择的。于是选择 $j=1$，有 $\boldsymbol{v}_1 = \boldsymbol{S}\,\boldsymbol{v}_0$；选择 $j=2$ 有 $\boldsymbol{v}_2 = \boldsymbol{S}\,\boldsymbol{v}_1$；…。综合有

$$\boldsymbol{v}_2 = \boldsymbol{S}\,\boldsymbol{v}_1 = \boldsymbol{S}^2\,\boldsymbol{v}_0, \quad \boldsymbol{v}_k = \boldsymbol{S}^k\,\boldsymbol{v}_0 \tag{9-34}$$

所谓递推，归纳。选择 $k=m$，得 $\boldsymbol{v}_m = \boldsymbol{S}^m\,\boldsymbol{v}_0$。展开有

$$\begin{Bmatrix} w_m \\ f_m \end{Bmatrix} = \boldsymbol{S}_{1\sim m}\begin{Bmatrix} w_0 \\ f_0 \end{Bmatrix}, \quad \boldsymbol{S}_{1\sim m} = \boldsymbol{S}^m = \begin{bmatrix} S_{11,m} & S_{12,m} \\ S_{21,m} & S_{22,m} \end{bmatrix} \tag{9-35}$$

根据两端边界条件，其中 $w_0 = 0$，$f_m = p_m$ 已知，而 w_m，f_0 则有待求解。因分段的 $\boldsymbol{S}$ 阵已知，故矩阵 $\boldsymbol{S}_{1\sim m}$ 的元素 $S_{11,m}$，$S_{12,m}$，$S_{21,m}$，$S_{22,m}$ 也是可以计算的，建立联立方程组

$$\begin{aligned} w_m &= S_{11,m}w_0 + S_{12,m}f_0 \\ f_m &= S_{21,m}w_0 + S_{22,m}f_0 \end{aligned} \tag{9-36}$$

给定 w_0，$f_m = p_m$，由此求解 w_m，f_0，2 个方程求解 2 个未知数，是轻而易举的事。

以上的例题，认为全部不同区段弹簧的 k_a，k_c 相同，沿长度不变。其实传递辛矩阵的推导只用到一个区段，因此即使各个区段 $j^{\#}$ 的 k_a，k_c 不同，只是各区段的辛矩阵数值不同，仍然全部是辛矩阵 $\boldsymbol{S}_{j^{\#}}$。此时，无非是用 $\boldsymbol{S}_{1\sim m} = \boldsymbol{S}_m \cdot \boldsymbol{S}_{m-1} \cdots \boldsymbol{S}_2 \cdot \boldsymbol{S}_1$ 代替式(9-35)的 $\boldsymbol{S}^m$ 而已。注意矩阵乘法是次序有关的，次序不可随意改动。

至此，有些概念需要归纳。辛矩阵的定义用到式(9-9)的矩阵 $\boldsymbol{J}$，有性质(9-11)

$$\boldsymbol{J}=\begin{bmatrix}0 & 1\\ -1 & 0\end{bmatrix},\quad \boldsymbol{J}^2=-\boldsymbol{I},\quad \boldsymbol{J}^{\mathrm{T}}=-\boldsymbol{J},\quad \boldsymbol{J}^{-1}=-\boldsymbol{J},\quad \det(\boldsymbol{J})=1$$

是最简单的反对称矩阵。

从矩阵代数知，矩阵 $\boldsymbol{A}$ 与其转置阵 $\boldsymbol{A}^{\mathrm{T}}$ 的行列式相同，即 $\det(\boldsymbol{A})=\det(\boldsymbol{A}^{\mathrm{T}})$。还有任意矩阵 $\boldsymbol{A}$,$\boldsymbol{B}$ 之积 $\boldsymbol{C}=\boldsymbol{A}\cdot\boldsymbol{B}$ 的行列式有 $\det(\boldsymbol{C})=\det(\boldsymbol{A})\cdot\det(\boldsymbol{B})$。这样，对 $\boldsymbol{S}^{\mathrm{T}}\boldsymbol{J}\boldsymbol{S}=\boldsymbol{J}$ 的两边取行列式，有

$$\det(\boldsymbol{S}^{\mathrm{T}})\cdot\det(\boldsymbol{J})\cdot\det(\boldsymbol{S})=[\det(\boldsymbol{S})]^2=1,\quad \det(\boldsymbol{S})=\pm 1 \tag{9-37}$$

我们总选择其行列式为 1。因此，辛矩阵 $\boldsymbol{S}$ 一定有逆矩阵 $\boldsymbol{S}^{-1}$。

根据矩阵代数，可对辛矩阵归纳出以下性质：

(1) 辛矩阵的转置阵也为辛矩阵。证明为将式(9-10)取逆阵，有 $\boldsymbol{S}^{-1}\boldsymbol{J}\boldsymbol{S}^{-\mathrm{T}}=\boldsymbol{J}$；左乘 $\boldsymbol{S}$，右乘 $\boldsymbol{S}^{\mathrm{T}}$，即得 $\boldsymbol{J}=\boldsymbol{S}\boldsymbol{J}\boldsymbol{S}^{\mathrm{T}}=(\boldsymbol{S}^{\mathrm{T}})^{\mathrm{T}}\boldsymbol{J}\boldsymbol{S}^{\mathrm{T}}$，证毕。

(2) 辛矩阵的乘法就是普通矩阵的乘法，当然适用结合律

$$(\boldsymbol{S}_1\boldsymbol{S}_2)\boldsymbol{S}_3=\boldsymbol{S}_1(\boldsymbol{S}_2\boldsymbol{S}_3)=\boldsymbol{S}_1\boldsymbol{S}_2\boldsymbol{S}_3。$$

(3) 辛矩阵存在逆矩阵 $\boldsymbol{S}^{-1}$，也是辛矩阵。

(4) 任意两个辛矩阵的乘积 $\boldsymbol{S}=\boldsymbol{S}_1\boldsymbol{S}_2$ 仍是辛矩阵，因

$$\boldsymbol{S}^{\mathrm{T}}\boldsymbol{J}\boldsymbol{S}=(\boldsymbol{S}_1\boldsymbol{S}_2)^{\mathrm{T}}\boldsymbol{J}\boldsymbol{S}_1\boldsymbol{S}_2=\boldsymbol{S}_2^{\mathrm{T}}\boldsymbol{S}_1^{\mathrm{T}}\boldsymbol{J}\boldsymbol{S}_1\boldsymbol{S}_2=\boldsymbol{S}_2^{\mathrm{T}}\boldsymbol{J}\boldsymbol{S}_2=\boldsymbol{J}。$$

(5) $\boldsymbol{I}$ 是其单位元素。

故不论传递多少区段，其行列式总是 1。

按数学群论的提法，辛矩阵构成辛矩阵群。然而，以上例题每站只有一个位移，过于局限。后文还要讲每站多个位移的情况。

辛与变形能的密切关系表明，保持辛结构就是保持了变形能的特性，所以要保辛。从以上性质看到，辛矩阵的乘法运算可保辛，然而辛矩阵的加法不能保辛。群内没有加法只有乘法，这是应当注意的。

若弹性体系是用 100 根弹簧串联的体系，则有 100 个自由度。这是从整体的弹性体系看的。传递矩阵则每次只处理一段弹簧，是沿结构长度方向的状态向量传递，每站只有一个位移，一个内力。

讲到这里，人们就会想到结构力学中所谓的初参数法。初参数法用一端的状态作为初始条件，其中一半的初始变量(初参数)为待定，积分到另一端，用其给定的端部边界条件以确定待定的初参数。从方法、概念的角度看，初参数法与上述传递辛矩阵法是相同的，初参数法是在连续坐标微分方程求解时提出的，而且初参数法出现得更早。

从上文看到，传递矩阵法的求解其实就是离散坐标系统的初参数法。然而，初参数法没有强调传递矩阵的辛的特性，表明初参数法是从方法和技巧的角度，而未曾从数学体系的本源考虑。从此看来，数学、力学要互相渗透、紧密结合才好。

近年来，不断强调要研究交叉学科，这就是一个例证，在学科交叉处往往可以有新进展。辛，表明是有辛结构的数学，但仅仅有数学结构尚不够，还需要知道辛与物理、力学等的结构有何关联，才能有实际的发挥。况且辛就是从分析力学发现的。

以上课题有特点，每站只有一个节点，且为均匀的。但弹簧可以复杂地组合，并非每站均匀地只有一个节点，这种比较复杂的情况不能完全用辛矩阵传递来表达。传递辛矩阵群也有其局限性，还要扩展。《辛破茧——辛拓展新层次》一书就是针对此局限性而写的，其解决之道

就是能量变分法。

第四节 势能区段合并与辛矩阵乘法的一致性

上面讲了基于传递辛矩阵的求解。然而根据最小势能原理，相应地还有区段合并的求解方法。应当指出，区段合并与传递辛矩阵相乘是一一对应的操作。仍用上述课题来讲述。

前面讲了区段刚度阵。将区段 $j^{\#}:(j-1,j)$ 的刚度阵记为

$$\boldsymbol{K}_j=\begin{bmatrix}K_{11}^{(j)} & K_{12}^{(j)}\\ K_{12}^{(j)} & K_{22}^{(j)}\end{bmatrix} \tag{9-38}$$

$$K_{11}^{(j)}=k_a, K_{12}^{(j)}=-k_a$$

$$K_{22}^{(j)}=k_a+k_c$$

刚度矩阵所代表的是区段变形能的特性，辛矩阵也具有区段特性，两者应当有关系。可验证

$$f_j=K_{22}^{(j)}w_j+K_{12}^{(j)}w_{j-1},\quad f_{j-1}=-K_{11}^{(j)}w_{j-1}-K_{12}^{(j)}w_j \tag{9-39}$$

由此可推出

$$\boldsymbol{v}_j=\boldsymbol{S}\boldsymbol{v}_{j-1} \tag{9-40}$$

$$\boldsymbol{S}=\begin{bmatrix}S_{11} & S_{12}\\ S_{21} & S_{22}\end{bmatrix},\quad \begin{matrix}S_{11}=-K_{12}^{-1}K_{11}, & S_{22}=-K_{22}K_{12}^{-1}\\ S_{12}=-K_{12}^{-1}, & S_{21}=K_{12}-K_{22}K_{12}^{-1}K_{11}\end{matrix}$$

可见辛矩阵与刚度矩阵是可以互相变换的，其中上标 j 免除了。读者可验证 $\boldsymbol{S}$ 确实是辛矩阵，即$\boldsymbol{S}^{\mathrm{T}}\boldsymbol{J}\boldsymbol{S}=\boldsymbol{J}$，条件是只要 $\boldsymbol{K}_j$ 确实为对称矩阵，当然也要 $K_{12}\neq 0$。

两个相连区段 $(j-1)^{\#}:(j-2,j-1)$ 与 $j^{\#}:(j-1,j)$ 在节点站 $(j-1)$ 处是相连的。它们合并依然是一个区段：$(j-2,j)$。其中节点 $(j-1)$ 的位移未知数 w_{j-1} 应当消去。综合区段 $(j-1)^{\#}\oplus j^{\#}:(j-2,j)$ 的两端位移是 w_{j-2},w_j，其变形能是

$$U_{(j-2,j)}=\min_{w_{j-1}}\frac{1}{2}\left[\begin{Bmatrix}w_{j-2}\\ w_{j-1}\end{Bmatrix}^{\mathrm{T}}\boldsymbol{K}_{j-1}\begin{Bmatrix}w_{j-2}\\ w_{j-1}\end{Bmatrix}+\begin{Bmatrix}w_{j-1}\\ w_j\end{Bmatrix}^{\mathrm{T}}\boldsymbol{K}_j\begin{Bmatrix}w_{j-1}\\ w_j\end{Bmatrix}\right] \tag{9-41}$$

考虑到两个区段，$(j-1)^{\#}$ 与 $j^{\#}$ 的刚度阵，有可能不同

$$\boldsymbol{K}_{j-1}=\begin{bmatrix}K_{11}^{(j-1)} & K_{12}^{(j-1)}\\ K_{12}^{(j-1)} & K_{22}^{(j-1)}\end{bmatrix},\quad \boldsymbol{K}_j=\begin{bmatrix}K_{11}^{(j)} & K_{12}^{(j)}\\ K_{12}^{(j)} & K_{22}^{(j)}\end{bmatrix}$$

故其元素用上标 $(j-1)$ 与 (j) 区分。但全部是对称矩阵。乘出来，有

$$\begin{aligned}2(U_{(j-1)\#}+U_{j\#})&=\begin{Bmatrix}w_{j-2}\\ w_{j-1}\end{Bmatrix}^{\mathrm{T}}\boldsymbol{K}_{j-1}\begin{Bmatrix}w_{j-2}\\ w_{j-1}\end{Bmatrix}+\begin{Bmatrix}w_{j-1}\\ w_j\end{Bmatrix}^{\mathrm{T}}\boldsymbol{K}_j\begin{Bmatrix}w_{j-1}\\ w_j\end{Bmatrix}\\ &=w_{j-1}^2(K_{22}^{(j-1)}+K_{11}^{(j)})+2w_{j-1}[K_{12}^{(j-1)}w_{j-2}+K_{12}^{(j)}w_j]\\ &\quad+[K_{11}^{(j-1)}\cdot w_{j-2}^2+K_2^{(j)}\cdot w_j^2]\end{aligned}$$

其中合并区段的两端位移 w_{j-2},w_j 是不消元的，消元的是内部位移 w_{j-1}。$(U_{(j-1)^{\#}}+U_{j^{\#}})$ 是 w_{j-1} 的二次式，最小势能原理要求对 w_{j-1} 取最小。二次式配平方法求出

$$w_{j-1}=-[K_{12}^{(j-1)}w_{j-2}+K_{12}^{(j)}w_j]/(K_{22}^{(j-1)}+K_{11}^{(j)}) \tag{9-42}$$

代入消元，有

$$U_{(j-2,j)} = (U_{(j-1)\#} + U_{j\#}) = \frac{1}{2}\begin{Bmatrix} w_{j-2} \\ w_j \end{Bmatrix}^{\mathrm{T}} \boldsymbol{K}_c \begin{Bmatrix} w_{j-2} \\ w_j \end{Bmatrix} \tag{9-43}$$

其中$\boldsymbol{K}_c$ 也是对称矩阵，有

$$\boldsymbol{K}_c = \begin{bmatrix} K_{11}^{(c)} & K_{12}^{(c)} \\ K_{12}^{(c)} & K_{22}^{(c)} \end{bmatrix} \tag{9-44}$$

$$K_{11}^{(c)} = K_{11}^{(j-1)} - [K_{12}^{(j-1)}]^2 / [K_{22}^{(j-1)} + K_{11}^{(j)}]$$

$$K_{22}^{(c)} = K_{22}^{(j)} - [K_{12}^{(j)}]^2 / [K_{22}^{(j-1)} + K_{11}^{(j)}]$$

$$K_{12}^{(c)} = -K_{12}^{(j-1)} K_{12}^{(j)} / [K_{22}^{(j-1)} + K_{11}^{(j)}]$$

区段合并算式(9-44)给出了合并后的刚度阵。但合并后仍是区段，合并后的区段也有其对应的辛矩阵，可通过式(9-40)转换得到对应的辛矩阵 $\boldsymbol{S}_c$。这是通过区段合并后再转换而得到的。

另外一种方法是首先通过式(9-40)分别对区段$(j-1)^{\#}$，$j^{\#}$转换得到辛矩阵 $\boldsymbol{S}_{j-1}$，$\boldsymbol{S}_j$，再用矩阵乘法 $\boldsymbol{S}_c = \boldsymbol{S}_j \cdot \boldsymbol{S}_{j-1}$得到合并后的辛矩阵。先合并然后再转换，与先转换到辛矩阵，然后再辛矩阵相乘(合并)，这是两条不同的途径，它们是否得到同一个结果呢？回答是肯定的。读者可自行验证。这就是最小势能原理与辛矩阵乘法的一致性。前面讲辛矩阵是有数学结构的矩阵，现在看到辛矩阵的结构与力学的变分原理密切关联，于是就有了更多的内涵。一致性表明力学变分原理的数学结构与数学辛的代数结构是一致的。但辛的构造有很大局限性。传递辛矩阵只能用于每站同维数的情况，但结构力学可没有这类限制。

当将全部区段合并为一个大区段时，其合并后大区段的刚度阵记为

$$\boldsymbol{K}_g = \begin{bmatrix} K_{11}^{(g)} & K_{12}^{(g)} \\ K_{12}^{(g)} & K_{22}^{(g)} \end{bmatrix} \tag{9-45}$$

方程(9-39)成为

$$f_m = K_{22}^{(g)} w_m + K_{12}^{(g)} w_0, \quad f_0 = -K_{11}^{(g)} w_0 - K_{12}^{(g)} w_m \tag{9-46}$$

如果两端是给定位移，则直接就计算了端部力。如果 f_m，w_0 已知，那么求解 f_0，w_m 也是轻而易举的事。

第五节　多自由度问题，传递辛矩阵群

虽然上文介绍了辛矩阵，但例题的每个站只有一个位移，因此辛矩阵总是限于 2×2。现在要放宽限制，设各站的独立位移有 n 个自由度，第 j 站的位移表示为向量 $\boldsymbol{w}_j$。例如，有两串弹簧，a 串与 b 串(见图 9-4)，两串的位移在站 j 只有 $n=2$ 个自由度，站 j 的位移向量为

$$\boldsymbol{w}_j = \begin{Bmatrix} w_{a,j} \\ w_{b,j} \end{Bmatrix} \tag{9-47}$$

除弹簧 k_a，k_b 如同以前外，$w_{a,j}$ 与 $w_{b,j-1}$ 还通过弹簧 k_c 连接在一起。

一般地，区段 $j^{\#}$：$(j-1,j)$的两端位移向量分别是$\boldsymbol{w}_{j-1}$，$\boldsymbol{w}_j$，各为 n 维向量。虽然是多自由度，但解决问题的思路是一样的。矩阵

$$\boldsymbol{J} = \begin{bmatrix} \boldsymbol{0} & \boldsymbol{I}_n \\ -\boldsymbol{I}_n & \boldsymbol{0} \end{bmatrix} \tag{9-48}$$

其中 $\mathbf{0}$ 是 $n\times n$ 的零矩阵，而$\boldsymbol{I}_n$ 是 $n\times n$ 的单位矩阵，从而 $\boldsymbol{J}$ 是 $2n\times 2n$ 的矩阵。其性质仍为

$$\boldsymbol{J}=\begin{bmatrix}\mathbf{0} & \boldsymbol{I}_n\\ -\boldsymbol{I}_n & \mathbf{0}\end{bmatrix},\quad \boldsymbol{J}^2=-\boldsymbol{I}_n,\quad \boldsymbol{J}^{\mathrm{T}}=-\boldsymbol{J},\quad \boldsymbol{J}^{-1}=-\boldsymbol{J},\quad \det(\boldsymbol{J})=1$$

区段变形能是

$$U_{j^{\#}}=\frac{1}{2}\begin{Bmatrix}\boldsymbol{w}_{j-1}\\ \boldsymbol{w}_j\end{Bmatrix}^{\mathrm{T}}\boldsymbol{K}_j\begin{Bmatrix}\boldsymbol{w}_{j-1}\\ \boldsymbol{w}_j\end{Bmatrix} \tag{9-49}$$

$$\boldsymbol{K}_j=\begin{bmatrix}\boldsymbol{K}_{11}^{(j)} & \boldsymbol{K}_{12}^{(j)}\\ (\boldsymbol{K}_{12}^{(j)})^{\mathrm{T}} & \boldsymbol{K}_{22}^{(j)}\end{bmatrix},\quad \begin{matrix}(\boldsymbol{K}_{11}^{(j)})^{\mathrm{T}}=\boldsymbol{K}_{11}^{(j)}\\ (\boldsymbol{K}_{22}^{(j)})^{\mathrm{T}}=\boldsymbol{K}_{22}^{(j)}\end{matrix}$$

这是一般的公式。设采用如图 9-4 所示的典型区段，则区段 $j^{\#}$ 有 3 根弹簧元件：k_a，k_b 与 k_c。其变形能为

$$U_{j\#}=[k_a(w_{a,j}-w_{a,j-1})^2+k_b(w_{b,j}-w_{b,j-1})^2+k_c(w_{a,j}-w_{b,j-1})^2]/2$$

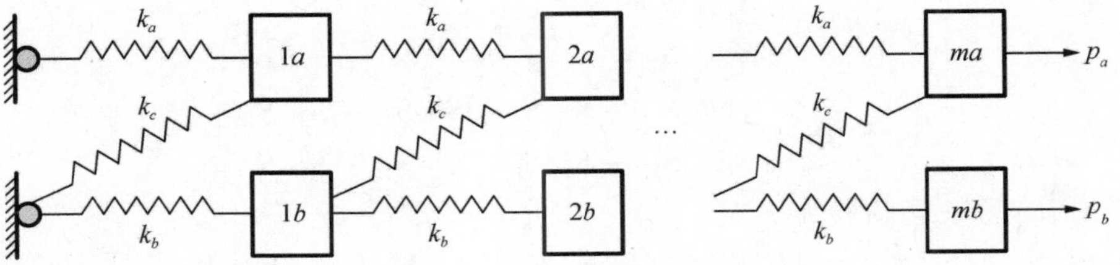

图 9-4　互相联系的两列弹簧

表达为矩阵式(9-49)，有

$$2U_{j\#}=\boldsymbol{w}_j^{\mathrm{T}}\boldsymbol{K}_{22}^{(j)}\boldsymbol{w}_j+\boldsymbol{w}_{j-1}^{\mathrm{T}}\boldsymbol{K}_{11}^{(j)}\boldsymbol{w}_{j-1}+2\boldsymbol{w}_{j-1}^{\mathrm{T}}\boldsymbol{K}_{12}^{(j)}\boldsymbol{w}_j \tag{9-50}$$

$$\boldsymbol{K}_j=\begin{bmatrix}\boldsymbol{K}_{11}^{(j)} & \boldsymbol{K}_{12}^{(j)}\\ (\boldsymbol{K}_{12}^{(j)})^{\mathrm{T}} & \boldsymbol{K}_{22}^{(j)}\end{bmatrix},\quad \boldsymbol{K}_{11}^{(j)}=\begin{bmatrix}k_a & 0\\ 0 & k_b+k_c\end{bmatrix}$$

$$\boldsymbol{K}_{22}^{(j)}=\begin{bmatrix}k_a+k_c & 0\\ 0 & k_b\end{bmatrix},\quad \boldsymbol{K}_{12}^{(j)}=\begin{bmatrix}-k_a & 0\\ -k_c & -k_b\end{bmatrix}$$

仍然是对称的区段刚度阵，其中分块矩阵$\boldsymbol{K}_{11}$，$\boldsymbol{K}_{22}$，$\boldsymbol{K}_{12}$ 皆为 $n\times n$ 的。虽然式(9-39)给出的区段内力与两端位移的关系只是一个自由度的，但在 n 自由度时仍成立，只是要用矩阵/向量形式表示，即

$$\boldsymbol{f}_j=\boldsymbol{K}_{22}^{(j)}\boldsymbol{w}_j+(\boldsymbol{K}_{12}^{(j)})^{\mathrm{T}}\boldsymbol{w}_{j-1} \tag{9-51a}$$

$$\boldsymbol{f}_{j-1}=-\boldsymbol{K}_{11}^{(j)}\boldsymbol{w}_{j-1}-\boldsymbol{K}_{12}^{(j)}\boldsymbol{w}_j \tag{9-51b}$$

具体地说

$$f_{a,j}=(k_a+k_c)w_{a,j}-k_a w_{a,j-1}-k_c w_{b,j-1},\quad f_{b,j}=k_b w_{b,j}-k_b w_{b,j-1}$$

$$f_{a,j-1}=-k_a w_{a,j-1}+k_a w_{a,j},\quad f_{b,j-1}=-(k_b+k_c)w_{b,j-1}+k_b w_{b,j}+k_c w_{a,j}$$

引入状态向量

$$\boldsymbol{v}_j=\begin{Bmatrix}\boldsymbol{w}_j\\ \boldsymbol{f}_j\end{Bmatrix},\quad \boldsymbol{v}_{j-1}=\begin{Bmatrix}\boldsymbol{w}_{j-1}\\ \boldsymbol{f}_{j-1}\end{Bmatrix} \tag{9-52}$$

传递的意思是用状态向量$\boldsymbol{v}_{j-1}$表示状态向量$\boldsymbol{v}_j$。从式(9-51b)有

$$\boldsymbol{w}_j = -(\boldsymbol{K}_{12}^{(j)})^{-1}\boldsymbol{K}_{11}^{(j)}\ \boldsymbol{w}_{j-1} - (\boldsymbol{K}_{12}^{(j)})^{-1}\ \boldsymbol{f}_{j-1}$$

将上式的$\boldsymbol{w}_j$ 代入式(9-51a),给出

$$\boldsymbol{f}_j = ((\boldsymbol{K}_{12}^{(j)})^{\mathrm{T}} - \boldsymbol{K}_{22}^{(j)}(\boldsymbol{K}_{12}^{(j)})^{-1}\boldsymbol{K}_{11}^{(j)})\ \boldsymbol{w}_{j-1} - \boldsymbol{K}_{22}^{(j)}(\boldsymbol{K}_{12}^{(j)})^{-1}\ \boldsymbol{f}_{j-1}$$

两者综合表达为

$$\boldsymbol{v}_j = \boldsymbol{S}_j\ \boldsymbol{v}_{j-1} \tag{9-53}$$

$$\begin{gathered}\boldsymbol{S}_j = \begin{bmatrix}\boldsymbol{S}_{11}^{(j)} & \boldsymbol{S}_{12}^{(j)}\\ \boldsymbol{S}_{21}^{(j)} & \boldsymbol{S}_{22}^{(j)}\end{bmatrix}\\ \boldsymbol{S}_{11}^{(j)} = -(\boldsymbol{K}_{12}^{(j)})^{-1}\boldsymbol{K}_{11}^{(j)},\quad \boldsymbol{S}_{22}^{(j)} = -\boldsymbol{K}_{22}^{(j)}(\boldsymbol{K}_{12}^{(j)})^{-1}\\ \boldsymbol{S}_{12}^{(j)} = -(\boldsymbol{K}_{12}^{(j)})^{-1},\quad \boldsymbol{S}_{21}^{(k)} = (\boldsymbol{K}_{12}^{(j)})^{\mathrm{T}} - \boldsymbol{K}_{22}^{(j)}(\boldsymbol{K}_{12}^{(j)})^{-1}\boldsymbol{K}_{11}^{(j)}\end{gathered} \tag{9-54}$$

读者可验证 $\boldsymbol{S}_j^{\mathrm{T}}\boldsymbol{J}\boldsymbol{S}_j=\boldsymbol{J}$ 成立。具体矩阵操作为

$$\boldsymbol{S}^{\mathrm{T}} = \begin{bmatrix}\boldsymbol{S}_{11}^{\mathrm{T}} & \boldsymbol{S}_{21}^{\mathrm{T}}\\ \boldsymbol{S}_{12}^{\mathrm{T}} & \boldsymbol{S}_{22}^{\mathrm{T}}\end{bmatrix},\quad \boldsymbol{J}\boldsymbol{S} = \begin{bmatrix}\boldsymbol{S}_{21} & \boldsymbol{S}_{22}\\ -\boldsymbol{S}_{11} & -\boldsymbol{S}_{12}\end{bmatrix},$$

$$\boldsymbol{S}^{\mathrm{T}}\boldsymbol{J}\boldsymbol{S} = \begin{bmatrix}\boldsymbol{S}_{11}^{\mathrm{T}}\ \boldsymbol{S}_{21} - \boldsymbol{S}_{21}^{\mathrm{T}}\ \boldsymbol{S}_{11} & \boldsymbol{S}_{11}^{\mathrm{T}}\ \boldsymbol{S}_{22} - \boldsymbol{S}_{21}^{\mathrm{T}}\ \boldsymbol{S}_{12}\\ \boldsymbol{S}_{21}^{\mathrm{T}}\ \boldsymbol{S}_{21} - \boldsymbol{S}_{22}^{\mathrm{T}}\ \boldsymbol{S}_{11} & \boldsymbol{S}_{12}^{\mathrm{T}}\ \boldsymbol{S}_{22} - \boldsymbol{S}_{22}^{\mathrm{T}}\ \boldsymbol{S}_{12}\end{bmatrix}$$

其中标记 j 取消了。可检验为

$$\begin{aligned}\boldsymbol{S}_{11}^{\mathrm{T}}\ \boldsymbol{S}_{22} - \boldsymbol{S}_{21}^{\mathrm{T}}\ \boldsymbol{S}_{12} &= -\boldsymbol{K}_{11}\boldsymbol{K}_{12}^{-\mathrm{T}}\cdot[-\boldsymbol{K}_{22}\boldsymbol{K}_{12}^{-1}] - [\boldsymbol{K}_{12} - \boldsymbol{K}_{11}\boldsymbol{K}_{12}^{-\mathrm{T}}\ \boldsymbol{K}_{22}]\cdot[-\boldsymbol{K}_{12}^{-1}]\\ &= \boldsymbol{K}_{11}\boldsymbol{K}_{12}^{-\mathrm{T}}\cdot\boldsymbol{K}_{22}\boldsymbol{K}_{12}^{-1} + \boldsymbol{I} - \boldsymbol{K}_{11}\boldsymbol{K}_{12}^{-\mathrm{T}}\ \boldsymbol{K}_{22}\cdot\boldsymbol{K}_{12}^{-1} = \boldsymbol{I}\end{aligned}$$

$$\boldsymbol{S}_{21}^{\mathrm{T}}\ \boldsymbol{S}_{21} - \boldsymbol{S}_{22}^{\mathrm{T}}\ \boldsymbol{S}_{11} = -[\boldsymbol{S}_{11}^{\mathrm{T}}\boldsymbol{S}_{22} - \boldsymbol{S}_{21}^{\mathrm{T}}\boldsymbol{S}_{12}]^{\mathrm{T}} = -\boldsymbol{I}$$

$$\boldsymbol{S}_{12}^{\mathrm{T}}\ \boldsymbol{S}_{22} - \boldsymbol{S}_{22}^{\mathrm{T}}\ \boldsymbol{S}_{12} = -\boldsymbol{K}_{12}^{-\mathrm{T}}\cdot[-\boldsymbol{K}_{22}\boldsymbol{K}_{12}^{-1}] + \boldsymbol{K}_{12}^{-\mathrm{T}}\ \boldsymbol{K}_{22}\cdot\boldsymbol{K}_{12}^{-1} = \boldsymbol{0}$$

$$\begin{aligned}\boldsymbol{S}_{11}^{\mathrm{T}}\ \boldsymbol{S}_{21} - \boldsymbol{S}_{21}^{\mathrm{T}}\ \boldsymbol{S}_{11} &= -\boldsymbol{K}_{11}\boldsymbol{K}_{12}^{-\mathrm{T}}\cdot[\boldsymbol{K}_{12}^{\mathrm{T}} - \boldsymbol{K}_{22}\boldsymbol{K}_{12}^{-1}\ \boldsymbol{K}_{11}] + [\boldsymbol{K}_{12} - \boldsymbol{K}_{11}\boldsymbol{K}_{12}^{-\mathrm{T}}\ \boldsymbol{K}_{22}]\cdot\boldsymbol{K}_{12}^{-1}\ \boldsymbol{K}_{11}\\ &= -\boldsymbol{K}_{11} + \boldsymbol{K}_{11}\boldsymbol{K}_{12}^{-\mathrm{T}}\cdot\boldsymbol{K}_{22}\boldsymbol{K}_{12}^{-1}\ \boldsymbol{K}_{11} + \boldsymbol{K}_{11} - \boldsymbol{K}_{11}\boldsymbol{K}_{12}^{-\mathrm{T}}\ \boldsymbol{K}_{22}\cdot\boldsymbol{K}_{12}^{-1}\ \boldsymbol{K}_{11} = \boldsymbol{0}\end{aligned}$$

所以$\boldsymbol{S}^{\mathrm{T}}\boldsymbol{J}\boldsymbol{S}=\boldsymbol{J}$ 成立,故$\boldsymbol{S}_j$ 是辛矩阵。

这样,传递矩阵仍然是辛矩阵。

式(9-54)是从对称矩阵 $\boldsymbol{K}$ 变换到传递辛矩阵 $\boldsymbol{S}$ 的公式。反过来,由 $\boldsymbol{S}$ 变换到 $\boldsymbol{K}$ 的公式为

$$\boldsymbol{K}_{12} = -\boldsymbol{S}_{12}^{-1},\quad \boldsymbol{K}_{11} = \boldsymbol{S}_{12}^{-1}\ \boldsymbol{S}_{11},\quad \boldsymbol{K}_{22} = \boldsymbol{S}_{22}\boldsymbol{S}_{12}^{-1},\quad \boldsymbol{K}_{21} = \boldsymbol{K}_{12}^{\mathrm{T}}$$

对各个区段推导了传递辛矩阵后,式(9-34)～式(9-36)的传递求解方法依然可用。

与以上的辛矩阵传递求解方法并行,最小势能原理也是基本的手段。区段$(j-1)^{\#}$有

$$U_{(j-1)^{\#}} = \frac{1}{2}\begin{Bmatrix}\boldsymbol{w}_{j-2}\\ \boldsymbol{w}_{j-1}\end{Bmatrix}^{\mathrm{T}}\boldsymbol{K}_{j-1}\begin{Bmatrix}\boldsymbol{w}_{j-2}\\ \boldsymbol{w}_{j-1}\end{Bmatrix}$$

$$\boldsymbol{K}_{j-1} = \begin{bmatrix}\boldsymbol{K}_{11}^{(j-1)} & \boldsymbol{K}_{12}^{(j-1)}\\ (\boldsymbol{K}_{12}^{(j-1)})^{\mathrm{T}} & \boldsymbol{K}_{22}^{(j-1)}\end{bmatrix}$$

变形能为

$$U = \sum_{j=1}^{m} U_{j^{\#}} \tag{9-55}$$

而外力势能则为

$$V = -\boldsymbol{p}_m^{\mathrm{T}}\ \boldsymbol{w}_m \tag{9-56}$$

总势能 E 最小

$$\min E = \min(U + V) \tag{9-57}$$

运用区段合并之法,与第四节同,将相连区段能量相加,得

$$2(U_{j\#}+U_{(j-1)\#})=\boldsymbol{w}_j^{\mathrm{T}}\boldsymbol{K}_{22}^{(j)}\boldsymbol{w}_j+\boldsymbol{w}_{j-1}^{\mathrm{T}}K_{11}^{(j)}\boldsymbol{w}_{j-1}+2\boldsymbol{w}_{j-1}^{\mathrm{T}}\boldsymbol{K}_{12}^{(j)}\boldsymbol{w}_j$$
$$+\boldsymbol{w}_{j-1}^{\mathrm{T}}\boldsymbol{K}_{22}^{(j-1)}\boldsymbol{w}_{j-1}+\boldsymbol{w}_{j-2}^{\mathrm{T}}\boldsymbol{K}_{11}^{(j-1)}\boldsymbol{w}_{j-2}+2\boldsymbol{w}_{j-2}^{\mathrm{T}}\boldsymbol{K}_{12}^{(j-1)}\boldsymbol{w}_{j-1} \quad (9\text{-}58)$$
$$=2U_c$$

其中要对中间位移$\boldsymbol{w}_{j-1}$取最小。当前例题，$\boldsymbol{w}_{j-1}$有两个独立未知数

$$\boldsymbol{w}_{j-1}=\begin{Bmatrix}w_{a,(j-1)}\\ w_{b,(j-1)}\end{Bmatrix} \quad (9\text{-}59)$$

将能量对$\boldsymbol{w}_{j-1}$取最小，得到用矩阵/向量表达的方程(平衡)为

$$(\boldsymbol{K}_{11}^{(j)}+\boldsymbol{K}_{22}^{(j-1)})\boldsymbol{w}_{j-1}+\boldsymbol{K}_{12}^{(j)}\boldsymbol{w}_j+(\boldsymbol{K}_{12}^{(j-1)})^{\mathrm{T}}\boldsymbol{w}_{j-2}=\boldsymbol{0} \quad (9\text{-}60)$$

用逆矩阵$(\boldsymbol{K}_{11}^{(j)}+\boldsymbol{K}_{22}^{(j-1)})^{-1}$左乘上式，求解有

$$\boldsymbol{w}_{j-1}=-(\boldsymbol{K}_{11}^{(j)}+\boldsymbol{K}_{22}^{(j-1)})^{-1}(\boldsymbol{K}_{12}^{(j)}\boldsymbol{w}_j+(\boldsymbol{K}_{12}^{(j-1)})^{\mathrm{T}}\boldsymbol{w}_{j-2}) \quad (9\text{-}61)$$

代入合并区段，再将$\boldsymbol{w}_{j-1}$代入式(9-58)，计算得能量 $2U_c$ 仍有形式

$$2U_c=\boldsymbol{w}_j^{\mathrm{T}}\boldsymbol{K}_{22}^{(c)}\boldsymbol{w}_j+\boldsymbol{w}_{j-2}^{\mathrm{T}}\boldsymbol{K}_{11}^{(c)}\boldsymbol{w}_{j-2}+2\boldsymbol{w}_{j-2}^{\mathrm{T}}\boldsymbol{K}_{12}^{(c)}\boldsymbol{w}_j \quad (9\text{-}62)$$

其中，矩阵为

$$\boldsymbol{K}_{11}^{(c)}=\boldsymbol{K}_{11}^{(j-1)}-\boldsymbol{K}_{12}^{(j-1)}(\boldsymbol{K}_{22}^{(j-1)}+\boldsymbol{K}_{11}^{(j)})^{-1}\boldsymbol{K}_{21}^{(j-1)} \quad (9\text{-}63\text{a})$$
$$\boldsymbol{K}_{22}^{(c)}=\boldsymbol{K}_{22}^{(j)}-\boldsymbol{K}_{21}^{(j)}(\boldsymbol{K}_{22}^{(j-1)}+\boldsymbol{K}_{11}^{(j)})^{-1}\boldsymbol{K}_{12}^{(j)} \quad (9\text{-}63\text{b})$$
$$\boldsymbol{K}_{12}^{(c)}=-\boldsymbol{K}_{12}^{(j-1)}(\boldsymbol{K}_{22}^{(j-1)}+\boldsymbol{K}_{11}^{(j)})^{-1}\boldsymbol{K}_{12}^{(j)} \quad (9\text{-}63\text{c})$$
$$\boldsymbol{K}_{21}^{(j-1)}=(\boldsymbol{K}_{12}^{(j-1)})^{\mathrm{T}} \quad (9\text{-}63\text{d})$$

最小势能原理是基本原理，反复运用之也可以求解。情况与第四节同。这样，求解有两条路：用传递辛矩阵法求解以及用最小势能原理消元求解。仍然存在问题：两条求解的道路是否能给出相同结果。或者具体些，能量合并式(9-57)～式(9-63)的方法，是否与辛矩阵相乘

$$\boldsymbol{S}_{j-2,j}=\boldsymbol{S}_j\times\boldsymbol{S}_{j-1} \quad (9\text{-}64)$$

一致。回答：确实是一致的。

辛的数学结构是有深刻物理内涵的。保辛，就是保持其数学的辛结构之意。但辛结构究竟是什么，还没有解释清楚，保辛的意义还要更深入的理解。一致性表明：保持了数学的辛结构就是保持了原力学问题能量的特性，即刚度矩阵是对称的，沟通了数学与力学的基本理论，所以非常重要。这使我们对辛的理解又深入了一些。刚度矩阵的对称与最小势能变分原理有密切关系，所以保辛也不能脱离变分原理。不过这里是在离散的结构力学范围看问题的。变分原理本来是从力学问题来的。按希尔伯特在著名报告中所言，变分原理是由约翰·伯努利(J. Bernoulli)提出的。从后文中可以看到分析动力学、分析结构力学与变分原理的密切关系。

结构力学有丰富的变分原理，并不限于最小势能原理，还有最小余能原理、一般变分原理以及混合能变分原理等。当区段长度取得特别小时，基于最小势能原理的数值计算有严重的数值病态，此时可采用混合能变分原理。混合能变分原理用于微分方程求解以及精细积分法，是我国学者提出的特色算法。

第六节　拉杆的有限元近似求解

图 9-3 的并联、串联弹簧课题的实际背景是拉杆在切向弹性地基上的有限元近似模型，如图 9-5 所示。

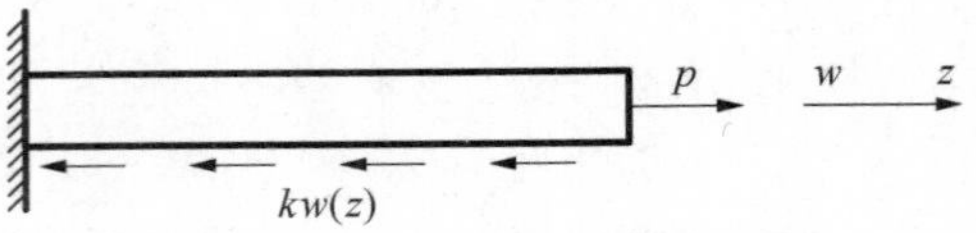

图 9-5 切向弹性支承的轴向拉杆

有限元法是工程师的重大创造。现对最简单的拉杆问题进行阐述。图 9-5 中的拉杆是连续体,可用列微分方程的方法求解。现在用有限元离散近似求解,如图 9-6 所示。

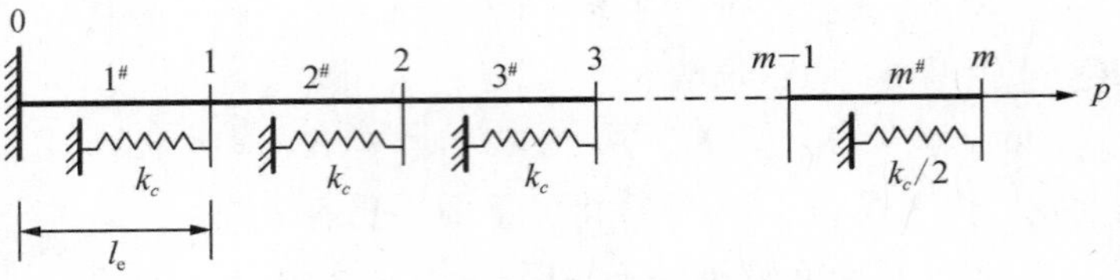

图 9-6 拉杆的有限元离散模型

用有限元法的近似如下。杆件本是连续体,本来有微分方程。近似法则将长度划分为若干 m 段,每段长为 $l_e=L/m$(等长划分),节点标记为 $0,1,\cdots,m$,而各段的标记是 $j=1,2,\cdots,m$,第 j 段的左、右端分别为节点 $j-1,j$,称 j 号单元。

有限元法首先要将连续体模型转化为离散模型,位移函数成为各节点的位移 $w_i(i=0,1,\cdots,m)$的函数。有限元法将 j 号单元用弹簧代替,由其两端的位移 w_{j-1},w_j,可计算其伸长 $\Delta w_j=w_j-w_{j-1}$,从而得到拉杆单元的变形能,拉杆的弹簧刚度可用 $k_a=EF/l_e$ 代替。全部拉杆的变形能为 U_{la},即

$$U_{la}=\frac{1}{2}\sum_{j=1}^{m}(EF/l_e)(w_j-w_{j-1})^2$$

还有地基弹簧变形能 U_{lc}。分布地基弹簧刚度是 k,将长 l_e 的地基弹簧 k 近似地集中到节点上,则

$$U_{lc}=\frac{1}{2}\Big[\sum_{j=1}^{m-1}k_c w_j^2+(k_c/2)w_m^2\Big],k_c=l_e\cdot k$$

集中后的节点弹簧 $k_c=l_e\cdot k$ 的单位是 N/m,分布地基弹簧 k 的单位是 N/m²。全部变形能为

$$U_l=U_{la}+U_{lc}$$

上式是变形能表示。在离散模型的图 9-6 中,$k_c=l_e\cdot k$,$k_a=EF/l_e$,只是在端部点 m,其地基集中弹簧为 $k_{c,m}=(l_e\cdot k)/2$。图 9-7 是数值结果。

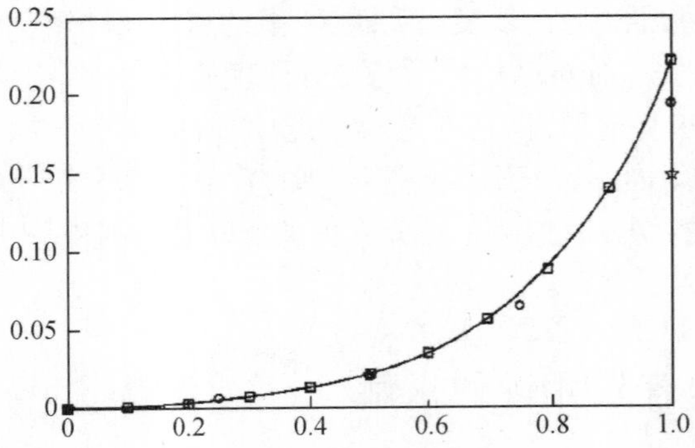

图 9-7 有限元法计算结果

(实线是位移的解析解,五角星、圆圈和方框分别为划分 2 个、4 个和 10 个单元计算得到的位移)

有限元法计算结果是近似的。但当分段数目 m 增加时,有限元法能给出很好的结果。求解通常用最小势能原理进行,但也可用传递辛矩阵的方法执行,在近似模型上两者结果是完全相同的。

有限元法是计算机时代的重大贡献,已经在各种科学与工程中广泛应用。2005 年,

美国总统信息科学顾问提交报告给白宫，标题是 Computational Science: Ensuring America's Competitiveness（计算科学：保持美国的竞争力）。美国在计算科学方面已经领先世界，但仍然抓紧不放，其重要性可见一斑。让读者早日具备计算科学有限元的概念是有利的。

虽然辛在国外早已出现，但在数值计算方面未曾得到重视。我国数学家冯康在研究动力学的时间积分数值分析时，在世界上率先指出，动力学的差分计算格式应达到保辛，这是一个重要贡献。动力学需要求解微分方程，而分析法求解一般有困难，必然要近似方法。将连续的时间离散，采用各种近似以代替微分算子是通常的做法。动力学微分方程求解时，传统采用差分离散，而以前差分离散的格式则未考虑保辛的要求，而保辛差分格式所得的数值结果能保持长时间的稳定性。冯康的贡献就在于此。

历史上，分析动力学与结构力学是独立发展的。两方面各自按自己的规律取得进展，互相之间本来并无联系。后来发现在计算结构力学与线性二次最优控制的理论之间有模拟关系。这是在 Hamilton 变分原理的基础上建立起来的，而动力学哈密顿体系的理论需要引入状态向量的描述，这也正是最优控制的基础。这样，基于哈密顿体系的理论又与分析动力学联系上了。很自然地，分析动力学的理论体系也应与结构力学以及最优控制的理论相关联。从而必然会提出分析结构力学的理论，将分析动力学与结构力学相融合。

我国学者对结构力学的变分原理有深入研究。而有限元法的基础就是变分原理。在有限元推导的单元列式中，单元刚度矩阵的对称性就是从变分原理自然得到的。但单元刚度矩阵是对称的，与辛又有什么联系，却从来未被考虑过。通过以上力、功、能量与辛的讲述看到，它们紧密相关。可推想，对称的单元刚度矩阵就保证了有限元法的保辛性质。由此，在理论上对有限元的认识，又深入了一步。

分析结构力学指出，有限元法具有自动保辛的性质。今天有限元法得到广泛应用，已经深入人心，有限元法自动保辛的优良性质是其重要原因。

保辛既然如此重要，还应从数学变换方面进行探讨。上文讲的是传递辛矩阵，是矩阵代数，称为辛代数。可为何数学家总讲辛几何呢？数学家讲辛几何，是考虑到抽象数学，要奠基于微分几何，运用纯数学的微分形式、切丛、余切丛、外乘积、Cartan 几何等抽象概念。其实辛代数也可从数学变换与几何方面进行考虑，请见下节。

第七节　几何形态的考虑

欧几里得（Euclid）几何是人类早期的辉煌成就之一。这里用普通的位移向量讲述。设平面上有一个点(x_0, y_0)经过位移$(\Delta x, \Delta y)$到达(x_1, y_1)

$$x_1 = x_0 + \Delta x, y_1 = y_0 + \Delta y \tag{9-65}$$

用坐标向量表示

$$\boldsymbol{p}_0 = \begin{Bmatrix} x_0 \\ y_0 \end{Bmatrix}, \quad \boldsymbol{p}_1 = \begin{Bmatrix} x_1 \\ y_1 \end{Bmatrix}, \quad \Delta\boldsymbol{p} = \begin{Bmatrix} x_1 - x_0 \\ y_1 - y_0 \end{Bmatrix} = \begin{Bmatrix} \Delta x \\ \Delta y \end{Bmatrix} \tag{9-66}$$

位移向量是 $\Delta\boldsymbol{p}$。位移的绝对值可以表达为

$$d^2 = (\Delta x)^2 + (\Delta y)^2 = (\Delta\boldsymbol{p})^{\mathrm{T}}(\Delta\boldsymbol{p}) = (\Delta\boldsymbol{p})^{\mathrm{T}}\boldsymbol{I}(\Delta\boldsymbol{p}), \quad \boldsymbol{I} = \begin{bmatrix} 1 & 0 \\ 0 & 1 \end{bmatrix} \tag{9-67}$$

因为位移向量 $\Delta\boldsymbol{p}$ 的各分量$(\Delta x, \Delta y)$具有同一单位：长度。度量矩阵是单位矩阵 $\boldsymbol{I}$，这就

是欧几里得几何的度量。两点间连一根直线,计算其长度 d。

设(x,y)平面上有两个向量$\boldsymbol{p}_1,\boldsymbol{p}_2$,其坐标轴上的投影分别为

$$p_{1x},p_{1y};\quad p_{2x},p_{2y}$$

则这两个向量$\boldsymbol{p}_1,\boldsymbol{p}_2$ 的内积定义为

$$\boldsymbol{p}_1^{\mathrm{T}}\cdot\boldsymbol{p}_2=p_{1x}\cdot p_{2x}+p_{1y}\cdot p_{2y} \tag{9-68}$$

向量长度分别是

$$d_1=\sqrt{\boldsymbol{p}_1^{\mathrm{T}}\ \boldsymbol{p}_1},\quad d_2=\sqrt{\boldsymbol{p}_2^{\mathrm{T}}\ \boldsymbol{p}_2} \tag{9-69}$$

两个向量之间夹角 θ 的方向余弦 $\cos\theta$ 可用向量内积计算

$$\cos\theta=\boldsymbol{p}_1^{\mathrm{T}}\cdot\boldsymbol{p}_2/(d_1d_2) \tag{9-70}$$

力对位移做功是 $w=|\boldsymbol{f}|\cdot|\boldsymbol{s}|\cdot\cos\theta$,其中$|\boldsymbol{f}|,|\boldsymbol{s}|$分别是力向量与位移向量的大小,做的功就是式(7-6)。或用向量内积写成

$$\boldsymbol{w}=\boldsymbol{f}^{\mathrm{T}}\cdot\boldsymbol{s}$$

向量内积的数值——功,当然应与坐标选择无关,这是从物理意义方面考虑的。但对数学公式(9-68),还需要验证其确实与坐标选择无关。

给定向量 $\boldsymbol{f},\boldsymbol{s}$,则按式(9-68)有

$$w=\boldsymbol{f}^{\mathrm{T}}\cdot\boldsymbol{s}=f_x\cdot s_x+f_y\cdot s_y$$

$$f_x=|\ \boldsymbol{f}\ |\cos\theta_f,\quad f_y=|\ \boldsymbol{f}\ |\sin\theta_f;\quad s_x=|\ \boldsymbol{s}\ |\cos\theta_s,\quad s_y=|\ \boldsymbol{s}\ |\sin\theta_s$$

其中向量 $\boldsymbol{f},\boldsymbol{s}$ 间的夹角为$\theta=\theta_f-\theta_s$。代入计算,按三角公式,功为

$$\begin{aligned}w&=|\ \boldsymbol{f}\ |\cdot|\ \boldsymbol{s}\ |\ (\cos\theta_f\cdot\cos\theta_s+\sin\theta_f\cdot\sin\theta_s)=|\ \boldsymbol{f}\ |\cdot|\ \boldsymbol{s}\ |\ \cos(\theta_f-\theta_s)\\&=|\ \boldsymbol{f}\ |\cdot|\ \boldsymbol{s}\ |\ \cos\theta\end{aligned}$$

注意,θ_f,θ_s 与坐标选择有关,而 θ 则与坐标选择无关,说明内积的式(9-68)是与坐标选择无关的。

现在推广到三维空间。坐标旋转将原先的空间固定坐标$(0,x,y,z)$的三脚构架变换到活动的三脚构架$(0,x_1,y_1,z_1)$。将$(0,x_1)$坐标轴对固定坐标的方向余弦向量$\boldsymbol{e}_1=\{\alpha_{11}\quad\alpha_{21}\quad\alpha_{31}\}^{\mathrm{T}}$,$(0,y_1)$为$\boldsymbol{e}_2$,$(0,z_1)$为$\boldsymbol{e}_3$,则 3×3 坐标旋转的转换矩阵 $\boldsymbol{\Theta}$ 构造为

$$\boldsymbol{\Theta}=[e_1\quad e_2\quad e_3] \tag{9-71}$$

显然,$\boldsymbol{e}_1,\boldsymbol{e}_2,\boldsymbol{e}_3$ 是互相正交的单位向量。用矩阵表示

$$\boldsymbol{\Theta}^{\mathrm{T}}\boldsymbol{\Theta}=\boldsymbol{\Theta}^{\mathrm{T}}\ \boldsymbol{I}_3\boldsymbol{\Theta}=\boldsymbol{I}_3 \tag{9-72}$$

这些全部是根据欧几里得几何而得到的。两个任意向量$\boldsymbol{p}_1,\boldsymbol{p}_2$ 的内积是$\boldsymbol{p}_1^{\mathrm{T}}\cdot\boldsymbol{p}_2$。坐标旋转变换之下 $\boldsymbol{\Theta}\,\boldsymbol{p}_1,\boldsymbol{\Theta}\,\boldsymbol{p}_2$ 的内积是不变的。验证为

$$(\boldsymbol{\Theta}\,\boldsymbol{p}_1)^{\mathrm{T}}\cdot\boldsymbol{\Theta}\,\boldsymbol{p}_2=\boldsymbol{p}_1^{\mathrm{T}}\cdot(\boldsymbol{\Theta}^{\mathrm{T}}\boldsymbol{\Theta})\cdot\boldsymbol{p}_2=\boldsymbol{p}_1^{\mathrm{T}}\ \boldsymbol{p}_2$$

旋转矩阵的名称适用于三维空间内变换,然而数学需要考虑 n 维空间。设$\boldsymbol{e}_1,\boldsymbol{e}_2,\cdots,\boldsymbol{e}_n$ 是互相正交的单位向量,类似的变换矩阵的数学名词称为正交矩阵。互相正交的单位向量所组成的正交矩阵同样有公式

$$\boldsymbol{\Theta}^{\mathrm{T}}\boldsymbol{\Theta}=\boldsymbol{\Theta}^{\mathrm{T}}\ \boldsymbol{I}_n\boldsymbol{\Theta}=\boldsymbol{I}_n$$

进一步,n 维空间的任意 2 个向量$\boldsymbol{p}_1,\boldsymbol{p}_2$,在正交矩阵的变换 $\boldsymbol{\Theta}\,\boldsymbol{p}_1,\boldsymbol{\Theta}\,\boldsymbol{p}_2$ 下,同样有等式

$$(\boldsymbol{\Theta}\,\boldsymbol{p}_1)^{\mathrm{T}}\cdot\boldsymbol{\Theta}\,\boldsymbol{p}_2=\boldsymbol{p}_1^{\mathrm{T}}\cdot(\boldsymbol{\Theta}^{\mathrm{T}}\boldsymbol{\Theta})\cdot\boldsymbol{p}_2=\boldsymbol{p}_1^{\mathrm{T}}\ \boldsymbol{p}_2$$

所以说,内积是正交变换下的不变量。不变量在数学中是具有根本重要意义的内容。

然而，欧几里得几何对于状态向量不能使用。状态向量的分量为$\boldsymbol{w}_1$，$\boldsymbol{f}_1$，是位移与力：

$$\boldsymbol{v}_1^{\mathrm{T}} \cdot \boldsymbol{v}_2 = \boldsymbol{w}_1^{\mathrm{T}} \cdot \boldsymbol{w}_2 + \boldsymbol{f}_1^{\mathrm{T}} \cdot \boldsymbol{f}_2$$

“位移×位移 ＋ 力×力”是什么？不好解释。其失去了其物理、几何意义，因此对于状态向量运用欧几里得几何硬算是不行的。

对于状态向量一定要另外考虑。式(9-10)$\boldsymbol{S}^{\mathrm{T}}\boldsymbol{J}\boldsymbol{S}=\boldsymbol{J}$ 的矩阵等式对比式(9-72)，就是将欧几里得几何 $n\times n$ 的 $\boldsymbol{I}$ 阵，更换成了 $2n\times 2n$ 的 $\boldsymbol{J}$ 阵。将 $2n\times 2n$ 辛矩阵 $\boldsymbol{S}$ 写成向量形式

$$\boldsymbol{S} = [\boldsymbol{\psi}_1 \quad \boldsymbol{\psi}_2 \quad \cdots \quad \boldsymbol{\psi}_n; \quad \boldsymbol{\psi}_{n+1} \quad \boldsymbol{\psi}_{n+2} \quad \cdots \quad \boldsymbol{\psi}_{n+n}] \tag{9-73}$$

其中$\boldsymbol{\psi}_j$ 是 $2n$ 维的状态向量。式(9-10)表明，有共轭辛正交归一关系

$$\begin{aligned} &\boldsymbol{\psi}_j^{\mathrm{T}}\boldsymbol{J}\,\boldsymbol{\psi}_i = 0, \quad i \neq n+j, j \leqslant n; \\ &\boldsymbol{\psi}_j^{\mathrm{T}}\boldsymbol{J}\,\boldsymbol{\psi}_{n+j} = 1, \quad \boldsymbol{\psi}_{n+j}^{\mathrm{T}}\boldsymbol{J}\,\boldsymbol{\psi}_j = -1 \end{aligned} \tag{9-74}$$

可以看到，共轭辛正交归一关系，与正交矩阵的正交归一关系是相类似的，不过中间的 $\boldsymbol{I}$ 阵换成了 $\boldsymbol{J}$ 阵。称$\boldsymbol{\psi}_j$，$\boldsymbol{\psi}_{n+j}$互相辛共轭。

两个状态向量$\boldsymbol{v}_1$，$\boldsymbol{v}_2$ 间的辛内积定义为：$\boldsymbol{v}_1^{\mathrm{T}}\boldsymbol{J}\,\boldsymbol{v}_2$；而称$\boldsymbol{v}_1^{\mathrm{T}}\boldsymbol{J}\,\boldsymbol{v}_2=0$ 为辛正交。

共轭辛正交归一关系式(9-74)是从$\boldsymbol{S}^{\mathrm{T}}\boldsymbol{J}\boldsymbol{S}=\boldsymbol{J}$ 推导来的。看$\boldsymbol{\psi}_j^{\mathrm{T}}\boldsymbol{J}\,\boldsymbol{\psi}_{n+i}$的辛内积，当 $j,i\leqslant n$ 时，给出 $\boldsymbol{J}$ 阵 j 行、$n+i$ 列的元素 $J_{j,(n+i)}$。$2n\times 2n$ 矩阵 $\boldsymbol{J}$ 的右上角是 $n\times n$ 子矩阵 $\boldsymbol{I}$ 的元素。当 $i=j$ 时是 1，而 $i\neq j$ 时为零。这就给出了共轭辛正交归一关系。任何状态向量 $\boldsymbol{v}$ 对于自己肯定是辛正交的，即$\boldsymbol{v}^{\mathrm{T}}\boldsymbol{J}\boldsymbol{v}=0$。

由此看到，辛矩阵雷同于正交矩阵。正交矩阵的变换不改变两个向量间的内积，辛矩阵的变换也不改变两个状态向量$\boldsymbol{v}_1$，$\boldsymbol{v}_2$ 间的辛内积$\boldsymbol{v}_1^{\mathrm{T}}\boldsymbol{J}\,\boldsymbol{v}_2$。

验证：设有两个状态向量$\boldsymbol{v}_1$，$\boldsymbol{v}_2$，在辛群元素 $\boldsymbol{S}$ 的变换下

$$\boldsymbol{v}_1, \boldsymbol{v}_2 \text{ 分别变换到 } \boldsymbol{S}\,\boldsymbol{v}_1, \boldsymbol{S}\,\boldsymbol{v}_2$$

则其辛内积为$(\boldsymbol{S}\,\boldsymbol{v}_1)^{\mathrm{T}}\boldsymbol{J}(\boldsymbol{S}\,\boldsymbol{v}_2)=\boldsymbol{v}_1^{\mathrm{T}}(\boldsymbol{S}^{\mathrm{T}}\boldsymbol{J}\boldsymbol{S})\boldsymbol{v}_2=\boldsymbol{v}_1^{\mathrm{T}}\boldsymbol{J}\,\boldsymbol{v}_2$，没有变。故说，辛内积是辛群元素变换下的不变量。

那么辛内积究竟是什么物理意义呢？写成状态向量

$$\boldsymbol{v}_1 = \begin{Bmatrix} \boldsymbol{w}_1 \\ \boldsymbol{f}_1 \end{Bmatrix}, \quad \boldsymbol{v}_2 = \begin{Bmatrix} \boldsymbol{w}_2 \\ \boldsymbol{f}_2 \end{Bmatrix}$$

完成矩阵与向量乘法，有

$$\boldsymbol{v}_1^{\mathrm{T}}\boldsymbol{J}\,\boldsymbol{v}_2 = \begin{Bmatrix} \boldsymbol{w}_1 \\ \boldsymbol{f}_1 \end{Bmatrix}^{\mathrm{T}} \begin{bmatrix} \boldsymbol{0} & \boldsymbol{I} \\ -\boldsymbol{I} & \boldsymbol{0} \end{bmatrix} \begin{Bmatrix} \boldsymbol{w}_2 \\ \boldsymbol{f}_2 \end{Bmatrix} = \begin{Bmatrix} \boldsymbol{w}_1 \\ \boldsymbol{f}_1 \end{Bmatrix}^{\mathrm{T}} \begin{Bmatrix} \boldsymbol{f}_2 \\ -\boldsymbol{w}_2 \end{Bmatrix} = \boldsymbol{f}_2^{\mathrm{T}}\,\boldsymbol{w}_1 - \boldsymbol{f}_1^{\mathrm{T}}\,\boldsymbol{w}_2$$

产生的两项都是(力×位移)，即做功，单位相同。具体些表述为

(状态 1 的力对于状态 2 的位移做功)－(状态 2 的力对于状态 1 的位移做功)

就是相互功。辛正交则$\boldsymbol{f}_1^{\mathrm{T}}\boldsymbol{w}_2-\boldsymbol{f}_2^{\mathrm{T}}\boldsymbol{w}_1=0$，就成为功的互等。所以说，辛正交就是功的互等。由此看，将辛几何称为功的几何或能量代数，也是有道理的。

数学非常讲究不变量，人们甚至愿意用不变量反过来定义正交矩阵：如果一个 $n\times n$ 的线性变换矩阵$\boldsymbol{\Theta}$，对 n 维空间的任意 2 个向量$\boldsymbol{p}_1$，$\boldsymbol{p}_2$ 的变换 $\boldsymbol{\Theta}\,\boldsymbol{p}_1$，$\boldsymbol{\Theta}\,\boldsymbol{p}_2$，恒有不变的内积，则 $\boldsymbol{\Theta}$ 是正交矩阵。即

$$(\boldsymbol{\Theta}\,\boldsymbol{p}_1)^{\mathrm{T}} \cdot (\boldsymbol{\Theta}\,\boldsymbol{p}_2) = p_1^{\mathrm{T}}(\boldsymbol{\Theta}^{\mathrm{T}}\boldsymbol{\Theta})\,\boldsymbol{p}_2 \equiv \boldsymbol{p}_1^{\mathrm{T}} \cdot \boldsymbol{p}_2$$

则因$\boldsymbol{p}_1$，$\boldsymbol{p}_2$ 的任意性，必然有

$$\boldsymbol{\Theta}^{\mathrm{T}}\boldsymbol{\Theta}=\boldsymbol{I}$$

即 $\boldsymbol{\Theta}$ 是正交矩阵。所以说，不变内积是欧几里得几何的特点。

同样，辛矩阵的变换也可反过来定义：如果一个 $2n\times 2n$ 的线性变换矩阵 $\boldsymbol{S}$，对于 $2n$ 维空间的任意 2 个状态向量 $\boldsymbol{v}_1$，$\boldsymbol{v}_2$，的变换 $\boldsymbol{S}\boldsymbol{v}_1$，$\boldsymbol{S}\boldsymbol{v}_2$，恒有不变的辛内积，则 $\boldsymbol{S}$ 是辛矩阵。即

$$(\boldsymbol{S}\boldsymbol{v}_1)^{\mathrm{T}}\boldsymbol{J}(\boldsymbol{S}\boldsymbol{v}_2)=\boldsymbol{v}_1^{\mathrm{T}}(\boldsymbol{S}^{\mathrm{T}}\boldsymbol{J}\boldsymbol{S})\boldsymbol{v}_2\equiv\boldsymbol{v}_1^{\mathrm{T}}\boldsymbol{J}\boldsymbol{v}_2$$

则

$$\boldsymbol{S}^{\mathrm{T}}\boldsymbol{J}\boldsymbol{S}=\boldsymbol{J}$$

即 $\boldsymbol{S}$ 是辛矩阵。既然不变内积给出了欧几里得几何，则不变辛内积也给出了辛几何，完全是一样的道理。

在欧几里得几何中，两点间直线就是距离，是短程线，很直观。那么什么是状态空间的距离呢？状态空间是从动力学来的，从变分原理看有最小作用量变分原理，因此作用量最小就成为其短程线。最小作用量变分原理将在后文中讲述。

本节将辛数学回归到力学常见课题，理论与应用紧密结合，就有了坚实、明确的实际意义。辛数学的根，首先就扎在分析力学中，尤其在分析动力学与分析结构力学中。辛数学既然扎根于力学中，表明它的根还扎在更广大的领域中，数学的应用本来就是广谱的、无处不在的。数学的魅力就在于其广谱的适应性。只要建立了适当的数学模型，运用数学推理就可以演绎出许多深刻结论。

应当指出，这里对辛几何的解释与外乘积、Cartan 几何的数学提法完全不同。究其原因，本文的解释引入了诸如能量、位移、力、功等物理量，所以就不再是纯数学了。而核心数学要求高度抽象，不受具体物理量的影响。然而能量的概念是近代科学的核心内容，不宜予以除外。现实世界最基本的守恒就是功、能量守恒。况且辛本来就是数学家从哈密顿体系的对称性而引入的，本身就包含了物理、力学等的基本概念。如果严格限制在数论、几何、代数、拓扑等的概念内，构筑出纯粹数学的学问，只怕就有些不太自然了。毕竟，物质是第一性的。冯·诺依曼相信："现代数学中的一些最好的灵感，很明显地起源于自然科学"，认为"数学来源于经验"是"比较接近于真理"的看法。

以上讲述的辛数学，全部用在静力学的范围内。其实在静电的电路中，同样有辛数学发挥的空间。

第八节　群

H. Weyl 在研究一般对称性时，用的数学工具就是群论。同时针对哈密顿正则方程体系的特点，提出了辛对称的概念。前面指出了辛矩阵的群。

群论是数学的重要分支。许多诺贝尔奖的成果也得益于群论。实际中有许多具体的群，将其公共的性质综合，给出抽象的群的定义：群 G 是一批群元素 g 的集合（有限或无限），满足以下 4 个条件：

(1) 群 G 内的任何两个元素 g_1，g_2 有乘法 $g_1\times g_2=g_c$，g_c 也是群 G 的元素，称为封闭性。

(2) 存在单位元素 I，$I\times g=g\times I=g$。

(3) 乘法适用结合律，$(g_1\times g_2)\times g_3=g_1\times(g_2\times g_3)=g_1\times g_2\times g_3$。

(4) 任何元素 g 存在其逆元素 g^{-1}，$g^{-1}\times g=g\times g^{-1}=I$。

群的定义是抽象的，光会背诵这4个条件并不代表理解。但许多集合是符合群的这4个条件的，从而构成群。显然，旋转后再旋转还是一个旋转，全体旋转矩阵构成了正交矩阵群。辛矩阵乘辛矩阵仍是辛矩阵，辛矩阵也构成辛群。今天群论已经发展成数学的重要部分，这里只能提供一点概念而已。

群论的出现极不寻常，是法国天才数学家伽罗瓦(E. Galois)在19岁时的重大贡献。他在研究5次代数多项式方程的根时，提出了群的概念，改变了当年数学研究的思路。

大家知道，二次方程 $ax^2+bx+c=0$ 的求根是

$$x_1, x_2 = (-b \pm \sqrt{b^2-4ac})/(2a)$$

解是通过根式表达的。但是，一般的3次方程求根，是经过长期努力方才解决的，也可表示为根式，是当时数学的一件重要进展。在此基础上，一般的4次方程的求解在十多年之后也解决了。数学家当然希望能求解一般的5次多项式方程，但经过长期努力也未能达到。

伽罗瓦在前人基础上认识到，n 次多项式方程可分解表示为

$$x^n + a_1 x^{n-1} + \cdots + a_n = (x-x_1)\cdot(x-x_2)\cdots(x-x_n) = 0$$

于是 n 个根有关系

$$\begin{aligned} & x_1 + x_2 + \cdots + x_n = -a_1 \\ & x_1x_2 + x_1x_3 + \cdots + x_{n-1}x_n = a_2 \\ & \cdots \\ & x_1x_2\cdots x_n = (-1)^n a_n \end{aligned}$$

将根重新排列的变换(置换)

$$(x_1, x_2, \cdots, x_n) \Rightarrow (x_{i_1}, x_{i_2}, \cdots, x_{i_n})$$

仍满足同样方程。置换变换的全体构成为一个群，伽罗瓦由此发展了他的理论，而且有更丰富的内容，后世称为伽罗瓦群。这里只是简单描述一下而已。伽罗瓦的视角超越了当年数学的传统观念，开阔了数学的思路与视野，对后世的数学发展产生了深远影响。可惜的是，正因为思路上超越了时代，一时未能为同年代的大数学家们所认识。遗憾的是当大家接受时，伽罗瓦已经去世了。

前文从一根弹簧开始，通过结构力学，引入状态向量，给出了传递辛矩阵群。但这些是在单方向位移、同维数的比较理想条件下推导的，是处于离散系统的，似乎一切都很理想。然而，结构有许多不符合如此理想条件的情况，哪怕仍取单方向位移。结构力学离散，可出现复杂结构，各站可以有不同维数，而动力学则总是同一维数。因此辛数学不可总是局限于动力学。讲不同维数，已经是传统辛几何所不能覆盖的情况了。辛几何是在纯数学的微分几何范围内考虑的，不能涵盖离散的情况。本章的讲述是在结构力学范畴内的，从离散系统切入的。

第九节　分析动力学与最小作用量变分原理

本节通过单自由度线性问题介绍分析动力学。数学与分析动力学的研究提出了一类变量的拉格朗日(Lagrange)函数、欧拉-拉格朗日(Euler-Lagrange)方程、变分法；然后是对偶变量的哈密顿(Hamilton)函数，哈密顿(Hamilton)对偶正则方程。哈密顿变分原理则与欧拉-拉

格朗日方程对应，而对偶正则方程也有对偶变量的变分原理。

一、单自由度弹簧-质量系统的振动

从最简单的动力学问题开始。用 m 代表滑块的质量，k 代表弹簧常数。滑块只可在 x 方向滑动，如图 9-8 所示。滑块-弹簧系统构成了单自由度系统的振动。用 $x(t)$ 代表滑块振动的位移坐标，当然是时间的函数。滑块的速度与加速度分别写为 $\dot{x}(t)$ 与 $\ddot{x}(t)$，其中上面一点代表对时间的微商 $\dot{x}(t)=\mathrm{d}x/\mathrm{d}t$。线性弹簧的力为 $k\cdot x(t)$。认为振动没有阻尼，而外力为 $f(t)$，以 x 的同方向为正。根据牛顿定理

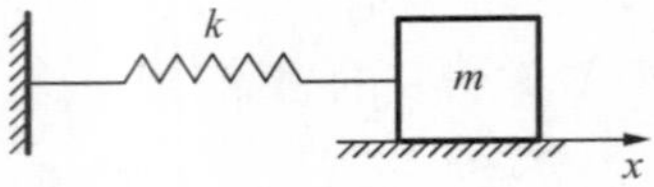

图 9-8 弹簧-滑块系统

$$m\ddot{x}(t)+kx(t)=f(t),\quad x(0)=\text{已知},\dot{x}(0)=\text{已知} \tag{9-75}$$

这是二阶常微分方程，定解需要给出两个初始条件，也已经列出在上面方程之中。该方程的求解在传统理论力学或各种振动理论教材中是常见的。在此再讲是作为进入分析力学的引导。

式(9-75)是非齐次微分方程，从微分方程求解理论知，应先求解其齐次微分方程：

$$m\ddot{x}(t)+kx(t)=0 \tag{9-76}$$

这个方程的求解非常容易。

线性系统的振动分析常常采用频域法。将位移用指数函数 $x(t)=a\exp[\mathrm{i}\omega t]$ 代入得方程式为

$$(k-m\omega^2)a=0 \tag{9-77}$$

时间坐标变换成了频率参数。这等于将自变量减少了一维，现在是化成代数方程了，便于分析。

二、拉格朗日体系的表述

因为单自由度体系简单，所以用另一种推导便于理解。从物理概念看，自由振动是两种能量之间的互相交换。系统的动能为 $T=m\dot{x}^2/2$，势能就是弹簧变形能，为 $U=kx^2/2$。拉格朗日提出了拉格朗日函数 $L(x,\dot{x})$，其构成为

$$L(x,\dot{x})=T-U=m\dot{x}^2/2-kx^2/2 \tag{9-78}$$

即(动能-势能)。动力学方程可自欧拉-拉格朗日方程

$$\frac{\mathrm{d}}{\mathrm{d}t}\left(\frac{\partial L}{\partial\dot{x}}\right)-\frac{\partial L}{\partial x}=0 \tag{9-79}$$

导出。数学上偏微商 $\partial L/\partial\dot{x}=m\dot{x}$ 意味着只有 $\dot{x}$ 变化而 x 不变。这表明，已经将 $\dot{x}$ 与 x 之间的关系，即时间微商关系解除了，即将 $\dot{x}$ 与 x 看成为互相独立的变量。这样又可算得 $\partial L/\partial x=-kx$。于是从方程(9-79)给出了方程(9-76)。

欧拉-拉格朗日方程可用变分原理导出。引入作用量积分

$$S=\int_0^{t_f}L(x,\dot{x},t)\mathrm{d}t,\quad \delta S=0 \tag{9-80}$$

它是函数 $x(t)$ 的泛函。拉格朗日方程可从变分原理 $\delta S=0$ 导出。简单的变分推导即可验证。S 称为作用量。务必注意，拉格朗日函数对于速度 $\dot{x}$ 一定是二次函数，是 $\dot{x}$ 的二次型。

变分原理 $\delta S=0$ 称为哈密顿原理。在泛函的拉格朗日函数 $L(x,\dot{x},t)$ 中，只出现位移 x 的一类变量。所以称拉格朗日体系是一类基本变量的体系。

三、哈密顿体系的表述

方程(9-76)是二阶微分方程,一个自由度的课题求解很方便。但以后要考虑多自由度振动的课题。此时动力学方程(9-79)给出的是二阶联立常微分方程。但常微分方程的基本理论是针对其标准型联立一阶微分方程组的。再说精细积分也是对一阶常微分方程组的。应引入动量

$$p = \partial L/\partial \dot{x} = m\dot{x} \tag{9-81}$$

再引入哈密顿函数

$$H(x,p,t) = p\dot{x} - L(x,\dot{x},t) \tag{9-82}$$

其中的 $\dot{x}$ 应当用式(9-81)解出的表达式 $\dot{x}=p/m$ 代入消去。给出

$$H(x,p,t) = p\dot{x} - L(x,\dot{x},t) = p^2/2m + kx^2/2 \tag{9-83}$$

将 $L(x,\dot{x},t)=p\dot{x}-H(x,p,t)$ 代入式(9-79),得到最小作用量变分原理

$$\delta\int_0^{t_f}[p\dot{x} - H(x,p,t)]\mathrm{d}t = 0 \tag{9-84}$$

其中 x,p 是两类互为对偶且独立变分的函数。

状态空间任意两点之间的距离本来不清楚。用作用量来顶替,作用量取最小就说通了,将力学几何化了。

完成变分运算,给出

$$\dot{x} = \partial H/\partial p,\quad \dot{p} = -\partial H/\partial x \tag{9-85}$$

的对偶方程,也称哈密顿正则方程。如果哈密顿函数 $H(x,p)$ 与时间无关,则对时间的微商为零,即

$$\mathrm{d}H(x,p)/\mathrm{d}t = \partial H/\partial p \cdot \dot{p} + \partial H/\partial x \cdot \dot{x} = \dot{x}\cdot\dot{p} - \dot{p}\cdot\dot{x} = 0$$

此即机械能守恒定理。在哈密顿体系的表述中,出现了互为对偶的位移 x 与动量 p 的两类基本变量,所以说哈密顿体系是对偶变量的体系,有两类独立变量。

以上讲的哈密顿体系是动力学的课题。但哈密顿体系是一类数学框架,适用范围很广,自变量也并不限于时间 t。哈密顿体系总有雷同于式(9-84)的变分原理。如在弹性力学中也有哈密顿体系的应用,此时自变量是长度坐标。在动力学变分原理式(9-84)中看到,动量 p 与速度 $\dot{x}$ 的乘积给出能量。在弹性体系中对偶变量就是应力与位移了,位移对长度坐标的微商是应变,应力乘应变就成为变形能密度。总之,对偶变量的乘积是能量。

四、哈密顿对偶方程的辛表述

引入状态向量

$$\boldsymbol{v} = [x \quad p]^{\mathrm{T}} \tag{9-86}$$

对偶方程式(9-85)可以合并写成联立的一阶微分方程:

$$\dot{\boldsymbol{v}}(t) = \boldsymbol{J}\cdot\partial H/\partial\boldsymbol{v} \tag{9-87}$$

其中有纯量函数 $H(x,p)=H(\boldsymbol{v})$ 对向量 $\boldsymbol{v}$ 的微商,仍给出向量:

$$\partial H(x,p)/\partial\boldsymbol{v} = [\partial H/\partial x \quad \partial H/\partial p]^{\mathrm{T}}$$

得对偶方程式为

$$\dot{x} = p/m,\quad \dot{p} = -kx \tag{9-88}$$

可写成矩阵/向量的形式：

$$\dot{\boldsymbol{v}}(t) = \boldsymbol{H}\boldsymbol{v} \tag{9-89}$$

其中 $\boldsymbol{H}$ 是哈密顿矩阵

$$\boldsymbol{H} = \begin{bmatrix} 0 & 1/m \\ -k & 0 \end{bmatrix}, \quad \boldsymbol{J} = \begin{bmatrix} 0 & 1 \\ -1 & 0 \end{bmatrix}$$

$$(\boldsymbol{JH})^{\mathrm{T}} = \boldsymbol{JH} \tag{9-90}$$

哈密顿矩阵 $\boldsymbol{H}$ 的特点是 $\boldsymbol{JH}$ 为对称矩阵。

求解对偶方程组(9-89)可以采用精细积分法，或分离变量法。后者给出本征问题：

$$\boldsymbol{H\psi} = \mu\boldsymbol{\psi} \tag{9-91}$$

其中 $\boldsymbol{\psi}$ 是本征向量。本征值方程 $\det(\boldsymbol{H}-\mu\boldsymbol{I})=\mu^2+k/m=0$，给出本征值 $\mu=\pm\mathrm{i}\omega,\omega=\sqrt{k/m}$。有特点：如 μ 是本征值，则 $-\mu$ 也是本征值。这是哈密顿矩阵本征值的特点。本征向量为

$$\mu_1 = \mathrm{i}\omega, \quad \boldsymbol{\psi}_1 = \begin{Bmatrix} 1 \\ \mathrm{i}\omega m \end{Bmatrix}, \quad \mu_2 = -\mathrm{i}\omega, \quad \boldsymbol{\psi}_2 = \begin{Bmatrix} \mathrm{i}\omega/k \\ 1 \end{Bmatrix}$$

还有

$$\boldsymbol{\psi}_1^{\mathrm{T}}\boldsymbol{J}\,\boldsymbol{\psi}_2 = 1 + m\omega^2/k = 2$$

两个本征向量 $\boldsymbol{\psi}_1/\sqrt{2}$ 与 $\boldsymbol{\psi}_2/\sqrt{2}$ 相互间成辛对偶归一。这个课题只有一个自由度，所以没有辛正交。

五、作用量

式(9-80)给出了时间区段$(0,t_{\mathrm{f}})$的作用量的算式，哈密顿变分原理认为其中的函数 $x(t)$ 是变分的自变函数。但作用量则认为区段内 $x(t)$ 是真解。而将 S 看成两端 $t=0$ 与 $t=t_{\mathrm{f}}$ 边界条件的函数。因为动力方程(9-79)是二阶微分方程，所以要提供两个边界条件以确定解 $x(t)$。通常这两个边界条件都给定在 $t=0$ 一端，因此是初值条件。但作为另一种方案，也可以给定 $t=0$ 的位移 x_0 以及 $t=t_{\mathrm{f}}$ 处的位移 x_{f}。$x(t)$ 就成为 x_0,x_{f} 与 t_0,t_{f} 的函数。这里将 $t=0$ 看成 $t=t_0$。这样，作用量 S 就成为两端边界量的函数，写为 $S(x_0,t_0;x_{\mathrm{f}},t_{\mathrm{f}})$。往往认为 x_0,t_0 固定不变，此时作用量就是 $S(x_{\mathrm{f}},t_{\mathrm{f}})$。既然在区域$(t_0,t_{\mathrm{f}})$内的轨道 $x(t)$ 是真解，它已经不能任意变化，一切都是端部的函数，内部变量不再出现。因此为简单起见，更愿意将 $S(x_{\mathrm{f}},t_{\mathrm{f}})$ 写成 $S(x,t)$。此时一定要明确，作用量将区段两端也作为变量，即 x,t 是端部的变量。现在要给出 $S(x,t)$ 所满足的微分方程。根据作用量的定义式(9-80)，固定 t，让 x 发生变化 δx，则有

$$\begin{aligned}
\delta S &= \int_0^t \delta L(x_1,\dot{x}_1)\mathrm{d}t_1 = \int_0^t [(\partial L/\partial x_1)\delta x_1 + (\partial L/\partial \dot{x}_1)\delta \dot{x}_1]\mathrm{d}t_1 \\
&= \int_0^t [(\partial L/\partial x_1) - (\mathrm{d}/\mathrm{d}t_1)(\partial L/\partial \dot{x}_1)]\delta x_1 \mathrm{d}t_1 + [(\partial L/\partial \dot{x}_1)\delta x_1]_0^t \\
&= (\partial L/\partial \dot{x})\delta x = p\delta x
\end{aligned}$$

其中考虑了域内轨道 $x_1(t_1)$ 随 δx 而发生的变化。推导时运用了分部积分与拉格朗日方程。这是偏微分，因为让 t 固定而让 x 发生了变化。由此知

$$\partial S/\partial x = p \tag{9-92}$$

因此可给出全微分

$$\mathrm{d}S = (\partial S/\partial x)\cdot\mathrm{d}x + (\partial S/\partial t)\cdot\mathrm{d}t = p\mathrm{d}x + (\partial S/\partial t)\cdot\mathrm{d}t \tag{9-93}$$

另一种偏微分应是 t 变化而 x 固定。但我们可以让 t、x 同时变化。当发生 $\mathrm{d}t$ 时，让轨道不变，即 $\mathrm{d}x=\dot{x}\mathrm{d}t$ 顺着轨道延伸。这种微分称为顺轨道的全微分。因为域内轨道不变，所以区域$(0,t)$的积分也不变，只是增加了$(t,t+\mathrm{d}t)$段的积分。因此顺轨道的全微分给出 $\mathrm{d}S=L(x,\dot{x})\mathrm{d}t$，但数学上全微分又有式(9-93)，故

$$\begin{aligned}\mathrm{d}S &= (\partial S/\partial x)\cdot \mathrm{d}x+(\partial S/\partial t)\cdot \mathrm{d}t\\ &= [(\partial S/\partial x)\cdot \dot{x}+(\partial S/\partial t)]\cdot \mathrm{d}t = L(x,\dot{x})\mathrm{d}t\end{aligned}$$

从而

$$\begin{aligned}-\partial S/\partial t &= (\partial S/\partial x)\cdot \dot{x}-L(x,\dot{x})\\ &= p\cdot \dot{x}-L(x,\dot{x}) = H(x,\partial S/\partial x)\end{aligned}$$

这样，作用量的全微分为

$$\mathrm{d}S = (\partial S/\partial x)\cdot \mathrm{d}x+(\partial S/\partial t)\cdot \mathrm{d}t = p\mathrm{d}x-H(x,p,t)\cdot \mathrm{d}t \tag{9-94}$$

在动力学中，作用量 $S(x_0,t_0;x_f,t_f)$是时间区段的函数。与结构静力学相比，相当于其区段变形能，这样就凸显了其重要性。离散的有限元法首先在结构静力学方面兴起，效果非常好，迅速为工程师接受并使用，成席卷之势而发展。既然动力学的时间区段作用量相当于结构静力学的长度区段变形能，那么也应当在时间区段逐步积分中发挥重要作用。

结构力学与控制理论的模拟理论表明，它们的数学基础是相同的。力学中多门学科相互间是密切关联的，它们应有一个公共的理论体系。只要换成辛对偶变量体系，就可建立起这个公共理论体系。经典分析力学是力学最根本的体系。拉格朗日方程、最小作用量原理、哈密顿正则方程、正则变换等，是非常优美的数学理论体系。并且也是统计力学、电动力学、量子力学等基本学科的基础，这些在目前应用力学课程中体现得不够。

将辛数学扎根于广大科技领域中，将辛的数学结构与物理、力学等的结构相互关联、交叉，必将发挥出巨大作用。辛数学既然已经反映在结构力学、动力学等多个方面，特别希望能加强数学家与力学工作者的合作，共同推进。

参考文献

[1] 冯康，秦孟兆. Hamilton 体系的辛计算格式[M]. 杭州：浙江科技出版社，2004.

[2] 钟万勰. 应用力学的辛数学方法[M]. 北京：高等教育出版社，2006.

[3] 钟万勰. 应用力学对偶体系[M]. 北京：科学出版社，2002.

[4] 希尔伯特. 数学问题[M]. 李文林，袁向东，编译. 大连：大连理工大学出版社，2009.

[5] 冯・诺依曼. 数学在科学和社会中的作用[M]. 程钊，王丽霞，杨静，编译. 大连：大连理工大学出版社，2009.

[6] 阿蒂亚. 数学的统一性[M]. 袁向东，编译. 大连：大连理工大学出版社，2009.

[7] 钟万勰，高强. 辛破茧——辛拓展新层次[M]. 大连：大连理工大学出版社，2011.

[8] 钟万勰. 计算结构力学与最优控制[M]. 大连：大连理工大学出版社，1993.

[9] 钟万勰，吴锋. 力-功-能-辛-离散——祖冲之方法论[M]. 大连：大连理工大学出版社，2016.

第十章　辛体系与新单元

本章主要结合弹性力学新体系和应用力学辛数学方法，介绍与此相关的计算力学中的几种新单元。

第一节　不可压缩材料分析的界带有限元

不可压缩材料系统的分析，对于有限元法是一种挑战。通常用泊松比 $\nu=0.49, 0.499, \cdots$ 来代替进行有限元分析。然而当泊松比取得很大时，常常造成单元的体积闭锁。过去常用的有限元法包括有减缩积分、非协调元和混合法等，这些方法虽然能够比较好地避免体积闭锁，但是都不能真正解决泊松比 $\nu=0.5$ 的情况。

如果从基本理论上再进行探讨，可以发现，有限元法用在结构力学弹性分析时，开始是弹性平面分析，不采用重调和方程的应力函数，而采用位移法和最小势能原理求解，取得很大成功。因为插值函数只要求函数本身连续即所谓 C_0 连续性即可。到板弯曲问题，有限元位移法直接插值发生了所谓 C_1 连续性要求的问题。人们费了许多力气探讨，有许多方案产生，位移法运用了非协调元，例如离散基尔霍夫(Kirchhoff)有限元，可得到比较满意的近似结果。文献[4]建立了板弯曲和平面应力问题的模拟理论，从这一理论出发，可以采用平面应力的单元求解板弯曲问题，从而避免了板弯曲 C_1 连续性要求的问题。如果从板与平面问题的模拟理论出发，板弯曲单元也应可以用于平面问题，平面问题中有应力函数。借用平面问题中应力函数的做法，对于泊松比 $\nu=0.5$ 的完全不可压缩材料，也引入一个流函数，从根本上消除了体积变形。流函数是位移的积分，因此需要高阶插值，高阶微分方程有限元近似的要求毕竟是一个基本问题，应予以探讨。

本节针对不可压缩材料系统($\nu=0.5$)，提出一种流函数的概念，给出变分原理。该函数涉及高阶微分，为此设计了一种界带有限单元。该单元基于界带理论，能够很好地解决高阶近似的要求。

一、流函数

1. *平面应变问题*

对于平面应变问题，应变向量为

$$\boldsymbol{\varepsilon} = [\varepsilon_x \quad \varepsilon_y \quad \gamma_{xy}]^{\mathrm{T}} \tag{10-1}$$

弹性矩阵的表达式为

$$\boldsymbol{D} = \boldsymbol{D}_1 + \lambda \boldsymbol{D}_2 \tag{10-2}$$

其中

$$\lambda = \frac{E\nu}{(1+\nu)(1-2\nu)} \tag{10-3}$$

$$D_1=\frac{E}{2(1+\nu)}\begin{bmatrix}2&0&0\\0&2&0\\0&0&1\end{bmatrix} \tag{10-4}$$

$$D_2=\begin{bmatrix}1&1&0\\1&1&0\\0&0&0\end{bmatrix} \tag{10-5}$$

对于不可压缩材料的平面应变问题,有体积不变的要求,即

$$\theta=\varepsilon_x+\varepsilon_y=\frac{\partial u}{\partial x}+\frac{\partial v}{\partial y}=0 \tag{10-6}$$

式中,θ 表示体应变。为使体积不变,这里引入流函数 $\psi(x,y)$,令

$$\begin{Bmatrix}u\\v\end{Bmatrix}=\boldsymbol{Q}\psi,\quad \boldsymbol{Q}=\begin{bmatrix}\dfrac{\partial}{\partial y}\\-\dfrac{\partial}{\partial x}\end{bmatrix} \tag{10-7}$$

此时 $\theta=0$ 自动满足。根据式(10-7)可以求得平面应变问题的应变为

$$\begin{Bmatrix}\varepsilon_x\\\varepsilon_y\\\gamma_{xy}\end{Bmatrix}=\boldsymbol{B}\psi,\quad \boldsymbol{B}=\begin{Bmatrix}\dfrac{\partial^2}{\partial x\partial y}\\-\dfrac{\partial^2}{\partial y\partial x}\\\dfrac{\partial^2}{\partial y\partial y}-\dfrac{\partial^2}{\partial x\partial x}\end{Bmatrix} \tag{10-8}$$

引入流函数后,基本变量不再是位移,而是流函数 ψ。以 ψ 为变量,在处理边界条件时需要注意,对 ψ 求导才能得到位移,因此 ψ 中必然包含一个积分常数,在有限元计算时需要添加一个人工边界,可在计算域 Ω 内任给一点 $\boldsymbol{x}^*$,要求 $\psi(\boldsymbol{x}^*)=c$,c 为任意常数,可为 0。对于位移边界条件,可以用拉格朗日乘子法、罚函数法等手段处理,这里采用罚函数。引入位移边界条件的势能泛函为

$$\begin{aligned}\Pi=&\frac{1}{2}\int_\Omega \varepsilon^{\mathrm{T}}\boldsymbol{D}\varepsilon\,\mathrm{d}x\mathrm{d}y-\int_\Gamma \boldsymbol{f}^{\mathrm{T}}\boldsymbol{u}\mathrm{d}\Gamma+\frac{\alpha}{2}\int_S(\boldsymbol{u}-\bar{\boldsymbol{u}})^{\mathrm{T}}(\boldsymbol{u}-\bar{\boldsymbol{u}})\mathrm{d}S\\&+\frac{\alpha}{2}[\psi(\boldsymbol{x}^*)]^2\end{aligned} \tag{10-9}$$

式中,Ω 为求解域,S 为位移边界,Γ 为力边界,α 取为 10^5E,$\bar{\boldsymbol{u}}$ 为边界上给定的位移,$\boldsymbol{f}$ 为边界上的外力。把式(10-4)、式(10-5)、式(10-7)、式(10-8)代入上式可得

$$\begin{aligned}\Pi=&\frac{1}{2}\int_\Omega \psi\boldsymbol{B}^{\mathrm{T}}\boldsymbol{D}_1\boldsymbol{B}\psi\,\mathrm{d}x\mathrm{d}y-\int_\Gamma \boldsymbol{f}^{\mathrm{T}}\boldsymbol{Q}\psi\mathrm{d}\Gamma+\frac{\alpha}{2}\int_S(\boldsymbol{Q}\psi-\bar{\boldsymbol{u}})^{\mathrm{T}}(\boldsymbol{Q}\psi-\bar{\boldsymbol{u}})\mathrm{d}S\\&+\frac{\alpha}{2}[\boldsymbol{Q}\psi(\boldsymbol{x}^*)]^2\end{aligned} \tag{10-10}$$

2. 轴对称问题

对于轴对称问题,应变向量为

$$\boldsymbol{\varepsilon}=[\varepsilon_r\quad\varepsilon_\theta\quad\varepsilon_z\quad\gamma_{zr}]^{\mathrm{T}} \tag{10-11}$$

弹性矩阵也可写成式(10-2)的形式,其中

$$\boldsymbol{D}_1 = \frac{E}{2(1+\nu)}\begin{bmatrix} 2 & 0 & 0 & 0 \\ 0 & 2 & 0 & 0 \\ 0 & 0 & 2 & 0 \\ 0 & 0 & 0 & 1 \end{bmatrix} \tag{10-12}$$

$$\boldsymbol{D}_2 = \begin{bmatrix} 1 & 1 & 1 & 0 \\ 1 & 1 & 1 & 0 \\ 1 & 1 & 1 & 0 \\ 0 & 0 & 0 & 0 \end{bmatrix} \tag{10-13}$$

对于不可压缩材料的轴对称问题，如有体积不变的要求，即

$$\theta = \varepsilon_r + \varepsilon_\theta + \varepsilon_z = \frac{\partial u_r}{\partial r} + \frac{u_r}{r} + \frac{\partial w}{\partial z} = \frac{\partial r u_r}{r\partial r} + \frac{\partial r w}{r\partial z} = 0 \tag{10-14}$$

于是可引入流函数 $\psi(r,z)$，得

$$\begin{pmatrix} u_r \\ w \end{pmatrix} = \boldsymbol{Q}\psi, \quad \boldsymbol{Q} = \begin{pmatrix} \dfrac{\partial}{r\partial z} \\ -\dfrac{\partial}{r\partial r} \end{pmatrix} \tag{10-15}$$

此时 $\theta=0$ 自动满足。于是，轴对称问题的应变为

$$\begin{pmatrix} \varepsilon_r \\ \varepsilon_\theta \\ \varepsilon_z \\ \gamma_{zr} \end{pmatrix} = \boldsymbol{B}\psi, \quad \boldsymbol{B} = \begin{pmatrix} \dfrac{1}{r}\dfrac{\partial^2}{\partial z\partial r} - \dfrac{1}{r^2}\dfrac{\partial}{\partial z} \\ \dfrac{1}{r^2}\dfrac{\partial}{\partial z} \\ -\dfrac{1}{r}\dfrac{\partial^2}{\partial r\partial z} \\ \dfrac{1}{r}\dfrac{\partial^2}{\partial z^2} - \dfrac{1}{r}\dfrac{\partial^2}{\partial r^2} + \dfrac{1}{r^2}\dfrac{\partial}{\partial r} \end{pmatrix} \tag{10-16}$$

采用罚函数。引入位移边界条件的势能泛函为

$$\begin{aligned} \Pi = {} & \frac{1}{2}\int_\Omega \varepsilon^{\mathrm{T}}\boldsymbol{D}\varepsilon r\,\mathrm{d}\Omega - \int_\Gamma \boldsymbol{f}^{\mathrm{T}}\boldsymbol{u}r\,\mathrm{d}\Gamma + \frac{\alpha}{2}\int_S (\boldsymbol{u}-\bar{\boldsymbol{u}})^{\mathrm{T}}(\boldsymbol{u}-\bar{\boldsymbol{u}})r\,\mathrm{d}S \\ & + \frac{\alpha}{2}[\psi(\boldsymbol{x}^*)]^2 \end{aligned} \tag{10-17}$$

式中，Ω 为求解域，S 为位移边界，Γ 为力边界，α 取为10^5E，$\bar{\boldsymbol{u}}$ 为边界上给定的位移，$\boldsymbol{f}$ 为边界上的外力。把式(10-4)、式(10-5)、式(10-7)、式(10-8)代入上式可得

$$\begin{aligned} \Pi = {} & \frac{1}{2}\int_\Omega \psi\boldsymbol{B}^{\mathrm{T}}\boldsymbol{D}_1\boldsymbol{B}\psi r\,\mathrm{d}\Omega - \int_\Gamma \boldsymbol{f}^{\mathrm{T}}\boldsymbol{Q}\psi r\,\mathrm{d}\Gamma + \frac{\alpha}{2}\int_S (\boldsymbol{Q}\psi-\bar{\boldsymbol{u}})^{\mathrm{T}}(\boldsymbol{Q}\psi-\bar{\boldsymbol{u}})r\,\mathrm{d}S \\ & + \frac{\alpha}{2}[\boldsymbol{Q}\psi(\boldsymbol{x}^*)]^2 \end{aligned} \tag{10-18}$$

二、界带有限元

比较式(10-9)和式(10-10)或者式(10-17)和式(10-18)可以发现，当取位移为变量时，只要求插值函数有一阶微商，而当引入流函数后要求插值函数至少有二阶微商，为此本节给出一种新的单元——界带有限元。

1. 一维问题

有限元法是通过函数的节点插值来近似的。插值是寻找一个函数，通过给定的插值点，就如有限元通常是要求单元内部的插值通过全部边界点；而高斯(Gauss)提出的最小二乘法是拟合，并不要求函数通过给定点而要求函数与给定点非常接近。无网格法常常采用拟合，而有限元法则通常运用插值。

一维欧拉-伯努利(Euler-Bernoulli)梁的问题虽然只要在离散节点处引入转角变量，每个节点有位移与转角 2 个自由度，就可以处理得很好，但用于二维例如板弯曲时就出现 C_1 连续性的问题了。我们以此问题为例，解释界带有限元的基本理论。

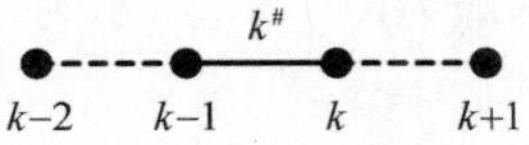

图 10-1　$k^{\#}$ 单元

界带有限元仍可运用插值法。设将一维梁划分节点

$$x_0 = 0, \eta, \cdots, k\eta = x_k, \cdots$$

将 $k^{\#}$ 单元取为区段$(k-1,k)$。采用界带理论可以只用位移来描述(见图 10-1)。$k^{\#}$ 单元的两端可看成为由左 $k-2, k-1$ 与右 $k, k+1$ 的界带所构成，于是在 $k^{\#}$ 单元$(k-1,k)$内部任意点 $x(x_{k-1} \leqslant x \leqslant x_k)$的位移 $w_{k^{\#}}(x)$可用节点 $k-2, k-1, k, k+1$ 的位移插值而得到。插值给出 3 次多项式，于是单元内的曲率是线性分布，可计算单元的变形能。这样的插值符合梁理论的需要。所以界带理论可用于梁弯曲的有限元分析。

现在有 4 点(x_{k-2}, w_{k-2})，(x_{k-1}, w_{k-1})，(x_k, w_k)，(x_{k+1}, w_{k+1})插值 3 次多项式，插值函数在一维条件下比较容易。当前可用拉格朗日多项式插值：

$$w_{k^{\#}}(x) = w_{k-2}L_{k-2}(x) + w_{k-1}L_{k-1}(x) + w_k L_k(x) + w_{k+1}L_{k+1}(x) \tag{10-19}$$

全部是 3 次多项式，于是计算曲率就容易了。对于$(k+1)^{\#}$单元$(k, k+1)$，根据(x_{k-1}, w_{k-1})，(x_k, w_k)，(x_{k+1}, w_{k+1})，(x_{k+2}, w_{k+2})，可以用拉格朗日多项式插值出 $w_{(k+1)^{\#}}(x)$。

2. 二维问题

对于二维不可压缩材料，以流函数为变量，本节分别构造三种二维界带单元，如图 10-2、图 10-3 和图 10-4 所示。

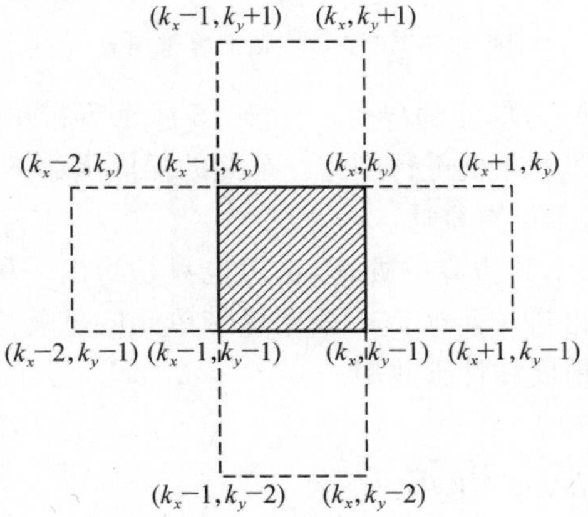

图 10-2　12 节点界带单元

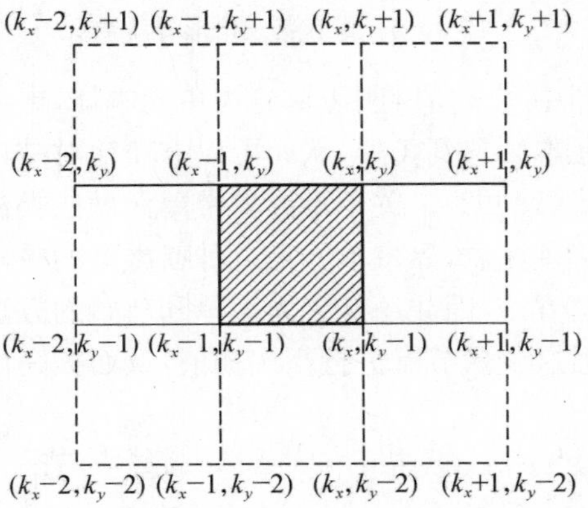

图 10-3　16 节点界带单元

图 10-2、图 10-3 是矩形界带单元，实线所围阴影部分为单元本体，虚线所围为单元的界带。图 10-2 是 12 节点矩形界带单元(RBE12)，四个角点(k_x-1, k_y-1)，(k_x, k_y-1)，(k_x, k_y)，(k_x-1, k_y)表示一个单元，向外拓展节点有(k_x-1, k_y-2)，(k_x, k_y-2)，(k_x+1, k_y-1)，

(k_x+1,k_y)，(k_x,k_y+1)，(k_x-1,k_y+1)，(k_x-2,k_y)和(k_x-2,k_y-1)，共 8 个点。这样，周围界带节点有 12 个，即 12 个位移 ψ。单元区域内的函数 $\psi(x,y)$可用多项式插值

$$\psi(x,y)=a_0+a_1x+a_2y+a_3x^2+a_4xy+a_5y^2+a_6x^3 +a_7x^2y+a_8xy^2+a_9y^3+a_{10}xy^3+a_{11}x^3y \tag{10-20}$$

然后在这 12 个节点上插值，即可求出这些常数。二阶偏微商后，有完全线性分布以计算变形能，还有二次变形但不完全。注意到外层拓展的 8 点，如果愿意还可加上角点方向的外拓，即增加(k_x-2,k_y-2)，(k_x+1,k_y+1)，(k_x-2,k_y+1)和(k_x+1,k_y-2)四点，这样共 16 个节点值，即为图 10-3 所示的 16 节点矩形界带单元(RBE16)，此时可以直接通过拉格朗日多项式插值

$$\psi(x,y)=\sum_{i=k_x-2}^{k_x+1}\sum_{j=k_y-2}^{k_y+1}L_i(x)L_j(y)\psi(x_i,y_j) \tag{10-21}$$

式中，$L_i(x)$，$L_j(y)$分别为 x 和 y 方向的拉格朗日多项式。

图 10-4 为 6 节点三角形界带单元(TBE6)，实线所围为单元本体，虚线所围为单元的界带。图 10-4 所示单元区域内的函数 $\psi(x,y)$可用多项式插值为 2 次完全多项式

$$\psi(x,y)=a_0+a_1x+a_2y+a_3x^2+a_4xy+a_5y^2 \tag{10-22}$$

3. 边界处理

这里以三角形界带单元为例，分析界带单元在边界处的处理。当采用三角形界带单元剖分结构时，在结构的边或角处，可以对三角形界带单元变形为如图 10-5 所示。

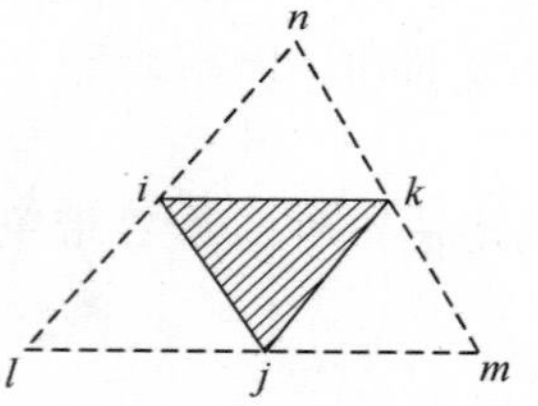

图 10-4　6 节点三角形界带单元

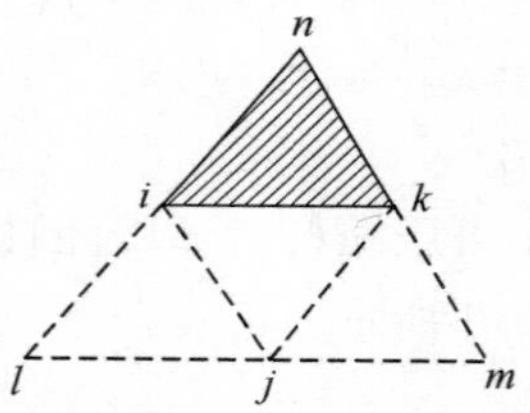

图 10-5　6 节点三角形界带单元

图中实线所围阴影部分为单元本体，虚线所围为单元的界带。图 10-5 所示界带单元中，把单元本体移到角处，从而可以方便地对结构的边和角处进行剖分。单元的插值函数不变，仍然取式(10-22)。关于矩形界带单元做法类似，这里不再赘述。

必须注意，界带单元是一种新类型的单元，关于其边界的处理，这里也只是给出一种简单的处理方法，因此还有更为简单和巧妙的方法值得进一步研究。采用界带单元的显著优势是可以通过少量节点进行高次插值，从而提高计算精度和计算效率。

第二节　奇点分析元

断裂力学的中心任务之一就是分析裂纹前缘附近的应力应变场，以便对裂纹的扩展规律进行研究。目前，只有极少数断裂力学问题能够得到解析解，而绝大多数工程实际中的断裂力学问题都要借助于数值分析的方法才能得到解决。由于裂纹尖端附近应力场存在奇异性，直接采用常规的数值方法分析断裂力学问题的效果往往不太理想。因此，需要结合断裂力学特

点发展更有效的方法。

如图 10-6、图 10-7 所示，在裂纹尖端附近总可划分出一扇形区域。利用结构力学与最优控制的模拟理论，将平面扇形区域问题导向哈密顿体系，由此可推导出一种用于分析裂纹尖端应力场的奇点分析单元。

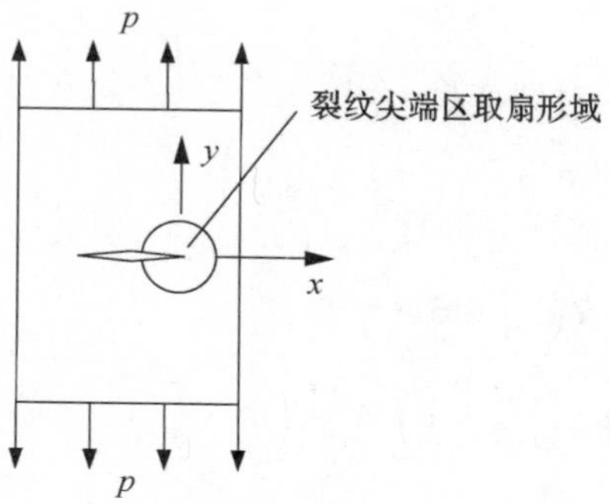

图 10-6　单向拉伸裂纹问题

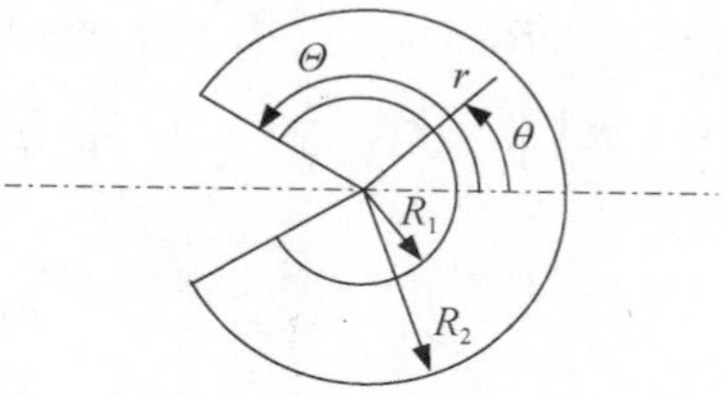

图 10-7　裂纹尖端附近的扇形域

本节将介绍如何通过变分原理，利用分离变量法和本征函数向量展开等方法，推导奇点分析单元的刚度矩阵，该单元可以和有限单元相连。这样在分析和计算裂纹问题时，可在裂纹尖端附近划分一扇形域，将扇形域处理成奇点分析元，在扇形域外采用有限单元处理。将裂纹奇点分析元与有限单元结合解决裂纹问题，既可以保持有限元法的灵活性和通用性，又因在裂纹区只需采用一个奇点分析元，可以大大降低计算量，保证了应力奇性的精确计算。

一、问题的描述与基本方程

这里只介绍各向同性材料裂纹尖端的应力奇性分析。但该方法对各向异性材料的裂纹尖端问题、楔形域问题、不同材料在径向线上黏合问题等都是适用的。

在分析裂纹问题时，考虑整体结构的复杂性，因此要用有限元法来计算。但对裂纹尖端，可以以尖点为中心作出如图 10-7 所示的扇形环域，利用对称性，取 $0\leqslant\theta\leqslant\boldsymbol{\Theta}=\pi$。环域外考虑与结构相连，用有限元法处理；如考虑裂纹尖端塑性域，则弹性部分为环域，内圆以内为塑性区域。以下将对扇形域作处理，使其成为整体结构中的一个超级单元。这样，在扇形域外采用有限元法处理，在扇形域内则用本节给出的奇点分析单元法求解。

考虑如图 10-7 所示的扇形区域

$$R_1\leqslant r\leqslant R_2,\quad -\boldsymbol{\Theta}\leqslant\theta\leqslant\boldsymbol{\Theta}$$

采用极坐标，u，v 分别表示径向和环向位移，可写出 H-R 变分原理

$$\begin{aligned}\delta\int_{-\Theta}^{\Theta}\int_{R_1}^{R_2}\Big[&\sigma_r\frac{\partial u}{\partial r}+\sigma_\theta\Big(\frac{u}{r}+\frac{1}{r}\frac{\partial v}{\partial\theta}\Big)+\tau_{r\theta}\Big(\frac{\partial v}{\partial r}-\frac{v}{r}+\frac{1}{r}\frac{\partial u}{\partial\theta}\Big)\\&-\frac{1}{2E}(\sigma_r^2+\sigma_\theta^2-2v\sigma_r\sigma_\theta+2(1+v)\tau_{r\theta}^2)\Big]r\mathrm{d}r\mathrm{d}\theta=0\end{aligned}\tag{10-23}$$

引入变换 $\xi=\ln r$，并引进变量 $S_r=r\sigma_r$，$S_{r\theta}=r\tau_{r\theta}$，$S_\theta=r\sigma_\theta$，于是方程式(10-23)成为

$$\delta\int_{-\Theta}^{\Theta}\int_{\xi_1}^{\xi_2}\Big[S_r\frac{\partial u}{\partial\xi}+S_\theta\Big(u+\frac{\partial v}{\partial\theta}\Big)+S_{r\theta}\Big(\frac{\partial v}{\partial\xi}-v+\frac{\partial u}{\partial\theta}\Big)$$

$$-\frac{1}{2E}(S_r^2+S_\theta^2-2\upsilon S_rS_\theta+2(1+\upsilon)S_{r\theta}^2)\Big]\mathrm{d}\xi\mathrm{d}\theta=0 \tag{10-24}$$

区域就成为 $\xi_1\leqslant\xi\leqslant\xi_2$，$-\Theta\leqslant\theta\leqslant\Theta$，其中 $u,v,S_r,S_{r\theta},S_\theta$ 为独立变函数。

将方程(10-24)先对 S_θ 取 max，有

$$\upsilon S_r+E\Big(u+\frac{\partial v}{\partial\theta}\Big)=S_\theta \tag{10-25}$$

代入式(10-23)，消去 S_θ，u、v 是位移，S_r、$S_{r\theta}$ 为其对偶变量，令

$$\boldsymbol{q}=[u,v]^{\mathrm{T}},\quad \boldsymbol{p}=[S_r,S_{r\theta}]^{\mathrm{T}} \tag{10-26}$$

再用一点代表对 ξ 的微商，于是得到哈密顿体系的变分原理

$$\begin{aligned}&\delta\int_{\xi_1}^{\xi_2}\int_{-\Theta}^{\Theta}[\boldsymbol{p}^{\mathrm{T}}\dot{\boldsymbol{q}}-H(\boldsymbol{q},\boldsymbol{p})]\mathrm{d}\xi\mathrm{d}\theta=0\\ &H(\boldsymbol{q},\boldsymbol{p})=S_r\Big(\upsilon u+v\frac{\partial v}{\partial\theta}\Big)-S_{r\theta}\Big(\frac{\partial u}{\partial\theta}-v\Big)-\frac{E}{2}\Big(u+\frac{\partial v}{\partial\theta}\Big)^2\\ &\qquad+\frac{1}{2E}[(1-\upsilon^2)S_r^2+2(1+\upsilon)S_{r\theta}^2]\end{aligned} \tag{10-27}$$

将变分原理展开，得到对偶方程组

$$\dot{\boldsymbol{v}}=\boldsymbol{H}\boldsymbol{v},\quad \boldsymbol{v}=\begin{Bmatrix}\boldsymbol{q}\\ \boldsymbol{p}\end{Bmatrix},\quad \boldsymbol{H}=\begin{bmatrix}\boldsymbol{A}&-\boldsymbol{D}\\ -\boldsymbol{B}&-\boldsymbol{A}'\end{bmatrix} \tag{10-28}$$

其中

$$\left.\begin{aligned}&\boldsymbol{D}=\begin{bmatrix}-\dfrac{(1-\upsilon^2)}{E}&0\\ 0&\dfrac{-2(1+\upsilon)}{E}\end{bmatrix},\quad \boldsymbol{B}=\begin{bmatrix}-E&-E\Big(\dfrac{\mathrm{d}\,\bullet}{\mathrm{d}\theta}\Big)\\ \dfrac{\mathrm{d}}{\mathrm{d}\theta}(E\,\bullet)&\dfrac{\mathrm{d}}{\mathrm{d}\theta}\Big(E\dfrac{\mathrm{d}\,\bullet}{\mathrm{d}\theta}\Big)\end{bmatrix}\\ &\boldsymbol{A}=\begin{bmatrix}-\upsilon&-\upsilon\dfrac{\mathrm{d}\,\bullet}{\mathrm{d}\theta}\\ -\dfrac{\mathrm{d}\,\bullet}{\mathrm{d}\theta}&1\end{bmatrix},\quad \boldsymbol{A}'=\begin{bmatrix}-\upsilon&\dfrac{\mathrm{d}\,\bullet}{\mathrm{d}\theta}\\ \dfrac{\mathrm{d}}{\mathrm{d}\theta}(\upsilon\,\bullet)&1\end{bmatrix}\end{aligned}\right\} \tag{10-29}$$

以及在 $\theta=0$ 处的对称条件或反对称条件；在 $\theta=\Theta$ 的自由边界条件

$$S_{r\theta}=0,\quad u+\frac{\mathrm{d}v}{\mathrm{d}\theta}+\upsilon\frac{S_r}{E}=0,\qquad 当\ \theta=\Theta\ 时 \tag{10-30}$$

等边值问题。

对裂纹问题，当取 $\Theta=\pi$ 时，在对称受力条件下，有奇点解及 K_1 类应力强度因子；在反对称条件下，则有 K_2 类奇点解及应力强度因子的计算。此时以 $\theta=0$ 线为对称或反对称的条件分别为

$$v=0,\qquad S_{r\theta}=0,\qquad 当\ \theta=0\ 时 \tag{10-31a}$$

或

$$u=0,\qquad \frac{\mathrm{d}v}{\mathrm{d}\theta}+\upsilon\frac{S_r}{E}=0,\qquad 当\ \theta=0\ 时 \tag{10-31b}$$

方程(10-28)是齐次的，利用分离变量法，有

$$\boldsymbol{v}_i=\boldsymbol{\Psi}_ie^{\mu_i\xi},\quad \boldsymbol{H}\boldsymbol{\Psi}_i=\mu_i\boldsymbol{\Psi}_i,\quad \boldsymbol{\Psi}_i=\begin{Bmatrix}\boldsymbol{q}_i\\ \boldsymbol{p}_i\end{Bmatrix} \tag{10-32}$$

式中 $\boldsymbol{\Psi}_i$ 是本征函数向量，只是 θ 的函数。

二、本征值与本征函数向量

限于篇幅，只对对称问题作展开讨论，反对称问题完全类同。根据本征方程(10-32)，对$\theta=0$线为对称的解有

$$\left.\begin{aligned} u &= A_u\cos(1+\mu)\theta + C_u\cos(1-\mu)\theta \\ v &= A_v\sin(1+\mu)\theta + C_v\sin(1-\mu)\theta \\ S_r &= A_r\cos(1+\mu)\theta + C_r\cos(1-\mu)\theta \\ S_{r\theta} &= A_\theta\sin(1+\mu)\theta + C_\theta\cos(1-\mu)\theta \end{aligned}\right\} \tag{10-33}$$

常数$A_u, C_u, A_v, \cdots, C_\theta$应满足方程式(10-32)，有

$$A_r = -A_\theta, A_u = -A_v, \mu A_v = (1+v)A_\theta/E \tag{10-34}$$

$$\left.\begin{aligned} &E\mu(1-\mu)C_u + (-3+v+\mu+\mu v)C_\theta = 0, \quad (1-\mu)C_r - (3-\mu)C_\theta = 0 \\ &E\mu(1-\mu)C_v + (3-v+\mu+\mu v)C_\theta = 0 \end{aligned}\right\} \tag{10-35}$$

由侧边边界条件式(10-40)，得

$$\left.\begin{aligned} &[E/(1+v)]A_v\mu\sin(1+\mu)\Theta + C_\theta\sin(1-\mu)\Theta = 0 \\ &[E/(1+v)]A_v(\mu-\mu^2)\cos(1+\mu)\Theta + (1+\mu)C_\theta\cos(1-\mu)\Theta = 0 \end{aligned}\right\} \tag{10-36}$$

A_v和C_θ不能同时为零，因此其行列式为零，由此导出本征方程

$$\mu(\sin 2\mu\Theta + \mu\sin 2\Theta) = 0 \tag{10-37}$$

其中与本征根$\mu=0$对应的，反映对称变形的本征函数向量为

$$\boldsymbol{\Psi}_1^0 = [u^0 = \cos\theta, v^0 = -\sin\theta, S_r^0 = 0, S_{r\theta}^0 = 0]^{\mathrm{T}} \tag{10-38}$$

其物理意义为沿对称轴的单位刚体平移。

对方程(10-37)，当$\Theta=\pi$时，相当于一条裂缝的解，解得

$$\mu = \frac{1}{2}, 1, \frac{3}{2}, 2, \frac{5}{2}, \cdots$$

对应本征函数向量表达式(10-33)，其中取$A_v=1$，其余常数由式(10-34)、式(10-35)、式(10-36)共同确定。

三、奇点分析元的刚度矩阵

在以上推导的基础上，将裂缝尖点附近的扇形域处理成一个超级单元，推导出刚度阵，这样就可以和有限元法结合了。而这个扇形域单元是用上述分析法来求解的，因此称之为裂纹奇点分析元。

为方便起见，只考虑弹性奇点分析元，即图 10-7 中内边界$R_1\to 0$或$\xi_1\to -\infty$。因此本征解中只有$\mathrm{Re}(\mu)>0$的β类解及反映刚体平移的零本征解才是适当的。

考虑对称变形情况，在$0\leqslant\theta\leqslant\Theta=\pi$内设有$n_r$个节点与结构的有限元节点相连，平面问题每个节点有两个位移u, v，由于对称，在$\theta=0$的节点上只有u，因此该超级单元共有$2n_r-1$个出口位移。与此对应，应该有$2n_r-1$个本征解（包括零本征解）。即

$$\boldsymbol{v}(\xi,\theta) = \boldsymbol{\Psi}_1^0 a_1 + \sum_{i=1}^{2n_r-2} a_{i+1}\boldsymbol{\Psi}_{-i}e^{(\mu_{-i}\xi)} \tag{10-39}$$

其中$a_i(i=1,2,\cdots,2n_r-1)$为待定常数，$\mu_{-i}=\dfrac{i}{2}(i=1,2,\cdots,2n_r-2)$。

根据与结构有限元节点相连接的 n_r 个点的 $2n_r-1$ 个位移，可以确定待定常数 $a_i(i=1,2,\cdots,2n_r-1)$。即当位移向量顺次取成$[u_1=1;u_2=0,v_2=0;u_3=0,0;\cdots]^{\mathrm{T}}$，$[u_1=0;u_2=1,v_2=0;u_3=0,0;\cdots]^{\mathrm{T}}$，$[0;0,1;0,0;\cdots]^{\mathrm{T}}$，…共 $2n_r-1$ 组位移向量时，由式(10-17)可以解出 $2n_r-1$ 组常数 a_i。将这些常数按列组成$(2n_r-1)\times(2n_r-1)$的矩阵 $\boldsymbol{T}$，它可以将扇形超级单元出口位移转换到 a_i。

计算单元刚度阵就是计算整个单元的变形能，而变形能即为式(10-24)中的泛函。将式(10-39)代入式(10-24)中的泛函，利用分部积分及解式(10-39)已满足全部方程及侧边边界条件的特点，有单元变形能

$$U=\frac{1}{2}\int_0^{\Theta}[S_r(\theta)u(\theta)+S_{r\theta}(\theta)v(\theta)]\mathrm{d}\theta=\frac{1}{2}\boldsymbol{a}^{\mathrm{T}}\boldsymbol{R}_a\boldsymbol{a}\tag{10-40}$$

式中 $\boldsymbol{a}$ 是由 $a_i(i=1,2,\cdots,2n_r-1)$所组成的向量，$\boldsymbol{R}_a$ 为相对 $\boldsymbol{a}$ 而言的单元刚度阵，

$$(\boldsymbol{R}_a)_{ij}=\int_0^{\Theta}[S_{ri}(\theta)u_j(\theta)+S_{r\theta i}(\theta)v_j(\theta)]\mathrm{d}\theta\tag{10-41}$$

为了从 $\boldsymbol{a}$ 变换到出口位移向量 $\boldsymbol{d}=\{u_1;u_2,v_2;\cdots\}^{\mathrm{T}}$，则有

$$\boldsymbol{a}=\boldsymbol{T}\cdot\boldsymbol{d},\quad \boldsymbol{K}_e=\boldsymbol{T}^{\mathrm{T}}\boldsymbol{R}_a\boldsymbol{T}\tag{10-42}$$

$\boldsymbol{K}_e$ 就是超级单元的刚度矩阵了。本征函数向量的共轭辛正交关系保证了刚度阵的对称性。注意此时单元局部坐标是极坐标，当与结构有限元相连，需进行坐标变换。组装方式与一般的有限单元完全一样。在计算得到超级单元出口位移以后，用式(10-42)计算 $\boldsymbol{a}$，由式(10-39)、式(10-25)可得到出口节点的 S_r，$S_{r\theta}$和 S_θ，然后就可得到出口节点应力分量的计算结果。对裂纹尖端区域的应力值计算，只需输入相应点的极坐标值，根据式(10-39)、式(10-25)就可得到对应的应力分量值，而此时的计算结果是沿径向解析的。

第三节　电磁共振腔的节点有限元法

电磁波的理论计算非常重要，不仅要有电磁波导的分析，还要有复杂形状的共振腔分析。对此，有限元方法是必要的。共振腔分析当然是动态电磁场，故类似结构振动问题，有本征值问题，也可以是在给定频率 ω 下做波传输的分析。总之，共振腔的有限元分析是很重要的环节。

电磁场的有限元分析已经有很多研究。其中常见的一类变量变分原理对应的节点有限元法有 C_1 连续性的困难，因此采用了棱边有限元。文献[9]运用对偶变量的有限元离散就不会出现 C_1 连续性的问题。然而仍有许多伪解，原因是有限元离散时未曾考虑满足电场 $\nabla\cdot\boldsymbol{E}=0$ 的条件，这本来是麦克斯韦(Maxwell)方程的一部分。节点有限元比棱边有限元有许多优点，但若要节点有限元预先满足 $\nabla\cdot\boldsymbol{E}=0$ 有许多困难。本节讲述运用洛伦兹(Lorentz)规范场的变分原理推导的节点有限元法，用变分原理满足 $\nabla\cdot\boldsymbol{E}=0$ 的条件，得到了比较满意的数值结果。

一、变分原理

麦克斯韦方程是在时域列式的，即

$$\begin{aligned}&\nabla\cdot\boldsymbol{D}=\rho\\&\nabla\cdot\boldsymbol{B}=0\\&\nabla\times\boldsymbol{E}=-\partial\boldsymbol{B}/\partial t\\&\nabla\times\boldsymbol{H}=-\boldsymbol{j}+\partial\boldsymbol{D}/\partial t\end{aligned}\tag{10-43}$$

以及本构关系

$$D = \varepsilon E;\quad B = \mu_0 H \tag{10-44}$$

符号是常用的。只考虑最基本的真空电磁波，无外源 $\rho=0$，$\boldsymbol{j}=\mathbf{0}$。

因 $\nabla\cdot\boldsymbol{B}=0$ 故可引入磁场向量势

$$\boldsymbol{B} = \nabla\times\boldsymbol{A} \tag{10-45}$$

从而有

$$\boldsymbol{E} = -\dot{\boldsymbol{A}}/c - \nabla\varphi \tag{10-46}$$

如果选择洛伦兹条件

$$\nabla\cdot\boldsymbol{A} + \dot{\varphi}/c = 0 \tag{10-47}$$

则有微分方程

$$\nabla^2\boldsymbol{A} - \ddot{\boldsymbol{A}}/c^2 = 0,\quad \nabla^2\varphi - \ddot{\varphi}/c^2 = 0 \tag{10-48}$$

其中 $\boldsymbol{A}$，φ 分别称为磁场向量势与电场纯量势，c 为光速。

以上是在时域列式的，其频域列式可以表示为

$$\begin{aligned} &\boldsymbol{H} = \boldsymbol{h}\cos\omega t = \mathrm{Re}[\boldsymbol{h}e^{-\mathrm{i}\omega t}],\quad \boldsymbol{E} = \boldsymbol{e}\sin\omega t = \mathrm{Re}[\mathrm{i}\boldsymbol{e}e^{-\mathrm{i}\omega t}] \\ &\boldsymbol{A} = \boldsymbol{a}\cos\omega t,\quad \varphi = \phi\sin\omega t \end{aligned} \tag{10-49}$$

其中电场 $\boldsymbol{e}(x,y,z,\omega)$，磁场 $\boldsymbol{h}(x,y,z,\omega)$ 待求，它们都是实型函数。频域微分方程成为

$$\omega\boldsymbol{\mu}\boldsymbol{h} = \boldsymbol{R}\cdot\boldsymbol{e},\quad \omega\boldsymbol{\varepsilon}\boldsymbol{e} = \boldsymbol{R}\cdot\boldsymbol{h} \tag{10-50}$$

$\boldsymbol{\mu}$ 与 $\boldsymbol{\varepsilon}$ 分别为介磁与介电矩阵。由式(10-49)磁场向量势 $\boldsymbol{a}(x,y,z,\omega)$ 与电场纯量势 $\phi(x,y,z,\omega)$ 的洛伦兹条件成为

$$\nabla\cdot\boldsymbol{a} + \omega\phi/c = 0 \tag{10-51}$$

而

$$\boldsymbol{R} = \begin{bmatrix} 0 & -\partial/\partial z & \partial/\partial y \\ \partial/\partial z & 0 & -\partial/\partial x \\ -\partial/\partial y & \partial/\partial x & 0 \end{bmatrix} \tag{10-52}$$

是算子矩阵。容易验证

$$\nabla^{\mathrm{T}}\cdot\boldsymbol{R} = \mathbf{0},\quad \nabla = \{\partial/\partial x\quad \partial/\partial y\quad \partial/\partial z\}^{\mathrm{T}}$$

故从式(10-44)有 $\nabla\cdot(\boldsymbol{\mu}\boldsymbol{h})=0$，$\nabla\cdot(\boldsymbol{\varepsilon}\boldsymbol{e})=0$。也可验证

$$\boldsymbol{R}^2 = \begin{bmatrix} \partial/\partial x & & \\ & \partial/\partial y & \\ & & \partial/\partial z \end{bmatrix}\cdot\begin{bmatrix} \partial/\partial x & \partial/\partial y & \partial/\partial z \\ \partial/\partial x & \partial/\partial y & \partial/\partial z \\ \partial/\partial x & \partial/\partial y & \partial/\partial z \end{bmatrix} - \begin{bmatrix} \nabla^2 & & \\ & \nabla^2 & \\ & & \nabla^2 \end{bmatrix}$$

要注意当 $\omega\neq 0$ 时，$\nabla\cdot\boldsymbol{D}=\mathbf{0}$ 与 $\nabla\cdot\boldsymbol{B}=\mathbf{0}$ 方才有保证。当 $\omega=0$ 时，$\nabla\cdot\boldsymbol{D}=\mathbf{0}$ 与 $\nabla\cdot\boldsymbol{B}=\mathbf{0}$ 还是不可缺少的。

还有边界条件。设有限域 V(共振腔)的边界为 S，理想导体的边界条件为

$$\boldsymbol{n}\times\boldsymbol{e} = \mathbf{0}\qquad 以及\qquad \boldsymbol{n}^{\mathrm{T}}\boldsymbol{h} = 0,\quad 在边界\ S \tag{10-53}$$

其中 $\boldsymbol{n}$ 是边界外法线单位向量。条件$\boldsymbol{n}^{\mathrm{T}}\boldsymbol{h}=0$ 可在有限元程序中加以处理。域内如有不同介质，则应当一起分析，应注意分界面的条件，不是简单的连续条件。如果是无限区域，则要求向无穷远衰减足够快，即

$$\boldsymbol{e}(\boldsymbol{r},\omega)\to o(|\,r\,|^{-\alpha}),\quad \boldsymbol{h}(\boldsymbol{r},\omega)\to o(|\,r\,|^{-\alpha}),\quad \alpha > 3/2,\quad 当\ |\,r\,|\to\infty \tag{10-54}$$

向量场 $\boldsymbol{e}$，$\boldsymbol{h}$ 应当由方程(10-50)以及相应的边界条件解出，对于有限区域 V 与理想导体边界条件，其变分原理可以表达为

$$\Pi(\boldsymbol{e},\boldsymbol{h}) = \iiint_V [\boldsymbol{h}^{\mathrm{T}}\cdot(\boldsymbol{R}\cdot\boldsymbol{e}) - \mu_0\omega\boldsymbol{h}^{\mathrm{T}}\boldsymbol{h}/2 - \omega\boldsymbol{e}^{\mathrm{T}}\boldsymbol{\varepsilon}\boldsymbol{e}/2]\mathrm{d}x\mathrm{d}y\mathrm{d}z$$

$$+\iint_S [\boldsymbol{e}^{\mathrm{T}} \cdot (\boldsymbol{n} \times \boldsymbol{h})] \mathrm{d}S, \quad \delta \Pi = 0 \tag{10-55}$$

其中向量 $\boldsymbol{h}$ 与 $\boldsymbol{e}$ 的各分量当成为独立的试函数。式(10-53)的 $\boldsymbol{n}\times\boldsymbol{e}=\boldsymbol{0}$ 则成为其自然边界条件。μ_0 是真空的介磁常数。由 $\delta\Pi=0$ 可以导出式(10-50)。反之，真实解使 $\delta\Pi=0$。

变分原理式(10-55)将理想导体边界条件作为其自然边界条件。形式上变分原理式(10-55)的泛函不对称。观察泛函式(10-55)的被积函数，当然是电场与磁场 $\boldsymbol{e},\boldsymbol{h}$ 的二次齐次函数，分别有 $\boldsymbol{e}$ 与 $\boldsymbol{h}$ 的二次项，还有 $\boldsymbol{e}$ 乘 $\boldsymbol{h}$ 的交互项。而共振腔可采用齐次边界条件，则变分原理式(10-55)成为

$$\Pi(\boldsymbol{e},\boldsymbol{h}) = \iiint_V [\boldsymbol{h}^{\mathrm{T}} \cdot (\boldsymbol{R} \cdot \boldsymbol{e}) - \mu_0 \omega \boldsymbol{h}^{\mathrm{T}} \boldsymbol{h}/2 - \omega \boldsymbol{e}^{\mathrm{T}} \boldsymbol{\varepsilon e}/2] \mathrm{d}x\mathrm{d}y\mathrm{d}z, \quad \delta\Pi = 0 \tag{10-56}$$

对于有限区域 V，只有对一些本征值 ω_{cr} 的条件下方才有解。共振腔的本征解计算是应当认真考虑的。从变分原理的函数看，$\delta\Pi=0$ 是 $\max\limits_{\boldsymbol{e},\boldsymbol{h}} \Pi(\boldsymbol{e},\boldsymbol{h})=0$。

变分原理是推导有限元的基础，这里只讨论协调元。在推导内部单元时，其单元边界在区域内部，场的连续条件替代了单元的边界条件。虽然在推导单元矩阵时，考虑该边界项当然会影响单元矩阵，但注意两个相邻单元的外法线恰为反方向，该边界成为内部面，只要是同一材料，内部边界面两侧的积分互相抵消。所以内部界面的边界积分项在推导有限元时不必计算。如果共振腔的边界是导体，则计算其边界积分，即有自然边界条件。

二、洛伦兹条件下电磁势的变分原理

有限元应当明确理想导体边界条件的提法。理想导体一定是等势的，因此切面方向的电场 $\boldsymbol{e}_s=\boldsymbol{0}$，但边界条件还有对于磁场的，理想导体表面磁场的法向分量 $\boldsymbol{h}_n=0$。有限元电场矩阵与磁场矩阵的生成一定要计入表面处 $\boldsymbol{e}_s=\boldsymbol{0},\boldsymbol{h}_n=0$ 的边界条件式(10-53)。

直接用电场当作未知数的有限元计算，不能得到满意效果，因为结果对网格依赖性大。它相当于采用了 $\phi(x,y,z,\omega)=0$ 的规范变换，灵活性丧失。原因是此时洛伦兹条件成为 $\nabla\cdot\boldsymbol{A}=0$ 相当于要预先满足 $\nabla\cdot\boldsymbol{e}=0$ 的约束，这种约束是全局性的。造成网格敏感性，应容忍 $\phi\neq0$ 的解。此时

$$\boldsymbol{e} = (\omega/c)\boldsymbol{a} - \nabla\phi \tag{10-57}$$

代入变分原理式(10-56)消去 $\boldsymbol{e}$，有

$$\boldsymbol{h} = \boldsymbol{R} \cdot [(1/c\mu_0)\boldsymbol{a} - \nabla\phi/\omega\mu_0] = (1/c\mu_0)\boldsymbol{R}\cdot\boldsymbol{a}$$

$$\begin{aligned}\Pi(\boldsymbol{a},\boldsymbol{h},\phi) = \iiint_V [&\boldsymbol{h}^{\mathrm{T}} \cdot [(\omega/c)\boldsymbol{R}\cdot\boldsymbol{a}] - \mu_0\omega\boldsymbol{h}^{\mathrm{T}}\boldsymbol{h}/2 - \omega[(\omega/c)\boldsymbol{a} \\ &- \nabla\phi]^{\mathrm{T}}\boldsymbol{\varepsilon}[(\omega/c)\boldsymbol{a} - \nabla\phi]/2]\mathrm{d}x\mathrm{d}y\mathrm{d}z, \delta\Pi = 0\end{aligned}$$

其中利用了 $\boldsymbol{R}\cdot\nabla=0$ 的算子恒等式。为简单起见，认为介质 $\boldsymbol{\varepsilon}=\varepsilon_0\boldsymbol{I}$ 是真空。变分原理的基本未知数是 $\boldsymbol{h},\boldsymbol{a},\phi$，增加了函数 ϕ，而向量 $\boldsymbol{a}$ 也不再受 $\nabla\cdot\boldsymbol{a}=0$ 的约束，即

$$\Pi(\boldsymbol{a},\boldsymbol{h},\phi) = \iiint_V \begin{bmatrix} (1/c)\,\boldsymbol{h}^{\mathrm{T}} \cdot [\boldsymbol{R}\cdot\boldsymbol{a}] - \mu_0\,\boldsymbol{h}^{\mathrm{T}}\boldsymbol{h}/2 \\ -\varepsilon_0(\omega^2/c^2)\,\boldsymbol{a}^{\mathrm{T}}\boldsymbol{a}/2 + \varepsilon_0(\omega/c)\,\boldsymbol{a}^{\mathrm{T}}\cdot\nabla\phi - \varepsilon_0\,(\nabla\phi)^{\mathrm{T}}(\nabla\phi)/2 \end{bmatrix} \tag{10-58}$$

$$\mathrm{d}x\mathrm{d}y\mathrm{d}z, \delta\Pi = 0$$

执行变分操作，得到

$$\delta\boldsymbol{h}: \quad \boldsymbol{R}\cdot(\boldsymbol{a}/c) = \mu_0\boldsymbol{h} \tag{10-59a}$$

$$\delta \boldsymbol{a}:\qquad \boldsymbol{R}\cdot\boldsymbol{h}=\varepsilon\omega^2(\boldsymbol{a}/c)-\varepsilon\omega\nabla\phi \tag{10-59b}$$

$$\delta\phi:\qquad \nabla^2\phi=(\omega/c)\nabla\cdot(\boldsymbol{a}) \tag{10-59c}$$

其中方程式(10-59c)的物理意义是 $\nabla\cdot\boldsymbol{e}=0$，只要对式(10-57)双方取 ∇ 算子就可得到。而方程式(10-59a,b)则只要将方程(10-57)代入式(10-50)就可得到。电场 $\boldsymbol{e}$ 已经由式(10-57)所取代。

电场 $\boldsymbol{e}$ 是物理量而 $\boldsymbol{a},\phi$ 不是。反映在边界条件，如导体，本来是切线向的 $\boldsymbol{e}_s=\boldsymbol{0}$，应代之以

$$(\omega/c)\,\boldsymbol{a}_s-\boldsymbol{n}\times\nabla\phi=\boldsymbol{0} \tag{10-60}$$

在导体边界还应该注意，方程中只出现 $\nabla\phi$，故任意加一个常数不产生作用，可指定某个点的 $\phi=0$。本来是对于 $\boldsymbol{e}$ 的边界条件，现在成为 $\boldsymbol{a},\phi$ 的条件，其中必定有一个条件可任意定。

选择洛伦兹条件式(10-47)，其频率域的方程为式(10-51)。微分方程也成为

$$\nabla^2\boldsymbol{a}+(\omega^2/c^2)\boldsymbol{a}=0,\qquad \nabla^2\phi+(\omega^2/c^2)\phi=0 \tag{10-61}$$

微分方程要求有边界条件方才能定解。边界条件式(10-60)可分解为 $\boldsymbol{a}_s=\boldsymbol{0}$，$\partial\phi/\partial\boldsymbol{s}=\boldsymbol{0}$。因为 $\partial\phi/\partial\boldsymbol{s}=0$，其中 $\boldsymbol{s}$ 是切面的任意方向，所以 $\phi=\mathrm{Const}$ 边界条件为

$$\boldsymbol{a}_s=0,\quad \phi=\phi_{\mathrm{b}}=\mathrm{Const} \tag{10-62}$$

在此，应对于选择 $\phi=\mathrm{Const}$ 做出说明。$\mathbf{A},\varphi$ 的选择并非是唯一的，事实上取

$$\mathbf{A}'=\mathbf{A}+\nabla\chi,\quad \varphi'=\varphi-\chi/c$$

其中

$$\nabla^2\chi-\ddot{\chi}/c^2=0$$

则 $\mathbf{A}',\varphi'$ 仍满足洛伦兹条件。既然理论上有函数 χ 的规范变换(Gauge transformation)，从数学上看，函数 χ 的规范变换应满足波动方程，波动方程求解要给出任意的边界条件，所以用于边界条件 $\phi=\mathrm{Const}$ 的选择是合理的。式(10-62)只是电场的边界条件，磁场的边界条件同前。

在边界条件是 $\phi=\mathrm{Const}$ 时，变分原理可变换为

$$\begin{aligned}\Pi(\boldsymbol{a},\boldsymbol{h},\phi)=&\iiint_V[(\omega/c)\,\boldsymbol{h}^{\mathrm{T}}\cdot[\boldsymbol{R}\cdot\boldsymbol{a}]-\mu_0\omega\boldsymbol{h}^{\mathrm{T}}\boldsymbol{h}/2-\varepsilon(\omega^3/c^2)\,\boldsymbol{a}^{\mathrm{T}}\boldsymbol{a}/2-\varepsilon(\omega^2/c)\phi\,\cdot\\&(\nabla\cdot\boldsymbol{a})-\omega\varepsilon(\nabla\phi)^{\mathrm{T}}(\nabla\phi)/2]\mathrm{d}x\mathrm{d}y\mathrm{d}z+\iint_\Gamma[a_n\cdot\mathrm{Const}]\mathrm{d}\Gamma,\ \delta\Pi=0\end{aligned} \tag{10-63}$$

其中 Γ 代表边界面。因此，向量势 $\boldsymbol{a}$ 的选择不再需要受 $\nabla\cdot\boldsymbol{a}=0$ 的限制。但因为高斯定理，总体的 $\nabla\cdot\boldsymbol{a}$ 积分

$$\iiint_V[\nabla\cdot\boldsymbol{a}]\mathrm{d}x\mathrm{d}y\mathrm{d}z=\iint_\Gamma[a_n]\mathrm{d}\Gamma=0 \tag{10-64}$$

仍有要求。既然向量势 $\boldsymbol{a}$ 是有限元法的未知数，表面处节点的法线向投影 a_n 不是完全独立，而有式(10-64)的约束。切线向投影条件已经在式(10-62)中给出。

式(10-63)是 $\boldsymbol{h},\boldsymbol{a},\phi$ 的三类变量变分原理。若想转化为 $\boldsymbol{a},\phi$ 的二类变量变分原理，则首先对于 $\boldsymbol{h}$ 取极大，有 $\boldsymbol{h}=(\boldsymbol{R}\cdot\boldsymbol{a})/c\mu_0$，再代入变分原理式(10-63)有

$$\begin{aligned}\Pi(\boldsymbol{a},\phi)=&\iiint_V[[(\boldsymbol{R}\cdot\boldsymbol{a})^{\mathrm{T}}\cdot(\boldsymbol{R}\cdot\boldsymbol{a})/c^2\mu_0]-\varepsilon(\omega^2/c^2)\,\boldsymbol{a}^{\mathrm{T}}\boldsymbol{a}-2\varepsilon(\omega/c)\phi\,\cdot\\&(\nabla\cdot\boldsymbol{a})-\varepsilon(\nabla\phi)^{\mathrm{T}}(\nabla\phi)]\mathrm{d}x\mathrm{d}y\mathrm{d}z+\iint_\Gamma[a_n\cdot\mathrm{Const}]\mathrm{d}\Gamma,\ \delta\Pi=0\end{aligned} \tag{10-65}$$

其中取消了乘子 $\omega/2$。

变分原理式(10-65)有 2 类变量 $\boldsymbol{a}$ 与 ϕ。如果将它转换到只有一类变量 $\boldsymbol{a}$ 的变分原理，

可方便求解。注意，ϕ满足泊松方程(10-59c)，其解的边界条件是边界上$\phi_b=\text{Const}$。根据叠加原理，可成为$\phi=\phi_1+\phi_2$，其中ϕ_1是方程(10-59c)的解，但边界条件是$\phi_{1b}=0$；而ϕ_2是拉普拉斯方程的解，边界条件是$\phi_{2b}=\text{Const}$，这说明ϕ_2的解就是$\phi_2=\text{Const}$。这样，ϕ在变分原理式(10-65)之中，出现于$-\varepsilon(\nabla\phi)^{\mathrm{T}}(\nabla\phi)$与$-2\varepsilon(\omega/c)\phi\cdot(\nabla\cdot\boldsymbol{a})$两处的积分。$\phi_2$在第一项中不出现，而第二项则因为边界条件式(10-64)，ϕ_2也不发挥作用。所以只要ϕ_1就可以了，可依然写为ϕ。

采用$\boldsymbol{a},\phi$的变分原理，就可以不再受到约束条件$\nabla\cdot\boldsymbol{e}=0$的困扰。用式(10-65)来离散，就与以往一类变量的程序一致了，在边界处$\phi_b=0$，只有总体的一个约束条件式(10-64)。

三、有限元列式

将三类变量变分原理式(10-63)进行有限元离散求解，首先要梳理出独立未知数。观察微分方程(10-59)，方程(10-59a,b)则是在洛伦兹条件下的电磁感应方程。而式(10-59c)对于ϕ的微分方程$\nabla^2\phi=(\omega/c)\cdot(\nabla\cdot\boldsymbol{a})$是泊松方程，其物理意义是保证$\nabla\cdot\boldsymbol{e}=0$得到满足。它们的来源不同，故式(10-59)实际是两个问题的综合。

泊松方程的要求是保证全部单元能达到$\nabla\cdot\boldsymbol{e}=(\omega/c)(\nabla\cdot\boldsymbol{a})=0$。因为是两个问题的综合，所以有限元的网格划分并不要求网格相同，可分别划分之。以平面问题为例，选择三角形线性插值网格。当划分好磁场向量势$\boldsymbol{a}$的网格后，则$\boldsymbol{a}$的单元数，就是$\nabla\cdot\boldsymbol{e}=0$的数目，已经确定。下面就要选择电场势$\phi$的泊松方程的有限元网格了。因为$\phi$是纯量函数，一个内部节点只提供一个待定未知数。如果采用$\boldsymbol{a}$网格的节点划分，则其未知数数目少于$\boldsymbol{a}$的单元数许多，无法满足全部磁场势单元的$\nabla\cdot\boldsymbol{e}=0$的要求。因此，纯量函数$\phi$离散应另外划分网格，使其内部节点数目比全部磁场势单元的数目多，则就可以满足全部单元$\nabla\cdot\boldsymbol{e}=0$的要求。纯量函数$\phi$离散的节点多于单元数目是没有问题的，变分原理可提供恰当数目的方程予以求解。

设磁场向量势$\boldsymbol{a}$离散的全部节点可区分边界面节点n_b个与内部节点n_i个，组成$n_\triangle$个三角形单元。每个内部节点有3个$\boldsymbol{a}_i$的分量，全部是独立未知数。而因边界条件式(10-62)，每个边界节点只有一个a_n是未知数；又因为式(10-64)，由a_n构成的边界独立未知数只有n_b-1个。

再回到电场势。设ϕ的内部节点数目是n_φ个，得到n_φ维向量$\boldsymbol{\varphi}_d$，可也组成三角形单元。当然$n_\varphi>n_\triangle$，应当能使$n_\triangle$个电磁单元满足$\nabla\cdot\boldsymbol{e}=0$。

将式(10-65)有限元离散、组装，得到离散泛函为

$$\Pi(\boldsymbol{w},\boldsymbol{\varphi}_d,\omega)=\boldsymbol{w}^{\mathrm{T}}\boldsymbol{K}\boldsymbol{w}-\omega^2\,\boldsymbol{w}^{\mathrm{T}}\boldsymbol{M}\boldsymbol{w}-\omega\,\boldsymbol{w}^{\mathrm{T}}\boldsymbol{F}\,\boldsymbol{\varphi}_d-\boldsymbol{\varphi}_d^{\mathrm{T}}\boldsymbol{G}\,\boldsymbol{\varphi}_d,\quad \delta\Pi=0 \tag{10-66}$$

其中$\boldsymbol{w}$代表全部节点处的向量$\boldsymbol{a}$。矩阵$\boldsymbol{G}$是$n_\varphi\times n_\varphi$的，而其他矩阵全部有恰当的尺寸。泛函中出现了$\omega^2,\omega$的项，与普通的本征值问题不同。应看到矩阵$\boldsymbol{G}$是正定对称的，故可对于$\boldsymbol{\varphi}_d$先取最大，即

$$2\boldsymbol{G}\boldsymbol{\varphi}_d+\omega\boldsymbol{F}^{\mathrm{T}}\boldsymbol{w}=\boldsymbol{0},\quad \boldsymbol{\varphi}_d=-\omega\boldsymbol{G}^{-1}\,\boldsymbol{F}^{\mathrm{T}}\boldsymbol{w}/2 \tag{10-67}$$

代入式(10-66)就可消去$\boldsymbol{\varphi}_d$，得到只有ω^2的本征值问题。

$$\Pi(\boldsymbol{w},\boldsymbol{\varphi}_d,\omega)=\boldsymbol{w}^{\mathrm{T}}\boldsymbol{K}\boldsymbol{w}-\omega^2\,\boldsymbol{w}^{\mathrm{T}}(\boldsymbol{M}-\boldsymbol{F}\boldsymbol{G}^{-1}\,\boldsymbol{F}^{\mathrm{T}}/4)\boldsymbol{w} \tag{10-68}$$

这是典型的瑞利商问题。如果取$n_w=3\times n_i+n_b$，而将约束条件延迟处理，则成为有一个约束条件的本征值问题。

式(10-68)的本征值问题，$\boldsymbol{K}$ 相当于刚度阵，而 $\boldsymbol{M}_r=(\boldsymbol{M}-\boldsymbol{F}\boldsymbol{G}^{-1}\boldsymbol{F}^{\mathrm{T}}/4)$ 相当于质量阵。过去，不考虑 $\nabla\cdot\boldsymbol{e}=0$ 的条件时，就是 $\boldsymbol{M}$ 阵，但考虑了洛伦兹规范后，矩阵成为 $(\boldsymbol{M}-\boldsymbol{F}\boldsymbol{G}^{-1}\boldsymbol{F}^{\mathrm{T}}/4)$，其中 $\boldsymbol{F}\boldsymbol{G}^{-1}\boldsymbol{F}^{\mathrm{T}}/4$ 是正定的，减法说明本征值会增加。从式(10-65)看到，质量阵 $\boldsymbol{M}_r$ 是非负的，但不能排除出现零本征值。

电场势 ϕ 的网格无非是使方程(10-59c)(物理意义是 $\nabla\cdot\boldsymbol{e}=0$)得到满足，然而只能在有限元的意义下得到满足，不是处处满足。如果选择与 $\boldsymbol{a}$ 的网格划分相同，则 ϕ 的节点数目少，不能达到使所有单元满足 $\nabla\cdot\boldsymbol{e}=0$。只要合理增加节点，使得数目足够，则组成 ϕ 离散的网格仍然可以达到要求。

既然要增加 ϕ 未知数，即 $\boldsymbol{\varphi}_d$ 的维数，$n_\varphi>n_\triangle$ 不是问题，n_φ 越大越好。当然希望利用磁场势 $\boldsymbol{a}$ 的网格。最方便的方案应可取为，在 ϕ 离散时仍运用 $\boldsymbol{a}$ 的三角形元，但用 6 点元的 2 次函数插值，这就是在每条边的中点增加一点。$\nabla\phi$ 当然是 $\boldsymbol{w}$ 的线性函数，$\omega\boldsymbol{a}-c\nabla\phi$ 也是，这样计算的矩阵就不会出现负的了。不过当 $\omega\boldsymbol{a}-c\nabla\phi=\boldsymbol{0}$ 时，因为 $\boldsymbol{a}$ 的线性插值而 2 次元插值时 $\nabla\phi$ 也是线性，故仍可能出现 0 本征值。此时，计算时产生的数值误差，也可能造成麻烦。比较保险的方法是将 $\boldsymbol{M}_r$ 阵加上一个小的对角矩阵 $\varepsilon'\boldsymbol{I}$，其中 ε' 是一个很小的数值，而又不至于产生很多误差。这样可免除数值计算中的麻烦。

电磁波的有限元分析是非常重要的课题。本节采用洛伦兹公式的表达，给出了电磁场在频域的变分原理，其对应的节点有限元消除了 C_1 连续性和伪解的难点。数值例题也表明该方法的有效性。

限于篇幅，前三节仅介绍了新单元的主要理论推导，关于详细算例可以参见相关文献。

第四节　时间-空间混合有限元

文献[11]提出了分析结构力学，文献[2]指出分析动力学与分析结构力学在数学理论上是一致的，并且指出传统经典分析力学有局限性：

(1) 它奠基于连续时间的系统，但应用力学有限元、控制与信号处理等需要离散系统。

(2) 动力学总是考虑同一个时间的位移向量，但应用力学有限元需要考虑不同时间的位移向量。

(3) 动力学要求体系的维数自始至终不变，但应用力学有限元需要变动的维数。

(4) 认为物性是即时响应的，但时间滞后是常见的物性，例如黏弹性、控制理论等。

这些局限性表明传统分析力学还需要大力发展。振动与结构力学问题，其实只是一个符号之差。分析力学方法对两方面可通用。其实双曲型偏微分方程与椭圆型偏微分方程也是差一个符号。它们性质不同，但分析上有共同之处。空间坐标的有限元离散已经广泛使用，对时间坐标运用有限元法也取得了好的数值结果。但仍是时间与空间分别离散，空间网格节点只能取相同时间坐标值而离散。

对于很多实际问题，期望不同空间坐标的网格密度，可采用不同的时间离散，故应考虑综合的时间-空间坐标的离散。因为是时间-空间混合在一起的有限元离散，时-空混合，称为时空混合有限元，也可简称时空混合元。根据上述分析，应考虑对时间-空间综合空间运用有限元离散。时空混合元涵盖了时间域与空间域。有限元的优点是有变分原理的支持，时空混合元的变分原理其实就是动力学的变分原理。时间-空间混合的有限元离散在实践与理论方面有许多问题需要探讨。本节将介绍这方面的研究成果。

一、时空混合元

为方便理解，这里只讲述空间一维、时间一维，即时-空二维问题。

连续时-空的偏微分方程，最基本的就是如下形式的双曲型波动方程：

$$\frac{\partial^2 w}{\partial t^2} - c^2(x) \cdot \frac{\partial^2 w}{\partial x^2} + k(x) \cdot w = 0 \quad (0 < x < L, 0 < t) \tag{10-69}$$

其中 $c(x)$是波速，可取为 1，应具有适当的边界条件和初始条件。波动方程相应的拉格朗日函数仍是动能减势能，它们分别为

$$\left.\begin{aligned} T &= \frac{1}{2}\int_0^L \dot{w}^2 \mathrm{d}x \\ U &= \frac{1}{2}\int_0^L \left[\left(c(x)\frac{\partial w}{\partial x}\right)^2 + k(x)w^2\right]\mathrm{d}x \\ L(w, \dot{w}) &= T - U \end{aligned}\right\} \tag{10-70}$$

式中变量上的一点表示对时间的偏导数。变分原理要求作用量取极小值，即

$$S = \int_0^{t_f} L(w, \dot{w})\mathrm{d}t = 0, \quad \delta S = 0 \tag{10-71}$$

有限元离散可运用于该变分原理。区别在于，静力学有限元运用最小势能原理，取最小在数学方面容易理解。而哈密顿变分原理则本来也只是要求一次变分为零，故用有限元法并无不妥，最简单当然仍是规则网格。空间离散后，势能 U 是正定的。它对作用量的贡献还要积分后取负号，故积分后时空混合元势能产生的作用量部分一定是负的。动能 T 的有限元插值积分后仍为正定，其对作用量的积分仍为正定。作用量 S 是不正定的。这是因为时间两端皆用位移作为未知数。如果对时间大的一端（称步进端）的位移与作用量 S 运用勒让德(Legendre)变换，则给出的时间区段混合作用量（混合能）的二次型便成为正定。这是分析动力学的常规。

离散的常规是互相无关地分别对时间与空间离散。在混合的时间 t-空间 x 中观察，给出的是规则网格，或规则的时空混合元。所谓规则，即其单元的边或者是同时间的，或者是同空间坐标的。即一维空间坐标是长方形单元，多维空间坐标则为柱型。

例如对空间坐标用有限元插值，其变形势能用有限元计算，并生成振动方程求解。这是对时间坐标运用了半解析法。然后，对时间坐标的积分则有本征向量展开（线性振动）或逐步积分。逐步积分常规做法是用差分法，故不是有限元。分析结构力学表明，可对时间坐标用有限元法插值，成为时间有限元。它相当于对规则的时空混合元采用双线性插值。当时间步长非常小时，其结果相当于半解析法。动力学常常采用集中质量法或协调质量法考虑节点处的质量，两类方法给出的数值结果皆可接受。线性插值元给出的是协调质量法。

二、双曲型偏微分方程的特征线理论概要

时空混合元应遵循分析理论，双曲型偏微分方程理论的主要特点是其特征线，其中心线称为蒙日轴(Monge axis, pencil)。在空间多维时是其蒙日锥(Monge cone)，蒙日轴。一般情况是四维（空间三维+时间一维），比较复杂。简单些，在二维的条件下讨论，已可抓住主要特点。有限元网格在节点 P 有边，其方向可区分为在蒙日锥内或蒙日锥外。

蒙日锥对方程式(10-69)就是两条特征线，$\Delta x-\Delta t=0$ 与 $\Delta x+\Delta t=0$，而蒙日轴就是 $\Delta x=0$ 的 t 轴。在 t 轴附近的蒙日锥内的边是时间类的边，而在蒙日锥外的边是空间类的边。时间类的边一定指向时间增加方向，而空间类的边则不强调方向。

方程的积分虽然不强调同时推进，但逐步积分的时间层次仍是必要的，这与通常的椭圆型方程积分完全不同，是双曲型方程的本性。初值问题积分，边界条件的提法也不同。单元网格划分，应注意时间是逐步积分的、分层次的初值问题，初值应是给出状态向量(离散后)。从分析结构力学的角度看，每层次的积分是状态向量的变换。层次步进的作用量(相当于结构力学的变形能)，其两端状态向量的变换应给出辛变换矩阵。应注意，辛矩阵要求层次位移向量的维数不变。

离散后，步进积分的层次位移向量维数不变是一种限制，但并非意味着全部层次皆为同一维数。该问题可延后讨论。现在应讨论时间-空间混合离散时，边界条件的分类。

边界条件是给定混合有限元网格边上的条件，是边就应按特征线划分时间类边界与空间类边界。不同边界应有不同的边界条件提法。边界应是单元网格的边，空间类边界是初值条件，给定状态向量；而时间类边界则是两端边界条件。空间类边界对应于空间类边，而时间类边界应是时间类边。

初始条件并非一定要给出在同一时间，而可在初始的全部时间类边界上给出。两端边界条件也并非一定要在不动的确定点上给出，例如变动边界问题，在移动边界给定位移，也可以。移动边界应当是时间类边。

三、波动方程

时空混合元就是有限元，其效果应当用例题的数值结果来展示。

设有下面的波动偏微分方程

$$\left.\begin{aligned}&\frac{\partial^2 w}{\partial t^2}-c^2(x)\cdot\frac{\partial^2 w}{\partial x^2}+k(x)\cdot w=0\quad(0<x<L,0<t)\\&w(0,t)=0,w(1,t)=0,w(x,0)=0,\dot{w}(x,0)=1\end{aligned}\right\}\tag{10-72}$$

作为探讨，要比较时空混合元的某些常见划分情况。此时连续本征解为 $\psi_i(x)=\sin(ix\pi/L)$。泛函的拉格朗日函数与变分原理为

$$L(w,\dot{w})=\int_0^L\frac{1}{2}[\dot{w}^2-w'^2]\mathrm{d}x=T-U,\quad \delta\int L(w,\dot{w})\mathrm{d}t=0\tag{10-73}$$

式中的一点和一撇分别表示对时间和空间的偏导数。微分方程式(10-72)是最典型的问题，有分析解，如图 10-8 所示。然而，若边界随时间而变化，则就无法分析求解了，下面会探讨。首先认为是固定边界，用混合有限元求解，以便与分析解比较。

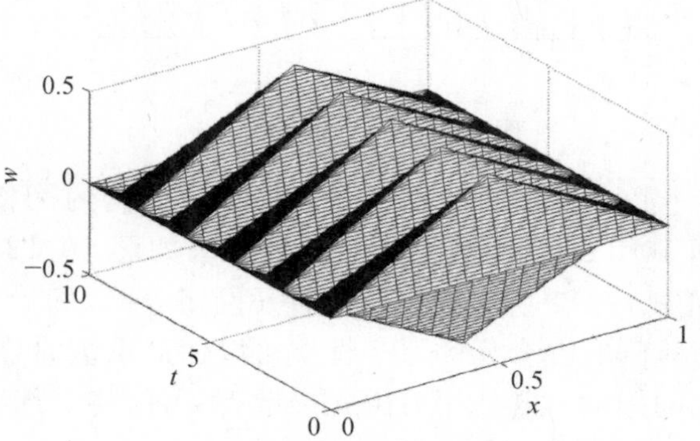

图 10-8　解析解的图形

最常见的是 n 等分的半解析离散，节点划分在 $x=0,\Delta x,2\Delta x,\cdots,(n-1)\Delta x,n\Delta x$ 处的等长网格，线性插值离散。$(i-$

1,i)的单元动能和单元变形能分别为

$$\begin{aligned}&(\dot{w}_{i-1}^2+\dot{w}_i^2+\dot{w}_i\dot{w}_{i-1})\cdot\Delta x/6\\&(w_{i-1}^2+w_i^2-2w_iw_{i-1})/2\Delta x\end{aligned}\tag{10-74}$$

导出微分方程后,可用精细积分法求解,近似结果是满意的,图形略。

对半解析法用时间有限元,取时间步长 Δt,其$(k,k+1)$的作用量为 $S_k=T_k-U_k$,其中动能和势能分别为

$$\begin{aligned}T_k&=[(w_{k+1,i}-w_{k,i})^2+(w_{k+1,i-1}-w_{k,i-1})^2\\&\quad+(w_{k+1,i}-w_{k,i})(w_{k+1,i-1}-w_{k,i-1})]\cdot\frac{\Delta x}{6\Delta t}\\U_k&=[(w_{k+1,i}-w_{k,i-1})^2+(w_{k,i}-w_{k,i-1})^2\\&\quad+(w_{k+1,i}-w_{k+1,i-1})(w_{k,i}-w_{k,i-1})]\cdot\frac{\Delta t}{6\Delta x}\end{aligned}\tag{10-75}$$

其结果也很好,并保辛。矩形时空混合元的动能 T_k 和势能 U_k 与半解析的时间有限元相同,故也给出很好的数值结果。

如果时空混合元不用矩形单元,而用如图 10-9 所示的三角形单元,则两个三角形单元的动能之和为

$$T'_k=[(w_{k+1,i}-w_{k,i})^2+(w_{k+1,i-1}-w_{k,i-1})^2]\cdot\frac{\Delta x}{4\Delta t}\tag{10-76}$$

而两个三角形单元的势能之和为

$$U'_k=[(w_{k+1,i}-w_{k+1,i-1})^2+(w_{k,i}-w_{k,i-1})^2]\cdot\frac{\Delta t}{4\Delta x}\tag{10-77}$$

虽然与矩形混合元不同,但相差不多,结果如图 10-10 所示。

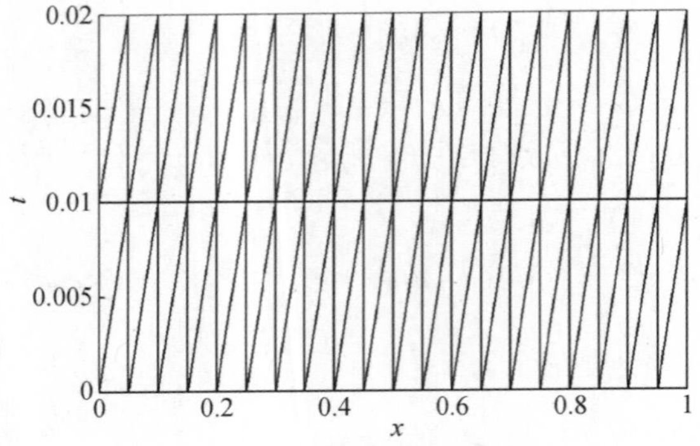

图 10-9　三角形网格

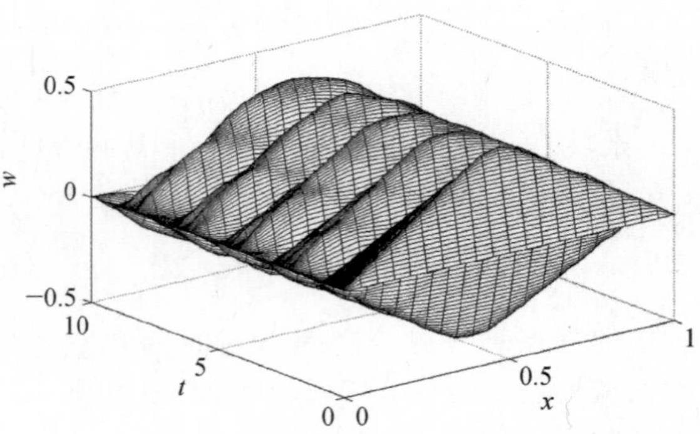

图 10-10　三角形混合元积分

以上是对时间和空间坐标皆划分均匀网格。如果将时间变动的三角形网格划分如图 10-11 所示,则积分给出的结果如图 10-12 所示,也是满意的。经验证,对于图 10-9 和图 10-11 所示给出的混合元网格,$t=0$ 和 $t=0.02$ 时刻的状态向量之间的传递矩阵是辛矩阵。混合元的保辛性质可以保证系统的总能量不会无限增加和减少,避免了人工阻尼的影响。既然用有限元离散,不可能将全部细节都照顾到,故不能达到图 10-8 解析解出现的尖角。

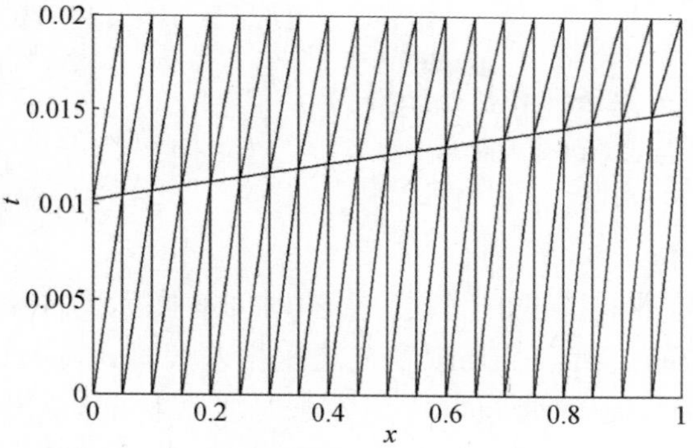

图 10-11 非同时混合元网格

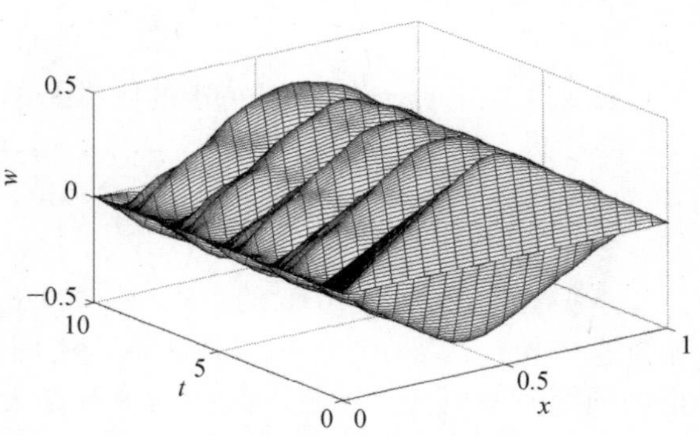

图 10-12 非同时混合元网格的积分结果

四、变动边界问题与混合元

考虑如下变动边界问题。某人拉小提琴，滑音，即移动压弦线的手指而产生。方程为

$$\frac{\partial^2 w}{\partial t^2}-c_0^2\cdot\frac{\partial^2 w}{\partial x^2}=0 \tag{10-78}$$

时变的区域边界条件为 $w(0,t)=0, w(x,t)=0, x_r=1+v\sin(\omega_0 t)$，初始条件为 $w(x,0)=\sin(x\pi/L)$。

变动边界问题解析求解很困难。若采用时空混合元方法，对这类变动边界问题的处理是很方便和灵活的。

取各个参数为 $c_0^2=16, v=0.05, \omega_0=2\pi$。时变边界周期变化，周期为 1，故只需要在一个周期内划分网格，以后周期重复第一个周期的网格即可。采用图 10-13 所示的网格，其积分步长是 0.02，计算结果如图 10-14 所示。

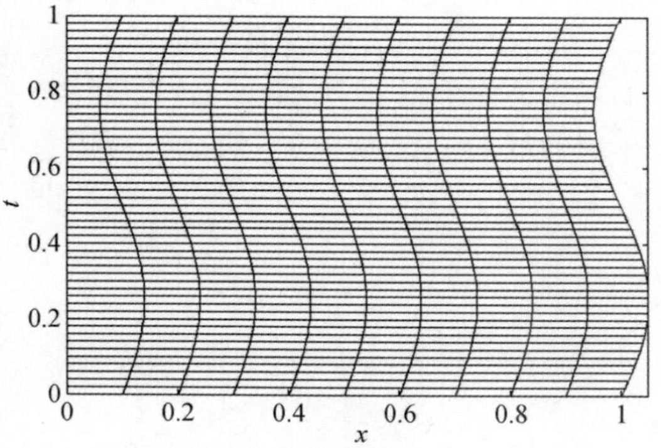

图 10-13 $\omega_0=2\pi$ 时变边界不规则四边形网格

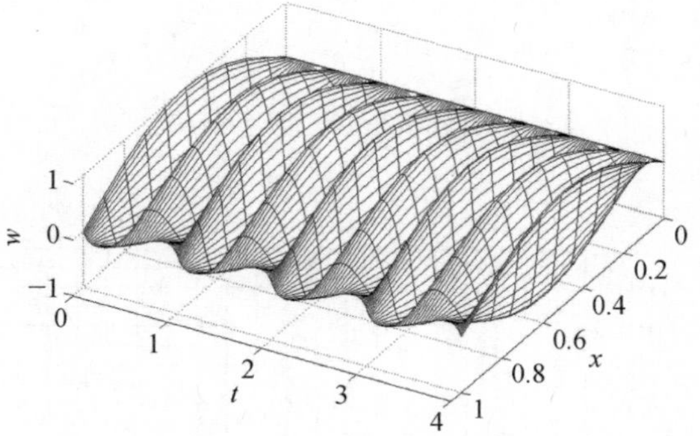

图 10-14 变边界问题的波动响应

五、刚性双曲型偏微分例题

设在区域 $0<x<1, 0<t$ 的偏微分方程为

$$\frac{\partial^2 w}{\partial t^2}-c^2(x)\cdot\frac{\partial^2 w}{\partial x^2}=0$$

$$c^2(x)=\begin{cases}1 & 0\leqslant x\leqslant 0.5\\ 400 & 0.5\leqslant x\leqslant 1\end{cases} \tag{10-79}$$

其中波速是变化的，$w(x,t)$是待求的位移函数。边界条件和初始条件为

$$w(0,t)=0,w(1,t)=0,\dot{w}(x,0)=0$$
$$w(x,0)=\begin{cases}\sin(2\pi x) & 0\leqslant x\leqslant 0.5\\ 0.2\sin(2\pi x) & 0.5\leqslant x\leqslant 1\end{cases} \tag{10-80}$$

从振动理论看，$x<0.5$ 的半边与 $x>0.5$ 是不同尺度的问题。当然时间有限元的网格密度也应相差几倍，在 $x=0.5$ 附近应当有网格的过渡区。凡刚度或波速相差大时，不同尺度的问题便会出现。多尺度问题的求解是大家关心的课题。传统方法是半解析的，先对空间坐标有限元离散，对时间坐标保持为连续。显然，$x>0.5$ 部分波速大，时间网格应加密。然后半解析离散后，通常对时间积分运用差分。而常用的差分法对时间积分都是规则的。

高刚度或高波速区的网格，时间积分的时间步长要小，而低刚度区域，时间积分的步长相应地可以大些，这样就出现不同的时间步长。时间差分法求解只能用统一的步长，但统一只能统一到高密度空间网格的时间步长。这表明分别处理空间与时间的离散，不够灵活。以下采用混合元给出积分结果。

空间划分 20 个单元时，两个区域用同步长混合元，时间步长不能超过 0.0025，这是由空间网格宽度和 $c^2=400$ 决定的。采用同步长混合元，时间步长为 0.001，计算结果如图 10-15 所示。采用如图 10-16 所示的混合元网格，两个区域的时间步长不同，慢变区域的时间步长为 0.04，而快变区域的时间步长为 0.002，计算结果如图 10-17 所示。时间步长要满足 $\Delta t\leqslant\Delta x/c$，本算例中快变区域 $c=20$，若用相同步长，则最大步长为 0.002 5。而采用类似于图 10-16 的网格，慢变区域可采用的最大步长为 0.05，快变区域则可将 0.05 分 20 份，慢变区域的步长提高 20 倍。

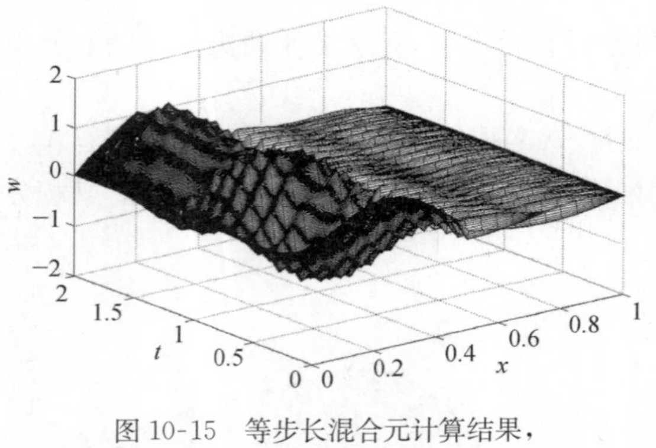

图 10-15　等步长混合元计算结果，时间步长 $t=0.001$

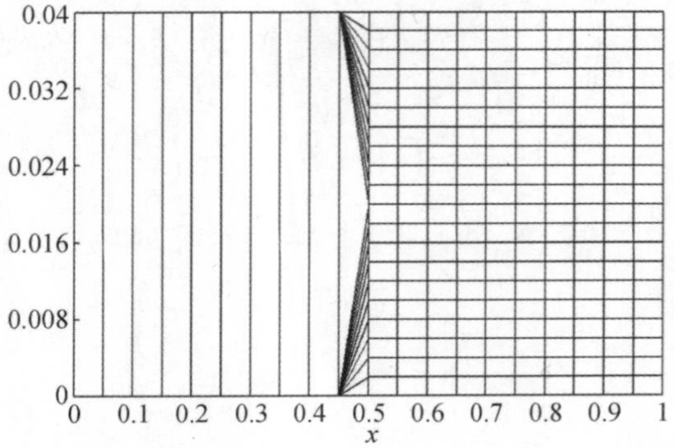

图 10-16　混合元网格

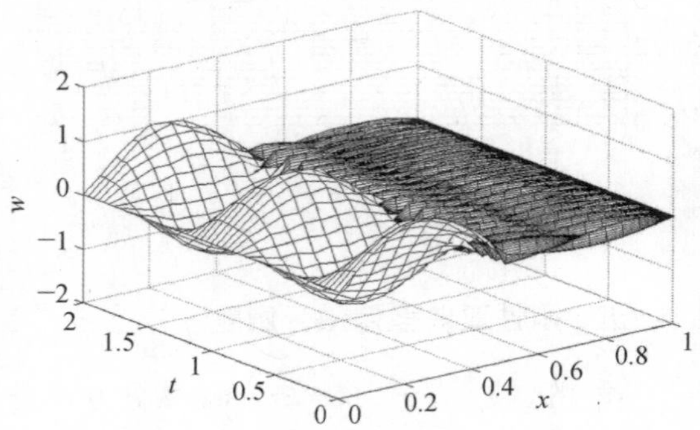

图 10-17　快慢区域不等长混合元计算结果

图 10-15 给出的是用小步长积分的结果，$x<0.5$ 的区域和 $x>0.5$ 的区域时间尺度不同，并且两个区域存在能量的交换。$x<0.5$ 区域主要是慢变过程，但也包含 $x>0.5$ 区域传递的快变分量，$x<0.5$ 区域响应的毛刺就是这些快变分量的体现。而图 10-17 给出的结果，在快变和慢变区域采用了不同步长混合元，这相当于在慢变区域进行了平均，故将毛刺平均掉。

由本节介绍可以看到，在有限元分析方面，不用对时间、空间分别离散，而可组成混合的时空混合有限元网格。静力学有限元运用最小势能原理，而混合元在时间和空间组成的综合空间中生成有限元网格，然后利用哈密顿变分原理，取一次变分为零，导出混合元列式。混合元列式矩阵的对称性，保证了混合元保辛的性质。在理论上有双曲型偏微分方程特征线理论的基础，而数值例题表明，时空混合有限元能灵活地处理变动边界问题和多尺度刚性问题。

参考文献

[1] 钟万勰. 弹性力学求解新体系[M]. 大连：大连理工大学出版社，1995.
[2] 钟万勰. 应用力学的辛数学方法[M]. 北京：高等教育出版社，2006.
[3] 吴锋，孙雁，钟万勰. 不可压缩材料分析的界带有限元[J]. 应用数学与力学，2013，34(1)：1-9.
[4] 姚伟岸，钟万勰. 辛弹性力学[M]. 北京：高等教育出版社，2002.
[5] 张洪武，姚征，钟万勰. 界带分析的基本理论和计算方法[J]. 计算力学学报，2006，23(3)：257-263.
[6] 孙雁，韩震，刘正兴. 奇点分析单元法在断裂问题中的应用[J]. 机械强度，2002，24(2)：262-265.
[7] 钟万勰. 计算结构力学与最优控制[M]. 大连：大连理工大学出版社，1993.
[8] 孙雁，钟万勰. 电磁共振腔的节点有限元法[J]. 动力学与控制学报，2011，9(1)：1-6.
[9] 钟万勰，孙雁. 电磁共振腔辛有限元法[J]. 计算力学学报，2004，21(2)：129-134.
[10] 钟万勰，高强. 时间-空间混合有限元[J]. 动力学与控制学报，2007，5(1)：1-7.
[11] 钟万勰. 分析结构力学与有限元[J]. 动力学与控制学报，2004，2(3)：1-8.
[12] 钟万勰，姚征. 时间有限元与保辛[J]. 机械强度，2005，27(2)：178-183.

第十一章　ANSYS 有限元分析软件及应用

随着有限元法的提出、发展到成熟，基于有限元理论的计算软件也孕育而生。目前国内应用比较广泛的有限元商业通用软件主要有 ANSYS、ABAQUS、MSC 等，其中以 ANSYS 软件在高校有限元教学和科研中应用最为广泛。因此，本章应用 ANSYS 软件对于两个实例进行有限元分析，让读者对于有限元软件的应用有所了解。

第一节　ANSYS 软件简介

ANSYS 公司创立于 1970 年，是世界 CAE 行业的著名公司，其创始人 John Swanson 博士是匹兹堡大学力学系教授、有限元界的权威。经过 40 多年的发展，ANSYS 软件从最初只能在大型机上使用、仅仅提供热分析和线性结构分析功能的批处理程序，发展成一个功能强大融结构、流体、电场、磁场、声场分析于一体的可在大多数计算机及操作系统中运行的大型通用有限元分析软件，在航空航天、机械制造、汽车交通、土木工程、国防军工、船舶、电子、生物医学、核工业、水利、能源、石油化工等行业有广泛的应用。ANSYS 软件能与多数 CAD 软件接口，实现数据的共享和交换，如 Pro/Engineer、NASTRAN、Alogor、I-DEAS、AutoCAD 等，是现代产品设计中的高级 CAD/CAE 软件之一。

ANSYS 软件具有如下的技术特色：

(1) 完整的单场分析方案：ANSYS 软件汇集了世界最强的各物理场分析技术，包括以强大的结构非线性著称的机械模块 Mechanical；以强大的碰撞、冲击、爆炸、穿甲模拟能力著称的显式模块 AUTODYN；以求解快速著称的流体动力学分析模块 CFX；以特大电大尺寸分析能力著称的电磁场分析模块 FEKO。

(2) 独特的多场耦合分析：ANSYS 软件不仅具有强大的结构、流体、热、电磁单场分析模块，还可以求解多物理场的耦合问题。多物理场仿真模块 Multiphysics 允许在同一模型上进行各种耦合分析，如热-结构耦合、电-结构耦合以及电-磁-流体-热耦合。

(3) 设计人员的快捷分析工具：设计人员需要的不是分析功能的深入与强大，而是快捷和实用的 CAE 工具。充分考虑设计特点的 DesignSpace 快捷分析工具是对产品设计方案进行初步校验和性能预测、提高设计效率的必备工具。

ANSYS 软件可以采用交互式图形用户界面(GUI)和批处理(Batch)两种方式来运行。ANSYS 图形用户界面是用来与 ANSYS 软件交互的一种非常容易和直观的方式。GUI 模式允许用户在只有一点点甚至没有 ANSYS 命令知识的情况下采用交互的方式进行一个问题的分析，每个 GUI 操作将激活一个或多个 ANSYS 命令来执行需要的操作，从而一步一步地完成整个分析。因此 GUI 方式特别适合初学者和简单工程问题的分析和计算。大部分的 ANSYS 操作都可以用交互的方式来完成，但有一些操作只能采用输入命令的方式实现。批处理方式需要用户提交一个命令行文件给 ANSYS 程序，该命令行文件的编写可以由以往的

ANSYS 过程文件或 ANSYS 自带的参数设计语言(APDL)来实现。批处理方式运行 ANSYS 可以实现整个分析过程的一次性完成，大大提高了工作效率，而且对于相似问题进行分析时，只需对程序源文件做少量的修改便可以重新使用。由于本书主要是针对 ANSYS 软件的初学者，因此采用 GUI 方式进行实例分析，以便读者能够尽快熟悉和掌握 ANSYS 的基本用法，从而着手解决一些简单的工程问题。

第二节　ANSYS 软件的典型分析过程

一、典型的 ANSYS 分析

ANSYS 有限元分析过程主要包括三个步骤。

1. 前处理——创建有限元模型

(1) 创建或输入几何模型。

(2) 定义材料属性。

(3) 定义单元类型及实常数(根据单元类型的特性设置，有些单元类型无须定义实常数)。

(4) 划分有限元网格。

2. 求解——施加载荷并求解

(1) 施加约束条件。

(2) 施加载荷。

(3) 求解。

3. 后处理——查看分析结果

(1) 查看分析结果。

(2) 检查结果的正确性。

ANSYS 分析的三个步骤在如图 11-1 所示的主菜单中有明显的体现。为了让读者清楚地了解 ANSYS 程序的有限元分析和计算过程，下面将以一个简单的实例一步步地引导大家进行操作。

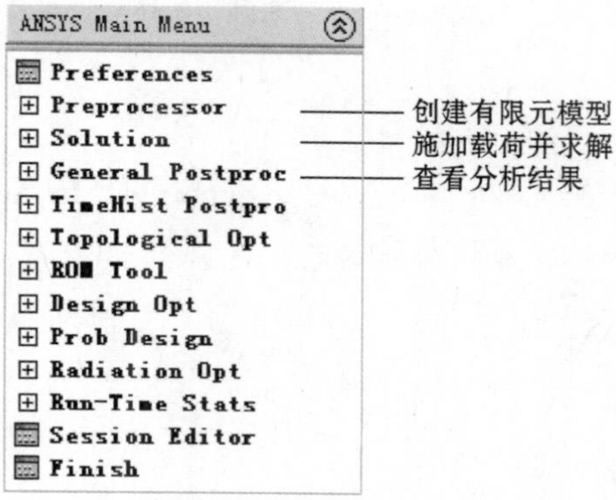

图 11-1　ANSYS 分析的主要步骤

二、具体分析实例介绍(一)

图 11-2 为一个悬臂梁模型,受力情况和模型尺寸如图所示。已知梁的材料参数为:弹性模量 $E=200$ GPa,泊松比 $\nu=0.3$。梁的横截面为半径等于 5 cm 的圆截面。

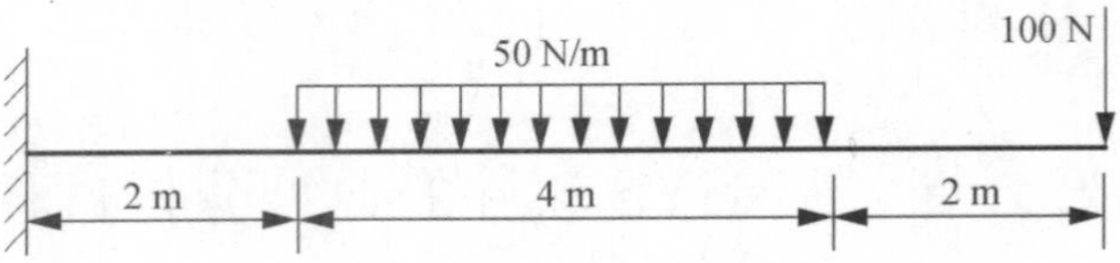

图 11-2 悬臂梁模型

1. *启动* ANSYS

在 Windows 7 以上操作系统下启动 ANSYS 软件,执行[开始]→[程序]→ANSYS 16.0→ANSYS Product Launcher 命令。弹出如图 11-3 所示的对话框,输入工作目录如 E:\ansys_exer,工作文件名设置为 beam。单击 Run 按钮进入 ANSYS 界面。

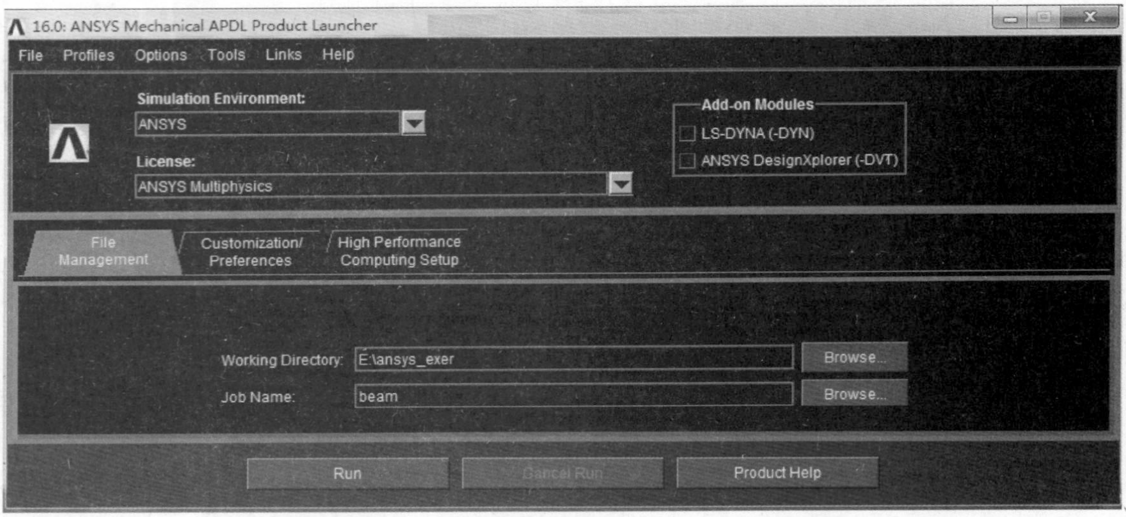

图 11-3 ANSYS 启动对话框

2. *创建几何模型*

1) 生成一系列关键点

GUI:Main Menu>Preprocessor>Create>Keypoints>**In Active CS**。

在弹出的对话框(见图 11-4)中输入参数:

① X=0,Y=0,单击 Apply 按钮;

② X=2,Y=0,单击 Apply 按钮;

③ X=6,Y=0,单击 Apply 按钮;

④ X=8,Y=0,单击 OK 按钮;

执行上述操作后,将在图形输出窗口显示四个关键点,如图 11-5 所示。

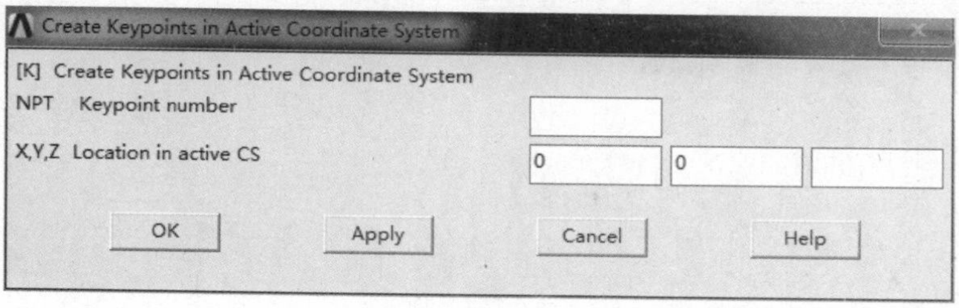

图 11-4　生成关键点的对话框

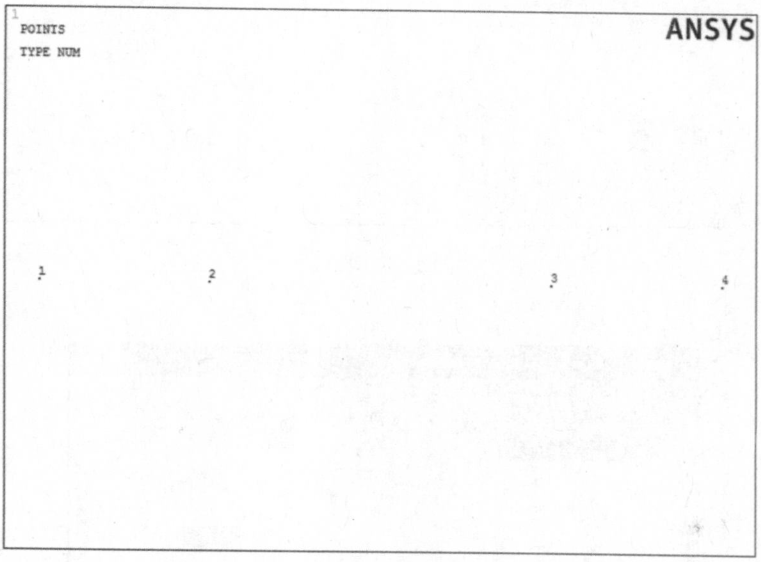

图 11-5　关键点

2）生成三条线

GUI: Main Menu>Preprocessor>Create>Lines>Lines>**Straight Line**。

在弹出的拾取框中依次选中 1,2 号关键点，单击 Apply 按钮，生成一条直线。类似地，选中 2,3 号关键点，单击 Apply 按钮；选中 3,4 号关键点，单击 OK 按钮，最终生成三条直线，如图 11-6 所示。

3）保存数据库

GUI: Utility Menu>File>**Save as Beam. db**。

3. 定义材料属性

GUI: Main Menu>Preprocessor>Material Props> **Material Models**。

在弹出的如图 11-7 所示的对话框右侧的 Material Models Available 栏中依次双击选中 Structural、Linear、Elastic、Isotropic，这时又会弹出如图 11-8 所示的对话框。在该对话框中输入材料参数：EX=2E11，PRXY=0. 3，单击 OK 按钮完成材料属性的定义。

4. 定义单元类型

GUI: Main Menu>Preprocessor>Element Type>**Add/Edit/Delete**。

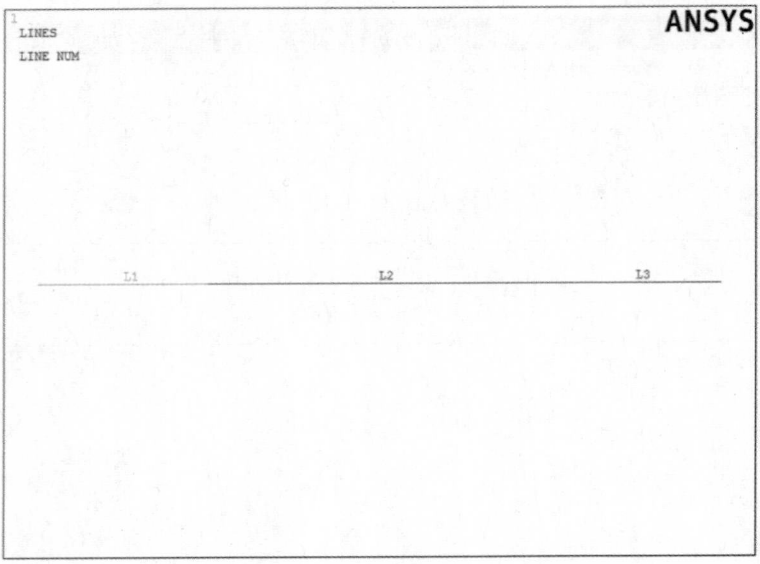

图 11-6　直线

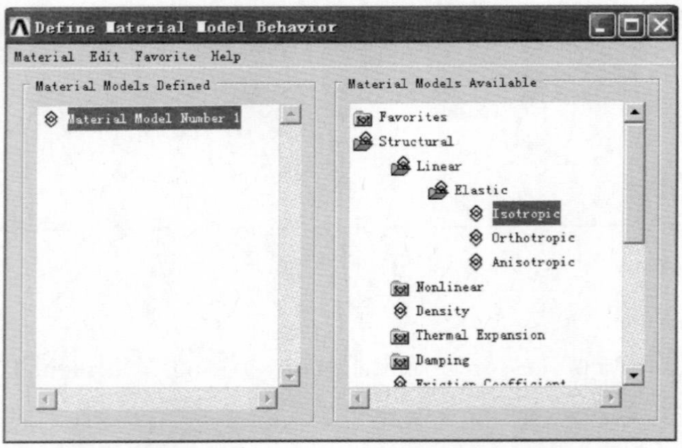

图 11-7　定义材料属性的对话框

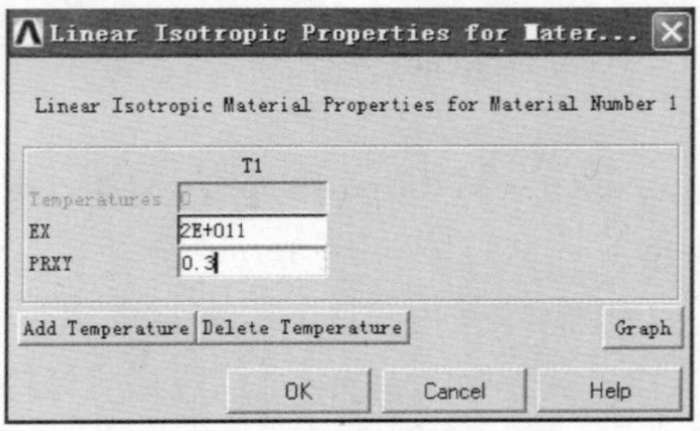

图 11-8　输入材料参数的对话框

单击图 11-9 中的 Add... 按钮，弹出如图 11-10 所示的单元类型库对话框，首先在 Library of Element Types 中选择 Beam 选项，然后在右面的列表框中选择 2node　188 选项，即 2 节点的 Beam188 单元，确定选中后，单击 OK 按钮，将关闭单元类型库对话框，同时 Beam188 单元将出现如图 11-10 所示的单元类型对话框的列表栏中。

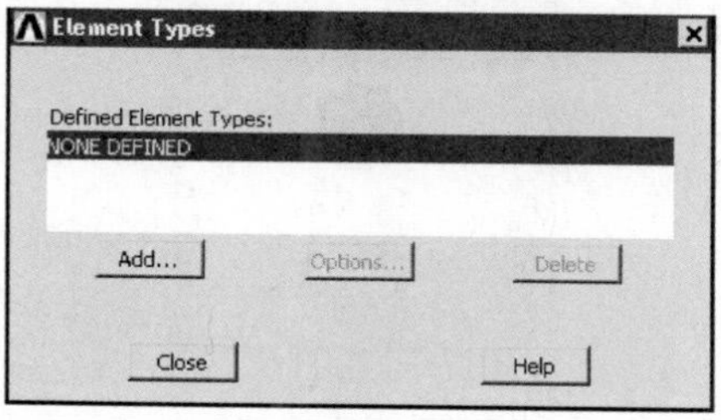

图 11-9　单元类型对话框

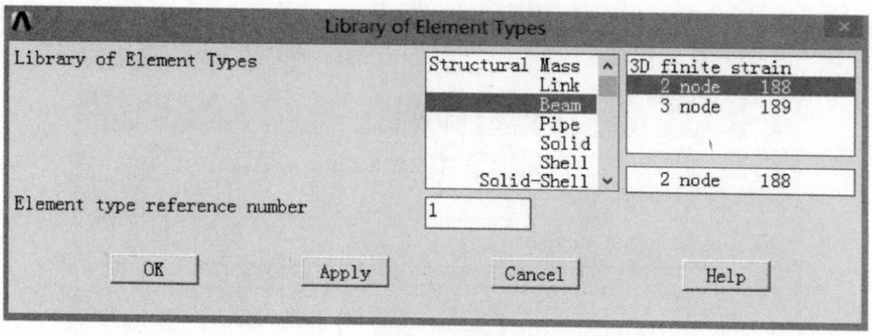

图 11-10　单元类型库对话框

5. 定义截面

GUI：Main Menu＞Preprocesor＞Sections＞Beam＞**Common Sections**。

在弹出的 Beam Tool 对话框中，将 Sub-Type 改为圆形，在 R 选项的输入框中输入模型横截面的半径 0.05，设置结果如图 11-11 所示，单击 OK 按钮完成截面的设置。

6. 划分有限元网格

1）设置单元属性

GUI：Main Menu＞Preprocessor＞Meshing＞Mesh Attributes＞**Default Attribs**。

在弹出的 Meshing Attributes 对话框中，按照如图 11-12 所示进行设置，单击 OK 按钮完成单元属性的设置。

2）设置单元尺寸

GUI：Main Menu＞Preprocessor＞Meshing＞Size Cntrls＞ManualSize＞LinesTool＞**Picked Lines**。

在线段拾取框中拾取所有线段，单击 OK 按钮，弹出如图 11-13 所示的菜单，将其中的 SIZE 设置为 0.05，单击 OK 按钮。

3）网格划分

GUI：Main Menu＞Preprocessor＞Meshing＞Mesh＞**Lines**。

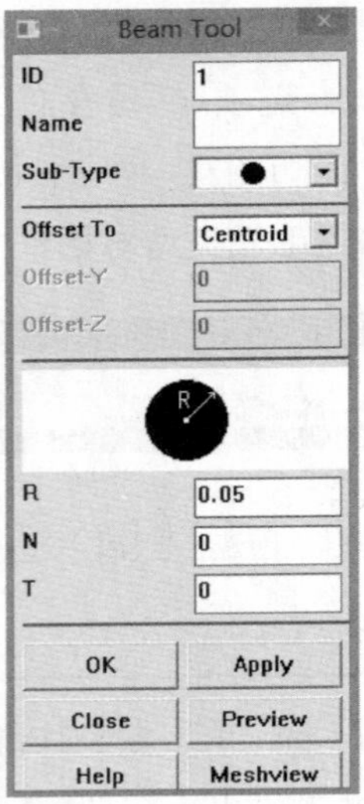

图11-11　梁截面设置对话框

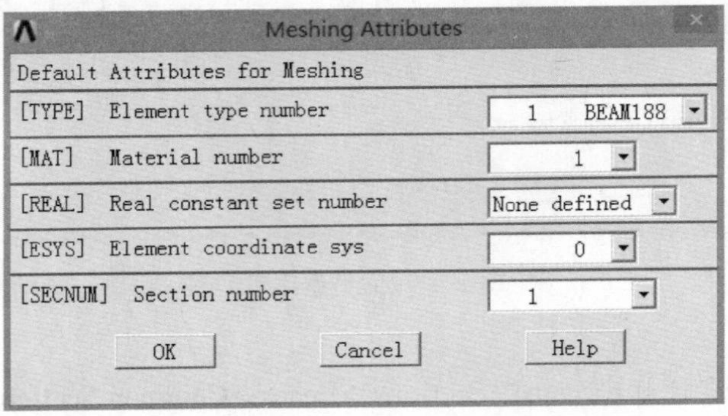

图 11-12　设置单元属性的对话框

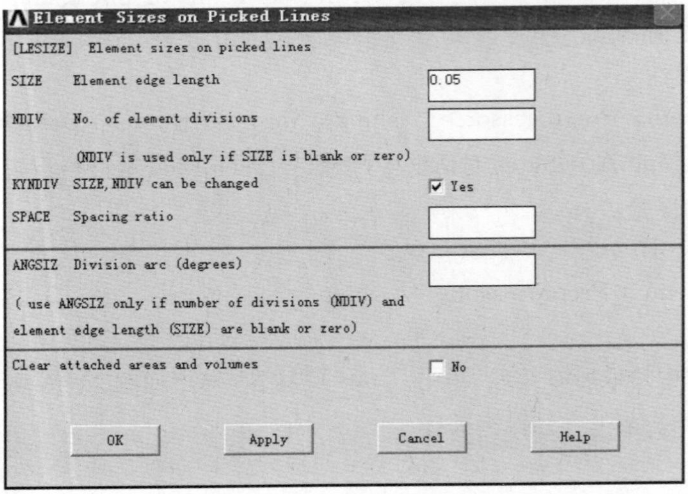

图 11-13　定义单元尺寸的对话框

选中模型，进行网格划分，结果如图 11-14 所示。

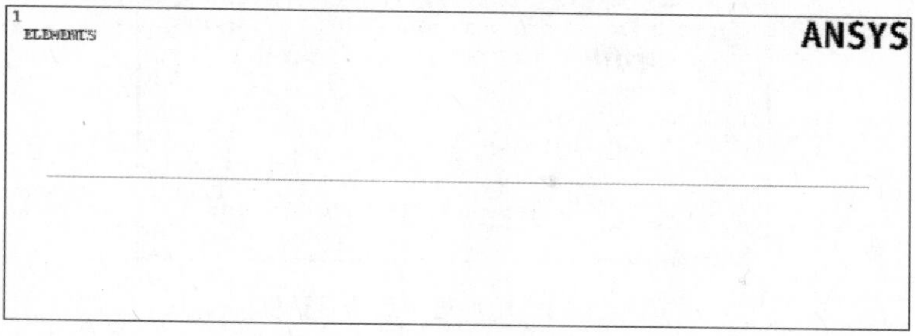

图 11-14　网格划分后的有限元模型

4）保存数据库

GUI：Utility Menu>File>**Save as Beam. db**。

7. 施加约束条件

GUI：Main Menu>Solution>Define Loads>Apply>Structural>Displacement>**On Keypoints**。

在弹出的关键点拾取框中拾取模型最左边的关键点，单击 OK 按钮，弹出如图 11-15 所示的对话框，在 DOFs to be constrained 选项框中选择 All DOF 选项，单击 OK 按钮。

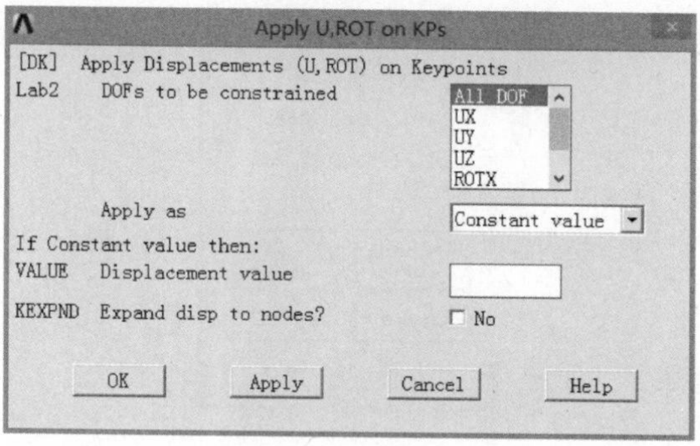

图 11-15　位移约束对话框

8. 施加载荷

1）施加集中力

GUI：Main Menu>Solution>Define Loads>Apply>Structural>Force/Moment>**On Keypoints**。

在关键点拾取框中拾取模型最右侧的关键点，单击 OK 按钮，弹出如图 11-16 所示的对话框，在 Direction of force/mom 的下拉框中选择 FY 选项，在 Foece/moment value 文本框中输入－100，单击 OK 按钮。

2）施加线压力

GUI：Main Menu>Solution>Define Loads>Apply>Structural>Pressure>**On Beams**。

在线段拾取框中拾取中间直线段对应的单元（见图 11-17），单击 OK 按钮，弹出如

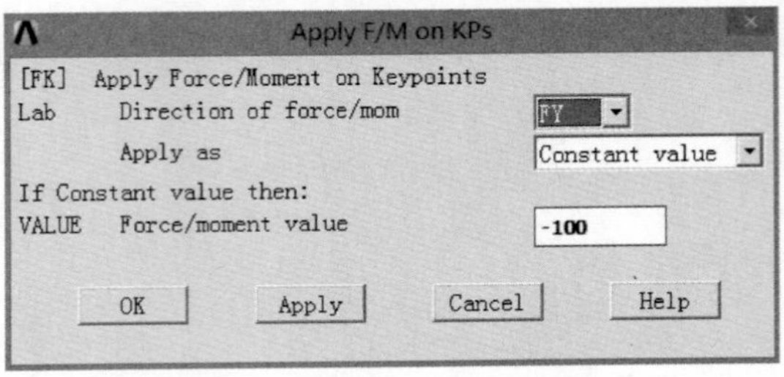

图 11-16 施加集中载荷对话框

图 11-18所示的对话框，将 Load Key 设置为 2，在 Pressure value at node I 文本框中输入 500，单击 OK 按钮。施加位移约束和载荷后的结果如图 11-19 所示。

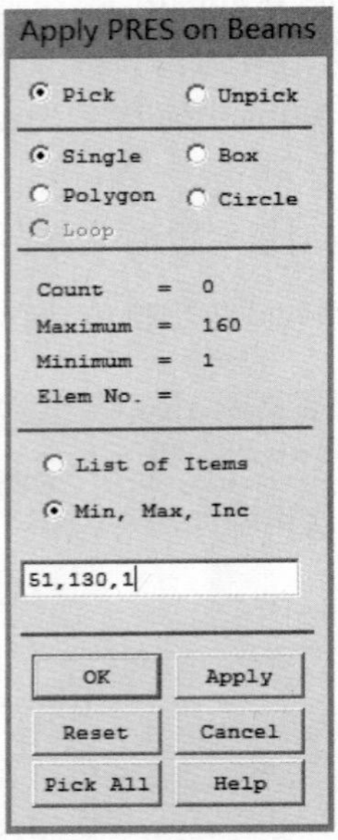

图 11-17 单元拾取框设置

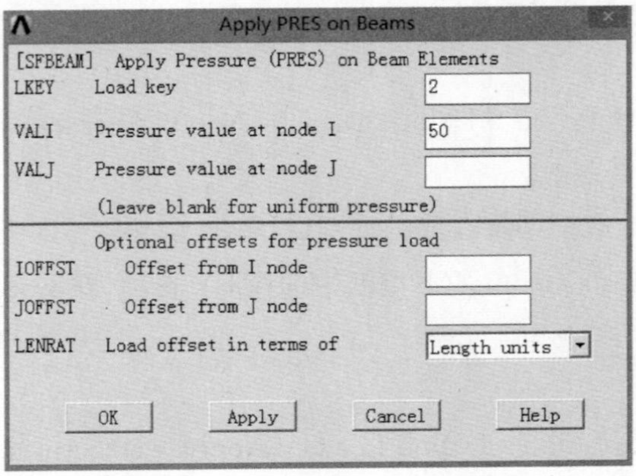

图 11-18 线压力设置对话框

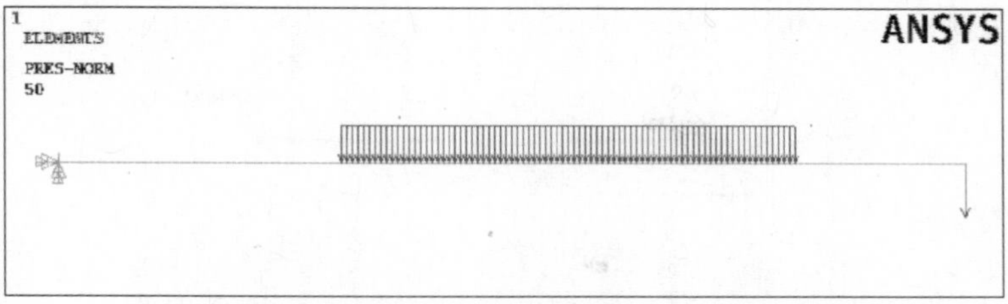

图 11-19　施加约束和载荷后的模型图

9. 求解

GUI:Main Menu>Solution>Solve>**Current LS**。

单击 Current LS 菜单项后,将出现/STATUS Command 窗口和 Solve Current Load Step 对话框。确定/STATUS Command 窗口中的信息正确后,关闭信息窗口。单击 Solve Current Load Step 对话框上的 OK 按钮,程序开始进行分析计算,计算完成后,程序将跳出一个 Solution is done 的信息提示框,提示用户求解已完成,单击 Close 按钮关闭该窗口。

10. 查看结果

显示变形形状:

GUI:Main Menu>General Postproc>Plot Results>**Deformed shape**。

在弹出如图 11-20 所示对话框中选择 Def + undeformed 选项,单击 OK 按钮,显示模型的变形如图 11-21 所示。

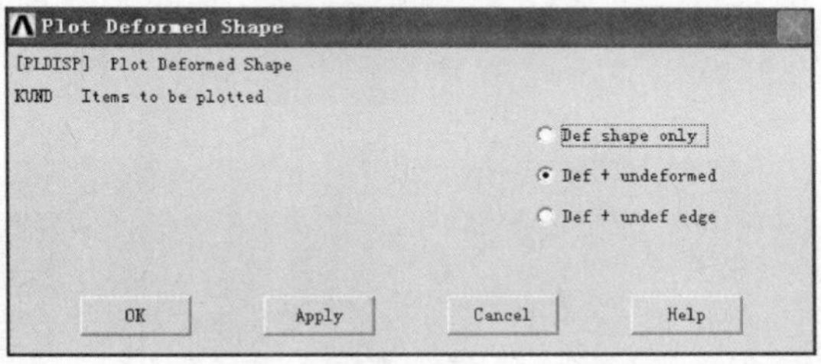

图 11-20　显示变形图的对话框

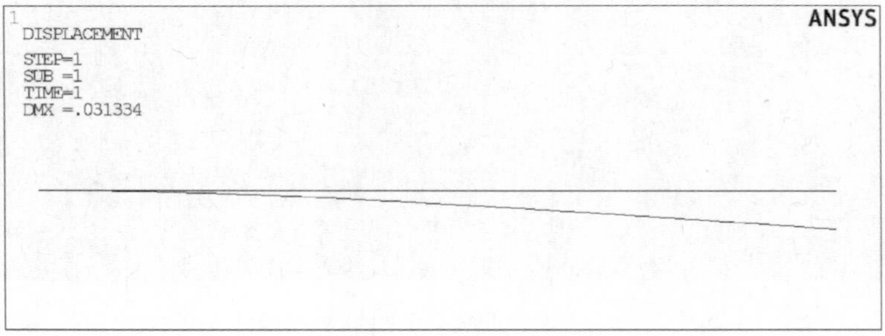

图 11-21　模型的变形图

三、具体分析实例介绍(二)

图 11-22 为一个钢支架模型。已知支架的材料参数为:弹性模量 $E=200$ GPa,泊松比 $\nu=$

0.3，支架的厚度是 3.125 mm，支架的左侧边界被固定，在支架的上表面受到均布的压力，其大小为 2 625 N/m。

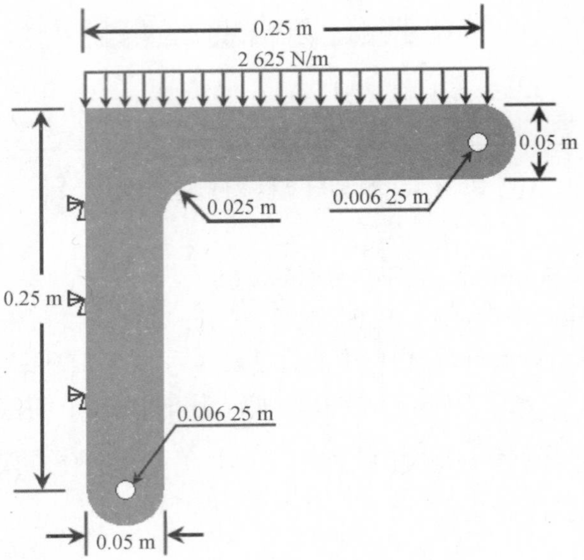

图 11-22 支架模型

1. *启动* ANSYS

在 Windows 7 以上操作系统下启动 ANSYS 软件，执行：[开始]→[程序]→ANSYS 16.0→ANSYS Product Launcher 命令，弹出如图 11-23 所示的对话框，输入工作目录如 E:\ansys_exer，工作文件名设置为 bracket。单击 Run 按钮进入 ANSYS 界面。

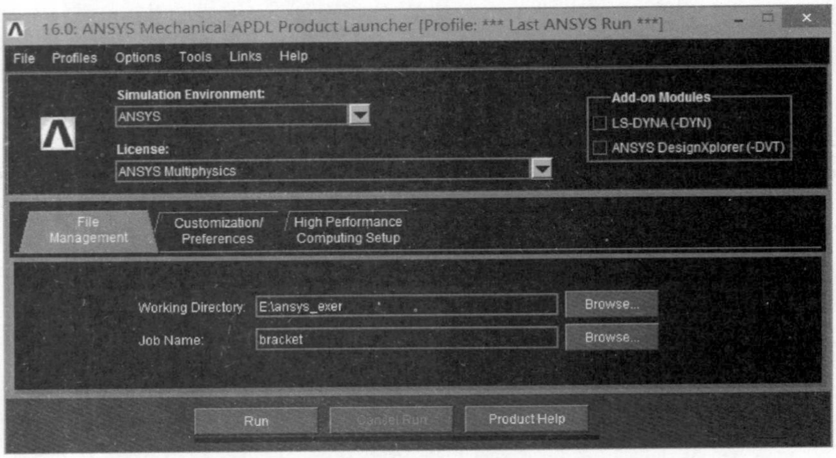

图 11-23 ANSYS 启动对话框

2. *创建几何模型*

1) 生成一系列关键点

GUI: Main Menu>Preprocessor>Create>Keypoints>**In Active CS**。

在弹出的对话框(见图 11-24)中输入参数：

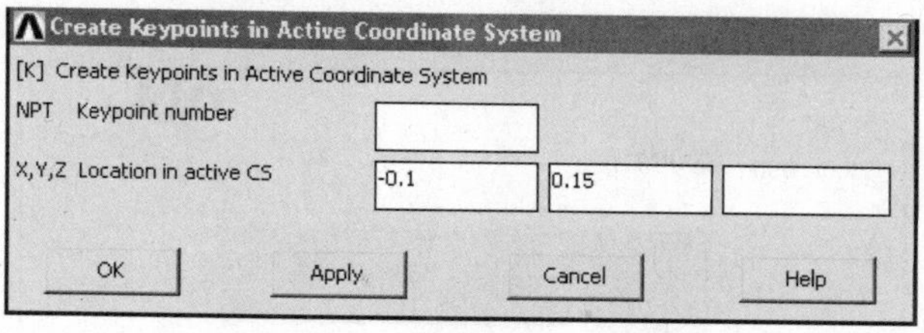

图 11-24　生成关键点的对话框

① X=−0.1，Y=0.15，单击 Apply 按钮；

② X=0.15，Y=0.15，单击 Apply 按钮；

③ X=0.15，Y=0.1，单击 Apply 按钮；

④ X=−0.05，Y=0.1，单击 Apply 按钮；

⑤ X=−0.05，Y=−0.1，单击 Apply 按钮；

⑥ X=−0.1，Y=−0.1，单击 OK 按钮；

执行上述操作后，将在图形输出窗口显示六个关键点，如图 11-25 所示。

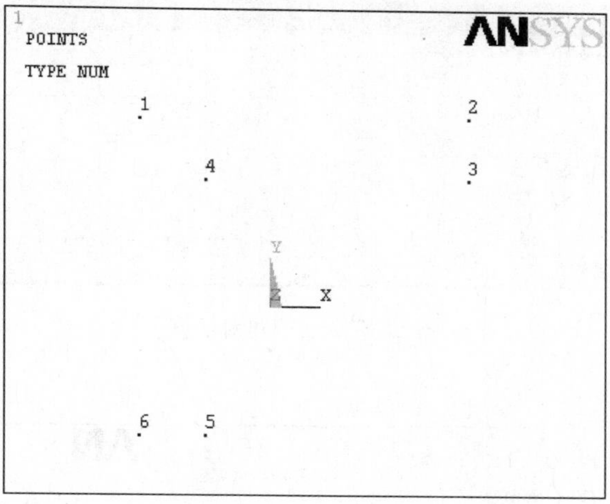

图 11-25　关键点

2）生成一个面

GUI：Main Menu>Preprocessor>Create>Areas>Arbitrary>**Through KPs**。

在弹出的拾取框中依次选中 1～6 号关键点，单击 OK 按钮，则生成一个如图 11-26 所示的界面。

3）内直角边倒角

GUI：Main Menu>Preprocessor>Create>Lines>**Line Fillet**。

在弹出的拾取框中选中直角面内侧两条要倒角的线段，单击 OK 按钮，又弹出如图 11-27所示的对话框，在 RAD 一栏中输入倒角半径 0.025。单击 OK 按钮，将生成如图 11-28所示的倒角线。

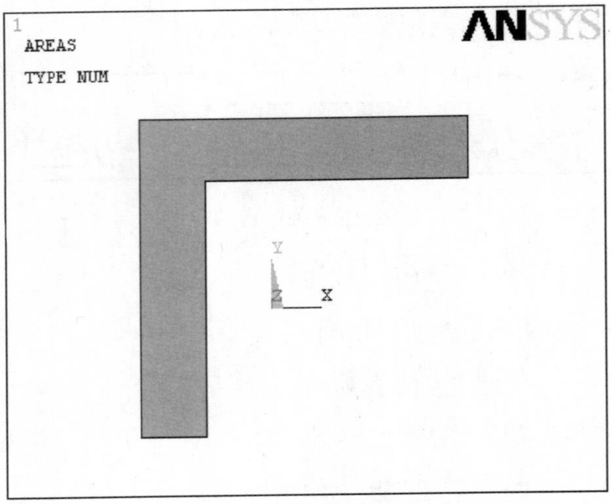

图 11-26　直角面

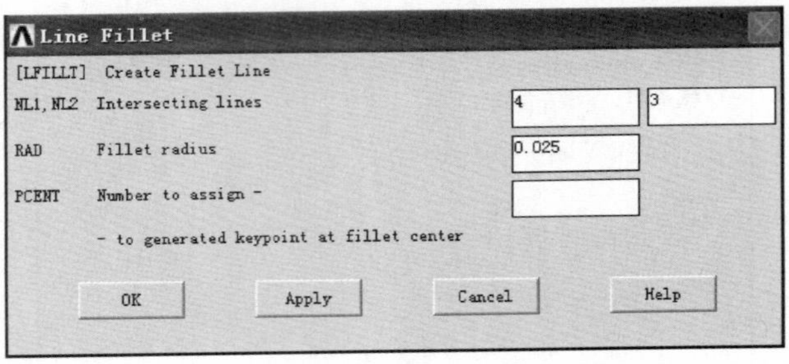

图 11-27　线倒角对话框

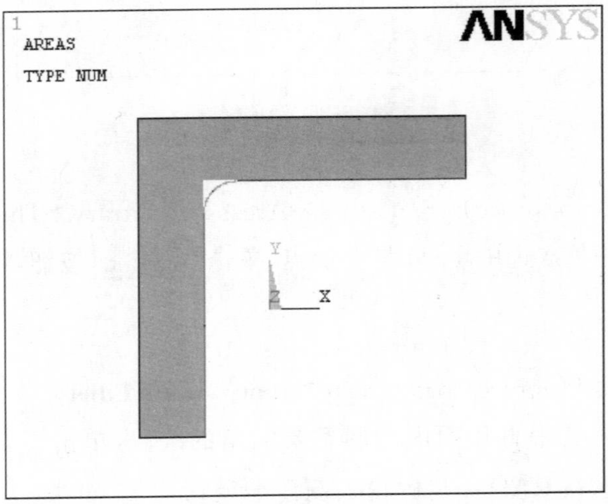

图 11-28　倒角线

4）显示几何模型上面的编号

GUI: Utility Menu>PlotCtrls>**Numbering**。

在如图 11-29 所示的显示编号的对话框中，选择 AREA 的编号显示为 On，单击 OK 按钮关闭对话框。这时图形显示窗口上的每个面上都会显示一个编号。

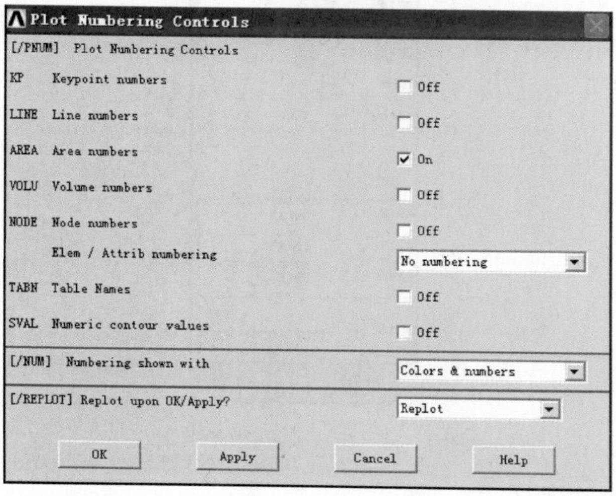

图 11-29　显示编号的对话框

5）填充倒角面

GUI: Main Menu>Preprocessor>Modeling>Create>Areas>Arbitrary>**By lines**。

在弹出的拾取框中选中三条围成倒角面的线段，单击 OK 按钮，出现如图 11-30 所示的倒角面 A2。

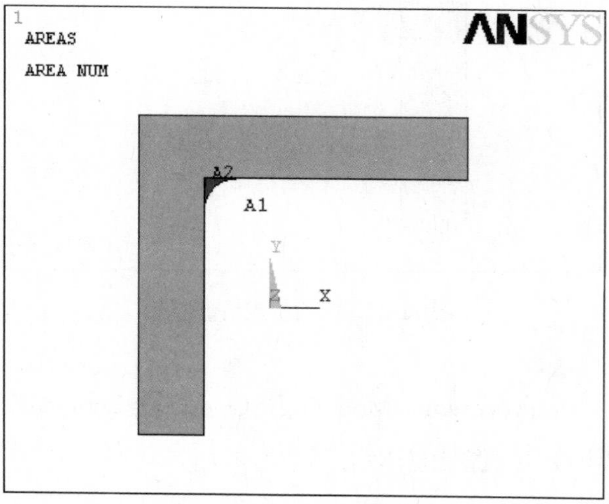

图 11-30　倒角面 A2

6）在右边和底边处生成两个圆面

GUI: Main Menu>Preprocessor>Modeling>Create>Areas>Circles>**Solid Circle**。

如图 11-31 所示，在弹出的对话框中输入如下参数：

① WP X=0. 15，WP Y=0. 125，Radius=0. 025，单击 Apply 按钮；

② WP X=−0. 075，WP Y=−0. 1，Radius=0. 025，单击 OK 按钮。

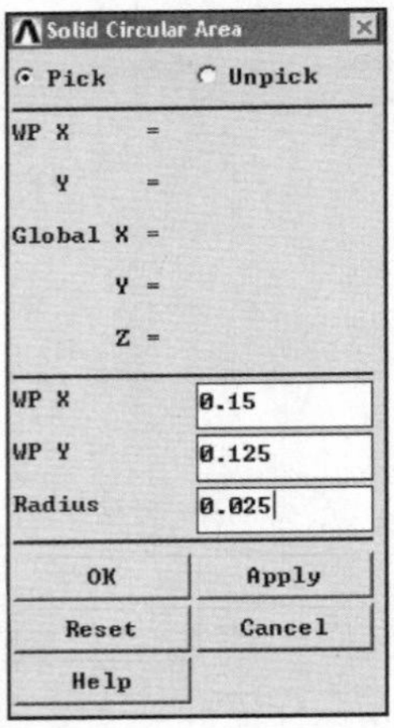

图 11-31　生成实心圆的对话框

所绘圆面如图 11-32 所示。

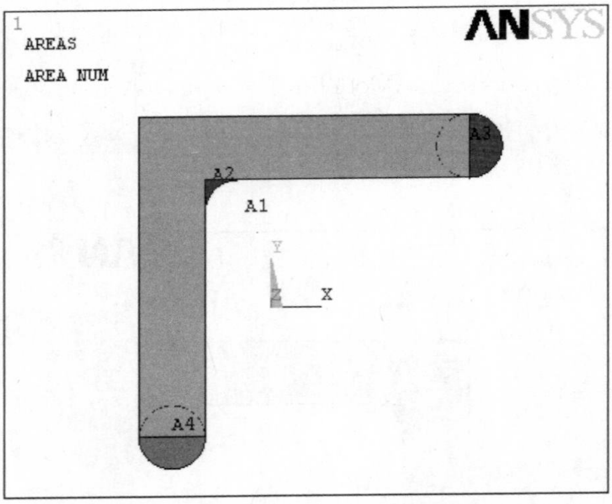

图 11-32　圆面生成后的界面

7）将所有的面合并

GUI：Main Menu>Preprocessor>Modeling>Operate>Booleans>Add>**Areas**。

在弹出的拾取框中，单击 Pick All 按钮，将所有的面合并为一个如图 11-33 所示的界面。

8）建立两个孔洞面

GUI：Main Menu>Preprocessor>Modeling>Create>Areas>Circles>**Solid Circle**。

在弹出的对话框中输入如下参数：

① WP X=0. 15，WP Y=0. 125，Radius=0. 006 25，单击 Apply 按钮；

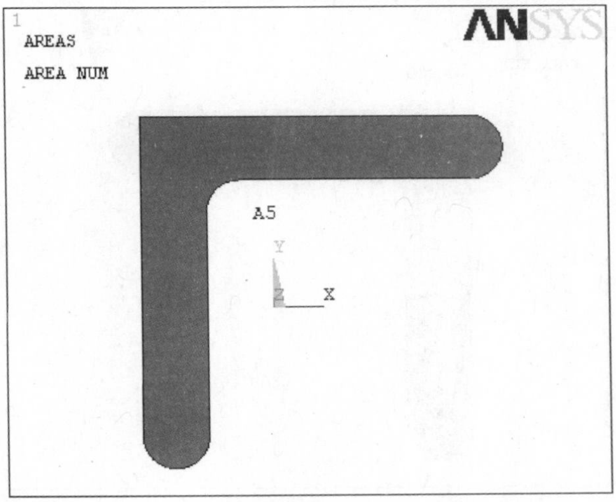

图 11-33　合并面命令执行后的界面

② WP X=－0.075,WP Y=－0.1,Radius=0.00625,单击 OK 按钮。

生成的孔洞界面如图 11-34 所示。

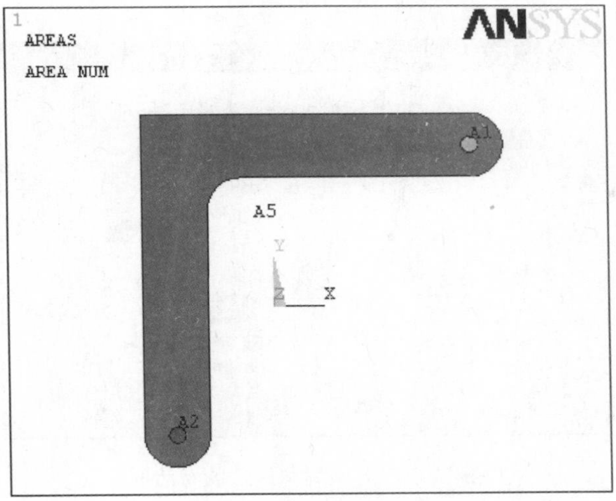

图 11-34　孔面生成后界面

9）开孔

GUI: Main Menu>Preprocessor>Modeling>Operate>Booleans>Subtract>**Areas**。

首先在弹出的拾取框中选中支架基板,单击 Apply 按钮,然后在随后弹出的拾取框中选择两个孔洞面,单击 OK 按钮,结果如图 11-35 所示。

10）保存数据库

GUI: Utility Menu>File>**Save as Bracket.db**。

3. 定义材料属性

GUI: Main Menu>Preprocessor>Material Props> **Material Models**。

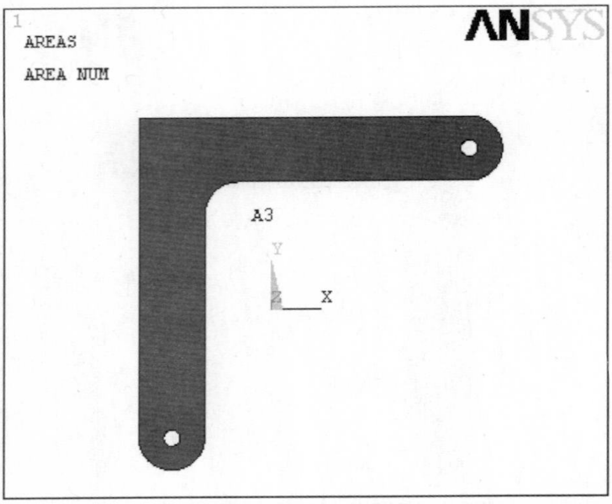

图 11-35 开孔后的界面

如图 11-36 所示，在弹出的对话框右侧的 Material Models Available 栏中依次双击 Structural、Linear、Elastic、Isotropic 按钮，弹出如图 11-37 所示的对话框。在该对话框中输入材料参数：EX=2E11，PRXY=0.3，单击 OK 按钮完成材料属性的定义。

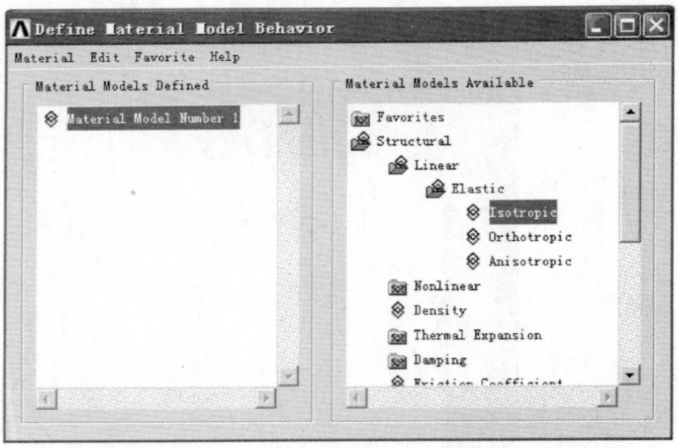

图 11-36 定义材料属性的对话框

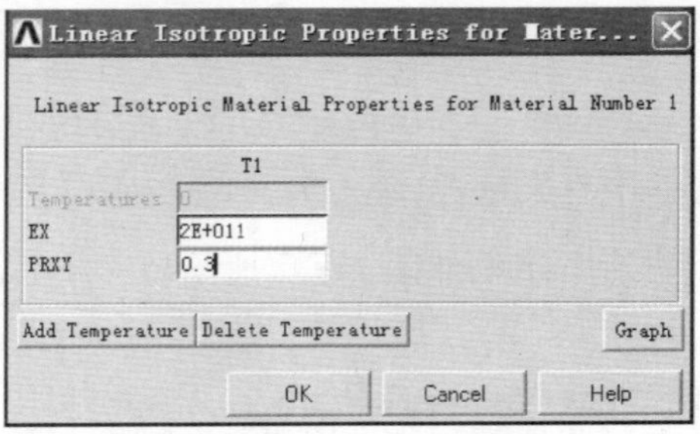

图 11-37 输入材料参数的对话框

4. 定义单元类型及实常数

1）定义单元类型

GUI：Main Menu>Preprocessor>Element Type>**Add/Edit/Delete**。

单击图 11-38 中的 Add... 按钮，弹出如图 11-39 所示的单元类型库对话框，首先在 Library of Element Types 中选择 Structural Solid 选项，然后在右面的列表框中选择 Quad 4 node 182 选项，即 4 节点的 Plane182 单元，单击 OK 按钮，将关闭单元类型库对话框，同时 Plane182 单元出现在如图 11-38 所示的单元类型对话框的列表栏中。

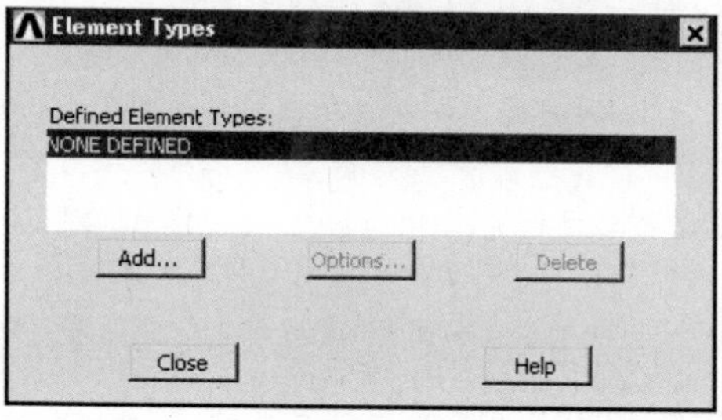

图 11-38　单元类型对话框

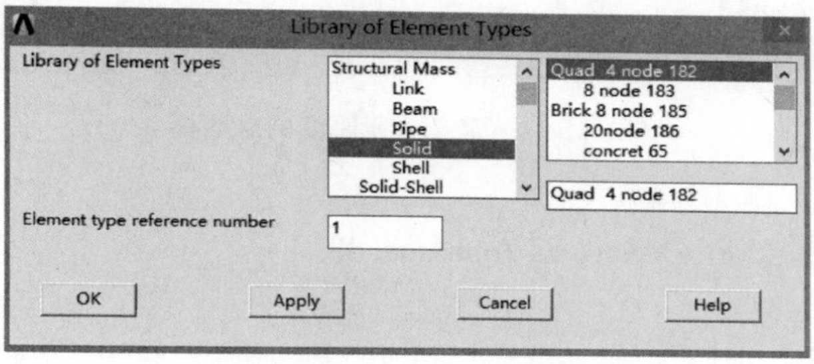

图 11-39　单元类型库对话框

2）设置单元属性

单击图 11-38 中的 Options... 按钮，出现如图 11-40 所示的对话框，将其中的 K3 选项设置成 Plane strs w/thk，单击 OK 按钮。

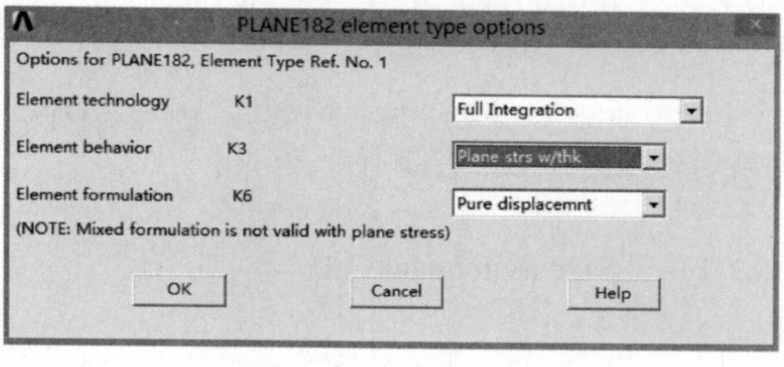

图 11-40　PLANE82 单元属性对话框

3）定义实常数（模型的厚度）

GUI：Main Menu>Preprocesor>Real Constants>**Add/Edit/Delete**。

单击图 11-41 左下角的 Add... 按钮，弹出如图 11-42 所示的对话框，选择单元类型 Plane182 选项，单击 OK 按钮，弹出如图 11-43 所示的界面，在 THK 选项的输入框中输入模型的厚度 0.003125 选项，单击 OK 按钮完成单元实常数的设置。

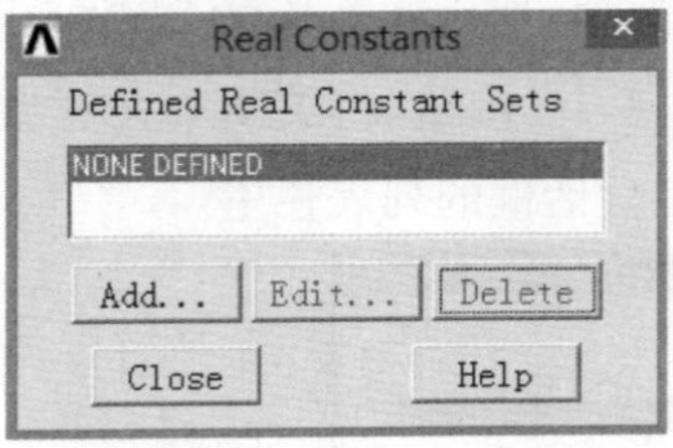

图 11-41 实常数对话框

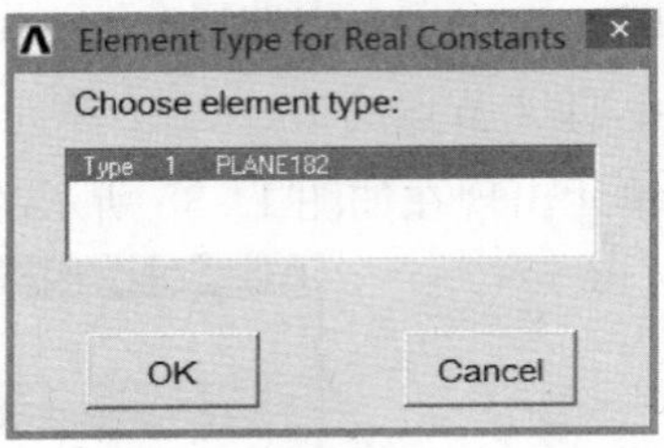

图 11-42 选择单元类型

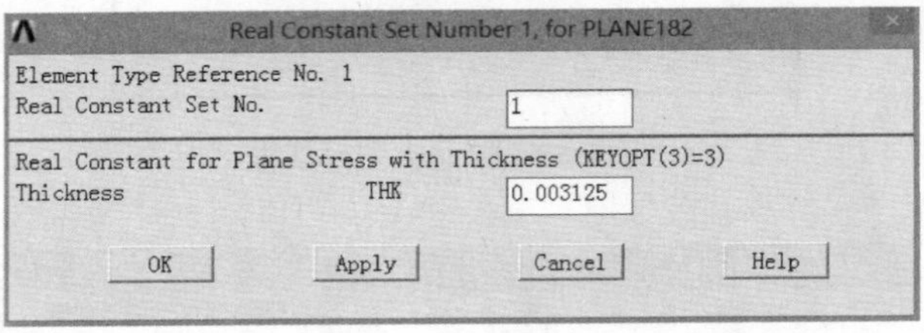

图 11-43 定义单元厚度的对话框

4）保存数据库

GUI: Utility Menu>File>**Save as Jobname. db**。

5. 划分有限元网格

1）设置单元尺寸

GUI: Main Menu>Preprocessor>Meshing>Size Cntrls>ManualSize>LinesTool>**Picked Lines**。

在线段拾取框中拾取模型外周的所有线段，单击 OK 按钮，弹出如图 11-44 所示的菜单，将其中的 SIZE 设置为 0.0125，单击 Apply 按钮。然后在线段拾取框中拾取形成模型两内孔的所有线段，将 SIZE 设置为 0.001，单击 OK 按钮。

2）网格划分

GUI: Main Menu>Preprocessor>Meshing>Mesh>Areas>**Free**。

选中模型，进行网格划分，结果如图 11-45 所示。

3）保存数据库

GUI: Utility Menu>File>**Save as Jobname. db**。

6. 施加约束条件

GUI: Main Menu>Solution>Define Loads>Apply>Structural>Displacement>**On Lines**。

在弹出的线段拾取框中拾取模型左边界的直线段，单击 OK 按钮，弹出如图 11-46 所示的对话框，在 DOFs to be constrained 选项框中选择 All DOF，单击 OK 按钮。

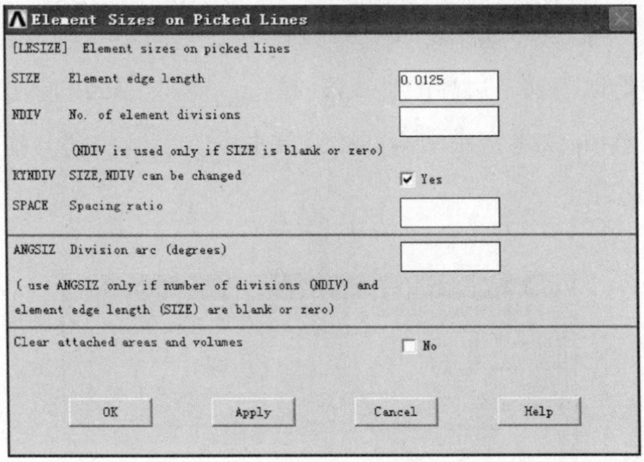

图 11-44　定义单元尺寸的对话框

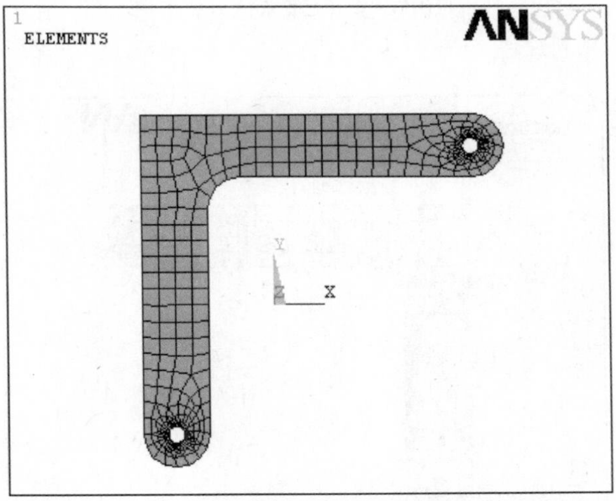

图 11-45　网格划分后的有限元模型

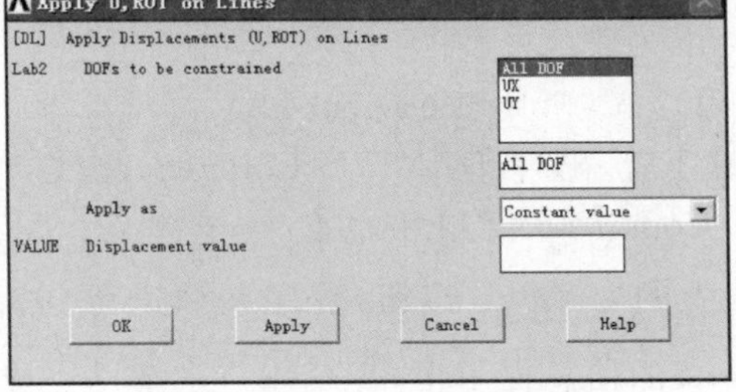

图 11-46　位移约束对话框

7. 施加载荷

GUI: Main Menu > Solution > Define Loads > Apply > Structural > Pressure > **On Lines**。

在线段拾取框中拾取模型上边界的直线段，单击 OK 按钮，弹出如图 11-47 所示的对话框，在 Load PRES value 文本框中输入 2 625，单击 OK 按钮。施加位移约束和载荷后的结果如图 11-48 所示。

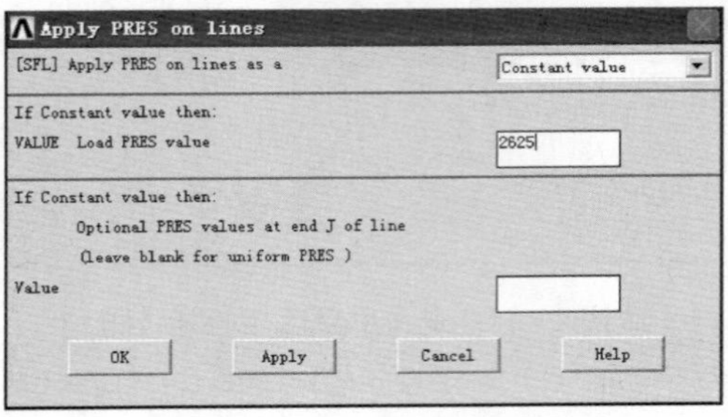

图 11-47 施加载荷对话框

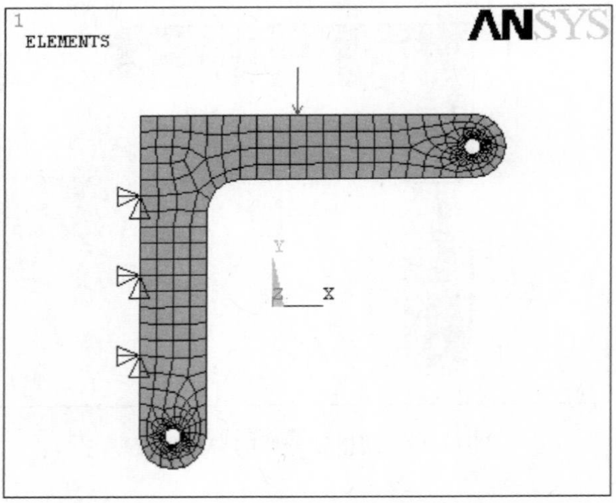

图 11-48 施加约束和载荷后的模型图

8. 求解

GUI: Main Menu > Solution > Solve > **Current LS**。

单击 Current LS 菜单项后，出现/STATUS Command 窗口和 Solve Current Load Step 对话框。确定/STATUS Command 窗口中的信息正确后，关闭信息窗口。单击 Solve Current Load Step 对话框上的 OK 按钮，程序开始进行分析计算，计算完成后，程序将跳出一个 Solution is done 的信息提示框，提示用户求解已完成，单击 Close 按钮关闭该窗口。

9. 查看结果

1）显示变形形状

GUI: Main Menu>General Postproc>Plot Results>**Deformed shape**。

在弹出如图 11-49 所示对话框中选择 Def+undeformed，单击 OK 按钮，则显示模型的变形如图 11-50 所示。

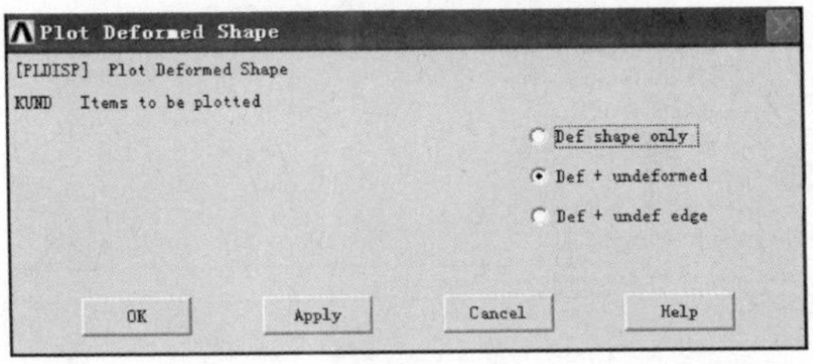

图 11-49　显示变形图的对话框

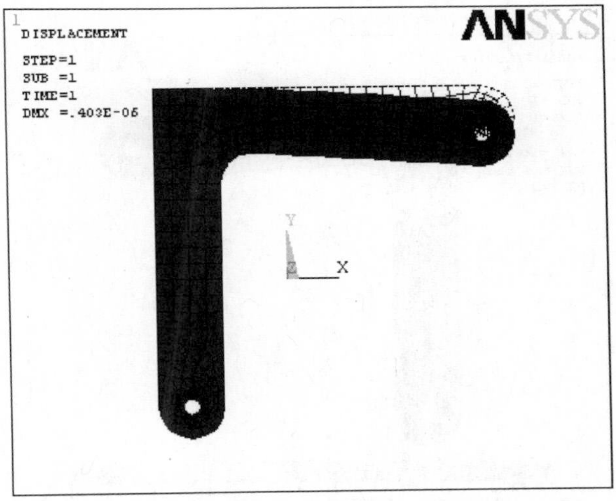

图 11-50　模型的变形

2）显示节点上的 von Mises 应力分布

GUI: Main Menu>General Postproc>Plot Results>Contour Plot>**Nodal Solu**。

弹出如图 11-51 所示的对话框，在 Item to be contoured 栏中选择 Stress 项下的子项 von Mises stress，单击 OK 按钮，显示如图 11-52 所示的 von Mises 应力分布云。

10. 退出 ANSYS

GUI: Utility Menu>File>**Exit**。

在如图 11-53 所示的对话框中选择 Save Everything，单击 OK 按钮，退出 ANSYS 程序。

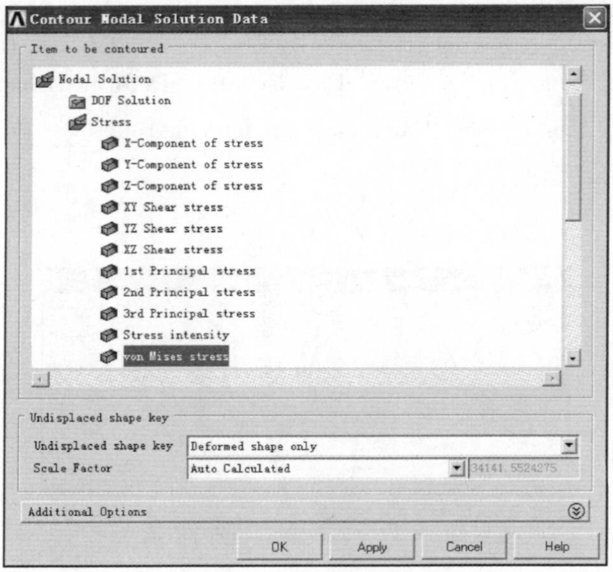

图 11-51　显示节点结果的对话框

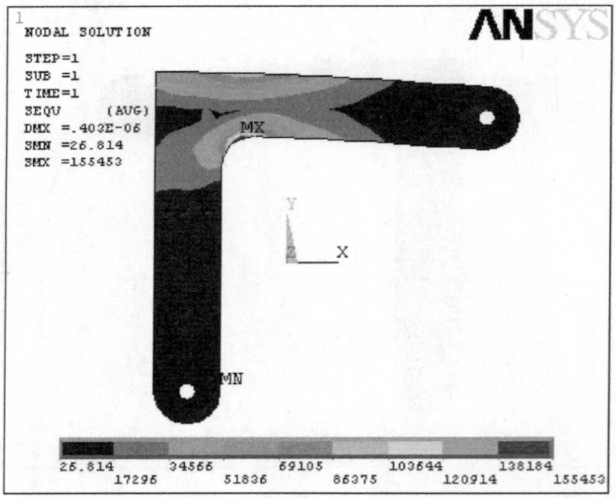

图 11-52　模型的 von Mises 应力分布云

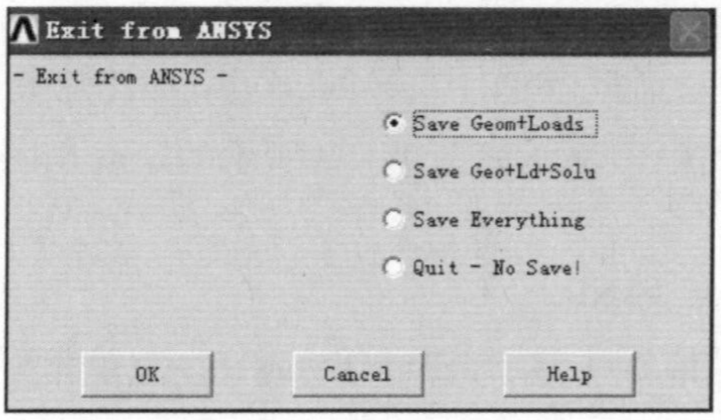

图 11-53　退出 ANSYS 的对话框

参考文献

[1] 李红云，赵社戌，孙雁. ANSYS10.0基础及工程应用[M]. 北京：机械工业出版社，2008.